全国中等职业学校机械类专业通用教材
全国技工院校机械类专业通用教材（中级技能层级）

# 车工技能训练

（第六版）

人力资源社会保障部教材办公室组织编写

中国劳动社会保障出版社

**简介**

本书主要内容包括：车削的基本技能、车轴类工件、车套类工件、车圆锥面、车特形面和表面修饰、车螺纹和蜗杆、车偏心工件和单拐曲轴、车复杂工件、车床主要部件的调整及一级保养、中级技能训练课题等。

本书由史巧凤、孙喜兵任主编，顾俊杰、徐小燕、张良、程荣庭参加编写，崔兆华任主审。

**图书在版编目（CIP）数据**

车工技能训练 / 人力资源社会保障部教材办公室组织编写 . -- 6 版 . -- 北京：中国劳动社会保障出版社，2021

全国中等职业学校机械类专业通用教材 全国技工院校机械类专业通用教材 . 中级技能层级

ISBN 978-7-5167-4806-0

Ⅰ . ①车… Ⅱ . ①人… Ⅲ . ①车削 – 中等专业学校 – 教材 Ⅳ . ①TG510.6

中国版本图书馆 CIP 数据核字（2021）第 096636 号

**中国劳动社会保障出版社出版发行**

（北京市惠新东街 1 号 邮政编码：100029）

*

北京市艺辉印刷有限公司印刷装订 新华书店经销

787 毫米 ×1092 毫米 16 开本 20.75 印张 479 千字

2021 年 11 月第 6 版 2021 年 11 月第 1 次印刷

**定价：49.00 元**

读者服务部电话：（010）64929211/84209101/64921644

营销中心电话：（010）64962347

出版社网址：http：//www.class.com.cn

http：//jg.class.com.cn

# 前言

为了更好地适应全国技工院校机械类专业的教学要求，全面提升教学质量，人力资源社会保障部教材办公室组织有关学校的一线教师和行业、企业专家，在充分调研企业生产和学校教学情况、广泛听取教师对教材使用反馈意见的基础上，对全国技工院校机械类专业通用教材中所包含的车工、钳工、机修钳工、铣工、焊工、冷作工、机床加工等工艺学、技能训练教材进行了修订。

本次教材修订工作的重点主要体现在以下几个方面：

第一，合理更新教材内容。

根据机械类专业毕业生所从事岗位的实际需要和教学实际情况的变化，合理确定学生应具备的能力与知识结构，对部分教材内容及其深度、难度做了适当调整；根据相关专业领域的最新发展，在教材中充实新知识、新技术、新设备、新材料等方面的内容，体现教材的先进性；采用最新国家技术标准，使教材更加科学和规范。

第二，紧密衔接国家职业技能标准要求。

教材编写以国家职业技能标准《车工（2018 年版）》《钳工（2020 年版）》《铣工（2018 年版）》《焊工（2018 年版）》等为依据，涵盖国家职业技能标准（中级）的知识和技能要求，并在与教材配套的习题册、技能训练图册中增加了针对相关职业技能鉴定考试的练习题。

第三，精心设计教材形式。

在教材内容的呈现形式上，尽可能使用图片、实物照片和表格等形式将知识点生动地展示出来，力求让学生更直观地理解和掌握所学内容。针对不同的知识点，设计了许多贴近实际的互动栏目，在激发学生学习兴趣和自主学习积极性的同时，使教材“易教易学，易懂易用”。在教材插图的制作中采用了立体造型技术，同时部分教材在印刷工艺上采用了四色印刷，增强了教材的表现力。

第四，引入“互联网+”技术，进一步做好教学服务工作。

在《车工工艺学（第六版）》《车工技能训练（第六版）》《钳工工艺学（第六版）》等教材中使用了增强现实（AR）技术。学生在移动终端上安装App，扫描教材中带有AR图标的页面，可以对呈现的立体模型进行缩放、旋转、剖切等操作，以及观察模型的运动和拆分动画，便于更直观、细致地探究机构的内部结构和工作原理，还可以浏览相关视频、图片、文本等拓展资料。在部分教材中使用了二维码技术，针对教材中的教学重点和难点制作了动画、视频、微课等多媒体资源，学生使用移动终端扫描二维码即可在线观看相应内容。

本套教材中的工艺学教材配有习题册，技能训练教材配有技能训练图册。另外，还配有方便教师上课使用的电子课件，电子课件和习题册答案可通过中国技工教育网（http://jg.class.com.cn）下载。

本次教材的修订工作得到了辽宁、江苏、浙江、山东、河南等省人力资源和社会保障厅及有关学校的大力支持，在此我们表示诚挚的谢意。

**人力资源社会保障部教材办公室**

2020年8月

# 目录


绪论 …… 1

**第一单元　车削的基本技能** …… 7

课题一　车床操作 …… 7

课题二　车床的润滑和日常保养 …… 17

课题三　车刀的刃磨 …… 22

课题四　工件的装夹和找正 …… 30

**第二单元　车轴类工件** …… 39

课题一　车外圆、端面和台阶 …… 39

课题二　钻中心孔、车简单轴类工件 …… 53

课题三　车槽和切断 …… 64

课题四　车简单轴类工件综合技能训练 …… 80

**第三单元　车套类工件** …… 83

课题一　钻孔和扩孔 …… 83

课题二　车孔 …… 91

课题三　铰孔 …… 108

课题四　车内槽 …… 112

课题五　车套类工件综合技能训练 …… 118

**第四单元　车圆锥面** …… 128

课题一　车外圆锥面 …… 128

课题二　车内圆锥面及圆锥配合件 …… 146

**第五单元　车特形面和表面修饰** …… 157

课题一　车特形面 …… 157

课题二　表面修饰 …… 164

**第六单元　车螺纹和蜗杆** …… 169

课题一　车三角形螺纹 …… 169

课题二　车梯形螺纹 …… 207

课题三　车蜗杆 …… 223
课题四　车多线螺纹 …… 232

**第七单元　车偏心工件和单拐曲轴 …… 242**

课题一　车偏心工件 …… 242
课题二　车单拐曲轴 …… 256

**第八单元　车复杂工件 …… 264**

课题一　在四爪单动卡盘上车对称工件 …… 265
课题二　在花盘上车双孔连杆 …… 271
课题三　车细长轴 …… 278
课题四　车薄壁工件 …… 290

**第九单元　车床主要部件的调整及一级保养 …… 297**

课题一　车床主要部件的调整 …… 297
课题二　车床的一级保养 …… 305

**第十单元　中级技能训练课题 …… 307**

课题一　螺纹组合件的加工 …… 307
课题二　螺纹轴的加工 …… 316
课题三　锥套轴的加工 …… 321

# 绪　论

在科学技术迅速发展的今天，新技术、新工艺不断涌现，但在实际生产中，绝大多数的机械零件仍需要通过切削加工来达到规定的尺寸精度和几何精度，以满足产品的性能和使用要求。在车、铣、刨、磨、镗、钳、制齿等诸多切削加工中，车削加工是最基本、应用最广泛的切削加工方法，车工也是机械加工中最基本的职业之一。

## 一、课程的任务与要求

车工技能训练课的任务是结合车工工艺学的专业理论，通过技能训练及实践，使学生掌握中级车工操作技能，成为能对工件进行车削加工、达到中级工国家职业技能等级的车床操作人员。

通过课程的学习，应达到以下具体要求：

1. 能熟练地使用、调整、维护和保养本职业的主要设备。
2. 能熟练地掌握中级车工的操作技能。
3. 能正确使用工具、夹具、刀具、量具等工艺装备，合理地选择切削用量和切削液。
4. 熟悉安全、文明生产的有关知识，养成安全、文明生产的习惯。

## 二、车削的基本内容

车削是工件旋转做主运动，车刀移动做进给运动的切削加工方法。

在车床上可加工各种不同形状工件上的回转表面，如内、外圆柱面，内、外圆锥面，特形面，各种螺纹等。此外，还可加工回转体工件的端面、台阶面，进行车槽、切断和表面修饰加工等。

## 三、安全、文明生产

坚持安全、文明生产是保障生产工人和机床设备的安全，防止工伤和设备事故的根本保证，也是搞好企业经营管理的重要内容之一。它直接影响人身安全、产品质量和经济效益，以及机床设备和工具、夹具、量具的使用寿命，影响生产工人技术水平的正常发挥。学生在学习和掌握操作技能的同时，必须养成良好的安全、文明生产习惯。对于在长期生产活动中得到的实践经验总结，必须严格遵守。

**1. 安全生产注意事项**

（1）工作时应穿工作服、戴袖套。女生应戴工作帽，并将辫子或长发盘好后塞入工作帽内。

（2）禁止穿背心、裙子、短裤以及戴围巾、穿拖鞋或高跟鞋进入技能训练场地。

（3）严格遵守安全操作规程。

（4）注意防火和安全用电。

**2. 车削安全操作规程要点**

（1）车床使用前应检查其各部分机构是否完好。

1）检查各传动手柄、变速手柄的原始位置是否正确。

2）手摇各进给手柄，检查进给运动是否正常。

3）进行车床主轴和进给系统的变速检查，使主轴回转和纵、横向进给由低速到高速运动，检查运动是否正常。

4）主轴回转时，检查齿轮是否能甩油润滑。

（2）工件和车刀必须装夹牢固，以防飞出伤人。卡盘必须装有保险装置。工件装夹好后，卡盘扳手必须随即从卡盘上取下。

（3）装卸工件、更换刀具、变换速度、测量加工表面时，必须先停车并关闭电动机开关。

（4）不准戴手套操作车床或测量工件。

（5）操作车床时，必须集中精力，注意头部、身体和衣服不要靠近回转中的机件（如工件、带轮、带、齿轮、丝杠等）。

（6）操作车床时，严禁离开岗位，不准做与操作内容无关的事情。

（7）棒料毛坯从主轴孔尾端伸出不能太长，并应使用料架或挡板，防止甩弯后伤人。

（8）车床运转时，不准用手摸工件表面，严禁用棉纱擦抹回转中的工件。

（9）高速切削、车削崩屑材料和刃磨刀具时，应戴好防护眼镜。

（10）应使用专用铁钩清除切屑，不准用手直接清除。

（11）操作中若出现异常现象，应及时停车检查；出现故障、事故应立即切断电源，及时申报，由专业人员检修，未修复不得使用。

**3. 文明生产要求**

（1）爱护刀具、量具、工具，并正确使用，放置稳妥、整齐、合理，存放在固定的位置，便于操作时取用，用后应放回原处。

（2）爱护机床和车间其他设备、设施，车床主轴箱盖上不得放置任何物品。

（3）工具箱内应分类摆放物件。重物放置在下层，轻物放置在上层，精密的物件应放置稳妥，不可随意乱放，以免损坏和丢失。

（4）量具应经常保持清洁，用后应擦净、涂油，放入盒内，并及时归还工具室。所使用的量具必须定期校验，使用前应检查合格证确认在允许使用期内，以保证其度量准确。

（5）不允许在卡盘及床身导轨上敲击或校直工件，床面上不准放置工具或工件。

（6）装夹较重的工件时，应用木板保护床面。下班时若重型工件暂不卸下时，应用千斤顶支撑。

（7）车刀磨损后，应及时刃磨，不允许用钝刃车刀继续切削，以免增加车床负荷，损坏车床，影响工件表面的加工质量和生产效率。

（8）车削铸铁或气割下料的工件前，应擦去车床导轨面上的润滑油，铸件上的型砂、杂质应尽可能清除干净，以免磨损床身导轨面。

（9）使用切削液时，下班前应擦干净，在车床导轨面上应涂润滑油。切削液应定期更换。

（10）毛坯、半成品和成品应分开放置。半成品、成品应堆放整齐、轻拿轻放，严防碰伤已加工表面。

（11）图样、工艺卡片应放置在便于阅读的位置，并注意保持其清洁和完整。

（12）工作场地周围应保持清洁整齐，避免堆放杂物，防止绊倒。

（13）工作结束后应认真擦拭机床、工具、量具和其他附件，使各物件归位。车床按规定加注润滑油，将床鞍摇至床尾一端，各手柄放置到空挡位置。清扫工作场地，切断电源。

目前，许多企业都非常重视文明生产活动，其重点是现场的环境，对生产现场环境全局进行综合考虑，并制订切实可行的计划与措施，从而实现规范化管理，如图0–1所示。

图0–1 车间规范化管理

## 四、车削加工工艺守则

车削加工工艺守则是车削时应遵守的基本规则，也是安全、文明生产在操作技能方面的具体要求，在后面各课题的技能训练和今后的生产实践中应自觉遵守、认真执行。

### 1. 加工前的准备

（1）操作者接到加工任务后，首先要检查加工所需的产品图样、工艺规程和有关技术资料是否齐全。

（2）要看懂、看清工艺规程、产品图样及其技术要求，有疑问应找有关人员问清楚后再进行加工。

（3）按产品图样或（和）工艺规程复核工件毛坯或半成品是否符合要求，发现问题应及时向有关人员反映，待问题解决后才能进行加工。

（4）按工艺规程要求准备好加工所需的全部工艺装备，发现问题及时处理。对新夹具要先熟悉其使用要求和操作方法。

（5）加工所用的工艺装备应放在规定的位置，不得乱放，更不能放在车床导轨上。

（6）工艺装备不得随意拆卸和更改。

（7）检查加工所用的车床设备，准备好所需的各种附件。加工前车床要按规定进行润滑和空运转。

### 2. 车刀的装夹

（1）在装夹各类车刀及其他刀具前，一定要把刀柄等擦拭干净。

（2）刀具装夹后，应利用对刀装置或试切等检查其正确性。

（3）车刀刀柄伸出刀架不宜太长，一般伸出长度不应超过刀柄高度的 1.5 倍（车孔、槽等除外）。

（4）车刀刀柄中心线应与进给方向垂直或平行。

（5）刀尖高度的调整

1）在车端面、车圆锥面、车螺纹、成形车削和切断实心工件时，车刀刀尖应与工件回转中心等高。

2）在粗车外圆、精车孔时，车刀刀尖可比工件回转中心略高。

3）在精车细长轴、粗车孔、切断空心工件时，车刀刀尖可比工件回转中心稍低。

（6）螺纹车刀刀尖角的平分线应与工件轴线垂直。

（7）装夹车刀时，刀柄下面的垫片要少而平，压紧车刀的螺钉要拧紧。

### 3. 工件的装夹

（1）工件装夹前应将其定位面、夹紧面、垫铁和夹具的定位、夹紧面擦拭干净，并不得有毛刺。

（2）用三爪自定心卡盘装夹工件进行粗车或精车时，若工件直径≤ 30 mm，其悬伸长度应不大于直径的 5 倍；若工件直径 >30 mm，其悬伸长度应不大于直径的 3 倍。

（3）用四爪单动卡盘、花盘、角铁（弯板）等装夹不规则偏重的工件时，必须加平衡铁进行配重。

（4）在顶尖间装夹、加工轴类工件时，应先调整尾座顶尖中心，使其与车床主轴轴线重合。

（5）在两顶尖间加工细长轴时，应使用跟刀架或中心架。在加工过程中要注意调整顶尖的顶紧力，固定顶尖和中心架应注意润滑。

（6）使用尾座时，套筒尽量伸出短些，以减小振动。

（7）车削轮类、套类铸件、锻件时，应按不加工的表面找正，以保证加工后工件壁厚均匀。

### 4. 加工要求

（1）为了保证加工质量和提高生产率，应根据工件材料、精度要求和机床、刀具、夹具等情况，合理选择切削用量。加工铸铁件时，为了避免表面夹砂、硬化层等损坏刀具，在许可的条件下，背吃刀量应大于夹砂或硬化层深度。

（2）对有公差要求的尺寸，在加工时应尽量加工到其中间公差。

（3）工艺规程中未规定表面粗糙度要求的粗加工工序，加工后的表面粗糙度值应不大于 $Ra25\ \mu m$。

（4）铰孔前的表面粗糙度值应不大于 $Ra12.5\ \mu m$。

（5）精磨前的表面粗糙度值应不大于 $Ra6.3\ \mu m$。

（6）粗加工时的倒角、倒圆、槽深等都应按精加工余量加大或加深，以保证精加工后达到设计要求。

（7）图样和工艺规程中未规定的倒角、倒圆尺寸和公差要求按相关标准规定。

（8）下道工序需进行表面淬火、超声波探伤或滚压加工的工件表面，在本工序加工的表面粗糙度值不得大于 $Ra6.3\ \mu m$。

（9）在本工序后无去毛刺工序的，本工序加工产生的毛刺应在本工序去除。

（10）在工件的加工过程中应经常检查工件是否松动，以防因松动而影响加工质量或发生意外事故。

（11）当粗、精加工在同一台机床上进行时，粗加工后一般应松开工件，待其冷却后重新装夹。

（12）在切削过程中，若机床—刀具—工件系统发出不正常的声音或加工表面质量突然变差，应立即退刀停车检查。

（13）在批量生产中，必须进行首件检查，合格后方能继续加工。

（14）在加工过程中，操作者必须对工件进行自检。

（15）检查时应正确使用测量器具。使用量规、千分尺等时，必须轻轻用力推入或旋入，不得用力过猛；使用游标卡尺、千分尺、百分表、千分表等时，应事先调整好零位。

**5. 车削加工**

（1）车削台阶轴时，为了保证车削时的刚度，一般应先车削直径较大的部分，后车削直径较小的部分。

（2）在轴类工件上车槽时，应在精车之前进行，以防止工件变形。

（3）精车带螺纹的轴时，一般应在螺纹加工之后再精车无螺纹部分。

（4）钻孔前，应将工件端面车平。必要时可先钻中心孔定位。

（5）车削多线螺纹时，调整好手柄后要进行试切削。

（6）当工件的有关表面有方向、位置、跳动公差要求时，尽量在一次装夹中完成车削。

（7）车削圆柱齿轮齿坯时，孔与基准端面必须在一次装夹中加工。必要时应该在该端面的齿轮分度圆附近车出标记线。

**6. 加工后的处理**

（1）工件在各工序加工后应做到无屑、无水、无污物，并在规定的工位器具上摆放整齐，以免磕、碰、划伤等。

（2）暂不进行下道工序加工的或精加工后的工件表面应进行防锈处理。

（3）凡相关工件成组配合加工的，加工后需要做标记（或编号）。

（4）各工序加工完的工件经专职检验员检验合格后方能转往下道工序。

**7. 其他要求**

（1）工艺装备用完后要擦拭干净（涂好防锈油），放到规定的位置或交还工具库。

（2）产品图样、工艺规程和所使用的其他技术文件，要注意保持整洁，严禁涂改。

第一单元

# 车削的基本技能

## 课题一　车床操作

根据国家标准《金属切削机床　型号编制方法》（GB/T 15375—2008）对机床的分类，车床共分为：仪表小型车床，单轴自动车床，多轴自动、半自动车床，回轮、转塔车床，曲轴及凸轮轴车床，立式车床，落地及卧式车床，仿形及多刀车床，轮、轴、辊、锭及铲齿车床，其他车床 10 组，其组代号分别为 0 ～ 9。

生产中应用最多的是卧式车床，其典型型号是 CA6140 型卧式车床。

### 一、认识车床

| 内容 | 图例与说明 |
| --- | --- |
| 卧式车床 | 在各类金属切削机床中，车床是应用最多、最广泛的一种机床，在一般机械加工车间的机床配置中，车床约占 40%。<br>卧式车床（图 1–1）在车床中使用最多，它适用于单件、小批量的轴类、盘类工件加工，是本课程学习和掌握的重点。<br><br>图 1–1　卧式车床 |

<table>
<tr><th colspan="2">内容</th><th colspan="2">图例与说明</th></tr>
<tr><td rowspan="3">CA6140型卧式车床</td><td>外形结构</td><td colspan="2">CA6140 型卧式车床的结构如图 1–2 所示。<br>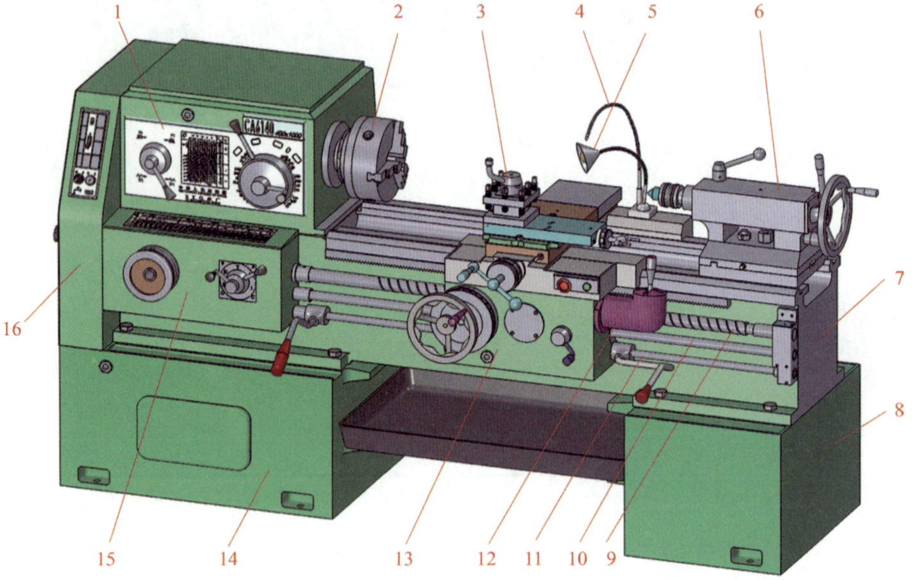<br><br>图 1–2　CA6140 型卧式车床<br>1—主轴箱　2—卡盘　3—刀架部分　4—冷却管　5—照明灯　6—尾座<br>7—床身　8、14—床脚　9—丝杠　10—光杠　11—操纵杆<br>12—快移机构　13—溜板箱　15—进给箱　16—交换齿轮箱</td></tr>
<tr><td rowspan="2">主要组成部分的作用</td><td>1. 主轴箱<br>主轴箱支撑主轴并带动工件旋转做主运动。箱内装有齿轮、轴等，组成变速传动机构，变换主轴箱外手柄的位置，可使主轴得到多种转速。<br>主轴通过卡盘等夹具装夹工件，并带动工件旋转，以实现车削。</td><td>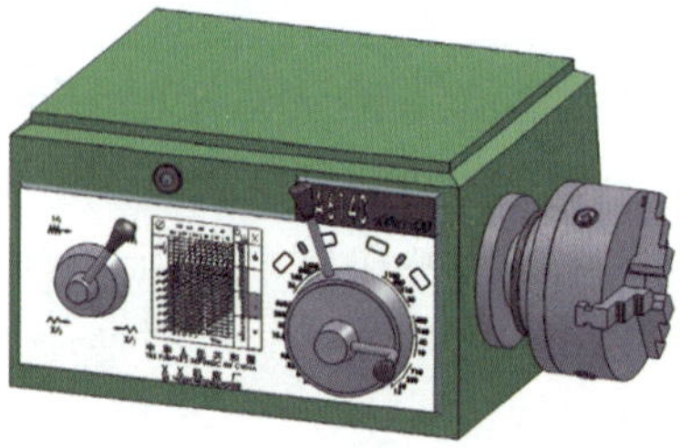</td></tr>
<tr><td>2. 进给箱<br>进给箱是进给传动系统的变速机构。它把交换齿轮箱传递过来的运动，经过变速后传递给丝杠，以实现各种螺纹的车削；传递给光杠，以实现机动进给。</td><td>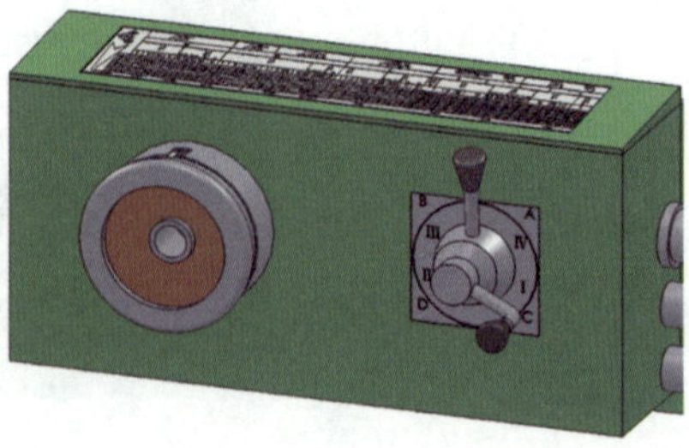</td></tr>
</table>

| 内容 | | 图例与说明 | |
|---|---|---|---|
| CA6140型卧式车床 | 主要组成部分的作用 | **3. 交换齿轮箱**<br>交换齿轮箱用来把主轴箱的转动传递给进给箱。更换箱内齿轮，配合进给箱内的变速机构，可以得到车削各种螺距螺纹（或蜗杆）的进给运动，并满足车削时对不同纵向、横向进给量的需求。 | 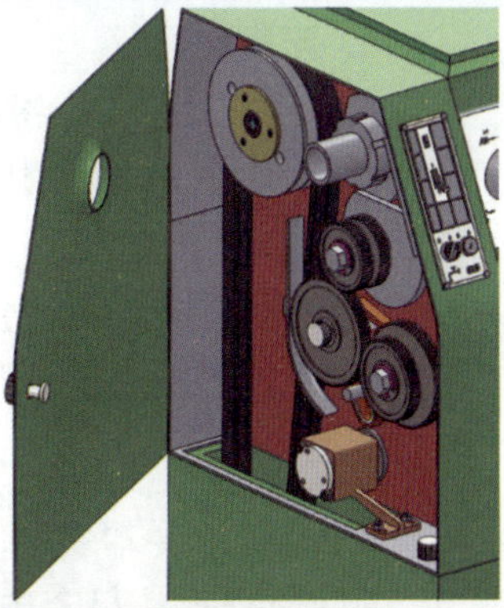 |
| | | **4. 溜板箱**<br>溜板箱接受光杠或丝杠传递的运动，以驱动床鞍和中、小滑板及刀架实现车刀的纵向、横向进给运动。溜板箱上还装有一些手柄及按钮，可以方便地操纵车床来选择诸如机动、手动、车螺纹及快速移动等运动方式。 |  |
| | | **5. 床身**<br>床身是车床上精度要求很高、带有导轨（山形导轨和平导轨）的一个大型基础部件，用于支撑和连接车床的各部件，并保证各部件在工作时有准确的相对位置。 | 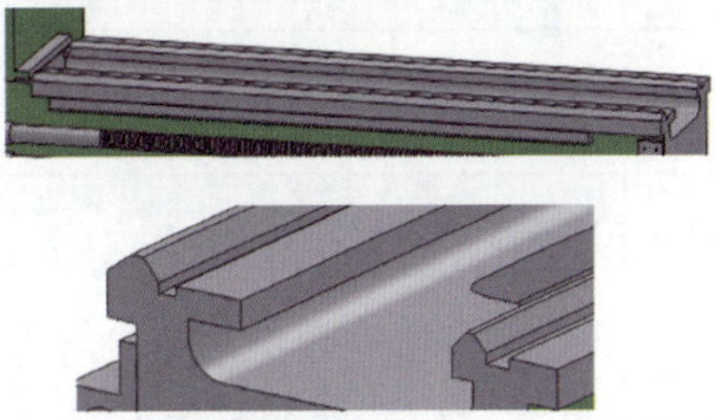 |
| | | **6. 刀架部分**<br>刀架部分由两层滑板（中、小滑板）、床鞍与刀架体共同组成，用于安装车刀并带动车刀做纵向、横向或斜向运动。 | 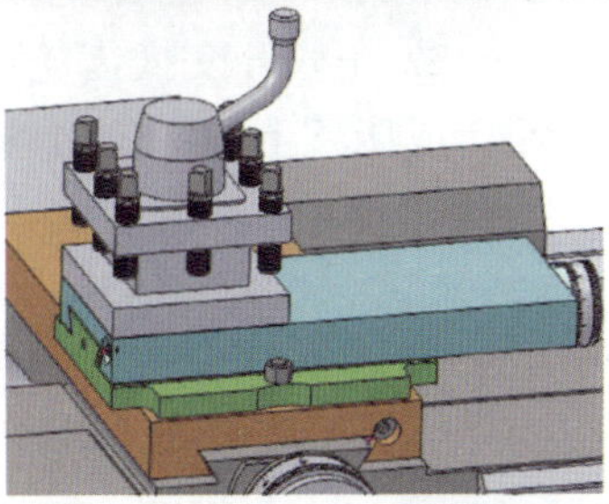 |
| | | **7. 尾座**<br>尾座安装在床身导轨上，并可沿此导轨纵向移动，以调整其工作位置。尾座主要用来安装后顶尖，以支撑较长的工件，也可安装钻头、铰刀等切削刀具进行孔加工。 | 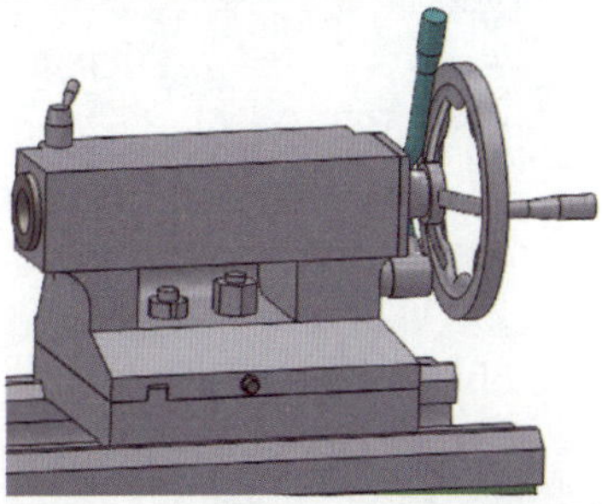 |

| 内容 | | 图例与说明 | |
|---|---|---|---|
| CA6140型卧式车床 | 主要组成部分的作用 | **8. 床脚**<br>前后两个床脚分别与床身前后两端下部连为一体，用以支撑床身及安装在床身上的各部件。同时通过地脚螺栓和调整垫块使整台车床固定在工作场地上，并使床身调整到水平状态。 | 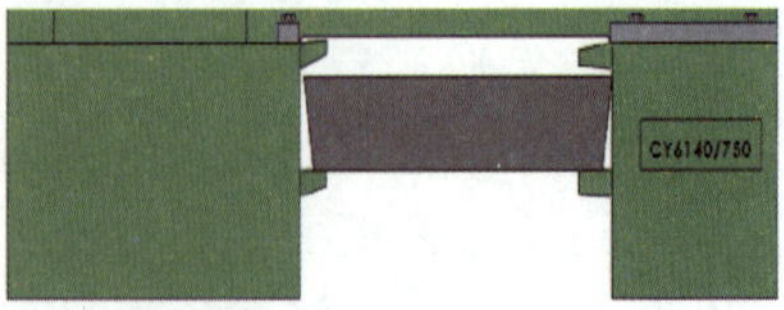 |
| | | **9. 照明、冷却装置**<br>照明灯使用安全电压，为操作者提供充足的光线，保证操作环境明亮，便于观察和测量。<br>冷却装置主要通过冷却水泵将水箱中的切削液加压后喷射到切削区域，降低切削温度，冲走切屑，润滑加工表面，以延长刀具寿命，提高工件的表面加工质量。 |  |

## 二、车床基本操作

| 内容 | | 图例与说明 |
|---|---|---|
| CA6140型车床基本操作 | 车床启动操作 | 1. 检查车床各变速手柄是否处于空挡位置，操纵杆是否处于停止状态，确认无误后，合上车床电源总开关。<br>2. 先松开交换齿轮箱盖上的红色急停（停止）按钮，再按下上方的绿色按钮（或床鞍上的绿色启动按钮），电动机启动（图 1-3）。<br>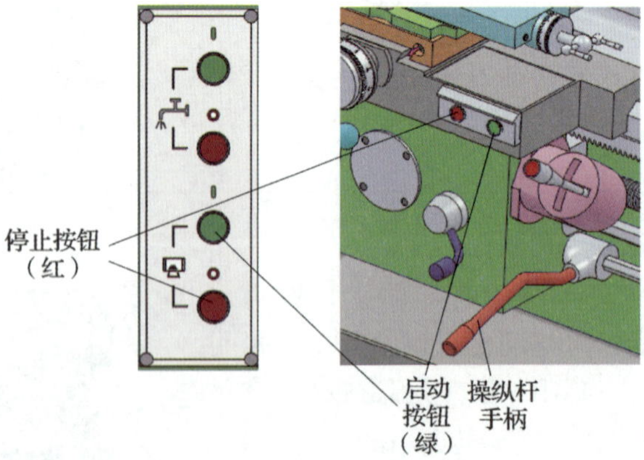<br><br>图 1-3　车床启动的按钮和手柄 |

| 内容 | | 图例与说明 |
|---|---|---|
| CA6140型车床基本操作 | 车床启动操作 | 3. 向上提起操纵杆手柄，主轴正转；操纵杆手柄回到中间位置，主轴停止转动；操纵杆手柄下压，主轴反转。<br>4. 按下红色停止按钮，电动机停止工作。<br>*提示：主轴正反转的转换要在主轴停止转动后进行，避免因连续转换操作使瞬间电流过大而发生电器故障。*<br>*工作完毕，各手柄恢复至开机状态，关闭车床电源总开关。* |
| | 主轴箱的变速操作 | 车床主轴变速通过改变主轴箱正面右侧两个叠套的手柄位置来控制，如图 1–4 所示。前面的手柄有六个挡位，每个挡位上有四级转速，若要选择其中某一转速可通过后面的手柄来控制。后面的手柄除有两个空挡外，还有四个挡位，只要将手柄位置拨到其所显示的颜色与前面手柄所处挡位上的转速数字所标示的颜色相同的挡位即可。<br>例：图 1–4 所示前手柄对应的位置有 450 r/min、160 r/min、40 r/mim、10 r/mim，此时因后手柄处于黑色位置处，所以此时主轴的转速为 160 r/min。<br>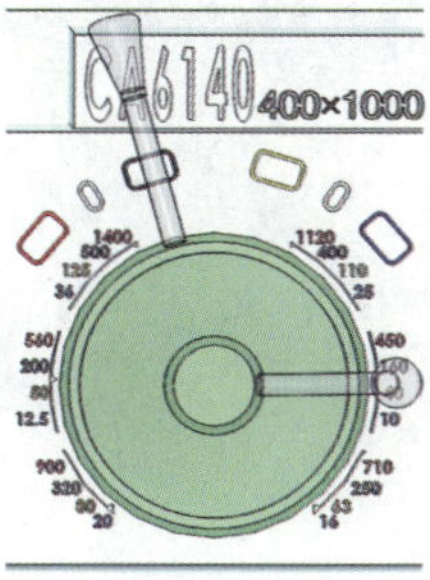<br>图 1–4　主轴箱的变速操作手柄<br>主轴箱正面左侧是车削螺纹的变换手柄，如图 1–5 所示，一般情况下手柄放置在右旋正常螺距位置。<br>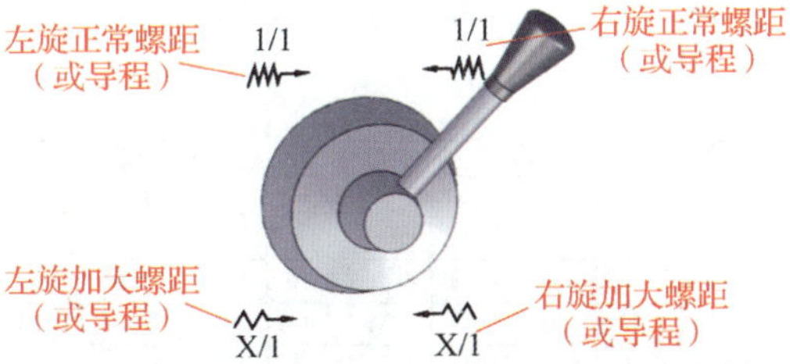<br>图 1–5　车削螺纹的变换手柄<br>主轴变速操作练习：<br>1. 调整主轴转速分别为 16 r/min、200 r/min、450 r/mim，确认后启动车床并观察。<br>2. 选择车削右旋正常螺距螺纹和车削左旋加大螺距螺纹的手柄位置。 |

| 内容 | 图例与说明 |
| --- | --- |

CA6140型车床基本操作

进给箱的操作

车床进给箱正面左侧是进给基本组手轮，有1 ~ 8共八个挡位。右侧是倍增组手柄，有前后叠装的两个手柄，前面的手柄有A、B、C、D四个挡位，是螺纹种类及丝杠、光杠变换手柄，后面的手柄有Ⅰ、Ⅱ、Ⅲ、Ⅳ四个挡位，与左侧进给基本组手轮的八个挡位相配合，用以调整螺距及进给量，如图1–6所示。实际操作时应根据加工要求确定进给量及螺距，查找进给箱油池盖上的螺纹和进给量调配表（图1–7）来确定手轮和手柄的具体位置。

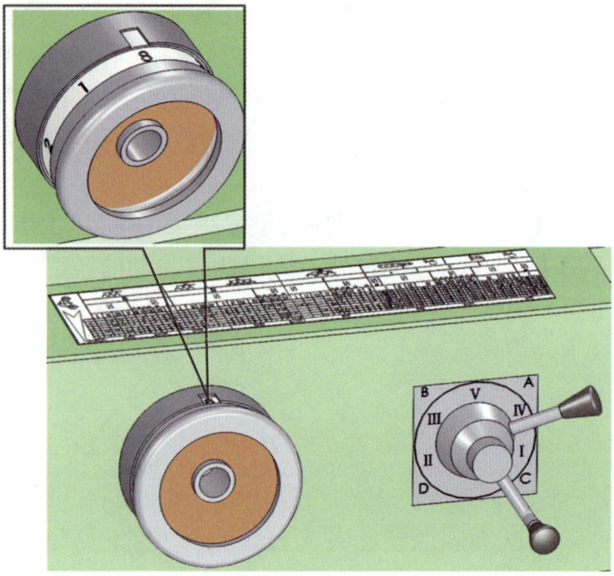


图1–6　进给箱的操作手柄

| | A | | | | | C | | | | | | A | | | | |
| --- | --- | --- | --- | --- | --- | --- | --- | --- | --- | --- | --- | --- | --- | --- | --- | --- |
| | X/1 | 1/1 | | | | | X/1 | | | | 1/1 | | | | X/1 | |
| | Ⅰ | | Ⅱ | Ⅲ | Ⅳ | | Ⅲ Ⅰ | Ⅳ Ⅱ | Ⅳ Ⅱ | Ⅲ Ⅰ | Ⅳ | | Ⅲ | Ⅱ | Ⅰ | |
| 1 | 0.028 | 0.08 | 0.16 | 0.33 | 0.66 | 1.59 | 3.16 | 6.33 | 3.16 | 1.58 | 0.79 | 0.33 | 0.16 | 0.08 | 0.040 | 0.014 |
| 2 | 0.032 | 0.09 | 0.18 | 0.36 | 0.71 | 1.47 | 2.93 | 5.87 | 2.92 | 1.46 | 0.73 | 0.35 | 0.17 | 0.09 | 0.045 | 0.016 |
| 3 | 0.036 | 0.10 | 0.20 | 0.41 | 0.81 | 1.29 | 2.57 | 5.14 | 2.56 | 1.28 | 0.64 | 0.40 | 0.20 | 0.10 | 0.050 | 0.018 |
| 4 | 0.039 | 0.11 | 0.23 | 0.46 | 0.91 | 1.15 | 2.28 | 4.56 | 2.28 | 1.14 | 0.57 | 0.45 | 0.22 | 0.11 | 0.055 | 0.019 |
| 5 | 0.043 | 0.12 | 0.24 | 0.48 | 0.96 | 1.09 | 2.16 | 4.32 | 2.16 | 1.08 | 0.54 | 0.48 | 0.24 | 0.12 | 0.060 | 0.021 |
| 6 | 0.046 | 0.13 | 0.26 | 0.51 | 1.02 | 1.03 | 2.05 | 4.11 | 2.04 | 1.02 | 0.51 | 0.50 | 0.25 | 0.13 | 0.065 | 0.023 |
| 7 | 0.050 | 0.14 | 0.28 | 0.56 | 1.12 | 0.94 | 1.87 | 3.74 | 1.88 | 0.94 | 0.47 | 0.56 | 0.28 | 0.14 | 0.070 | 0.025 |
| 8 | 0.054 | 0.15 | 0.30 | 0.61 | 1.22 | 0.86 | 1.71 | 3.42 | 1.72 | 0.86 | 0.43 | 0.61 | 0.30 | 0.15 | 0.075 | 0.027 |
| | A=83 | | | | | | B=100 | | | | | | C=75 | | | |

图1–7　进给箱螺纹和进给量调配表（节选）

<table>
<tr><th colspan="2">内容</th><th>图例与说明</th></tr>
<tr><td rowspan="3">CA6140型车床基本操作</td><td>进给箱的操作</td><td>当后手柄处于正上方时是Ⅴ挡，此时齿轮箱的运动不经进给箱变速，而与丝杠直接相连。<br>进给基本组数字 1 ～ 8 表示进给量逐渐加大，而倍增组手柄上 A ～ D 则是进给量成倍增加，Ⅰ ～Ⅳ相当于丝杠、光杠的转换手柄，和其他手柄配合以调整螺距。<br>进给变速操作练习：<br>确定选择纵向进给量为 0.08 mm/r 和 0.30 mm/r、横向进给量为 0.15 mm/r 和 0.33 mm/r 时的手轮和手柄位置，并进行调整。</td></tr>
<tr><td>溜板部分简介</td><td>溜板部分包括溜板箱、床鞍、中滑板、小滑板及刀架等，如图 1-8 所示。<br>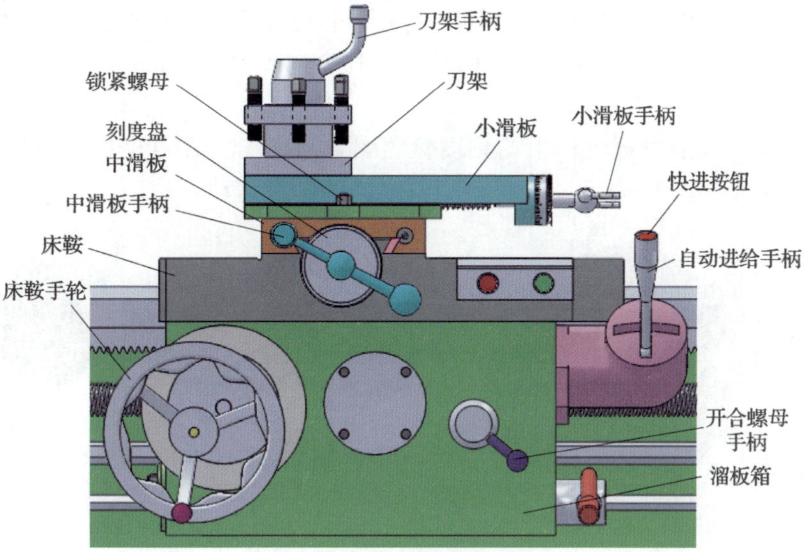<br>图 1-8　溜板部分<br>溜板部分实现车削时绝大部分的进给运动：床鞍及溜板箱作纵向移动，中滑板作横向移动，小滑板可作纵向或斜向移动。进给运动有手动进给和机动进给两种方式。</td></tr>
<tr><td>溜板部分的手动操作</td><td>1. 床鞍及溜板箱的纵向移动由溜板箱正面左侧的床鞍手轮控制。顺时针方向转动手轮时，床鞍及溜板箱向右运动（纵向退刀）；逆时针方向转动手轮时，床鞍及溜板箱向左运动（纵向进刀）。<br>2. 中滑板的横向移动由中滑板手柄控制。顺时针方向转动手柄时，中滑板向远离操作者方向运动（横向进刀）；逆时针方向转动手柄时，中滑板向靠近操作者方向运动（横向退刀）。<br>3. 小滑板在小滑板手柄控制下可做短距离的纵向移动。小滑板手柄顺时针方向</td></tr>
</table>

<table>
<tr><th colspan="2">内容</th><th>图例与说明</th></tr>
<tr><td rowspan="3">CA6140型车床基本操作</td><td>溜板部分的手动操作</td><td>转动时，小滑板向左运动（纵向进刀）；小滑板手柄逆时针方向转动时，小滑板向右运动（纵向退刀）。<br>手动进给操作练习：<br>1. 摇动床鞍手轮，使床鞍向左或向右做纵向移动；用左手、右手分别摇动中滑板手柄，做横向进给和退出移动；用双手交替摇动小滑板手柄，做纵向短距离的左、右移动。要求做到操作熟练自如，床鞍、中滑板、小滑板的移动平稳、均匀。<br>2. 用左手摇动床鞍手轮，右手同时摇动中滑板手柄，纵、横向快速趋近和快速退离工件。</td></tr>
<tr><td>刻度盘的运用</td><td>1. 溜板箱正面的床鞍手轮轴上的刻度盘（图 1–9a）分为 300 格，每转过 1 格，表示床鞍纵向移动 1 mm。它是控制工件纵向尺寸进刀的依据。<br>2. 中滑板丝杠上的刻度盘（图 1–9b）分为 100 格，每转过 1 格，表示刀架横向移动 0.05 mm（工件回转，直径方向就是 0.1 mm）。它是控制工件横向（径向）尺寸进刀的依据。<br>3. 小滑板丝杠上的刻度盘（图 1–9c）分为 100 格，每转过 1 格，表示刀架纵向移动 0.05 mm。它控制工件纵向的微量移动。<br>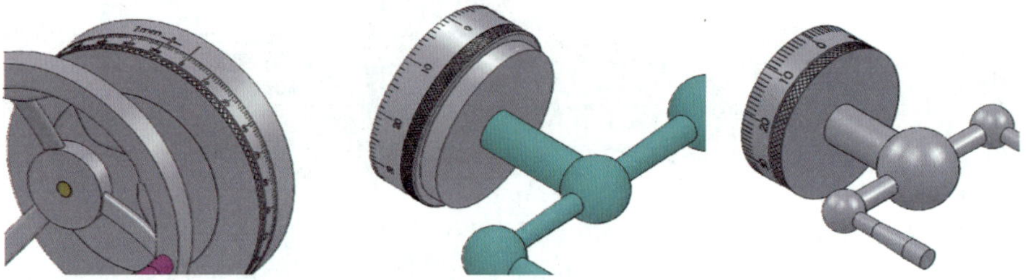<br>a)　b)　c)<br>图 1–9　刻度盘<br>a）床鞍刻度盘　b）中滑板刻度盘　c）小滑板刻度盘</td></tr>
<tr><td>溜板部分的机动操作</td><td>1. CA6140 型车床的纵、横向机动进给和快速移动采用单手柄操纵。自动进给手柄（图 1–10）在溜板箱右侧，可沿十字槽纵、横向扳动，手柄扳动方向与刀架运动方向一致，操作简单、方便。手柄在十字槽中央位置时，停止进给运动。在自动进给手柄顶部有一个快进按钮，按下此按钮，快速电动机工作，床鞍或中滑板按手柄扳动方向做纵向或横向快速移动；松开按钮，快速电动机停止转动，快速移动中止。<br>2. 溜板箱正面右侧有一个开合螺母手柄（图 1–10），用于控制溜板箱与丝杠之间的运动联系。车削非螺纹表面时，开合螺母手柄位于上方；车螺纹时，顺时针方向扳下开合螺母手柄，使开合螺母闭合并与丝杠啮合，将丝杠的运动传递给溜板箱，使溜板箱、床鞍按预定的螺距（或导程）做纵向进给。车完螺纹应立即将开合螺母手柄扳回原位。</td></tr>
</table>

<table>
<tr><th colspan="2">内容</th><th>图例与说明</th></tr>
<tr><td rowspan="2">CA6140型车床基本操作</td><td>溜板部分的机动操作</td><td>
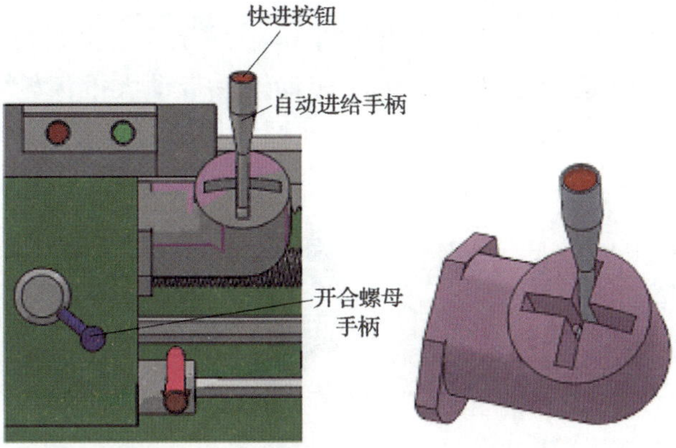

图 1–10　自动进给手柄和开合螺母手柄<br><br>
机动进给操作练习：<br>
1. 用自动进给手柄做床鞍的纵向进给和中滑板的横向进给的机动进给练习。<br>
2. 用自动进给手柄和手柄顶部的快进按钮做纵向、横向的快速进给操作。<br>
提示：光杠处于工作状态（转动）时，才能进行自动进给。<br>
当床鞍快速移动至离主轴箱或尾座尚有足够远的距离、中滑板伸出床鞍足够远时，应立即松开快进按钮，停止快速进给，以免床鞍撞击主轴箱或尾座和因中滑板悬伸太长而使燕尾导轨受损。
</td></tr>
<tr><td>尾座操作</td><td>
1. 纵向移动和锁紧尾座（图 1–11）：顺时针松开尾座固定手柄，推动尾座即可沿床身导轨至合适位置，逆时针方向扳动尾座固定手柄，则将尾座固定。<br><br>
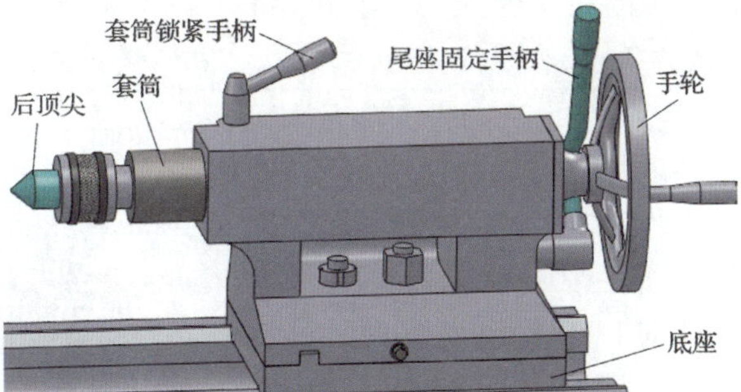

图 1–11　尾座<br><br>
2. 套筒的纵向进退移动：逆时针方向转动套筒锁紧手柄（松开套筒），摇动手轮，使套筒做进、退移动。顺时针方向转动套筒锁紧手柄，将套筒固定在选定的位置。<br>
3. 后顶尖的安装及退出：擦净套筒内孔和顶尖锥柄，安装后顶尖；松开套筒锁紧手柄，摇动手轮使套筒后退并退出后顶尖。
</td></tr>
</table>

<table>
<tr><td colspan="3">

## 三、三爪自定心卡盘的结构和卡爪的装卸

</td></tr>
<tr><td colspan="2">三爪自定心卡盘的结构</td><td>

三爪自定心卡盘的结构如图 1–12 所示。将卡盘扳手插入小锥齿轮 3 端部的方孔中，转动扳手使小锥齿轮转动，并带动大锥齿轮 4 回转。大锥齿轮的背面上有平面螺纹 5，与卡爪 6 的端面螺纹相啮合，大锥齿轮回转时，平面螺纹带动与其啮合的三个卡爪沿径向同时做向心或离心移动。

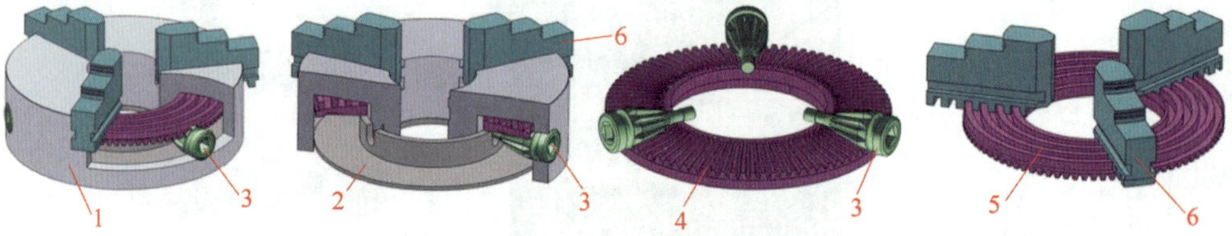


图 1–12　三爪自定心卡盘

1—卡盘壳体　2—防尘盖板　3—小锥齿轮

4—大锥齿轮　5—平面螺纹　6—卡爪

常用的三爪自定心卡盘规格有 150 mm、200 mm、250 mm 等。

</td></tr>
<tr><td rowspan="3">卡爪的装卸</td><td>卡爪的识别</td><td>

三爪自定心卡盘有正、反两副卡爪。正卡爪用于装夹外圆直径较小和内孔直径较大的工件；反卡爪用于装夹外圆直径较大的工件。每副卡爪分别标有 1、2、3 的编号，安装卡爪时必须按顺序装配。如果卡爪的编号标记不清晰，可将三个卡爪并列在一起，以卡爪夹持面与端面螺纹的距离 $h$ 的大小为准，最小的为 1 号，最大的为 3 号，如图 1–13 所示。

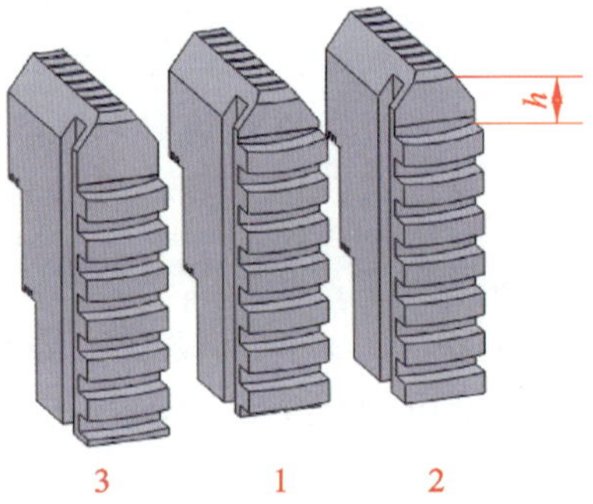


图 1–13　卡爪

</td></tr>
<tr><td>卡爪的安装</td><td>

将卡盘扳手的方榫插入卡盘壳体圆柱面上的方孔中，按顺时针方向旋转，驱动大锥齿轮回转，当其背面平面螺纹的螺扣转到将要接近 1 槽时，将 1 号卡爪插入壳体的 1 槽内，继续顺时针旋转卡盘扳手，在卡盘壳体的 2 槽、3 槽内依次装入 2 号、3 号卡爪。随着卡盘扳手的继续转动，三个卡爪同步沿径向向心运动，直至汇聚于卡盘的中心（图 1–14）。

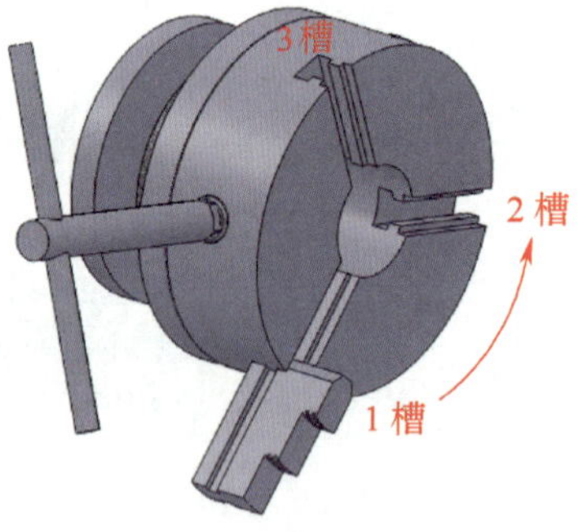


图 1–14　安装卡爪

</td></tr>
<tr><td>卡爪的拆卸</td><td>

将卡盘扳手逆时针方向旋转，三个卡爪则同步沿径向离心移动，直至退出卡盘壳体。

提示：卡爪退离卡盘壳体时要注意防止卡爪从卡盘壳体跌落受损。

更换反卡爪，按同样的方法进行卡爪的安装、拆卸操作练习。

</td></tr>
</table>

## 课题二　车床的润滑和日常保养

为了保证车床的正常运转，减少磨损，延长使用寿命，应对车床的所有摩擦部位进行润滑，并注意日常的维护保养。

### 一、常用的车床润滑方式

车床的不同部位采用不同的润滑方式。

<table>
<tr><th colspan="2">内容</th><th colspan="2">图例与说明</th></tr>
<tr><td rowspan="4">常用的车床润滑方式</td><td>浇油润滑</td><td>浇油润滑通常用于外露的滑动表面，如床身导轨面和滑板导轨面等，一般用油壶（图 1–15）进行浇注。</td><td><br>图 1–15　油壶</td></tr>
<tr><td>溅油润滑</td><td colspan="2">溅油润滑通常用于密闭的箱体中。如车床的主轴箱，它利用箱中齿轮的转动将箱内下方的润滑油溅射到箱体上部的油槽中，然后经槽内油孔流送到各润滑点进行润滑。</td></tr>
<tr><td>油绳导油润滑</td><td>油绳导油润滑常用于车床进给箱和溜板箱的油池中，它利用毛线既易吸油又易渗油的特性，通过毛线把油引入润滑点，间断地滴油润滑，如图 1–16 所示。</td><td>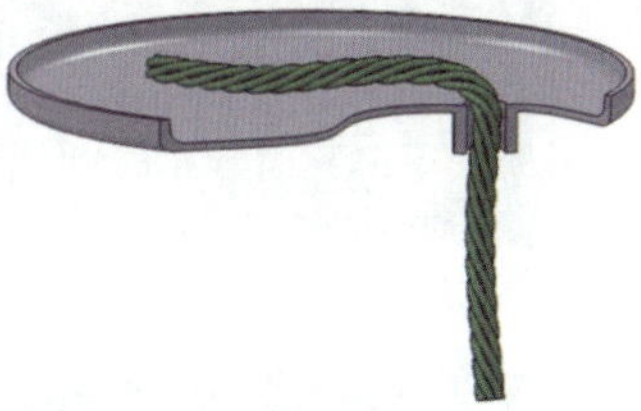<br>图 1–16　油绳导油润滑</td></tr>
<tr><td>弹子油杯注油润滑</td><td>弹子油杯注油润滑通常用于尾座、中滑板手柄和丝杠、光杠、操纵杆支架的轴承处。注油时，用油枪端头油嘴压下油杯上的弹子，注入润滑油，如图 1–17 所示。撤去油嘴，弹子回复原位，封住油杯的注油口，以防尘屑入内。</td><td>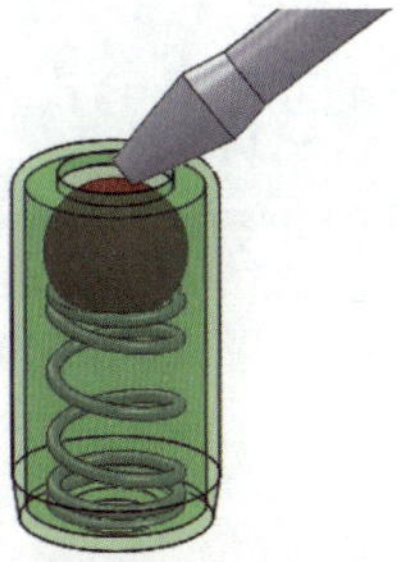<br>图 1–17　弹子油杯注油润滑</td></tr>
</table>

| 内容 | | 图例与说明 | |
|---|---|---|---|
| 常用的车床润滑方式 | 润滑脂杯润滑 | 润滑脂杯常用于交换齿轮箱挂轮架的中间轴或不便经常润滑的地方。在润滑脂杯中事先装满钙基润滑脂，需要润滑时，拧进油杯盖，将杯中的油脂挤压到润滑点（如轴承套）中去，如图 1–18 所示。使用油脂润滑比加注机油方便，且存油期长，不需要每天加油。 | 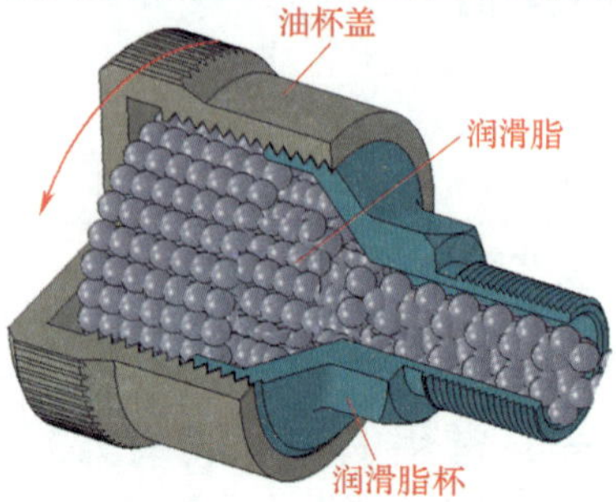<br><br>图 1–18　润滑脂杯润滑 |

## 二、CA6140 型车床的润滑要求

按车床润滑要求，参照图 1–19 所示的 CA6140 型车床每天润滑点分布图，对车床进行润滑，同时做好日常保养工作。

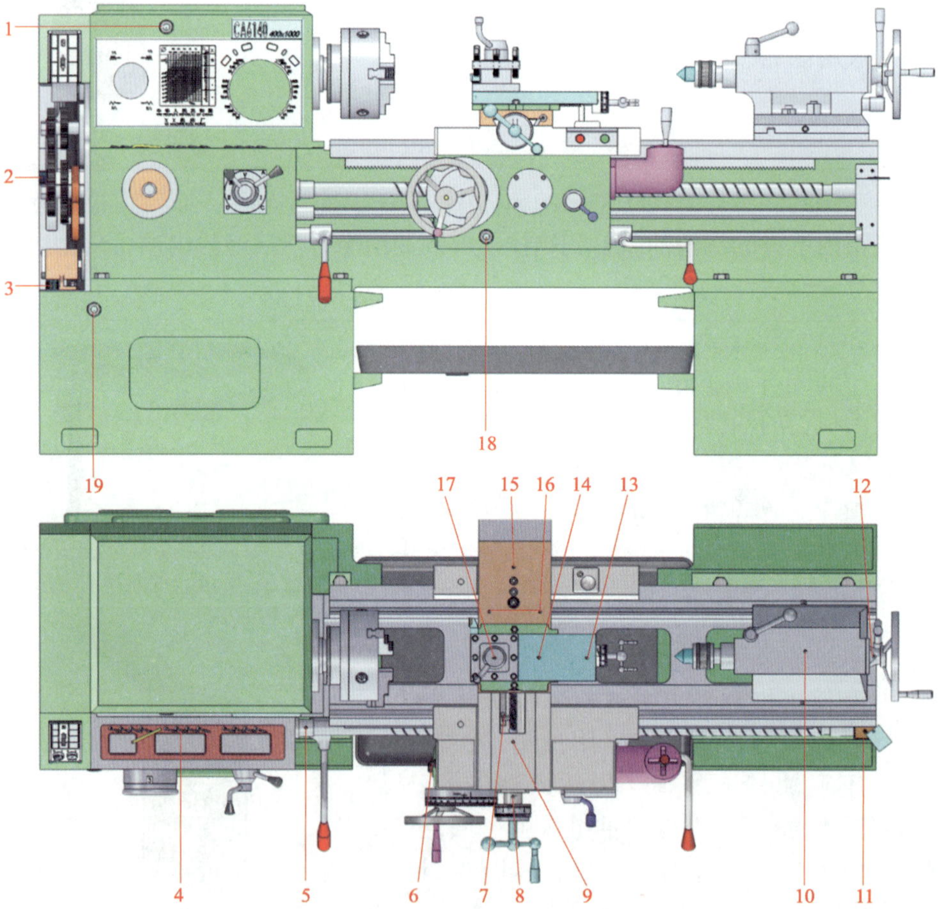


图 1–19　CA6140 型车床每天润滑点分布图

## 三、CA6140 型车床的日常润滑工作

每天对车床进行润滑时，必须按照图 1–19 所示的 CA6140 型车床每天润滑点分布图，按以下顺序进行润滑工作。

| 加油部位 | 实施步骤 | 图例 |
| --- | --- | --- |
| 主轴箱 | 主轴箱采用油泵循环润滑和溅油润滑的方式，一般使用牌号为 L–AN46 的全损耗系统用油，具体实施步骤如下：<br>（1）启动电动机，观察主轴箱油窗内已有油输出，如图所示。<br>（2）电动机空转 1 min 后在主轴箱内形成油雾，油泵循环润滑系统使各润滑点得到润滑后，主轴方可启动。<br>（3）如果油窗内没有油输出，说明润滑系统有故障，应立即检查断油原因。一般原因是主轴箱后端的三角形过滤器堵塞，应用煤油清洗。 | 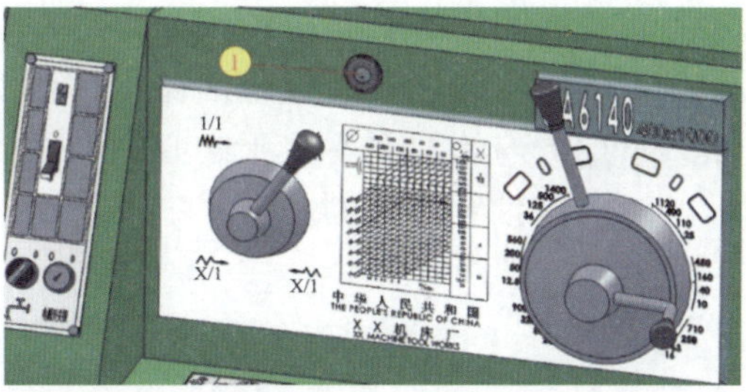 |
| 进给箱和溜板箱 | 进给箱和溜板箱采用溅油润滑和油绳导油润滑方式，一般采用牌号为 L–AN46 的全损耗系统用油，具体实施步骤如下：<br>（1）主轴低速空转 12 min，使进给箱内的润滑油通过溅油方式润滑各齿轮。冬天时这一点尤其重要。<br>（2）掀开进给箱上盖（调速表），观察进给箱油泵输出油管（润滑点 4）是否喷油，如图 a 所示，若没有或者较少，应向油箱（润滑点 3）注油口注入新润滑油，如图 b 所示。 | 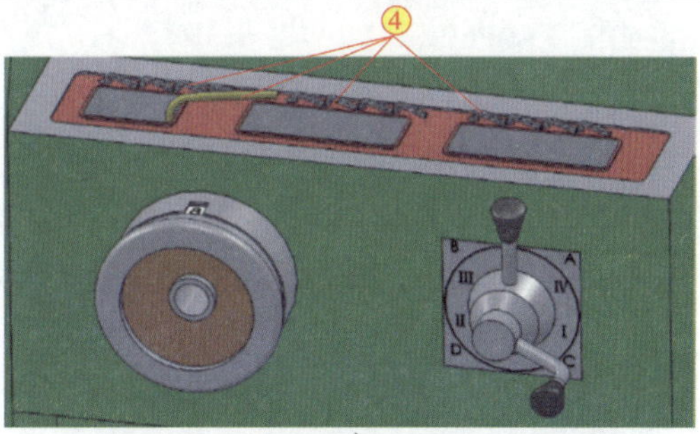a）<br>b） |

| 加油部位 | 实施步骤 | 图例 |
| --- | --- | --- |
| 进给箱和溜板箱 | （3）进给箱还需用箱上部的储油槽通过油绳导油进行润滑。每班应用油壶给储油槽（润滑点 4）加一次油，如图 a 所示。<br>（4）观察溜板箱油窗（润滑点 18）内的油面不低于中心线，否则应向油箱（润滑点 6）注入新润滑油，如图 c 所示。 | 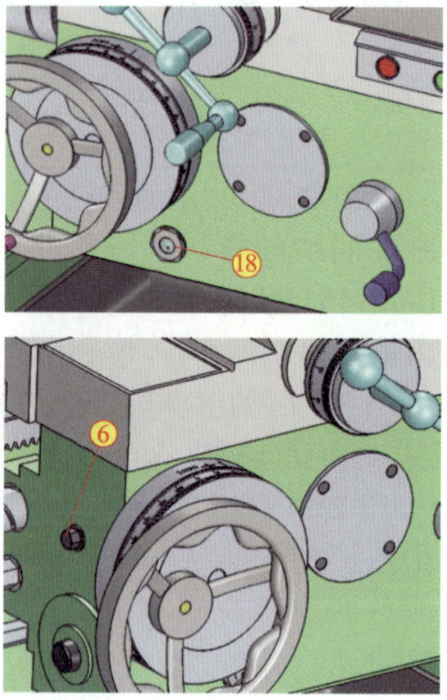<br>c） |
| 丝杠、光杠及操纵杆的轴颈 | 丝杠、光杠及操纵杆的轴颈部位采用油绳导油润滑和弹子油杯润滑的方式，一般采用牌号为 L-AN46 的全损耗系统用油，具体实施步骤如下：<br>（1）丝杠、光杠及操纵杆左端的轴颈润滑是通过后托架储油池内的油绳导油润滑方式实现的，每班应用油壶给储油池（润滑点 11）加一次油，如图 d 所示。<br>（2）用油壶对丝杠左端的弹子油杯（润滑点 5）进行注油润滑，如图 e 所示。 | 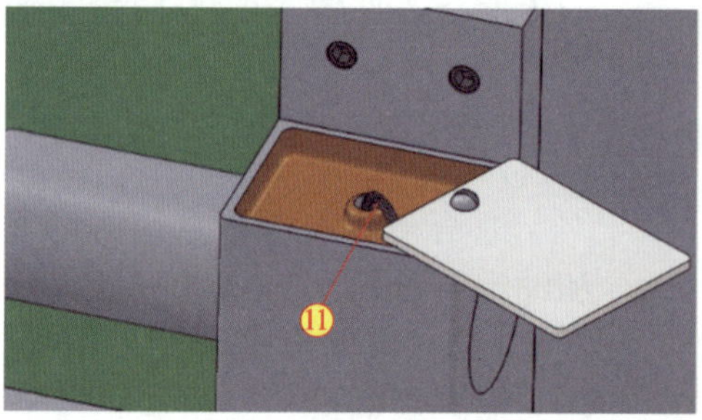<br>d）<br>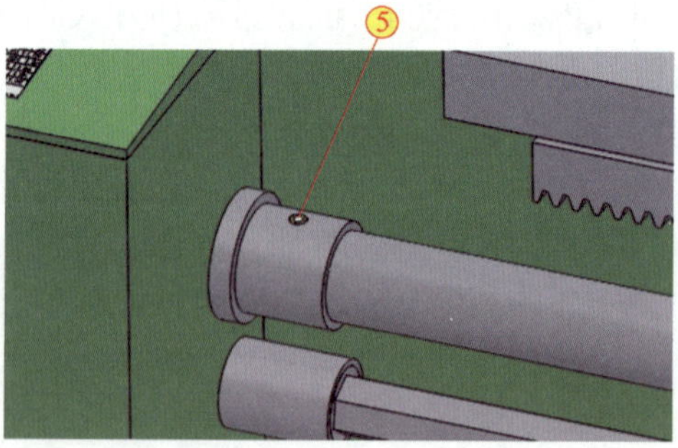<br>e） |

| 加油部位 | 实施步骤 | 图例 |
|---|---|---|
| 床鞍、导轨面和刀架部分 | 床鞍、导轨面和刀架部分一般采用浇油润滑和弹子油杯润滑方式，润滑油采用牌号为 L-AN46 的全损耗系统用油，具体实施步骤如下：<br>（1）每班工作前后都要擦净床身导轨和中、小滑板的燕尾形导轨。<br>（2）用油壶浇油润滑各导轨表面。<br>（3）摇动中滑板手柄，露出油盒并打开油盒盖，用油壶注满油盒（润滑点 7，此处采用油绳导油润滑，用来润滑被床鞍遮住的导轨面）并盖好油盒盖，如图 f 中 9 所示。<br>（4）每班应用油壶对刀架和中、小滑板丝杠轴颈处的弹子油杯进行注油润滑（润滑点 8、9、13、14、15、16、17）。 | 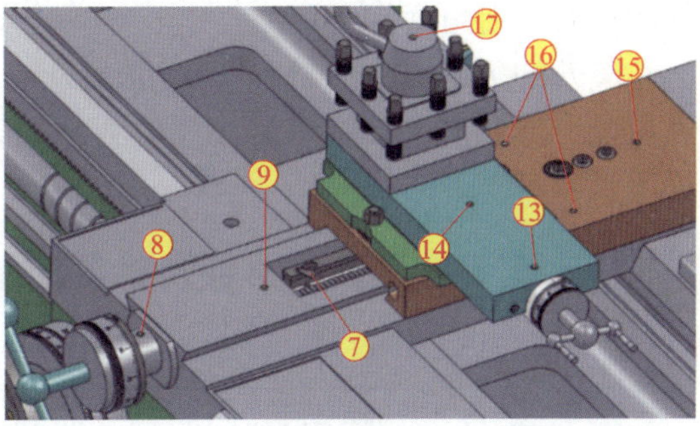<br>f） |
| 尾座 | 尾座采用弹子油杯润滑方式，润滑油采用牌号为 L-AN46 的全损耗系统用油，具体实施时，每班用油壶对尾座上的弹子油杯（图 g 中润滑点 10 和 12）进行注油润滑。 | 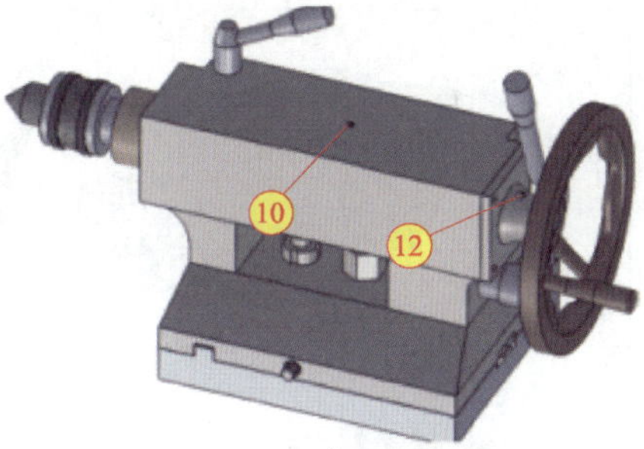<br>g） |
| 交换齿轮箱中间齿轮轴 | 交换齿轮箱中间齿轮轴采用油脂杯润滑方式，润滑油采用 2 号钙基润滑油，具体操作时，每班把交换齿轮箱中的中间齿轮轴轴头的螺塞（图 h 中润滑点 2）拧紧一次，使轴内的润滑脂供应到轴与套之间进行润滑。 | 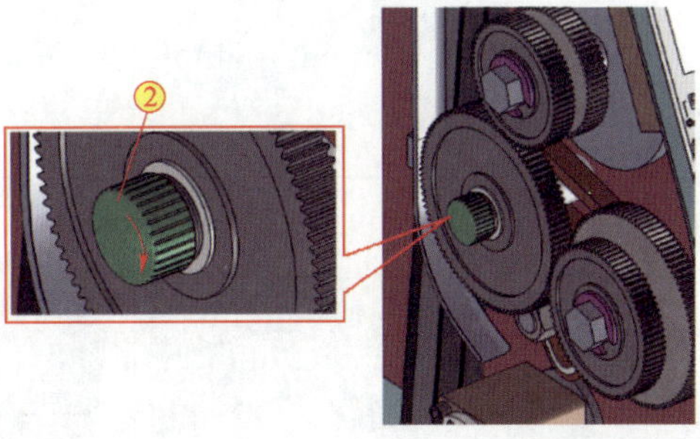<br>h） |

# 课题三 车刀的刃磨

在去除工件材料的切削过程中，车刀的前面和后面处于剧烈的摩擦与切削热的作用中，使车刀的切削刃口变钝而失去切削能力，必须通过刃磨来恢复切削刃口的锋利和正确的车刀几何角度。

车刀的刃磨方法有机械刃磨和手工刃磨两种。机械刃磨效率高，操作方便，几何角度准确，质量好。但在中、小型企业中仍普遍采用手工刃磨的方法。因此，车工必须掌握手工刃磨车刀的技术。

## 一、车刀的种类、材料及砂轮的选择

<table>
<tr><th rowspan="2"></th><th rowspan="2">种类</th><th colspan="2">车刀外形图</th><th rowspan="2">用途</th><th rowspan="2">车削示意图</th></tr>
<tr><th>焊接式</th><th>机夹式</th></tr>
<tr><td rowspan="4">车刀的种类</td><td>90°车刀（偏刀）</td><td>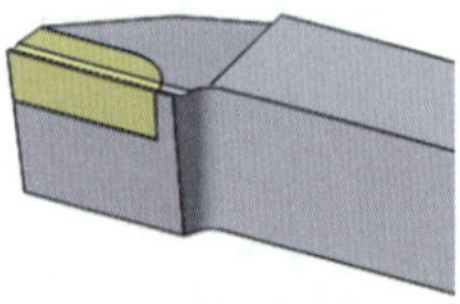</td><td></td><td>车削工件的外圆、台阶和端面</td><td>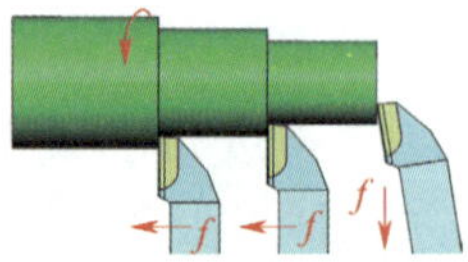</td></tr>
<tr><td>45°车刀</td><td>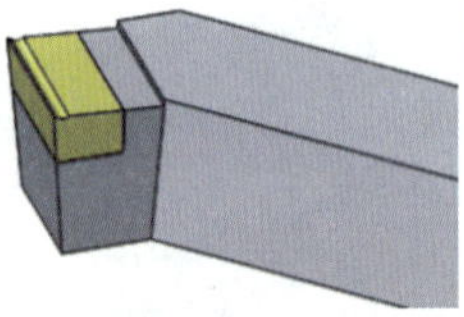</td><td></td><td>车削工件的外圆、端面以及倒角</td><td>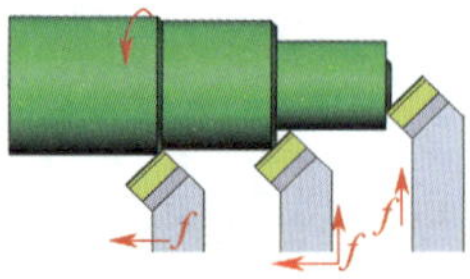</td></tr>
<tr><td>75°车刀</td><td>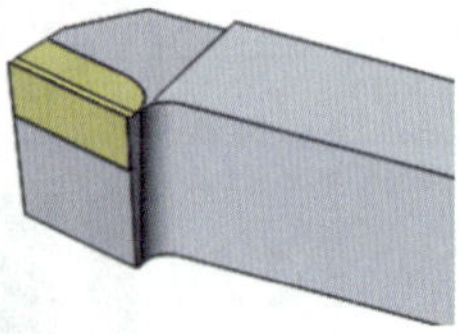</td><td>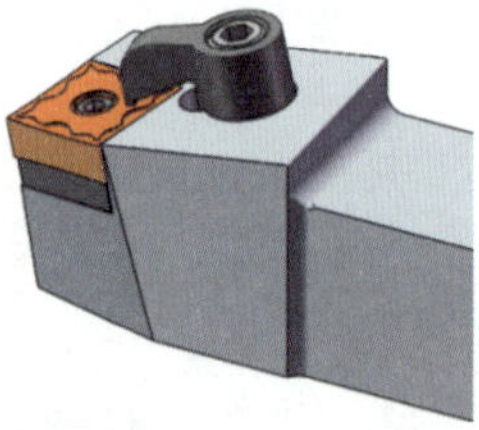</td><td>车削工件的外圆和端面</td><td>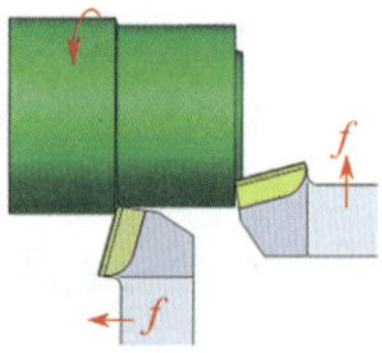</td></tr>
<tr><td>切断（车槽）刀</td><td>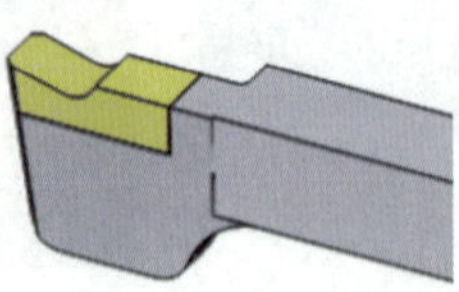</td><td>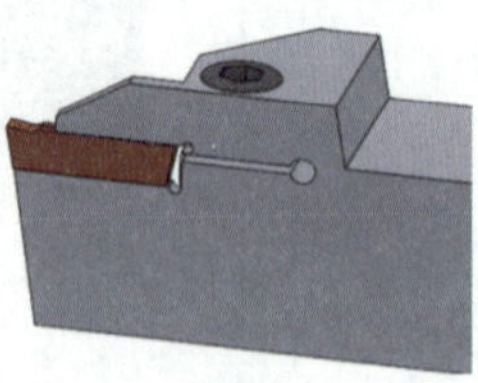</td><td>切断或在工件上车槽</td><td>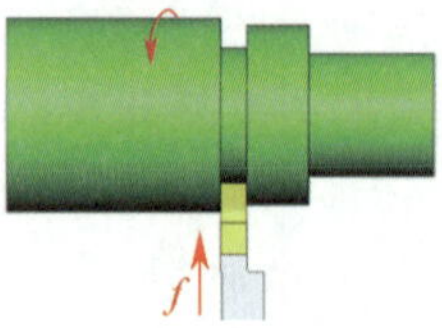</td></tr>
</table>

<table>
<tr><th rowspan="2"></th><th rowspan="2">种类</th><th colspan="2">车刀外形图</th><th rowspan="2">用途</th><th rowspan="2">车削示意图</th></tr>
<tr><th>焊接式</th><th>机夹式</th></tr>
<tr><td rowspan="3">车刀的种类</td><td>内孔车刀</td><td>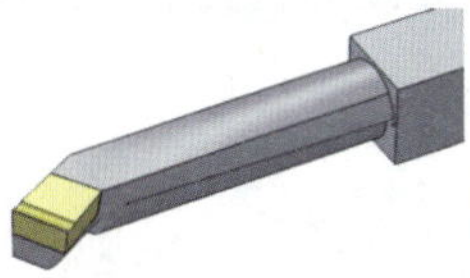</td><td>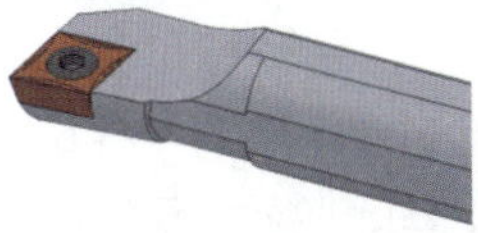</td><td>车削工件的内孔</td><td>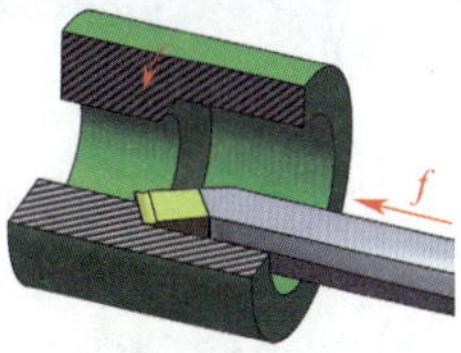</td></tr>
<tr><td>圆头车刀</td><td>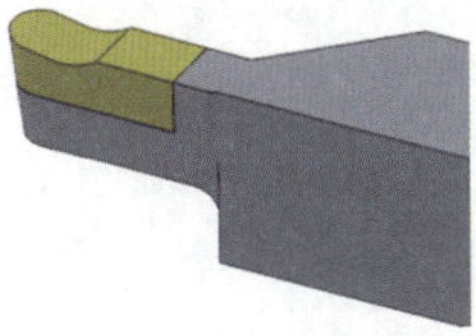</td><td>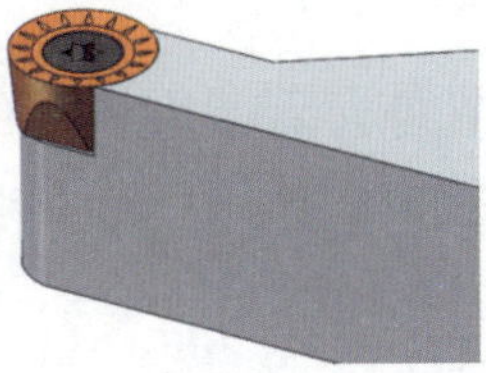</td><td>车削工件的圆弧面或特形面</td><td>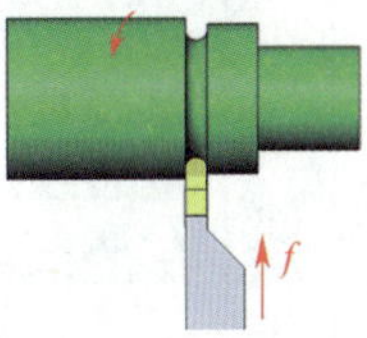</td></tr>
<tr><td>螺纹车刀</td><td>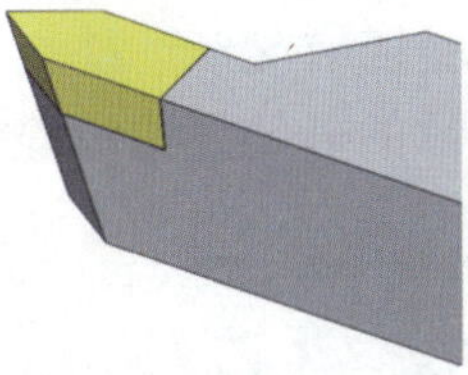</td><td>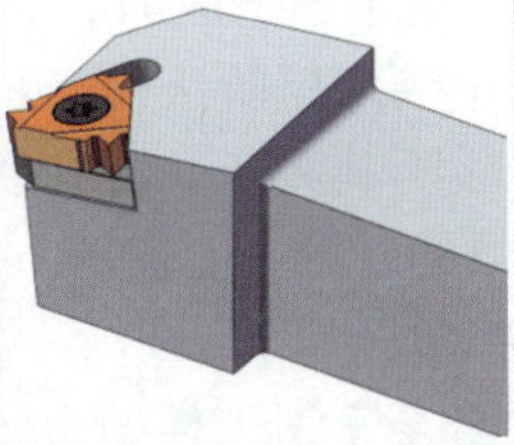</td><td>车削螺纹</td><td>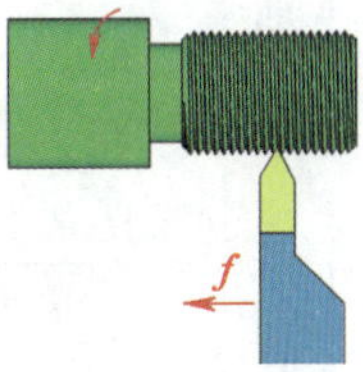</td></tr>
<tr><td>硬质合金可转位车刀</td><td colspan="5">用机械夹紧的方式将用硬质合金制成的各种形状的刀片固定在相应标准的刀柄上，组合成加工各种表面的车刀，如图 1-20 所示。当刀片上的一个切削刃磨钝后，只需将刀片转过适当角度，不需刃磨即可用新的切削刃继续切削，刀片的装拆和转位都很方便、快捷，从而大大节省了换刀和磨刀时间，并提高了刀柄的利用率。<br>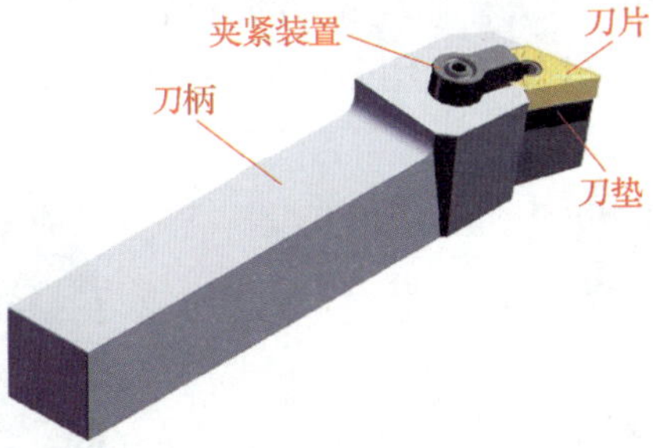<br>图 1-20　硬质合金可转位车刀</td></tr>
<tr><td>车刀材料</td><td colspan="5">车刀切削部分的材料一般有高速钢（常用牌号有 W18Cr4V 和 W6Mo5-Cr4V2）和硬质合金（钨钴类、钨钴钛类和通用类）两类。</td></tr>
</table>

<table>
<tr><th colspan="2">内容</th><th>图例与说明</th></tr>
<tr><td rowspan="3">常用砂轮的种类、鉴别及选择</td><td>砂轮的种类</td><td>刃磨车刀的砂轮大多采用平形砂轮，按其磨料不同，常用的砂轮有氧化铝砂轮和碳化硅砂轮两类。<br>氧化铝砂轮又称刚玉砂轮，多呈白色，其磨粒韧性好，比较锋利，硬度较低（指磨粒在磨削抗力作用下容易从砂轮上脱落），自锐性好，适用于高速钢车刀和硬质合金车刀刀体部分的粗磨。<br>碳化硅砂轮多呈绿色，其磨粒的硬度高，刃口锋利，但脆性大，适用于刃磨硬质合金车刀。</td></tr>
<tr><td>砂轮的鉴别</td><td>1. 砂轮外观的鉴别<br>常用的陶瓷砂轮是脆性体，若搬运和储存不当，则会有损伤，严重的会产生裂纹。外观有损伤的砂轮不能使用；此外还要求砂轮两端面平整，不得有明显的歪斜。<br>2. 砂轮内在裂纹的鉴别<br>砂轮裂纹主要是由于搬运不当造成的。但有时裂纹在砂轮内部，不易鉴别。为此，在使用砂轮前必须用响声检验法检查其是否有裂纹。检查前一只手托住砂轮，另一只手用木锤轻敲听其声音。没有裂纹的砂轮发出清脆的声音，有裂纹的砂轮声音嘶哑。有裂纹的砂轮不能使用。</td></tr>
<tr><td>砂轮的选择</td><td>刃磨车刀时砂轮的选择原则如下：<br>1. 高速钢车刀及硬质合金车刀刀体的刃磨采用白色氧化铝砂轮；硬质合金车刀的刃磨采用绿色碳化硅砂轮。<br>2. 粗磨车刀时采用基本粒尺寸大的粗粒度砂轮；精磨车刀时采用基本粒尺寸小的细粒度砂轮。</td></tr>
<tr><td colspan="2">砂轮机</td><td>砂轮机是用来刃磨各种刀具、工具的常用设备，由电动机、砂轮机座、托架和防护罩等部分组成，如图 1–21 所示。<br>砂轮机启动后，应在砂轮旋转平稳后再进行磨削。若砂轮跳动明显，应及时停机修整。平形砂轮一般用砂轮刀在砂轮上来回修整，如图 1–22 所示。<br><br>图 1–21　砂轮机<br>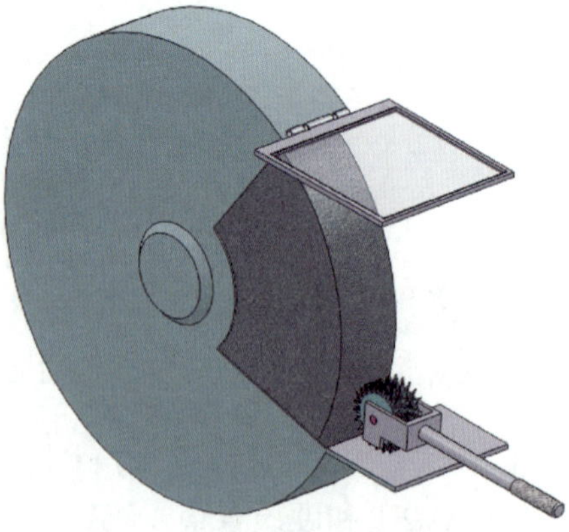<br>图 1–22　用砂轮刀修整砂轮</td></tr>
</table>

## 二、车刀的刃磨

车刀的刃磨

车刀的组成

车刀由刀柄和刀体组成（图 1–23）。刀柄是刀具的夹持部分；刀体是刀具上夹持或焊接刀片的部分，或由它形成切削刃的部分。

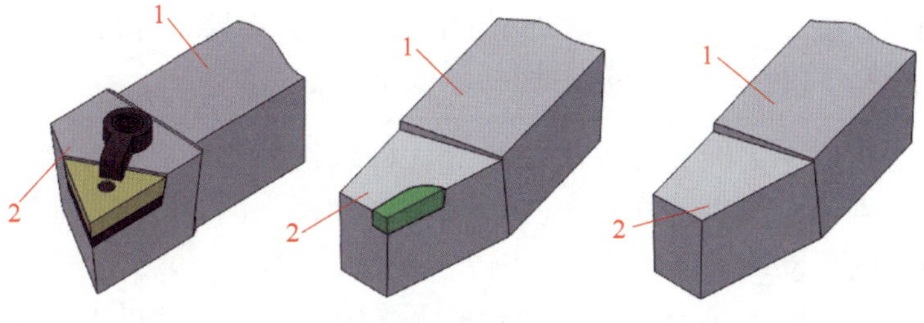


a)　　b)　　c)

图 1–23　车刀的组成

a）可转位式　b）焊接式　c）整体式

1—刀柄　2—刀体

刀体是车刀的切削部分，一般刀体由“三面二刃一尖”（前面、主后面、副后面、主切削刃、副切削刃、刀尖）组成。任何车刀都有上述几个组成部分，但数量不完全一样，如图 1–24 所示。

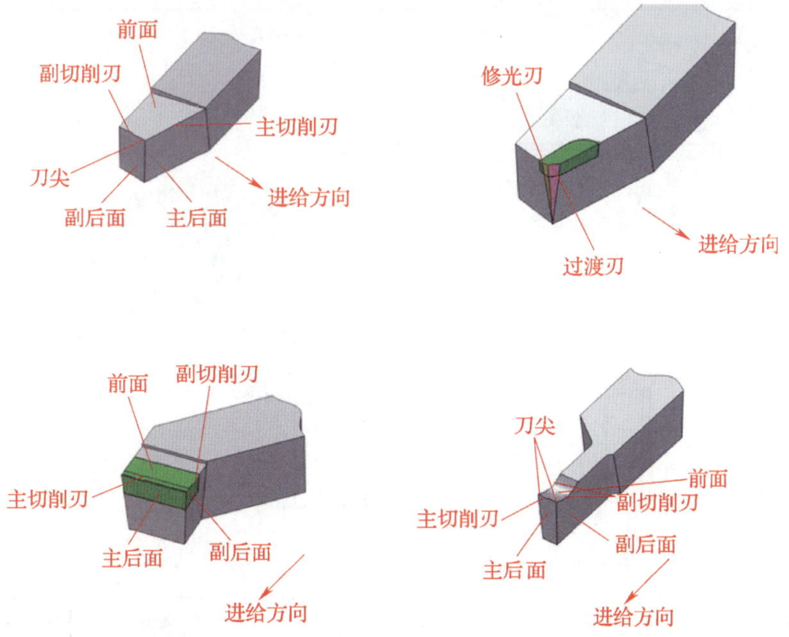


图 1–24　刀体的组成部分

<table>
<tr><td rowspan="3">车刀的刃磨</td><td>注意事项</td><td>1. 刃磨车刀时必须戴防护镜，操作者应按要求站立在砂轮机侧面。<br>2. 新安装的砂轮必须经严格检查，在试转合格后才能使用。砂轮的磨削表面须经常修整。<br>3. 使用平形砂轮时，应避免在砂轮的端面上刃磨车刀。<br>4. 刃磨高速钢车刀时应及时浸水冷却，以防因退火而导致硬度降低。刃磨硬质合金刀片焊接车刀时则不能浸水冷却，以防刀片因骤冷而崩裂。<br>5. 刃磨结束，应随手切断砂轮机电源。</td></tr>
<tr><td>姿势和方法</td><td>刃磨车刀时，操作者应站立在砂轮机的侧面，以防砂轮碎裂时碎片飞出伤人。两手分别握住车刀的刀体和刀柄部位，两肘应紧靠腰部，这样可以减小刃磨时的抖动。<br>刃磨时，车刀应放在砂轮的水平中心，刀尖略微上翘 3° ~ 8°，车刀接触砂轮后应做左右方向水平移动，车刀离开砂轮时，刀尖需向上抬起，以免磨好的切削刃被砂轮碰伤。<br>提示：刃磨车刀时不能用力过大，以防打滑伤手。</td></tr>
<tr><td>刃磨次序</td><td>车刀的刃磨分为粗磨和精磨。<br>刃磨硬质合金焊接车刀时还需先将车刀前面、后面上的焊渣磨去。<br>粗磨时按主后面→副后面→前面的顺序刃磨，精磨时按前面→主后面→副后面→刀尖圆弧的顺序进行。<br>硬质合金车刀还需用细油石研磨其切削刃。</td></tr>
<tr><td>90° 外圆车刀刃磨练习</td><td>车刀图样</td><td>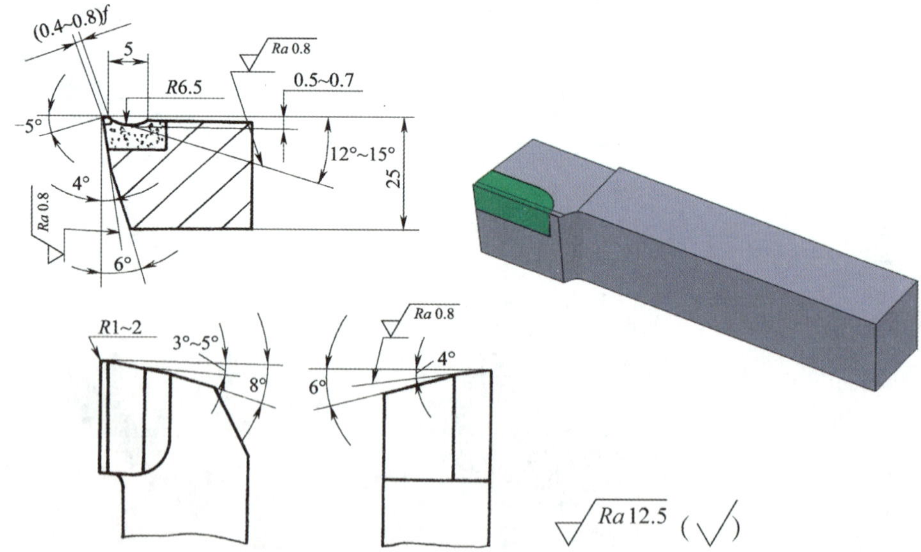

<table>
<tr><td>刀具名称</td><td>90° 外圆车刀</td></tr>
<tr><td>材料</td><td>P10 硬质合金（刀片）</td></tr>
</table></td></tr>
</table>

<table>
<tr><th colspan="2">内容</th><th colspan="2">图例与说明</th></tr>
<tr><td rowspan="3">90°外圆车刀刃磨练习</td><td rowspan="3">刃磨工艺</td><td>1. 粗磨主后面：选白色氧化铝砂轮。刀柄与砂轮轴线保持平行（$\kappa_r$=90°），刀柄向外侧倾斜主后角（$\alpha_o$取4°～6°）的角度。<br>刃磨时，应使主后面近底平面处先靠到砂轮中心的水平外圆处，并以此为起始位置，继续向砂轮靠近，并左右缓慢移动，一直磨至切削刃处为止。</td><td>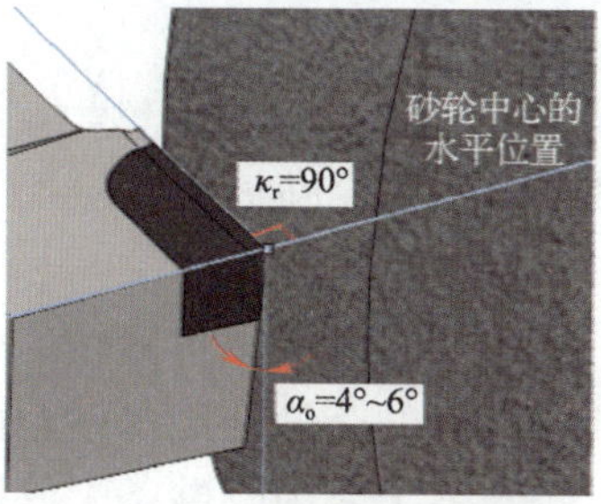
<br>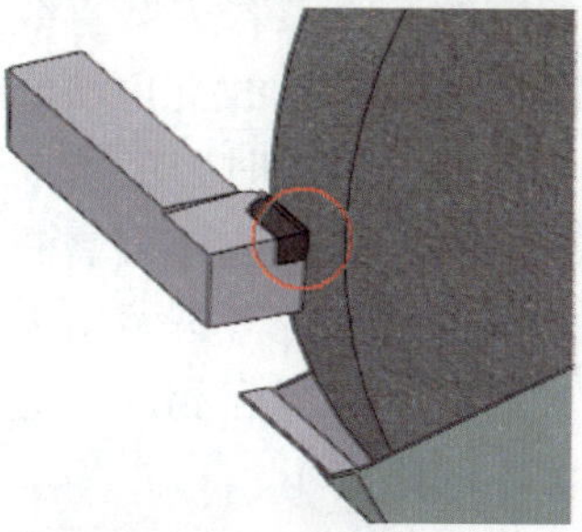</td></tr>
<tr><td>2. 粗磨副后面：选白色氧化铝砂轮。刀柄尾端向右偏摆，转过副偏角（$\kappa_r'$取8°～12°），刀头上翘副后角（$\alpha_o'$取4°～6°）的角度。<br>刃磨方法与上一步骤相同，但应磨至刀尖处为止。</td><td>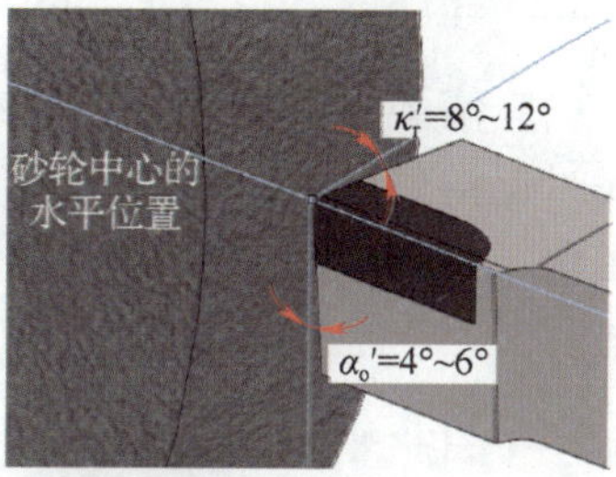
<br>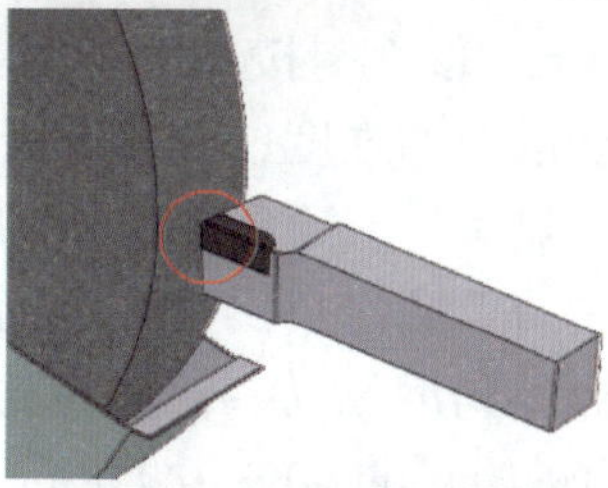</td></tr>
<tr><td>3. 粗磨前面：选白色氧化铝砂轮。刀柄与砂轮轴线平行，前面远离主切削刃一侧先靠近砂轮外圆水平中心处，一直磨至主切削刃处。</td><td>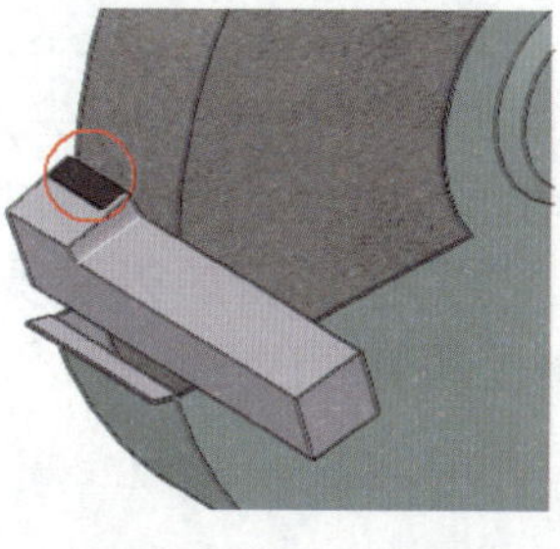</td></tr>
</table>

<table>
<tr><th colspan="2">内容</th><th colspan="2">图例与说明</th></tr>
<tr><td rowspan="3">90°外圆车刀刃磨练习</td><td rowspan="3">刃磨工艺</td><td>4. 刃磨断屑槽：选绿色碳化硅砂轮。断屑槽常见的有圆弧形和直线形两种。<br>刃磨时，须先将砂轮的外圆和端面的交角处用修砂轮的金刚石笔（或用硬砂条）修磨成相应的圆弧。若刃磨直线形断屑槽，则砂轮的交角须修磨得很尖锐。刃磨时刀尖可向下磨或向上磨。但选择刃磨断屑槽的部位时，应考虑留出刀头倒棱的宽度（留出相当于进给量大小的距离）。</td><td>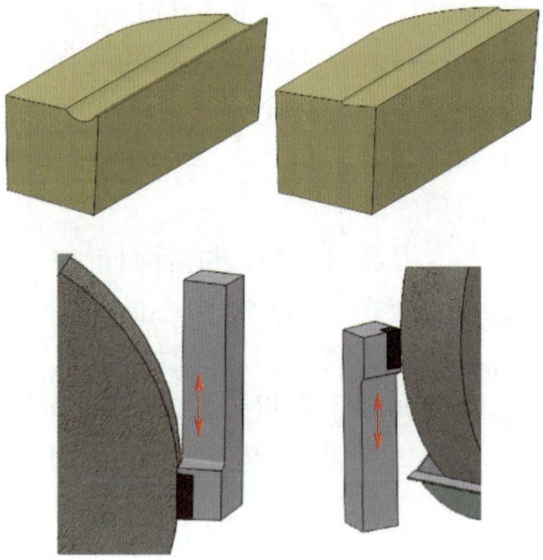</td></tr>
<tr><td colspan="2">5. 精磨主、副后面：选绿色碳化硅砂轮。修整好砂轮，保持回转平稳。刃磨时保持好手形，将车刀后面靠住砂轮圆周面缓慢地左右移动，保证车刀刃口平直。</td></tr>
<tr><td>6. 磨负倒棱：为了提高主切削刃的强度，改善其受力和散热条件，通常在车刀的主切削刃上磨出负倒棱。负倒棱的倾斜角度 $\gamma_f$ 为 –5°，其宽度 $b$ 为进给量的 40% ~ 80%，即 $b$ 取（0.4 ~ 0.8）$f$。<br>刃磨时，用力要轻微，要使主切削刃的后端向刀尖方向摆动。可采用直磨法和横磨法。为了保证切削刃的质量，最好采用直磨法。</td><td>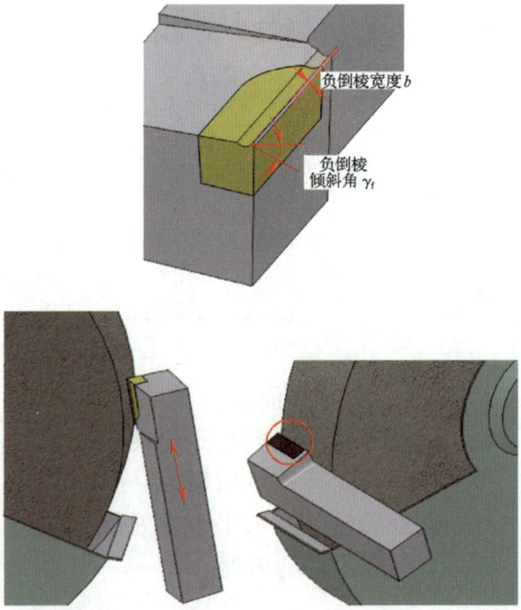</td></tr>
</table>

| 内容 | | 图例与说明 | |
| --- | --- | --- | --- |
| 90°外圆车刀刃磨练习 | 刃磨工艺 | 7. 磨过渡刃：过渡刃有圆弧形和直线形两种。<br>刃磨圆弧形过渡刃（$R$1 ~ 2 mm）时，在车刀刀尖与砂轮端面轻微接触后，刀柄基本上以刀尖为圆心，在主、副切削刃与砂轮端面的夹角 15° 的范围内，缓慢均匀地转动车刀，此时，用力要轻，推进要慢。<br>刃磨直线形过渡刃时，使车刀主切削刃与砂轮端面成一个大致为主偏角一半的角度，再用很小的力，缓慢地把刀尖向砂轮推进，当磨出的过渡刃长度符合要求时即可。 | 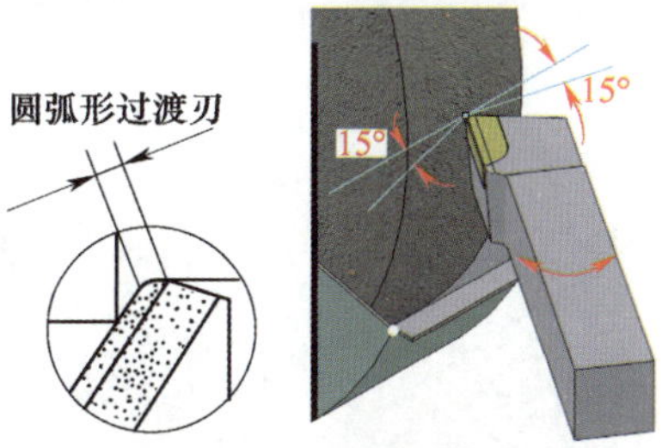<br>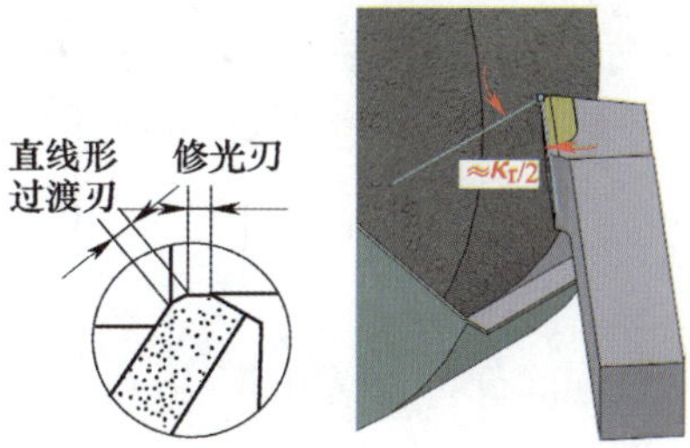 |
| | | 8. 用油石研磨：在砂轮上刃磨的车刀，可以发现其刃口上呈微观凸凹不平状态，所以手工刃磨的车刀还应用细油石研磨其切削刃。<br>研磨时，手持油石在切削刃上来回移动。要求向刀尖方向用力，离开刀尖则贴平刀面退回。要求动作平稳，用力均匀。 | 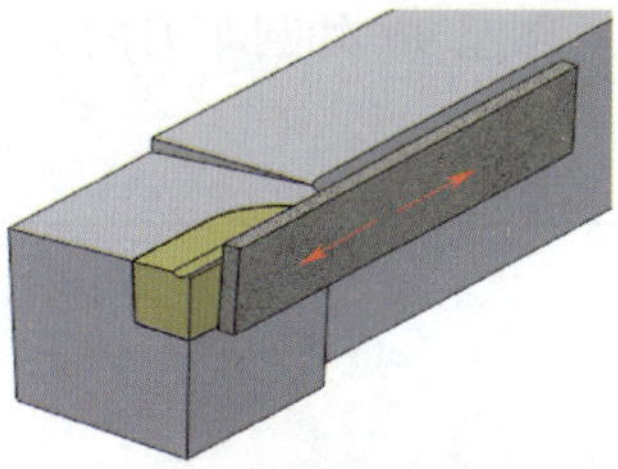<br>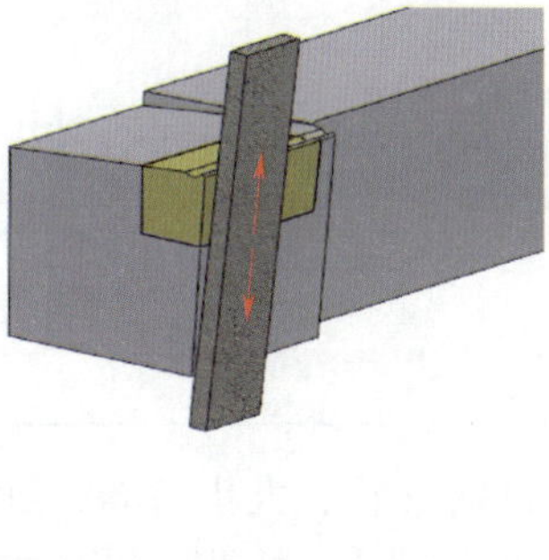 |

<table>
<tr><th colspan="2">内容</th><th colspan="2">图例与说明</th></tr>
<tr><td rowspan="3">45°端面车刀刃磨练习</td><td>车刀图样</td><td colspan="2">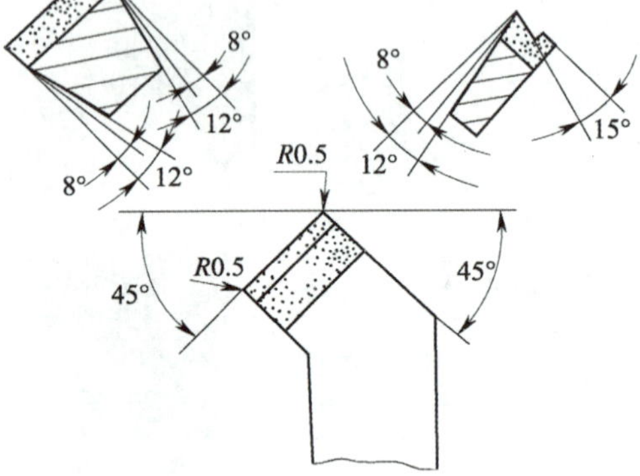

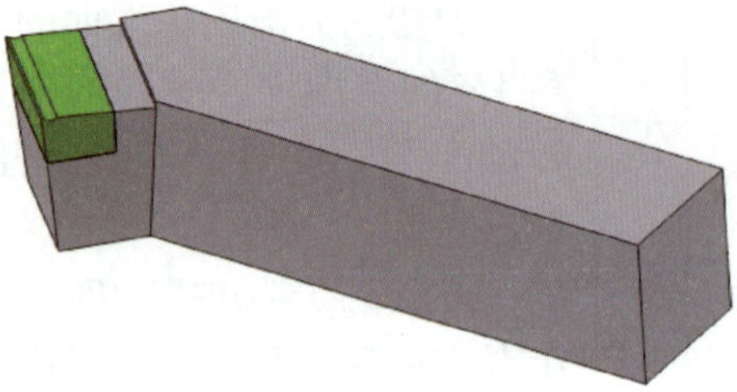
$\sqrt{Ra\ 12.5}$</td></tr>
<tr><td></td><td>刀具名称</td><td>45° 端面车刀</td></tr>
<tr><td>刃磨工艺</td><td colspan="2">参照 90°外圆车刀的刃磨工艺进行刃磨。</td></tr>
</table>

## 课题四 工件的装夹和找正

由于工件的形状、大小各异，加工精度及加工数量不同，因此，在车床上加工时，工件的装夹方法也不同。本课题介绍在车床上加工最多的轴类和盘类工件的常用装夹方法。

## 一、在三爪自定心卡盘上装夹

三爪自定心卡盘能自动定心，装夹工件时一般不需要找正，如图 1–25 所示。但在装夹较长的工件时，工件上离卡盘夹持部分较远处的回转中心不一定与车床主轴轴线重合，这时必须对工件位置进行找正。此外，当三爪自定心卡盘因使用时间较长而已失去应有的精度，而工件的加工精度要求又较高时，也需要找正。找正的要求是使工件的回转中心与车床主轴的回转中心重合。

三爪自定心卡盘适用于装夹形状规则的中、小型工件。

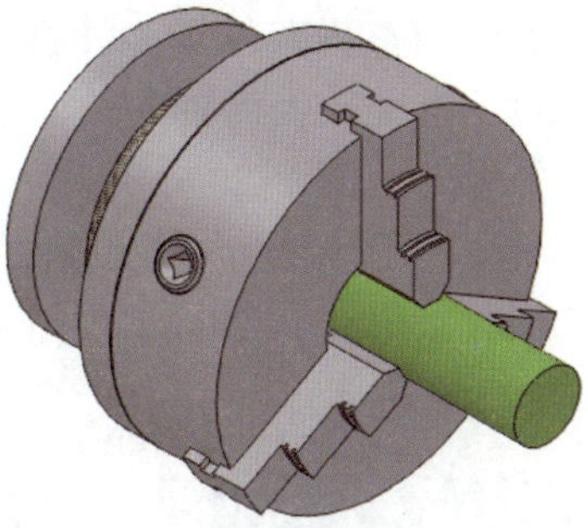

图 1–25　用三爪自定心卡盘装夹工件

<table>
<tr><th colspan="2">内容</th><th>图例与说明</th></tr>
<tr><td>在三爪自定心卡盘上装夹工件</td><td>用划针找正</td><td>粗加工时可通过目测和用划针找正工件毛坯表面。<br>1. 用卡盘轻夹工件，将变速箱手柄置于空挡，划线盘放置在适当位置，划针尖端触向工件悬伸端外圆柱表面，如图 1–26 所示。<br>2. 用手拨动卡盘使工件缓慢转动，观察划针尖与工件表面接触情况，用铜锤轻击工件悬伸端进行调整，如图 1–27 所示，直至全圆周划针与工件表面间隙均匀一致，找正结束。<br>3. 夹紧工件。<br>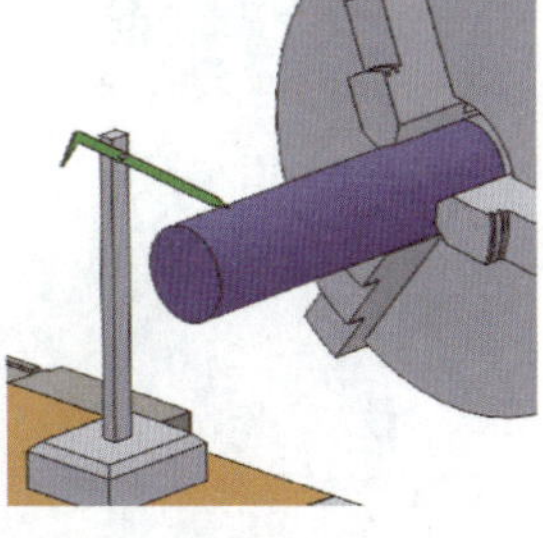<br>图 1–26　用划针找正轴类工件<br>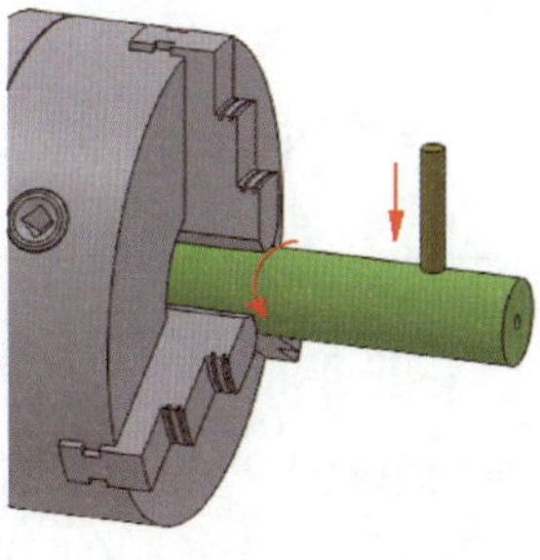<br>图 1–27　用铜锤轻击工件</td></tr>
</table>

<table>
<tr><th colspan="2">内容</th><th>图例与说明</th></tr>
<tr><td rowspan="2">在三爪自定心卡盘上装夹工件</td><td>用百分表找正</td><td>精加工时用百分表找正。<br>1. 用卡盘轻轻夹住工件，将磁性表座吸在车床固定不动的表面（如导轨面）上，调整表架位置，使百分表触头垂直指向工件悬伸端外圆柱表面（图 1–28）；对于直径较大而轴向长度不大的盘形工件，可将百分表触头垂直指向工件端面的外缘处（图 1–29）。<br>2. 用相同的方法扳动卡盘缓慢转动，并找正工件，至每转中百分表读数的最大差值在 0.1 mm 以内（或视工件精度要求），找正结束。<br>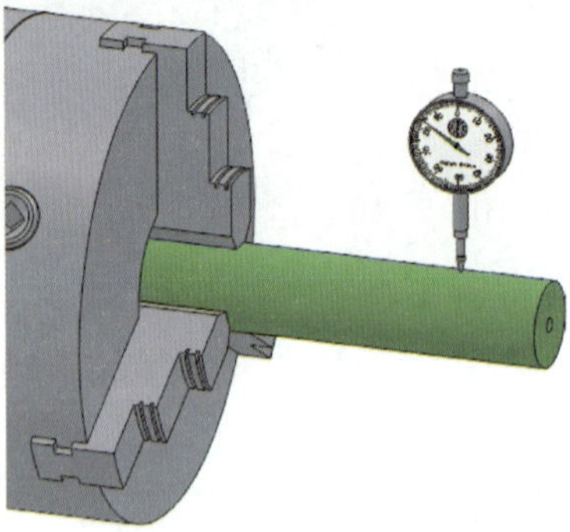<br>图 1–28　用百分表找正工件外圆<br>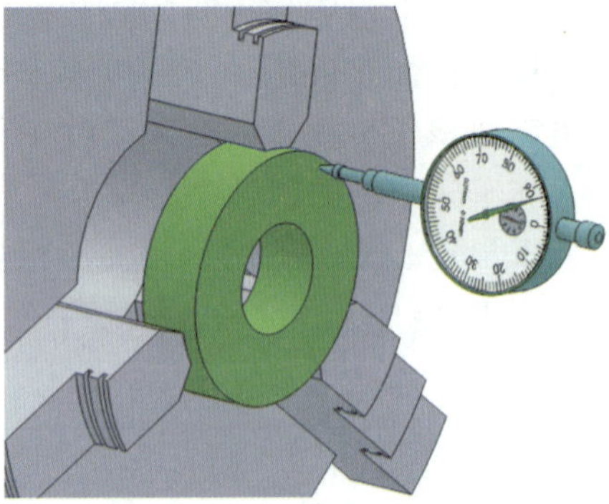<br>图 1–29　用百分表找正盘类工件端面<br>3. 夹紧工件。<br>提示：百分表触头预先压下 0.5 ～ 1 mm，再回转工件。</td></tr>
<tr><td>用小铜棒进行端面找正</td><td>装夹端面粗加工后的盘类工件时，常采用下述方法（图 1–30）：<br>1. 在刀架上夹持一圆头铜棒。<br>2. 用卡盘轻轻夹住工件，使主轴低速转动。<br>3. 移动床鞍和中滑板，使刀架上的圆头铜棒轻轻接触和挤压工件端面的外缘，当目测工件端面基本与主轴轴线垂直后，找正结束。<br>4. 夹紧工件，退出铜棒。<br>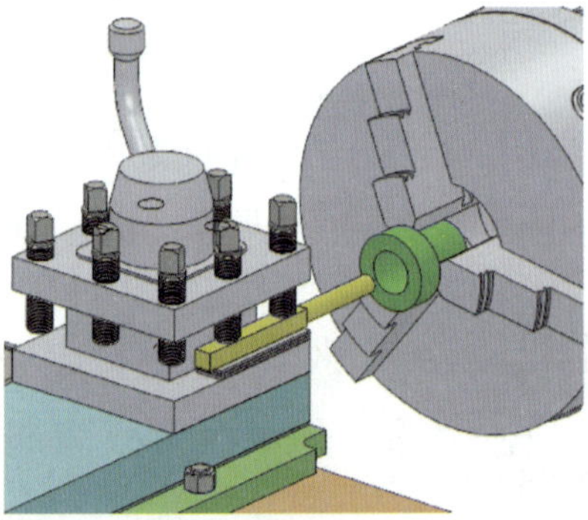<br>图 1–30　用小铜棒进行端面找正</td></tr>
</table>

## 二、在四爪单动卡盘上装夹

四爪单动卡盘的四个卡爪是各自独立运动的，如图 1–31 所示。因此，在装夹工件时，必须将工件加工部位的回转中心找正到与车床主轴回转中心重合。

四爪单动卡盘找正比较费时，但夹紧力大，适用于装夹大型或形状不规则的工件。

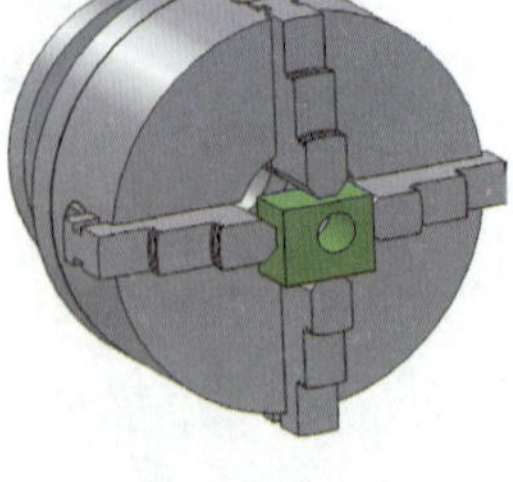

图 1–31　用四爪单动卡盘装夹工件

<table>
<tr><th colspan="2">内容</th><th>图例与说明</th></tr>
<tr><td rowspan="3">在四爪单动卡盘上装夹工件</td><td>工件的装夹</td><td>1. 将主轴箱变速手柄置于空挡位置。<br>2. 根据工件装夹部位的尺寸调整卡爪，使相对的两卡爪间的距离稍大于工件装夹部位的尺寸，装夹时的顺序是两相对应的卡爪移动，再移动另两相对应的卡爪。卡爪的位置是否与主轴回转中心等距，可参考卡盘平面上的多圈同心圆线。<br>3. 在工件装夹位置下方的床身导轨面上垫放防护木板。<br>4. 工件被夹持部分的长度一般为 15 mm 左右。</td></tr>
<tr><td>轴类工件的找正</td><td>找正轴类工件时，通常找正外圆柱面上的 A、B 两点，如图 1–32 所示。<br>1. 先找正 A 点，找正时，用划针尖靠近工件外圆表面 A 点，用手转动卡盘，观察工件表面与划针尖间的间隙，然后根据间隙大小调整两卡爪的相对位置，调整量为间隙差值的一半，如图 1–33 所示。注意找正时不能同时松开两只卡爪，以防工件掉落。至间隙均匀一致时，找正完成。<br>2. 再找正 B 点，将划针尖移到靠近工件外圆表面的 B 点处进行。不调整卡爪位置，而是用铜锤轻轻敲击。至间隙均匀一致时，找正完成。<br>3. 均匀夹紧工件。<br>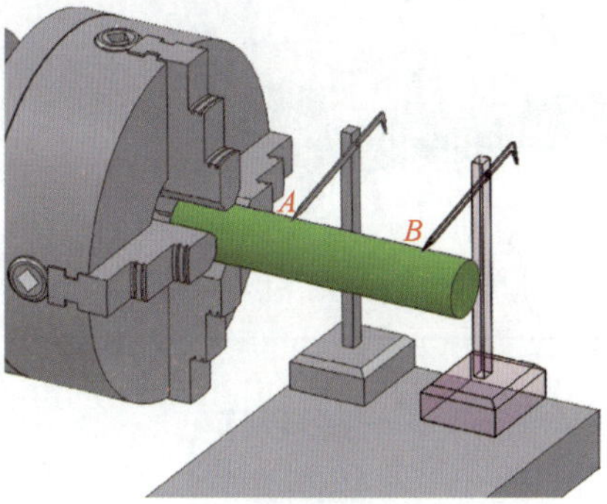<br><br>图 1–32　用划针找正轴类工件<br>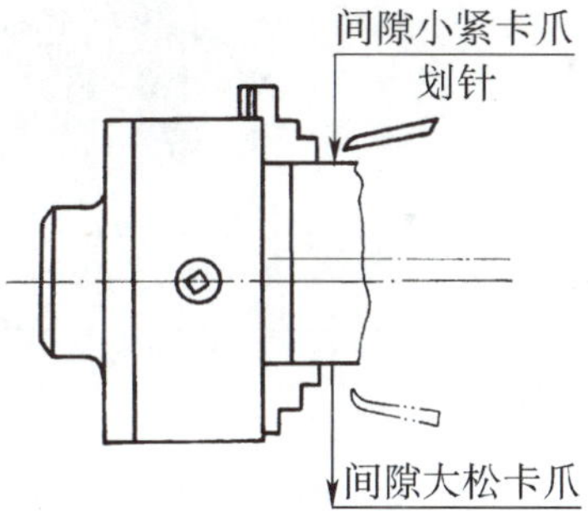<br><br>图 1–33　卡爪位置的调整</td></tr>
<tr><td>盘类工件的找正</td><td>盘类工件找正时，不仅要找正外圆柱面（A 点），还需要找正工件的端面（B 点），如图 1–34 所示。<br>1. 先找正 A 点，找正时用调整卡爪位置的方法调整，与轴类工件 A 点找正方法相同。<br>2. 再找正 B 点，将划针尖靠近工件端面边缘处，用手转动卡盘，观察划针尖与端面之间的间隙。调整时可用铜锤轻轻敲击找正，调整量等于间隙差值，如图 1–35 所示。至间隙均匀一致时，找正完成。<br>3. 均匀夹紧工件。</td></tr>
</table>

<table>
<tr><th colspan="2">内容</th><th colspan="2">图例与说明</th></tr>
<tr><td>在四爪单动卡盘上装夹工件</td><td>盘类工件的找正</td><td colspan="2">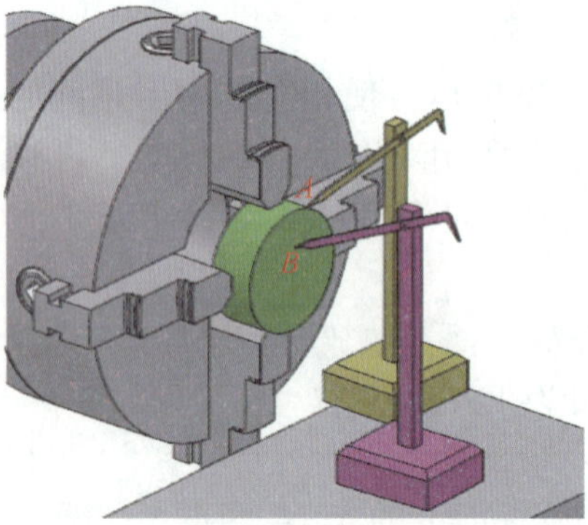<br>图 1–34　用划针找正盘类工件<br>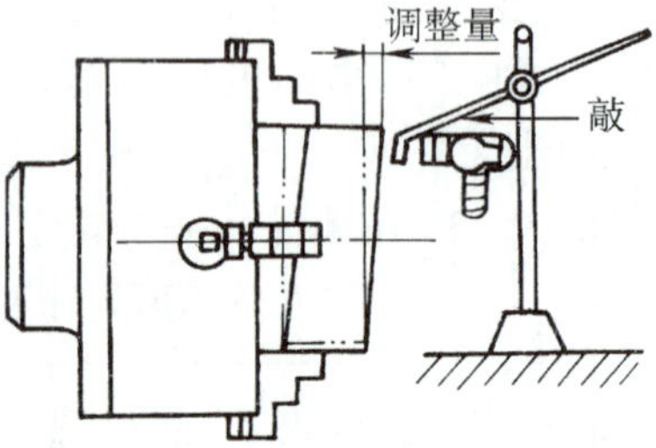<br><br>图 1–35　端面位置的找正</td></tr>
<tr><td colspan="4">

## 三、一夹一顶装夹

加工时通常选工件一端用卡盘夹持，另一端用后顶尖（后顶尖的介绍见 36 页）支撑，即一夹一顶的方法装夹工件，如图 1–36 所示。这种装夹方法安全、可靠，能承受较大的轴向切削力。但对相互位置精度要求较高的工件，掉头车削时找正较困难。

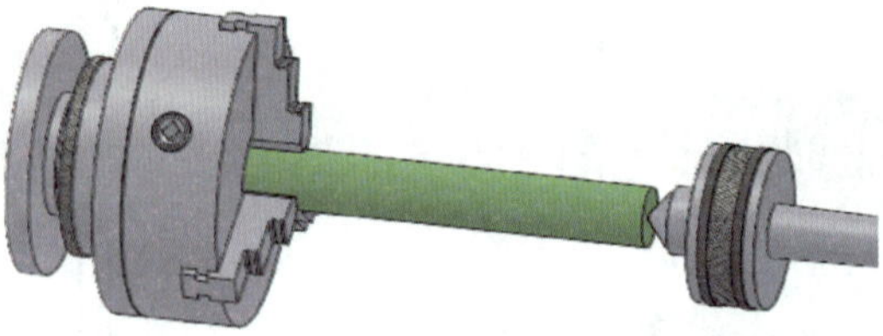<br>图 1–36　一夹一顶装夹</td></tr>
<tr><td rowspan="2">一夹一顶装夹工件</td><td>用支撑限位</td><td>在卡盘内装一个轴向限位支撑，以防止在轴向切削力作用下工件发生轴向窜动。</td><td>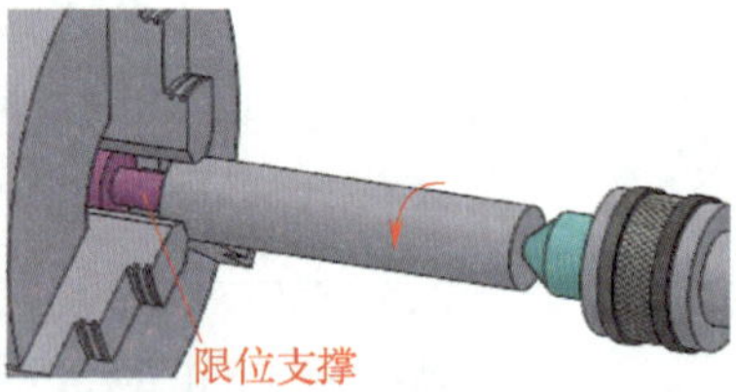<br></td></tr>
<tr><td>用台阶限位</td><td>在工件被夹持部位车削一个 10 ~ 20 mm 长的台阶，作为轴向限位支撑，防止切削中工件发生轴向窜动。</td><td></td></tr>
</table>

## 四、在两顶尖间装夹

在两顶尖间装夹（图 1–37），主要用于加工较长或必须经多道工序才能完成的轴类工件。用两顶尖装夹工件，装夹方便，不需要找正，而且定位精度很高，但装夹前必须先在工件的两端面加工出合适的中心孔。

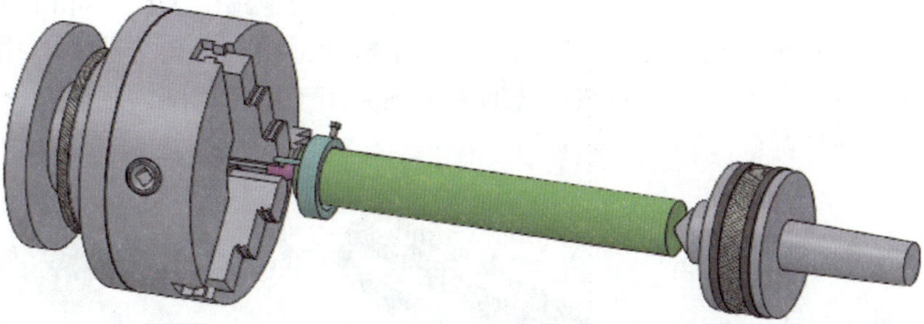

图 1–37　在两顶尖间装夹

<table>
<tr><th colspan="2">内容</th><th>图例与说明</th></tr>
<tr><td>顶尖</td><td>前顶尖</td><td>顶尖的作用是定中心，承受工件的重量与切削时的切削力。顶尖分前顶尖和后顶尖两类。<br>前顶尖是安装在主轴上的顶尖，它随主轴和工件一起回转。因此，与工件中心孔无相对运动，不产生摩擦。<br>前顶尖有两种类型：一种是以带锥度的柄部插入主轴锥孔内的前顶尖（图 1–38），这种顶尖装夹牢靠，可重复使用，适用于批量生产；另一种是夹在三爪自定心卡盘上的前顶尖（图 1–39）。通常可在卡盘上夹持一段钢料，车削成锥角 $2\alpha=60°$ 的顶尖，这种顶尖的特点是制造、装夹方便，定心准确，缺点是顶尖的硬度较低，容易磨损，车削中如受到冲击，容易发生位移，只适用于小批量生产，且顶尖自卡盘上取下后，如需再次装夹使用，必须修整顶尖的锥面，以保证锥面轴线与主轴轴线重合。<br>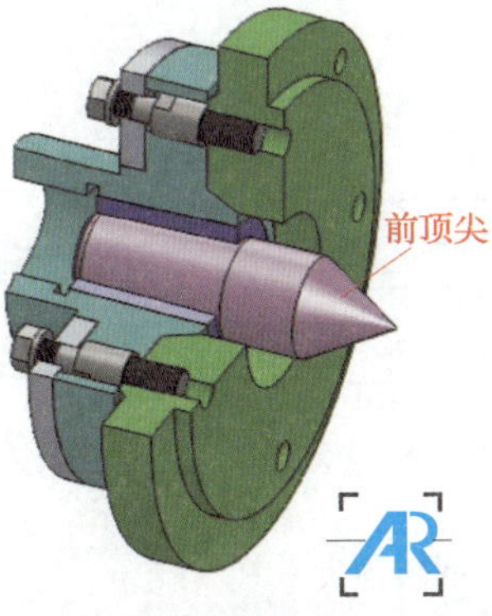<br><br>图 1–38　前顶尖<br>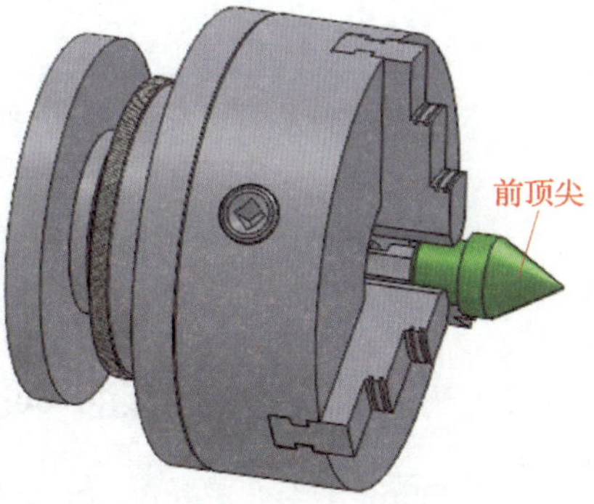<br><br>图 1–39　在卡盘上车削成的前顶尖</td></tr>
</table>

| 内容 | | 图例与说明 |
|---|---|---|
| 顶尖 | 后顶尖 | 插入尾座套筒锥孔中的顶尖称为后顶尖，后顶尖分成固定顶尖和回转顶尖两类。<br>1. 固定顶尖有普通固定顶尖和硬质合金固定顶尖（图 1–40）。固定顶尖的优点是定心好，刚度高，切削时不易产生振动，缺点是与工件中心孔之间有相对运动，容易磨损和产生高热。普通固定顶尖用于低速切削，硬质合金固定顶尖可用于高速切削。<br><br>a)　　b)<br>图 1–40　固定顶尖<br>a）普通固定顶尖　b）硬质合金固定顶尖<br>2. 回转顶尖（图 1–41）将顶尖与中心孔之间的滑动摩擦转变成顶尖内部轴承的滚动摩擦，克服了固定顶尖容易磨损和产生高热的缺点，可以承受很高的转速，但其定心精度不如固定顶尖高，刚度也稍低。<br>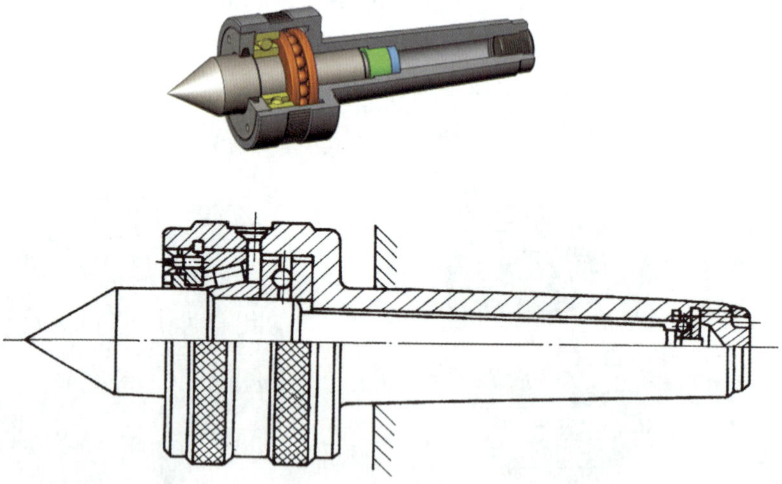<br>图 1–41　回转顶尖 |

<table>
<tr><th colspan="2">内容</th><th>图例与说明</th></tr>
<tr><td rowspan="2">在两顶尖间装夹工件</td><td>安装并找正顶尖</td><td>1. 擦净主轴锥孔、前顶尖柄部，将前顶尖插入主轴锥孔内（图 1–42）。<br>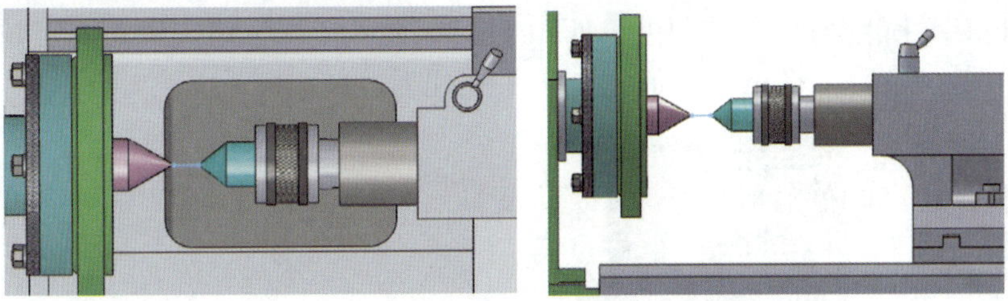<br>图 1–42　前、后顶尖相对位置的找正<br>2. 擦净尾座套筒锥孔和后顶尖柄部，将后顶尖插入尾座套筒锥孔内。<br>3. 拉动尾座，慢慢向主轴靠近，位置合适后，摇动尾座手轮，使尾座套筒带着后顶尖趋近并轻轻接触前顶尖，如图 1–42 所示。<br>4. 从正上方与正前方两个方向观察前、后顶尖是否对准。若两顶尖没有对准，调整尾座的调整螺栓至符合要求。</td></tr>
<tr><td>装夹工件</td><td>1. 用鸡心夹头或平行对分夹头（图 1–43）夹紧工件一端的适当部位（应使夹头上的拨杆伸出工件轴端）。<br>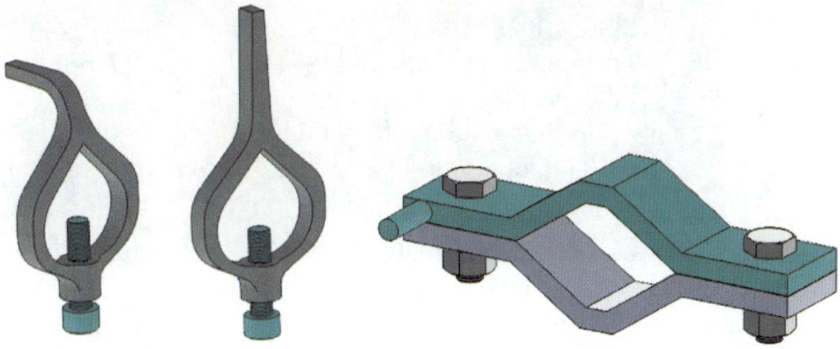<br>a)　　b)<br>图 1–43　夹头<br>a）鸡心夹头　b）平行对分夹头<br>2. 左手托起工件，将夹有夹头一端的中心孔放置在前顶尖上，并使夹头的拨杆插入拨盘的凹槽中（用卡盘夹持的前顶尖则将拨杆贴近卡盘的卡爪侧面），以通过拨盘（或卡盘）来带动工件回转，如图 1–44a 所示。<br>3. 右手摇动事先已根据工件长度调整好位置并紧固的尾座的手轮，使后顶尖顶入工件另一端的中心孔，其松紧程度以工件在两顶尖间可以灵活转动而又没有轴向窜动为宜。</td></tr>
</table>

<table>
<tr><th colspan="2">内容</th><th>图例与说明</th></tr>
<tr><td>在两顶尖间装夹工件</td><td>装夹工件</td><td>

4. 注意尾座套筒从尾座架伸出的长度应尽量短，只要车刀车削工件端面时中滑板与尾座不碰即可，如图 1-44b 所示；若后顶尖使用固定顶尖，应使用润滑脂。最后，将尾座套筒的固定手柄压紧。

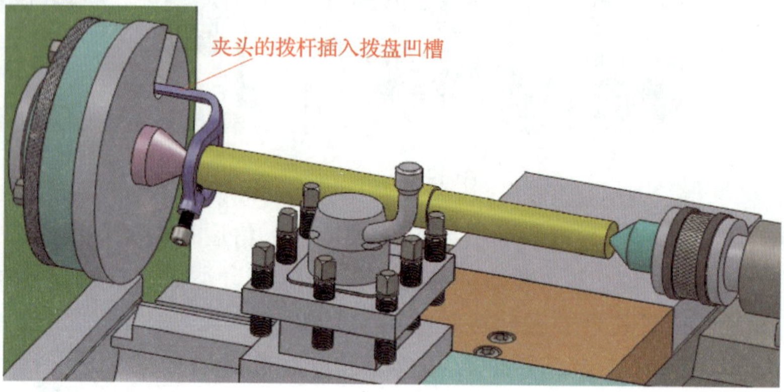


a)

b)

图 1-44　两顶尖间装夹工件的方法

a）夹头的拨杆插入拨盘凹槽　b）尾座套筒伸出短些

</td></tr>
</table>

# 第二单元

# 车轴类工件

## 课题一　车外圆、端面和台阶

### 一、外圆车刀

| 内容 | | 图例与说明 |
|---|---|---|
| 外圆车刀的种类、特征和用途 | 90°外圆车刀（偏刀） | 90°外圆车刀俗称偏刀，其主偏角 $\kappa_r$=90°。按车削时进给方向不同分成右偏刀和左偏刀两种，如图 2–1 所示。<br>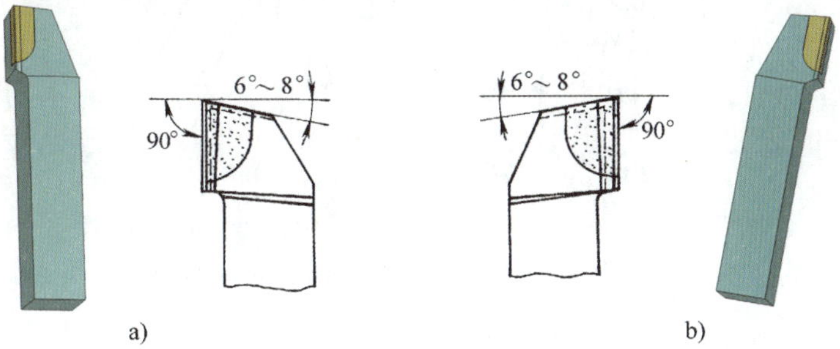<br><br>图 2–1　偏刀<br>a）右偏刀　b）左偏刀<br>右偏刀的主切削刃在刀体左侧，一般用来车削工件的外圆、端面和右向台阶。左偏刀的主切削刃在刀体右侧，一般用来车削工件的外圆和左向台阶，也适用于车削直径较大而长度较短的工件的端面。偏刀的使用如图 2–2 所示。<br>偏刀由于主偏角较大，车削外圆时作用于工件的径向切削力较小，工件不容易被顶弯。用右偏刀车削工件端面时，车刀由工件外缘向中心进给，此时由车刀副切削刃担负切削任务，如果背吃刀量 $a_p$ 较大，切削抗力 $F'$ 会使车刀扎入工件 |

<table>
<tr><th colspan="2">内容</th><th>图例与说明</th></tr>
<tr><td rowspan="2">外圆车刀的种类、特征和用途</td><td>90°外圆车刀（偏刀）</td><td>

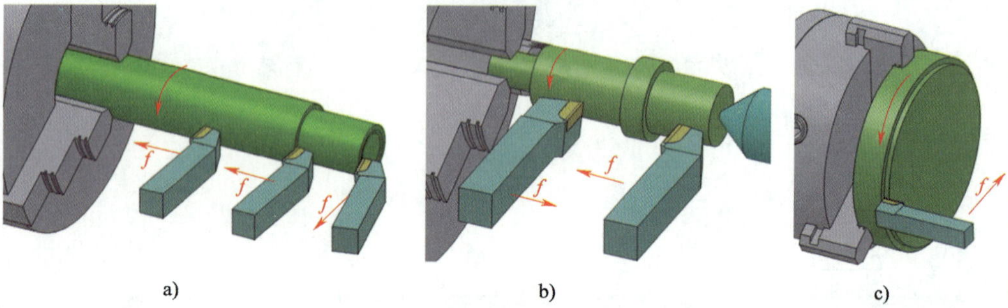


图 2-2　偏刀的使用

a）用右偏刀车外圆、端面和台阶　b）用左、右偏刀车外圆、台阶　c）用左偏刀车端面

而形成凹面（图 2-3a）。为避免产生这种现象，可改由中心向外缘进给，由主切削刃切削，但背吃刀量 $a_p$ 较小（图 2-3b）。在切削余量较大时，可用图 2-3c 所示的端面车刀车削。

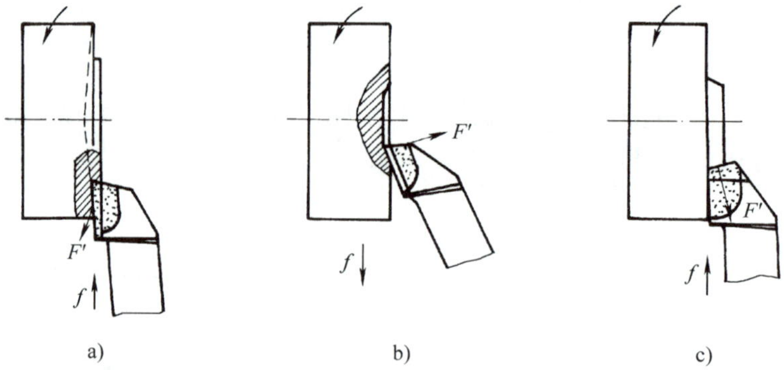


图 2-3　用右偏刀车端面

a）向中心进给产生凹面　b）由中心向外缘进给　c）用端面车刀车端面

</td></tr>
<tr><td>75°外圆车刀</td><td>

75°外圆车刀（图 2-4）的刀尖角 $\varepsilon_r > 90°$，刀头强度高，较耐用，因此适用于粗车轴类工件的外圆和强力切削铸件、锻件等切削余量较大的工件，如图 2-5 所示。

75°外圆车刀也分右偏与左偏两种。左偏的 75°外圆车刀还可用来车削铸件、锻件的大平面。

</td></tr>
</table>

<table>
<tr><th colspan="2">内容</th><th>图例与说明</th></tr>
<tr><td rowspan="2">外圆车刀的种类、特征和用途</td><td>75°外圆车刀</td><td>

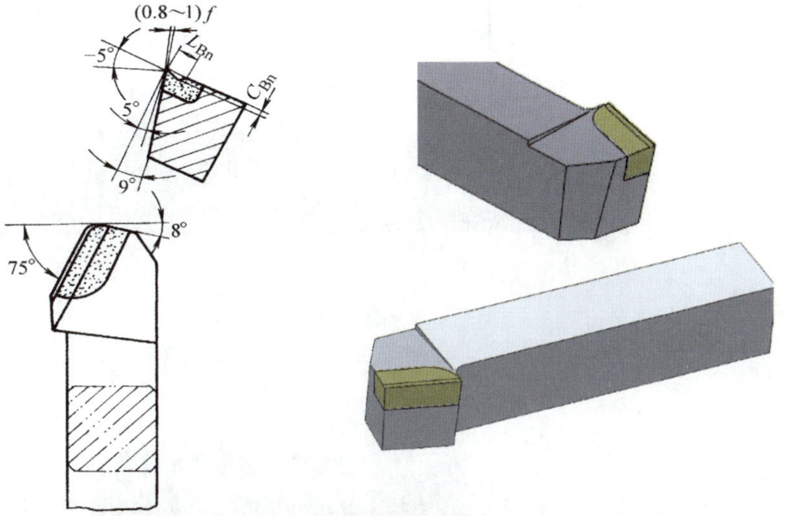


图 2–4　75°外圆车刀

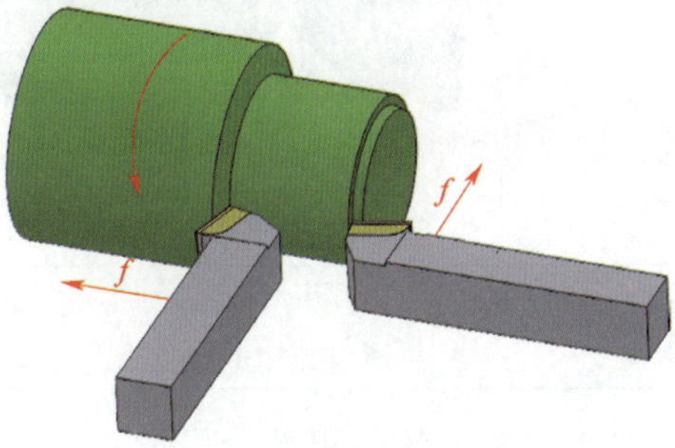


图 2–5　75°外圆车刀的使用

</td></tr>
<tr><td>45°外圆车刀</td><td>

45°外圆车刀俗称弯头车刀，分成右弯头车刀与左弯头车刀两种，如图 2–6 所示。

45°外圆车刀的刀尖角 $\varepsilon_r$=90°，所以刀体强度和散热条件都比 90° 外圆车刀好。

45°外圆车刀常用于车削工件的端面和进行 45°倒角，也可以用来车削长度较短的外圆，如图 2–7 所示。

</td></tr>
</table>

<table>
<tr><th colspan="2">内容</th><th>图例与说明</th></tr>
<tr><td>外圆车刀的种类、特征和用途</td><td>45°外圆车刀</td><td>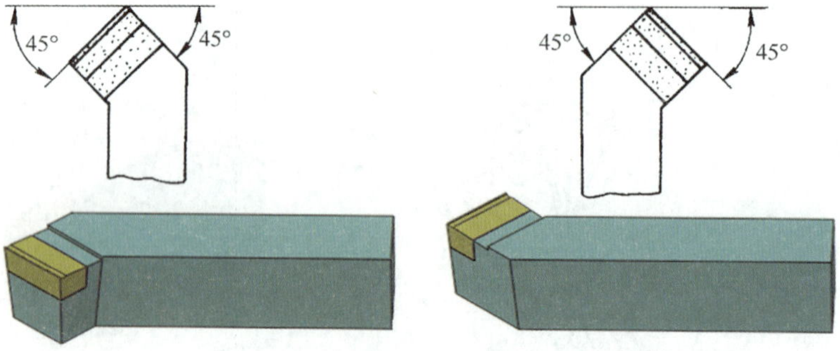<br><br>图 2–6　45°外圆车刀<br>a）45°右弯头车刀　b）45°左弯头车刀<br>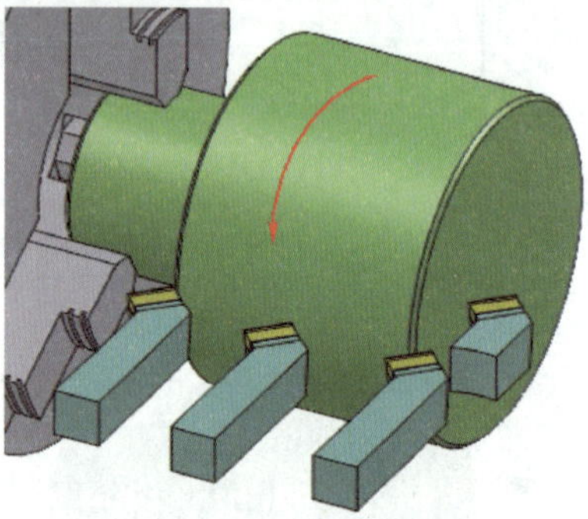<br>图 2–7　45°外圆车刀的使用</td></tr>
<tr><td colspan="3">二、车刀的装夹</td></tr>
<tr><td>车刀的装夹</td><td>装夹车刀的要求</td><td>1. 车刀装夹在刀架上的伸出部分尽量短，以增强其刚度，伸出长度为刀柄厚度的 1 ~ 1.5 倍。车刀下面垫片的数量要尽量少（一般为 1 ~ 2 片），并与刀架边缘对齐，且至少用 2 个螺钉平整压紧，以防振动，如图 2–8 所示。<br>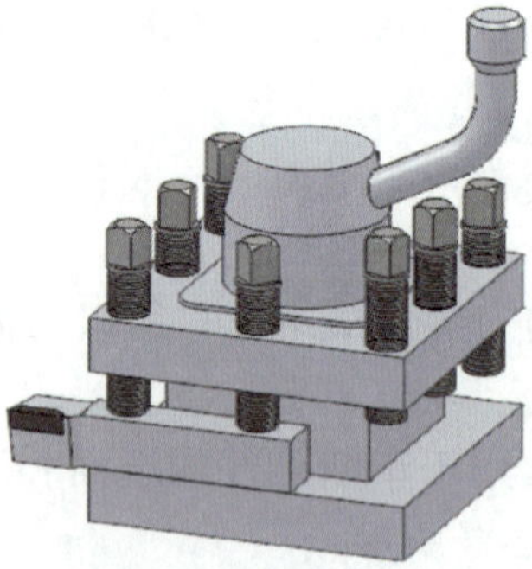<br>图 2–8　车刀的正确装夹</td></tr>
</table>

<table>
<tr><th colspan="2">内容</th><th>图例与说明</th></tr>
<tr><td>车刀的装夹</td><td>装夹车刀的要求</td><td>

2. 刀柄中心线应与进给方向垂直或平行，这样就不会改变刃磨好的刀具主、副偏角的正确性，如图 2–9 所示。

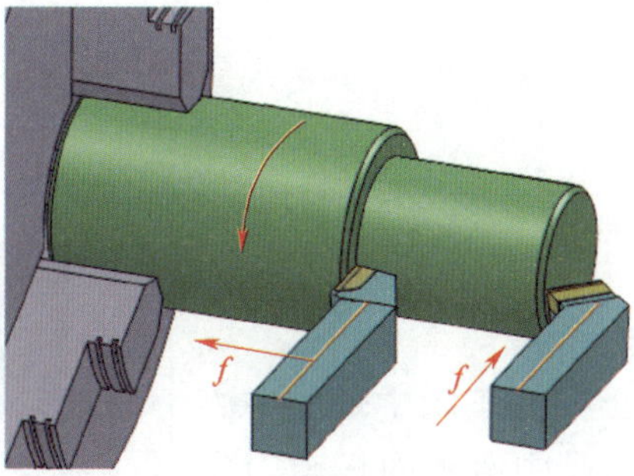


图 2–9　刀柄中心线与进给方向的关系

3. 车刀刀尖应与工件回转中心等高（图 2–10a）。车刀刀尖高于工件回转中心（图 2–10b），会使车刀的实际后角减小，车刀后面与工件之间的摩擦增大。车刀刀尖低于工件回转中心（图 2–10c），会使车刀的实际前角减小，切削阻力增大。

车刀刀尖不对准工件回转中心，在车至端面中心时，会留有凸头（图 2–10d）。使用硬质合金车刀时，若忽视此点，车到中心处会使刀尖崩碎（图 2–10e）。

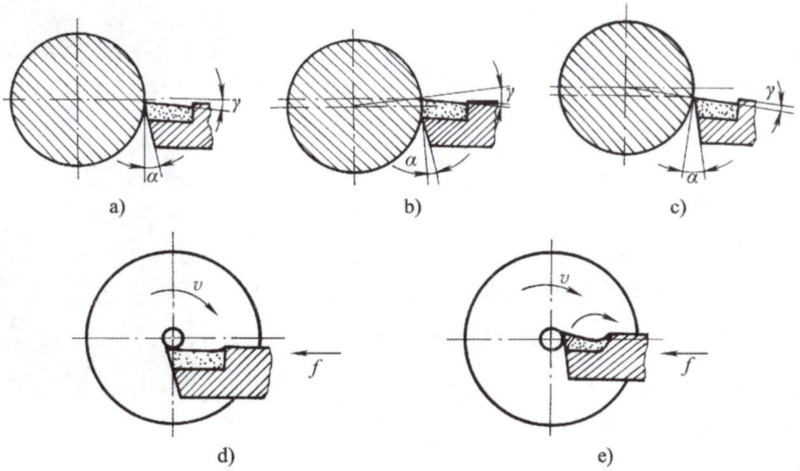


图 2–10　车刀刀尖与工件回转中心应等高
a）刀尖对正中心　b）刀尖过高　c）刀尖过低　d）留有凸头　e）刀尖崩碎

</td></tr>
</table>

<table>
<tr><th colspan="2">内容</th><th colspan="2">图例与说明</th></tr>
<tr><td rowspan="5">车刀的装夹</td><td rowspan="4">车刀对中心的方法</td><td>1. 目测法：将车刀靠近工件端面，用目测估计车刀的高低，然后夹紧车刀，试车端面，再根据端面的中心来调整车刀。</td><td>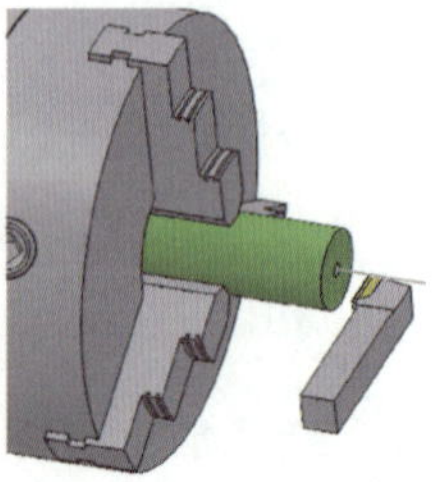</td></tr>
<tr><td>2. 测量法：根据车床主轴的中心高，用钢直尺测量中滑板面板至刀尖的高度装刀。</td><td>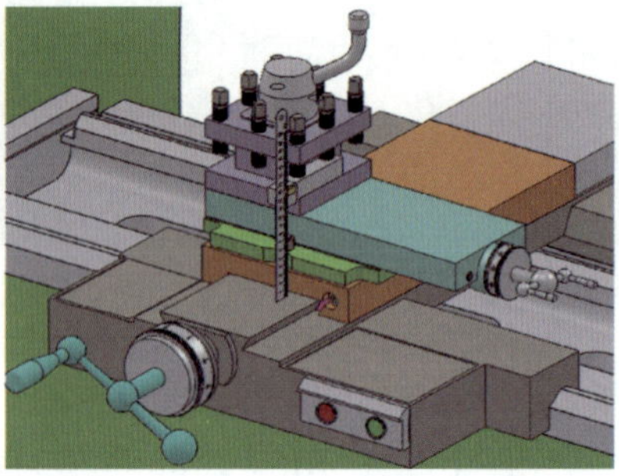</td></tr>
<tr><td>3. 对尾座顶尖法：利用车床后顶尖与车床主轴中心等高的原理对刀尖并装夹。</td><td>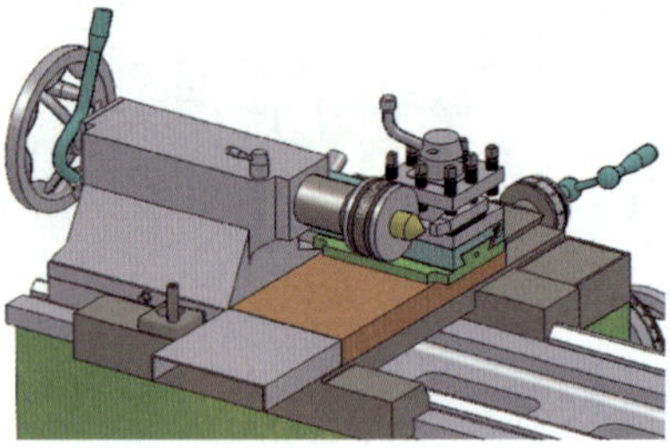</td></tr>
<tr><td>4. 快速对刀法：首次操作时，将车刀对正工件回转中心，在中滑板端面上做上中心高度记号（图示刻线处），在后面装夹车刀时只需将刀尖对准记号处，可达到快速对刀的目的。</td><td>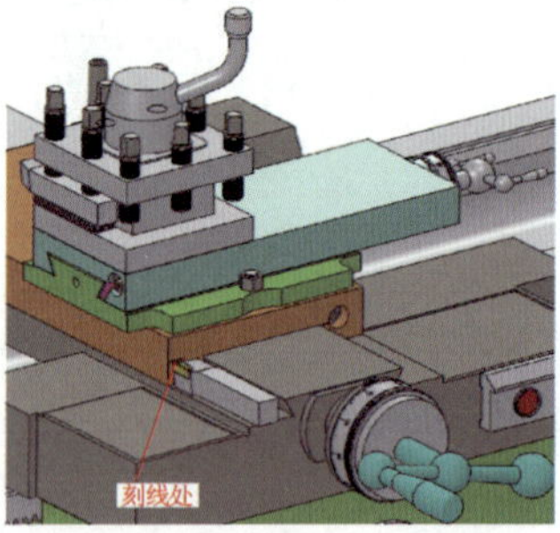</td></tr>
<tr><td>夹紧车刀</td><td colspan="2">用刀架上的螺钉压紧车刀，每把车刀的压紧螺钉应不少于 2 个，注意不要产生虚压（车刀刀柄下面、压紧螺钉正下方短缺垫片）。</td></tr>
</table>

| 内容 | 图例与说明 |
| --- | --- |

## 三、刻度盘的原理及应用

车削工件时，为了准确和迅速地掌握背吃刀量，通常利用中滑板或小滑板上的刻度盘作为进刀的参考依据。

中滑板的刻度盘装在横向进给丝杠端头上，当摇动横向进给丝杠一圈时，刻度盘也随之转动一圈，这时固定在中滑板上的螺母就带动中滑板、刀架及车刀一起移动一个螺距。若横向进给丝杠的螺距为 5 mm，刻度盘一周等分 100 格，当摇动中滑板手柄一周时，中滑板移动 5 mm，则刻度盘每转过一格时，中滑板的移动量为：

$$5\ \text{mm} \div 100=0.05\ \text{mm}$$

小滑板的刻度盘用来控制车刀短距离的纵向移动，其刻度原理与中滑板刻度盘相同。

由于丝杠与螺母之间的配合存在间隙，在摇动丝杠手柄时，滑板会产生空行程（丝杠带动刻度盘已转动，而滑板并未立即移动）。因此，使用刻度盘时要反向先转动适当角度，再正向慢慢摇动手柄，带动刻度盘到所需的格数（图 2–11a）；如果摇动时不慎多转动了几格，这时绝不能简单地退回到所需的位置（图 2–11b），而必须向相反方向退回（通常反向转动 1/2 圈），再重新摇动手柄使刻度盘转到所需的刻度位置（图 2–11c）。

a)　　　　b)　　　　c)

图 2–11　消除刻度盘空行程的方法

a）反向转动再缓慢摇动（正确）　b）多转动格数直接退回（错误）　c）反向退回 1/2 圈再进给（正确）

利用中、小滑板刻度盘做进给的参考依据必须注意：中滑板刻度控制的背吃刀量应是工件直径上余量尺寸的 1/2，而小滑板刻度盘的刻度值则直接表示工件长度方向上的切除量。

## 四、粗车和精车

车削工件，一般分粗车和精车。

粗车是为了去除大部分的毛坯余量。粗车时，对加工表面没有严格的要求，只需留有一定的半精车余量（1 ~ 2 mm）和精车余量（0.1 ~ 0.5 mm）即可。因此，粗车时主要考虑的是提高生产率和保证车刀有一定的强度。在车床动力许可的条件下，粗车时采用大的背吃刀量（通常是一次进给切除应留余量之外所剩余的所有余量）和大的进给量，而切削

| 内容 | 图例与说明 |
| --- | --- |

速度不是很高。由于粗车时切削力很大，所以工件装夹必须牢固可靠。粗车的另一个作用是可以及时发现毛坯材料内部的缺陷，如夹渣、砂眼、裂纹等，也能消除毛坯工件内部的残余应力和防止热变形等。

精车是指车削的末道加工，加工余量较小，主要考虑的是保证加工精度和加工表面质量。精车时切削力较小，车刀磨损不突出，一般将车刀磨得较锋利，选择较高的切削速度，而进给量则选得小些，以减小加工表面粗糙度值。

## 五、车端面、外圆的方法

### 1. 车端面

开动机床使工件旋转，摇动中滑板和床鞍，使45°车刀刀尖轻触工件端面后，退出中滑板（床鞍勿动）。再移动床鞍或小滑板，控制背吃刀量，摇动中滑板手柄做横向进给，由工件外缘向中心车削，如图2–12a所示。若选用90°外圆车刀车削端面，应采取由中心向外缘车削的方法，如图2–12b所示。

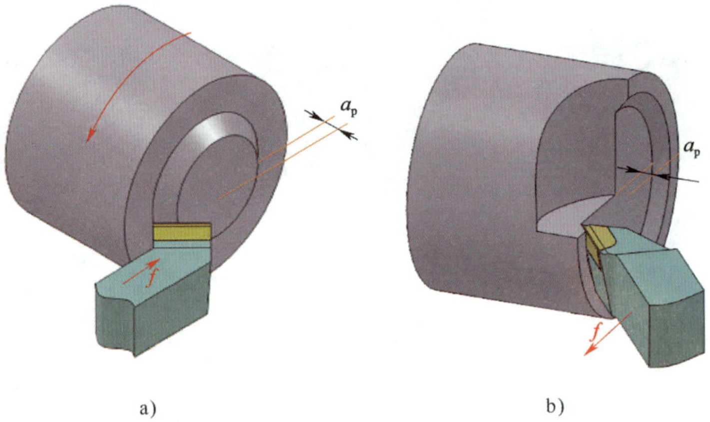


图2–12　车端面

a）45°车刀车端面　b）90°车刀车端面

提示：只有在启动机床后，移动刀具，具备工件转动的主运动和刀具移动的进给运动，才可能使刀具不崩刃。

### 2. 车外圆

（1）粗车

1）对刀。启动车床，使工件回转。左手摇动床鞍手轮，右手摇动中滑板手柄，使车刀刀尖趋近并轻轻接触工件待加工表面，以此作为确定背吃刀量的零点位置，如图2–13a所示。然后反向摇动床鞍手轮（此时中滑板手柄不动），使车刀向右离开工件3 ~ 5 mm，如图2–13b所示。

| 内容 | 图例与说明 |
|---|---|

2）进刀。摇动中滑板手柄，使车刀横向进给，进给的量即为背吃刀量，其大小通过中滑板上的刻度盘进行控制和调整，格数等于半径上加工余量 /0.05 或直径上加工余量 /（0.05 × 2），如图 2–13c 所示。

3）双手均匀摇动床鞍或开动进给手柄对工件外圆进行切削，车削至接近长度时（一般留 0.3 mm），逆时针转动中滑板手柄使车刀离开工件。若加工余量过大，可按照背吃刀量由大至小的原则选择，进刀次数尽可能少。

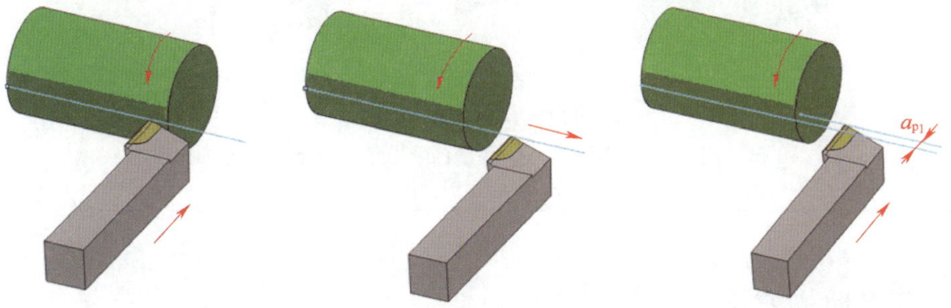


a)　　b)　　c)

图 2–13　粗车外圆

a）对刀　b）纵向退出　c）进刀

（2）精车

精车的目的是保证工件的加工尺寸。试切削是保证尺寸精度的一个较好的方法，即：启动车床，用精车刀在外圆表面对刀后，移动床鞍纵向退出，接着操纵中滑板进刀，背吃刀量小于加工余量，车削纵向长度小于 5 mm 后仍快速纵向退出（图 2–14a）；停车用游标卡尺或外径千分尺测量外圆（图 2–14b）；用游标深度卡尺测量台阶长度（图 2–14c）。根据尺寸精度计算好进刀格数车削。需注意长度车至台阶后，要先横向退出车刀（图 2–14d 步骤 1）；再用小滑板纵向进刀（图 2–14d 步骤 2）；接着横向进刀车至精车外圆的中滑板刻度处（图 2–14d 步骤 3）。

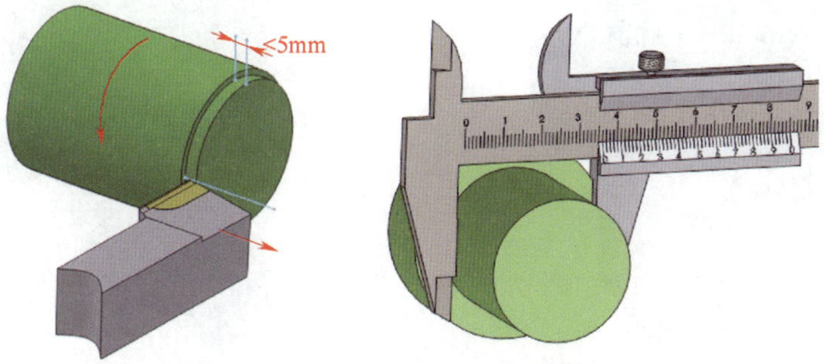


a)　　b)

| 内容 | 图例与说明 |
| --- | --- |

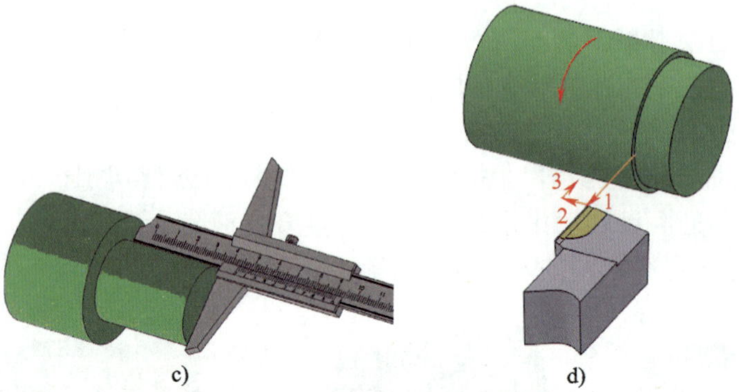


图 2–14　精车外圆

a）试切削　b）测量外圆　c）测量台阶长度　d）台阶尺寸的保证

## 六、车台阶的方法

车削台阶时，不仅要车削组成台阶的外圆，还要车削台阶处的端面，它是外圆和平面车削的组合。因此，车削台阶时既要保证外圆的尺寸精度和台阶面的长度要求，还要保证台阶平面与工件轴线的垂直度要求。

车台阶时，通常选用 90° 外圆车刀（偏刀）。

车刀的装夹应根据粗车、精车和余量的大小来调整。

粗车时，余量大，为了增大背吃刀量和减小刀尖的压力，车刀装夹时实际主偏角以小于 90° 为宜（一般 $\kappa_r$ 为 85° ~ 90°），如图 2–15 所示。

精车时，为了保证台阶平面与工件轴线的垂直，车刀装夹时实际主偏角应大于 90°（一般 $\kappa_r$ 为 93° 左右），如图 2–16 所示。

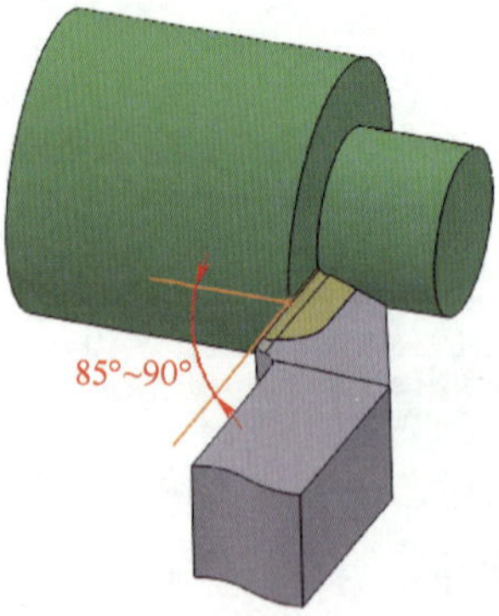


图 2–15　粗车台阶时偏刀的装夹位置

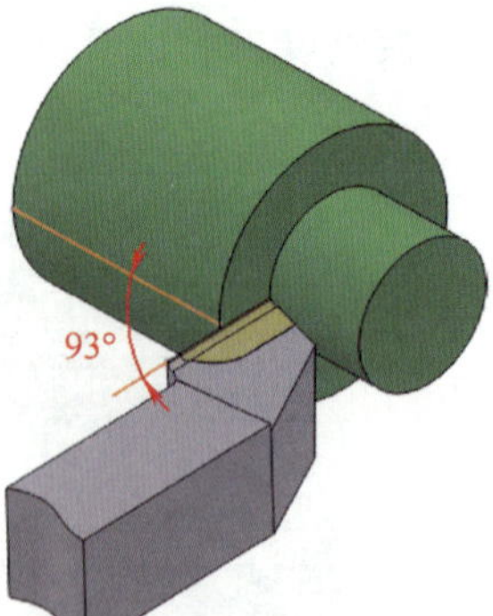


图 2–16　精车台阶时偏刀的装夹位置

<table>
<tr><th colspan="2">内容</th><th colspan="2">图例与说明</th></tr>
<tr><td colspan="2">台阶车削方法</td><td colspan="2">车削台阶工件，一般分粗车和精车。<br>粗车时，除第一级台阶的长度因留精车余量而略短外，采用链接式标注的其余各级台阶的长度可以车至规定要求。<br>精车时，通常在机动进给精车外圆至接近台阶处时，改以手动进给替代机动进给。当车至台阶面时，变纵向进给为横向进给，移动中滑板由里向外慢慢精车台阶平面，以确保其对轴线的垂直度要求。</td></tr>
<tr><td rowspan="2">台阶长度尺寸的控制方法</td><td>刻线法</td><td>先用钢直尺或样板量出台阶的长度尺寸，然后用车刀刀尖在台阶的所在位置处车刻出一圈细线，按刻线痕车削。</td><td>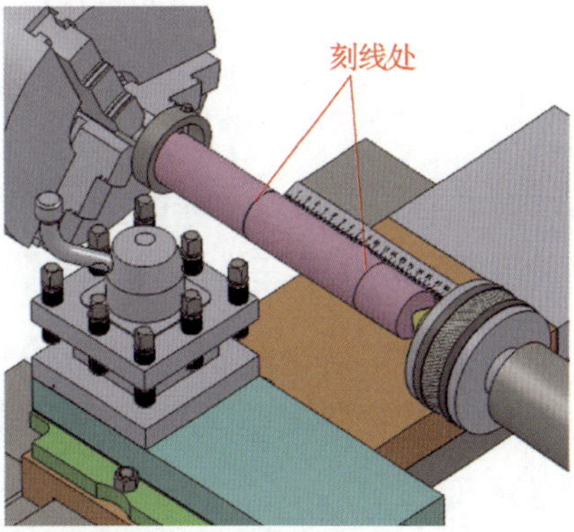</td></tr>
<tr><td>挡铁控制法</td><td>用挡铁定位控制台阶长度，主要用在成批车削台阶轴时。<br>挡铁 1 固定在床身导轨上，并与工件上台阶 $a_1$ 的台阶平面轴向位置一致，挡铁 2、3 的长度分别等于 $a_2$、$a_3$ 的长度。纵向进给时，当床鞍碰到挡铁 1 时工件台阶长度 $a_1$ 车到要求，拿去挡铁 1，调整好下一个台阶，继续纵向进给，当床鞍碰到挡铁 2 时，台阶长度 $a_2$ 车到要求……<br>挡铁定位控制台阶长度的方法，可节省加工中大量的测量时间，且成批工件长度尺寸一致性较好，台阶长度的尺寸精度可达 0.1 ~ 0.2 mm。<br>提示：采用一夹一顶方式装夹工件时，主轴锥孔内应设置限位支撑，以保证工件的轴向位置。<br>当床鞍纵向进给快碰到挡铁时，应改机动进给为手动进给。</td><td>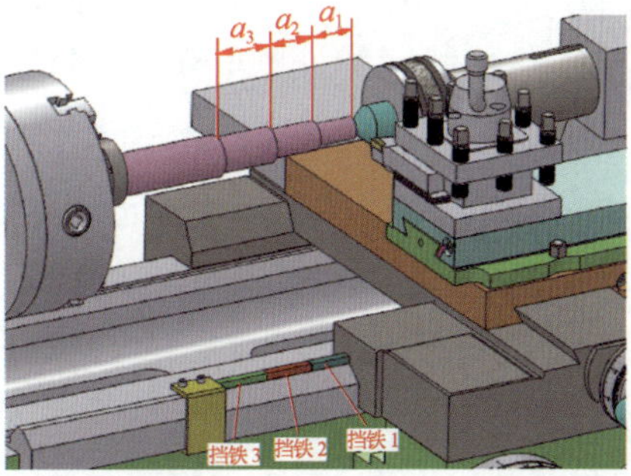</td></tr>
</table>

<table>
<tr><th colspan="2">内容</th><th colspan="2">图例与说明</th></tr>
<tr><td>台阶长度尺寸的控制方法</td><td>床鞍刻度盘控制法</td><td>CA6140 型车床床鞍进给刻度盘一格等于 1 mm，可先将 90° 车刀在工件端面（台阶）处轻接触，此时床鞍刻度加上台阶长度即为床鞍进给车削的长度。</td><td></td></tr>
</table>

## 七、手动进给车削台阶轴

手动进给车削台阶轴，进一步熟悉刻度盘的运用，按正确方法车削端面、外圆、台阶，通过练习掌握粗、精车切削用量的选择，以及使用手摇手柄的体验，为机动进给打下基础。

<table>
<tr><td rowspan="3">手动进给车台阶轴练习</td><td>工件图样</td><td colspan="3">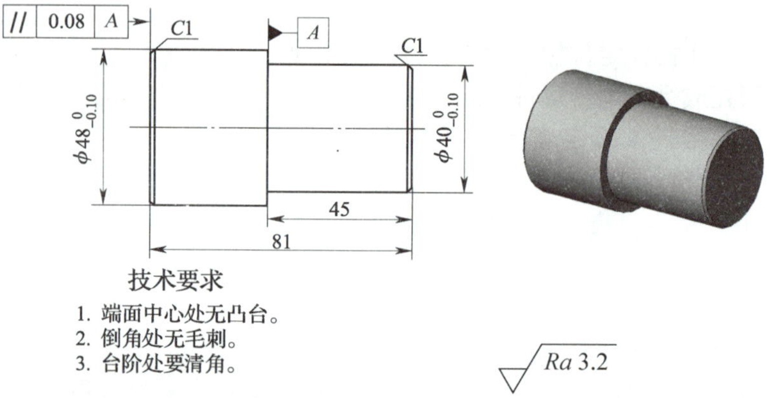<br>技术要求<br>1. 端面中心处无凸台。<br>2. 倒角处无毛刺。<br>3. 台阶处要清角。<br>工件名称：台阶轴<br>材料：45 钢　备料：ϕ 50 × 90</td></tr>
<tr><td rowspan="2">加工工艺卡片</td><td>10</td><td>检查备料 ϕ 50 mm × 90 mm。</td><td rowspan="2">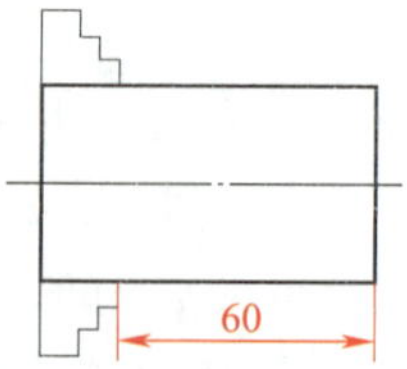</td></tr>
<tr><td>20</td><td>用三爪自定心卡盘夹住毛坯工件外圆，伸出长度 60 mm 左右，找正并夹紧。</td></tr>
</table>

| 内容 | | 图例与说明 | | | |
|---|---|---|---|---|---|
| 手动进给车台阶轴练习 | 加工工艺卡片 | | 1 | 车端面，车平即可。 | 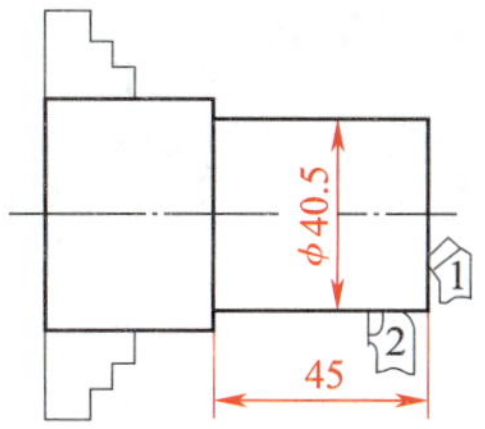 |
| | | | 2 | 粗车毛坯外圆至 $\phi40.5$ mm，长 45 mm。 | |
| | | | 3 | 精车端面。 | 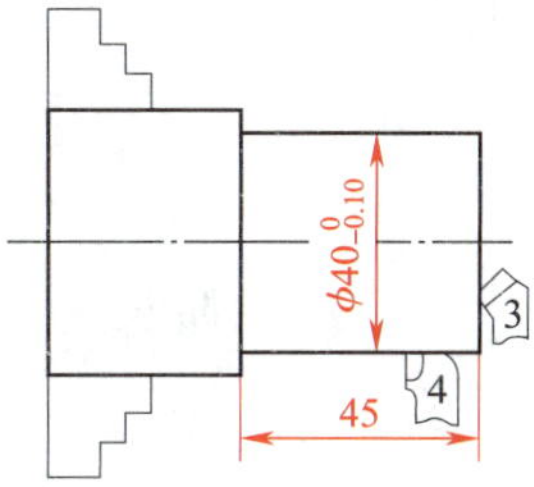 |
| | | | 4 | 精车外圆 $\phi40_{-0.10}^{0}$ mm，长 45 mm，表面粗糙度 $Ra3.2$ μm，倒角 $C1$ mm。 | |
| | | 30 | | 工件掉头，在 $\phi40_{-0.10}^{0}$ mm 外圆上包铜皮夹住，找正卡爪处外圆和台阶外圆，夹紧工件。 | 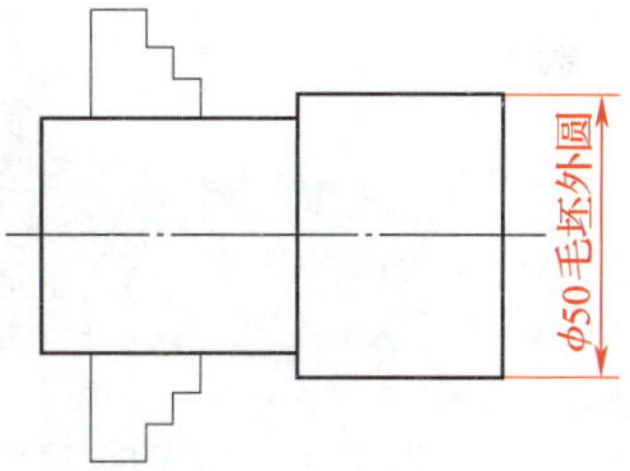 |
| | | | 1 | 粗车端面（总长 82 mm）。 | 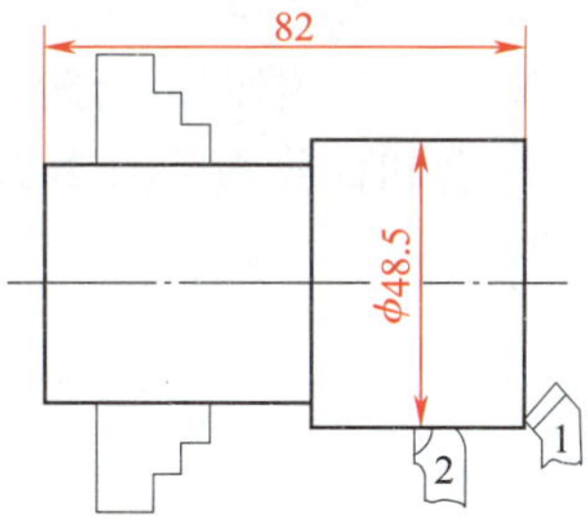 |
| | | | 2 | 粗车毛坯外圆至 $\phi48.5$ mm。 | |
| | | | 3 | 精车端面，控制总长 81 mm，保证平行度误差在 0.08 mm 以内。 | 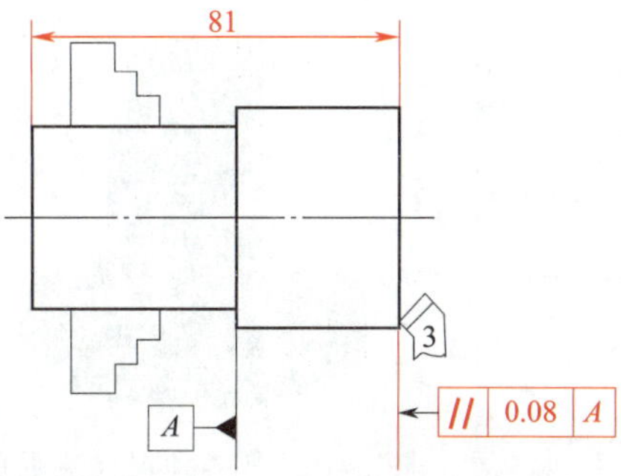 |

<table>
<tr><th colspan="2">内容</th><th colspan="4">图例与说明</th></tr>
<tr><td rowspan="3">手动进给车台阶轴练习</td><td rowspan="3">加工工艺卡片</td><td rowspan="2"></td><td>4</td><td>精车外圆 $\phi48^{\ 0}_{-0.10}$ mm，表面粗糙度 $Ra3.2$ μm。</td><td rowspan="2">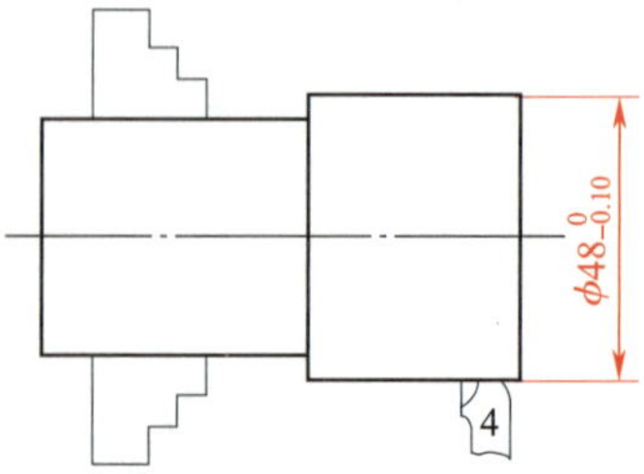<br></td></tr>
<tr><td>5</td><td>倒角 $C1$ mm。</td></tr>
<tr><td>40</td><td colspan="3">检查质量合格后取下工件。</td></tr>
<tr><td colspan="2">台阶工件的检测</td><td colspan="4">1. 台阶长度尺寸可用钢直尺（图 2–17）或游标深度卡尺（图 2–18）进行测量。<br>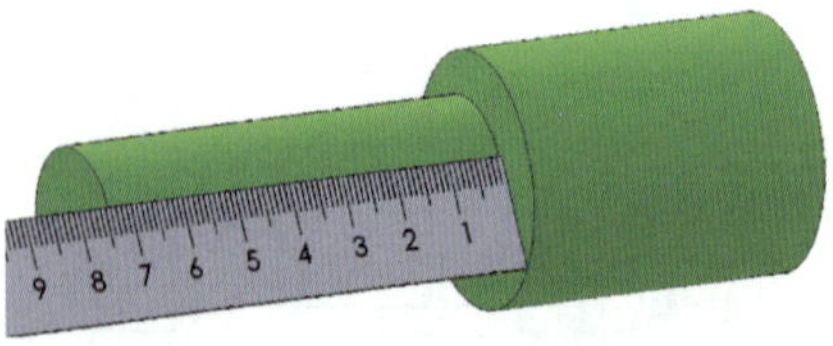<br>图 2–17　用钢直尺测量台阶长度<br>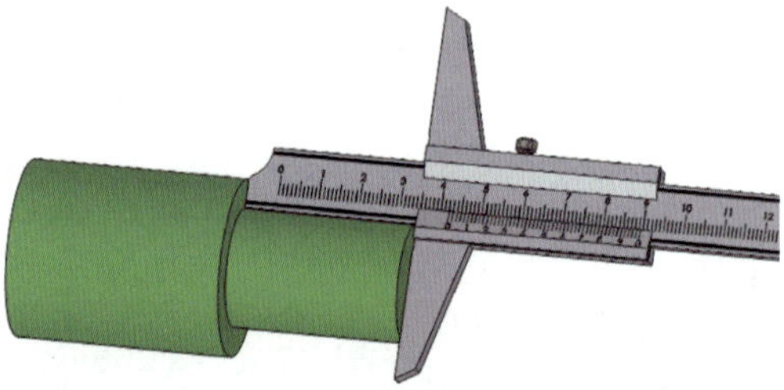<br>图 2–18　用游标深度卡尺测量台阶长度<br>2. 平面度和直线度误差可用刀口形直尺和塞尺检测。<br>3. 端面、台阶平面对工件轴线的垂直度误差可用直角尺（图 2–19）或标准套和百分表（图 2–20）检测。<br>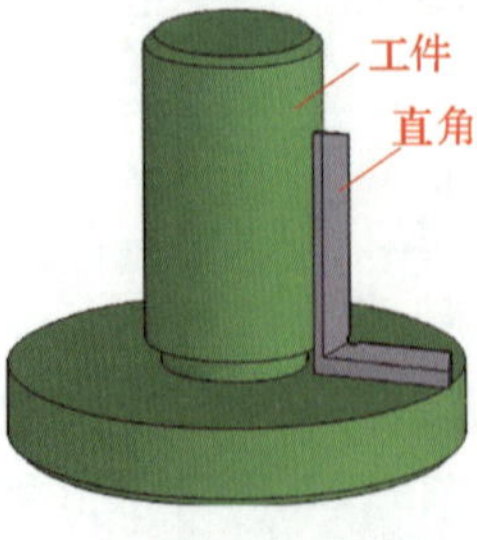<br><br>图 2–19　用直角尺检测垂直度<br>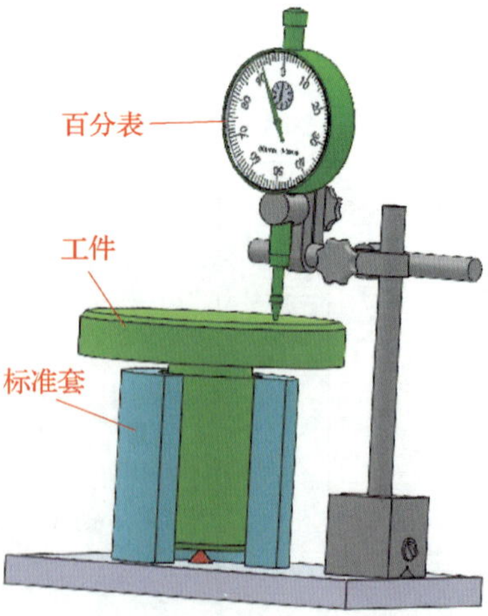<br><br>图 2–20　用标准套和百分表检测垂直度</td></tr>
</table>

## 一、钻中心孔

<table>
<tr><th colspan="2">内容</th><th>图例与说明</th></tr>
<tr><td rowspan="2">中心孔</td><td>中心孔的形式</td><td>《中心孔》（GB/T 145—2001）规定中心孔有 A 型、B 型、C 型和 R 型四种形式。中心孔的形状如图 2–21 所示。<br>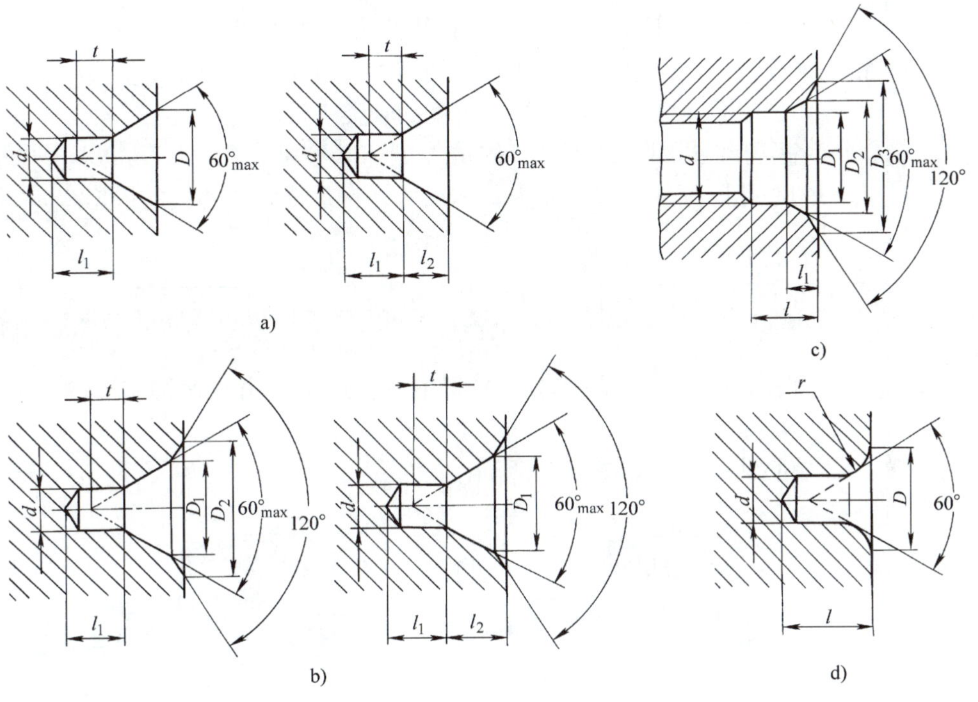<br><br>图 2–21　中心孔<br>a）A 型　b）B 型　c）C 型　d）R 型</td></tr>
<tr><td>中心孔的作用</td><td>1. A 型（不带护锥）中心孔<br>由圆柱孔部分和圆锥孔部分组成。圆锥孔的锥角为 60°，与顶尖的锥面配合，起定心作用并承受工件的重量和切削力，因此锥面的表面质量要求较高；圆柱孔可储存润滑油，并可防止顶尖尖端触及工件，保证顶尖的锥面与中心孔锥面配合贴切。</td></tr>
</table>

<table>
<tr><th colspan="2">内容</th><th>图例与说明</th></tr>
<tr><td>中心孔</td><td>中心孔的作用</td><td>
A 型中心孔一般适用于不需要多次装夹或不保留中心孔的工件。<br>
**2. B 型（带护锥）中心孔**<br>
在 A 型中心孔的端部多一个锥角为 120°的圆锥孔，其作用是保护 60°锥孔的表面，不让其在使用中被拉毛、碰伤。<br>
B 型中心孔一般用于需要多次装夹的工件。<br>
**3. C 型（带螺纹孔）中心孔**<br>
C 型中心孔的外端形似 B 型中心孔，里端有一个比圆柱孔还要小的螺纹孔。<br>
C 型中心孔用于需要将其他零件轴向固定在轴上，或需将零件吊挂放置时。<br>
**4. R 型（带弧形）中心孔**<br>
将 A 型中心孔的圆锥母线由直线改为圆弧线即成 R 型中心孔。这时与顶尖锥面的配合由面接触变成线接触，使摩擦力减小，定位精度提高。<br>
R 型中心孔适用于轻型和高精度的轴类工件。<br>
各型中心孔中，应用最多的是 A 型和 B 型中心孔。<br>
中心孔以圆柱孔直径 $d$ 为基本尺寸，它是选取中心钻的依据。
</td></tr>
<tr><td>中心钻</td><td>中心钻的形状</td><td>
直径 $d < 6.3$ mm 的 A 型、B 型中心孔通常用由高速钢制成的中心钻直接钻出。<br>
中心钻的外形如图 2–22 所示。<br>
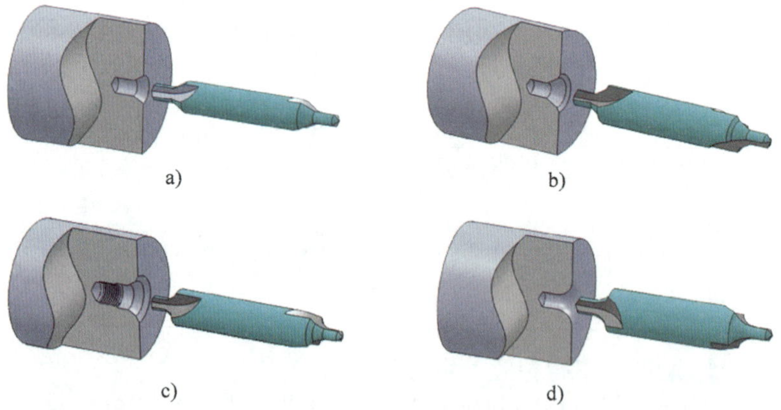
<br>
图 2–22　中心钻<br>
a）A 型中心钻　b）B 型中心钻　c）C 型中心钻　d）R 型中心钻
</td></tr>
</table>

<table>
<tr><th colspan="2">内容</th><th>图例与说明</th></tr>
<tr><td>中心钻</td><td>中心钻的使用</td><td>

1. 中心钻在钻夹头上安装：用钻夹头钥匙逆时针方向旋转钻夹头的外套，使钻夹头的三个爪张开，然后将中心钻插入三个夹爪之间，再用钻夹头钥匙顺时针方向转动钻夹头外套，通过三个夹爪将中心钻夹紧（图 2–23）。

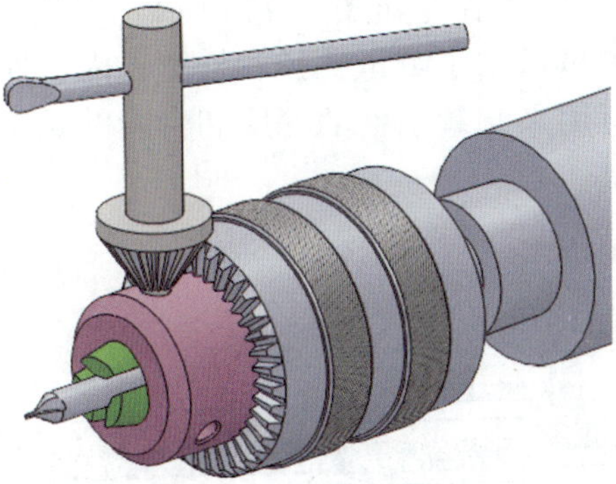

图 2–23　装夹中心钻

2. 钻夹头在尾座锥孔中安装：先擦净钻夹头柄部和尾座锥孔，然后用左手握住钻夹头外部部位，沿尾座套筒轴线方向将钻夹头锥柄部用力插入尾座套筒锥孔中，同步将尾座套筒向外伸出即可。如钻夹头柄部与车床尾座锥孔大小不吻合，可增加合适过渡锥套（图 2–24）后再插入尾座套筒的锥孔内。

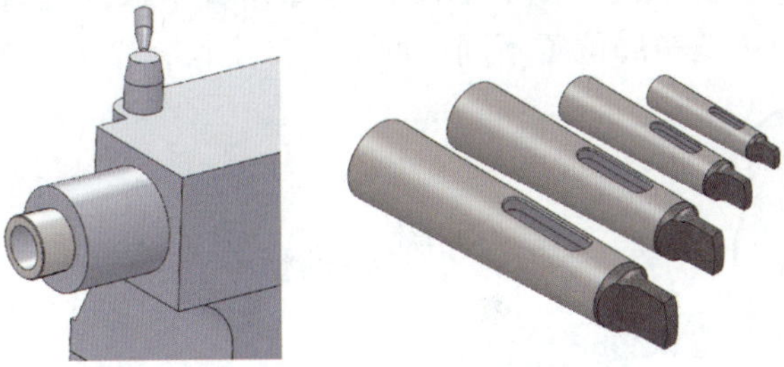

图 2–24　过渡锥套

3. 开始钻削：移动尾座至近工件端面，启动车床，使主轴带动工件回转，观察中心钻钻头是否与工件旋转中心一致，找正后紧固尾座。

钻削时取较高的转速，进给量小而均匀，当中心钻钻入工件后应及时加切削液进行冷却和润滑。钻毕中心钻应在孔中稍做停留，以修光中心孔，提高中心孔的形状精度和表面质量，然后退出。

提示：工件端面必须车平，不允许出现小凸头，尾座必须找正，中心钻前端小圆柱未钻入端面时不可用力过大。

</td></tr>
</table>

| 内容 | 图例与说明 |
| --- | --- |

## 二、车外圆常用量具

**游标卡尺 — 游标卡尺的结构**

游标卡尺是车工应用最多的通用量具。常用的游标卡尺有Ⅰ型、Ⅱ型、Ⅲ型等几种。

Ⅰ型游标卡尺结构如图2–25所示。外测量爪用于测量工件的外径和长度；刀口内测量爪用于测量孔径和槽宽；内、外测量爪也可以用来间接测量孔距；深度尺可用来测量工件的深度和台阶的长度。Ⅰ型游标卡尺的测量范围为0 ~ 150 mm。

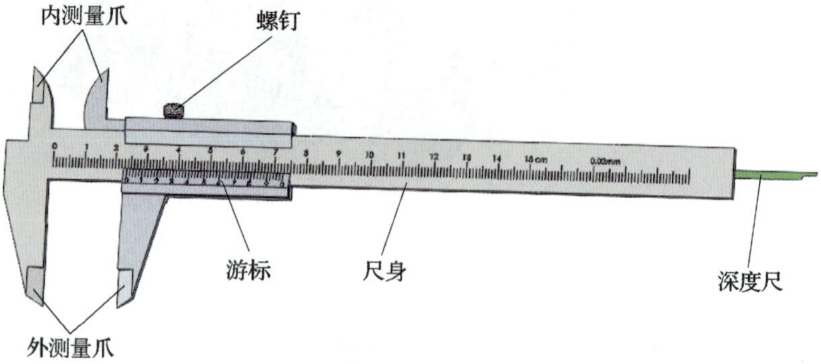


图2–25　Ⅰ型游标卡尺

Ⅲ型游标卡尺（图2–26）与Ⅰ型游标卡尺相比较，主要区别是增加了微动装置，测量爪布局位置不同，取消了深度尺，增大了测量范围。

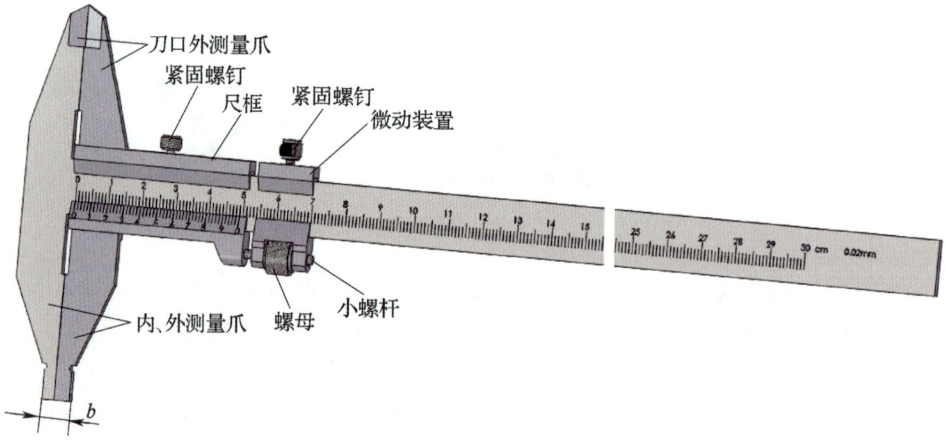


图2–26　Ⅲ型游标卡尺

拧紧微动装置的紧固螺钉，松开尺框上的紧固螺钉，用手指转动螺母，通过小螺杆可实现尺框（游标）的微动调节。刀口外测量爪用来测量槽的直径或工件

| 内容 | | 图例与说明 | |
|---|---|---|---|
| 游标卡尺 | 游标卡尺的结构 | 的孔距；内、外测量爪用来测量工件的外径和孔径，测量孔径时，游标卡尺的读数值必须加量爪的厚度 $b$ 才是孔径值，通常 $b$ =10 mm。Ⅲ型游标卡尺的测量范围有 0 ～ 200 mm 和 0 ～ 300 mm 两种。<br>Ⅱ型游标卡尺的量爪配置与Ⅰ型游标卡尺相同，游标部分则与Ⅲ型游标卡尺相同，增加了微动装置，无深度尺，测量范围有 0 ～ 200 mm 和 0 ～ 300 mm 两种。 | |
| | 游标卡尺的读数方法 | 游标卡尺的精度（游标读数值）有 0.1 mm、0.05 mm 和 0.02 mm 三种。现在 0.1 mm 精度的游标卡尺已很少使用。<br>读数方法以 0.02 mm 精度为例，读数时先读出游标零线左边在尺身上的整数毫米值，接着加上游标尺上与尺身刻线对齐的刻线左侧的数字 ×0.1，再加上该数字右侧刻线数 ×0.02，即为被测表面的实际尺寸。如图 2–27 读数为：8 mm+8 × 0.1 mm+3 × 0.02 mm=8.86 mm。<br>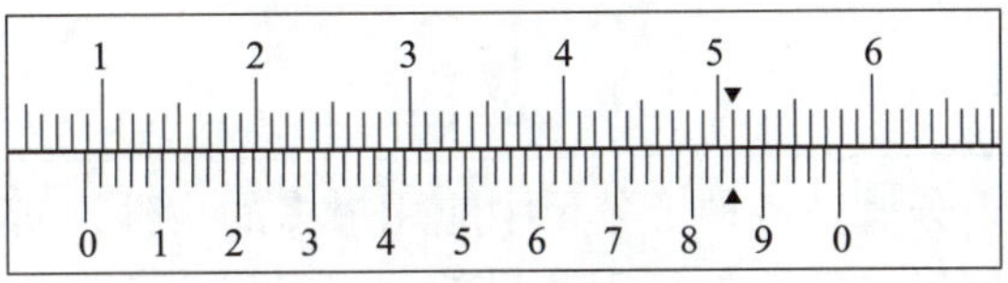<br>图 2–27　读数方法 | |
| | 游标卡尺的使用方法 | 1. 旋松固定游标用的螺钉，即可移动游标，调节内、外测量爪进行测量。下量爪用来测量工件的外径和长度。 | 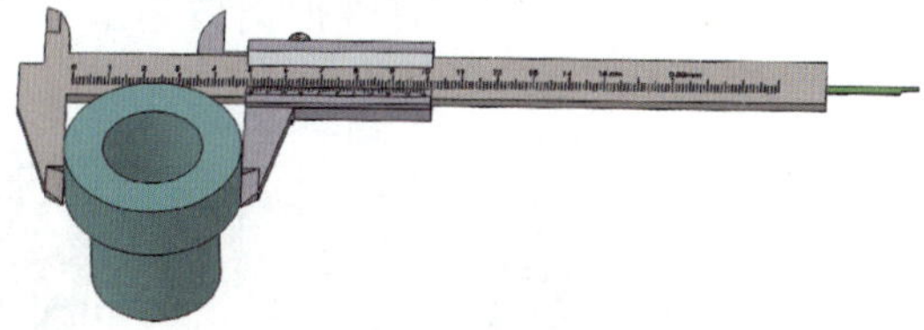<br>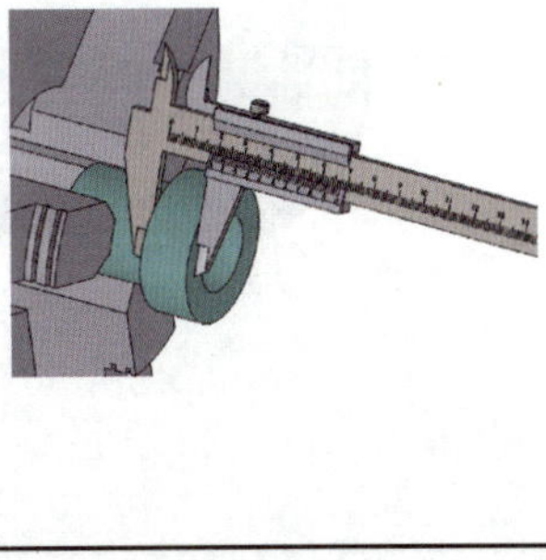 |

| 内容 | | 图例与说明 | |
|---|---|---|---|
| 游标卡尺 | 游标卡尺的使用方法 | 2. 内测量爪可以测量孔径或孔距及槽宽。 | 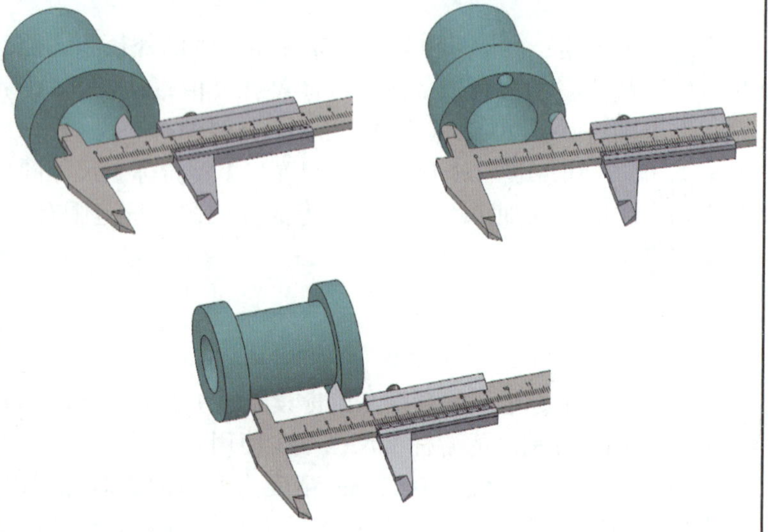 |
| 游标卡尺 | 游标卡尺的使用方法 | 3. 深度尺可用来测量工件的深度和台阶的长度。 |  |
| 外径千分尺 | 外径千分尺的结构 | 外径千分尺是各种千分尺中应用最多的一种，简称千分尺，主要用于测量工件外径和外形尺寸。外径千分尺的测量精度为 0.01 mm，高于游标卡尺的测量精度。<br>外径千分尺属于测微螺旋量具，其结构如图 2-28 所示。<br>由于测微螺杆的长度受到制造上的限制，其位移量一般为 25 mm。因此，按测量范围分，常用外径千分尺的规格有 0 ~ 25 mm、25 ~ 50 mm、50 ~ 75 mm、75 ~ 100 mm 等。使用时应根据被测工件的尺寸，选择相应测量范围的千分尺。<br>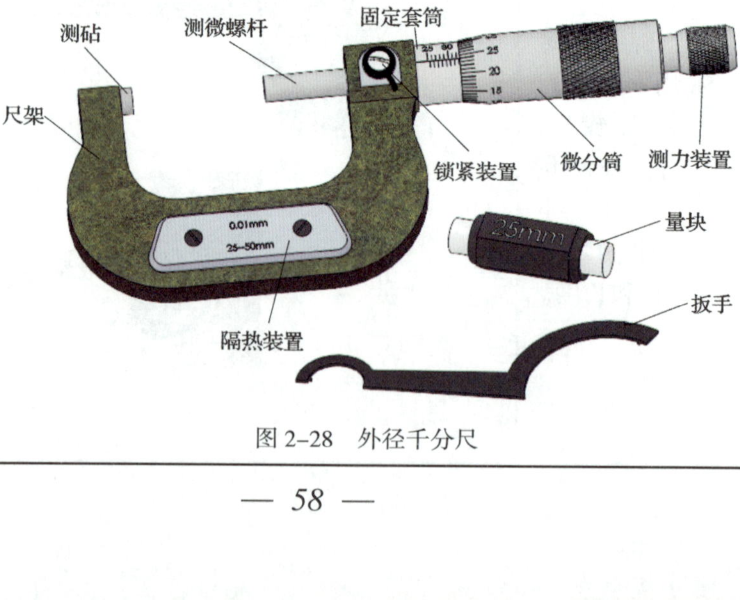<br><br>图 2-28　外径千分尺 | |

<table>
<tr><th colspan="2">内容</th><th colspan="2">图例与说明</th></tr>
<tr><td rowspan="3">外径千分尺</td><td>外径千分尺的读数方法</td><td colspan="2">先读出微分筒左侧固定套管上露出刻线的整毫米及半毫米数值；再读出微分筒上哪一格刻线与固定套管基准线对齐（这一格刻线 ×0.01），将上述读数相加，即为测得实际尺寸。<br>如图 2–29a 读数为 7 mm+38 × 0.01 mm=7.38 mm。<br>如图 2–29b 读数为 32 mm+0.5 mm+35 × 0.01 mm=32.85 mm。<br>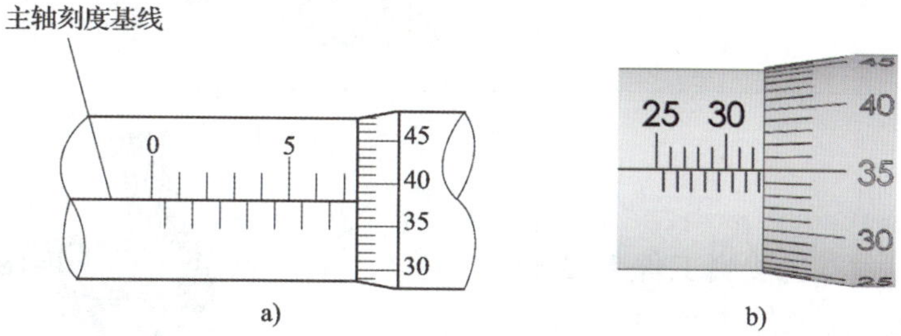<br><br>图 2–29　千分尺的读数</td></tr>
<tr><td rowspan="2">外径千分尺的使用方法</td><td>1. 零位检查：测量工件尺寸之前，应检查千分尺的“零位”，即检查微分筒上的零线和固定套筒上的零线基准是否对齐，若不对齐，应用配套扳手调整。对于 0 ~ 25 mm 规格的千分尺，只需测砧座面和测量螺杆平面贴平后对正“零位”。</td><td>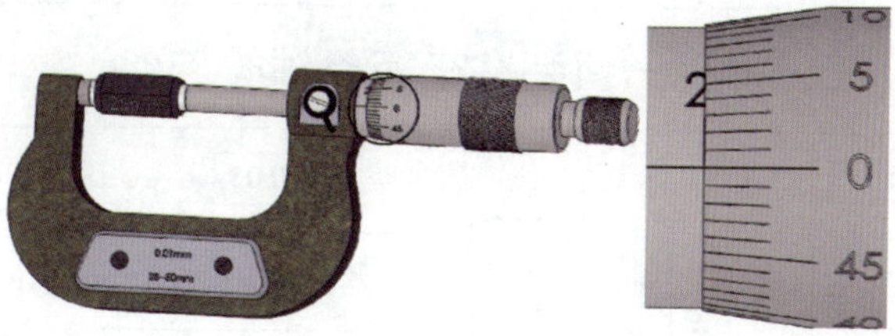<br></td></tr>
<tr><td>2. 当工件外径尺寸较小时，千分尺可单手握。</td><td>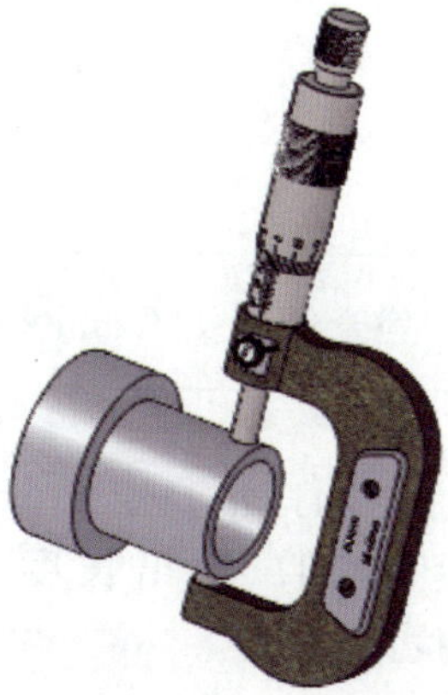</td></tr>
</table>

| 内容 | | 图例与说明 | | |
|---|---|---|---|---|
| 外径千分尺 | 外径千分尺的使用方法 | 3. 加工中测量，千分尺可双手握。 | 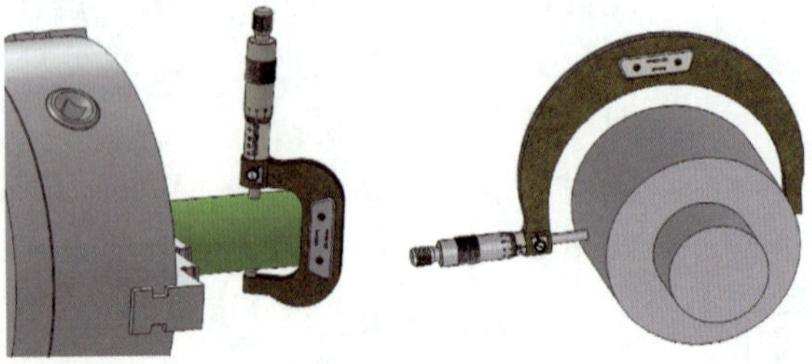 | |
| | | 4. 当被测工件数量较多或批量生产中小工件时，也可将千分尺固定在尺架上。 | 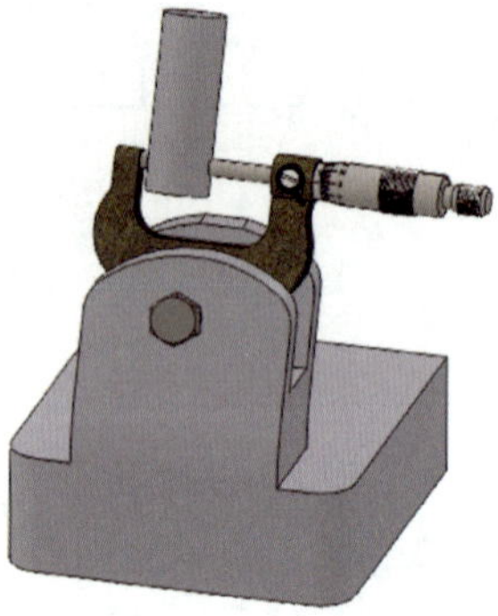 | |

## 三、一夹一顶装夹车简单轴类工件

| 一夹一顶装夹车台阶轴练习 | 工件图样 | 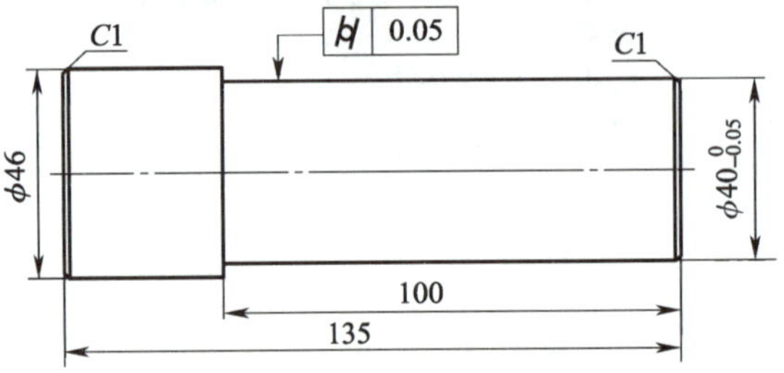  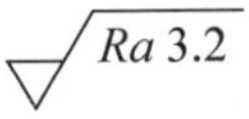 | | |
|---|---|---|---|---|

| 工件名称 | | 台阶轴 | |
|---|---|---|---|
| 材料 | 45 钢 | 备料 | ϕ50 × 150 |

| | | | | |
|---|---|---|---|---|
| 一夹一顶装夹车台阶轴练习 | 加工工艺卡片 | 10 | 检查备料 ϕ50 mm × 150 mm。 | |
| | | 20 | 用三爪自定心卡盘夹持毛坯外圆，伸出长度约 40 mm，找正并夹紧。 | 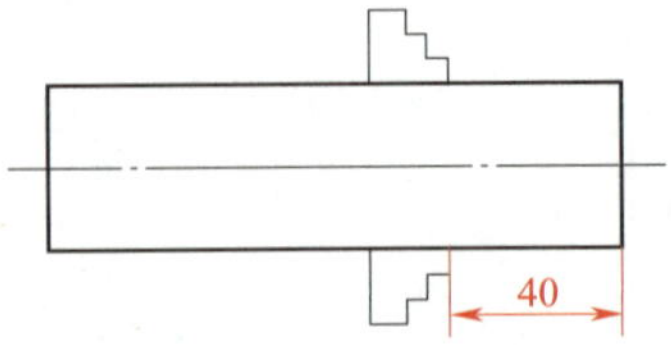 |

| 内容 | | 工艺步骤与图例 | | | |
|---|---|---|---|---|---|
| 一夹一顶装夹车台阶轴练习 | 加工工艺卡片 | | 1 | 车端面，车平即可。 | 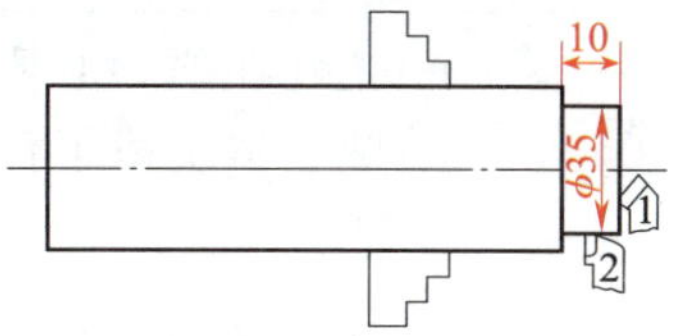 |
| | | | 2 | 车毛坯外圆至 $\phi35$ mm，长 10 mm（装夹部位）。 | |
| | | 30 | 掉头装夹毛坯外圆，伸出长度 40 mm，找正并夹紧。 | | 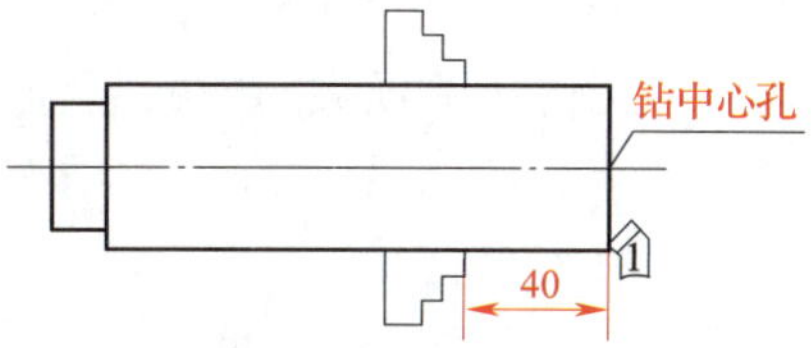 |
| | | | 1 | 车端面，车平即可。 | |
| | | | 2 | 钻中心孔（A 或 B 型）并修饰。 | |
| | | 40 | 将工件拉出，夹持 $\phi35$ mm、长 10 mm 的外圆，另一端用后顶尖支撑顶紧（为防止切削中工件轴向窜动，故车削出一个台阶作为轴向限位支撑）。 | | 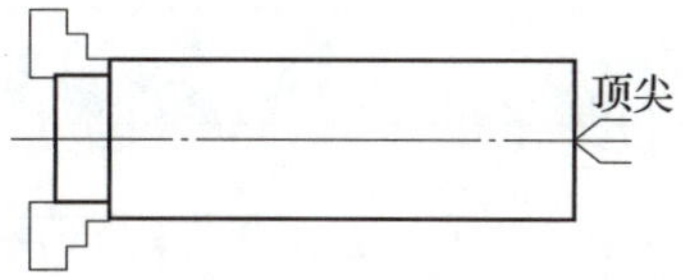 |
| | | | 1 | 粗车毛坯外圆 $\phi50$ mm 至 $\phi40.5$ mm，长 99.5 mm（校正锥度）。 | 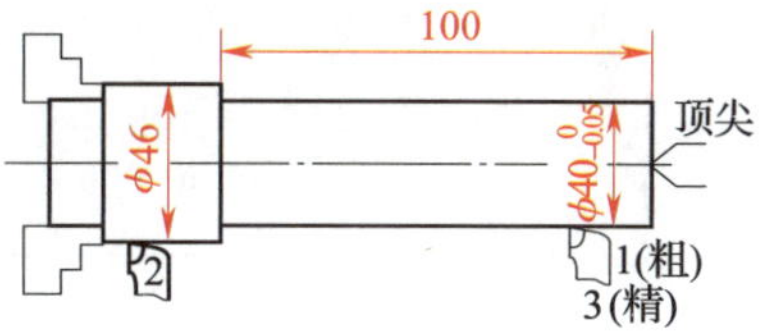 |
| | | | 2 | 粗、精车外圆 $\phi46$ mm 至尺寸要求。 | |
| | | | 3 | 精车外圆 $\phi40^{0}_{-0.05}$ mm、长 100 mm 至尺寸要求，表面粗糙度 $Ra3.2$ μm。 | |
| | | | 4 | 倒角 $C1$ mm。 | |
| | | 50 | 掉头夹持 $\phi46$ mm 外圆，找正并夹紧。 | | 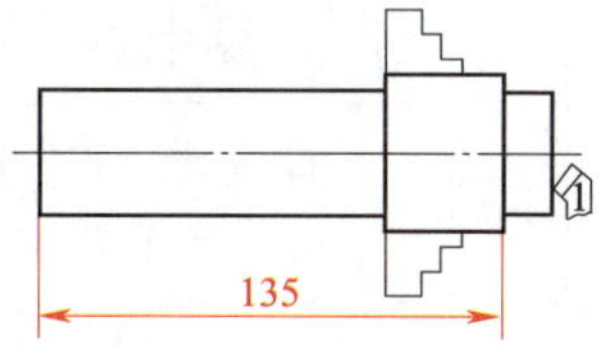 |
| | | | 1 | 车端面，保证总长 135 mm。 | |
| | | | 2 | 倒角 $C1$ mm。 | |
| | | 60 | 检查质量合格后取下工件。 | | |

## 四、两顶尖装夹车简单轴类工件

**工件在顶尖上装夹注意事项**

1. 工件在顶尖上装夹时，应保持中心孔的洁净和防止碰伤。

2. 鸡心夹头或平行对分夹头必须牢靠地夹住工件，以防切削时移动、打滑、损坏车刀。

3. 顶尖支顶应松紧合适。固定顶尖支顶太紧，工件易发热、变形，甚至烧坏顶尖和中心孔；而顶尖支顶太松，工件会产生径向跳动和轴向窜动，切削时易振动，致使外圆的圆度误差大和台阶的同轴度受影响。在切削过程中应随时注意工件在两顶尖间的松紧程度，并及时加以调整。

4. 在条件许可的情况下，尾座套筒伸出的长度应尽可能短些，以增加切削时的刚度。

5. 切削开始前，应手摇手轮使床鞍左右移动全行程，观察和检查有无碰撞现象。

6. 车台阶轴时，台阶处要保持清角，不要出现小台阶和凹坑。

7. 注意安全，防止鸡心夹头或平行对分夹头钩衣伤人。

| 内容 | 工艺步骤与图例 |
| --- | --- |

**两顶尖装夹车台阶轴练习**

**工件图样**

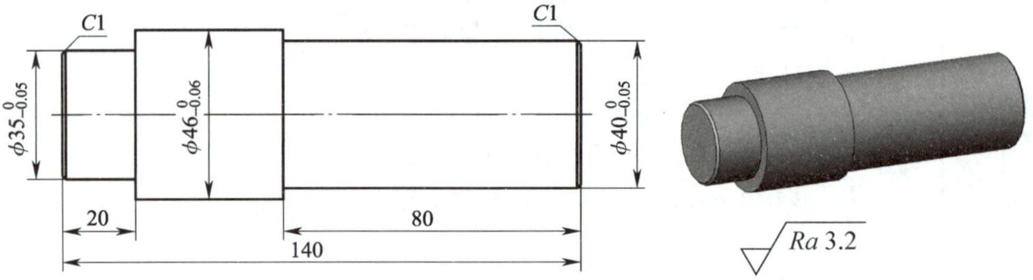


| 工件名称 | | 台阶轴 | |
| --- | --- | --- | --- |
| 材料 | 45 钢 | 备料 | $\phi 50 \times 150$ |

**加工工艺卡片**

| 工序 | 工步 | 内容 |
| --- | --- | --- |
| 10 | | 检查备料 $\phi 50$ mm × 150 mm。 |
| 20 | | 夹持毛坯外圆，伸出长度 40 mm，找正并夹紧。 |
| | 1 | 车端面，车平即可。 |
| | 2 | 钻中心孔（B 型）并修饰。 |

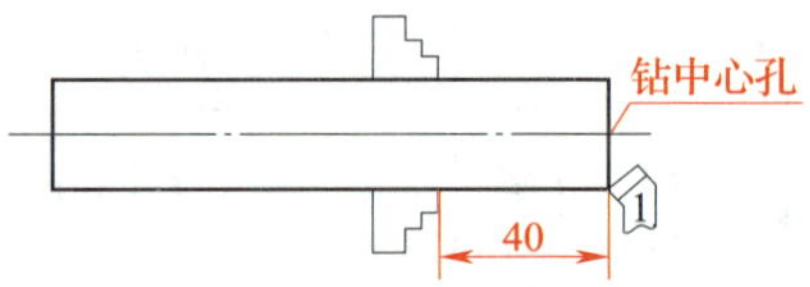


| 工序 | 工步 | 内容 |
| --- | --- | --- |
| 30 | | 掉头夹持毛坯外圆，伸出长度 40 mm，找正并夹紧。 |
| | 1 | 车端面，保证总长为 140 mm。 |
| | 2 | 钻中心孔（B 型）并修饰。 |

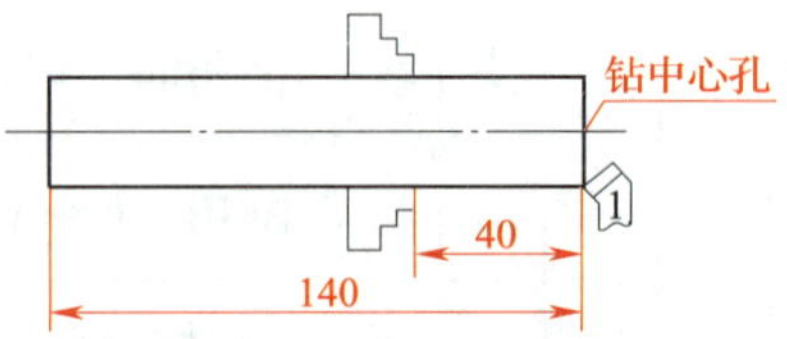

<table>
<tr><th colspan="2">内容</th><th colspan="4">工艺步骤与图例</th></tr>
<tr><td rowspan="14">两顶尖装夹车台阶轴练习</td><td rowspan="14">加工工艺卡片</td><td>40</td><td colspan="2">在两顶尖间装夹工件，找正并顶紧。</td><td rowspan="2">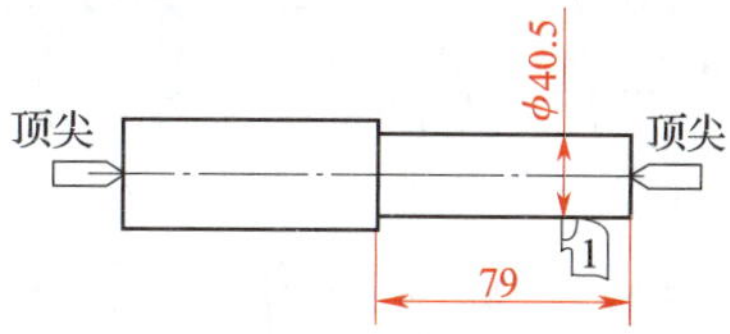
</td></tr>
<tr><td></td><td>1</td><td>粗车外圆 $\phi50$ mm 至 $\phi40.5$ mm，长 79 mm。</td></tr>
<tr><td>50</td><td colspan="2">掉头，在两顶尖间装夹工件，找正并夹紧。</td><td>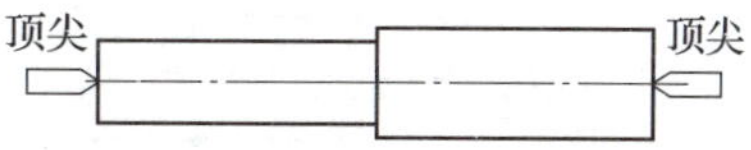
</td></tr>
<tr><td rowspan="5"></td><td>1</td><td>粗车外圆 $\phi50$ mm 至 $\phi46.5$ mm。</td><td rowspan="2">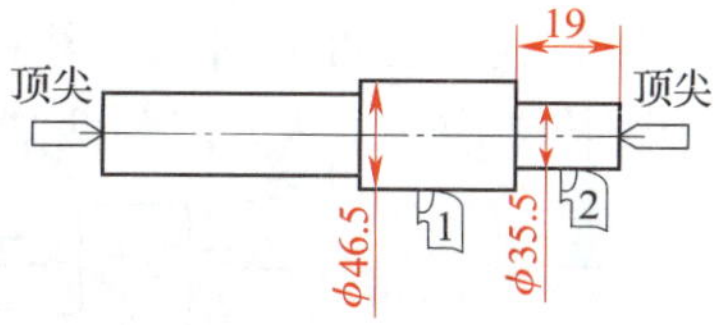
</td></tr>
<tr><td>2</td><td>粗车外圆 $\phi46.5$ mm 至 $\phi35.5$ mm，长 19 mm。</td></tr>
<tr><td>3</td><td>精车外圆 $\phi46_{-0.06}^{0}$ mm 至尺寸要求。</td><td rowspan="3">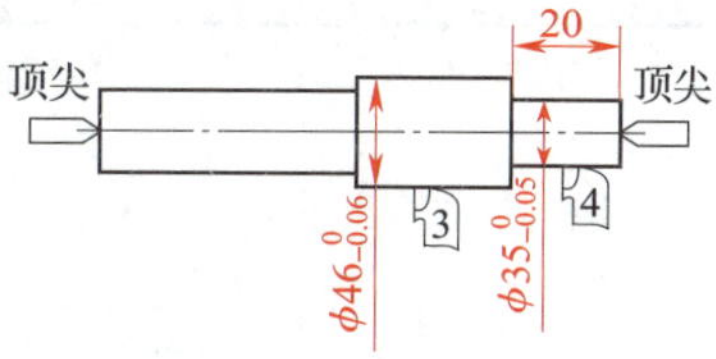
</td></tr>
<tr><td>4</td><td>精车外圆 $\phi35_{-0.05}^{0}$ mm 至尺寸要求。</td></tr>
<tr><td>5</td><td>倒角 $C1$ mm。</td></tr>
<tr><td>60</td><td colspan="2">掉头，在两顶尖间装夹，找正并夹紧。</td><td rowspan="3">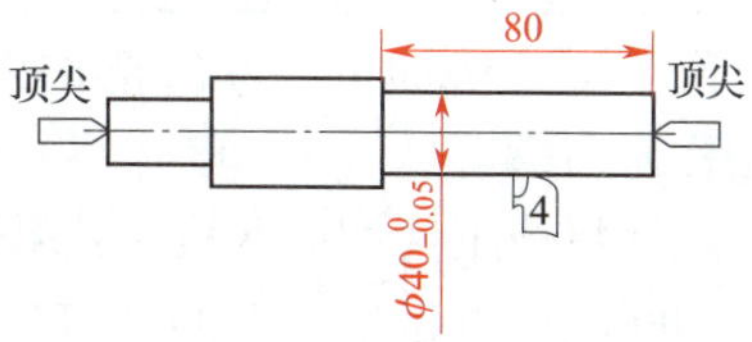
</td></tr>
<tr><td rowspan="2"></td><td>1</td><td>精车外圆 $\phi40_{-0.05}^{0}$ mm 至尺寸要求。</td></tr>
<tr><td>2</td><td>倒角 $C1$ mm。</td></tr>
<tr><td>70</td><td colspan="3">检查质量合格后取下工件。</td></tr>
</table>

| 内容 | 工艺步骤与图例 |
| --- | --- |

### 五、产生圆柱度误差时找正的方法

使用尾座车削轴类工件，要在车削开始时先测量两端直径，如发现同一刀车削工件两端直径不一样大，即圆柱度产生误差。可通过调整尾座的横向偏移量找正工件两端直径的误差。调整的方法是：车出工件右端直径大、左端直径小，尾座应向操作者方向移动；车出工件右端直径小、左端直径大，尾座移动方向则相反，如图 2–30 所示。

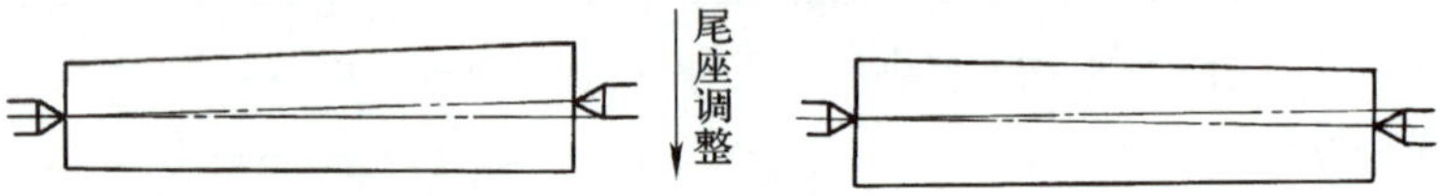


图 2–30　尾座的调整

为节省找正工件的时间，往往先将工件中间车凹，如图 2–31 所示（车凹部分外径不能小于图样要求），然后车削两端外圆，并测量找正即可。

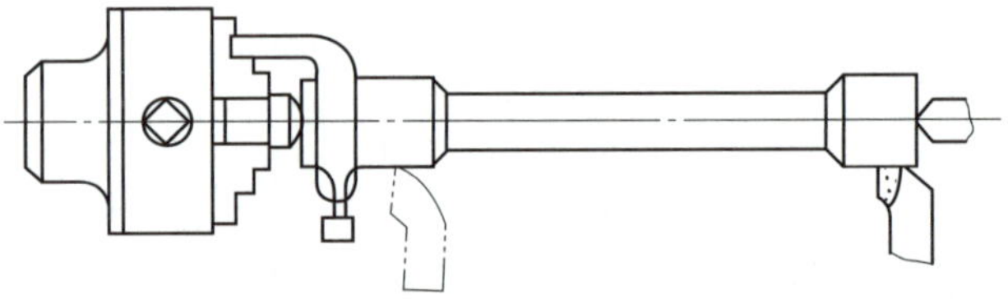

图 2–31　车削两端找正工件

# 课题三　车槽和切断

用车削方法加工工件的槽称为车槽。工件外圆和平面上的槽称为外槽，工件内孔中的槽称为内槽。

把坯料或工件切成两段（或数段）的加工方法称为切断。

切断的关键是切断刀的几何参数的选择及其刃磨和选择合理的切削用量。

直形车槽刀和切断刀的几何形状相似，刃磨的方法基本相同，只是刀头部分的宽度和长度有些区别。有时车槽刀和切断刀可以通用。

车槽与切断是车工的基本操作技能之一，能否掌握好，关键在于车槽刀和切断刀的刃磨。

## 一、切断刀

| 内容 | | 图例与说明 |
|---|---|---|
| 切断刀的种类 | 按材料分类 | 按切削部分材料不同，切断刀分为高速钢切断刀和硬质合金切断刀，如图 2–32 所示。<br>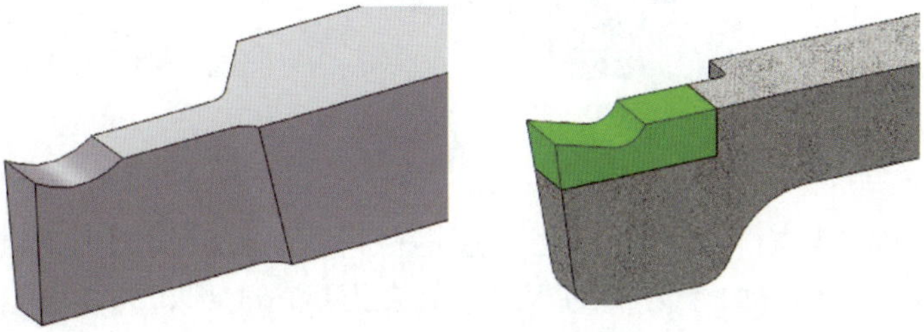<br>a)　　b)<br>图 2–32　切断刀<br>a）高速钢切断刀　b）硬质合金切断刀<br>高速钢切断刀的切削部分与刀柄为同一材料锻造而成，是目前使用较普遍的切断刀。<br>硬质合金切断刀由用作切削部分的硬质合金焊接在刀体上而成，适用于高速切削。 |
| | 反切刀 | 在切断直径较大的工件时，由于刀体较长，刚度低，用正向切断容易引起振动，这时可采用反向切断法，即主轴与工件反转，用反切刀进行切断（图 2–33）。<br>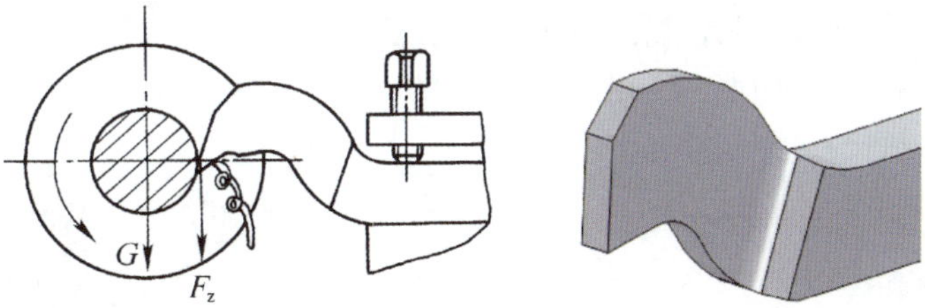<br>图 2–33　反向切断和反切刀<br>用反切刀切断工件时，切削力 $F_z$ 的方向与工件重力 $G$ 方向一致，不容易引起振动。此外，切断时切屑从下面排出，不容易堵塞在工件槽内。<br>提示：用反向切断法切断工件时，卡盘与主轴采用螺纹连接的车床，其连接部分必须装有保险装置，以防工作中卡盘松脱。<br>反向切断时刀架受力方向向上，所选用的车床的刀架应有足够的刚度。 |

<table>
<tr><th colspan="2">内容</th><th>图例与说明</th></tr>
<tr><td>切断刀的种类</td><td>弹性切断刀</td><td>用高速钢做成的片状刀体装夹在弹性刀柄上，组成弹性切断刀（图 2–34）。<br>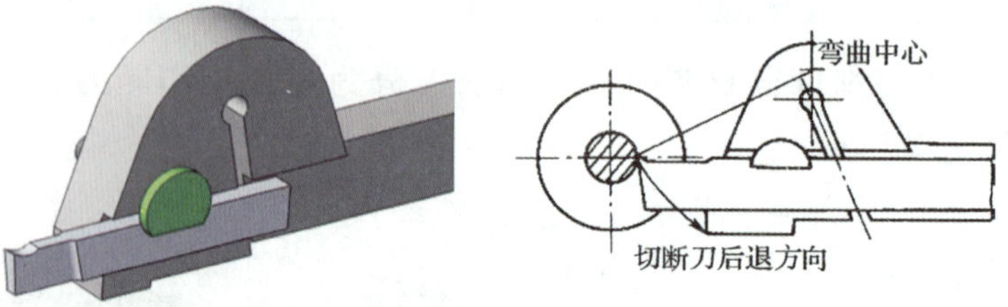<br><br>图 2–34　弹性切断刀<br>弹性切断刀不仅可节省高速钢材料，而且在切削中当进给量过大时，弹性刀柄受力变形，由于刀柄的弯曲中心在刀柄的上部，刀体会自动让刀，可避免因扎刀而造成切断刀折断。</td></tr>
</table>

## 二、切断刀的刃磨

<table>
<tr><th colspan="2">内容</th><th>图例与说明</th></tr>
<tr><td>刃磨切断刀</td><td>注意事项</td><td>1. 切断刀的卷屑槽不宜磨得太深，一般为 0.75 ~ 1.5 mm（图 2–35）。卷屑槽刃磨太深，刀头强度低，容易折断（图 2–36）。<br>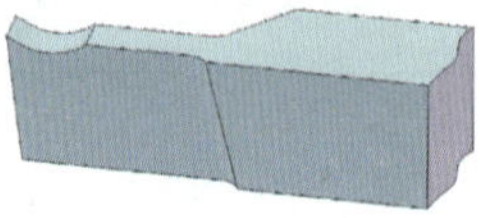<br>图 2–35　切断刀的卷屑槽<br>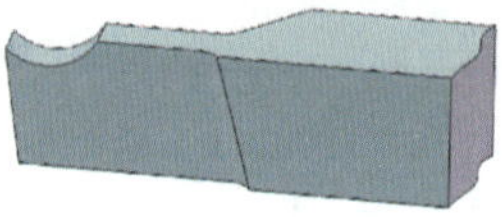<br>图 2–36　卷屑槽太深<br>2. 不允许把前面磨低或磨成台阶形（图 2–37），这种刀切削不顺畅，排屑困难，切削负荷增大，刀头容易折断。<br>3. 刃磨切断刀和车槽刀的两侧副后角时，应以车刀底面为基准，用钢直尺或直角尺检查（图 2–38）。<br><br>图 2–37　前面被磨低<br>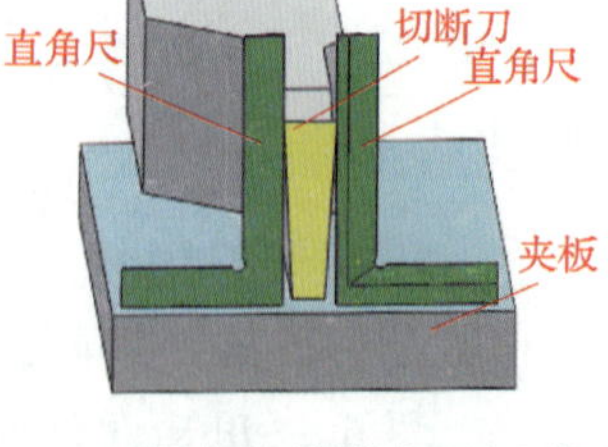<br><br>图 2–38　用直角尺检查两侧副后角<br>4. 如果副后角出现负值（图 2–39），切断时刀具会与工件侧面发生摩擦；副后角太大（图 2–40）则刀头强度差，切削时容易折断。</td></tr>
</table>

<table>
<tr><th colspan="2">内容</th><th>图例与说明</th></tr>
<tr><td rowspan="3">刃磨切断刀</td><td>注意事项</td><td>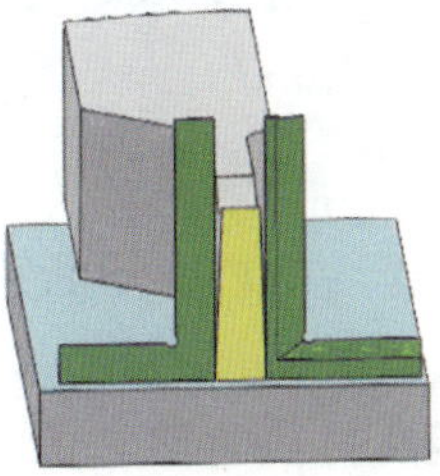<br>图 2-39　副后角为负值<br>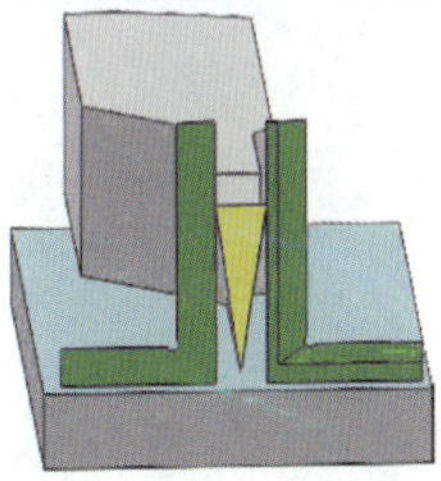<br>图 2-40　副后角太大<br>5. 刃磨切断刀和车槽刀的副偏角时，要避免出现以下问题：<br>（1）副偏角太大（图 2-41a），刀头强度低，容易折断。<br>（2）副偏角为负值（图 2-41b）或副切削刃不平直（图 2-41c），不能用直进法切削。<br>（3）车刀左侧磨去太多（图 2-41d），不能切削有高台阶的工件。<br><br><br>图 2-41　刃磨副偏角时容易产生的问题<br>a）副偏角太大　b）副偏角为负值　c）副切削刃不平直　d）车刀左侧磨去太多</td></tr>
<tr><td>要点</td><td>切断刀以横向进给为主，前端的切削刃为主切削刃，两侧的切削刃是副切削刃。一般切断刀的主切削刃较窄，刀体较长，因此强度较低，在选择和确定切断刀的几何参数时，要特别注意提高切断刀的强度问题 。</td></tr>
<tr><td>高速钢切断刀图样</td><td>高速钢切断刀如图 2-42 所示。<br>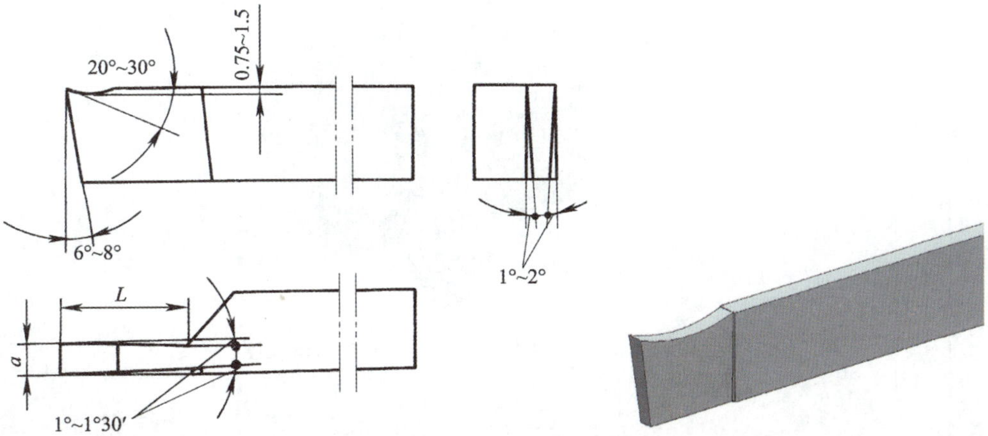<br><br>图 2-42　高速钢切断刀</td></tr>
</table>

<table>
<tr><th colspan="2">内容</th><th>图例与说明</th></tr>
<tr><td>刃磨切断刀</td><td>切断刀几何参数</td><td>
1. 前角 $\gamma_o$。切断中碳钢材料时，$\gamma_o$ 取 20° ~ 30°；切断铸铁材料时，$\gamma_o$ 取 0° ~ 10°。
2. 后角 $\alpha_o$。一般 $\alpha_o$ 取 6° ~ 8°。切断塑性材料时取大值，切断脆性材料时取小值。
3. 副后角 $\alpha'_o$。切断刀有两个对称的副后角，其作用是减少副后面与工件已加工表面间的摩擦，$\alpha'_o$ 取 1° ~ 2°。
4. 主偏角 $\kappa_r$。切断刀以横向进给为主，因此 $\kappa_r$=90°。
5. 副偏角 $\kappa'_r$。切断刀的两个副偏角必须对称，以免两侧所受的切削抗力不均而影响平面度和断面对轴线的垂直度。副偏角 $\kappa'_r$ 不宜大，以免削弱刀体强度，一般 $\kappa'_r$ 取 1° ~ 1° 30′。
6. 主切削刃宽度 $a$。主切削刃宽度太宽会因切削力太大而引起振动，且浪费材料；宽度太窄则会削弱切断刀的强度。主切削刃宽度一般可按下列经验公式计算确定：
$$a \approx (0.5 \sim 0.6)\sqrt{d}$$
式中　$a$——主切削刃宽度，mm；<br>$d$——工件待切断表面的直径，mm。
7. 刀体长度 $L$。刀体长度（图 2-43）应满足工件切断要求，但不宜太长，以免引起振动和使刀体折断。刀体长度可按下式计算确定：
$$L = h + (2 \sim 3)\ \text{mm}$$
式中　$L$——刀体长度，mm；<br>$h$——切入深度（实心工件 $h=d/2$；空心工件 $h$ 等于被切工件壁厚），mm。
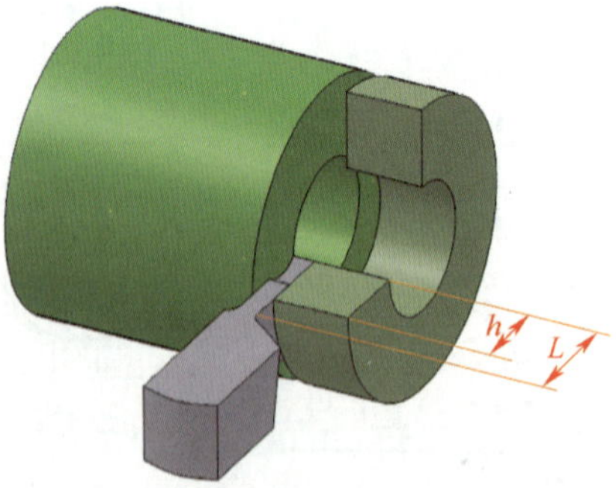

图 2-43　切断刀的刀体长度
</td></tr>
</table>

| 内容 | | 图例与说明 | |
|---|---|---|---|
| 刃磨切断刀 | 刃磨工艺 | 1. 刃磨左侧副后面：利用高速钢刀具两端面形成的后角，判定好前面，使其向上，同时刀柄向外侧倾斜1°～2°，刀柄尾部向内侧倾斜1°～1°30′，根据需要的刀头长度［$L=h+(2\sim3)$ mm］，磨出左侧副后角和副偏角即可。 | 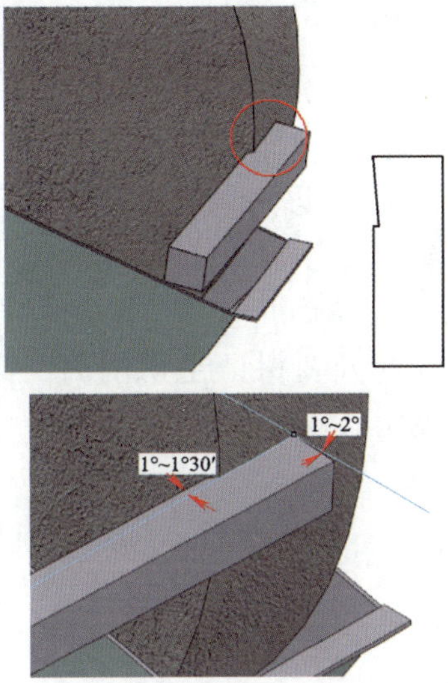 |
| | | 2. 刃磨右侧副后面：同样前面向上，在刀柄右侧，将刀柄向外侧倾斜1°～2°，刀柄尾部向内侧倾斜1°～1°30′，边磨边观察，磨出与左侧对称的副后角和副偏角，至合适刀头宽度［$a=(0.5\sim0.6)\sqrt{d}$］。 | 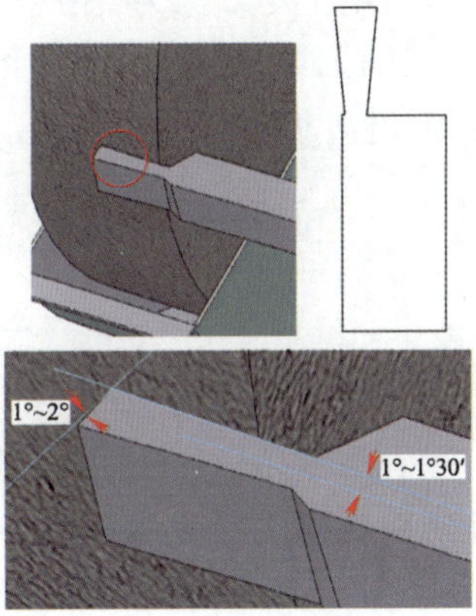 |
| | | 3. 刃磨前面：将车刀前面对着砂轮，利用砂轮平面和圆周的交界圆弧在离开主切削刃处接触，深度为0.75～1.5 mm，然后以其为支点摆动刀柄尾部，使砂轮火花在主切削刃处最后离开而主切削刃前面未被磨低。 | 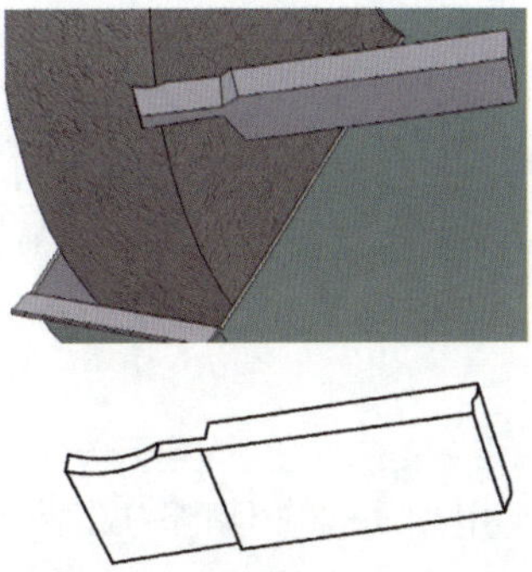 |

<table>
<tr><th colspan="2">内容</th><th colspan="2">图例与说明</th></tr>
<tr><td rowspan="4">刃磨切断刀</td><td rowspan="2">刃磨工艺</td><td>4. 刃磨主后面：保持主切削刃与砂轮轴心线的平行，刀头上翘 6° ~ 8°（利用高速钢车刀端面角度），磨出后角。此处要保证主切削刃与刀柄中心线垂直。</td><td>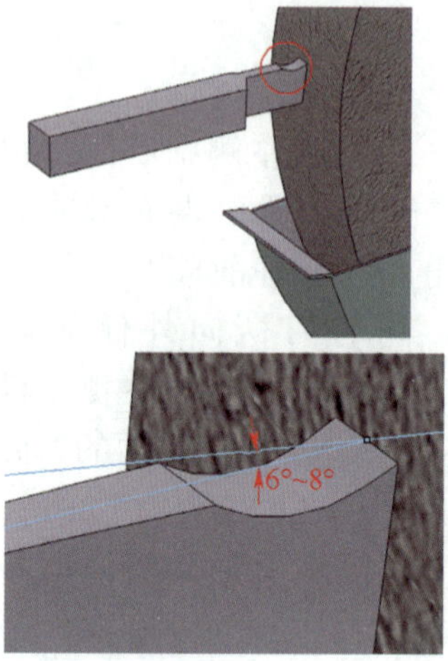
</td></tr>
<tr><td>5. 磨过渡刃：为保护刀尖，在两刀尖上各磨出一个小圆弧过渡刃。</td><td>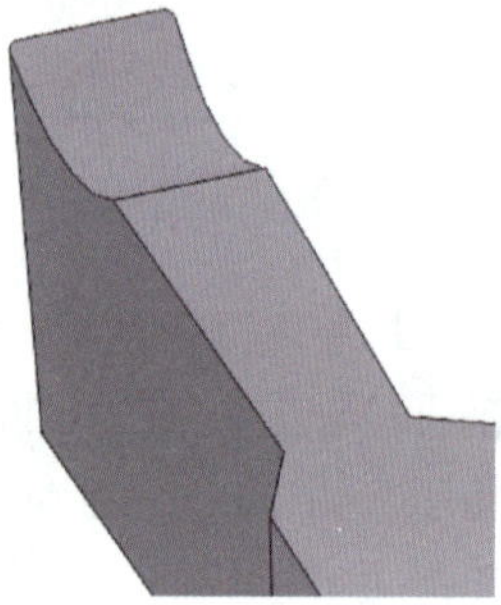</td></tr>
<tr><td>硬质合金切断刀图样</td><td colspan="2">硬质合金切断刀如图 2–44 所示。<br>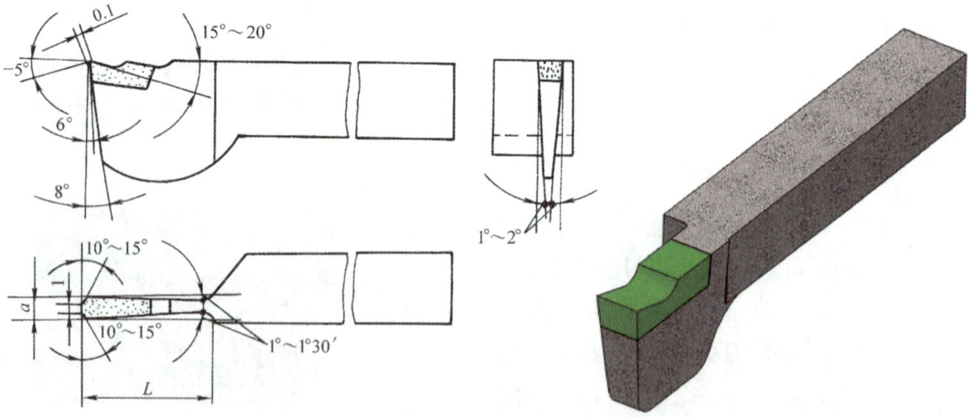

图 2–44　硬质合金切断刀</td></tr>
<tr><td>要点</td><td colspan="2">用硬质合金切断刀高速切断工件时，由于切屑和工件槽宽相等而容易堵塞在槽内，为了排屑顺畅，可将主切削刃两边倒角或磨成“人”字形。</td></tr>
</table>

| 内容 | | 图例与说明 |
|---|---|---|
| 刃磨切断刀 | 带圆头车槽刀 | 带圆头车槽刀如图 2–45 所示。<br>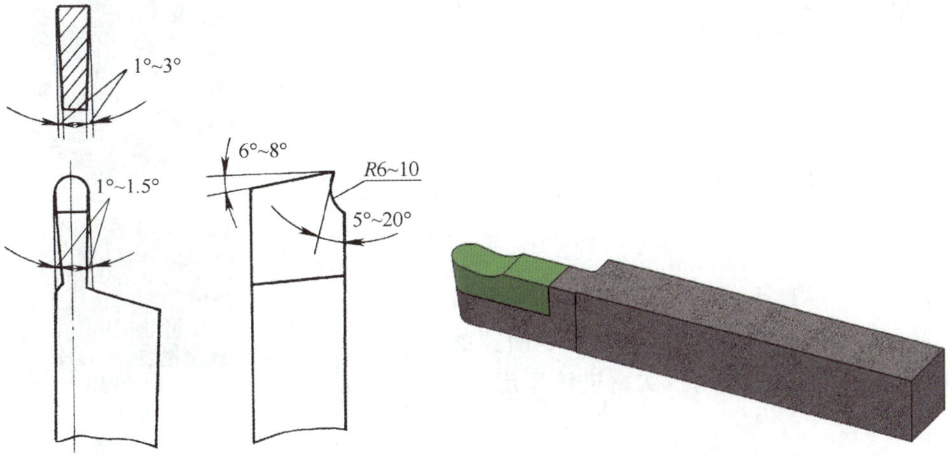<br><br>图 2–45　带圆头车槽刀 |
| | 要点 | 带圆头车槽刀刃磨方法与直形车槽刀相似，只是在刃磨主切削刃圆弧时有区别。圆头的刃磨方法是以左手握车刀前端为支点，用右手转动车刀尾，如图 2–46 所示。<br>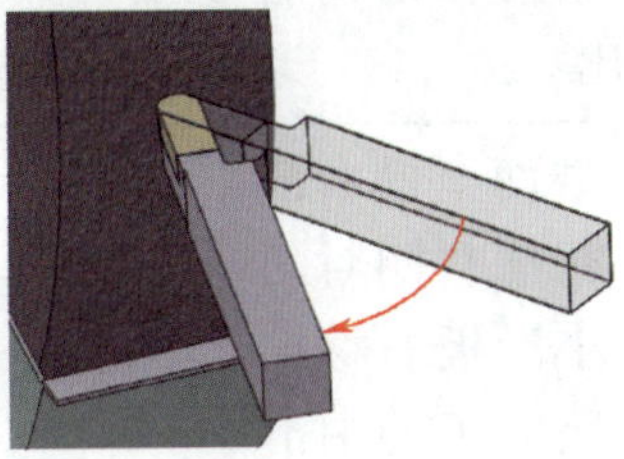<br>图 2–46　带圆头车槽刀圆头的刃磨 |

## 三、车外圆槽

| 内容 | | 图例与说明 | |
|---|---|---|---|
| 车外圆槽 | 车槽刀的装夹 | 安装时，刀头轴线应与工件轴线垂直，否则车出的槽壁可能不平直。<br>主切削刃必须装得与工件中心等高，可用直角尺检查副偏角。 | 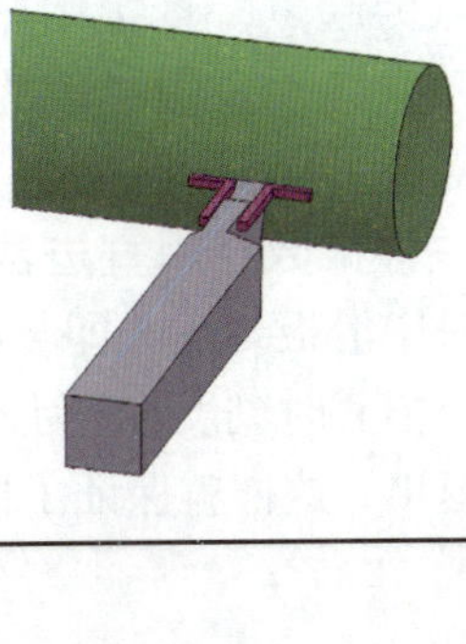 |

<table>
<tr><th colspan="2">内容</th><th colspan="2">图例与说明</th></tr>
<tr><td rowspan="5">车外圆槽</td><td>车槽刀的装夹</td><td>高速钢车刀窄而长，刚度差，不宜伸出过长，而装夹时刀架上螺钉常会夹偏。可在刀柄上面与刀架夹紧螺杆之间垫一片垫刀片，使车削时刀柄受力均匀，增强刀柄强度。</td><td>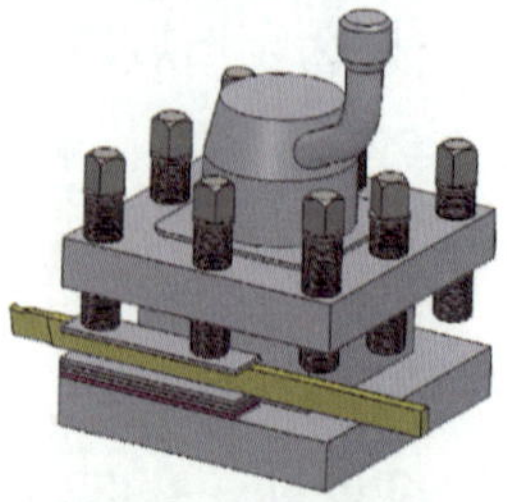</td></tr>
<tr><td rowspan="4">外圆槽车削方法</td><td>1. 车削精度不高的和宽度较窄的槽时，可用刀宽等于槽宽的车槽刀，采用一次直进法车出。</td><td>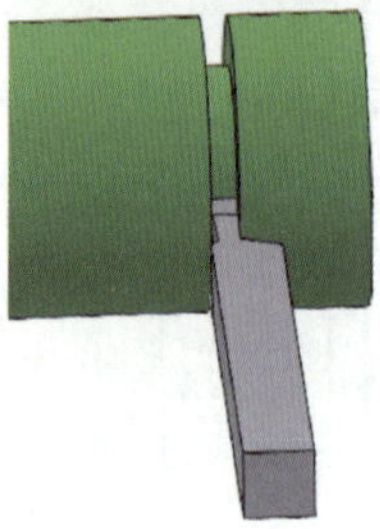</td></tr>
<tr><td>2.1 车削槽宽较宽、精度较高的矩形槽，可用多次直进法车削，将车槽刀每次进给至同样深度，并在槽壁两侧和槽径留一定精车余量。最后车槽刀在槽的右侧（长度基准）退出。</td><td>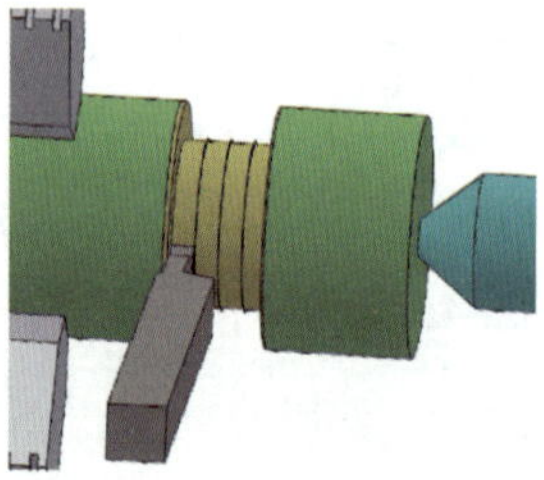</td></tr>
<tr><td>2.2 测量工件端面至槽右侧尺寸后，用小滑板在槽右侧对刀以消除间隙，计算小滑板右移格数，用直进法切入至粗车的中滑板刻度，将刀横向退出（纵向不动），这样就保证了端面至槽右侧的尺寸。</td><td>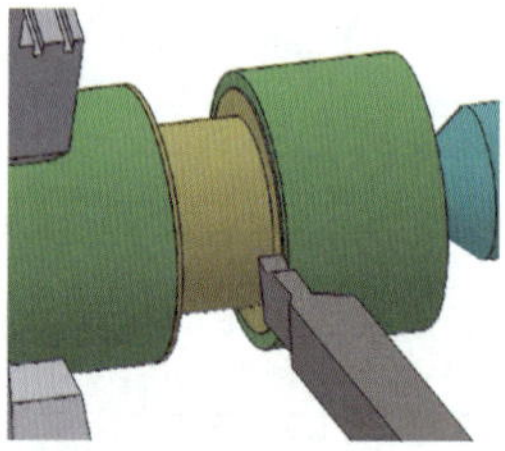</td></tr>
<tr><td>2.3 测量槽宽余量，车槽的宽度尺寸，车槽刀以上一尺寸的终点为起点，直接用床鞍将刀左移，靠近槽左侧时改为小滑板移动对刀并消除间隙，计算好小滑板左移格数，用直进法切入至粗车时中滑板刻度（即 2.1 中车槽刀车至槽底时刻度），将刀从槽的中间退出，这样就保证了槽宽尺寸。</td><td>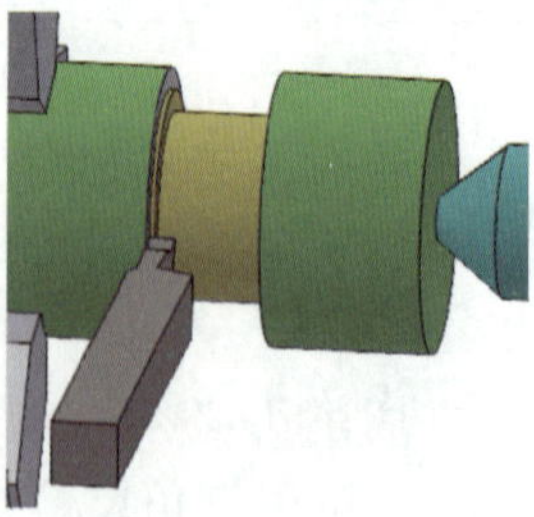</td></tr>
</table>

<table>
<tr><th colspan="2">内容</th><th colspan="2">图例与说明</th></tr>
<tr><td rowspan="5">车外圆槽</td><td rowspan="3">外圆槽车削方法</td><td>2.4　测量槽底的直径 $d$，将车刀在槽径表面对刀，计算好中滑板径向进刀格数，将刀在槽径上切入并纵向移动，车至尺寸后车刀从槽的中间退出，这样就保证了槽的直径尺寸。</td><td>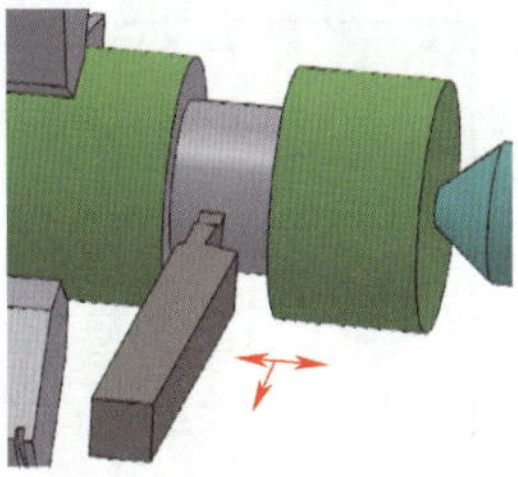</td></tr>
<tr><td>3. 车削较小的梯形槽，一般以成形刀一次车削完成。较大的梯形槽，通常先车削直槽，然后用梯形刀采用直进法或左右切削法完成。</td><td>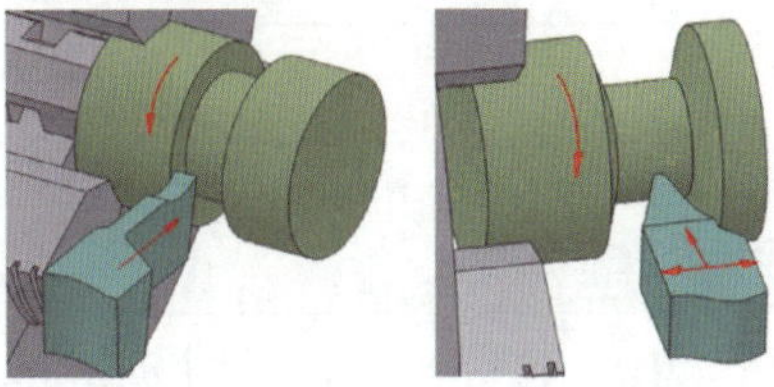</td></tr>
<tr><td colspan="2">4. 车削较小的圆弧形槽，一般以成形刀一次车出。较大的圆弧形槽，可用双手联动车削，用样板检查修整。</td></tr>
<tr><td rowspan="2">槽的测量</td><td>精度要求低的槽，可用钢直尺测量槽宽度、外卡钳测量槽直径。</td><td>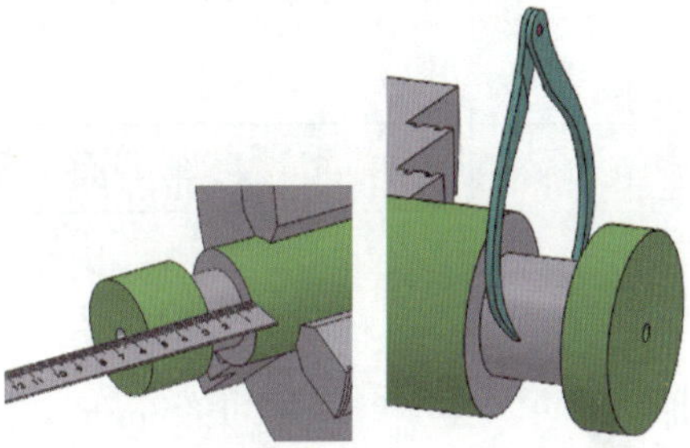</td></tr>
<tr><td>精度要求高的槽，通常用千分尺测量槽的直径，用样板（塞规）、游标卡尺测量槽宽度。</td><td>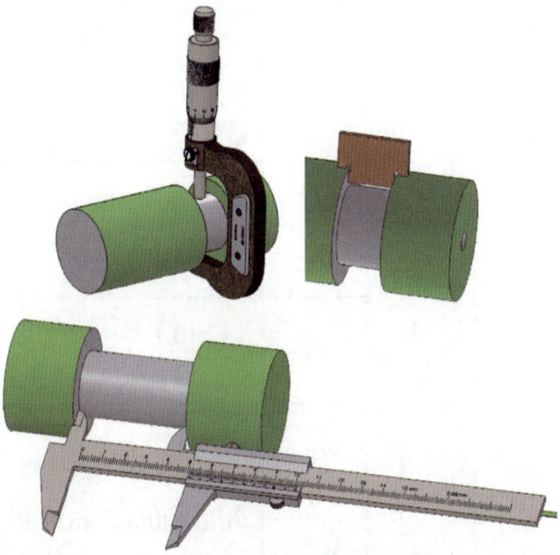</td></tr>
</table>

| 内容 | | 图例与说明 | | | |
|---|---|---|---|---|---|
| 车外圆槽练习 | 工件图样 | 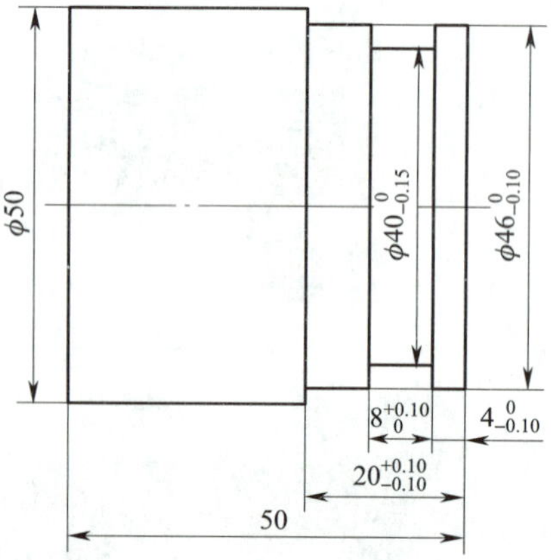<br>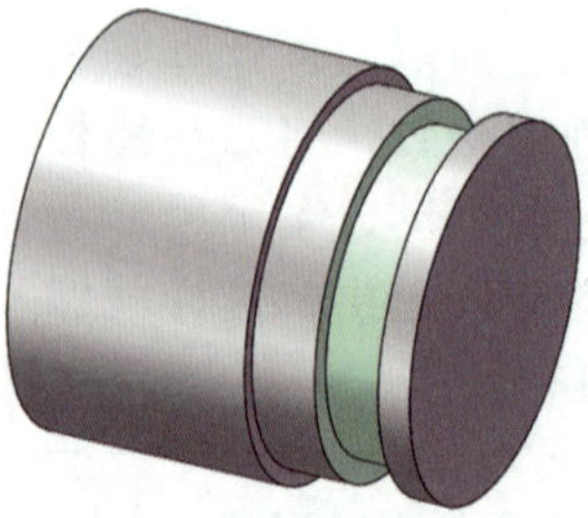<br>技术要求<br>1. 槽底径处要清角。<br>2. 倒角处无毛刺。<br>3. 未注倒角为C0.5。<br>$Ra\,3.2$<br>工件名称：外圆槽工件<br>材料：45 钢；备料：$\phi50\times50$ | | | |
| | 加工工艺卡片 | 10 | | 检查备料 $\phi50$ mm × 50 mm。 | 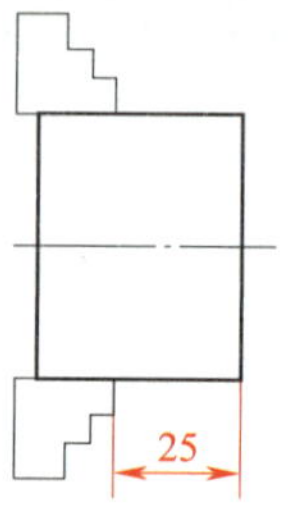 |
| | | 20 | | 用三爪自定心卡盘夹住毛坯外圆，伸出长度 25 mm。 | |
| | | | 1 | 车端面，车平即可。 | 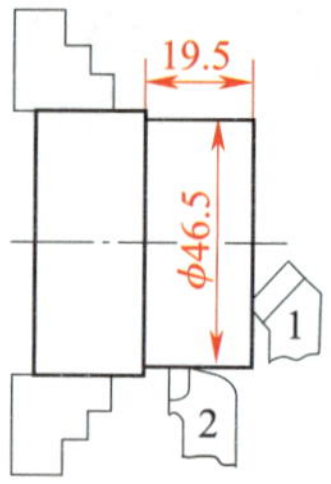 |
| | | | 2 | 粗车毛坯外圆至 $\phi46.5$ mm，长 19.5 mm。 | |
| | | | 3 | 粗车外圆槽，使工件端面至槽右侧为 5 mm，槽底径车至 $\phi40.5$ mm。 | 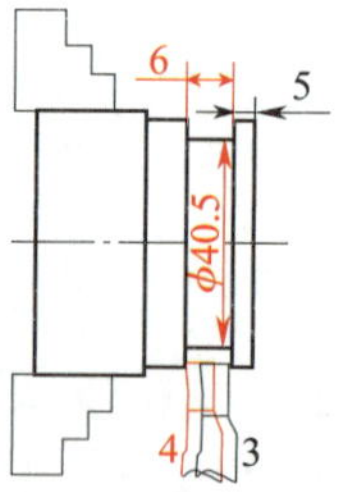 |
| | | | 4 | 粗车槽宽至 6 mm，槽底径车至 $\phi40.5$ mm。 | |
| | | | 5 | 精车端面，表面粗糙度 $Ra3.2$ μm。 | 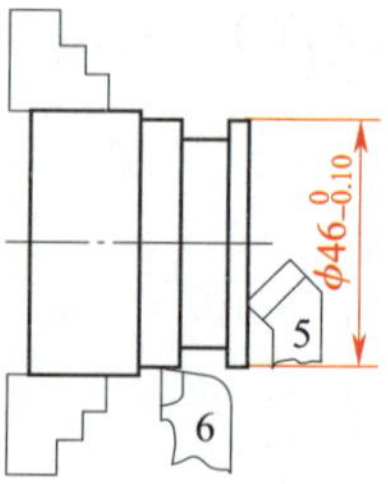 |
| | | | 6 | 精车外圆 $\phi46_{-0.10}^{0}$ mm，长 $20_{-0.10}^{+0.10}$ mm，表面粗糙度 $Ra3.2$ μm。 | |

<table>
<tr><th colspan="2">内容</th><th colspan="4">图例与说明</th></tr>
<tr><td rowspan="5">车外圆槽练习</td><td rowspan="5">加工工艺卡片</td><td rowspan="4"></td><td>7</td><td>精车工件端面至槽右侧尺寸 $4_{-0.10}^{0}$ mm。</td><td rowspan="2">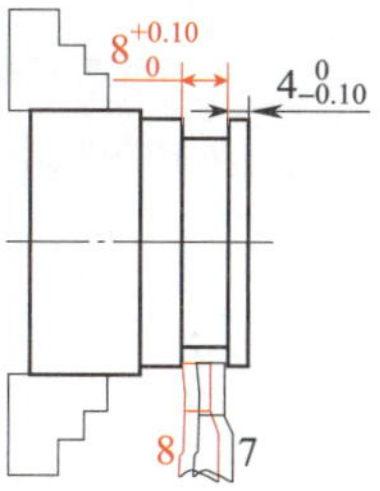</td></tr>
<tr><td>8</td><td>精车槽宽 $8_{0}^{+0.10}$ mm。</td></tr>
<tr><td>9</td><td>精车槽底径 $\phi40_{-0.15}^{0}$ mm。</td><td rowspan="2">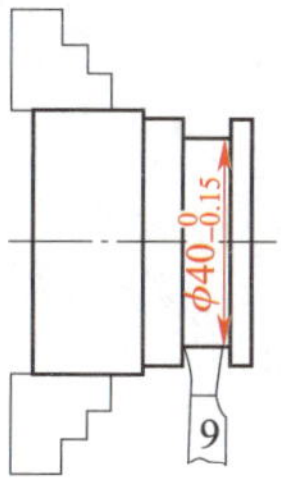</td></tr>
<tr><td>10</td><td>倒角 $C0.5$ mm。</td></tr>
<tr><td>30</td><td colspan="3">检查质量合格后取下工件。</td></tr>
</table>

## 四、车平面槽和 45°外斜槽

<table>
<tr><th colspan="2">内容</th><th>图例与说明</th></tr>
<tr><td>车平面槽</td><td>平面车槽刀</td><td>在平面上车槽时车槽刀左侧的一个刀尖相当于在车内孔，另一个右侧的刀尖相当于在车外圆，如图 2–47 所示。<br>为了防止平面车槽刀的副后面与槽壁相碰，平面车槽刀的左侧副后面必须按平面槽的圆弧大小刃磨成圆弧形，并带有一定的后角（图 2–48）。<br>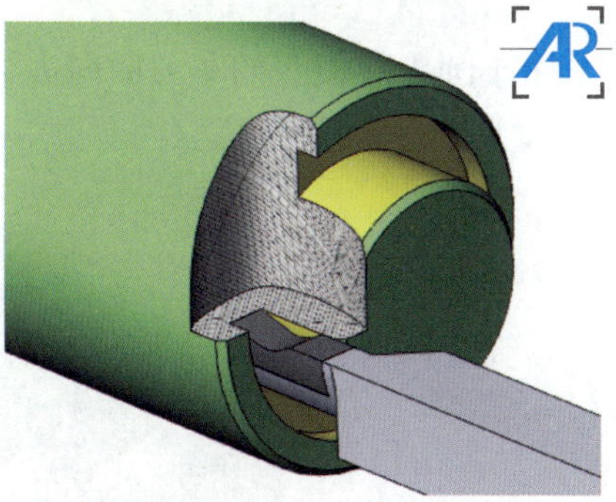<br>图 2–47　车平面槽<br>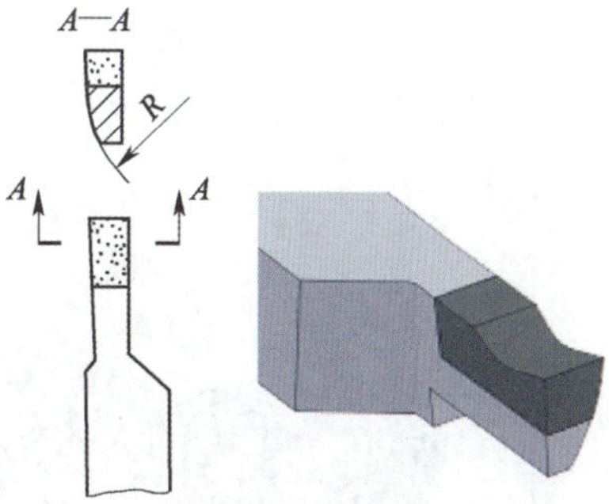<br>图 2–48　平面车槽刀<br>平面车槽刀的装夹，其主切削刃应与工件中心等高，且平面车槽刀的中心线必须与工件轴线平行。</td></tr>
</table>

<table>
<tr><th colspan="2">内容</th><th>图例与说明</th></tr>
<tr><td>车平面槽</td><td>平面槽的车削方法</td><td>

车槽刀位置的控制方法：

1. 测量工件实际外径 $D$ 。

2. 根据平面槽外圈直径 $d$，按下式计算车槽刀左侧刀尖与工件外圆之间的距离 $L$：

$$L=\frac{1}{2}\ (D-d)$$

3. 按 $L$ 调整车槽刀位置（图 2–49）。

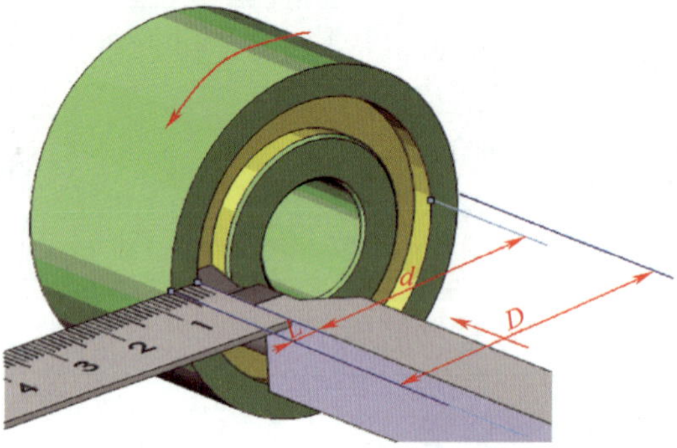


图 2–49　车槽刀位置的调整

精度要求不高，宽度较窄、深度较浅的平面槽，通常采用等宽的车槽刀用直进法一次进给车出。

当槽精度要求较高时，则采用先粗车（槽壁两侧留有精车余量）、后精车的方法加工。

车削宽度较大的平面槽，可采用多次直进法车削，然后精车至尺寸要求（图 2–50）。

车削宽度很大的平面槽，则常采用小圆头或尖头的车刀横向进给车削，然后用车槽刀或正、反偏刀精车至尺寸要求（图 2–51）。

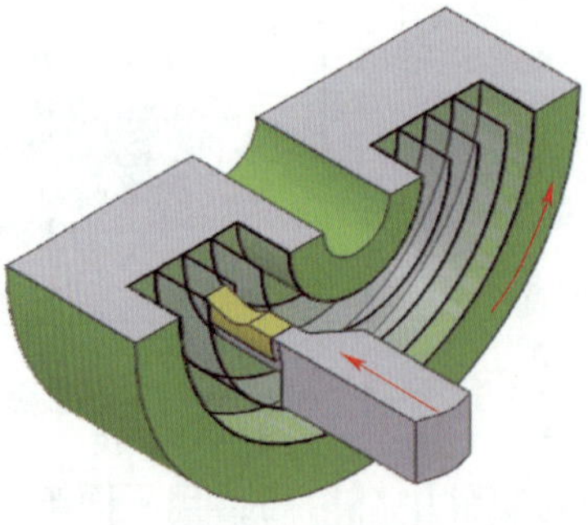

图 2–50　用多次直进法车较宽的平面槽

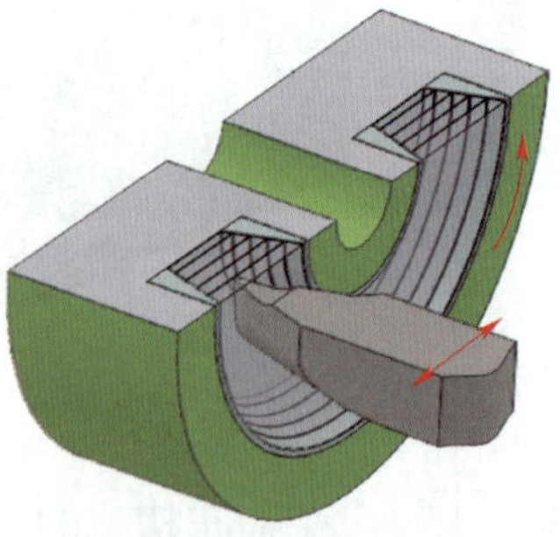

图 2–51　用横向进给车较宽的平面槽

</td></tr>
</table>

| 内容 | | 图例与说明 |
| --- | --- | --- |
| 车平面槽 | 平面槽的检测方法 | 精度要求低的平面槽，其宽度一般使用卡钳测量，槽内圈直径用外卡钳测量，槽外圈直径用内卡钳测量，槽深则用钢直尺测量（图 2–52a）。<br>精度要求较高的平面槽，其宽度可采用样板、卡板和游标卡尺等检测，槽深可用游标深度卡尺检测（图 2–52b）。<br>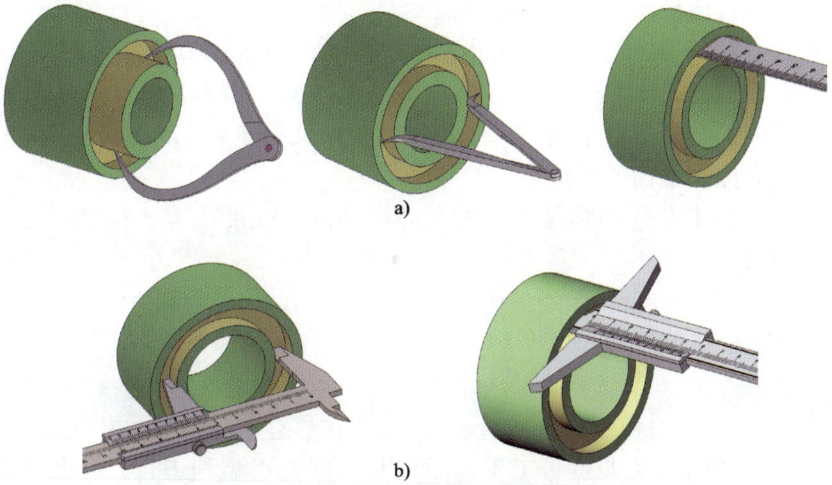<br>图 2–52　平面槽的检测<br>a）检测精度低的槽　b）检测精度高的槽 |
| 车 45° 外斜槽 | 45° 外斜槽的种类 | 45°外斜槽有外斜直槽、外斜圆弧槽和外斜外圆端面槽三种。45°外斜槽及其车刀如图 2–53 所示。<br>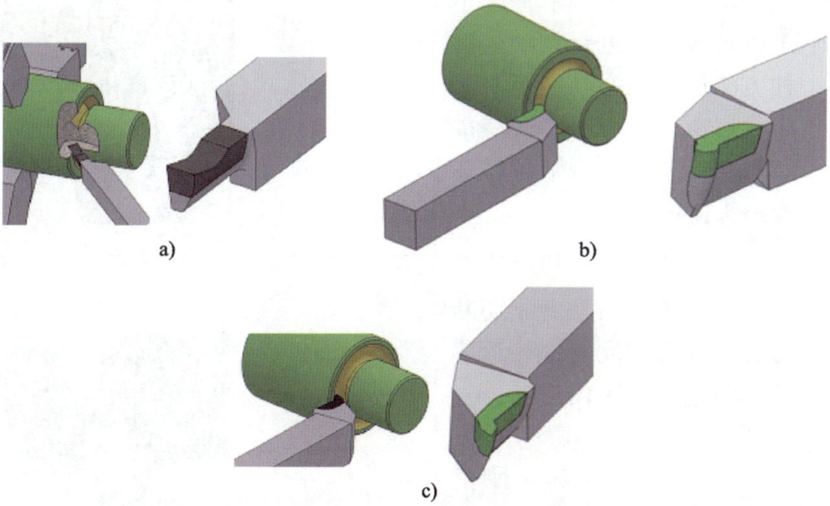<br>图 2–53　45°外斜槽及其车刀<br>a）外斜直槽及其车刀　b）外斜圆弧槽及其车刀　c）外斜外圆端面槽及其车刀 |

<table>
<tr><th colspan="2">内容</th><th>图例与说明</th></tr>
<tr><td>车45°外斜槽</td><td>外斜槽的车削方法</td><td>1. 车削 45°外斜直槽时，可用 45°外斜直槽专用车刀进行。车削时，将小滑板转过 45°，用小滑板进给车削成形，如图 2–53a 所示。<br>2. 车削外斜圆弧槽时，根据槽圆弧的大小将车刀的刀体磨出相应的圆弧切削刃，其中切削端面的一段圆弧切削刃必须磨有相应的圆弧 R 后面。车削方法与车直槽相同，如图 2–53b 所示。<br>3. 车削外斜外圆端面槽时，其车刀形状较为特殊（图 2–53c），车刀的前端磨成外圆车槽刀形式，侧面则磨成平面车槽刀形式，刀尖处副后面上应磨成相应的圆弧 R。车削时，采用纵、横向交替进给的方法，由横向控制槽底直径，纵向控制端面槽的深度。<br>由于车削外圆端面槽的车刀切削部分强度很差，车削时应采用较小的切削用量。</td></tr>
</table>

## 五、切断

<table>
<tr><th colspan="2">内容</th><th colspan="2">图例与说明</th></tr>
<tr><td rowspan="3">工件的切断</td><td>切断刀的装夹</td><td colspan="2">切断刀装夹是否正确，对切断工件能否顺利进行，切断的工件平面是否平直有直接的关系。切断刀的装夹必须注意：<br>1. 切断实心工件时，切断刀的主切削刃必须严格对准工件的回转中心，主切削刃中心线与工件轴线垂直。<br>2. 刀柄不宜伸出过长，以增强切断刀的刚度和防止振动。</td></tr>
<tr><td rowspan="2">切断方法</td><td>1. 直进法：指垂直于工件轴线方向进行切断。这种方法切断效率高，但对车床、切断刀的刃磨和安装都有较高的要求，否则容易造成刀头折断。</td><td>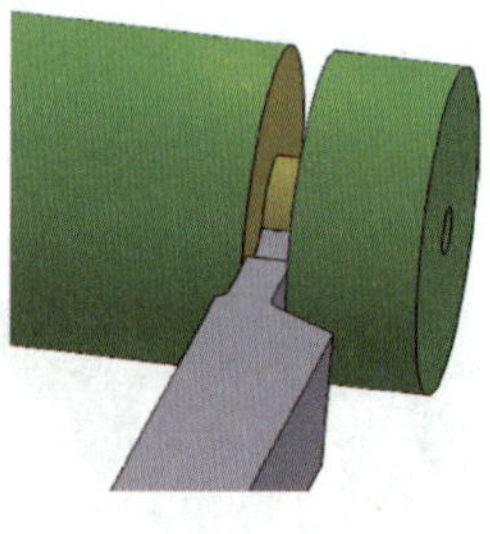</td></tr>
<tr><td>2. 左右借刀法：指切断刀在轴线方向反复地往返移动，随之切割径向进给，直至工件切断。在切削系统（刀具、工件、车床）刚度不足的情况下，可采用左右借刀法切断。</td><td>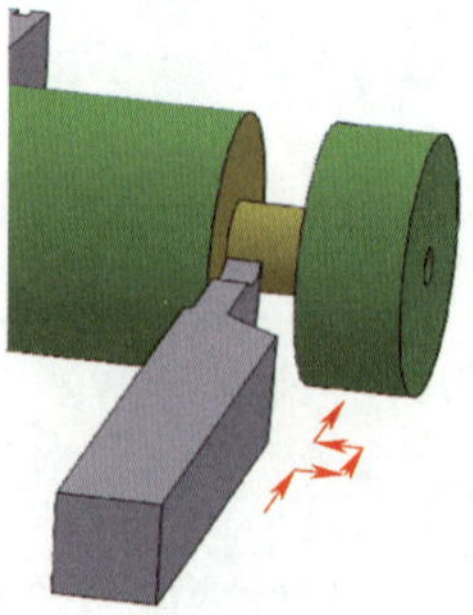</td></tr>
</table>

<table>
<tr><th colspan="2">内容</th><th colspan="2">图例与说明</th></tr>
<tr><td rowspan="2">工件的切断</td><td>切断方法</td><td>3. 反切法：指工件反转，车刀反向装夹进行切断。这种切断方法宜用于较大直径工件的切断。</td><td>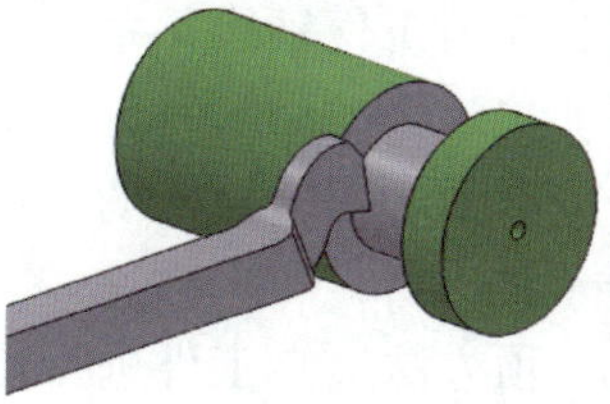 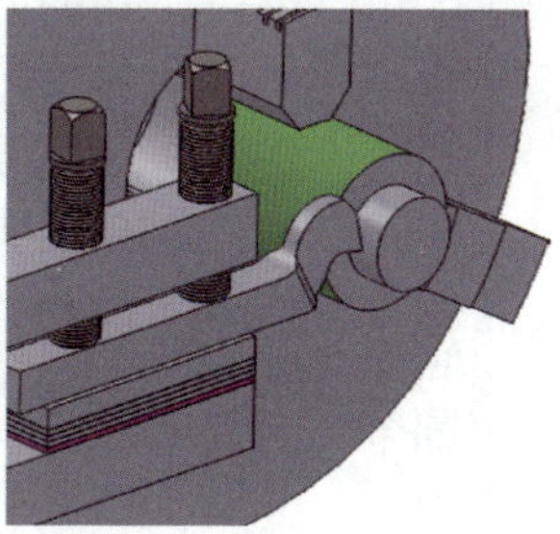</td></tr>
<tr><td>容易产生的问题和注意事项</td><td colspan="2">

**1. 被切断工件的平面产生凹凸不平的原因**

（1）切断刀两侧的刀尖刃磨或磨损不一致，造成切断中让刀，使工件平面产生凹凸。

（2）窄切断刀的主切削刃与轴线不平行，且有较大夹角，而左侧刀尖又有磨损现象，进给时在侧向切削抗力的作用下，刀头容易偏斜，造成被切断工件平面内凹，如图 2–54 所示。

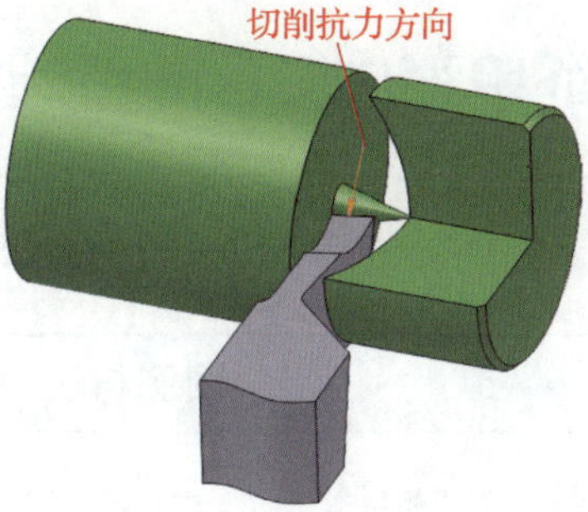


图 2–54　刀尖偏斜使工件平面内凹

（3）车床主轴有轴向窜动。

（4）切断刀安装歪斜或副切削刃没有磨直。

**2. 切断时产生振动的原因**

（1）主轴与轴承之间间隙太大。

（2）切断时转速过高，进给量过小。

（3）切断的棒料太长，在惯性力的作用下产生振动。

（4）切断刀远离工件支撑点或切断刀伸出过长。

（5）工件细长，切断刀刃口太宽。

**3. 切断刀折断的原因**

（1）工件装夹不牢靠，切断点远离卡盘，在切削力作用下，工件被抬起，造成切断刀折断。

</td></tr>
</table>

| 内容 | | 图例与说明 |
|---|---|---|
| 工件的切断 | 容易产生的问题和注意事项 | （2）切断时排屑不畅，切屑堵塞，使切断刀切削部分载荷增大，造成折断。<br>（3）切断刀的副偏角、副后角磨得太大，削弱了切削部分的强度。<br>（4）切断刀装夹与工件轴线不垂直，主切削刃与工件回转中心不等高。<br>（5）切断刀前角过大，切削时进给量过大。<br>（6）床鞍、中滑板、小滑板松动，切削时产生“扎刀”，造成切断刀折断。<br>**4. 注意事项**<br>（1）用一夹一顶方法装夹工件进行切断时，在工件即将切断前，应卸下工件后再敲断。不允许用两顶尖装夹工件进行切断，以防切断瞬间工件飞出伤人，酿成事故。<br>（2）用高速钢切断刀切断工件时，应浇注切削液；用硬质合金切断刀切断时，中途不准停车，以免切削刃碎裂。 |

## 课题四　车简单轴类工件综合技能训练

| 内容 | | 图例与说明 |
|---|---|---|
| 车台阶轴练习 | 工件图样 | 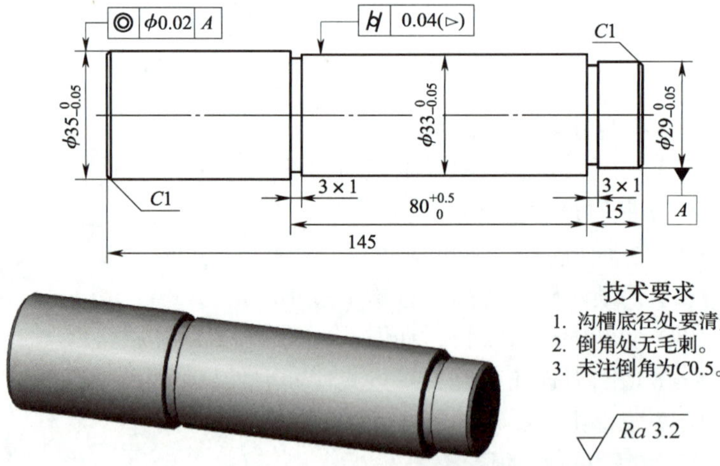 |



| 工件名称 | | 台阶轴 | |
|---|---|---|---|
| 材料 | 45 钢 | 备料 | ϕ40×150 |

<table>
<tr><th colspan="2">内容</th><th colspan="4">图例与说明</th></tr>
<tr><td rowspan="12">车台阶轴练习</td><td>工艺分析</td><td colspan="4">该工件形状较简单，结构尺寸变化不大，为一般用途的轴。<br>工件有3个外圆柱面、2个直槽，两端外圆柱面轴线同轴度公差为 $\phi$0.02 mm，中间外圆柱面圆柱度公差为0.04 mm，且只允许左大右小，工件精度要求较高。因此，加工时应分粗、精加工。粗加工时采用一夹一顶的装夹方法，精加工时采用两顶尖支撑装夹方法，车槽安排在精车后进行。为保证工件对圆柱度的要求，粗加工阶段应找正好车床的锥度。</td></tr>
<tr><td rowspan="11">加工工艺卡片</td><td>10</td><td colspan="2">检查备料 $\phi$40 mm×150 mm。</td><td rowspan="2">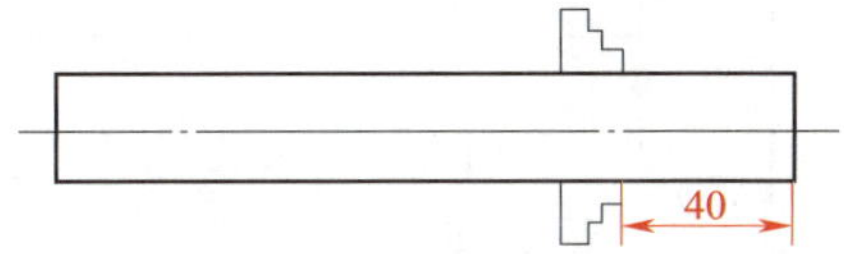</td></tr>
<tr><td>20</td><td colspan="2">用三爪自定心卡盘夹毛坯外圆，伸出长度约40 mm，找正并夹紧。</td></tr>
<tr><td rowspan="3"></td><td>1</td><td>车端面，车平即可。</td><td rowspan="3">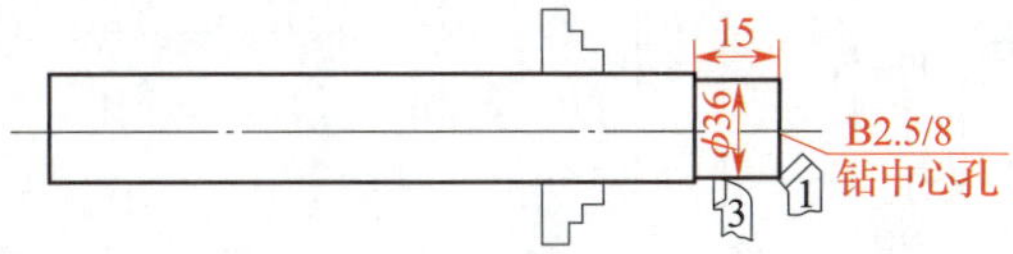</td></tr>
<tr><td>2</td><td>钻中心孔B2.5/8。</td></tr>
<tr><td>3</td><td>粗车毛坯外圆至 $\phi$36 mm×15 mm。</td></tr>
<tr><td>30</td><td colspan="2">掉头夹持毛坯外圆，工件伸出三爪自定心卡盘长度约40 mm，找正并夹紧。</td><td>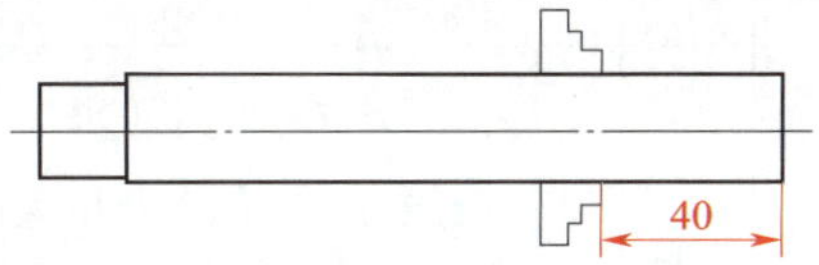</td></tr>
<tr><td rowspan="2"></td><td>1</td><td>车削端面保证总长145 mm。</td><td rowspan="2">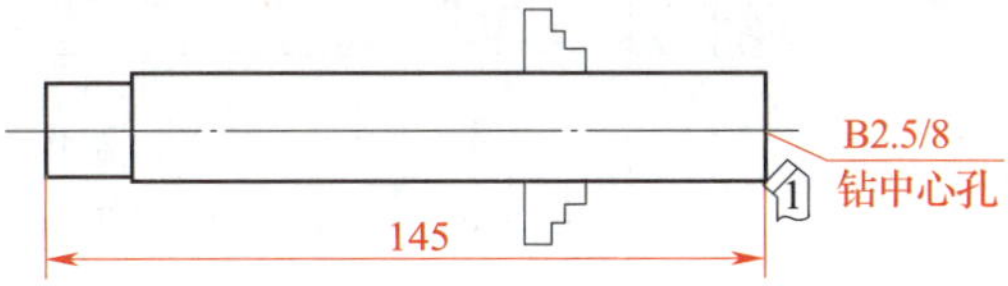</td></tr>
<tr><td>2</td><td>钻中心孔B2.5/8。</td></tr>
<tr><td>40</td><td colspan="2">松开卡爪，夹持 $\phi$36 mm×15 mm外圆，用后顶尖顶住工件，找正并夹紧。</td><td rowspan="2">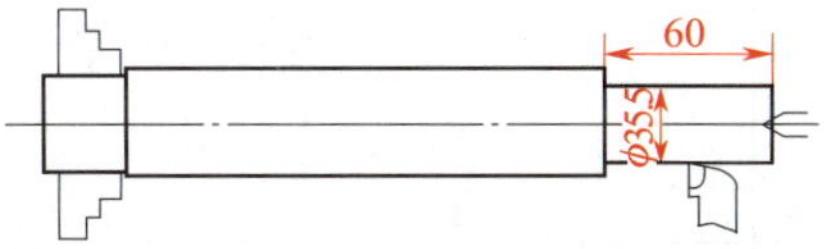</td></tr>
<tr><td></td><td>1</td><td>粗车外圆 $\phi$40 mm至 $\phi$35.5 mm，长60 mm。</td></tr>
<tr><td>50</td><td colspan="2">掉头夹持 $\phi$35.5 mm外圆，一夹一顶装夹工件，粗车右端两处外圆。</td><td>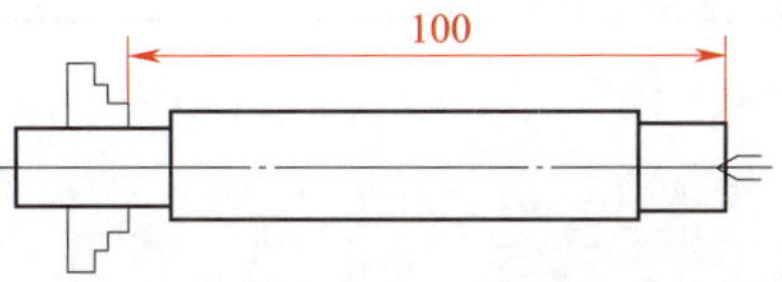</td></tr>
</table>

| 内容 | | 图例与说明 | | | |
| --- | --- | --- | --- | --- | --- |
| 车台阶轴练习 | 加工工艺卡片 | | 1 | 粗车外圆 $\phi40$ mm 至 $\phi33.5$ mm，长 94 mm。 | 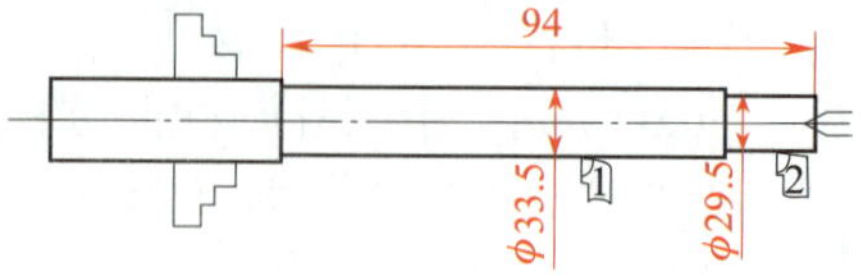 |
| | | | 2 | 粗车外圆 $\phi33.5$ mm 至 $\phi29.5$ mm，长 14.5 mm。 | |
| | | 60 | | 修研两端中心孔 B2.5/8.0。 | |
| | | 70 | | 工件掉头，用两顶尖装夹工件。 | 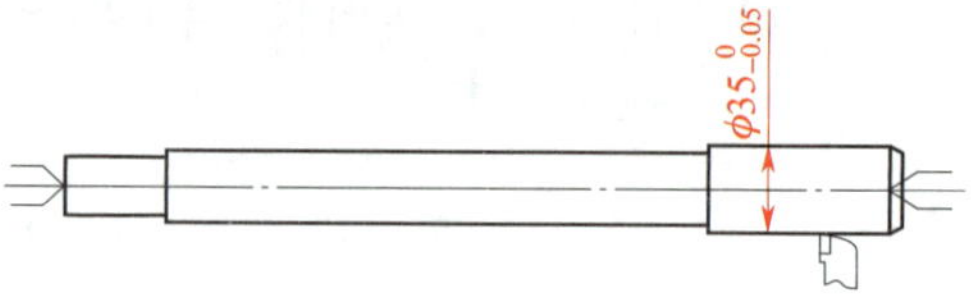 |
| | | | 1 | 精车外圆 $\phi35_{-0.05}^{0}$ mm，表面粗糙度 $Ra3.2$ μm，倒角 $C1$ mm。 | |
| | | 80 | | 工件掉头，用两顶尖装夹工件。 | 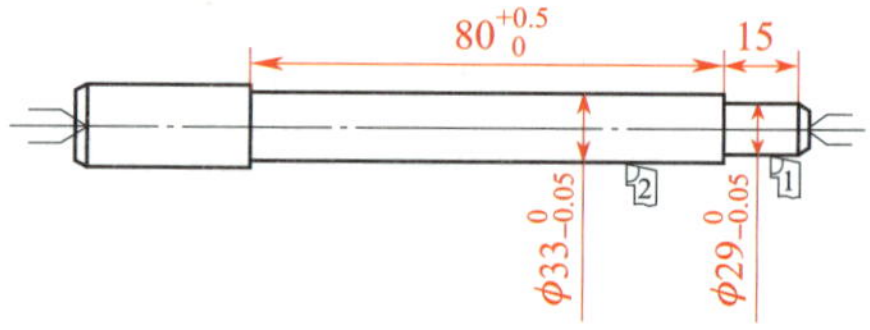 |
| | | | 1 | 精车外圆 $\phi29_{-0.05}^{0}$ mm，长度 15 mm，表面粗糙度 $Ra3.2$ μm，倒角 $C1$ mm。 | |
| | | | 2 | 精车外圆 $\phi33_{-0.05}^{0}$ mm，长度 $80_{0}^{+0.5}$ mm，表面粗糙度 $Ra3.2$ μm，倒角 $C0.5$ mm。 | |
| | | | 3 | 车两处矩形槽 3 mm × 1 mm。 | 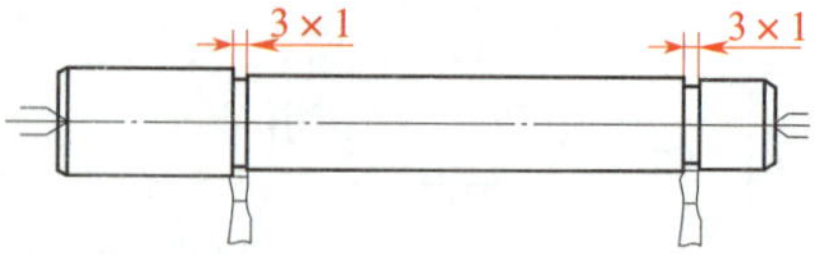 |
| | | 90 | | 检查两端外圆同轴度、中段外圆圆柱度及各处尺寸符合图样要求后，卸下工件。 | |

# 第三单元

# 车套类工件

## 课题一　钻孔和扩孔

### 一、钻孔

用钻头在实体材料上加工孔的方法称为钻孔。钻孔属于粗加工，其尺寸精度一般可达 IT12 ~ IT11，表面粗糙度为 *Ra*25~12.5 μm。钻孔所用的刀具最普遍的是麻花钻。

<table>
<tr><th>内容</th><th>图例与说明</th></tr>
<tr><td>麻花钻的组成</td><td>

麻花钻由刀柄、刀体和颈部组成。

刀柄是麻花钻上的夹持部分，切削时用来传递转矩。刀柄有锥柄（莫氏标准锥度）和直柄两种，如图 3–1 所示。

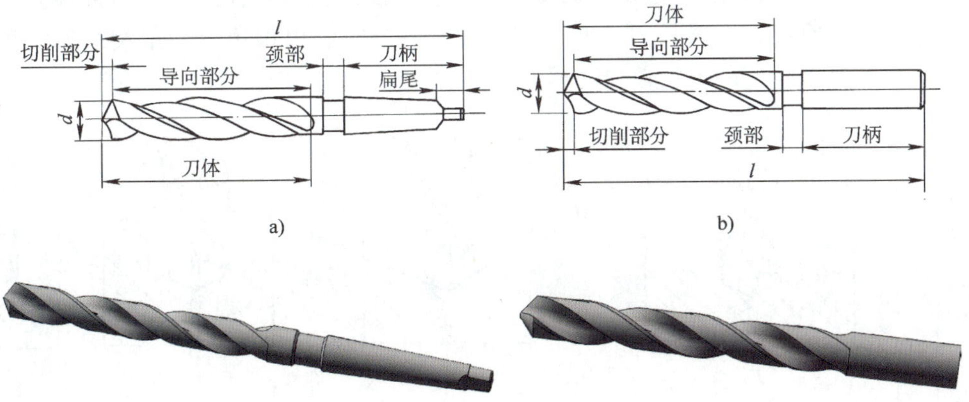


图 3–1　标准麻花钻

a）锥柄麻花钻　b）直柄麻花钻

</td></tr>
</table>

<table>
<tr><th colspan="2">内容</th><th>图例与说明</th></tr>
<tr><td colspan="2">麻花钻的组成</td><td>刀体是麻花钻的主要组成部分，包括切削部分与导向部分，起切削和导向作用。导向部分也是切削部分的后备部分。刀体如图 3-2 所示。麻花钻有两条对称的主切削刃、两条副切削刃和一条横刃。麻花钻钻孔时，相当于两把反向的车孔刀同时切削。<br>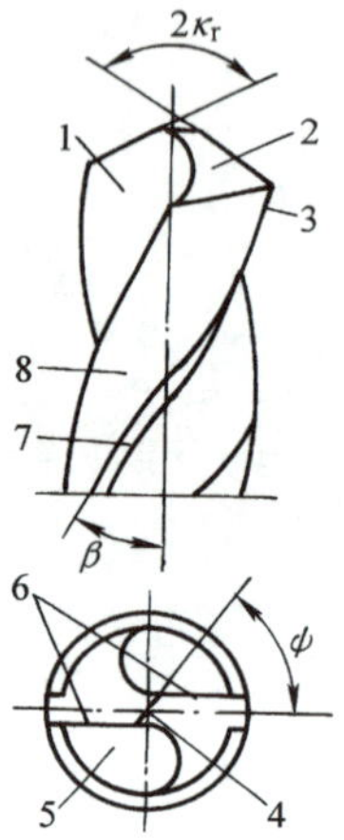<br><br>图 3-2　麻花钻的刀体<br>1—前面　2—后面　3—副切削刃　4—横刃　5—螺旋槽<br>6—主切削刃　7—第一副后面（刃带）　8—第二副后面</td></tr>
<tr><td>麻花钻的刃磨</td><td>麻花钻的刃磨要求</td><td>麻花钻的刃磨质量直接关系到钻孔的尺寸精度、表面粗糙度和钻削效率。<br>图 3-3 所示为刃磨正确的麻花钻钻削时的情形。图 3-4 所示为刃磨不正确的麻花钻钻削时的情形。图 3-4a 麻花钻顶角不对称，钻削时受力不平衡，会使钻出的孔扩大和倾斜；图 3-4b 麻花钻顶角对称但主切削刃长度不等，使钻出的孔径扩大；图 3-4c 顶角和刃磨长度不对称，钻出的孔径不仅扩大，而且还会产生台阶。<br>麻花钻一般只刃磨两个主后面，并同时磨出顶角、后角及横刃斜角，刃磨技术要求高，是车工必须掌握的基本功。<br>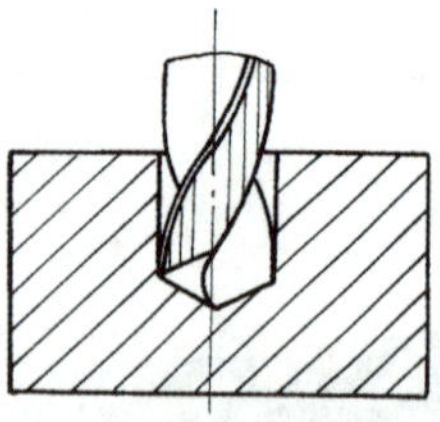<br>图 3-3　用刃磨正确的麻花钻钻孔<br>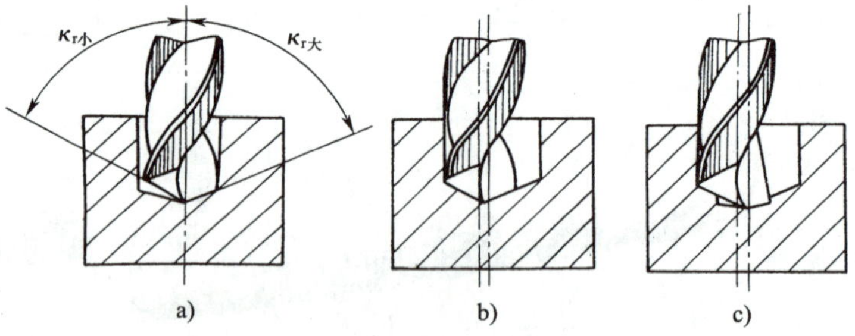<br><br>图 3-4　用刃磨不正确的麻花钻钻孔<br>a）顶角不对称　b）主切削刃长度不等<br>c）顶角和刃磨长度不对称</td></tr>
</table>

<table>
<tr><th colspan="2">内容</th><th>图例与说明</th></tr>
<tr><td rowspan="2">麻花钻的刃磨</td><td>麻花钻的刃磨要求</td><td>麻花钻的刃磨要求有：<br>1. 刃磨出正确的顶角 $2\kappa_r$，钻削一般中等硬度的钢和铸铁时，$2\kappa_r$ 为 116°~118°。<br>2. 两条主切削刃必须对称，即主切削刃的长度应相等，它们与轴线的夹角也应相等。主切削刃应成直线。<br>3. 后角应适当，以获得正确的横刃斜角 $\psi$，一般 $\psi$ 为 50°~55°。<br>4. 主切削刃、刃尖和横刃应锋利，不允许有钝口、崩刃。</td></tr>
<tr><td>麻花钻的刃磨方法</td><td>1. 刃磨前，应先检查砂轮表面是否平整，如砂轮表面不平或有跳动现象，须先对砂轮进行修正。麻花钻一般由高速钢材料制成，选择白色氧化铝砂轮。<br>2. 用右手握住钻头前端作支点，左手紧握钻头柄部；摆正钻头与砂轮的相对位置，使钻头轴心线与砂轮外圆柱面母线在水平面内的夹角等于顶角的 1/2，即 $\kappa_r$=59°；同时钻尾向下倾斜 1°～2°（图 3–5）。<br>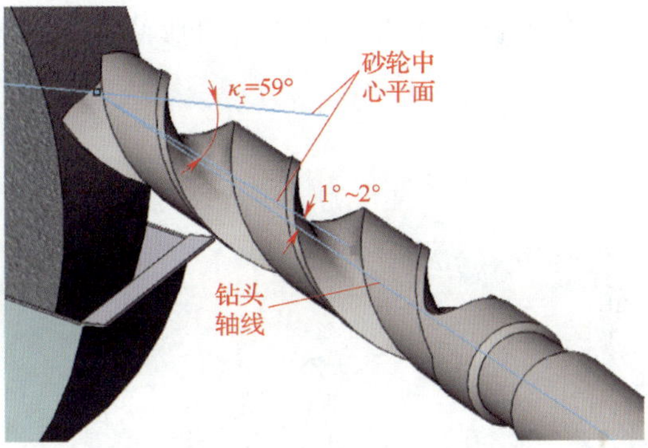<br><br>图 3–5　麻花钻的刃磨位置<br>3. 以钻头前端支点为圆心，缓慢地使钻头绕其轴线由下向上转动，右手配合左手的向上摆动做缓慢的同步下压运动（略带转动），刃磨压力逐渐增大，磨出主切削刃和后面（图 3–6）。为保证钻头近中心处磨出较大后角，还应做适当右移运动。<br>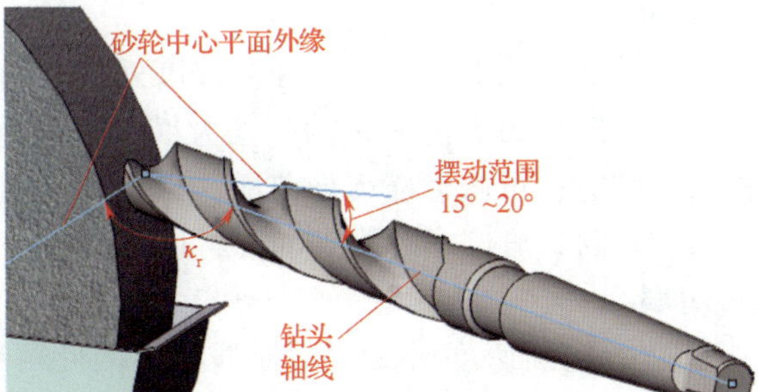<br><br>图 3–6　刃磨方法</td></tr>
</table>

<table>
<tr><th colspan="2">内容</th><th>图例与说明</th></tr>
<tr><td rowspan="2">麻花钻的刃磨</td><td>麻花钻的刃磨方法</td><td>4. 当一个后面刃磨后，将钻头转过 180° 刃磨另一个后面，人和手要保持原来的位置和姿势，这样才能使磨出的两主切削刃对称。按此法不断反复，两主后面经常交换磨，边磨边检查，直至达到要求为止。</td></tr>
<tr><td>麻花钻的修磨</td><td>麻花钻在使用时，应根据工件材料、加工要求，采用相应的修磨方法进行修磨。<br><br>**1. 修磨横刃**<br>就是将横刃磨短，钻心处前角磨大。通常 5 mm 以上的横刃需修磨，修磨后的横刃长度为原长的 1/5~1/3。一般情况下，工件材料较软时，横刃可修磨得短些；工件材料较硬时，横刃可少修磨些。修磨时，钻头轴线在水平面内与砂轮侧面左倾约 15°，在垂直平面内与刃磨点的砂轮半径方向约成 55°（图 3–7）。<br><br>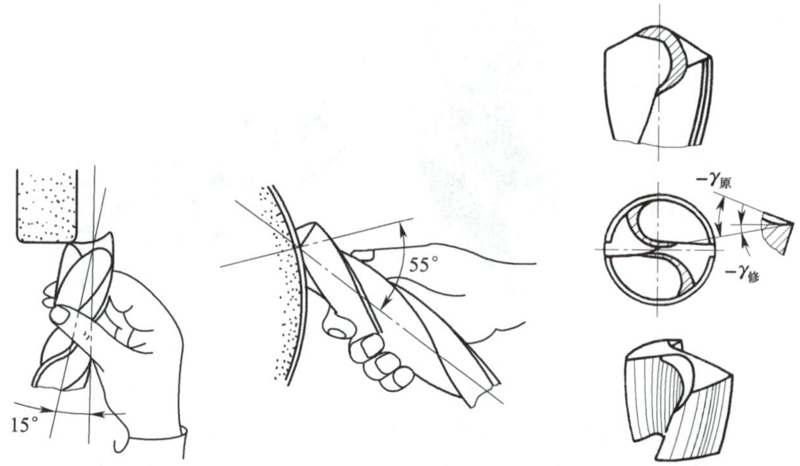<br><br>图 3–7　横刃修磨方法<br><br>**2. 修磨前面**<br>修磨外缘处前面和修磨横刃处前面。修磨外缘处前面是为了减小外缘处的前角（图 3–8a）；修磨横刃处前面是为了增大横刃处的前角（图 3–8b）。一般情况下，工件材料较软时，可修磨横刃处前面，以增大前角，减小切削力，使切削轻快；工件材料较硬时，可修磨外缘处前面，以减小前角，增加钻头强度。<br><br>**3. 双重刃磨**<br>钻头外缘处的切削速度最高，磨损最快，因此可磨出双重顶角（图 3–9），这样可以改善外缘转角处的散热条件，增加钻头强度，并可减小孔的表面粗糙度值。</td></tr>
</table>

<table>
<tr><th colspan="2">内容</th><th>图例与说明</th></tr>
<tr><td rowspan="2">麻花钻的刃磨</td><td>麻花钻的修磨</td><td>
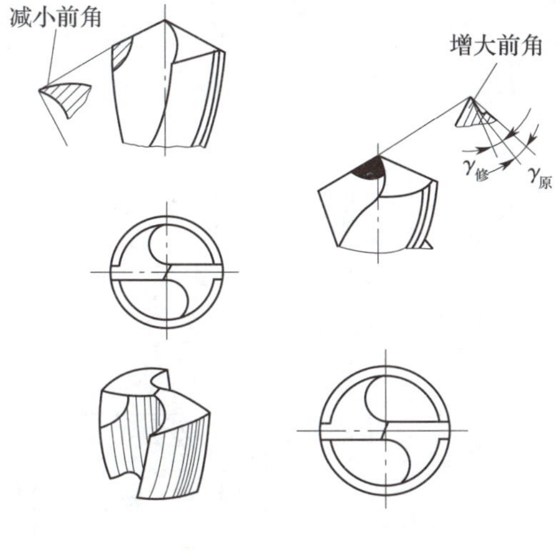

a)　　b)

图 3-8　修磨前面

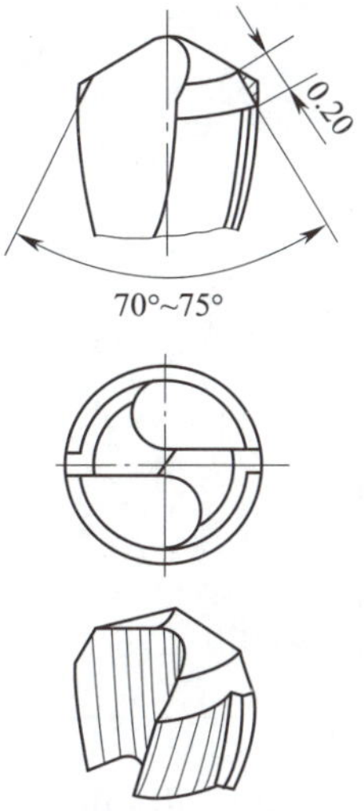


图 3-9　双重刃磨
</td></tr>
<tr><td>麻花钻的角度检查</td><td>

**1. 用目测法检查**

麻花钻刃磨好后，通常采用目测法检查。其方法是将钻头垂直竖立在与眼睛等高的位置，在明亮的背景下用肉眼观察两刃的长短、高低及后角等（图 3–10）。由于视差的原因，往往会感到左刃高、右刃低，此时则应将钻头转过 180°，再观察是否仍是左刃高、右刃低，经反复观察对比，直至觉得两刃基本对称时方可使用。使用时如发现有偏差，则需再次修磨。

**2. 用角度尺检查**

将角度尺的一边贴靠在麻花钻的棱边上，另一边搁在麻花钻的刃口上，测量其刃长和角度（图 3–11），然后将麻花钻转过 180°，用同样的方法检查另一主切削刃。

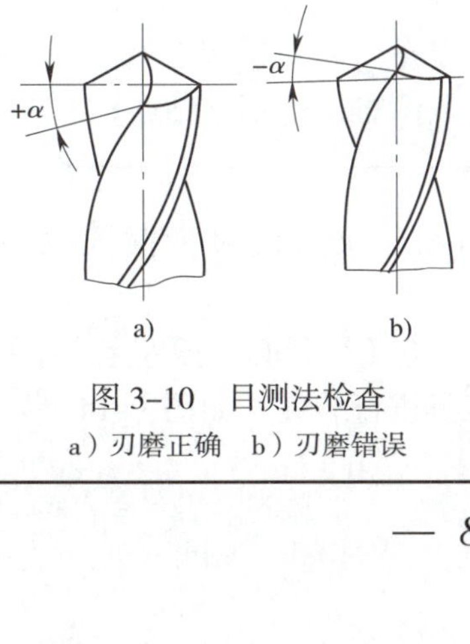

a)　　b)

图 3–10　目测法检查

a）刃磨正确　b）刃磨错误

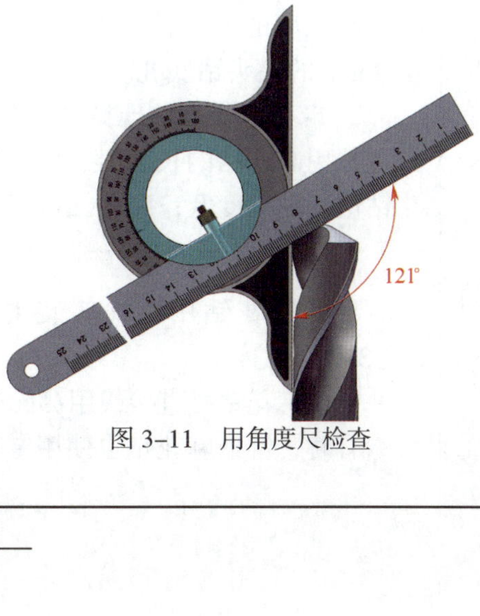


图 3–11　用角度尺检查
</td></tr>
</table>

<table>
<tr><th colspan="2">内容</th><th>图例与说明</th></tr>
<tr><td rowspan="3">麻花钻刃磨练习</td><td>刃磨图样</td><td>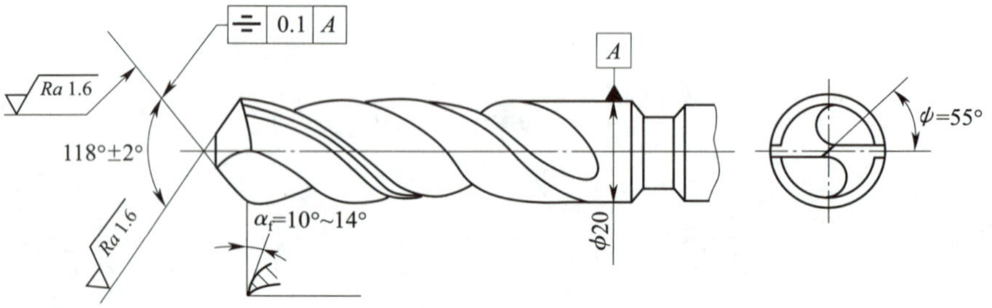

<table>
<tr><td colspan="2">名称</td><td colspan="2">麻花钻</td></tr>
<tr><td>规格</td><td>ϕ20</td><td>材料</td><td>高速钢</td></tr>
</table></td></tr>
<tr><td>刃磨注意事项</td><td>1. 刃磨时，用力要均匀，不能过大，应经常目测磨削情况，随时修正。<br>2. 刃磨时，钻头切削刃位置应略高于砂轮中心平面，以免磨出负后角，致使钻头无法切削。<br>3. 刃磨时，不要由刃背磨向刃口，以免造成刃口退火。<br>4. 刃磨时，应注意磨削温度不应过高，要经常冷却钻头，以防退火降低硬度，降低切削性能。</td></tr>
<tr><td>建议</td><td>用废旧麻花钻练习。</td></tr>
<tr><td rowspan="2">在车床上钻孔</td><td>麻花钻的选用</td><td>1. 麻花钻直径的选择<br>对于精度要求不高的孔，可用麻花钻直接钻出；对于精度要求较高的孔，钻孔后还要再经过车孔或扩孔、铰孔等加工才能完成，在选用麻花钻直径时，应根据后续工序的要求，留出加工余量。一般孔直径在 30 mm 以下的可选择比孔径小 2 mm 的钻头钻底孔。<br>2. 麻花钻长度的选择<br>选用麻花钻的长度时，应使导向部分（麻花钻螺旋槽部分）略长于孔深。麻花钻过长则刚度低；麻花钻过短则排屑困难，也不宜钻通孔。</td></tr>
<tr><td>麻花钻的装夹</td><td>直柄麻花钻用钻夹头装夹，再将钻夹头的锥柄插入尾座的锥孔中锁紧（图 3–12）。<br>锥柄麻花钻可直接或用莫氏过渡锥套（变径套）插入尾座锥孔中（图 3–13）。<br>有时，锥柄麻花钻也使用专用工具进行装夹，如图 3–14 所示。</td></tr>
</table>

| 内容 | | 图例与说明 |
|---|---|---|
| 在车床上钻孔 | 麻花钻的装夹 | 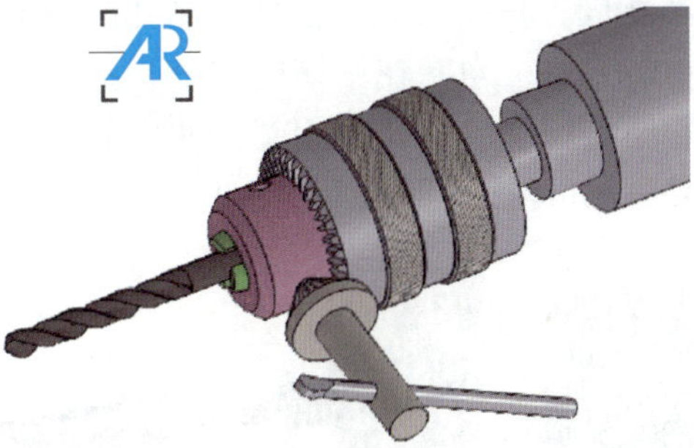<br>图 3–12　直柄麻花钻的装夹<br>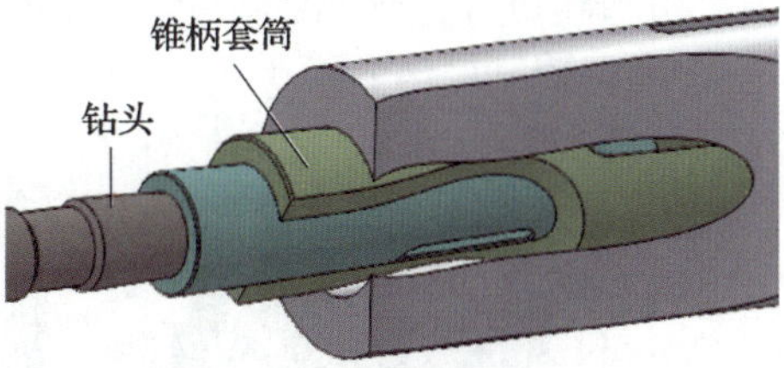<br><br>图 3–13　锥柄麻花钻的装夹<br>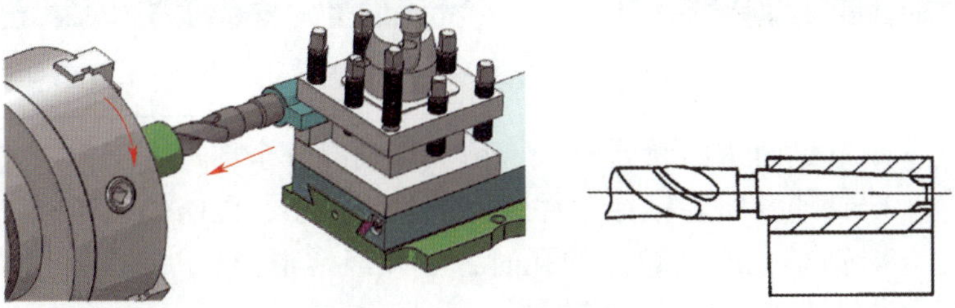<br>图 3–14　麻花钻用专用工具装夹 |
| | 钻孔方法 | 1. 钻孔前，先将工件平面车平，中心处不允许留有凸台，以利于钻头正确定心。<br>2. 找正尾座，使钻头中心对准工件回转中心，否则可能会将孔径钻大、钻偏甚至折断钻头。<br>3. 用细长麻花钻钻孔时，为防止钻头晃动，可在刀架上夹一挡铁，支顶钻头头部，帮助钻头定心（图 3–15）。具体办法是：先用钻头尖端少量钻入工件平面，然后缓慢摇动中滑板，移动挡铁逐渐接近钻头前端，使钻头中心稳定地落在工件回转中心的位置上后，继续钻削即可，当钻头已正确定心时，挡铁即可退出。<br>4. 用小直径麻花钻钻孔时，钻前先在工件端面上钻出中心孔，再进行钻孔，这样便于定心，且钻出的孔同轴度好。<br>5. 在实体材料上钻孔，孔径不大时可以用钻头一次钻出，若孔径较大（超过 30 mm），应分两次钻出，即先用小直径钻头钻出底孔，再用大直径钻头钻出所要求的尺寸。通常第一次所用钻头，其直径为所要求孔径的 50% ~ 70%。<br>6. 钻孔后需铰孔的工件，由于所留铰削余量较小，因此钻孔时当钻头钻进工件 1 ~ 2 mm 后，应将钻头退出，停车检查孔径，防止因孔径扩大没有铰削余量而报废。 |

<table>
<tr><th colspan="2">内容</th><th>图例与说明</th></tr>
<tr><td rowspan="2">在车床上钻孔</td><td>钻孔方法</td><td>7. 钻盲孔与钻通孔的方法基本相同，只是钻孔时需要控制孔的深度。常用的控制方法是：钻削开始时，摇动尾座手轮，当麻花钻切削部分（钻尖）切入工件端面时，用钢直尺测量尾座套筒的伸出长度，钻孔时用套筒伸出的长度加上孔深来控制尾座套筒的伸出量（图 3–16）。如尾座套筒有刻度，只需按刻度钻孔。<br>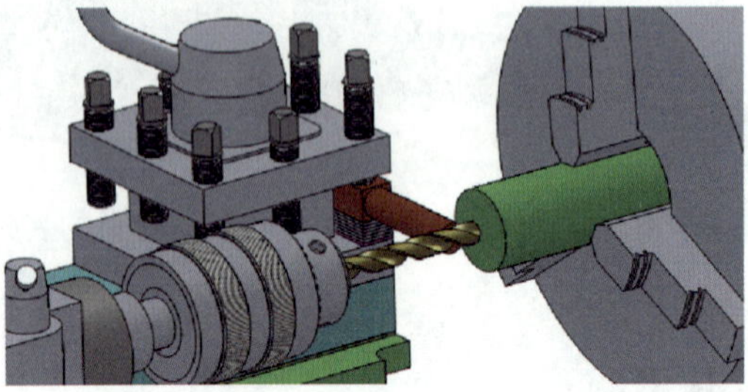<br>图 3–15　用挡铁支顶钻头<br>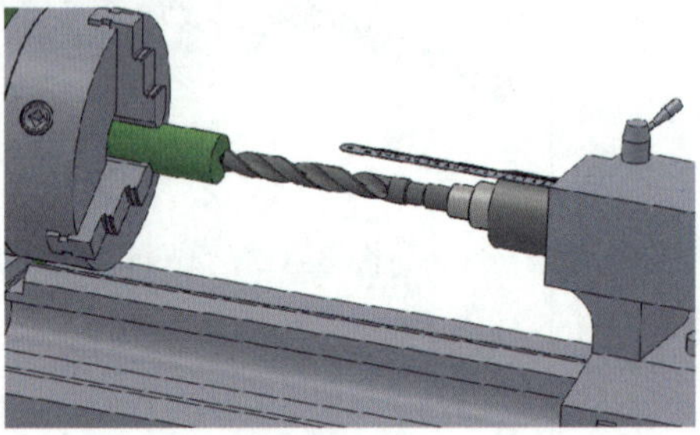<br>图 3–16　钻盲孔的深度控制</td></tr>
<tr><td>钻孔注意事项</td><td>1. 起钻时进给量要小，待钻头切削部分全部进入工件后才可正常钻削。<br>2. 钻通孔将要钻穿工件时，进给量要小，以防钻头折断。<br>3. 钻小孔或钻较深的孔时，必须经常退出钻头清除切屑，防止因切屑堵塞而导致钻头被“咬死”或折断。<br>4. 钻削钢料时，必须充分浇注切削液冷却钻头，以防钻头发热退火。钻削镁合金等其他金属材料时，应考虑其材料的性能，适当提高切削速度，加大进给量。</td></tr>
</table>

## 二、扩孔

用扩孔工具扩大工件孔径的方法称为扩孔。在车床上常用的扩孔工具有麻花钻和扩孔钻等。一般精度要求的工件，扩孔可使用麻花钻，精度要求较高的孔，其半精加工则使用扩孔钻扩孔。

<table>
<tr><th colspan="2">内容</th><th>图例与说明</th></tr>
<tr><td>扩孔钻</td><td>扩孔钻的种类</td><td>1. 用麻花钻扩孔<br>用麻花钻扩孔时，由于横刃不参加工作，轴向切削力小，进给省力；但因钻头外缘处的前角较大，容易将钻头拉出，使钻头在尾座套筒里打滑。因此，扩孔时，应将钻头外缘处的前角修磨得小些，并对进给量进行适当的控制，不要因为钻削轻松而盲目地加大进给量。<br>2. 用扩孔钻扩孔<br>按切削部分材料分，扩孔钻有高速钢扩孔钻和硬质合金扩孔钻两种（图 3–17）。</td></tr>
</table>

<table>
<tr><th colspan="2">内容</th><th>图例与说明</th></tr>
<tr><td rowspan="2">扩孔钻</td><td>扩孔钻的种类</td><td>按柄部结构，扩孔钻有直柄和锥柄之分。扩较大直径的孔时，可使用套式扩孔钻。<br>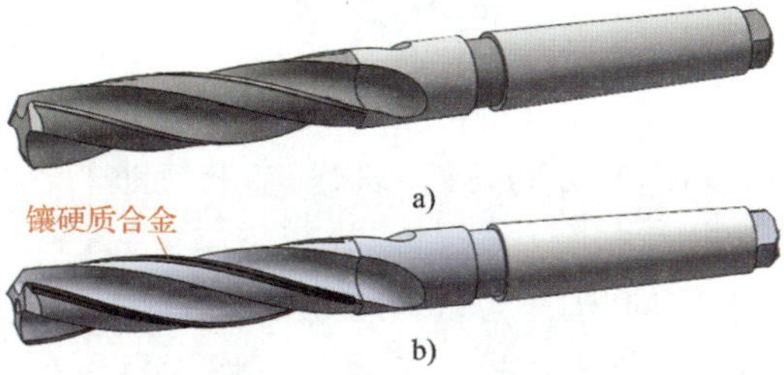<br><br>图 3–17　扩孔钻<br>a）高速钢扩孔钻　b）硬质合金扩孔钻</td></tr>
<tr><td>扩孔钻的特点</td><td>1. 扩孔钻通常有 3~4 个切削刃，导向性好，切削平稳。<br>2. 扩孔钻没有横刃，因而可避免横刃对切削的不利影响。<br>3. 扩孔时背吃刀量较小，$a_p=\frac{1}{2}(D-d)$（图 3–18），切屑少，因此相应扩孔钻的容屑槽也较小。<br>4. 扩孔钻的钻心粗大，刚度高，扩孔时可选用较大的切削用量，生产率高。<br>5. 用扩孔钻扩孔，加工质量较好，扩孔的加工经济精度可达 IT11 ~ IT10，表面粗糙度值为 $Ra6.3\sim3.2\ \mu m$。<br>6. 用扩孔钻扩孔，常用作铰孔前的半精加工，钻孔后进行扩孔，可以找正孔的轴线偏差，使其获得较正确的几何形状。<br>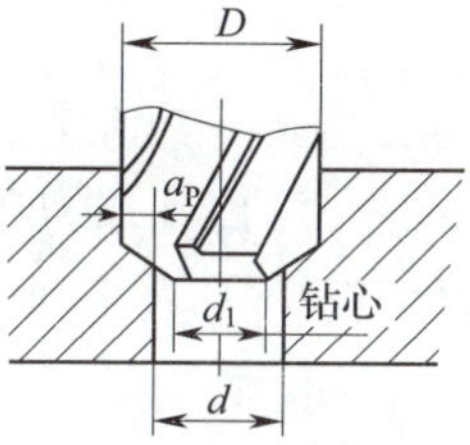<br><br>图 3–18　扩孔时的背吃刀量</td></tr>
</table>

## 课题二　车孔

用车削方法扩大工件的孔或加工空心工件的内表面称为车孔。车孔是车削加工的主要内容之一，可用作孔的半精加工和精加工。车孔的加工精度一般可达 IT8 ~ IT7，表面粗糙度值为 $Ra3.2\sim1.6\ \mu m$，精车时可达 $Ra0.8\ \mu m$。

## 一、车孔刀

| 内容 | | 图例与说明 | |
|---|---|---|---|
| 车孔刀的种类和结构 | 通孔车刀 | 通孔车刀切削部分的几何形状基本上与外圆车刀相似。<br>为了减小径向切削抗力，防止车孔时振动，主偏角 $\kappa_r$ 应取得大些，一般为 60°~75°，副偏角 $\kappa'_r$ 一般为 15°~30°。为了防止内孔车刀后面和孔壁的摩擦又不降低切削部分的强度，一般磨成两个后角，其中 $\alpha'_{o1}$ 取 6°~12°，$\alpha'_{o2}$ 取 30°左右。 | 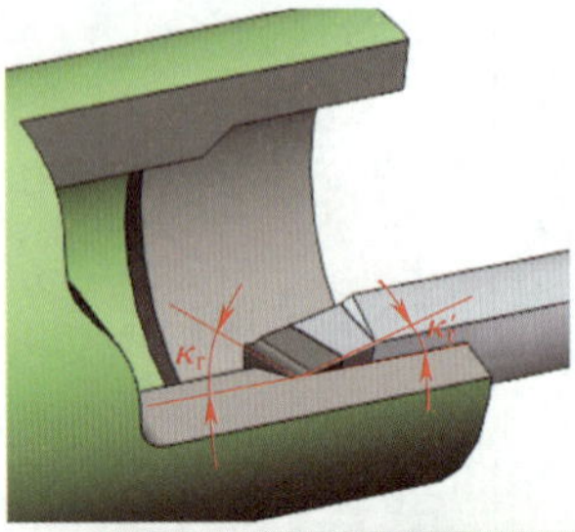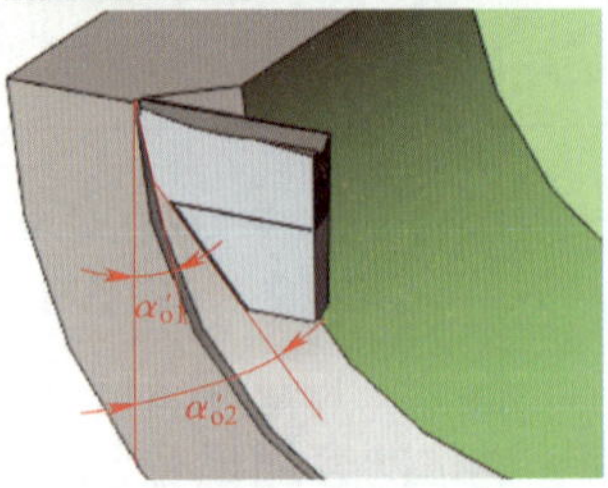 |
| | 盲孔车刀 | 盲孔车刀用来车削盲孔或台阶孔，它的主偏角 $\kappa_r$ 大于 90°，一般为 92°~95°。<br>后角的要求和通孔车刀一样。不同之处是盲孔车刀的刀尖到刀柄外端的距离 $a$ 要小于孔半径 $R$，否则无法车平孔的底面。 | 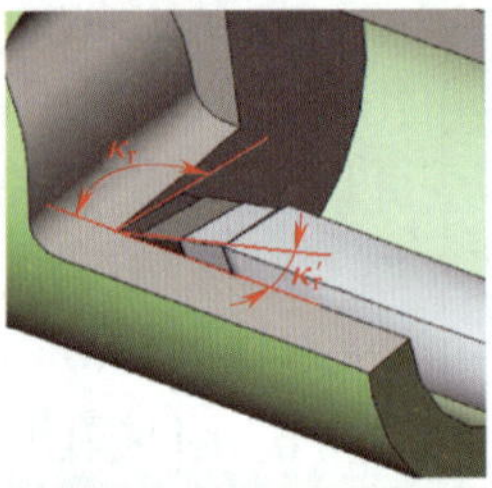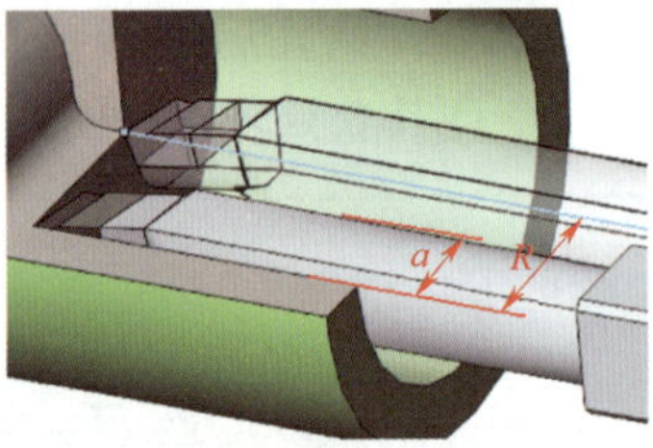 |
| | 车孔刀的结构 | 车孔刀可以制成整体式，如图 3–19 所示，也可把高速钢或硬质合金做成较小的刀头，安装在由碳素钢或合金结构钢制成的刀柄前端的方孔中，并在顶端或上面用螺钉固定（图 3–20），以达到节省刀具材料和增加刀柄刚度的目的。<br>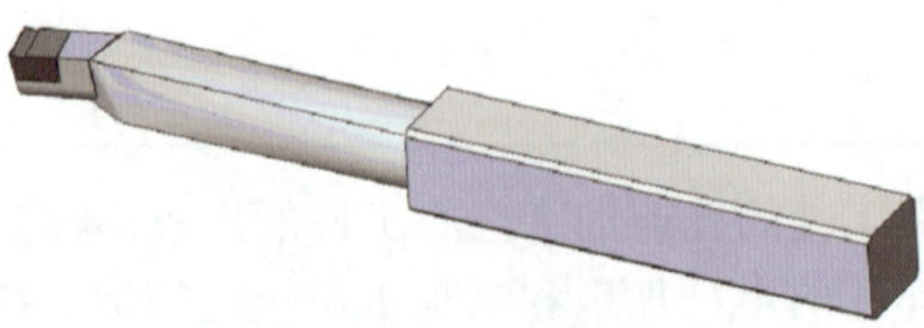<br>图 3–19　整体式车孔刀 | |

| 内容 | | 图例与说明 |
| --- | --- | --- |
| 车孔刀的种类和结构 | 车孔刀的结构 | 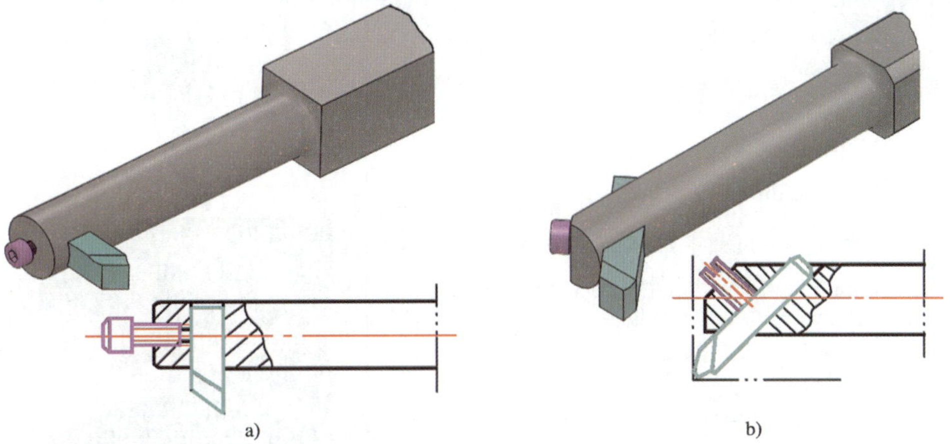<br>图 3-20　机械夹固式车孔刀<br>a）通孔车刀　b）盲孔车刀 |
| 车孔刀的刃磨 | 车刀图样 | 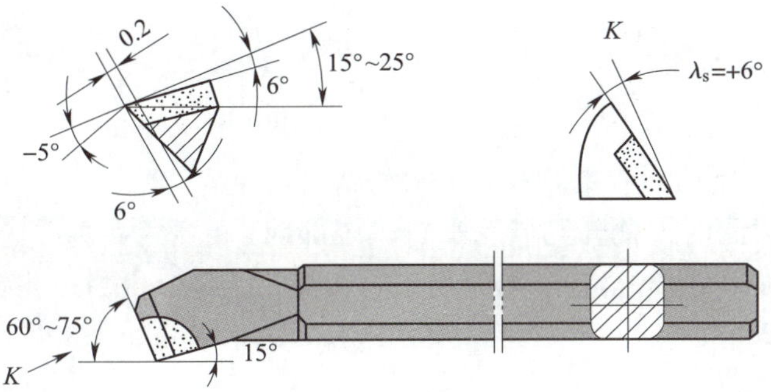<br>名称：通孔车刀<br>材料：硬质合金 |
| | 刃磨工艺 | 磨前面：磨成平面形前面或直接磨卷屑槽，需控制前角和刃倾角。刀柄尾部向内倾斜 15°~25°，同时刀柄向外侧倾斜 6°，使火花最后从主切削刃的刀尖处出来。<br>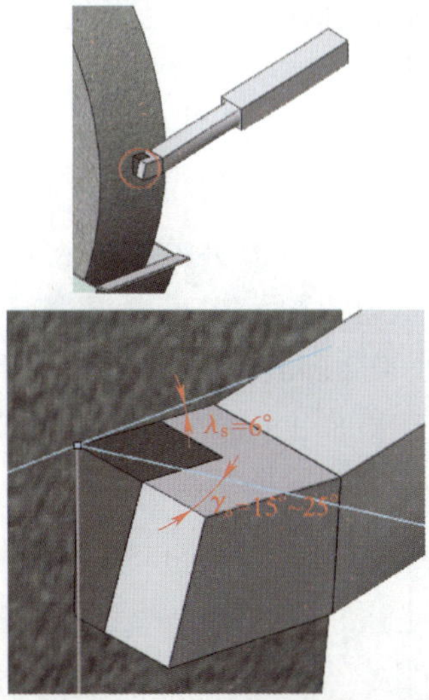 |

| 内容 | | 图例与说明 | |
|---|---|---|---|
| 车孔刀的刃磨 | 刃磨工艺 | 磨主后面：磨出主偏角 $\kappa_r$ 和主后角 $\alpha_o$。刃磨时刀柄正对砂轮，尾部左偏 60°~75°，同时刀头上翘 6°。 | 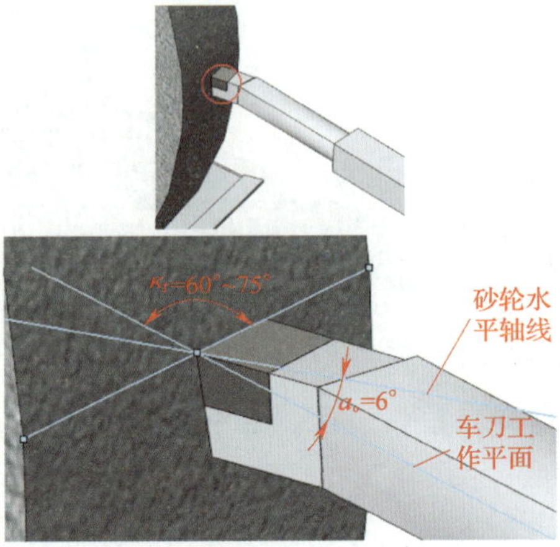 |
| | | 磨副后面：磨出副偏角$\kappa_r'$和副后角$\alpha_o'$。刃磨时刀柄先与砂轮平行，尾部向内倾斜 15°~30°，同时刀柄向外侧倾斜 6°~12°。 | 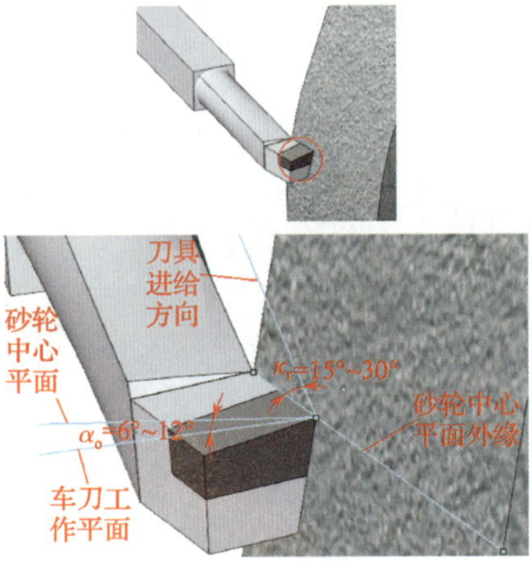 |
| | | 刀尖处磨 $r$ 为 0.2~0.4 mm 的过渡刃；前面若磨卷屑槽，则磨出宽度为 0.2 mm、前角为 −5°的倒棱；最后修磨后面上$\alpha_{o2}'$，此处可根据孔壁圆弧，磨成相应形状。 | 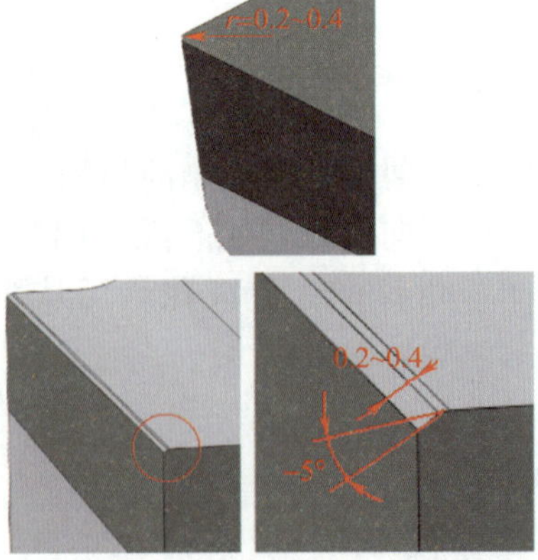 |

| 内容 | | 图例与说明 |
|---|---|---|
| 车孔刀的刃磨 | 排屑方向控制 | 精车孔时要求切屑流向待加工表面（前排屑），为此，采用正刃倾角的车孔刀（图 3–21）。<br>车削盲孔时采用负的刃倾角，使切屑从孔口排出（图 3–22）。<br>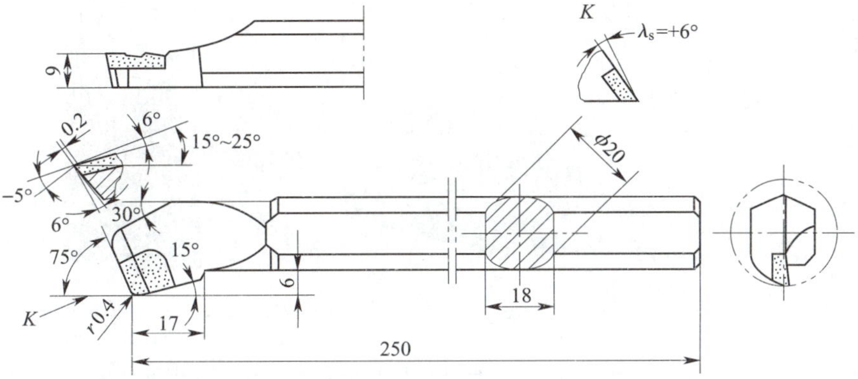<br>图 3–21　前排屑通孔车刀<br>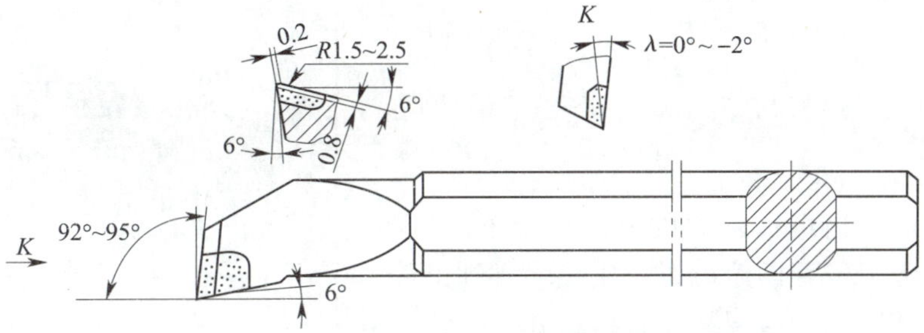<br>图 3–22　后排屑盲孔车刀 |

## 二、车通孔

| 内容 | | 图例与说明 |
|---|---|---|
| 车通孔 | 车孔刀的安装 | 1. 车孔刀的刀尖应与工件中心等高或比其稍高。若刀尖低于工件中心，切削时在切削抗力的作用下，容易将刀柄压低而产生扎刀现象，并可造成孔径扩大。<br>2. 刀柄伸出刀架不宜过长，一般比被加工孔长 5 ~ 10 mm。如图 3–23 所示，$L_2=L_1+$（5~10）mm。 |

<table>
<tr><th colspan="2">内容</th><th colspan="2">图例与说明</th></tr>
<tr><td rowspan="2">车通孔</td><td>车孔刀的安装</td><td colspan="2">
3. 车孔刀刀柄与工件轴线应基本平行，否则在车削到一定深度时刀柄后半部容易碰到工件的孔口。<br>
提示：车孔刀的装夹正确与否直接影响到车削情况及孔的精度，车孔刀装夹好后，在车孔前先在孔内试走一遍，检查有无碰撞现象，以确保安全。<br>
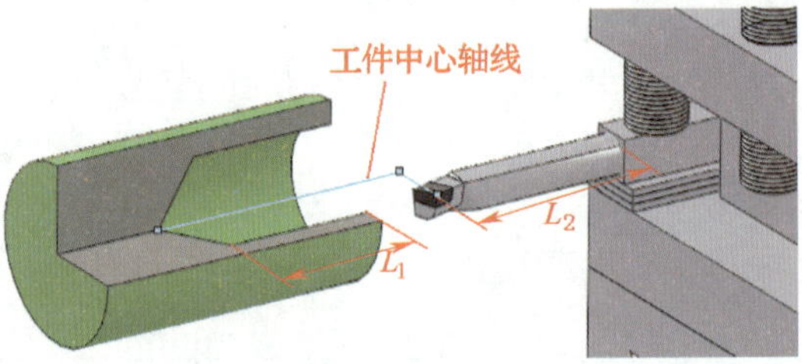
<br>
图 3–23　车孔刀的安装
</td></tr>
<tr><td>车通孔方法</td><td>
粗车：启动机床，摇动车床床鞍、中滑板手柄使车刀刀尖轻轻碰到工件内孔壁，然后床鞍往右移离开工件（中滑板静止不动），再将中滑板按要求横向进给 $a_{p1}$，采用自动进给或双手均匀摇动床鞍对工件内孔进行切削。重复操作，直至孔径保留精车余量 0.5 mm。<br>
提示：内孔车削与外圆车削的进刀、退刀方向相反，切削用量的选择比外圆加工要小。
</td><td>
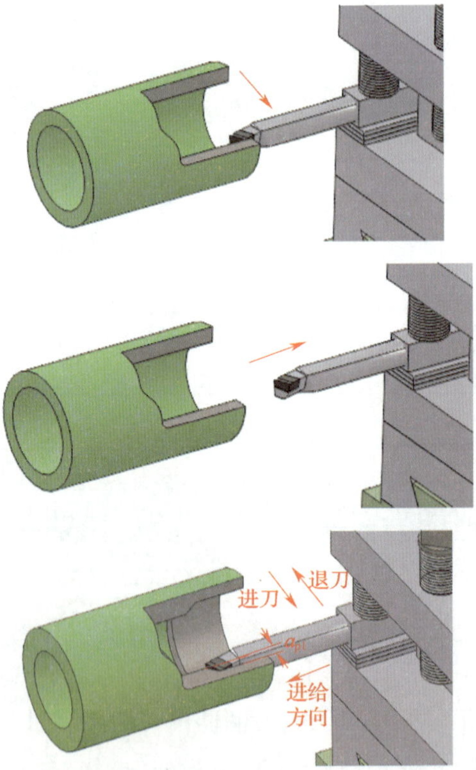

</td></tr>
</table>

<table>
<tr><th colspan="2">内容</th><th colspan="4">图例与说明</th></tr>
<tr><td>车通孔</td><td>车通孔方法</td><td colspan="2">精车：中滑板进刀小于 0.5 mm，车削长度大于 5 mm 后快速纵向退出，停车测量。如果尺寸未达精度要求，则计算好进刀格数，横向微调背吃刀量，再试切削、测量，直至符合孔径要求为止，最后纵向车削至孔全长。</td><td colspan="2">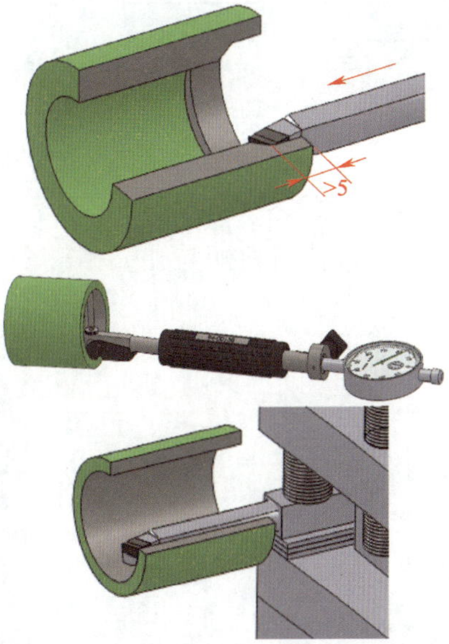</td></tr>
<tr><td rowspan="7">车通孔练习</td><td>工件图样</td><td colspan="4">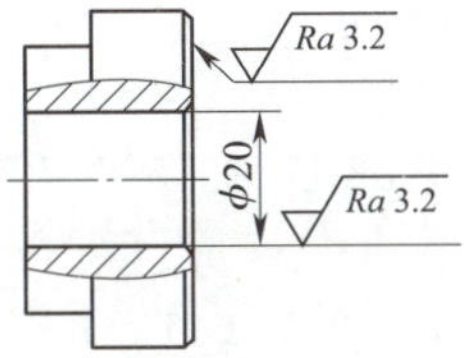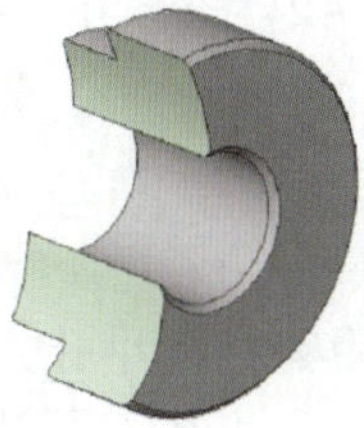<br>技术要求<br>未注倒角为 C1。<br><br>工件名称：通孔工件<br>材料：45 钢　备料：钻孔工件</td></tr>
<tr><td rowspan="6">加工工艺卡片</td><td>10</td><td colspan="2">检查备料（钻孔工件）。</td><td colspan="2" rowspan="2">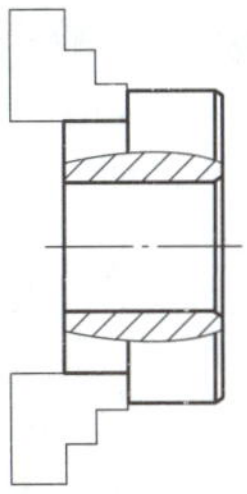</td></tr>
<tr><td>20</td><td colspan="2">夹持外圆，找正并夹紧。</td></tr>
<tr><td rowspan="3"></td><td>1</td><td>车端面，车平即可。</td><td colspan="2" rowspan="3">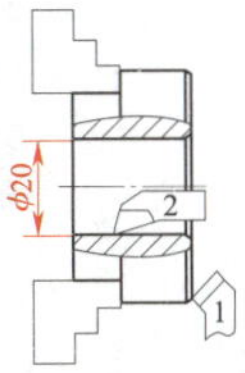</td></tr>
<tr><td>2</td><td>粗、精车孔至尺寸 $\phi$20 mm，表面粗糙度 $Ra$3.2 μm。</td></tr>
<tr><td>3</td><td>孔口倒角 $C$1 mm。</td></tr>
<tr><td>30</td><td colspan="4">检查质量合格后取下工件。</td></tr>
</table>

## 三、车台阶孔

| 内容 | | 图例与说明 |
|---|---|---|
| 车台阶孔 | 台阶孔车刀的装夹 | 基本与装通孔车刀的要求一样，但要注意台阶孔车刀的主切削刃应与平面成 3°~5°夹角（图 3–24）。车台阶内平面时，横向应有足够的退刀余地。为防止车孔时刀柄与孔壁相碰，可在车孔前先在孔内试走一遍，以确保安全。<br>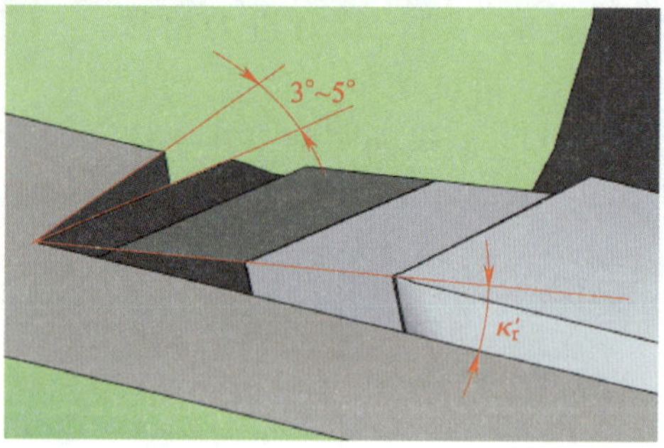<br><br>图 3–24　台阶孔车刀的装夹 |
| | 车台阶孔的方法 | 车直径较小的台阶孔，先粗、精车小孔，再粗、精车大孔。<br>车大的台阶孔，先粗车大孔和小孔，再精车大孔和小孔。<br>为保证台阶尺寸，开始车削时和车台阶外圆相似。机床启动，车刀先在端面用床鞍和小滑板对刀，再在孔壁用中滑板对刀，将滑板刻度调“0”，纵向粗车时每一次都到床鞍同一刻度（图 3–25 车刀 1），精车时则车孔径至台阶处后横向退刀（图 3–25 车刀 2），接着小滑板进刀（图 3–25 车刀 3）精车台阶长度（图 3–25 车刀 4）并使车刀进至刚才车孔径的尺寸（图 3–25 车刀 5）。<br>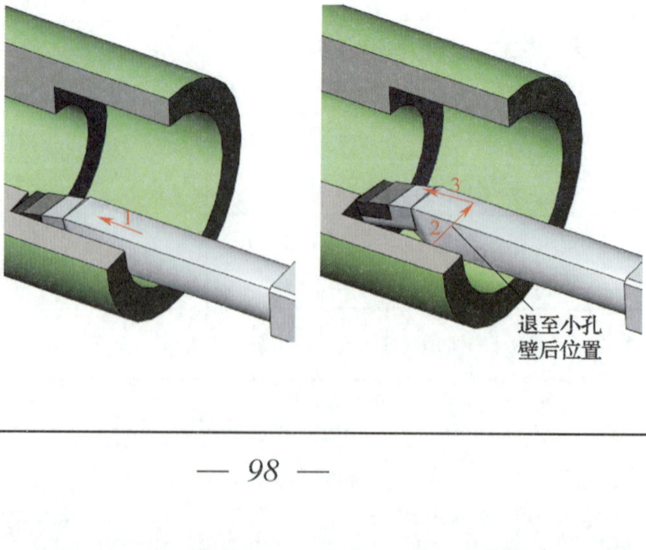<br> |

| 内容 | | 图例与说明 |
|---|---|---|
| 车台阶孔 | 车台阶孔的方法 | 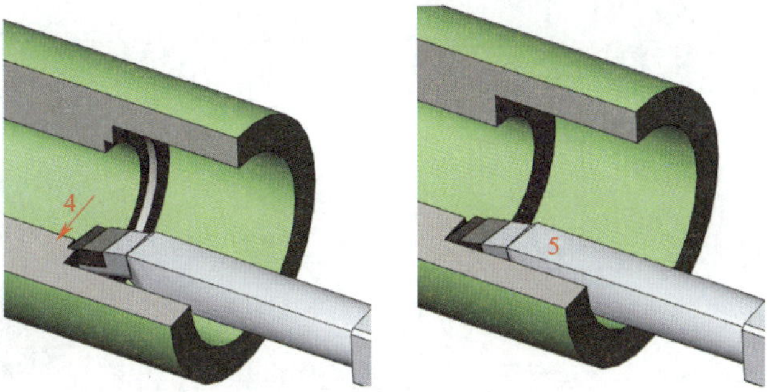<br>图 3–25　车台阶孔 |
| | 车孔深度的控制 | **1. 粗车时常采用的方法**<br>（1）在刀柄上刻线痕做记号（图 3–26）。<br>（2）装夹车孔刀时安放限位铜片（图 3–27）。<br>（3）利用床鞍刻度盘的刻线控制。<br>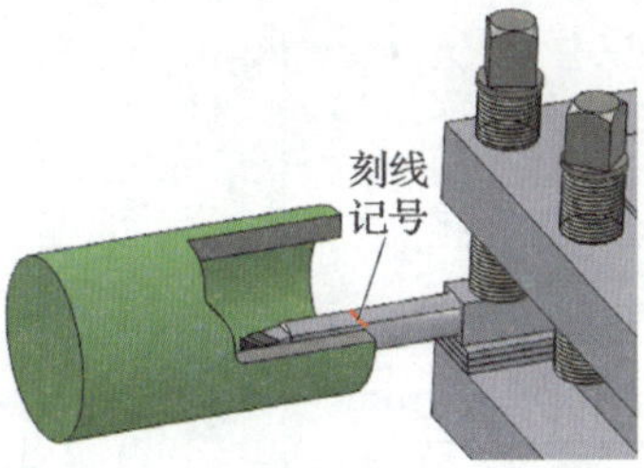<br>图 3–26　在刀柄上刻线痕控制孔深<br>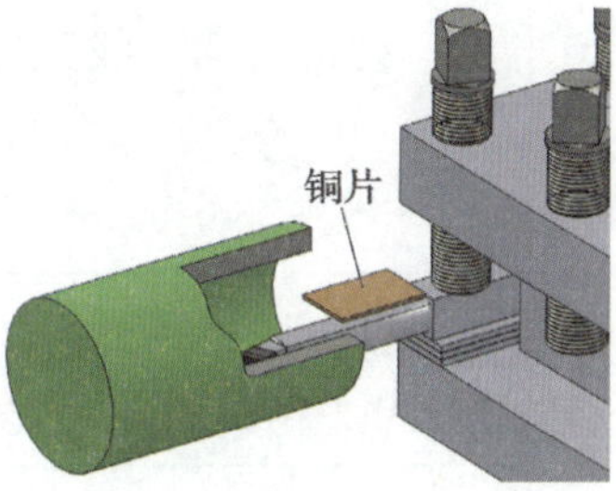<br>图 3–27　用限位铜片控制孔深<br>**2. 精车时常采用的方法**<br>（1）利用小滑板刻度盘的刻线控制。<br>（2）用游标深度卡尺测量控制（图 3–28）。<br>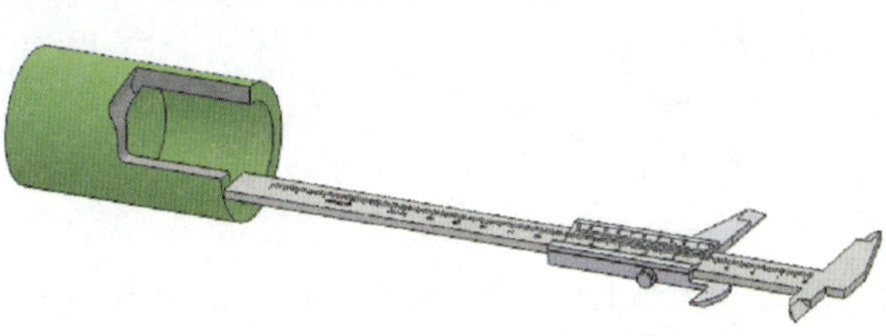<br>图 3–28　用游标深度卡尺测量控制孔深 |

<table>
<tr><th colspan="2">内容</th><th colspan="4">图例与说明</th></tr>
<tr><td rowspan="9">车台阶孔练习</td><td>工件图样</td><td colspan="4">
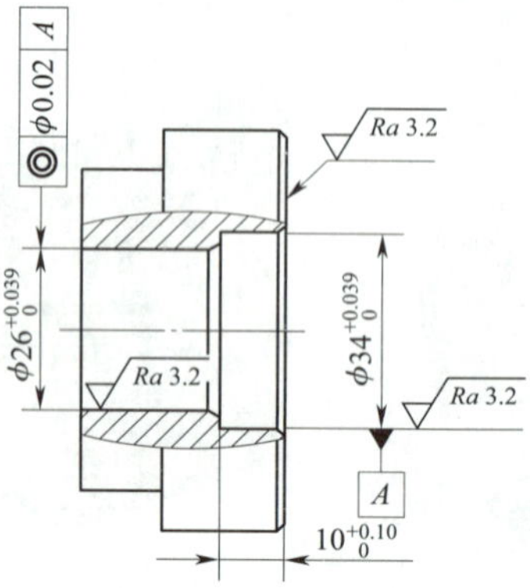


技术要求<br>
未注倒角为C1。

工件名称：台阶孔工件<br>
材料：45 钢；备料：通孔工件
</td></tr>
<tr><td rowspan="8">加工工艺卡片</td><td>10</td><td colspan="2">检查备料（通孔工件）。</td><td rowspan="2">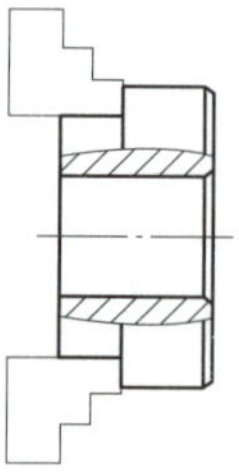</td></tr>
<tr><td>20</td><td colspan="2">夹持外圆，找正并夹紧。</td></tr>
<tr><td rowspan="6"></td><td>1</td><td>车端面，车平即可。</td><td rowspan="3">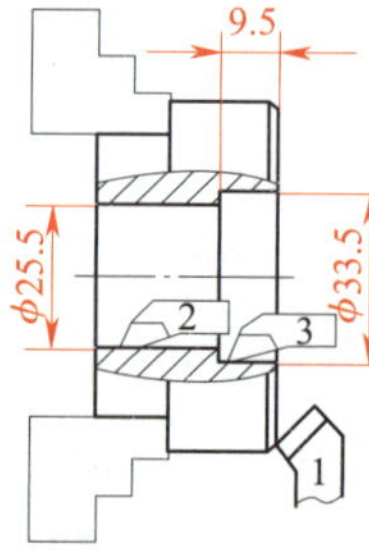
</td></tr>
<tr><td>2</td><td>粗车内孔 $\phi$20 mm 至尺寸 $\phi$25.5 mm。</td></tr>
<tr><td>3</td><td>粗车内孔 $\phi$25.5 mm 至尺寸 $\phi$33.5 mm，深 9.5 mm。</td></tr>
<tr><td>4</td><td>精车内孔 $\phi$25.5mm 至尺寸 $\phi 26^{+0.039}_{0}$ mm，表面粗糙度 $Ra$3.2 μm。</td><td rowspan="3">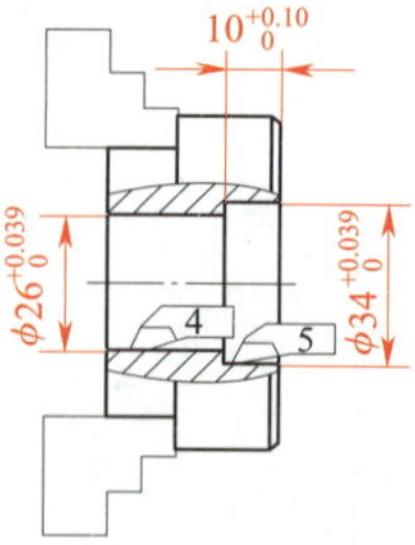
</td></tr>
<tr><td>5</td><td>精车内孔 $\phi$33.5 mm 至尺寸 $\phi 34^{+0.039}_{0}$ mm，深 $10^{+0.10}_{0}$ mm，表面粗糙度 $Ra$3.2 μm。</td></tr>
<tr><td>6</td><td>内孔倒角 $C$1 mm。</td></tr>
<tr><td>30</td><td colspan="3">检查质量合格后取下工件。</td></tr>
</table>

## 四、车盲孔（平底孔）

<table>
<tr><th colspan="2">内容</th><th>图例与说明</th></tr>
<tr><td rowspan="2">车盲孔（平底孔）</td><td>平头钻扩平孔底锥形</td><td>

**1. 用平头钻扩平底孔**

选择比孔径小 1.5~2 mm 的钻头先钻出底孔，其钻孔深度从麻花钻顶尖量起，并在麻花钻上刻线痕做记号。然后用相同直径的平头钻将底孔扩成平底，底平面处留余量 0.5~1 mm（图 3–29）。

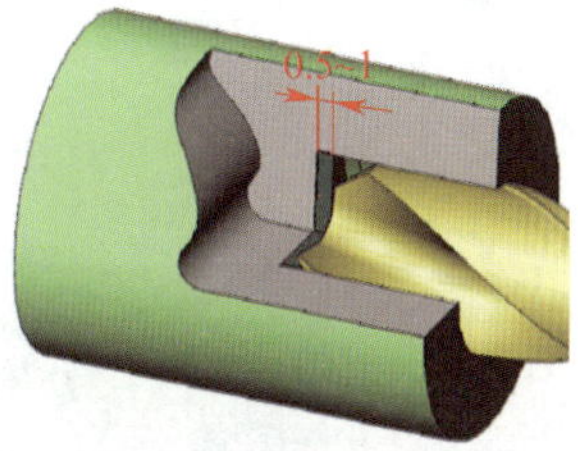


图 3–29　用平头钻扩平底孔

**2. 平头钻的刃磨**

平头钻刃磨应使两刃口磨成平直，横刃要短，后角不宜过大，外缘处前角要修磨得小一些（图 3–30），否则容易引起扎刀现象，还会使孔底产生波浪形，甚至使钻头折断。

加工盲孔的平头钻，最好采用凸形钻心（图 3–31），以获得良好的定心效果。

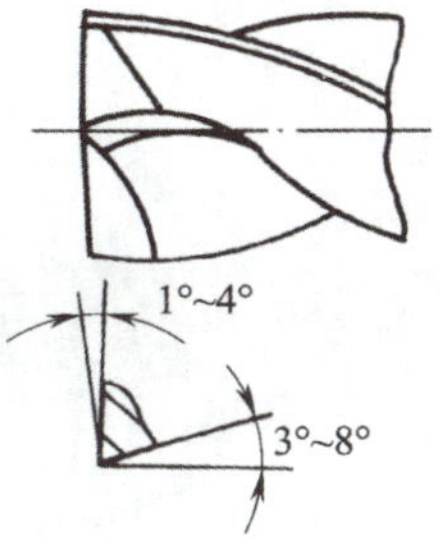


图 3–30　平头钻

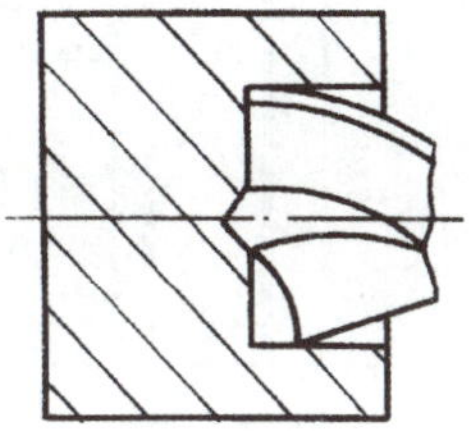

图 3–31　带凸形钻心的平头钻

</td></tr>
<tr><td>车刀车削孔底锥形</td><td>

启动机床，将车刀在端面用床鞍对“0”（图 3–32）后沿孔壁移动到孔壁与锥形的交界处（大而浅的孔可观察，小而深的孔听切削声音，也可手上感觉到纵向切削力变大），将车刀横向退出（纵向不动，图 3–33 车刀 1），再根据床鞍上刻度距孔深尺寸的余量，纵向移动 1~1.5 mm（图 3–33 车刀 2），车刀横向进刀至孔壁（图 3–33 车刀 3）；车刀再次横向退出，纵向移动 1~1.5 mm，横向进刀至孔壁。重复操作，直至孔深留余量 0.5 mm 左右。

提示：车削平底孔，车孔刀刀尖应对准工件中心，用中滑板刻度盘控制切削深度，用床鞍手轮刻度盘控制孔深。

用机动进给车削平底孔要防止车孔刀与孔底面碰撞，在车孔刀刀尖接近孔底面时，必须改机动进给为手动进给。

</td></tr>
</table>

| 内容 | | 图例与说明 |
|---|---|---|
| 车盲孔（平底孔） | 车刀车削孔底锥形 | 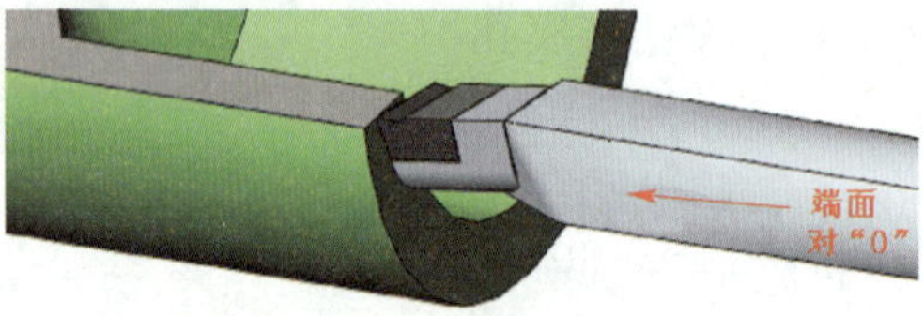<br><br>图 3-32　车刀在端面用床鞍对“0”<br>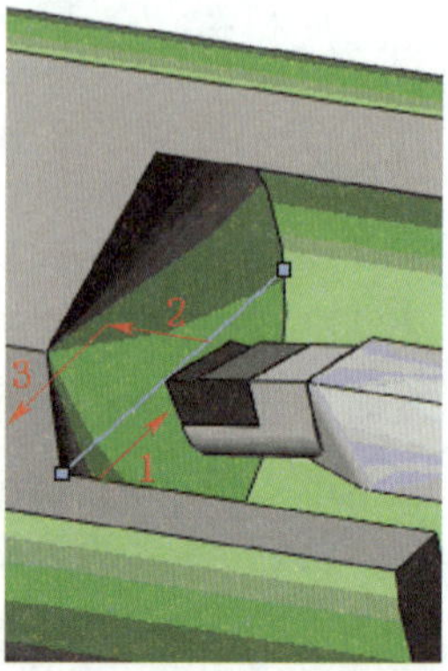<br><br>图 3-33　车刀车平孔底锥形 |
| | 车削 | 孔底车平后，用三个滑板对刀，采取和车台阶孔一样的方法车至尺寸。 |
| 车盲孔练习 | 工件图样 | 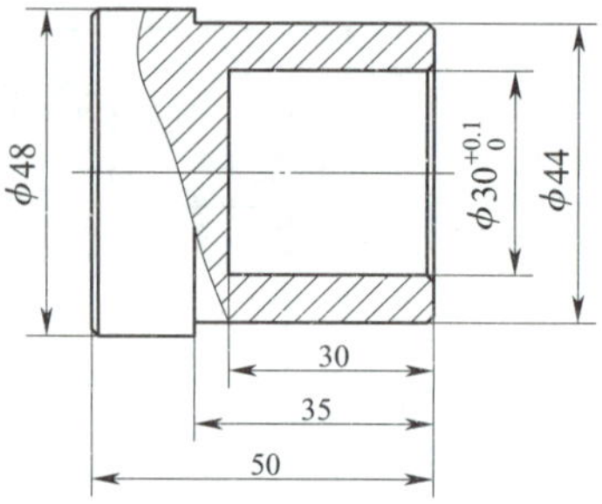<br><br>技术要求<br>未注倒角为C1。<br>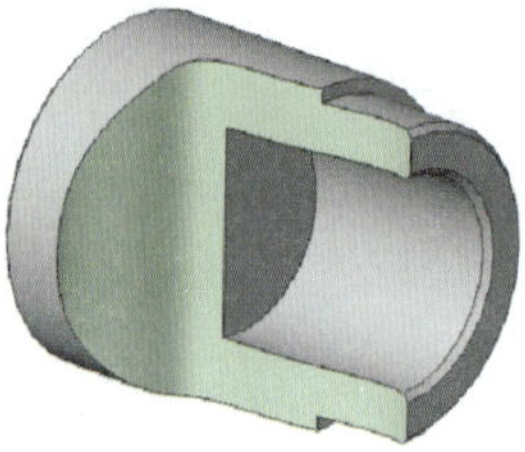<br>$\sqrt{Ra\ 3.2}$<br>工件名称：盲孔工件<br>材料：45 钢　备料：φ50 × 55 |
| | 加工工艺卡片 | 10　检查备料 φ50 mm × 55 mm。<br>20　夹持毛坯外圆，伸出长度为 30 mm。<br>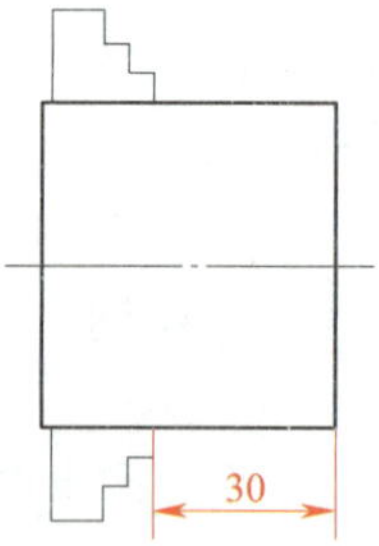<br> |

| 内容 | | 图例与说明 | | | |
|---|---|---|---|---|---|
| 车盲孔练习 | 加工工艺卡片 | | 1 | 车端面，车平即可。 | 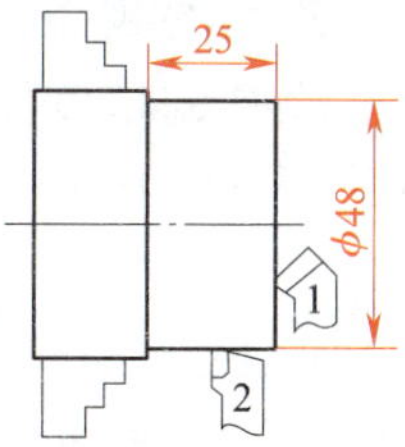 |
| | | | 2 | 车毛坯外圆至 $\phi48$ mm，长度为 25 mm。 | |
| | | | 3 | 倒角 $C1$ mm。 | |
| | | 30 | | 掉头，夹 $\phi48$ mm 外圆，夹持部位长为 10 mm，找正并夹紧。 | 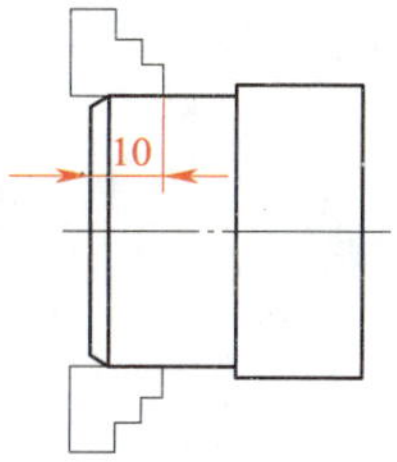 |
| | | | 1 | 车端面，控制总长为 50 mm。 | 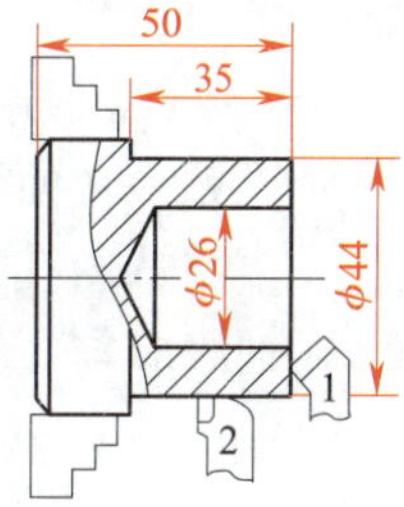 |
| | | | 2 | 车外圆至 $\phi44$ mm，长度为 35 mm。 | |
| | | | 3 | 钻孔 $\phi26$ mm，深 29 mm（从钻尖算起）。 | |
| | | | 4 | 粗车内孔 $\phi26$ mm 至尺寸 $\phi29.5$ mm，深 29.5 mm。 | 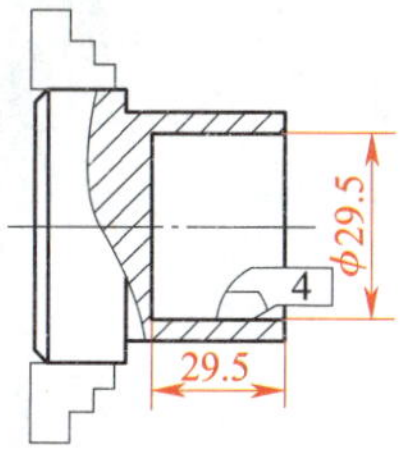 |
| | | | 5 | 精车内孔 $\phi29.5$ mm 至尺寸 $\phi30^{+0.10}_{0}$ mm，深 30 mm（孔底平面平整）。 | 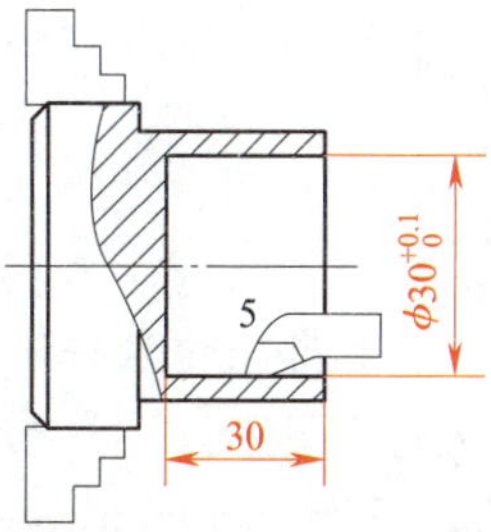 |
| | | | 6 | 倒角 $C1$ mm。 | |
| | | 40 | | 检查质量合格后取下工件。 | |

## 五、孔的测量

孔径尺寸的测量，应根据工件孔径尺寸的大小、精度以及工件数量，采用相应的量具进行。当孔的精度要求较低时，可采用钢直尺、游标卡尺测量；当孔的精度要求较高时，可采用下列方法测量。

<table>
<tr><th colspan="2">内容</th><th>图例与说明</th></tr>
<tr><td rowspan="2">孔径尺寸的测量</td><td>用塞规测量</td><td>在成批生产中，常用塞规测量孔径。塞规由通端、止端和手柄组成（图 3–34）。塞规的通端尺寸等于孔的最小极限尺寸，止端尺寸等于孔的最大极限尺寸。测量时，通端通过，而止端不能通过，说明尺寸合格。<br>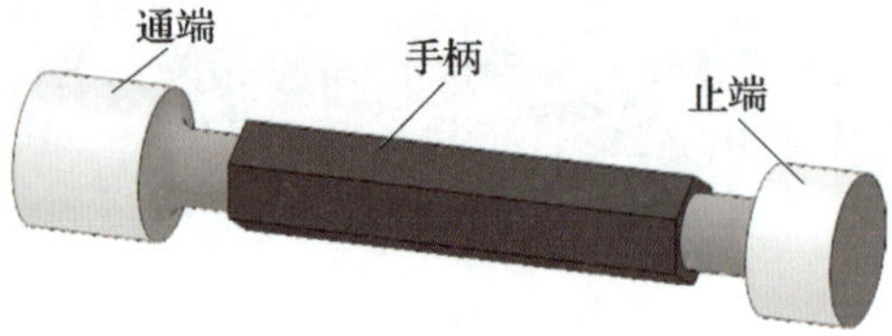<br><br>图 3–34　塞规<br>塞规通端的长度比止端的长度长，一方面便于修磨通端以延长塞规使用寿命，另一方面便于区分通端和止端。<br>测量内孔时，不可硬塞强行通过，一般靠塞规自身重力自由通过，测量时塞规轴线应与孔轴线一致，不可歪斜（图 3–35）。<br>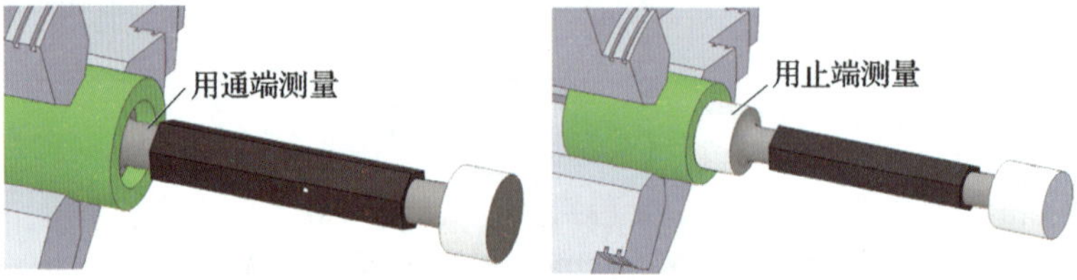<br><br>图 3–35　测量方法<br>提示：测量盲孔用的塞规，应在通端和止端的圆柱面上沿轴向开排气槽。<br>使用塞规时，应尽可能使塞规与被测工件的温度一致，不要在工件还未冷却到室温时就去测量。</td></tr>
<tr><td>用内径千分尺测量</td><td>内径千分尺由测微头和各种规格尺寸的接长杆组成（图 3–36）。每根接长杆上都注有公称尺寸和编号，可按需要选用。<br>内径千分尺的测量范围为 50~125 mm、125~200 mm、200~325 mm、325~500 mm、500~800 mm、……、4 000~5 000 mm，其分度值为 0.01 mm。</td></tr>
</table>

| 内容 | | 图例与说明 |
| --- | --- | --- |
| 孔径尺寸的测量 | 用内径千分尺测量 | 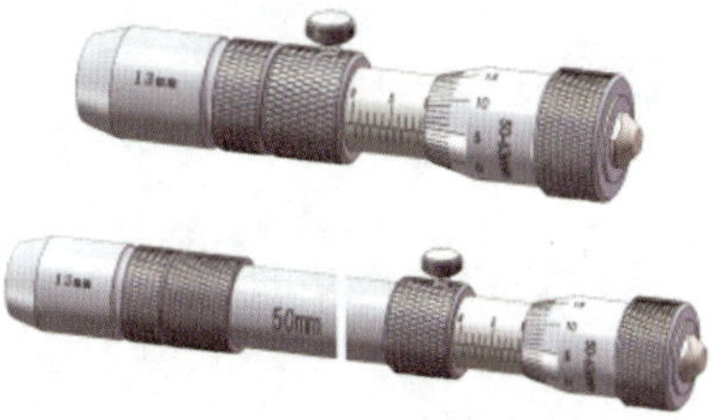<br>图 3-36　内径千分尺<br>内径千分尺的读数方法与外径千分尺相同，但由于无测力装置，因此测量误差较大。<br>用内径千分尺测量孔径时，必须使其轴线位于径向，且垂直于孔的轴线（图 3-37）。<br>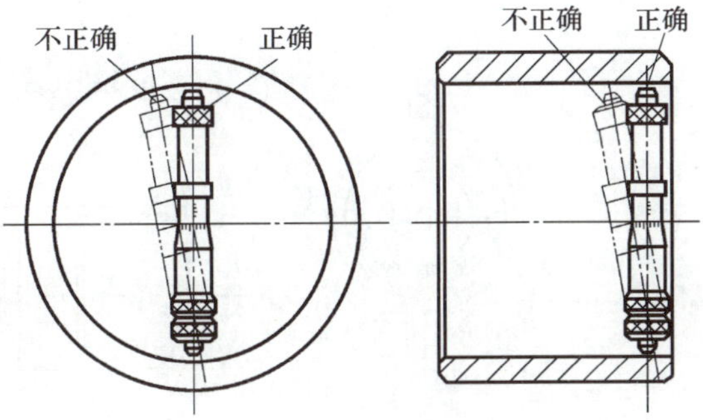<br><br>图 3-37　内径千分尺使用方法<br>使用时尽可能选用最少量的接长杆来组成基本尺寸，用校对卡板校对微分头零位。<br>测量时将测量触头测量面支撑在被测表面上，调整微分筒，使其一侧的测量面在孔的径向截面摆动，找出最大尺寸，然后在孔的轴向截面摆动，找出最小尺寸，几次反复后旋紧螺钉，取出，用和外径千分尺一样的方法读数。 |
| | 用内测千分尺测量 | 内测千分尺（图 3-38）是内径千分尺的一种特殊形式，其刻线方向与外径千分尺相反。当顺时针旋转微分筒时，活动爪向右移动，测量值增大。<br>内测千分尺的测量范围为 5~30 mm 和 25~50 mm，其分度值为 0.01 mm。<br>内测千分尺的使用方法与使用Ⅲ型游标卡尺的内、外测量爪测量内径尺寸的方法相同。 |

<table>
<tr><th colspan="2">内容</th><th>图例与说明</th></tr>
<tr><td rowspan="2">孔径尺寸的测量</td><td>用内测千分尺测量</td><td>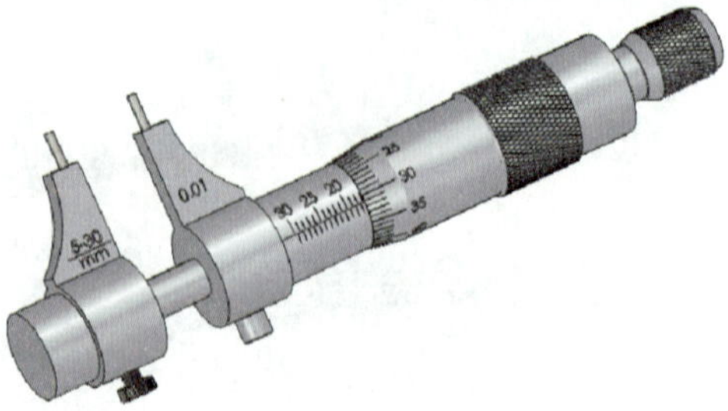<br>图 3–38　内测千分尺</td></tr>
<tr><td>用内径百分表测量</td><td>内径百分表的结构如图 3–39 所示。百分表装夹在测架 1 上（压缩量为 0.5~2 mm），触头 6（又称活动测量头）通过摆动块 7、杆 3，将测量值1∶1 传递给百分表。测量头 5 可根据孔径大小更换。为了能使触头自动位于被测孔的直径位置，在其旁装有定心器 4。<br>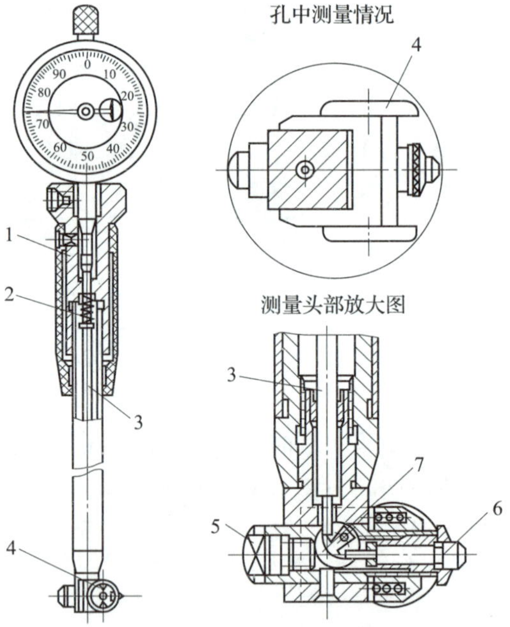<br><br>图 3–39　内径百分表<br>1—测架　2—弹簧　3—杆　4—定心器　5—测量头　6—触头　7—摆动块<br>百分表刻度盘如图 3–40 所示，在圆周上有 100 个等分格，大指针 5 在各格的读数值为 0.01 mm。小指针 7 每格读数为 1 mm。当测量杆 1 向上或向下移动 1 mm 时，通过齿轮传动系统（齿轮 2、3、4、6）带动大指针 5 转一圈，小指针 7 转一格。测量时指针读数的变动量即为尺寸变化量。</td></tr>
</table>

<table>
<tr><th colspan="2">内容</th><th>图例与说明</th></tr>
<tr><td>孔径尺寸的测量</td><td>用内径百分表测量</td><td>
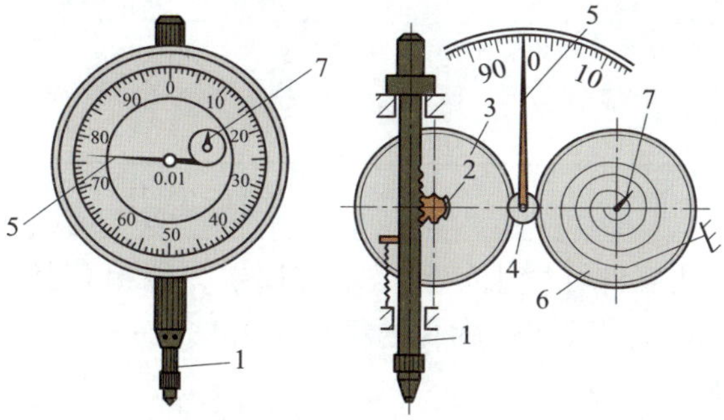

图 3–40　百分表<br>
1—测量杆　2、3、4、6—齿轮　5—大指针　7—小指针<br><br>
内径百分表主要用于测量精度要求较高而且又较深的孔。测量前应根据被测孔径公称尺寸的大小，用外径千分尺调整好尺寸锁紧，再将内径百分表放入，找到千分尺两个测量面之间的垂直距离（即孔的公称尺寸，图 3–41），将百分表上大指针指向“0”后拿出。<br><br>
测量时活动测量头应在径向摆动找出最大值，在轴向摆动找出最小值（两值应重合一致），这个值相对于百分表“0”数字的格数，即为孔径公称尺寸的偏差值（“0”顺时针方向为负，“0”逆时针方向为正），并由此计算出孔径的实际尺寸是公称尺寸加减偏差值（图 3–42）。<br><br>
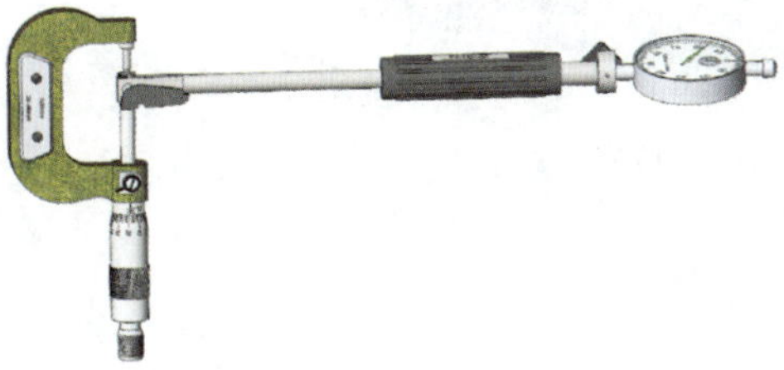
图 3–41　内径百分表对“0”<br>
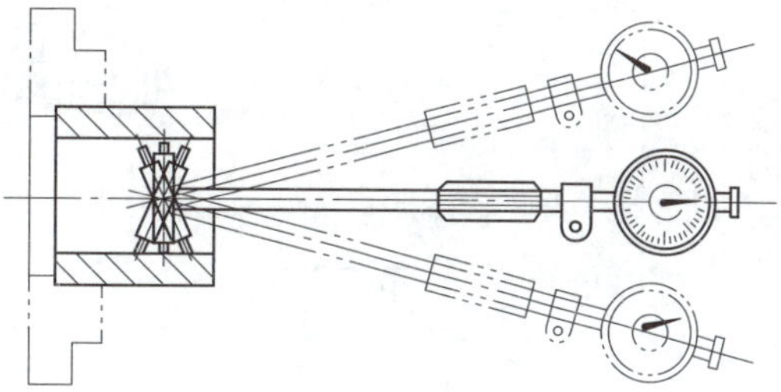
图 3–42　测量方法
</td></tr>
<tr><td rowspan="2">孔形状误差的测量</td><td>圆度误差</td><td>在车床上车削圆柱孔时，其形状精度一般只检测圆度误差和圆柱度误差。孔的圆度误差可用内径百分表（或内径千分表）检测。测量时将测量头放入孔内，在垂直于孔轴线的某一截面内各个方向上测量，读数最大值与最小值之差的 1/2 即是该截面的圆度误差。</td></tr>
<tr><td>圆柱度误差</td><td>孔的圆柱度误差可用内径百分表在孔全长的前、中、后各位置测量若干个截面，比较各个截面的测量结果，取所有读数中最大值与最小值之差的 1/2，即是孔全长的圆柱度误差。</td></tr>
</table>

# 课题三　铰孔

| 内容 | | 图例与说明 |
|---|---|---|
| 铰孔是用铰刀从工件孔壁上切除微量金属层，以提高其尺寸精度和减小其表面粗糙度值的方法。铰孔是应用较普遍的孔的精加工方法之一，其尺寸精度可达 IT9~IT7，表面粗糙度值可达 *Ra* 1.6~0.4 μm。 | | |
| **一、铰刀** | | |
| 铰刀的组成和种类 | 铰刀的组成 | 铰刀由工作部分、颈部和柄部组成，如图 3–43 所示。<br>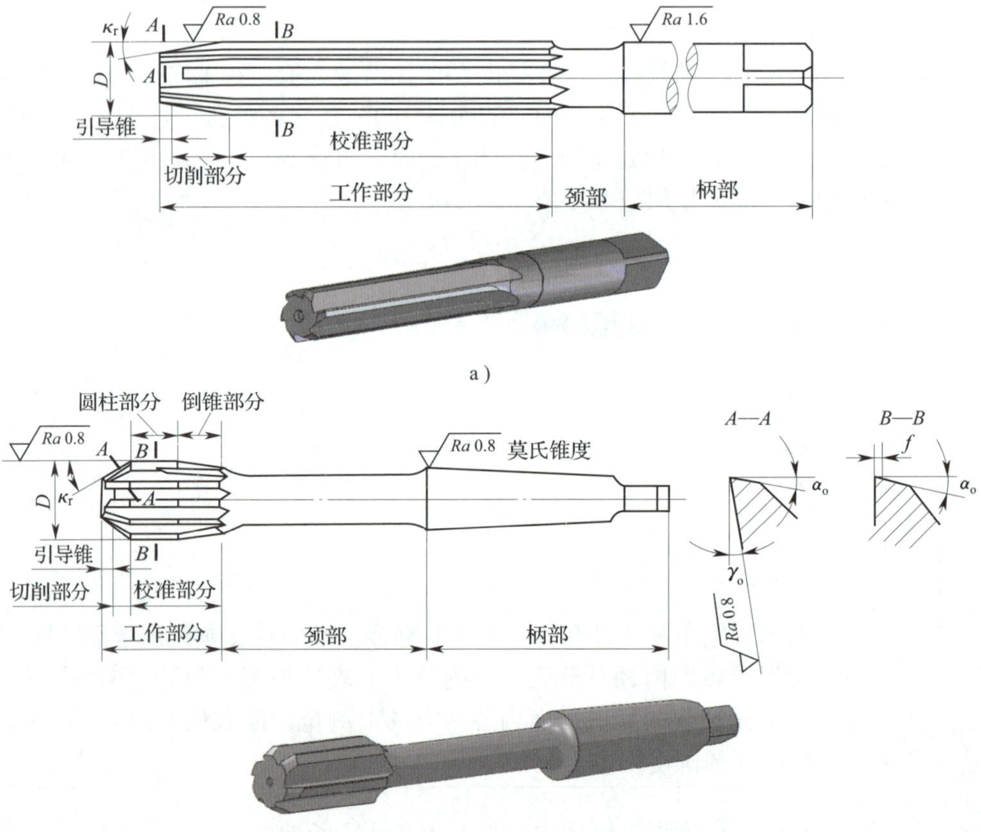<br>图 3–43　圆柱铰刀<br>a）手用铰刀　b）机用铰刀 |

<table>
<tr><th colspan="2">内容</th><th>图例与说明</th></tr>
<tr><td rowspan="2">铰刀的组成和种类</td><td>铰刀的组成</td><td>1. 工作部分。铰刀的工作部分由引导锥、切削部分和校准部分组成。引导锥是铰刀工作部分最前端的45°倒角部分，便于铰削开始时将铰刀引导入孔中，并起保护切削刃的作用。切削部分是承担主要切削工作的一段锥体（切削锥角为$2\kappa_r$），校准部分分圆柱和倒锥两部分，圆柱部分起导向、校准和修光作用，也是铰刀的备磨部分；倒锥部分起减小摩擦和防止铰刀将孔径扩大的作用。<br>2. 颈部。在铰刀制造和刃磨时起空刀作用。<br>3. 柄部。是铰刀的夹持部分，铰削时用来传递转矩，有直柄和锥柄（莫氏标准锥度）两种。</td></tr>
<tr><td>铰刀的种类</td><td>圆柱铰刀按刀具材料分为高速钢铰刀和硬质合金铰刀，按其使用时动力来源不同分为手用铰刀和机用铰刀两大类。<br>手用铰刀的切削部分比机用铰刀的切削部分要长，$2\kappa_r$很小（一般$\kappa_r$取30′~1°30′），定心作用好，铰削时轴向抗力小，工作时比较省力。手用铰刀的校准部分只有一段倒锥部分。为了获得较高的铰孔质量，手用铰刀各刀齿的齿距在圆周上不是均匀分布的。<br>机用铰刀的切削部分较短，其$\kappa_r$的选择见表3–1。其校准部分也较短，分圆柱、倒锥两段。机用铰刀工作时其柄部与车床尾座连接在一起，铰削连续稳定。为制造方便，其各刀齿间齿距在圆周上等距分布。<br><br>**表3–1　　机用铰刀$\kappa_r$的选择**
<table>
<tr><th colspan="2">工作条件</th><th>$\kappa_r$</th></tr>
<tr><td rowspan="2">铰通孔</td><td>钢料</td><td>12°~15°</td></tr>
<tr><td>铸铁及其他脆性材料</td><td>3°~5°</td></tr>
<tr><td colspan="2">铰盲孔（为使铰出孔的圆柱部分尽量长）</td><td>45°</td></tr>
</table></td></tr>
</table>

## 二、铰孔方法

<table>
<tr><th colspan="2">内容</th><th>图例与说明</th></tr>
<tr><td rowspan="2">铰刀的选择和装夹</td><td>铰刀的选择</td><td>铰削的精度主要取决于铰刀的精度。铰刀的公称尺寸与孔公称尺寸相同，公差应选孔公差的1/3，且公差带位置在孔公差带的中间1/3位置。如被铰孔尺寸为$\phi 20^{+0.021}_{0}$ mm时，铰刀的尺寸应选择$\phi 20^{+0.014}_{+0.007}$ mm为佳。<br>选用的铰刀应刃口锋利，无毛刺和崩刃。</td></tr>
<tr><td>铰刀的装夹</td><td>在车床上铰孔，一般将机用铰刀的锥柄插入尾座套筒的锥孔中，并调整尾座套筒轴线与主轴轴线重合（同轴度误差应小于0.02 mm）。一般精度的车床要保证这一要求比较困难，这时常采用浮动套筒（图3–44）来装夹铰刀，铰刀通过浮动套筒再装入尾座套筒中，利用套筒与主体、套筒与轴销之间的间隙，使铰刀产生浮动。铰削时，铰刀通过微量偏移来自动调整其轴线与孔轴线重合，从而消除由于车床尾座套筒与主轴的同轴度误差而产生的对铰孔质量的影响。</td></tr>
</table>

<table>
<tr><th colspan="2">内容</th><th>图例与说明</th></tr>
<tr><td>铰刀的选择和装夹</td><td>铰刀的装夹</td><td>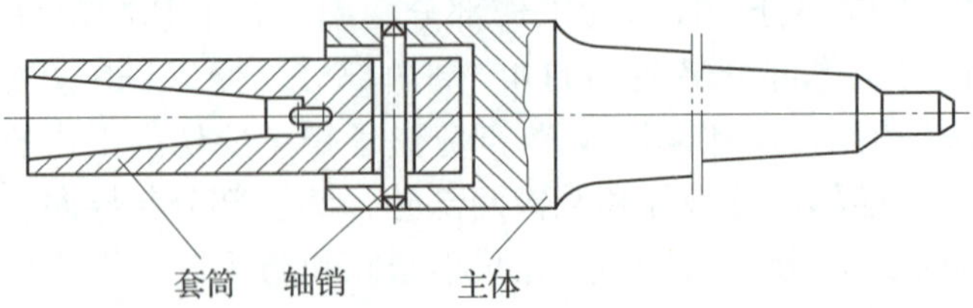

图 3–44　浮动套筒</td></tr>
<tr><td rowspan="4">铰孔方法</td><td>铰孔前的孔加工</td><td>铰孔是用铰刀对已粗加工或半精加工的孔进行精加工，铰孔不能修正孔的半精加工直线度误差。<br>车孔能纠正钻孔带来的直线度误差或径向圆跳动等缺陷，因而可以使铰出的孔达到同轴度和垂直度的要求。当孔径尺寸小于 10 mm 时，用车孔的方法留铰削余量则比较困难，通常选用扩孔方法作为铰孔前的半精加工。但是由于扩孔不能修正钻孔造成的几何缺陷，因此在扩孔前钻孔时必须采取定中心的措施，保证钻孔质量。铰孔前的内孔表面粗糙度不得大于 $Ra$6.3 μm，否则会因铰削余量小而难以去除铰孔前的表面缺陷。</td></tr>
<tr><td>铰孔余量</td><td>铰孔余量的大小直接影响铰孔的质量。余量太小时，前工序留下的加工痕迹不能被铰削去除；余量太大时，会使切屑挤塞在铰刀的齿槽中，使切削液不能进入切削区而影响质量。<br>铰孔余量一般为 0.08~0.15 mm，用高速钢铰刀铰削余量取小值，用硬质合金铰刀取大值。</td></tr>
<tr><td>切削速度和进给量</td><td>铰削时的切削速度越低，孔的表面粗糙度 $Ra$ 值越小。铰削钢件时，其切削速度 $v_c$=5 m/min，铰削铸铁时可高些，$v_c \leqslant 8$ m/min。<br>铰削时的进给量可取得大一些。铰削钢件时，进给量 $f$ 取 0.2~1.0 mm/r；铰削铸铁时，$f$ 取 0.4~1.5 mm/r。粗铰用大值，精铰用小值。铰削盲孔时，进给量 $f$ 取 0.2~0.5 mm/r。</td></tr>
<tr><td>切削液的选择</td><td>铰孔时，必须加注切削液，以冲去切屑和降低温度。不同的切削液对铰孔质量的影响见表 3–2。<br><br>表 3–2　　切削液对铰孔质量的影响
<table>
<tr><th>切削液性质</th><th>孔径相对变化</th><th>表面粗糙度值</th></tr>
<tr><td>水溶性切削液（乳化液）</td><td>最小</td><td>小</td></tr>
<tr><td>油类切削液（机油、柴油、煤油）</td><td>比使用乳化液铰出的孔稍大，而使用煤油比用机油铰出的孔大</td><td>中</td></tr>
<tr><td>干铰</td><td>最大</td><td>大</td></tr>
</table></td></tr>
</table>

| 内容 | | 图例与说明 |
|---|---|---|
| 铰孔方法 | 切削液的选择 | 常用切削液选用：<br>铰削钢件及韧性材料：乳化液、极压乳化液。<br>铰削铸铁、脆性材料：煤油、煤油与矿物油的混合油。<br>铰削青铜或铝合金：$2^{\#}$ 锭子油或煤油。 |
| | 铰孔注意事项 | 1. 选用铰刀时应检查刃口是否锋利、无损，柄部是否光滑。<br>2. 装夹铰刀时，应注意锥柄与锥套的清洁。<br>3. 铰孔时铰刀的轴线必须与车床主轴轴线重合。<br>4. 铰刀由孔内退出时，车床主轴应保持原有转向不变，不允许停车或反转，以防损坏铰刀刃口和加工表面。<br>5. 应先试铰，以免造成废品。 |
| | 铰通孔 | 铰通孔如图 3-45 所示。<br>1. 摇动尾座手轮，使铰刀的引导锥轻轻进入孔口，深度 1~2 mm。<br>2. 启动车床，加注充分的切削液，双手均匀摇动尾座手轮，进给量约为 0.5 mm/r，均匀地进给到铰刀工作部分的 3/4 超出孔末端时，即反向摆动尾座手轮，将铰刀从孔内退出。注意铰刀退出时工件不能反转或停止回转。<br>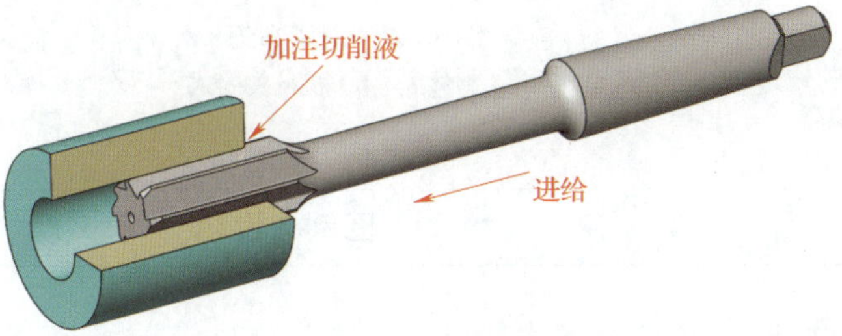<br>图 3-45　铰通孔 |
| | 铰盲孔 | 1. 启动车床，加注切削液，摇动尾座手轮进行铰孔（图 3-46），当铰刀端部与孔底接触后会对铰刀产生轴向切削抗力，手动进给当感觉到轴向切削抗力明显增加时，表明铰刀端部已至孔底，立即将铰刀退出。<br>2. 铰削较深的盲孔时，切屑排除较困难，通常应中途退刀数次，用切削液和刷子清除切屑后再继续铰孔。<br>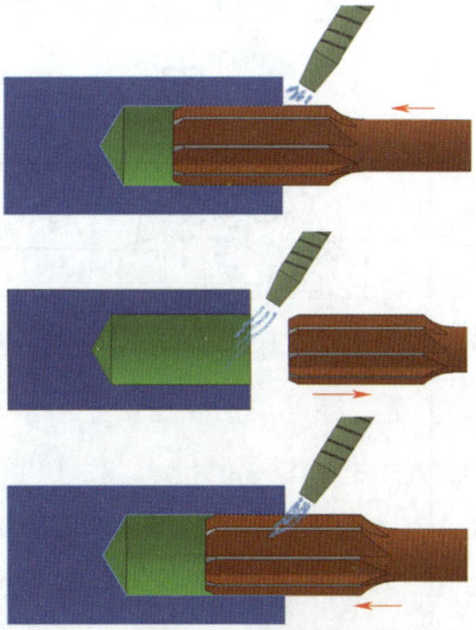<br>图 3-46　铰盲孔 |

# 课题四　车内槽

## 一、内槽车刀

内槽是由于工作情况和结构工艺性的需要，在零件内壁的槽。

内槽车刀与切断刀的几何形状相似，但装夹方向相反，且在内孔中车槽。加工小孔中内槽的车刀做成整体式，而在大直径内孔中车内槽的车刀常为机械夹固式，如图 3-47 所示。

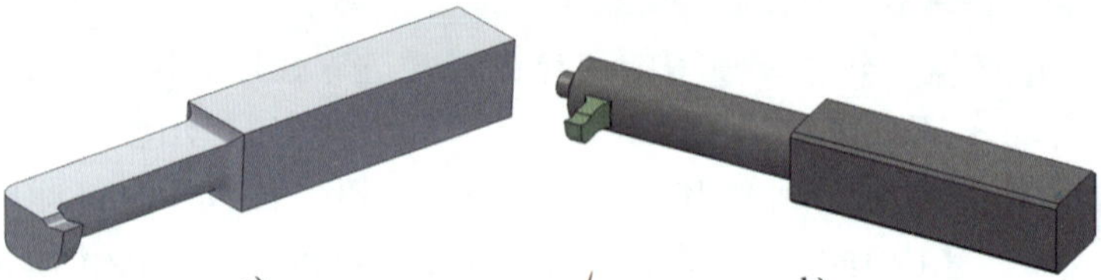

a)　　　　b)

图 3-47　内槽车刀

a）整体式　b）机械夹固式

<table>
<tr><th colspan="2">内容</th><th>图例与说明</th></tr>
<tr><td>内槽车刀的刃磨</td><td>车刀图样</td><td>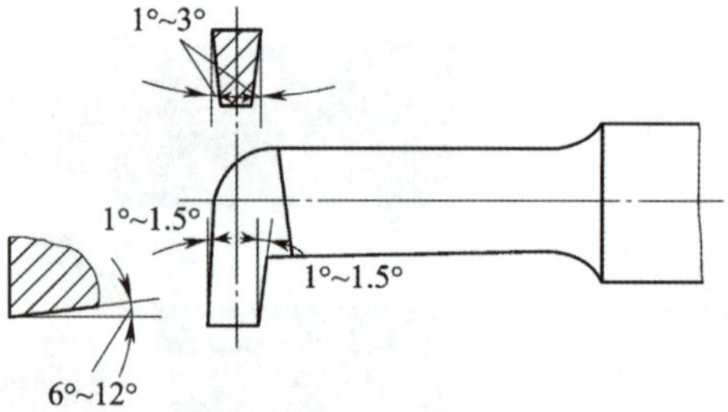

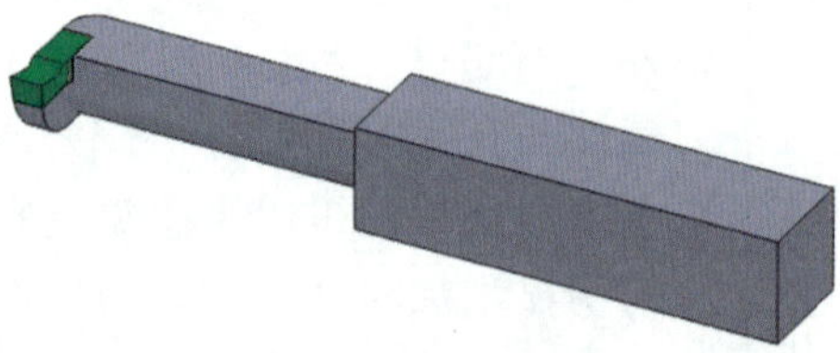
<table><tr><td>名称</td><td>内槽车刀</td></tr><tr><td>材料</td><td>硬质合金</td></tr></table></td></tr>
</table>

<table>
<tr><th colspan="2">内容</th><th colspan="2">图例与说明</th></tr>
<tr><td rowspan="3">内槽车刀的刃磨</td><td rowspan="3">刃磨工艺</td><td>先刃磨对称的两侧副偏角，保证 $\kappa'_r$ 为 1°~1.5°，同时磨出两侧副后角 $\alpha'_o$ 为 1°~3°。<br>提示：刃磨时应保证刀头和刀柄垂直，防止歪斜。</td><td>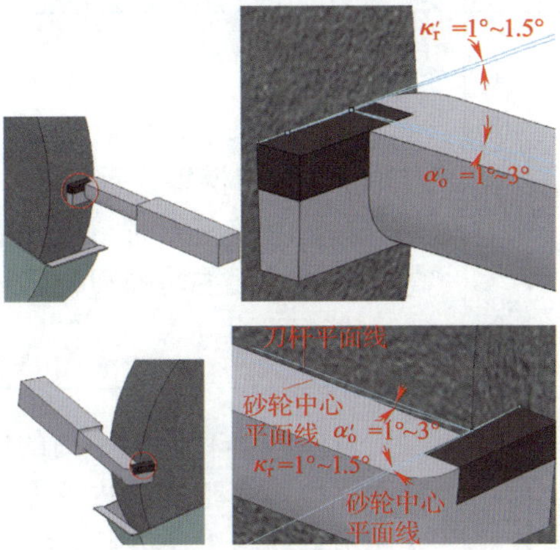
</td></tr>
<tr><td>刃磨前面及主后面，分别磨出前角 $\gamma_o$ 为 10°~15° 及主后角 $\alpha_o$ 为 6°~12°。<br>为防止车内槽时主后面与槽壁相碰，主后面和内孔车刀一样，下半部也磨成圆弧形，同时要保证刀头长度大于槽深。</td><td>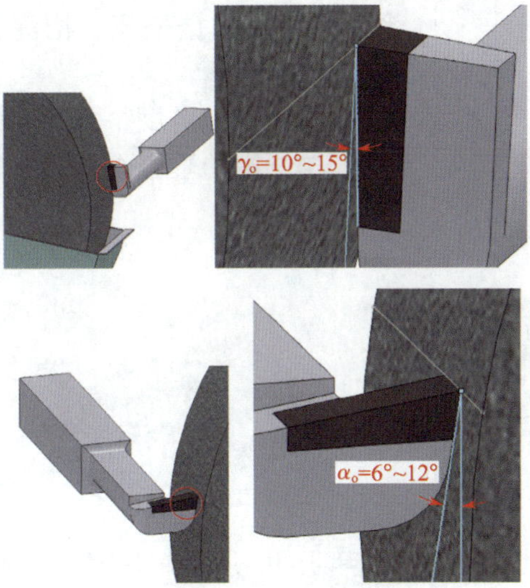
</td></tr>
<tr><td>在两侧刀尖处磨刀尖圆弧。</td><td>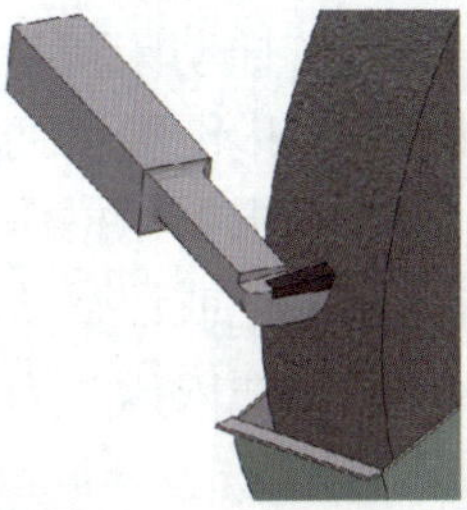</td></tr>
</table>

## 二、车内槽

| 内容 | | 图例与说明 |
| --- | --- | --- |
| 车内槽 | 内槽车刀的安装 | 由于内槽通常与孔轴线垂直，因此要求内槽车刀的刀体与刀柄轴线垂直。<br>装夹内槽车刀时，应使主切削刃与内孔中心等高或略高，且主切削刃与轴线平行。两侧副偏角必须对称（图 3–48）。<br>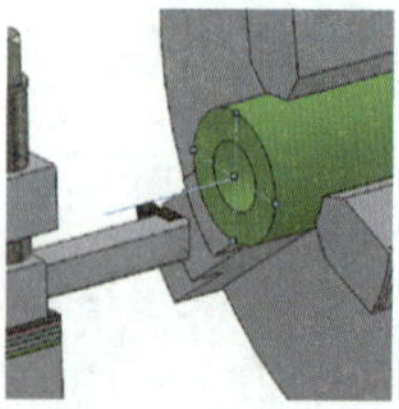<br>图 3–48　内槽车刀的安装 |
| | 车内槽的方法 | 宽度较小和要求不高的内槽，可用主切削刃宽度等于槽宽的内槽车刀采用直进法一次车出，如图 3–49 所示。<br>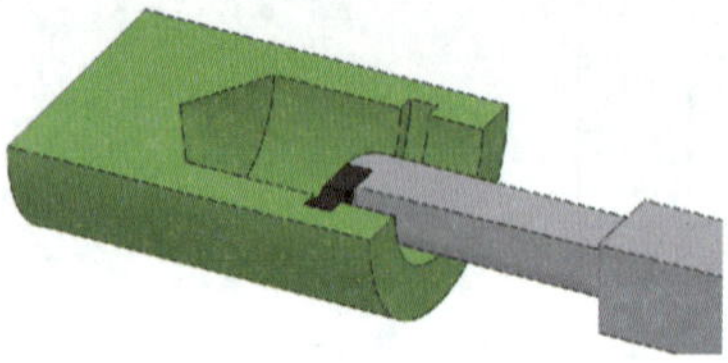<br>图 3–49　直进法车内槽<br>要求较高或较宽的内槽，可采用直进法分几次车出。粗车时，槽壁和槽底应留精车余量，然后根据槽宽、槽深要求进行精车，如图 3–50 所示。<br>深度较浅、宽度很大的内槽，可用车孔刀先车出凹槽（图 3–51），再用内槽车刀车槽两端的垂直面。<br>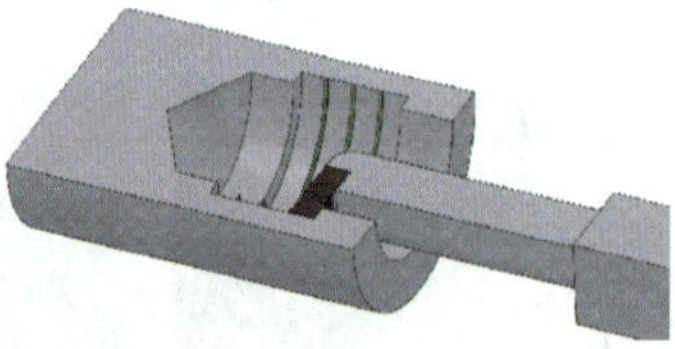<br>图 3–50　用多次直进法车较宽的内槽<br>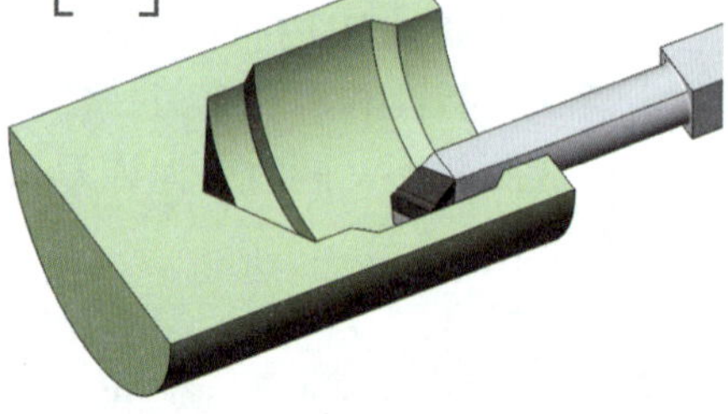<br>图 3–51　用纵向进给车较宽的内槽 |
| | 内槽深度和位置的控制 | **1. 内槽深度尺寸的控制方法**<br>（1）摇动床鞍与中滑板，将内槽车刀伸入孔口，并使主切削刃与孔壁刚好接触，此时中滑板手柄刻度盘刻度调整到“0”位（即起始位置）。<br>（2）根据内槽深度计算出中滑板刻度的进给格数，并在进给终止相应刻度位置做出标记或记下该刻度值。<br>（3）使内槽车刀主切削刃退离孔壁 0.3~0.5 mm，在中滑板刻度盘上做出退刀位置标记。 |

<table>
<tr><th colspan="2">内容</th><th>图例与说明</th></tr>
<tr><td rowspan="2">车内槽</td><td>内槽深度和位置的控制</td><td>

**2. 内槽轴向位置尺寸的控制方法**

（1）移动床鞍和中滑板，使内槽车刀的副切削刃（刀尖）与工件端面轻轻接触，如图 3–52 所示。此时床鞍刻度盘刻度调整为“0”位（即纵向起始位置）。

（2）如果内槽轴向位置离孔口不远，也可利用小滑板刻度控制内槽轴向位置，则应先将小滑板刻度调整到“0”位。

（3）用床鞍刻度或小滑板刻度控制内槽车刀进入孔内深度为内槽位置尺寸 $L$ 和内槽车刀主切削刃宽度 $b$ 之和，即：$L+b$。

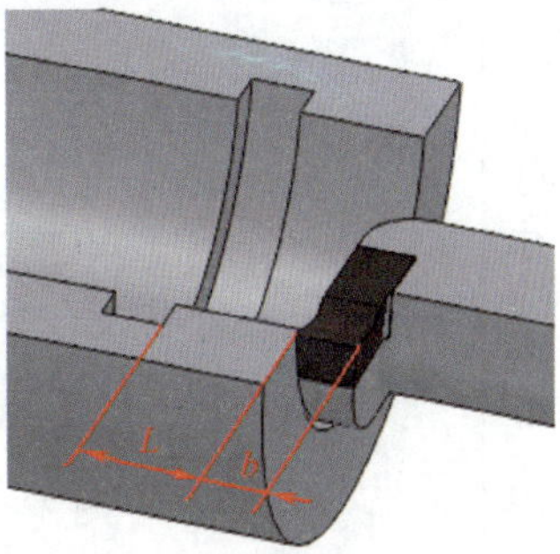


图 3–52　内槽轴向位置的控制

</td></tr>
<tr><td>车削要点</td><td>

1. 横向进给车削内槽，进给量不宜过大，一般为 0.1~0.2 mm/r。

2. 刻度指示已到槽深尺寸时，不要马上退刀，应稍做停留。

3. 横向退刀时，要确认内槽车刀已到达设定退刀位置后，才能纵向向外退出车刀。否则：横向退刀不足会碰坏已车好的槽；横向退刀过多使刀柄外侧可能与孔壁相擦而伤及内孔。

</td></tr>
<tr><td>内槽的测量</td><td>深度的测量</td><td>

内槽深度（或内槽直径）一般用弹簧内卡钳配合游标卡尺或千分尺测量（图 3–53）。测量时，先将弹簧内卡钳收缩并放入内槽，然后调节卡钳螺母，使卡脚与槽底径表面接触，松紧适度，将内卡钳收缩取出，恢复到原来尺寸，最后用游标卡尺或外径千分尺测出内卡钳张开的距离。

直径较大的内槽，可用弯脚的游标卡尺测量，如图 3–54 所示。

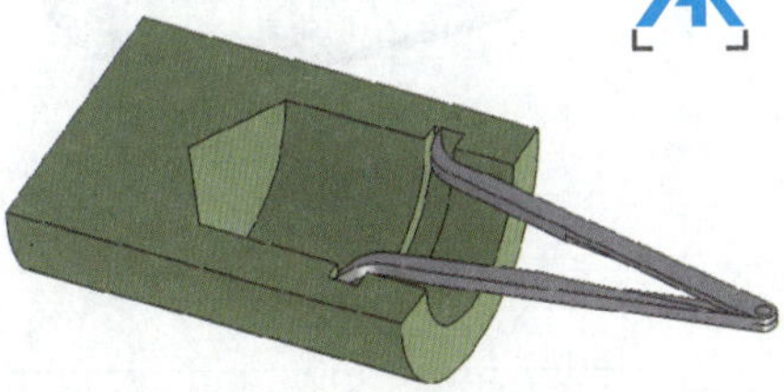

图 3–53　用弹簧内卡钳测量内槽直径

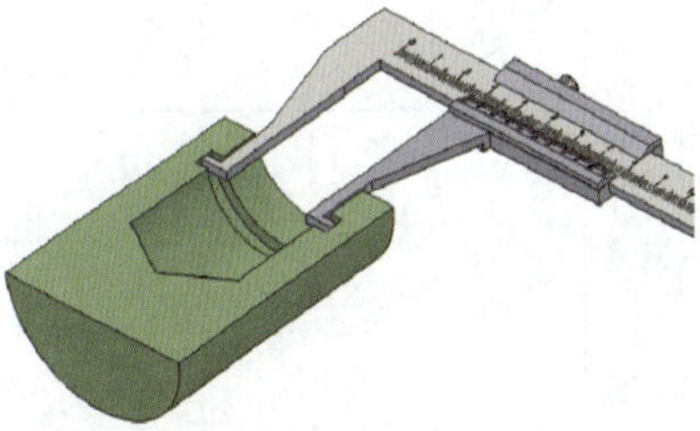

图 3–54　用弯脚游标卡尺测量内槽直径

</td></tr>
</table>

<table>
<tr><th colspan="2">内容</th><th>图例与说明</th></tr>
<tr><td rowspan="2">内槽的测量</td><td>轴向尺寸的测量</td><td>内槽的轴向尺寸可用钩形游标深度卡尺测量（图 3–55）。<br>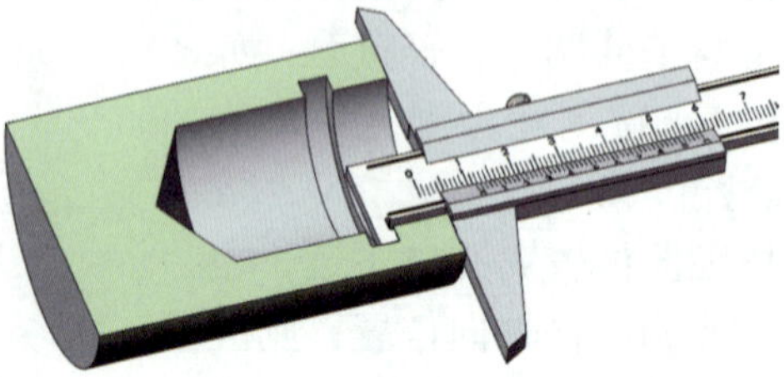<br>图 3–55　用钩形游标深度卡尺测量内槽轴向尺寸</td></tr>
<tr><td>宽度的测量</td><td>内槽宽度可用样板检测（图 3–56），当孔径较大时可用游标卡尺测量（图 3–57）。<br>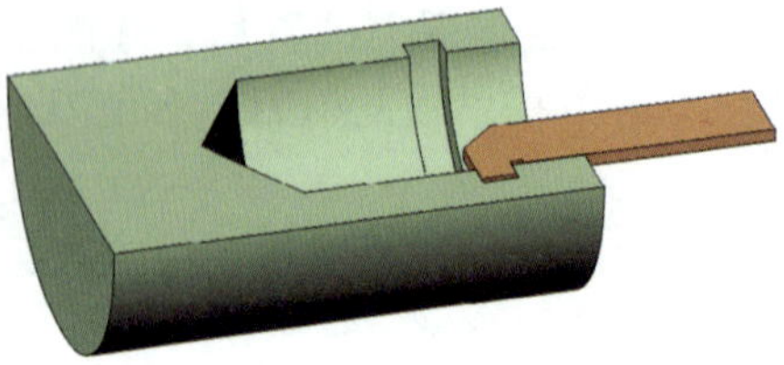<br>图 3–56　用样板检测内槽宽度<br>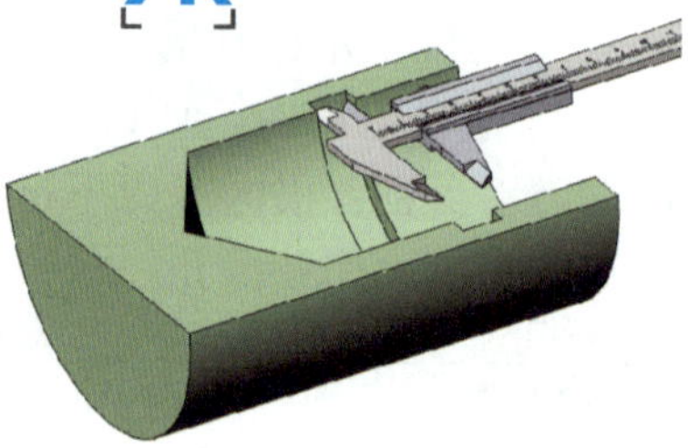<br>图 3–57　用游标卡尺测量内槽宽度</td></tr>
<tr><td>车内槽练习</td><td>工件图样</td><td>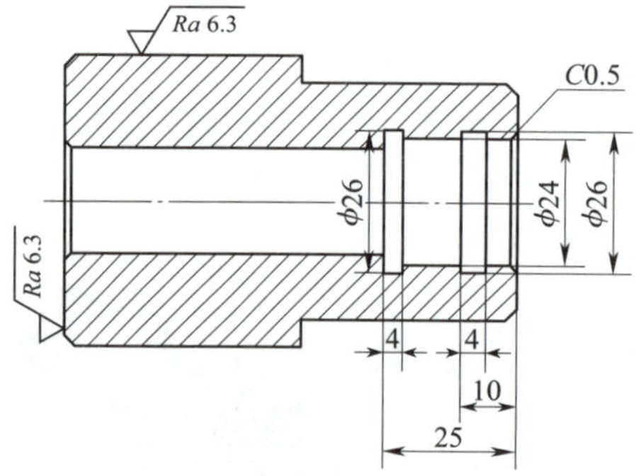<br><br>技术要求<br>未注倒角为C1。<br>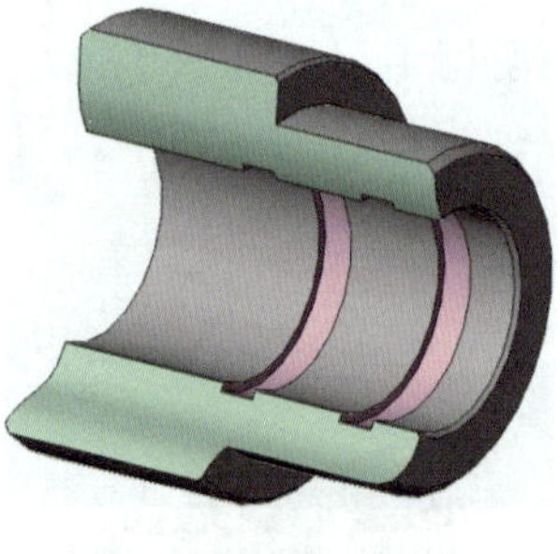<br>Ra 3.2 （√）<br><table><tr><td colspan="2">工件名称</td><td colspan="2">内槽工件</td></tr><tr><td>材料</td><td>45 钢</td><td>备料</td><td>通孔工件</td></tr></table></td></tr>
</table>

| 内容 | | 工艺步骤与图例 | | | |
|---|---|---|---|---|---|
| 车内槽练习 | 加工工艺卡片 | 10 | | 检查备料（通孔工件）。 | 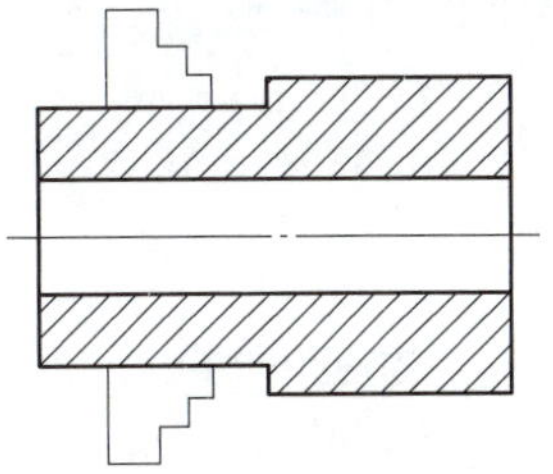 |
| | | 20 | | 夹持小外圆，找正并夹紧。 | |
| | | | 1 | 车较大端面外圆。 | 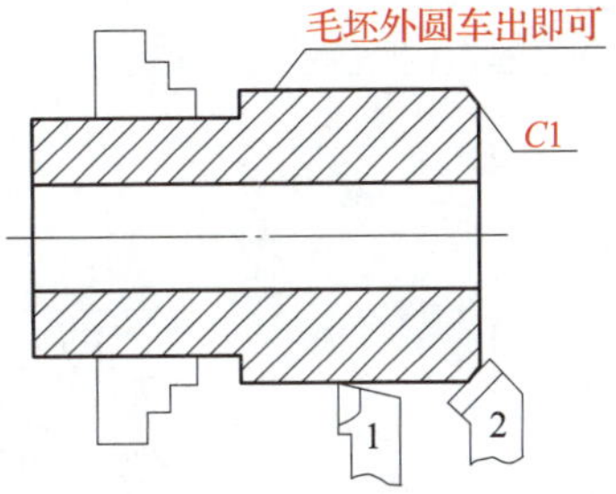 |
| | | | 2 | 倒角 $C1$ mm。 | |
| | | 30 | | 掉头夹持大端外圆，找正并夹紧。 | 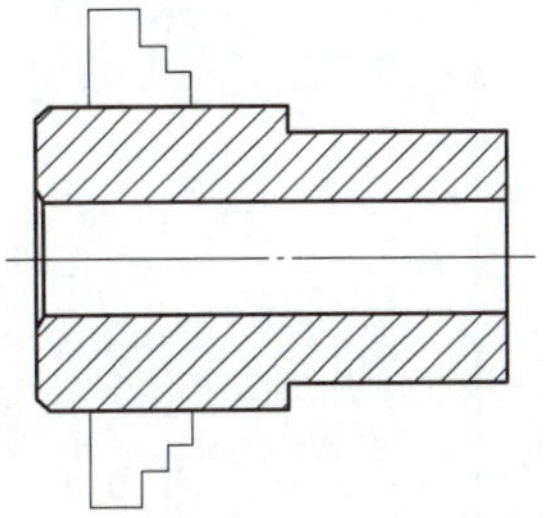 |
| | | | 1 | 车端面。 | 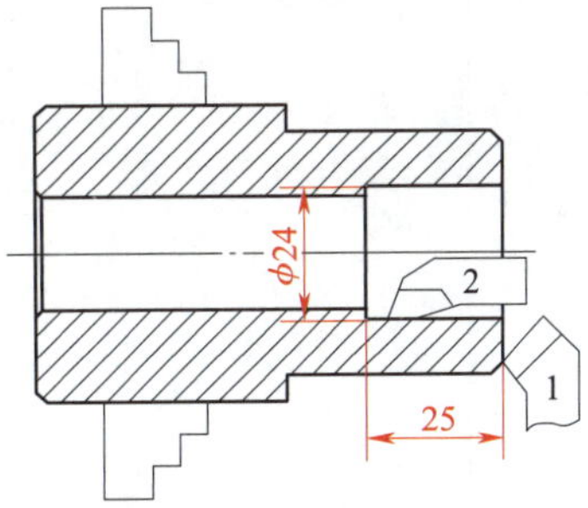 |
| | | | 2 | 车内孔 $\phi 20$ mm 至尺寸 $\phi 24$ mm，长 25 mm。 | |
| | | | 3 | 车内槽 $\phi 26$ mm × 4 mm 两侧至要求。 | 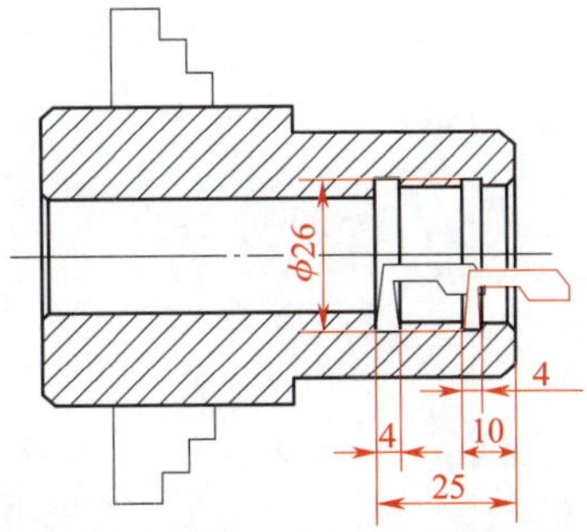 |
| | | | 4 | 孔口倒角 $C0.5$ mm。 | |
| | | 40 | | 检查质量合格后取下工件。 | |

# 课题五　车套类工件综合技能训练

## 一、车固定套

| 内容 | | 图例与说明 |
| --- | --- | --- |
| 车固定套练习 | 工件图样 | 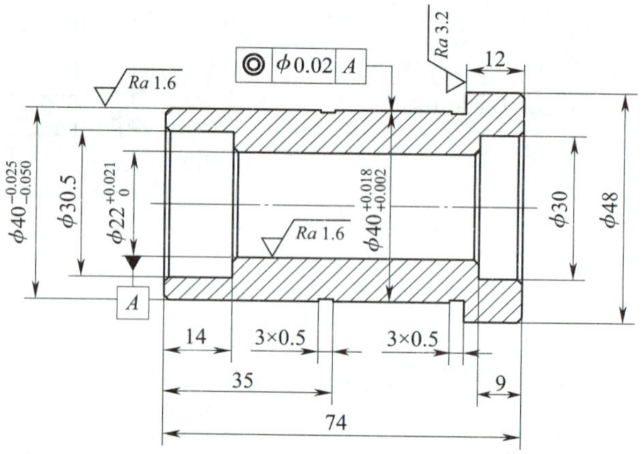<br>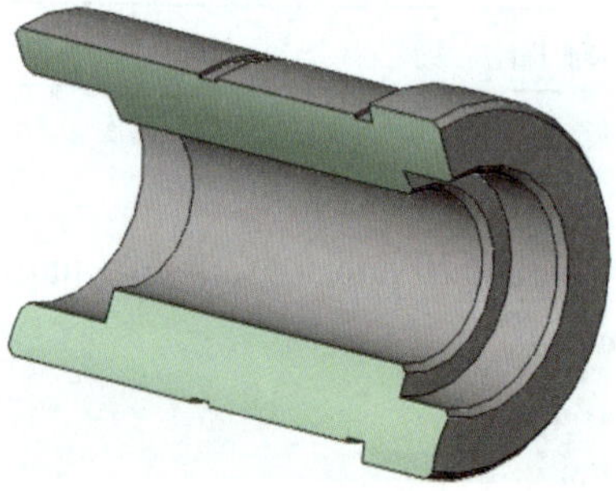<br>**技术要求**<br>未注倒角为C1。<br>Ra 6.3 （√） |

| 工件名称 | 固定套 | | |
| --- | --- | --- | --- |
| 材料 | HT200 | 备料 | φ50×80 |

| 内容 | | 图例与说明 | | | |
|---|---|---|---|---|---|
| 车固定套练习 | 工艺分析 | 1. $\phi40^{+0.018}_{+0.002}$ mm 外圆柱面的轴线对基准孔 $\phi22^{+0.021}_{0}$ mm 的轴线的同轴度误差要求为 $\phi0.02$ mm。因此，此外圆与内孔应在一次装夹中加工至要求。<br>2. 内孔 $\phi22^{+0.021}_{0}$ mm 的精加工可以采用精车或铰削的方法保证，因为是单件生产，本例采用精车方案。如为批量生产，则可选择铰削，以提高生产率，铰前车孔留余量为 0.10~0.15 mm。<br>3. 精车外圆时，可用回转顶尖轻轻顶住孔口，以防止发生振动。 | | | |
| | 加工工艺卡片 | 10 | | 检查备料 $\phi50$ mm × 80 mm。 | 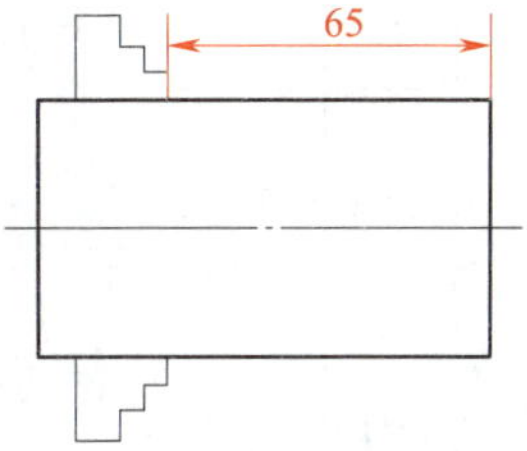 |
| | | 20 | | 用三爪自定心卡盘夹持 $\phi50$ mm 毛坯外圆，伸长 65 mm，找正并夹紧。 | |
| | | | 1 | 粗车小端平面，车平即可。 | 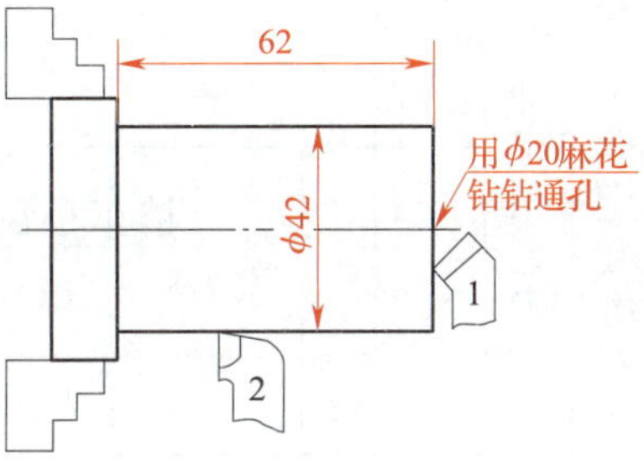 |
| | | | 2 | 粗车外圆 $\phi50$ mm 至尺寸 $\phi42$ mm，长 62 mm。 | |
| | | | 3 | 用 $\phi20$ mm 的麻花钻钻通孔。 | |
| | | | 4 | 粗车台阶平底内孔 $\phi20$ mm 至尺寸 $\phi28$ mm，深 14 mm。孔口倒角 $C1$ mm。 | 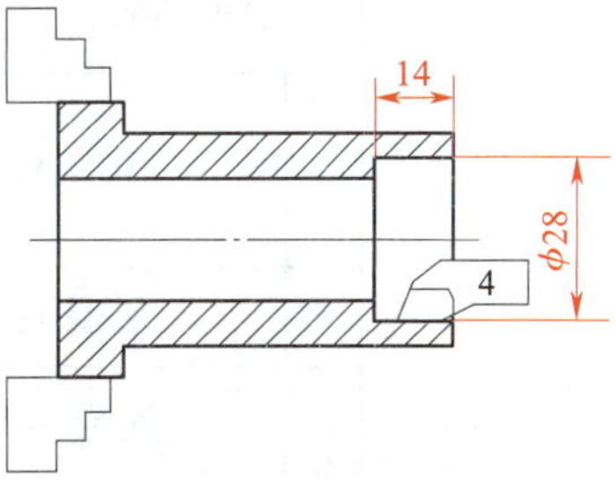 |
| | | 30 | | 工件掉头，夹持 $\phi42$ mm 外圆，找正并夹紧。 | 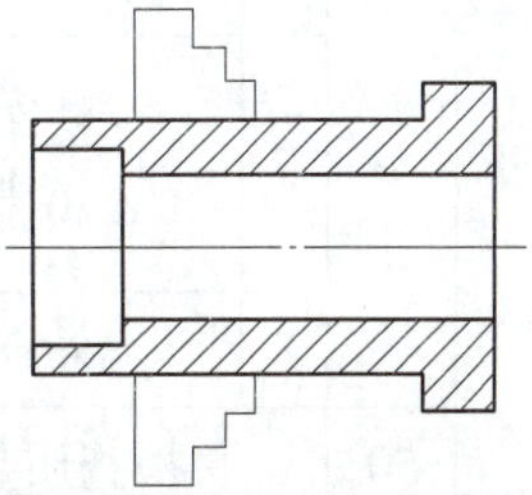 |

| 内容 | | 图例与说明 | | | |
|---|---|---|---|---|---|
| 车固定套练习 | 加工工艺卡片 | | 1 | 粗、精车端平面，保证总长 74.5 mm。 | 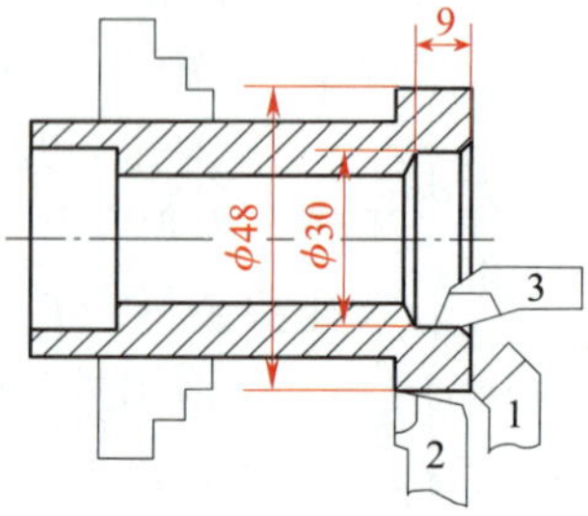 |
| | | | 2 | 粗、精车大外圆 $\phi$ 50 mm 至尺寸 $\phi$ 48 mm。 | |
| | | | 3 | 粗、精车内孔 $\phi$ 20 mm 至尺寸 $\phi$30 mm，长 9 mm，表面粗糙度 $Ra$6.3 μm。 | |
| | | | 4 | 外圆倒角 $C$1 mm。 | |
| | | | 5 | 孔口倒角 $C$1 mm 两处。 | |
| | | 40 | | 工件掉头，夹持 $\phi$48 mm 外圆（垫铜皮），找正并夹紧。 | 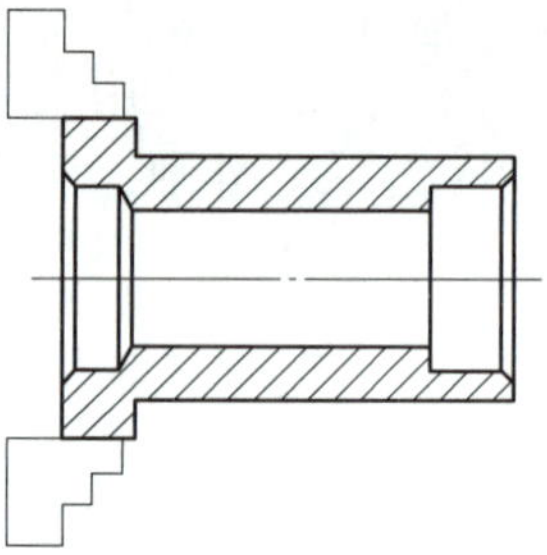 |
| | | | 1 | 精车小端平面，保证总长 74 mm 至要求。 | 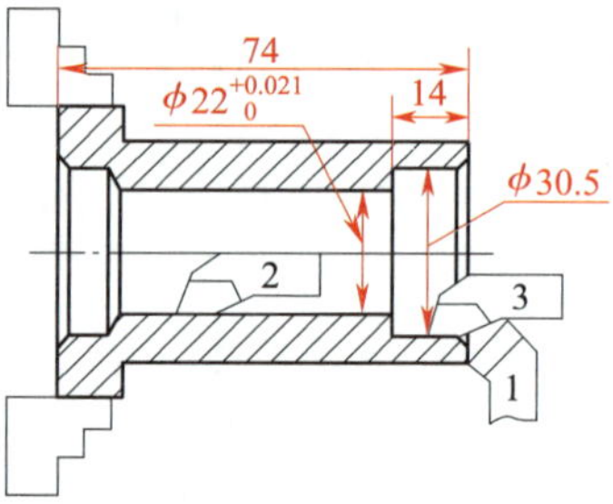 |
| | | | 2 | 精车内孔 $\phi$20 mm 至尺寸 $\phi22^{+0.021}_{0}$ mm。 | |
| | | | 3 | 精车台阶平底孔 $\phi$30.5 mm，深 14 mm。 | |
| | | | 4 | 孔口倒角 $C$1 mm。 | |
| | | | 5 | 车退刀槽 3 mm × 0.5 mm。 | 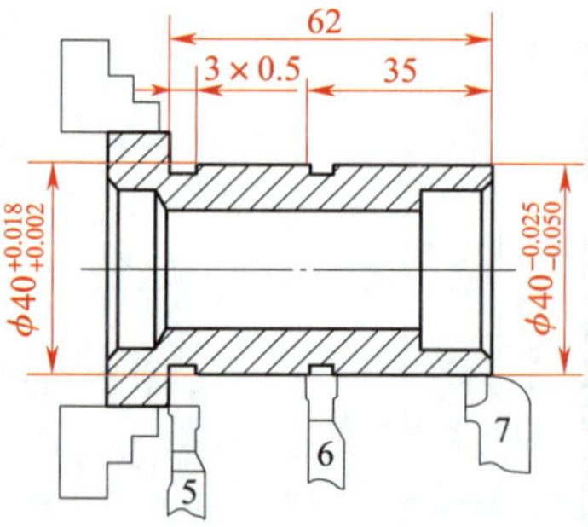 |
| | | | 6 | 车中间槽 3 mm × 0.5 mm，保证尺寸 35 mm。 | |
| | | | 7 | 精车外圆 $\phi$42 mm 至尺寸 $\phi40^{-0.025}_{-0.050}$ mm 和 $\phi40^{+0.018}_{+0.002}$ mm。 | |
| | | | 8 | 外圆倒角 $C$1 mm。 | |
| | | 50 | | 检查质量合格后取下工件。 | |

## 二、车滑移齿轮

<table>
<tr><th colspan="2">内容</th><th>图例与说明</th></tr>
<tr><td rowspan="2">车滑移齿轮练习</td><td>工件图样</td><td>
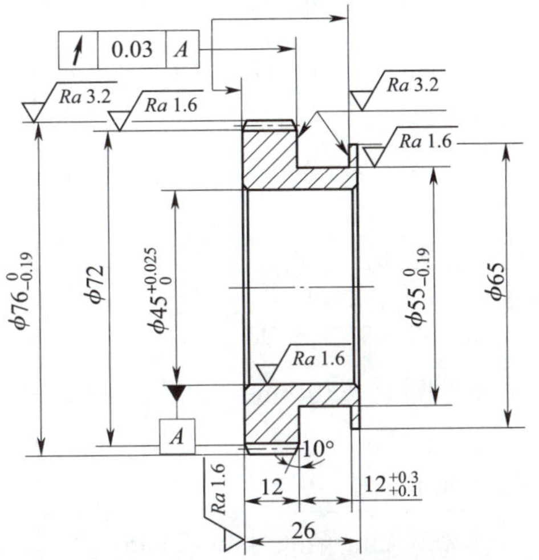


m=2<br>
z=36<br>
精度8HK

技术要求<br>
未注倒角为C1。

Ra 6.3 （√）

<table>
<tr><td colspan="2">工件名称</td><td colspan="2">滑移齿轮</td></tr>
<tr><td>材料</td><td>45 钢</td><td>备料</td><td>$\phi80\times30$（锻件）</td></tr>
</table>
</td></tr>
<tr><td>工艺分析</td><td>
1. 滑移齿轮为重要零件，毛坯采用 45 钢锻造以提高其力学性能，训练时允许用棒料。<br>
2. 滑移齿轮需经调质处理，粗车时，应留一定余量，用于纠正热处理变形。<br>
3. 滑移齿轮的大端端面、拨叉槽两侧面对基准孔轴线的轴向圆跳动，可采用以下方法保证：<br>
（1）单件生产时，齿顶圆、大端端面和内孔在一次装夹中车出，拨叉槽加工时以齿顶圆和大端端面为基准，用软卡爪装夹。软卡爪应按 $\phi76$ mm × 10 mm 在车床上车出。<br>
（2）批量生产时，可用专用心轴以 $\phi45_{0}^{+0.025}$ mm 孔定位进行车削。
</td></tr>
</table>

| 内容 | | 图例与说明 | | | |
|---|---|---|---|---|---|
| 车滑移齿轮练习 | 加工工艺卡片 | 10 | | 检查备料 $\phi$80 mm × 30 mm（锻件）。 | |
| | | 20 | | 用三爪自定心卡盘夹持毛坯外圆，伸出长度为16 mm，找正并夹紧。 | 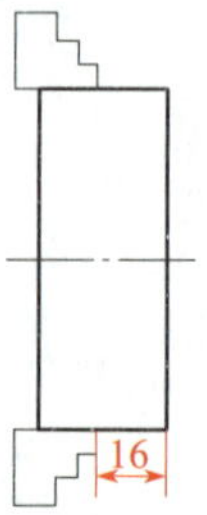 |
| | | | 1 | 车削平面，车平即可。 | 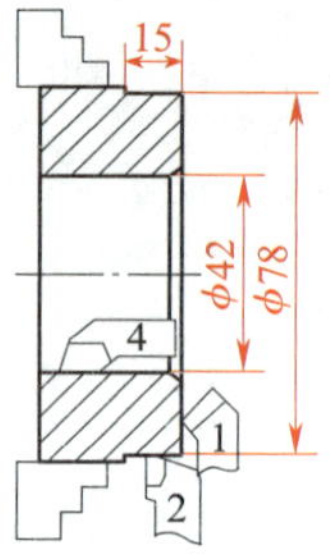 |
| | | | 2 | 粗车毛坯外圆至 $\phi$78 mm，长度 15 mm。 | |
| | | | 3 | 钻通孔 $\phi$30 mm。 | |
| | | | 4 | 粗车内孔 $\phi$30 mm 至尺寸 $\phi$42 mm。 | |
| | | | 5 | 各处锐边倒角。 | |
| | | 30 | | 掉头夹持 $\phi$78 mm 外圆，找正并夹紧。 | 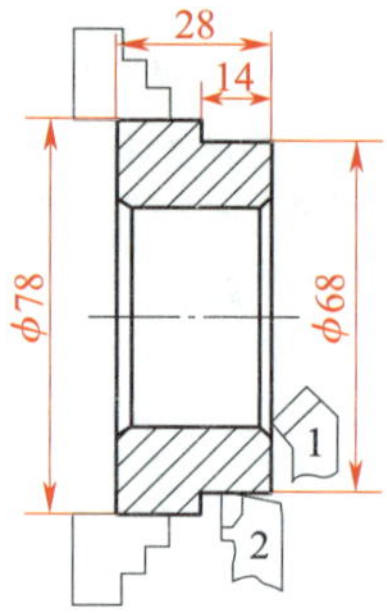 |
| | | | 1 | 车端面，保证总长 28 mm。 | |
| | | | 2 | 粗车台阶外圆 $\phi$80 mm 至尺寸 $\phi$68 mm，长 14 mm。 | |
| | | | 3 | 各处锐边倒角。 | |
| | | 40 | | 检查，取下工件（调质处理）。 | |
| | | 50 | | 检查调质后工件。 | |
| | | 60 | | 用三爪自定心卡盘夹持 $\phi$68 mm 外圆，找正并夹紧。 | 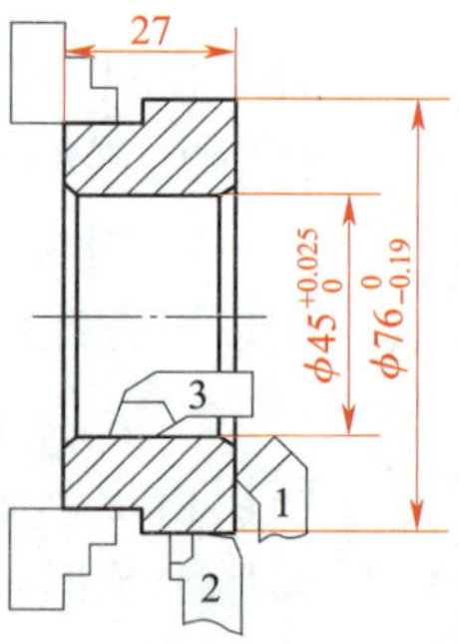 |
| | | | 1 | 精车大端平面，车平即可。 | |
| | | | 2 | 精车外圆 $\phi76^{0}_{-0.19}$ mm，表面粗糙度 $Ra$3.2 μm。 | |
| | | | 3 | 精车通孔 $\phi45^{+0.025}_{0}$ mm，表面粗糙度 $Ra$1.6 μm。 | |
| | | | 4 | 外圆倒角 $C$1 mm，内孔倒角 $C$1 mm。 | |

| 内容 | | 图例与说明 | | | |
|---|---|---|---|---|---|
| 车滑移齿轮练习 | 加工工艺卡片 | 70 | 工件掉头，用软爪夹持，找正并夹紧（夹紧力应适当，防止内孔变形）。 | | |
| | | | 1 | 精车小端平面，保持总长 26 mm。 | |
| | | | 2 | 精车台阶外圆 $\phi65$ mm，保证齿轮厚度 12 mm。 | |
| | | | 3 | 车拨叉槽齿 $12^{+0.3}_{+0.1}$ mm，底径 $\phi55^{\ 0}_{-0.19}$ mm，槽齿、槽底应平直。 | |
| | | | 4 | 槽侧面倒角 10°、深 4.5 mm。 | |
| | | | 5 | 内孔孔口倒角 $C1$ mm，槽口及小端外圆去锐角。 | |
| | | 80 | 检查质量合格后取下工件。 | | |

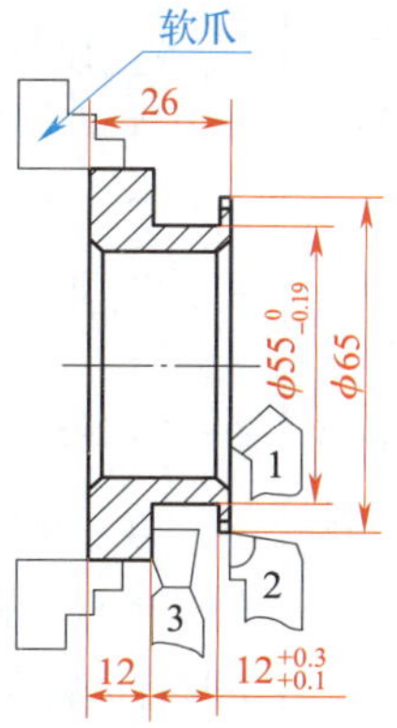


## 三、车轴承套

| 内容 | | 图例与说明 |
|---|---|---|
| 车轴承套练习 | 工件图样 | 见下图 |

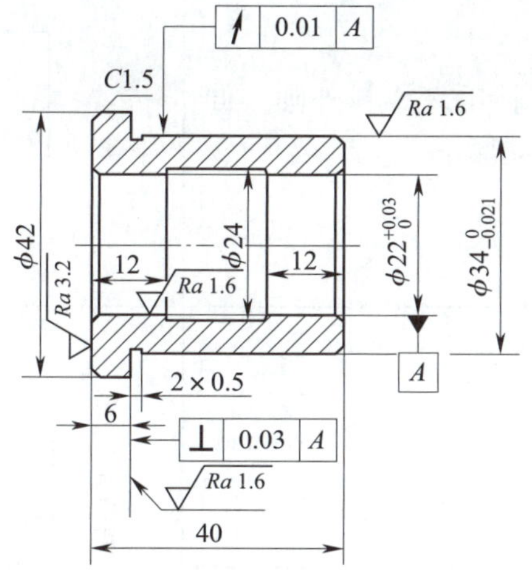


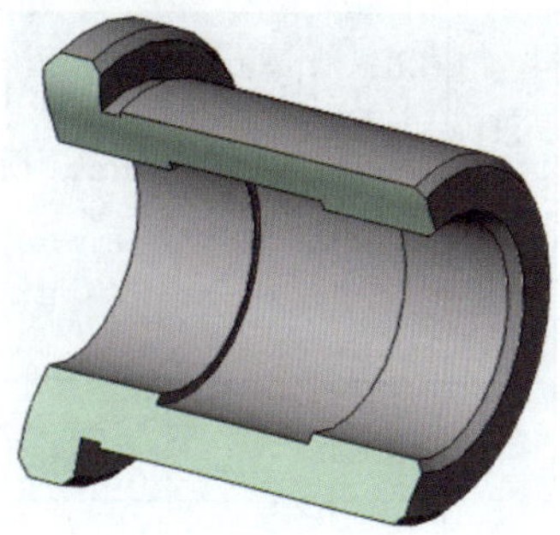

技术要求

未注倒角为$C1$。

$\sqrt{Ra\ 6.3}$ ($\sqrt{}$)

| 工件名称 | | 轴承套 | |
|---|---|---|---|
| 材料 | ZQSn6-6-3 | 备料 | $\phi50\times50$ |

<table>
<tr><th colspan="2">内容</th><th colspan="4">图例与说明</th></tr>
<tr><td rowspan="14">车轴承套练习</td><td>工艺分析</td><td colspan="4">1. 轴承套的车削工艺方案较多，可以单件或多件加工。单件加工生产率较低，且由于每件都要切去用于工件装夹的余料，材料浪费多。当生产有一定批量时，宜采用多件加工工艺。<br>2. 轴承套两处外圆直径相差不大，毛坯选用棒料，根据工件尺寸，采用6~8件同时加工较为合适。<br>3. 为保证 $\phi22^{+0.03}_{0}$ mm 内孔的加工质量，提高生产效率，其精加工采用铰削较为合适。<br>4. 外圆对内孔轴线的径向圆跳动为 0.01 mm，用软卡爪装夹无法保证。此外，台阶端面对内孔轴线的垂直度允差为 0.03 mm，因此精车 $\phi34^{0}_{-0.021}$ mm 外圆和台阶端面时，应采用以内孔定位，套在小锥度心轴上，用两顶尖装夹的方法车削，以保证位置精度要求。<br>5. $\phi24$ mm 内槽应在 $\phi22^{+0.03}_{0}$ mm 内孔精加工（铰孔）之前完成，外槽 2 mm × 0.5 mm 应在 $\phi34^{0}_{-0.021}$ mm 外圆精车前完成。</td></tr>
<tr><td colspan="5">1. 零件为单件加工</td></tr>
<tr><td rowspan="12">单件加工工艺卡片</td><td>10</td><td colspan="2">检查备料 $\phi50$ mm × 50 mm。</td><td></td></tr>
<tr><td>20</td><td colspan="2">用三爪自定心卡盘夹持毛坯棒料外圆，伸出长度约 15 mm，找正并夹紧。</td><td>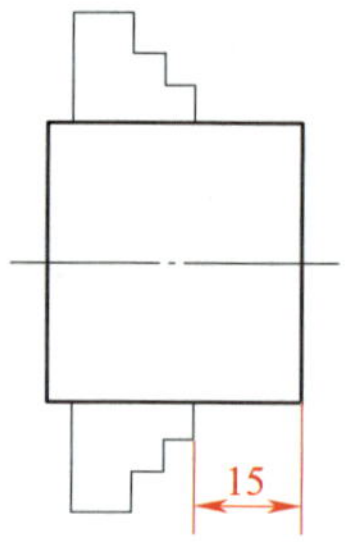</td></tr>
<tr><td rowspan="4"></td><td>1</td><td>车端面，车平即可。</td><td rowspan="4">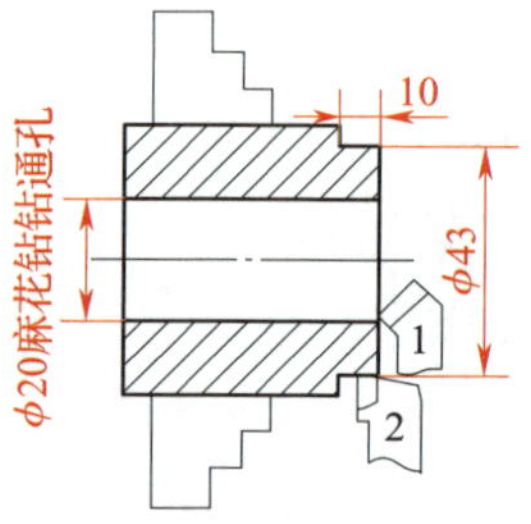</td></tr>
<tr><td>2</td><td>粗车毛坯外圆至 $\phi43$ mm，长 10 mm。</td></tr>
<tr><td>3</td><td>钻通孔 $\phi20$ mm。</td></tr>
<tr><td>4</td><td>孔口倒角 C1 mm。</td></tr>
<tr><td>30</td><td colspan="2">掉头夹持 $\phi43$ mm 外圆，伸出长度约 36 mm，找正并夹紧。</td><td rowspan="4">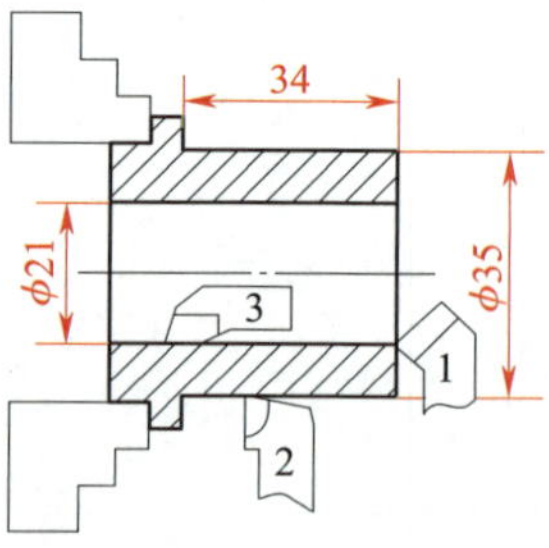</td></tr>
<tr><td rowspan="3"></td><td>1</td><td>车端面，车平即可。</td></tr>
<tr><td>2</td><td>粗车外圆 $\phi50$ mm 至 $\phi35$ mm，长 34 mm。</td></tr>
<tr><td>3</td><td>粗车通孔 $\phi20$ mm 至 $\phi21$ mm。</td></tr>
</table>

| 内容 | | 图例与说明 | | | |
| --- | --- | --- | --- | --- | --- |
| 车轴承套练习 | 单件加工工艺卡片 | | 4 | 精车端面。 | 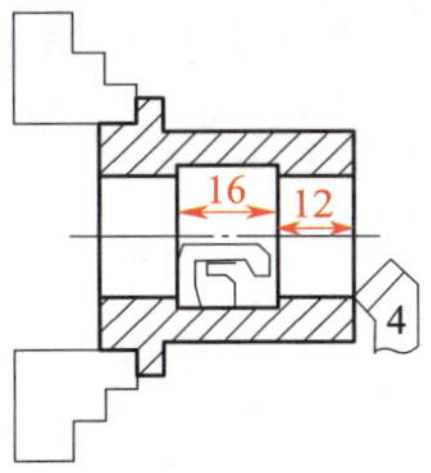 |
| | | | 5 | 粗、精车内槽，槽宽 16 mm，槽底径 $\phi24$ mm。 | |
| | | | 6 | 精车通孔 $\phi22^{+0.03}_{0}$ mm，表面粗糙度 $Ra1.6$ μm。（精加工前需注意工件的温度） | 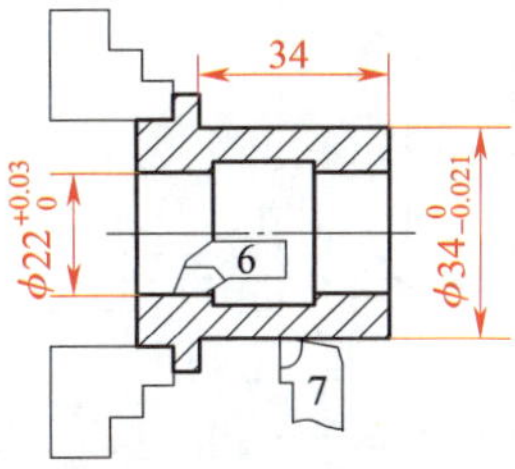 |
| | | | 7 | 精车外圆 $\phi34^{0}_{-0.021}$ mm，长 34 mm，表面粗糙度 $Ra1.6$ μm。（精加工前需注意工件的温度） | |
| | | | 8 | 车外槽 2 mm × 0.5 mm。 | 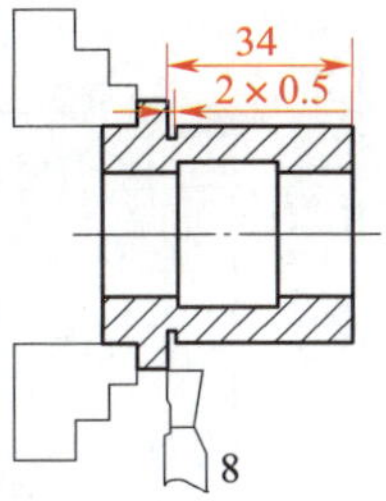 |
| | | | 9 | 倒角 C1 mm。 | |
| | | 40 | 掉头夹持 $\phi34$ mm 外圆，伸出长度约 20 mm，找正并夹紧。 | | 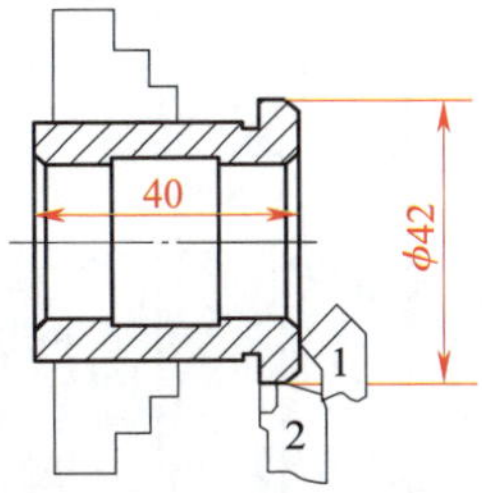 |
| | | | 1 | 车端面，控制总长 40 mm，并保证 $\phi42$ mm 外圆厚度为 6 mm。 | |
| | | | 2 | 精车外圆 $\phi42$ mm。 | |
| | | | 3 | 倒角 C1.5 mm，去毛刺。 | |
| | | 50 | 检查质量合格后卸下工件。 | | |

| 内容 | | | | 图例与说明 | |
|---|---|---|---|---|---|
| 2. 零件为多件加工（7 件） | | | | | |
| 车轴承套练习 | 多件加工工艺卡片 | 10 | | 检查备料 $\phi$50 mm × 326 mm。 | |
| 车轴承套练习 | 多件加工工艺卡片 | 20 | | 工件采用一夹一顶装夹，伸出长度为 310 mm。 | |
| 车轴承套练习 | 多件加工工艺卡片 | | 1 | 按图粗车至尺寸，7 件一起加工，尺寸均相同。 | |
| 车轴承套练习 | 多件加工工艺卡片 | | | 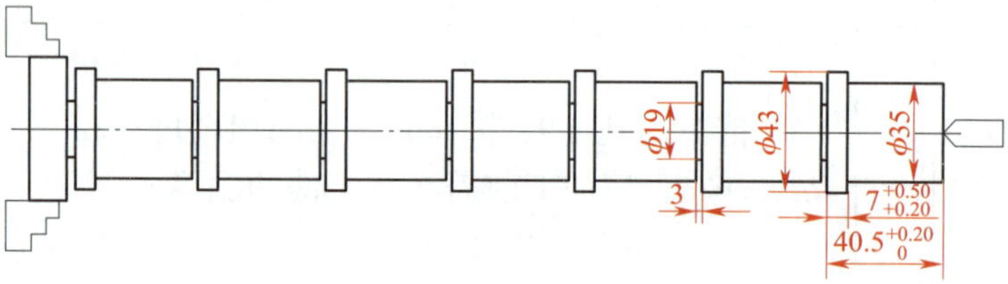 | |
| 车轴承套练习 | 多件加工工艺卡片 | 30 | | 逐个用软爪夹持 $\phi$43 mm 外圆，找正并夹紧，钻孔 $\phi$20 mm 成单件。 | |
| 车轴承套练习 | 多件加工工艺卡片 | | | 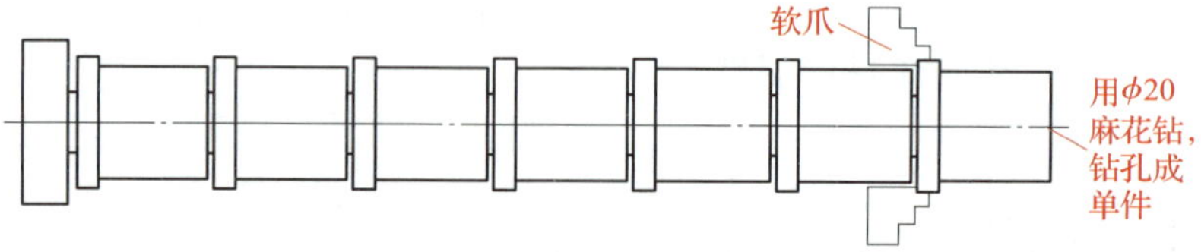 | |
| 车轴承套练习 | 多件加工工艺卡片 | 40 | | 用软爪夹持 $\phi$35 mm 外圆，找正并夹紧（逐个加工 7 件）。 | 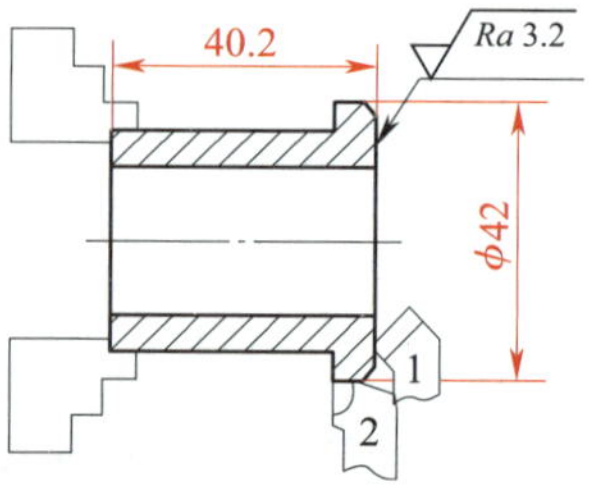 |
| 车轴承套练习 | 多件加工工艺卡片 | | 1 | 车端面，总长达 40.2 mm，端面表面粗糙度 *Ra*3.2 μm。 | |
| 车轴承套练习 | 多件加工工艺卡片 | | 2 | 车 $\phi$43 mm 外圆至 $\phi$42 mm，达图样要求。 | |
| 车轴承套练习 | 多件加工工艺卡片 | | 3 | 倒角 *C*1.5 mm。 | |
| 车轴承套练习 | 多件加工工艺卡片 | | 4 | 粗车内孔至 $\phi21.8^{+0.08}_{0}$ mm，孔口倒角 *C*1 mm。 | 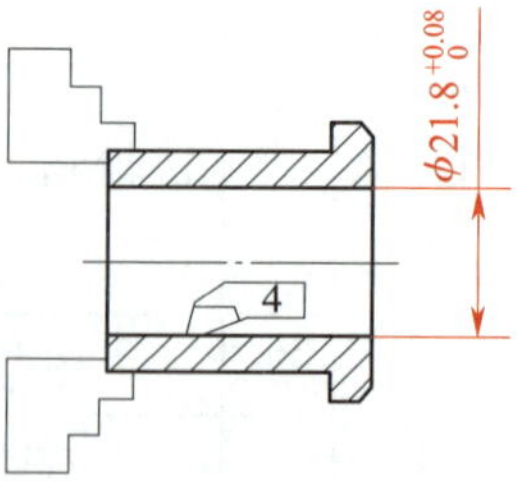 |

| 内容 | | 图例与说明 | | | |
|---|---|---|---|---|---|
| 车轴承套练习 | 多件加工工艺卡片 | | 5 | 车内槽 $\phi 24$ mm × 16 mm 至尺寸要求。 | 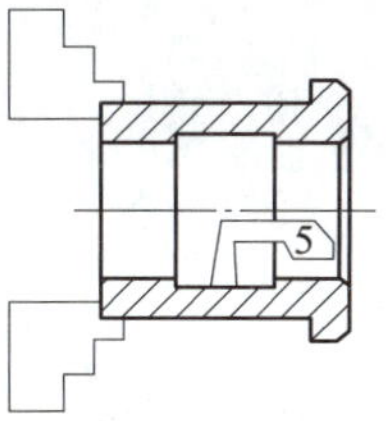  |
| | | | 6 | 铰孔 $\phi 22^{+0.03}_{0}$ mm 至尺寸要求。 | 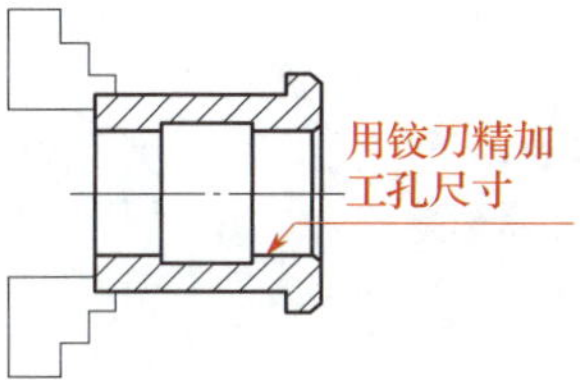  |
| | | 50 | 用软爪夹持 $\phi 42$ mm 外圆，找正并夹紧（逐个加工 7 件）。 | | 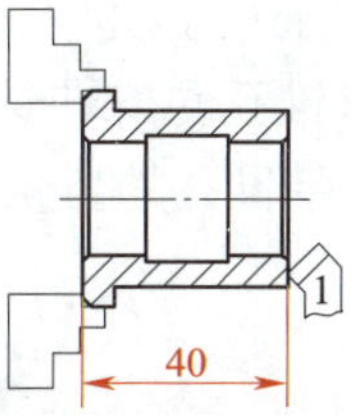  |
| | | | 1 | 车 $\phi 35$ mm 外圆端面，总长达 40 mm。 | |
| | | | 2 | 孔口倒角 $C1$ mm。 | |
| | | 60 | 工件套心轴，装夹于两顶尖之间（逐个加工 7 件）。 | | 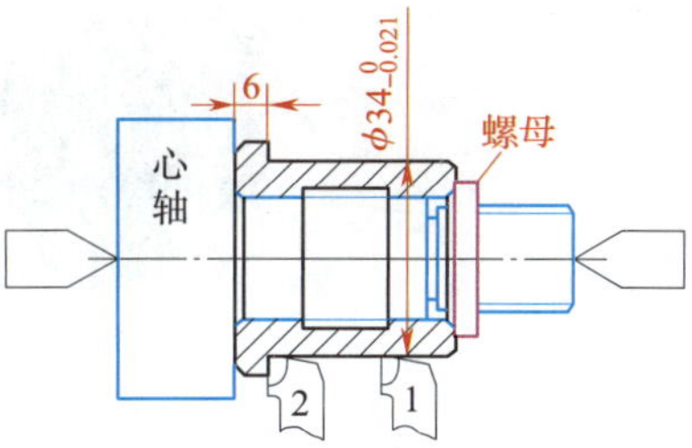  |
| | | | 1 | 精车 $\phi 35$ mm 外圆至尺寸 $\phi 34^{0}_{-0.021}$ mm，表面粗糙度 $Ra1.6$ μm。 | |
| | | | 2 | 车台阶平面，保证尺寸 6 mm。 | |
| | | | 3 | 车外槽 2 mm × 0.5 mm。 | 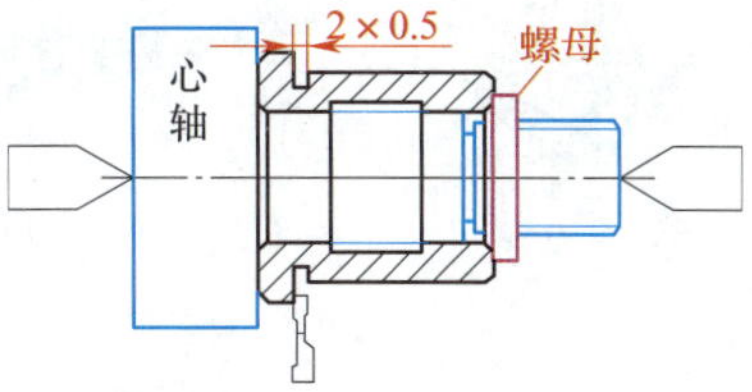  |
| | | | 4 | 孔口、外圆倒角 $C1$ mm。 | |
| | | 70 | 检查质量合格后卸下工件。 | | |

# 第四单元

# 车 圆 锥 面

## 课题一　车外圆锥面

在机床和工具中，有许多使用圆锥面配合的场合，如车床主轴锥孔与顶尖的配合、车床尾座锥孔与麻花钻锥柄的配合等，如图 4–1 所示。常见的圆锥面零件有锥齿轮、锥形主轴、带锥孔的齿轮、锥形手柄等，如图 4–2 所示。

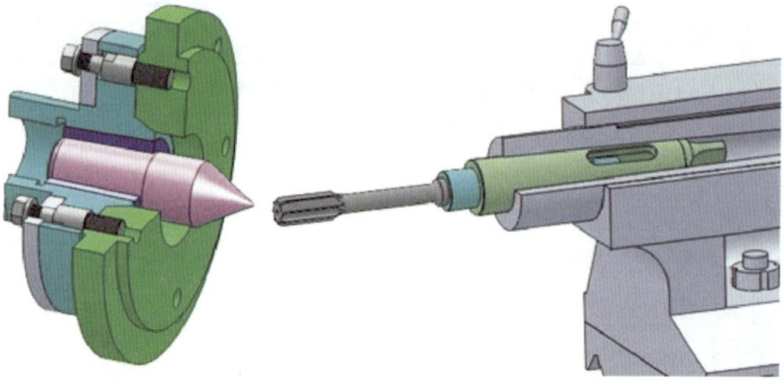

图 4–1　圆锥面零件配合实例

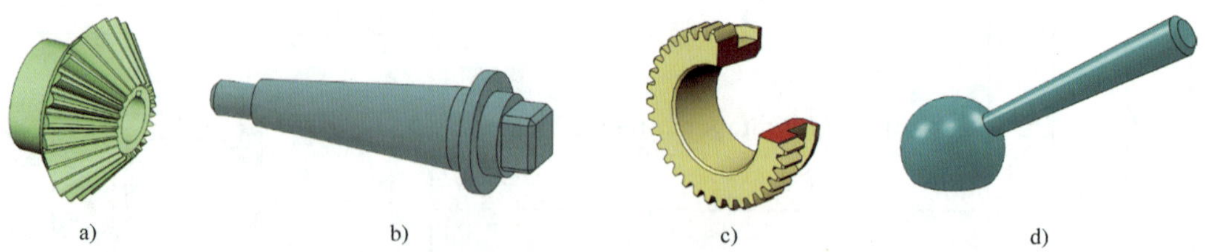


图 4–2　常见圆锥面零件

a）锥齿轮　b）锥形主轴　c）带锥孔齿轮　d）锥形手柄

在车床上车削外圆锥面的方法主要有转动小滑板法、偏移尾座法、仿形法和宽刃刀车削法。本课题主要学习和掌握转动小滑板法和偏移尾座法两种车削外圆锥面的方法。

## 一、转动小滑板法

<table>
<tr><th>内容</th><th>图例与说明</th></tr>
<tr><td>小滑板转动的原理和角度的确定</td><td>

转动小滑板法，就是将小滑板沿顺时针或逆时针方向按工件的圆锥半角 $\alpha/2$ 转动一个角度，使车刀的运动轨迹与所需加工圆锥在水平轴平面内的素线平行，用双手配合均匀不间断转动小滑板手柄，手动进给车削圆锥面的方法，如图 4–3 所示。

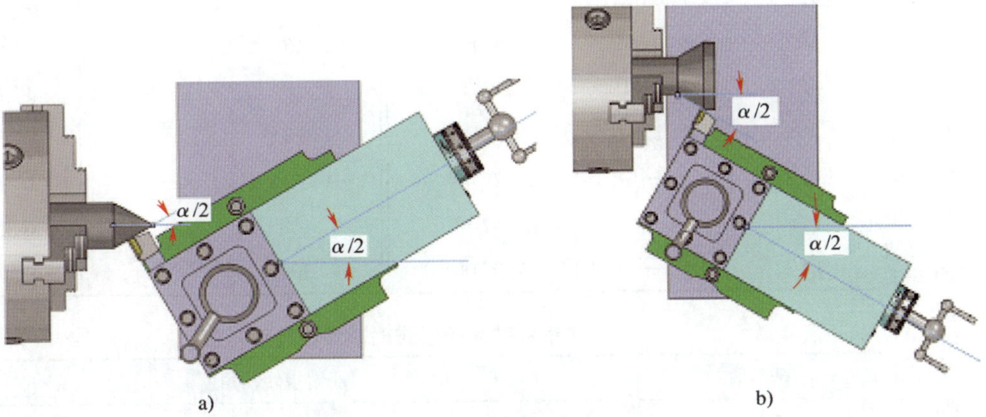


图 4–3　转动小滑板车圆锥面

a）车顺锥　b）车倒锥

根据工件图样按下面公式计算出圆锥半角 $\alpha/2$（图 4–4），圆锥半角 $\alpha/2$ 即小滑板应转动的角度。

$$\tan\frac{\alpha}{2}=\frac{C}{2}=\frac{D-d}{2L}$$

式中　$\alpha/2$——圆锥半角（即小滑板转动角度），（°）；

$C$——锥度；

$D$——圆锥大端直径，mm；

$d$——圆锥小端直径，mm；

$L$——圆锥大端面与小端面间的轴向距离，mm。

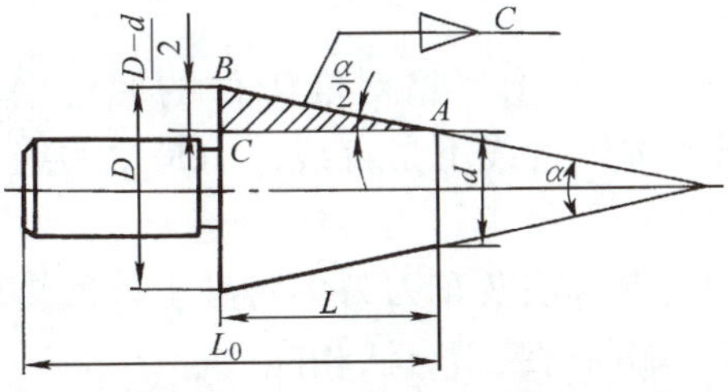


图 4–4　圆锥半角的计算

</td></tr>
</table>

| 内容 | 图例与说明 |
|---|---|

**小滑板转动的原理和角度的确定**

车削常用的标准锥度（一般用途和特殊用途）圆锥时，小滑板转动角度参见表 4–1 和表 4–2。

**表 4–1　　车削一般用途圆锥时小滑板转动角度**

| 基本值 | 锥度 *C* | 小滑板转动角度 | 基本值 | 锥度 *C* | 小滑板转动角度 |
|---|---|---|---|---|---|
| 120° | 1∶0.289 | 60° | 1∶8 | — | 3° 34'35″ |
| 90° | 1∶0.500 | 45° | 1∶10 | — | 2° 51'45″ |
| 75° | 1∶0.652 | 37° 30' | 1∶12 | — | 2° 23'09″ |
| 60° | 1∶0.866 | 30° | 1∶15 | — | 1° 54'33″ |
| 45° | 1∶1.207 | 22° 30' | 1∶20 | — | 1° 25'56″ |
| 30° | 1∶1.866 | 15° | 1∶30 | — | 0° 57'17″ |
| 1∶3 | — | 9° 27'44″ | 1∶50 | — | 0° 34'23″ |
| 1∶5 | — | 5° 42'38″ | 1∶100 | — | 0° 17'11″ |
| 1∶7 | — | 4° 05'08″ | 1∶200 | — | 0° 08'36″ |

**表 4–2　　车削特殊用途圆锥时小滑板转动角度**

| 基本值 | 锥度 *C* | 小滑板转动角度 | 备　注 |
|---|---|---|---|
| 7∶24 | 1∶3.429 | 8° 17'50″ | 机床主轴、工具配合 |
| 1∶19.180 | — | 1° 29'36″ | 莫氏锥度 No.6 |
| 1∶19.002 | — | 1° 30'26″ | 莫氏锥度 No.5 |
| 1∶19.254 | — | 1° 29'15″ | 莫氏锥度 No.4 |
| 1∶19.922 | — | 1° 26'16″ | 莫氏锥度 No.3 |
| 1∶20.020 | — | 1° 25'50″ | 莫氏锥度 No.2 |
| 1∶20.047 | — | 1° 25'43″ | 莫氏锥度 No.1 |
| 1∶19.212 | — | 1° 29'27″ | 莫氏锥度 No.0 |

**外圆锥面的车削方法 — 车刀的装夹**

1. 工件的回转中心必须与车床主轴的回转中心重合。

2. 车刀的刀尖必须严格对准工件的回转中心，否则车出的圆锥素线不是直线，而是双曲线（图 4–5）。

3. 车刀的装夹方法及车刀刀尖对准工件回转中心的方法与车端面时装刀方法相同。

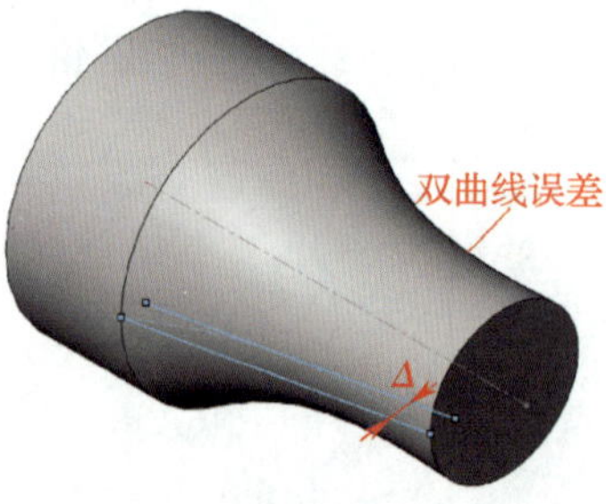


图 4–5　外圆锥面双曲线误差

| 内容 | | 图例与说明 |
| --- | --- | --- |
| 外圆锥面的车削方法 | 转动小滑板的方法 | 1. 用扳手将小滑板转盘上的前后两个紧固螺母松开（图 4–6）。<br>2. 按工件上外圆锥面的倒、顺方向确定小滑板的转动方向。<br>（1）车削正外圆锥（又称顺锥）面，即圆锥大端靠近主轴、小端靠近尾座方向，小滑板应逆时针方向转动，如图 4–3a 所示。<br>（2）车削反外圆锥（又称倒锥）面，小滑板则应顺时针方向转动，如图 4–3b 所示。<br>3. 根据确定的转动角度（$\alpha/2$）和转动方向转动小滑板至所需位置，使小滑板基准零线与圆锥半角 $\alpha/2$ 刻线对齐，然后锁紧转盘上的螺母（图 4–6）。<br>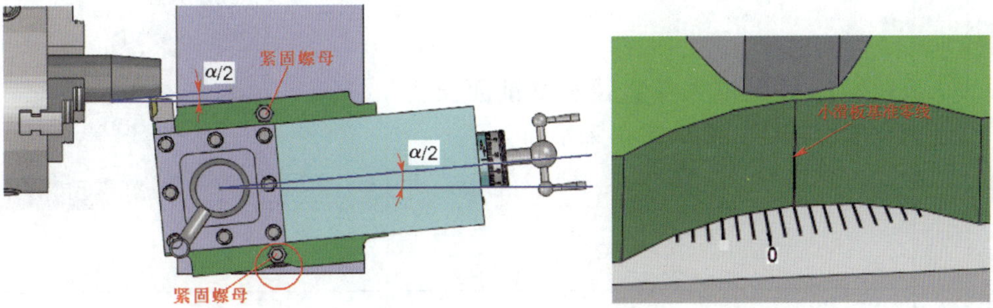<br><br>图 4–6　转动小滑板的方法<br>4. 当圆锥半角 $\alpha/2$ 不是整数值时，其小数部分用目测的方法估计，大致对准后再通过试车逐步找正。<br>转动小滑板时，可以使小滑板转角略大于圆锥半角 $\alpha/2$，转角偏小会使圆锥素线车长而难以修正圆锥长度尺寸，如图 4–7 所示。<br>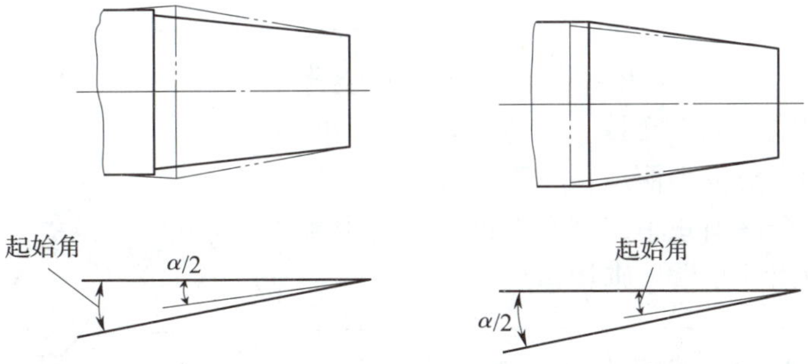<br><br>a)　　b)<br>图 4–7　小滑板转动角度的影响<br>a）起始角大于 $\alpha/2$　b）起始角小于 $\alpha/2$ |

<table>
<tr><th colspan="2">内容</th><th colspan="2">图例与说明</th></tr>
<tr><td rowspan="5">外圆锥面的车削方法</td><td>小滑板楔铁的调整</td><td colspan="2">车削外圆锥面前，应检查和调整小滑板导轨与楔铁间的配合间隙。<br>配合间隙调整应合适，过紧或过松都会使车出的锥面表面粗糙度值增大，且圆锥的素线不直。<br>配合间隙调得过紧，手动进给费力，小滑板移动不均匀，在圆锥表面留下停顿痕迹，影响表面质量。配合间隙调得过松，则小滑板间隙太大，车削时刀纹时深时浅，影响表面质量和圆锥素线的直线度。</td></tr>
<tr><td rowspan="4">粗车外圆锥面</td><td>1. 按圆锥大端直径和圆锥面长度车成圆柱体，然后再车圆锥面。</td><td>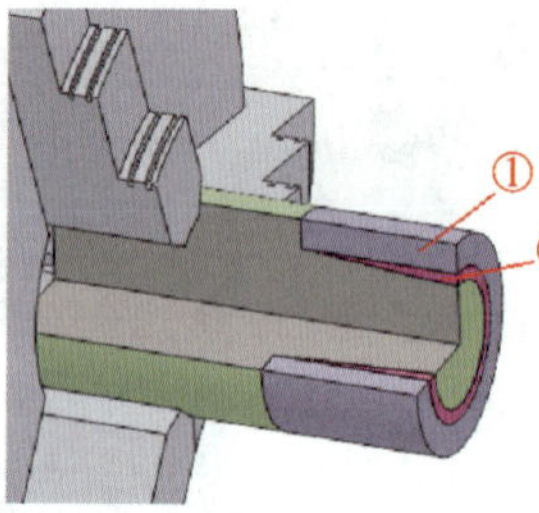
</td></tr>
<tr><td>2. 移动中、小滑板，使刀尖与轴端外圆面轻轻接触后，小滑板向后退出；中滑板刻度调至零位，作为粗车外圆锥面的起始位置。</td><td>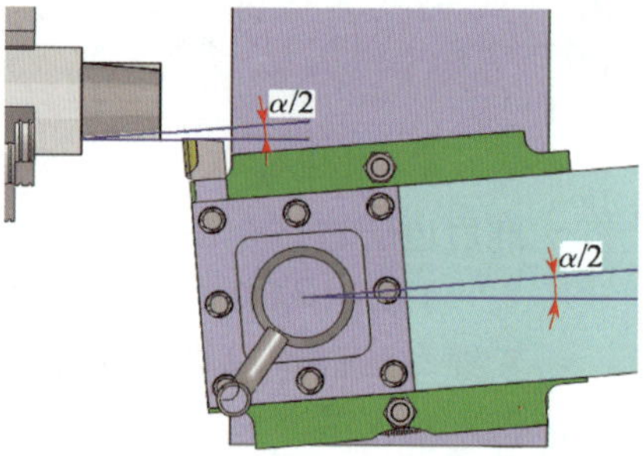
</td></tr>
<tr><td>3. 中滑板按刻度向前进，调整背吃刀量，双手交替、保持均匀和不间断转动小滑板手柄。在车削过程中，背吃刀量会逐渐减小，当车至终端，将中滑板退出，小滑板则快速后退复位。</td><td rowspan="2">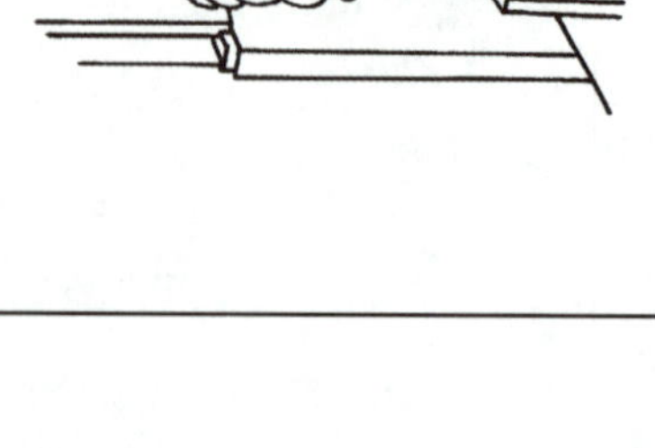</td></tr>
<tr><td>4. 在中滑板原刻度指示位置上调整背吃刀量，反复粗车至加工出的锥长为工件 1/3 ~ 1/2 锥长时，检测圆锥角度。</td></tr>
</table>

<table>
<tr><th colspan="2">内容</th><th colspan="2">图例与说明</th></tr>
<tr><td rowspan="5">外圆锥面的车削方法</td><td rowspan="5">圆锥锥角的检测</td><td>将圆锥套规轻轻地套在工件上，用手捏住套规左、右两端分别做上下摆动，若大端有间隙，说明圆锥角度太小；若小端有间隙，说明圆锥角度大了。此时可以松开转盘紧固螺母（须防止扳手碰撞转盘，引起角度变化），按角度调整方向用铜棒轻轻敲动小滑板，使小滑板做微量转动，然后锁紧转盘螺母。试车后再次用套规检测，若左、右两端均不能摆动时，表明圆锥角度基本正确。</td><td>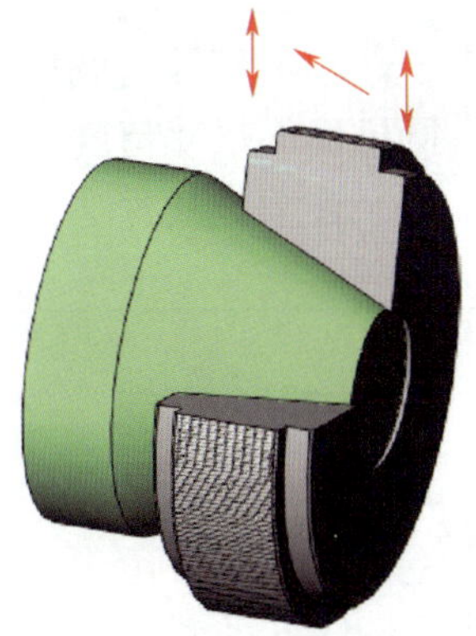</td></tr>
<tr><td>将游标万能角度尺调整到要测的角度，基尺通过工件中心靠在端面上，刀口形直尺靠在圆锥面素线上，用透光法检测。</td><td>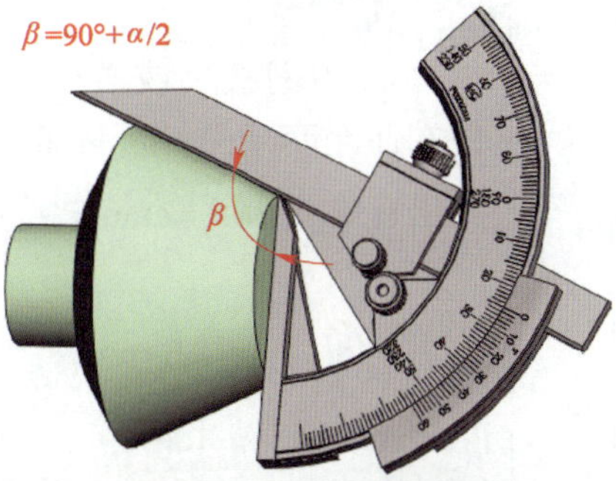
</td></tr>
<tr><td>用角度样板透光检测。</td><td>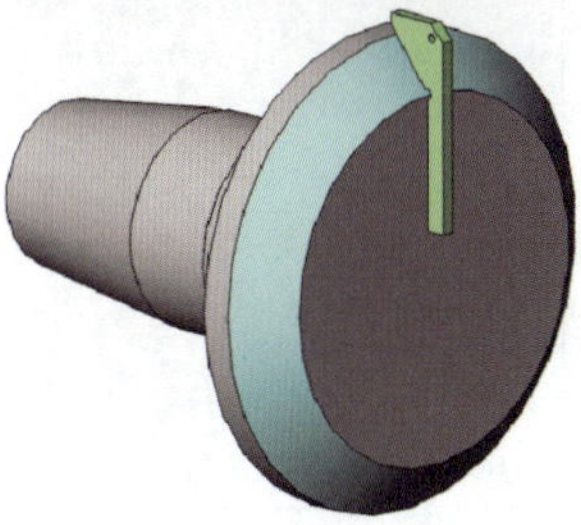</td></tr>
<tr><td>如果待加工的工件已有样件或标准塞规，可以采用百分表直接找正小滑板转动角度后加工。<br>先将样件或塞规装夹在两顶尖之间，把小滑板转动一个所需的圆锥半角 $\alpha/2$，然后在刀架上安装一只百分表，并使百分表的测头垂直接触样件（必须对准样件中心）。若摆动为零，则锥度已经找正，否则需继续调整小滑板转动角度，直至百分表指针摆动为零为止。</td><td>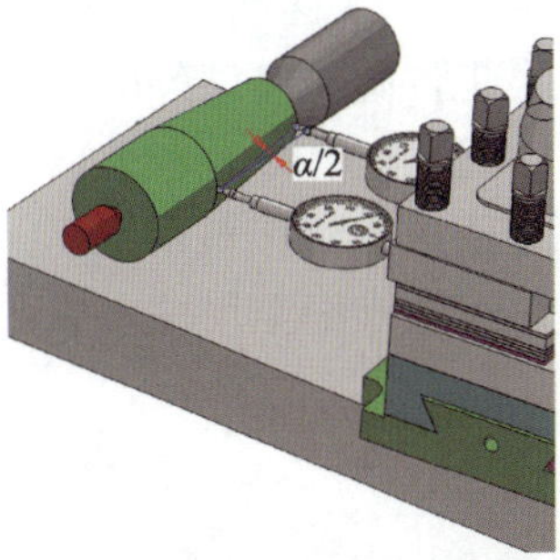
</td></tr>
<tr><td colspan="2">圆锥锥角正确后，继续粗车圆锥面，留精车余量 0.5 ~ 1 mm。</td></tr>
</table>

<table>
<tr><th colspan="2">内容</th><th colspan="2">图例与说明</th></tr>
<tr><td rowspan="3">外圆锥面的车削方法</td><td>精车外圆锥面</td><td colspan="2">小滑板转角调整准确后，精车外圆锥面主要是提高工件的表面质量和控制外圆锥面的尺寸精度。因此，精车外圆锥面时，车刀必须锋利、耐磨，进给必须均匀、连续。其背吃刀量的控制方法有计算法和移动床鞍法。</td></tr>
<tr><td rowspan="2">计算法</td><td>1. 用钢直尺或游标卡尺测量出工件端面至套规过端界限面的距离 $a$，计算出背吃刀量 $a_p=a\tan\frac{\alpha}{2}$ 或 $a_p=a\times\frac{C}{2}$。</td><td>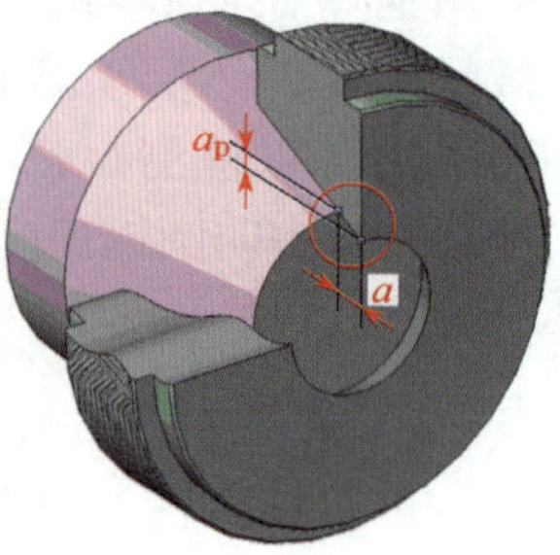

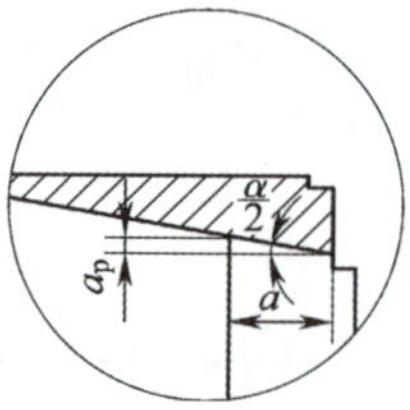
</td></tr>
<tr><td>2. 移动中、小滑板，使刀尖轻触工件圆锥小端外圆表面后用小滑板退出（退出距离大于 $a$），接着中滑板按 $a_p$ 值进刀（床鞍不动），小滑板手动进给车圆锥面至尺寸。</td><td>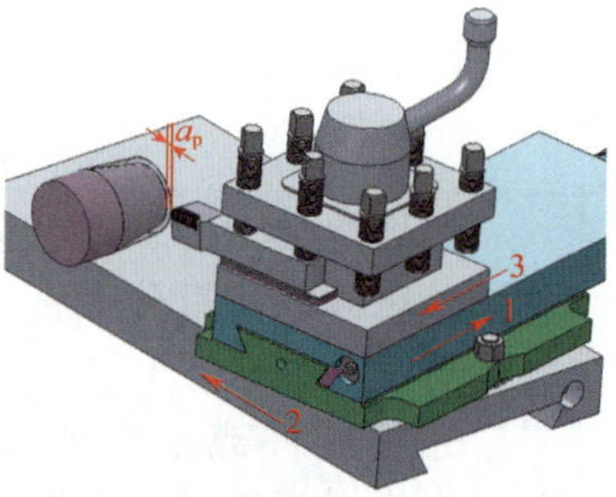

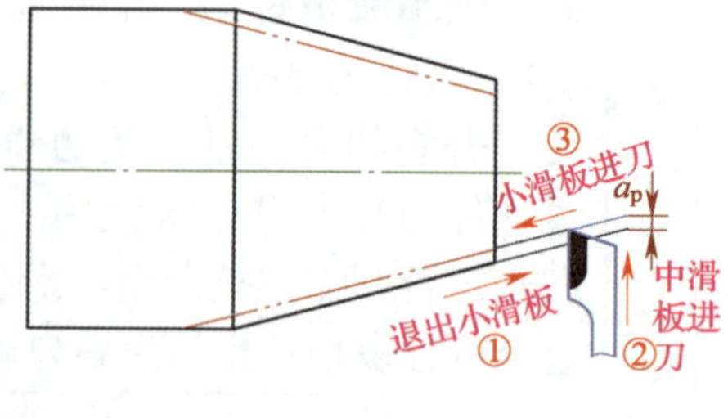
</td></tr>
</table>

<table>
<tr><th colspan="2">内容</th><th colspan="2">图例与说明</th></tr>
<tr><td rowspan="2">外圆锥面的车削方法</td><td rowspan="2">移动床鞍法</td><td>1. 根据量出长度 $a$，使车刀刀尖轻触工件圆锥小端外圆，移动小滑板退出，使车刀沿轴向离开工件端面超过一个 $a$ 值距离。</td><td>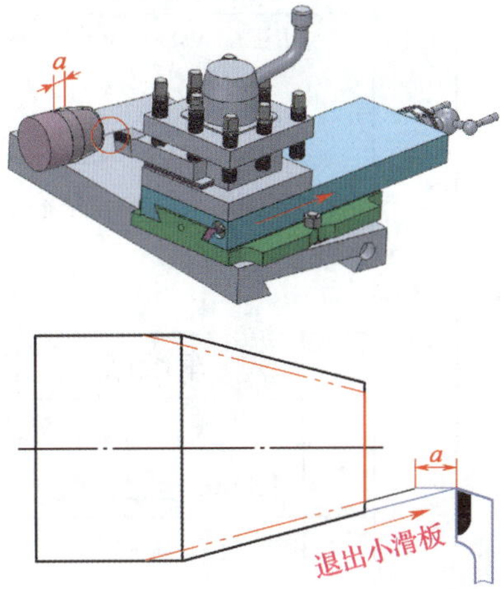
</td></tr>
<tr><td>2. 移动床鞍使车刀前移 $a$ 值（中滑板不动），此时虽然没有移动中滑板，但车刀已经切入了一个所需的深度。</td><td>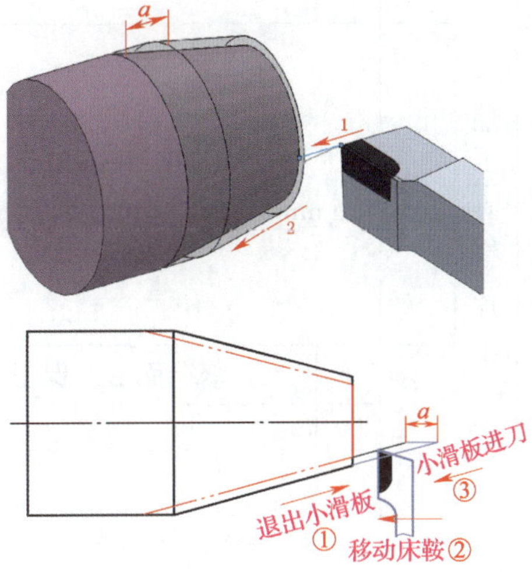
</td></tr>
<tr><td>外圆锥面车削练习</td><td>工件图样</td><td colspan="2">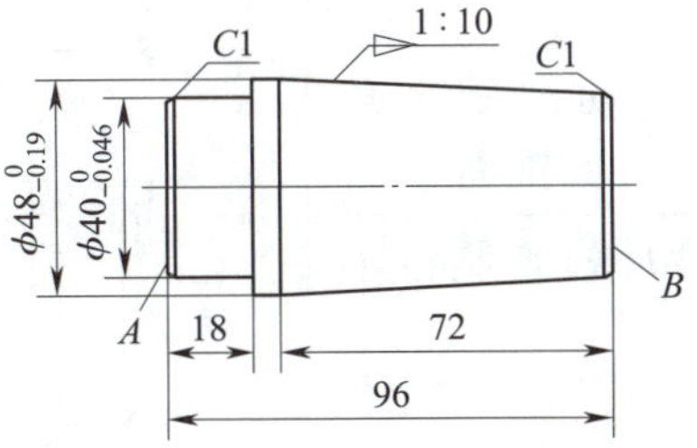

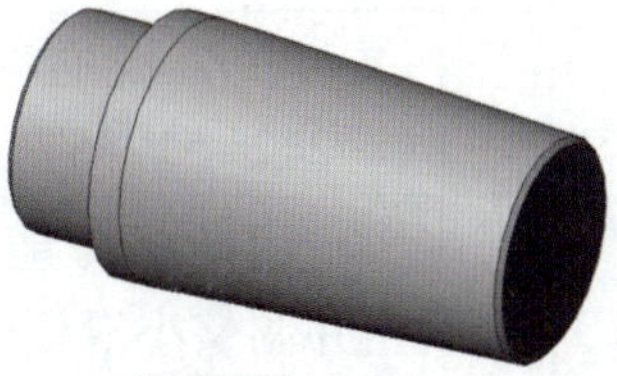
Ra 3.2
<table>
<tr><td colspan="2">工件名称</td><td colspan="2">外锥体</td></tr>
<tr><td>材料</td><td>45 钢</td><td>备料</td><td>$\phi 50 \times 100$</td></tr>
</table></td></tr>
</table>

<table>
<tr><th colspan="2">内容</th><th colspan="4">图例与说明</th></tr>
<tr><td rowspan="13">外圆锥面车削练习</td><td rowspan="13">加工工艺卡片</td><td>10</td><td colspan="2">检查备料 $\phi 50$ mm × 100 mm。</td><td rowspan="2">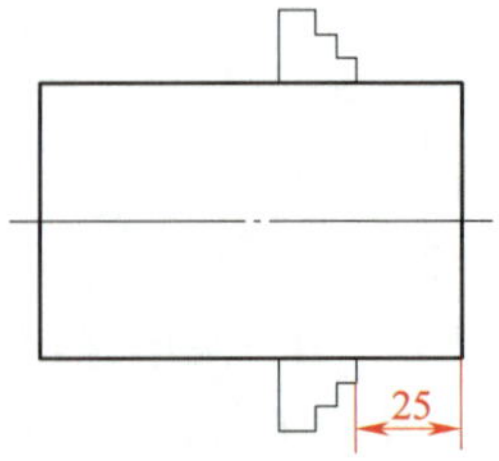
</td></tr>
<tr><td>20</td><td colspan="2">用三爪自定心卡盘夹持毛坯外圆，伸出长度 25 mm 左右，找正并夹紧。</td></tr>
<tr><td rowspan="3"></td><td>1</td><td>车端面 $A$，车平即可。</td><td rowspan="3">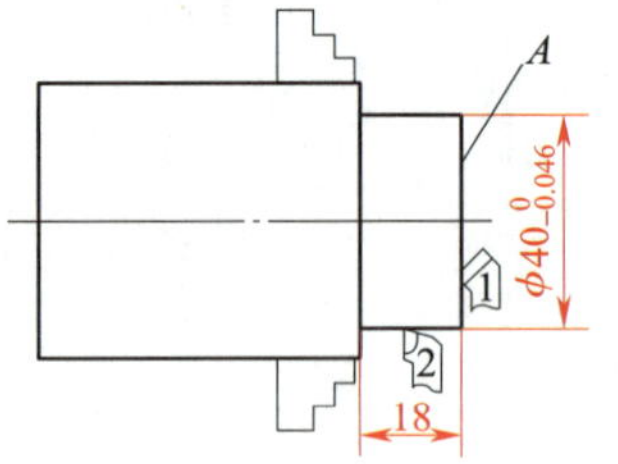
</td></tr>
<tr><td>2</td><td>粗、精车外圆 $\phi 40_{-0.046}^{0}$ mm，长 18 mm 至要求。</td></tr>
<tr><td>3</td><td>倒角 $C1$ mm。</td></tr>
<tr><td>30</td><td colspan="2">掉头，夹持 $\phi 40_{-0.046}^{0}$ mm 外圆，长 15 mm 左右，找正并夹紧。</td><td>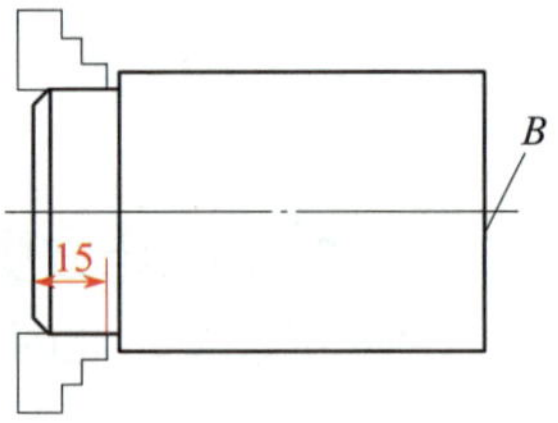
</td></tr>
<tr><td rowspan="6"></td><td>1</td><td>车端面 $B$，保证总长 96 mm。</td><td rowspan="2">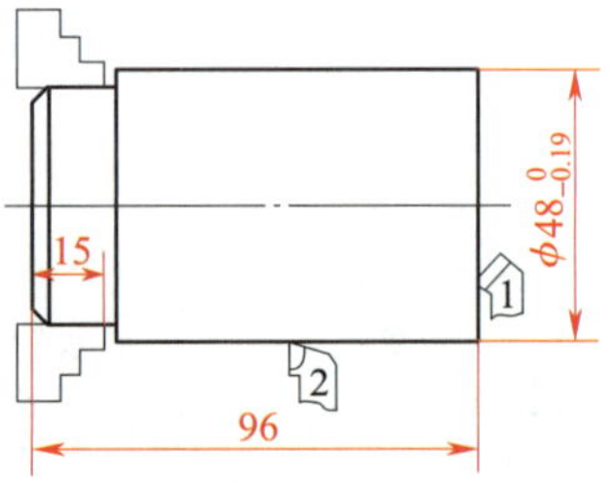
</td></tr>
<tr><td>2</td><td>粗、精车外圆至尺寸 $\phi 48_{-0.19}^{0}$ mm。</td></tr>
<tr><td>3</td><td>小滑板逆时针转动圆锥半角（$\alpha/2=2° 51′ 45″$）粗车外圆锥面。</td><td rowspan="4">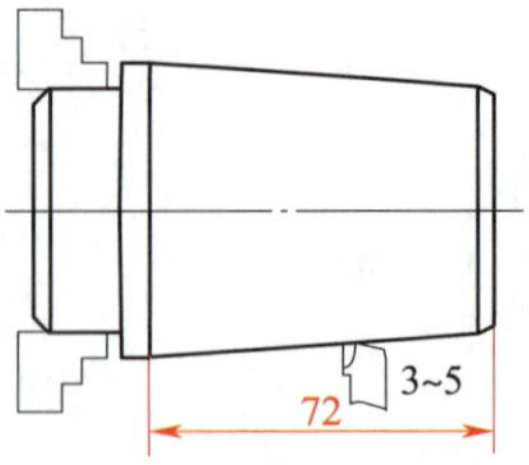
</td></tr>
<tr><td>4</td><td>用游标万能角度尺检查圆锥半角并调整小滑板转角。</td></tr>
<tr><td>5</td><td>精车圆锥面至尺寸要求。</td></tr>
<tr><td>6</td><td>倒角 $C1$ mm，去毛刺。</td></tr>
<tr><td>40</td><td colspan="3">检查质量合格后卸下工件。</td></tr>
</table>

## 二、偏移尾座法

<table>
<tr><th colspan="2">内容</th><th>图例与说明</th></tr>
<tr><td rowspan="2">偏移尾座原理和偏移量的计算</td><td>偏移尾座原理</td><td>

偏移尾座法车削外圆锥面，就是将工件装夹在两顶尖间，把尾座上滑板向里（用于车正外圆锥面）或者向外（用于车倒外圆锥面）横向移动距离 $S$ 后，使工件回转轴线与车床主轴轴线相交一个等于圆锥半角 $\alpha/2$ 的角度，如图 4–8 所示。由于床鞍进给是沿平行于主轴轴线移动的，当尾座横向移动距离 $S$ 后，工件就车成了一个圆锥体。

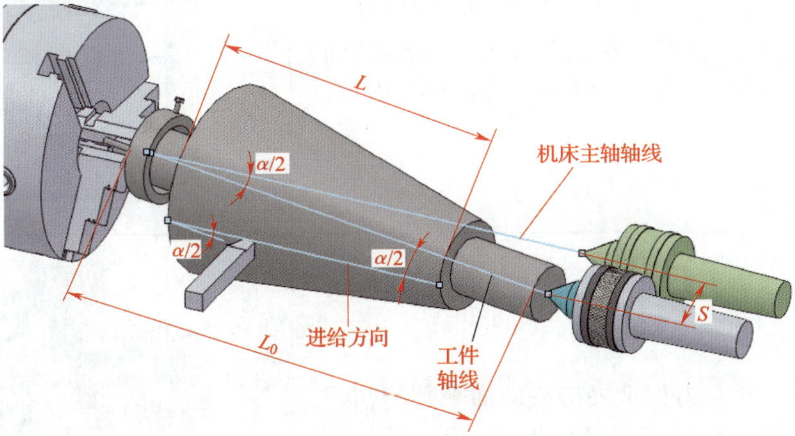


图 4–8　偏移尾座法车外圆锥面

</td></tr>
<tr><td>尾座偏移量的计算</td><td>

用偏移尾座法车削圆锥时，尾座的偏移量不仅与圆锥长度有关，而且还与两顶尖之间的距离有关，这段距离可近似地看作工件的全长 $L_0$。尾座偏移量可根据下列公式计算求得：

$$S=L_0\tan\frac{\alpha}{2}=\frac{D-d}{2L}L_0 \text{或} S=\frac{C}{2}L_0$$

式中　$S$——尾座偏移量，mm；<br>
$D$——圆锥大端直径，mm；<br>
$d$——圆锥小端直径，mm；<br>
$L$——圆锥大端直径与小端直径处的轴向距离，mm；<br>
$L_0$——工件全长，mm；<br>
$C$——锥度。

</td></tr>
</table>

<table>
<tr><th colspan="2">内容</th><th colspan="2">图例与说明</th></tr>
<tr><td rowspan="4">偏移尾座的方法</td><td colspan="3">先将前、后两顶尖对齐（尾座上、下层零线对齐），然后根据计算所得偏移量 $S$，采用以下几种方法偏移尾座上层。</td></tr>
<tr><td>利用尾座刻度偏移</td><td>先松开尾座紧固螺母，然后用六角扳手转动尾座上层两侧螺钉 1、2 进行调整。车削正锥时，先松螺钉 1，紧螺钉 2，使尾座上层根据刻度值向里（向操作者）移动距离 $S$；车削倒锥时则相反。最后拧紧尾座紧固螺母即可。</td><td>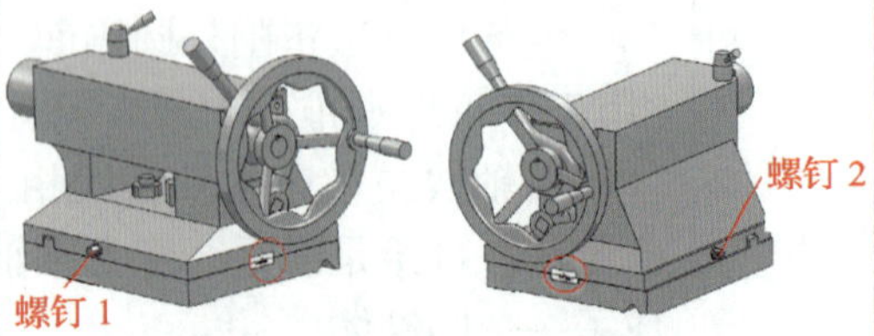

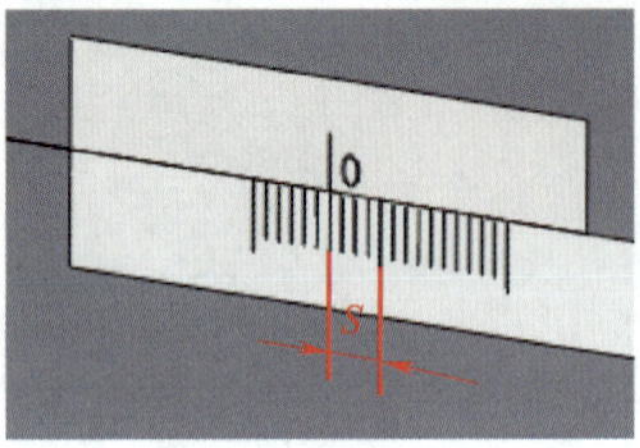
</td></tr>
<tr><td>利用中滑板刻度偏移</td><td>在刀架上夹持一端面平整的铜棒，摇动中滑板手柄使铜棒端面与尾座套筒轴心线水平面接触，记下中滑板刻度值。再根据偏移量 $S$ 算出中滑板刻度应转过的格数来移动中滑板，注意消除中滑板丝杠的间隙影响，然后移动尾座上层，使尾座套筒与铜棒端面接触为止。</td><td>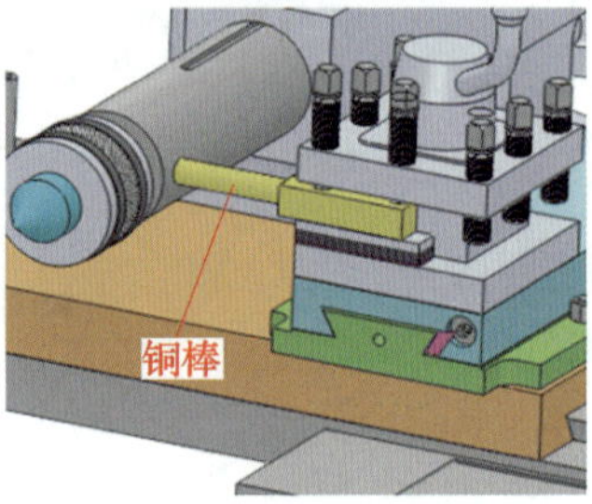

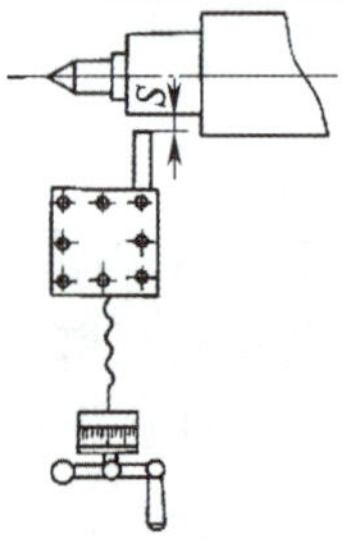
</td></tr>
<tr><td>利用百分表偏移</td><td>先将百分表固定在刀架上，使百分表的测头与尾座套筒接触（百分表应位于通过尾座套筒轴心线的水平面内，且百分表测量杆垂直于套筒表面），然后偏移尾座。当百分表指针转动至 $S$ 值时，把尾座固定。<br>利用百分表偏移尾座比较准确。</td><td>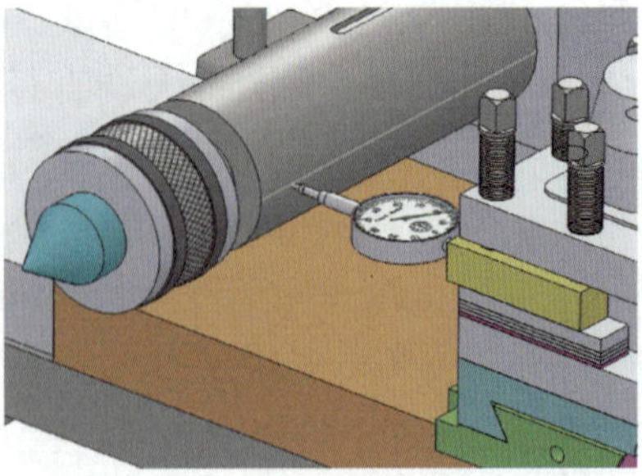</td></tr>
</table>

<table>
<tr><th colspan="2">内容</th><th colspan="2">图例与说明</th></tr>
<tr><td rowspan="2">偏移尾座的方法</td><td>利用锥度量棒或样件偏移</td><td>先把锥度量棒或试件装夹在两顶尖之间，在刀架上装一测量杆垂直于量棒或试件表面的百分表，而百分表测头位于通过量棒或试件轴线的水平面内并与量棒或试件表面接触。然后偏移尾座，纵向移动床鞍，使百分表在两端的读数一致后，固定尾座即可。<br>使用这种方法偏移尾座，必须选用与加工工件等长的锥度量棒或标准样件，否则加工出的锥度是不正确的。</td><td>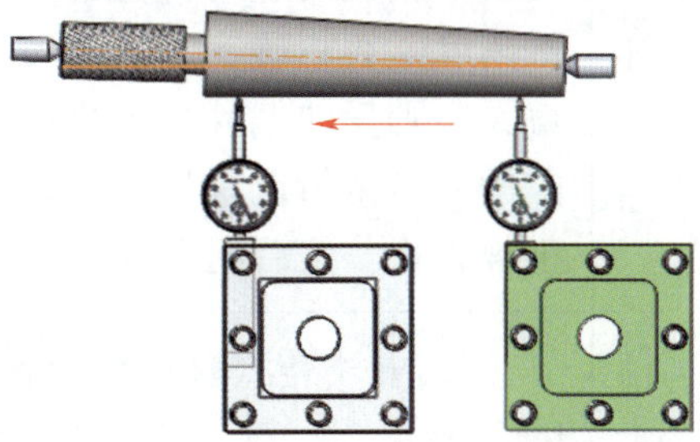</td></tr>
<tr><td>注意事项</td><td colspan="2">由于在尾座偏移量的计算公式中，把两顶尖间距离近似看作工件全长，计算结果所得的偏移量 $S$ 为近似值，所以除利用锥度量棒或标准样件偏移尾座之外，其他三种按 $S$ 值偏移尾座的方法都必须经试切和逐步修正来达到精确的圆锥半角，以满足工件的要求。<br>如果工件中心孔和顶尖都是 60°，由于尾座偏移，使前后两顶尖的轴线不在同一直线上，则两端都接触不吻合，可以采用球头顶尖消除由于尾座偏移而造成的工件回转阻滞和干涉。图 4–9a 工件为 60° 中心孔，两端面采用球头顶尖，是一种较好的接触方式。或将工件两端的中心孔采用圆柱孔形式，并将尖角倒圆（圆弧半径约为 1 mm）。图 4–9b 两顶尖为 60° 锥体，中心孔用圆柱孔形式，此接触方式对加工精度有一定影响，因而不适用于精度要求较高的锥体加工。<br>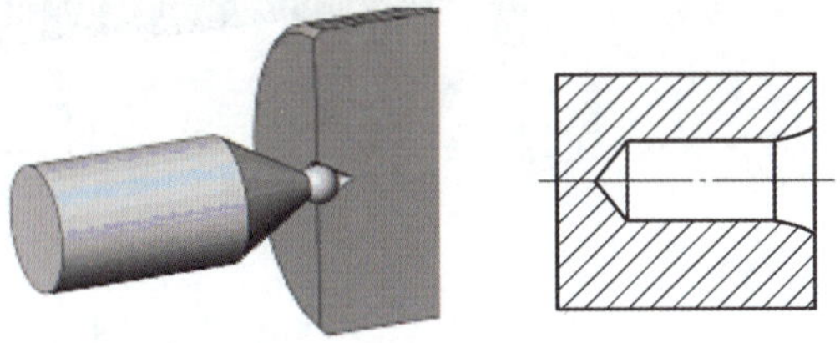<br>a)　　b)<br>图 4–9　偏移尾座的顶尖接触方式</td></tr>
<tr><td>外圆锥面的车削方法</td><td>工件的装夹</td><td colspan="2">1. 调整尾座在车床上的位置，使前、后两顶尖间的距离为工件总长，此时尾座套筒伸出尾座的长度应小于套筒总长的 1/2。<br>2. 工件两端中心孔内加润滑脂，装鸡心夹头，将工件装夹在两顶尖间，松紧程度以手能轻轻拨转工件且工件无轴向窜动为宜。</td></tr>
</table>

<table>
<tr><th colspan="2">内容</th><th>图例与说明</th></tr>
<tr><td rowspan="2">外圆锥面的车削方法</td><td>粗车外圆锥面</td><td>由于工件采用两顶尖装夹，选择切削用量时应适当降低。粗车外圆锥面时，可以采用机动进给，粗车圆锥面长度达 1/3 ~ 1/2 长时，须进行锥度检查，检测圆锥角度是否正确，方法与转动小滑板法车外圆锥面时的检测方法相同。若锥度 $C$ 偏大，则反向偏移，微量调整尾座，即减小尾座偏移量 $S$；若锥度 $C$ 偏小，则同向偏移，微量调整尾座，即增大尾座偏移量 $S$。反复试车调整，直至圆锥角调整正确为止。然后粗车外圆锥面，留精车余量 0.5 ~ 1.0 mm。</td></tr>
<tr><td>精车外圆锥面</td><td>1. 用计算法或移动床鞍法确定背吃刀量 $a_p$（参见转动小滑板车削外圆锥面的方法）。<br>2. 用机动进给精车外圆锥面至要求。<br>批量生产时，工件的总长和中心孔的大小、深浅必须保持一致，否则加工出的工件锥度将不一致。</td></tr>
<tr><td rowspan="2">偏移尾座车圆锥练习</td><td>工件图样</td><td>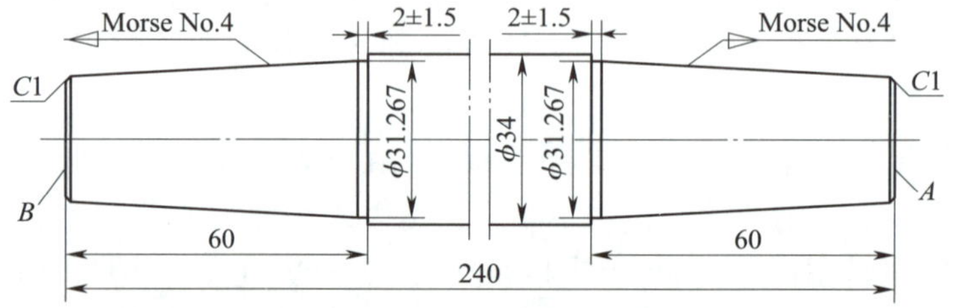

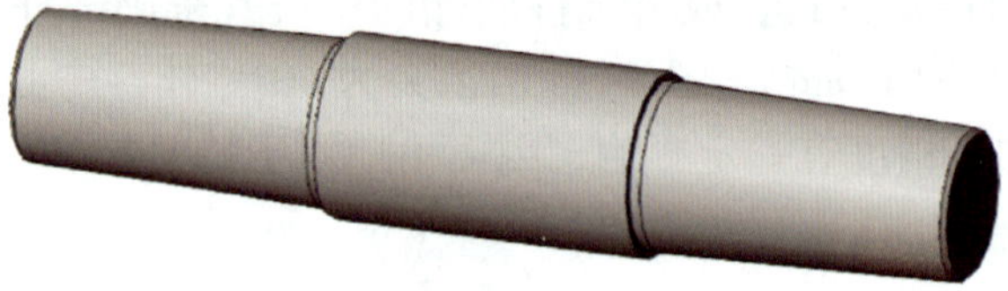
Ra 6.3
<table>
<tr><td colspan="2">工件名称</td><td colspan="2">莫氏 4 号锥棒</td></tr>
<tr><td>材料</td><td>45 钢</td><td>备料</td><td>$\phi50\times250$</td></tr>
</table></td></tr>
<tr><td>加工工艺卡片</td><td><table>
<tr><td>10</td><td colspan="2">检查备料 $\phi$50 mm × 250 mm。</td><td rowspan="2">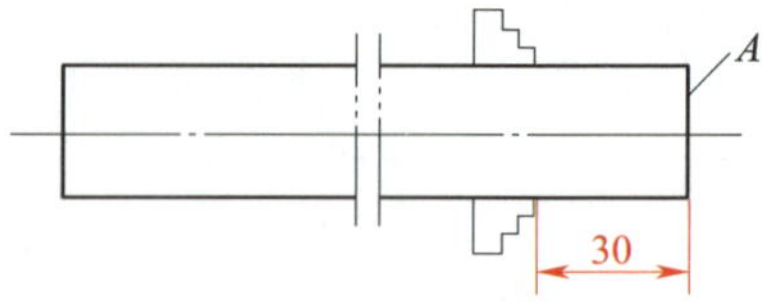
</td></tr>
<tr><td>20</td><td colspan="2">用三爪自定心卡盘夹持工件毛坯外圆伸出长度 30 mm 左右。找正并夹紧。</td></tr>
<tr><td rowspan="2"></td><td>1</td><td>车端面 $A$，车平即可。</td><td rowspan="2">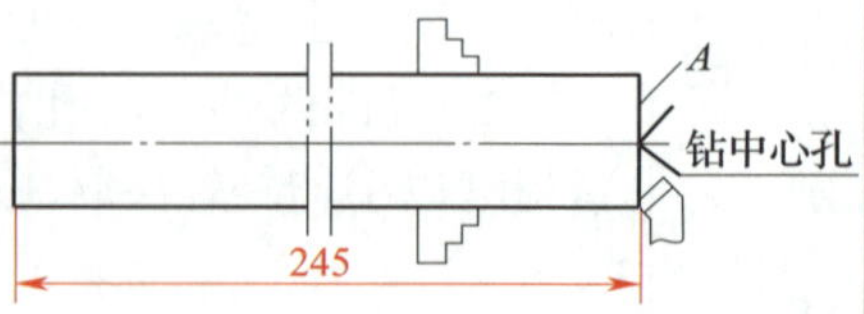
</td></tr>
<tr><td>2</td><td>钻中心孔（用 B 型中心钻）。</td></tr>
</table></td></tr>
</table>

<table>
<tr><th colspan="2">内容</th><th colspan="4">图例与说明</th></tr>
<tr><td rowspan="13">偏移尾座车圆锥练习</td><td rowspan="13">加工工艺卡片</td><td>30</td><td colspan="2">工件掉头，用三爪自定心卡盘夹持毛坯外圆，伸出长度 30 mm 左右，找正并夹紧。</td><td>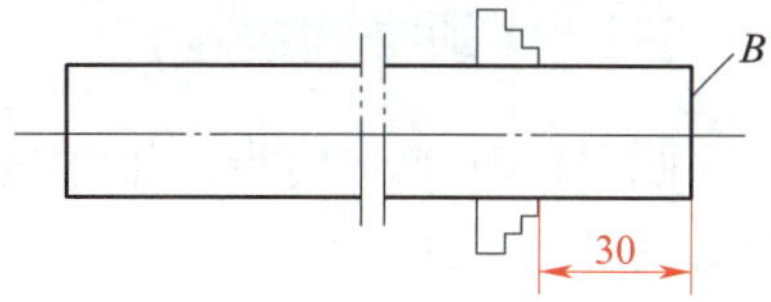
</td></tr>
<tr><td rowspan="2"></td><td>1</td><td>车端面 B，保证总长 240 mm。</td><td rowspan="2">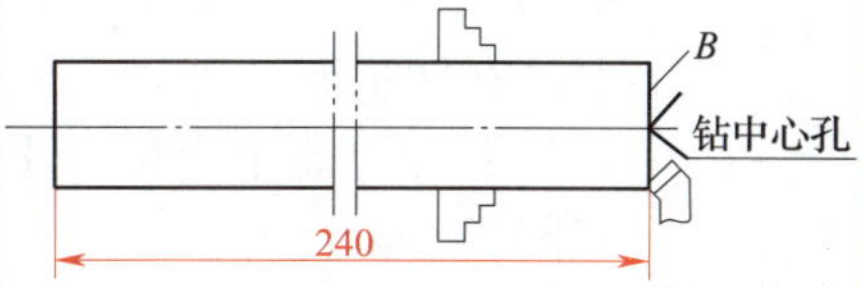
</td></tr>
<tr><td>2</td><td>钻中心孔（用 B 型中心钻）。</td></tr>
<tr><td>40</td><td colspan="2">采用两顶尖装夹工件，找正并夹紧。</td><td>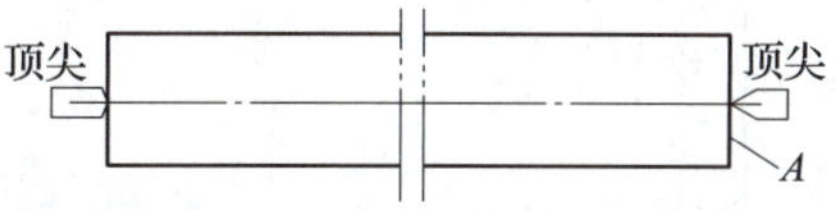
</td></tr>
<tr><td rowspan="3"></td><td>1</td><td>车外圆至尺寸 $\phi 34$ mm。</td><td rowspan="3">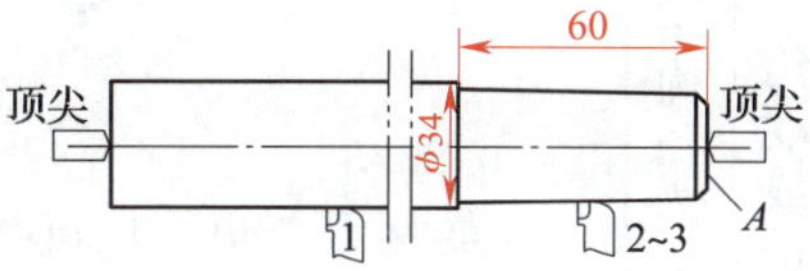
</td></tr>
<tr><td>2</td><td>车 A 端外圆至尺寸 $\phi 32$ mm，长 60 mm。</td></tr>
<tr><td>3</td><td>根据尾座偏移量 S 偏移尾座，粗车，修正偏移量，精车 A 端外圆锥面莫氏 4 号至尺寸要求，倒角 C1 mm。</td></tr>
<tr><td>50</td><td colspan="2">掉头，用两顶尖顶紧工件。</td><td>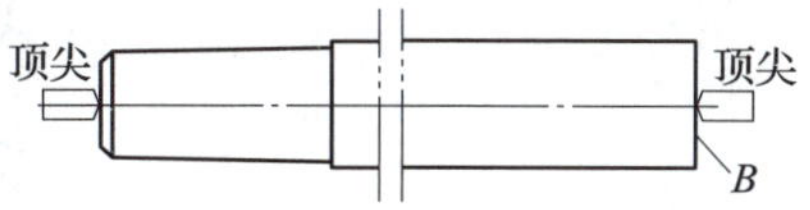
</td></tr>
<tr><td rowspan="2"></td><td>1</td><td>车 B 端外圆至尺寸 $\phi 32$ mm，长 60 mm。</td><td rowspan="2">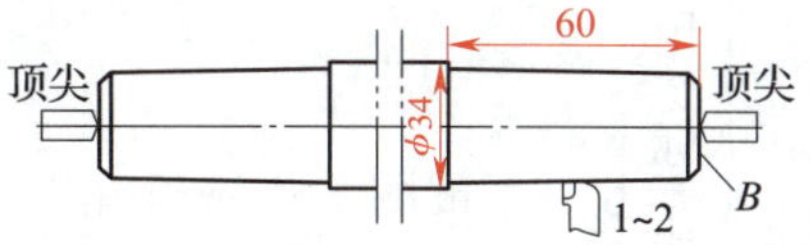
</td></tr>
<tr><td>2</td><td>因重新装夹会引起工件总长 $L_0$ 变化，尾座偏移量须重新修正。精车 B 端外圆锥面莫氏 4 号至尺寸要求，倒角 C1 mm。</td></tr>
<tr><td>60</td><td colspan="3">检查质量合格后卸下工件。</td></tr>
</table>

<table>
<tr><th colspan="2">内容</th><th colspan="2">图例与说明</th></tr>
<tr><td colspan="4">

## 三、外圆锥面的检测

圆锥的检测主要指圆锥角度和尺寸精度检测。常用游标万能角度尺、角度样板检测圆锥角度和采用正弦规或涂色法来评定圆锥精度。

</td></tr>
<tr><td rowspan="2">角度或锥度的检测</td><td>游标万能角度尺结构和读数方法</td><td colspan="2">

游标万能角度尺的结构如图 4–10 所示。基尺可以带着主尺沿着游标转动，当转到所需角度时，可以用制动器锁紧。卡块将角尺和直尺固定在所需的位置上。在测量时，转动背面的捏手，通过小齿轮转动扇形齿轮，使基尺改变角度。

游标万能角度尺（Ⅰ型）的测量精度有 2′ 和 5′ 两种（图例为 2′），其测量范围为 0°～320°。

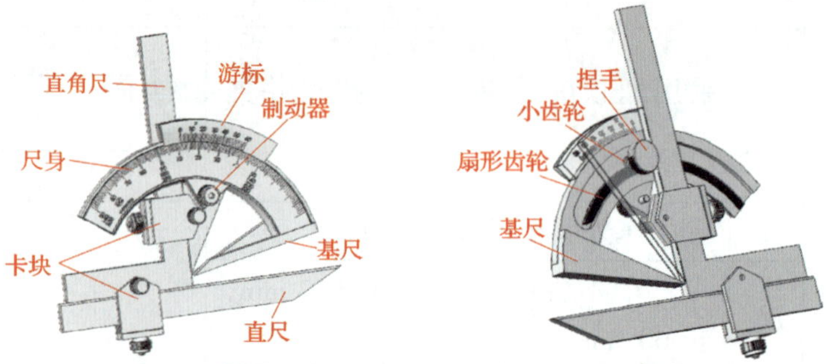


图 4–10　游标万能角度尺结构

游标万能角度尺读数方法与游标卡尺的读数方法相似，即先从主尺上读出游标零线前面的整读数，然后在游标上读出分的数值，两者相加就是被测件的角度数值。图 4–11 所示读数为 10° 50′ 。

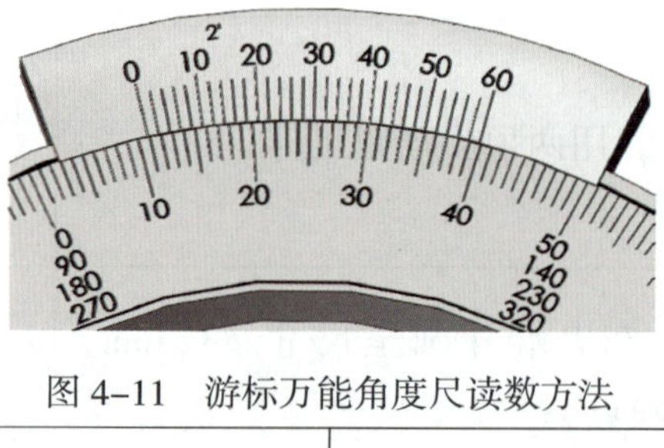


图 4–11　游标万能角度尺读数方法

</td></tr>
<tr><td>用游标万能角度尺检测</td><td>

被测工件圆锥角在 0°～50°时，可将工件放在基尺和直尺的测量面之间测量。

</td><td></td></tr>
</table>

| 内容 | | 图例与说明 | |
| --- | --- | --- | --- |
| 角度或锥度的检测 | 用游标万能角度尺检测 | 被测工件圆锥角在 50° ~ 140° 时，可卸下直角尺，用直尺代替，选择如图所示方法，但基尺面须通过工件中心。 | 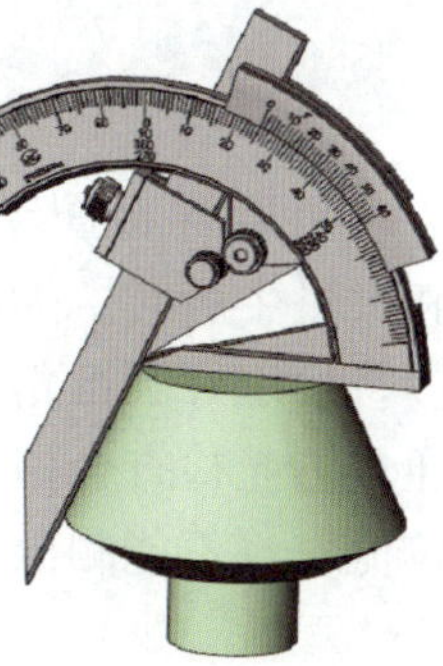 |
| | | 被测工件圆锥角在 140° ~ 230° 时，可卸下直尺，装上直角尺（基尺也须通过工件中心），选择如图所示方法。 | 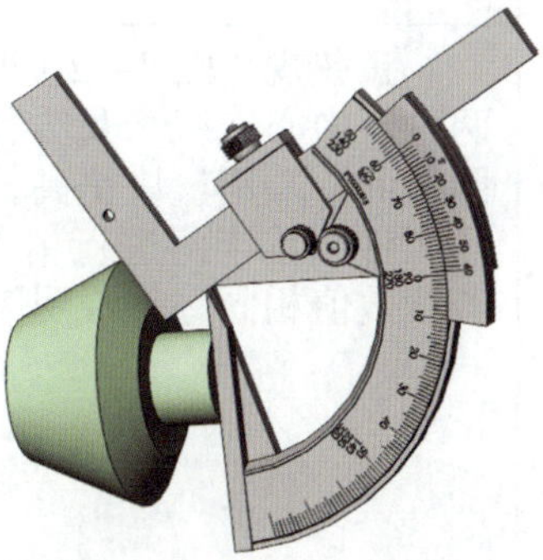 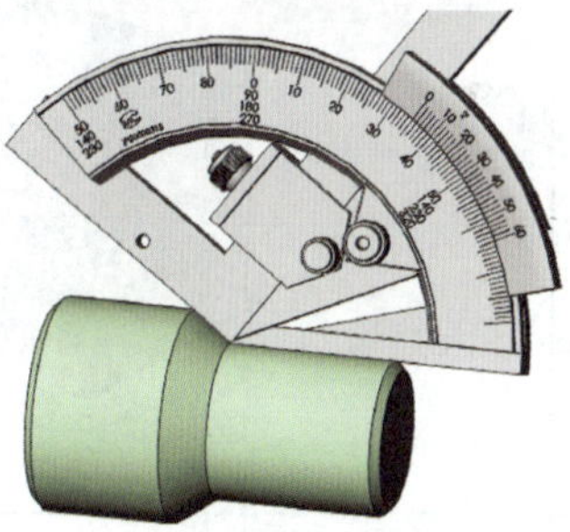 |
| | | 将直角尺和直尺都卸下，用基尺和扇形板（主尺）的测量面可测量圆锥角在 230° ~ 320° 的工件。 | 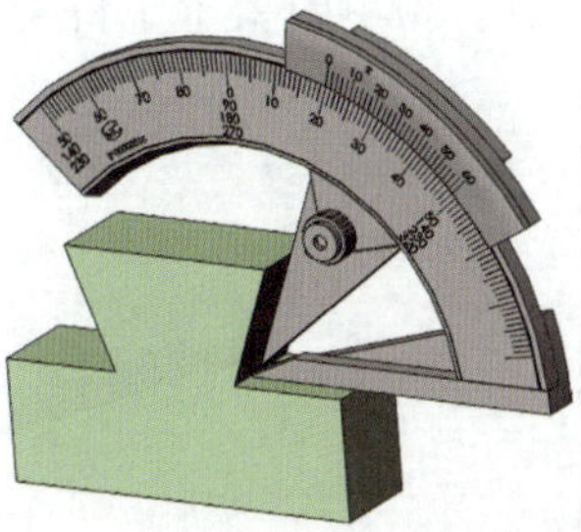 |

| 内容 | | 图例与说明 |
| --- | --- | --- |
| 角度或锥度的检测 | 用角度样板检测 | 角度样板属于专用量具。在成批和大量生产时，为减少辅助时间，可直接将设定好圆锥角的样板放置于工件上通过透光检查合格与否。此种方法精度较低，且不能测出实际的角度值。 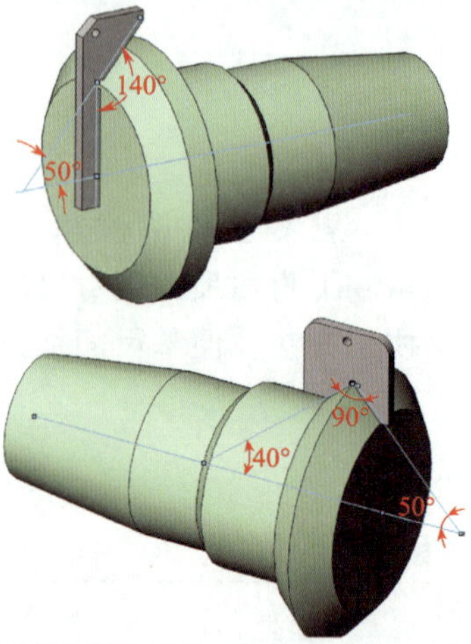  |
| | 用正弦规检测 | 正弦规（图 4–12）两个圆柱之间的中心距要求很精确，有 100 mm 和 200 mm 两种。中心连线与长方体工作平面严格平行。测量时，将正弦规安放在平板上，圆柱的一端用量块垫高，被测工件放在正弦规的平面上，量块组高度可以根据被测工件圆锥半角进行精确计算获得。然后用百分表检验工件圆锥面的两端高度，若读数值相同，就说明圆锥半角准确。 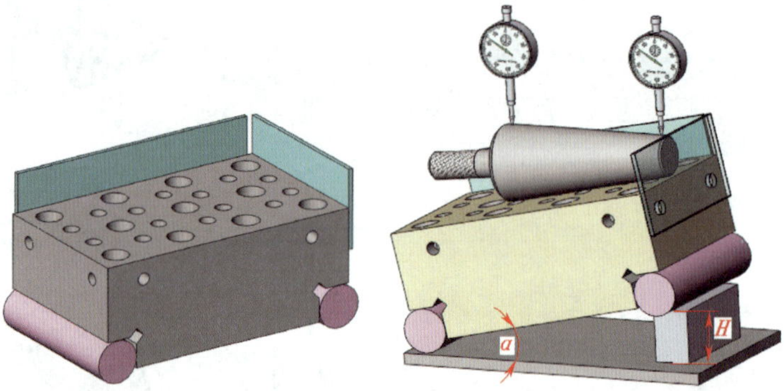  图 4–12　正弦规及使用方法 |
| | 用涂色法检测 | 标准圆锥或配合精度要求较高的外圆锥工件，可使用圆锥量规中的套规（图 4–13）检测。被检测工件的外圆锥表面粗糙度值应小于 $Ra3.2$ μm，且无毛刺。检测时要求工件与套规表面清洁。方法如下。 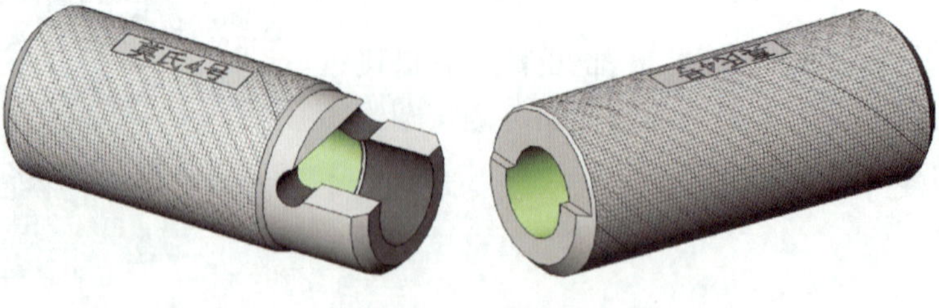 图 4–13　圆锥套规 |

<table>
<tr><th colspan="2">内容</th><th colspan="2">图例与说明</th></tr>
<tr><td rowspan="3">角度或锥度的检测</td><td rowspan="3">用涂色法检测</td><td>1. 在工件表面顺着圆锥素线薄而均匀地涂上周向均等的三条显示剂（印油、红丹粉、机油的调和物等）。</td><td>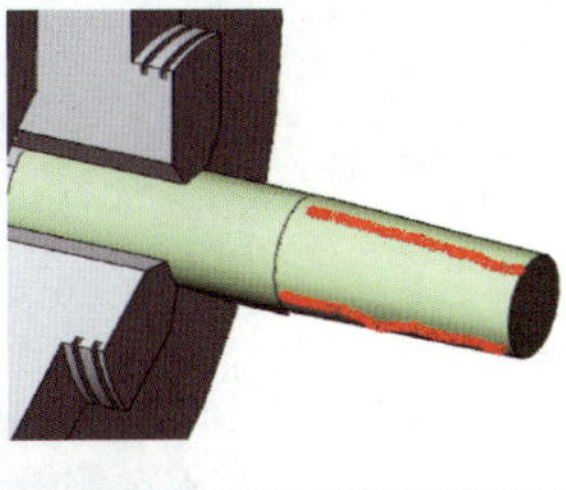</td></tr>
<tr><td>2. 手握套规轻轻地套在工件上，稍加轴向推力，并将套规转动半圈。</td><td>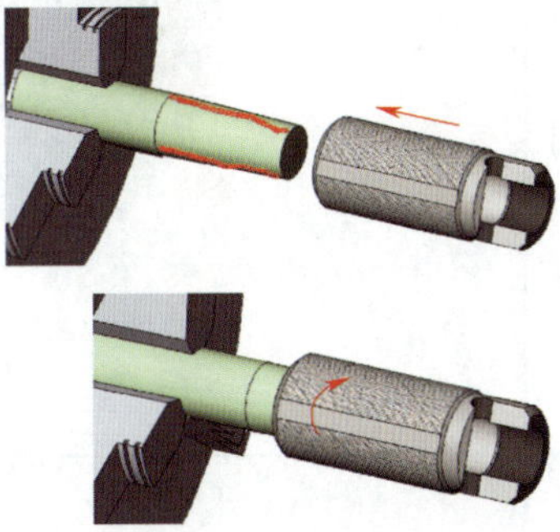</td></tr>
<tr><td>3. 取下套规，观察工件表面显示剂被擦去的情况。若三条显示剂全长擦痕均匀，表明圆锥接触良好，说明锥度正确；若小端擦去，大端未擦去，说明圆锥角小了；若大端擦去，小端未擦去，说明圆锥角大了。</td><td>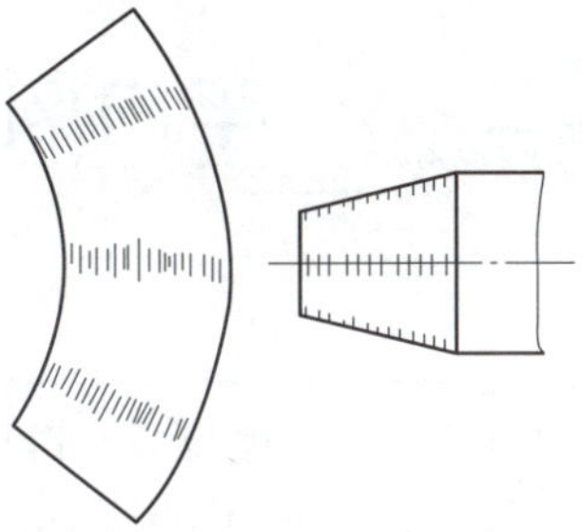</td></tr>
<tr><td rowspan="2">圆锥尺寸的检测</td><td>用卡钳和千分尺检测</td><td colspan="2">圆锥精度要求较低及加工中粗测圆锥尺寸时，可以使用卡钳和千分尺测量。测量时必须保证卡钳脚或千分尺测量杆和工件的轴线垂直，测量位置必须在工件的最大端处或最小端处。</td></tr>
<tr><td>用圆锥套规检测</td><td colspan="2">在圆锥套规上，根据工件的直径尺寸和公差，在套规小端处开有轴向距离为 $m$ 的缺口，表示过端和止端。测量外圆锥时，如果锥体的小端平面在缺口之间，说明其小端直径尺寸合格；若锥体未能进入缺口，说明其小端直径大了；若锥体小端平面超过缺口，说明其小端直径小了，如图 4-14 所示。</td></tr>
</table>

| 内容 | | 图例与说明 |
|---|---|---|
| 圆锥尺寸的检测 | 用圆锥套规检测 | 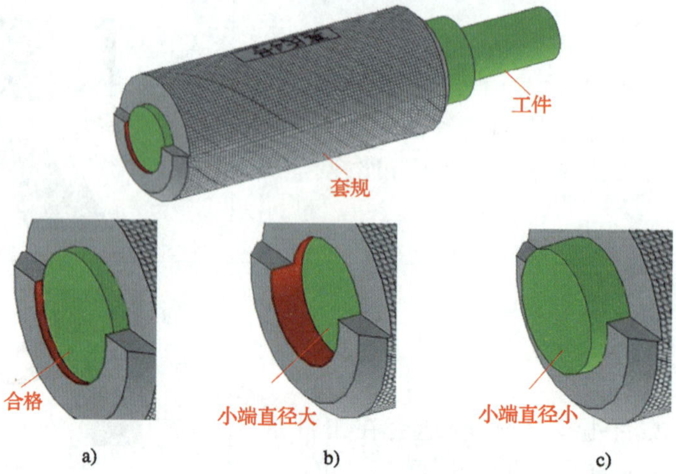<br>图 4–14　用圆锥套规检测外圆锥尺寸<br>a）合格　b）小端直径大　c）小端直径小 |

## 课题二　车内圆锥面及圆锥配合件

车内圆锥面（圆锥孔）比车外圆锥面困难，因为车削时车刀在孔内切削，不易观察和测量。为了便于加工和测量，装夹工件时应使锥孔大端直径的位置在外端（靠近尾座方向），锥孔小端直径的位置则靠近车床主轴。

在车床上加工内圆锥面的方法主要有转动小滑板法、宽刃刀法和铰内圆锥法。

| 内容 | | 图例与说明 |
|---|---|---|
| **一、车内圆锥面** | | |
| 转动小滑板法车内圆锥面 | 锥孔车刀的选择和装夹 | 锥孔车刀刀柄尺寸受锥孔小端直径的限制，为增大刀柄刚度，宜选用圆锥形刀柄，且刀尖应与刀柄中心对称平面等高，以免出现内圆锥面双曲线误差（图 4–15）。 |

<table>
<tr><th colspan="2">内容</th><th colspan="2">图例与说明</th></tr>
<tr><td rowspan="3">转动小滑板法车内圆锥面</td><td rowspan="3">锥孔车刀的选择和装夹</td><td colspan="2">车刀装夹时，应使刀尖严格对准工件回转中心，刀柄伸出的长度应保证其切削行程，刀柄与工件锥孔间应留有一定空隙。车刀装夹好后应在停车状态全程检查是否产生碰撞。<br>车刀对中心的方法与车端面时对中心方法相同。在工件端面上有预制孔时，可采用以下方法对中心。<br>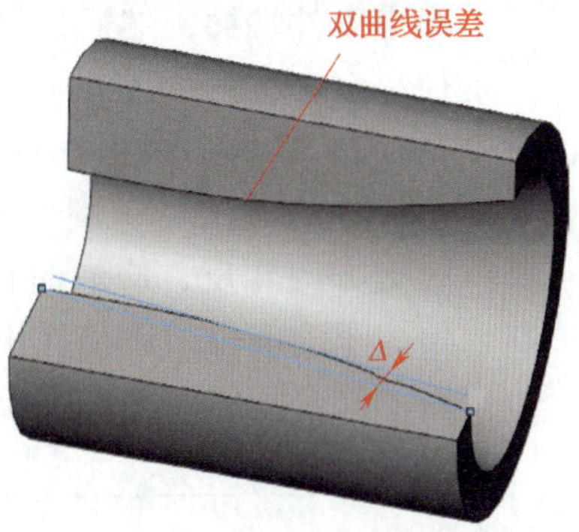<br><br>图 4–15　内圆锥面双曲线误差</td></tr>
<tr><td>1. 先初步调整车刀高低位置并夹紧，然后移动床鞍和中滑板使车刀与工件端面轻轻接触，摇动中滑板使车刀刀尖在工件端面上轻轻划出一条刻线 $AB$。</td><td>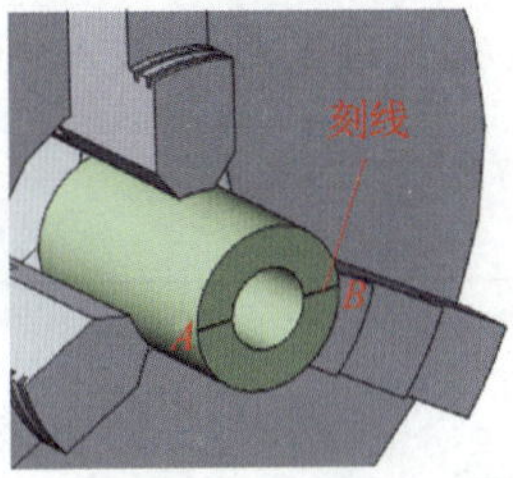<br></td></tr>
<tr><td>2. 将卡盘扳转 180° 左右，使刀尖通过 $A$ 点再划一条刻线 $AC$。若刻线 $AC$ 与 $AB$ 重合，说明刀尖对准工件回转中心；若 $AC$ 在 $AB$ 的下方，说明车刀装低了；若 $AC$ 在 $AB$ 的上方，说明车刀装高了。此时可根据 $BC$ 间距离的 1/4 左右增、减车刀垫片，使刀尖对准工件回转中心。</td><td>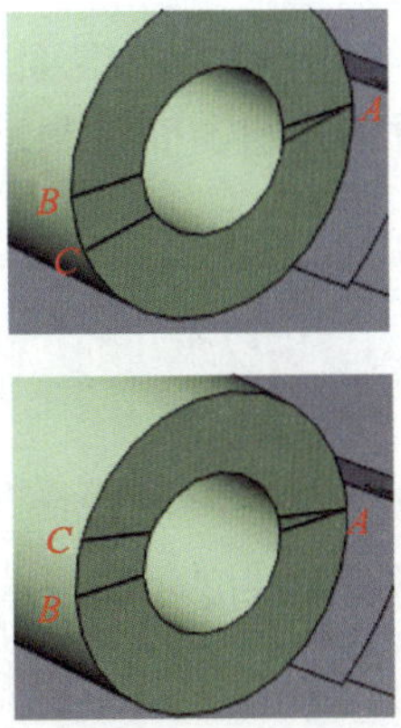<br></td></tr>
</table>

<table>
<tr><th colspan="2">内容</th><th colspan="2">图例与说明</th></tr>
<tr><td rowspan="4">转动小滑板法车内圆锥面</td><td rowspan="3">车削方法</td><td>1. 钻孔。车削内圆锥面前，应先车平工件端面，然后选择比锥孔小端直径小 1 ~ 2 mm 的麻花钻钻孔。<br>2. 转动小滑板车内圆锥面。转动小滑板的方法与车削外圆锥面时相同，只是方向相反，应顺时针方向偏转 $\alpha/2$ 角。车削前也须调整好小滑板导轨与楔铁的配合间隙，并确定小滑板的行程。</td><td>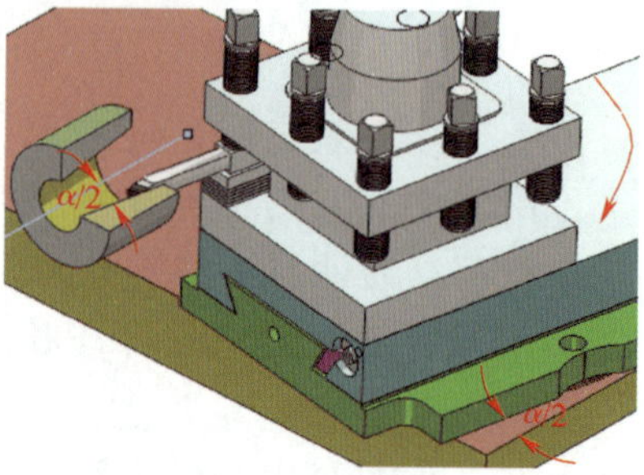</td></tr>
<tr><td>3. 按圆锥大端直径和圆锥面长度车成圆柱体，然后再车圆锥面。加工时，车刀从内孔近端面处开始切削（主轴仍正转）。当塞规能塞进工件约 1/2 长度时检查校准圆锥角。</td><td>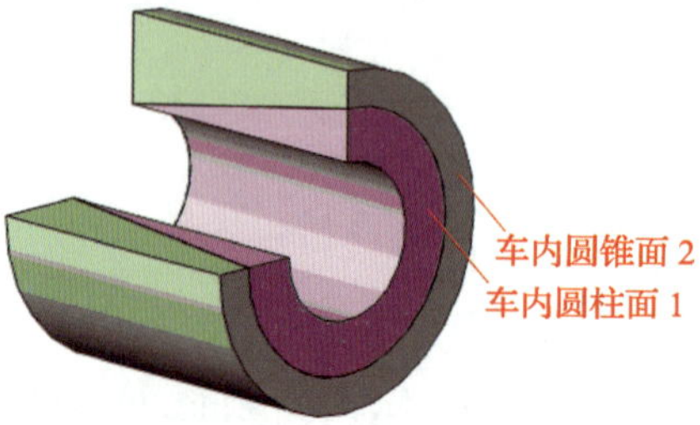</td></tr>
<tr><td>4. 用涂色法（显示剂涂在外锥面上，即圆锥塞规表面上）检测圆锥孔角度。根据擦痕情况调整小滑板转动的角度，经几次试切和检查后逐步将角度找正。<br>精车内圆锥面控制尺寸的方法与精车外圆锥面控制尺寸的方法相同。</td><td>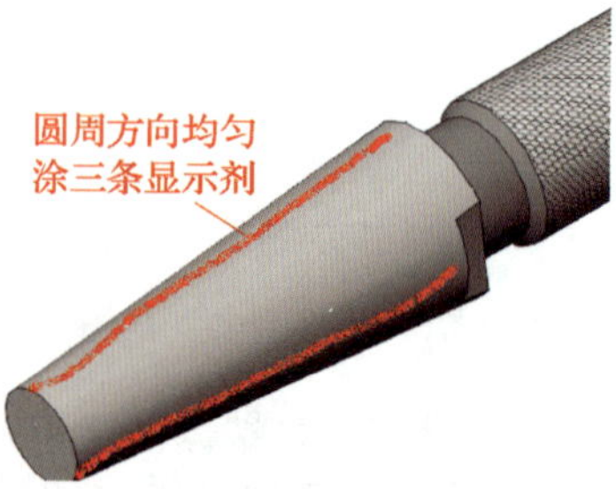</td></tr>
<tr><td>计算法</td><td>内锥大端距离塞规通端余量为 $a$，则切削深度 $a_p=a\tan\frac{\alpha}{2}$ 或 $a_p=a\times\frac{C}{2}$。</td><td>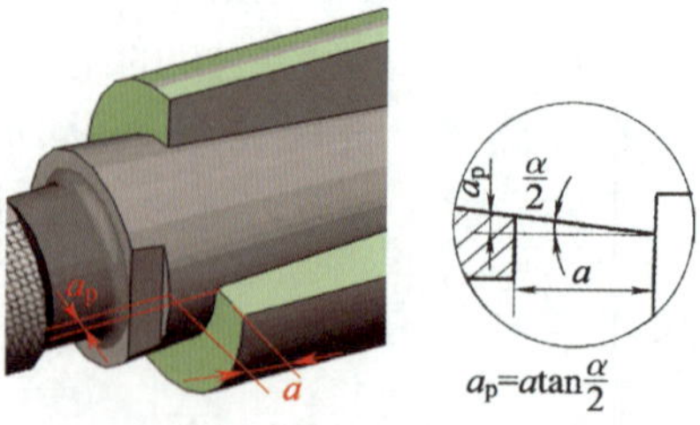</td></tr>
</table>

| 内容 | | 图例与说明 | |
|---|---|---|---|
| 转动小滑板法车内圆锥面 | 计算法 | 移动中、小滑板，使刀尖轻触工件圆锥近大端内孔表面后用小滑板退出，接着中滑板按 $a_p$ 值进刀，小滑板手动进给车圆锥面至尺寸。 | 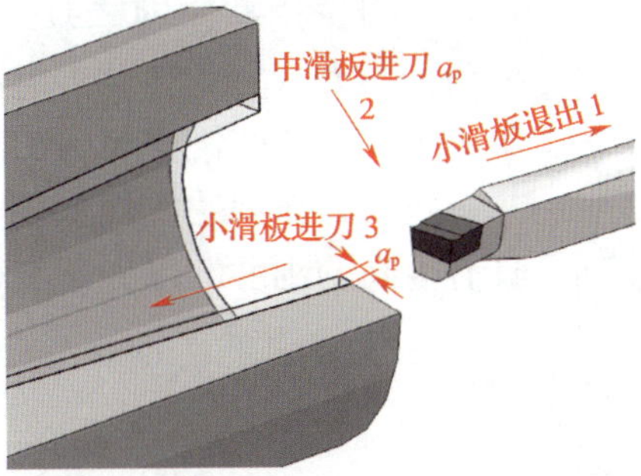 |
| | 移动床鞍法 | 根据量出长度 $a$，使车刀刀尖轻触工件圆锥近大端内壁，移动小滑板退出，使车刀沿轴向离开工件端面超过一个 $a$ 值距离。接着移动床鞍使车刀前移 $a$ 值，此时虽然没有移动中滑板，但车刀已经切入了一个所需的深度。 | 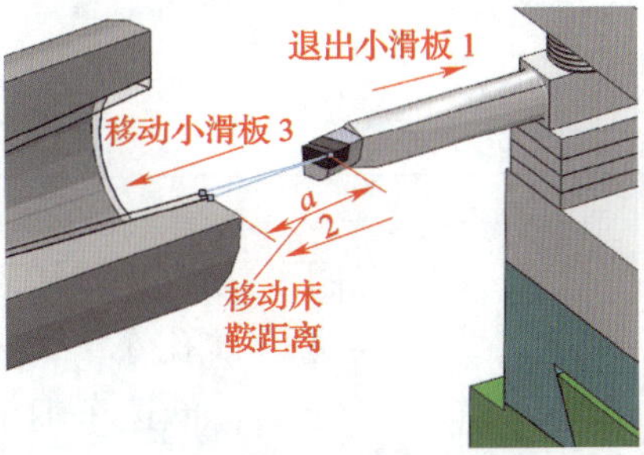 |
| | 对称圆锥车削 | 先把外圆锥孔车削正确，再将车刀反装，摇向对面孔壁，车削里面的圆锥孔。这样，小滑板角度未变，不但能使两对称圆锥孔锥度相等，而且工件不需卸下，两锥孔可获得很高的同轴度。 | 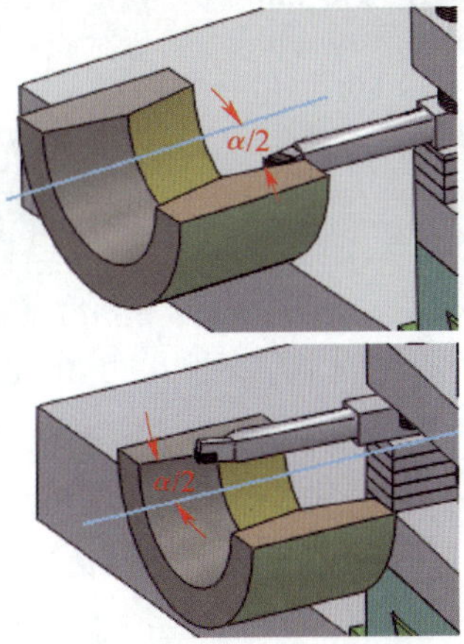 |
| | 切削用量的选择 | 1. 粗车时，切削速度应比车外圆锥面时低 10% ~ 20%；精车时采用低速车削。<br>2. 手动进给应始终保持均匀，不能有停顿或快慢不均的现象，最后一刀的精车背吃刀量 $a_p$ 一般为 0.1 ~ 0.2 mm。<br>3. 精车钢件时，可以加注切削液，以减小表面粗糙度值，提高表面质量。 | |

| 内容 | | 图例与说明 |
| --- | --- | --- |
| 宽刃刀车内圆锥面 | 宽刃刀的刃磨与装夹 | 一般选用高速钢车刀，几何角度如图 4–16 所示。切削刃与刀柄轴线刃磨后夹角为 $\alpha/2$。宽刃刀装夹时，切削刃应与工件回转中心等高，与车床主轴轴线夹角等于工件的圆锥半角 $\alpha/2$。<br>宽刃刀车削法实质上属于成形法，使用宽刃刀车削内圆锥面时，要求车床应具有很高的刚度，以免车削时引起振动。<br>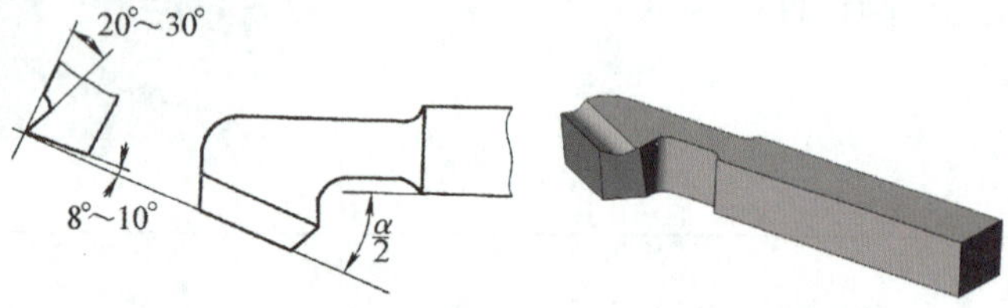<br>图 4–16　宽刃锥孔车刀 |
| | 车削方法 | 1. 先用车孔刀粗车内锥面，留精车余量。<br>2. 换宽刃锥孔车刀精车，宽刃刀的切削刃伸入孔内长度大于锥长，横向（或纵向）进给，低速车削，如图 4–17 所示。<br>3. 车削时，使用切削液润滑，可使车出内锥面的表面粗糙度值达到 *Ra* 1.6 μm。<br>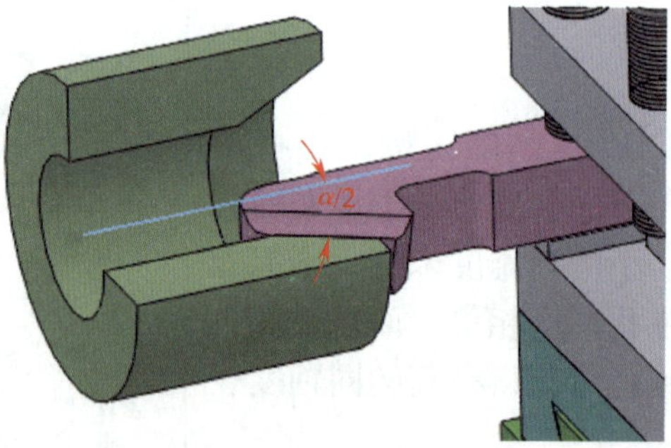<br>图 4–17　用宽刃刀车内圆锥面 |
| 铰内圆锥面 | 锥形铰刀 | 当内锥直径较小和精度要求较高时，可用铰削方法加工内圆锥面。用铰削方法加工的内圆锥面，精度比车削加工的高，表面粗糙度值可达 *Ra* 1.6 ~ 0.8 μm。<br>锥形铰刀分为粗铰刀和精铰刀两种（图 4–18）。粗铰刀槽数比精铰刀少，切削刃上开有一条右螺旋分屑槽，将切削刃分割成若干段短切削刃，使切屑容易排出。精铰刀直线刀齿的锥度精确，有 0.1 ~ 0.2 mm 的棱边，以保证内锥质量。 |

<table>
<tr><th colspan="2">内容</th><th>图例与说明</th></tr>
<tr><td rowspan="3">铰内圆锥面</td><td>锥形铰刀</td><td>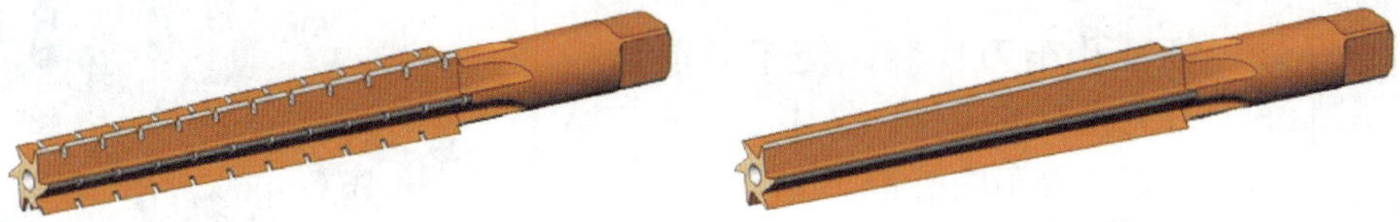<br>a)　　b)<br>图 4–18　锥形铰刀<br>a）粗铰刀　b）精铰刀</td></tr>
<tr><td>铰削方法</td><td>在车床上铰削内圆锥面，将铰刀装夹在尾座套筒内，铰削前必须把尾座套筒轴线调整到与车床主轴轴线同轴位置，否则铰出的锥孔不正确，表面质量也不高。<br>铰削内圆锥面的方法有：<br>1. 当内圆锥的孔径和锥度较大时，先用直径小于圆锥孔小端直径 1 ~ 1.5 mm 的麻花钻钻底孔，然后用车内锥面的方法粗车内圆锥面，并留 0.1 ~ 0.2 mm 的余量，最后用精铰刀铰削成形至要求。<br>2. 当内圆锥的孔径和锥度较小时，钻孔后直接用锥形铰刀粗铰锥孔，然后用精铰刀铰削成形至要求。</td></tr>
<tr><td>切削用量</td><td>铰削内圆锥面时，参加切削的切削刃长，切削面积大，排屑较困难，所以切削用量应选得小些。<br>切削速度一般选 5 m/min 以下，进给应均匀。<br>进给量大小根据锥度大小选取，锥度大时进给量小些，反之锥度小则可取大些。铰削锥角 $\alpha \leqslant 3^{\circ}$ 的锥孔（如莫氏锥孔），钢件进给量一般选 0.15 ~ 0.3 mm/r；铸铁件进给量一般选 0.3 ~ 0.5 mm/r。<br>铰削内圆锥面时，必须充分浇注切削液，以减小表面粗糙度值。铰削钢件时可使用乳化液或切削油；铰削合金钢或低碳钢件时可使用植物油；铰削铸铁件时可使用煤油或柴油。</td></tr>
</table>

## 二、车内、外圆锥配合件

为保证内、外圆锥面的良好贴合，车削内、外圆锥配合件时，关键在于小滑板在同一调整位置状态下完成内、外圆锥面的车削。具体方法是先将外圆锥面车正确，不要变动小滑板已调整好的角度，然后用下述方法车削内圆锥面。

<table>
<tr><th colspan="2">内容</th><th colspan="2">图例与说明</th></tr>
<tr><td rowspan="3">车内、外圆锥配合件</td><td>车刀反装法</td><td>将锥孔车刀反装，使车刀前面向下，刀尖应对准工件回转中心，车床主轴仍正转，再车内圆锥。</td><td>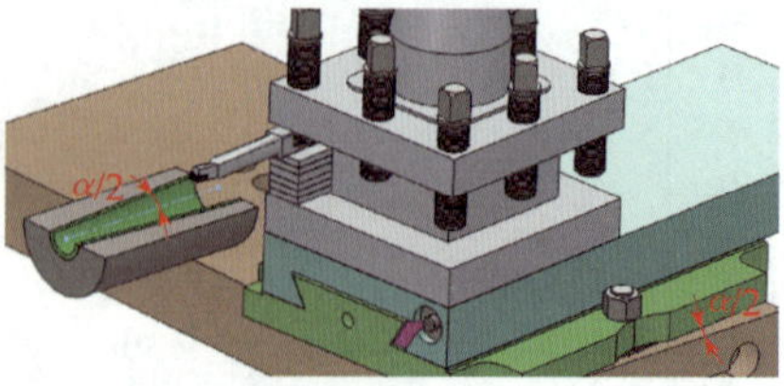
</td></tr>
<tr><td>车刀正装法</td><td>采用与一般内孔车刀弯头方向相反的锥孔车刀，车刀正装，使车刀前面向上，刀尖对准工件回转中心。车床主轴应反转，然后车内圆锥。</td><td>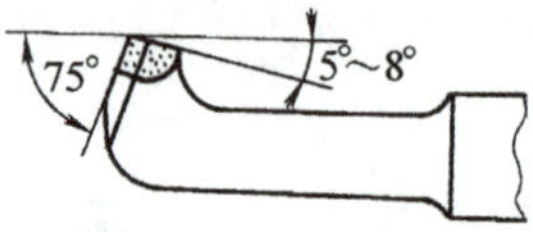
</td></tr>
<tr><td>反转车外锥</td><td>车外圆锥时，改变车刀装夹位置，将车刀像镗孔刀一样装夹（伸出长度大于工件锥长）。工件反转，车刀车削表面在操作者对面。车削完成后，将车床主轴正转，按一般车内圆锥方法车内圆锥。<br>车外圆锥时，若圆锥直径大而长度长，可直接用镗孔刀车削内外锥；若圆锥直径小而长度短，可选用 90° 偏刀。</td><td>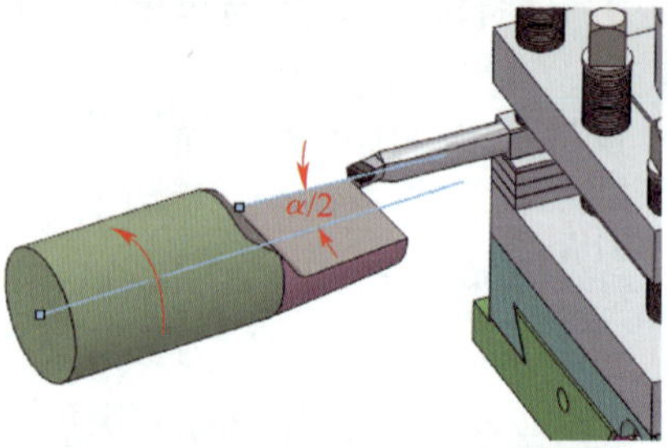

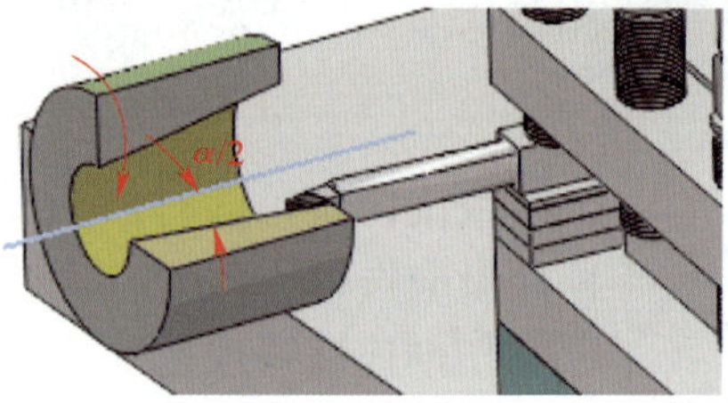
</td></tr>
<tr><td>内、外圆锥配合练习</td><td>工件图样</td><td colspan="2">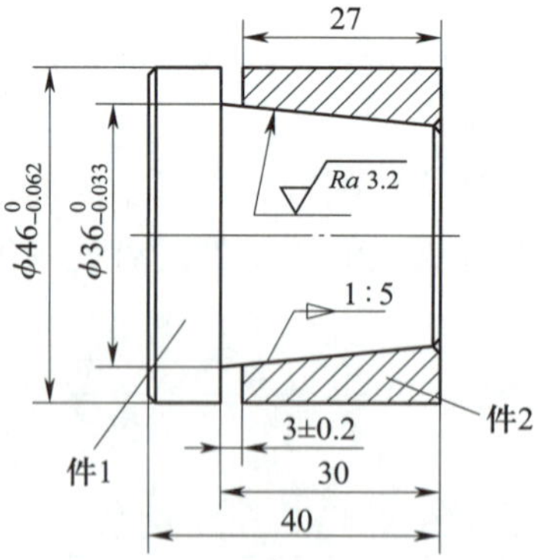

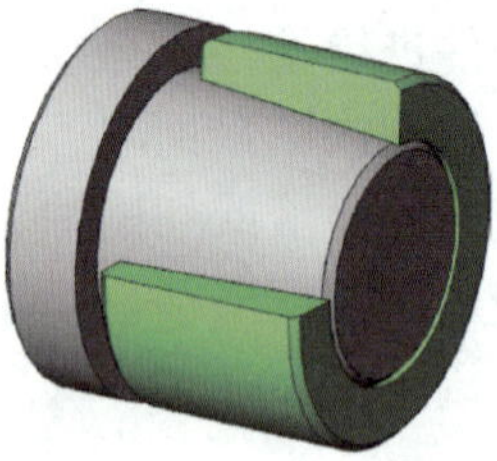
技术要求<br>未注倒角为 C1。<br>Ra 6.3 (√)
<table>
<tr><td colspan="2">工件名称</td><td colspan="2">内、外圆锥配合件</td></tr>
<tr><td>材料</td><td>45 钢</td><td>备料</td><td>φ50 × 100</td></tr>
</table></td></tr>
</table>

| 内容 | | 图例与说明 | | | |
| --- | --- | --- | --- | --- | --- |
| 内、外圆锥配合练习 | 加工工艺卡片 | 件 1 加工步骤 | | | 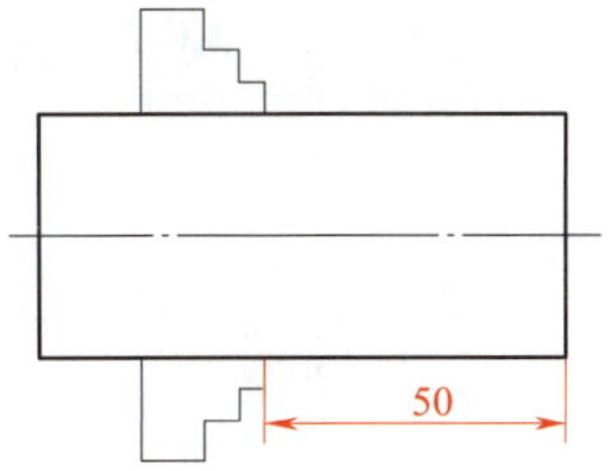 |
| | | 10 | | 检查备料 $\phi$50 mm × 100 mm。 | |
| | | 20 | | 用三爪自定心卡盘夹持毛坯棒料外圆，伸出长度 50 mm，找正并夹紧。 | |
| | | | 1 | 车端面，车平即可。 | 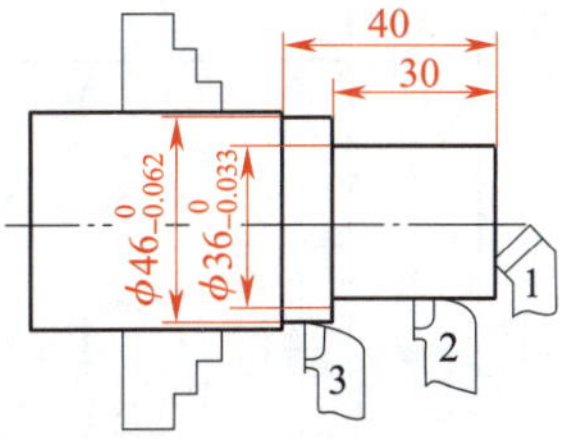 |
| | | | 2 | 粗、精车外圆 $\phi36_{-0.033}^{\ 0}$ mm，长 30 mm 至要求（车平台阶平台）。 | |
| | | | 3 | 粗、精车外圆 $\phi46_{-0.062}^{\ 0}$ mm，长大于 10 mm（工件总长 40 mm）至要求。 | |
| | | | 4 | 小滑板逆时针转动圆锥半角 5° 42′38″（锥度为 1∶5）。 | 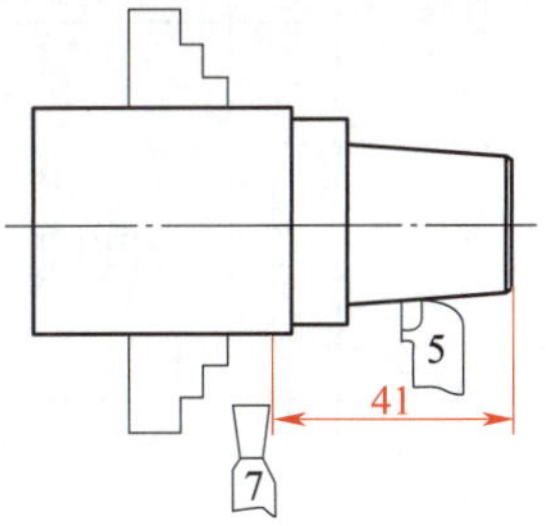 |
| | | | 5 | 粗、精车外圆锥面，锥面大端离台阶端面距离应不大于 1.5 mm。 | |
| | | | 6 | 倒角 $C1$ mm，去毛刺。 | |
| | | | 7 | 控制工件总长 41 mm，切断。 | |
| | | 30 | | 掉头垫铜皮，校正并夹紧。 | 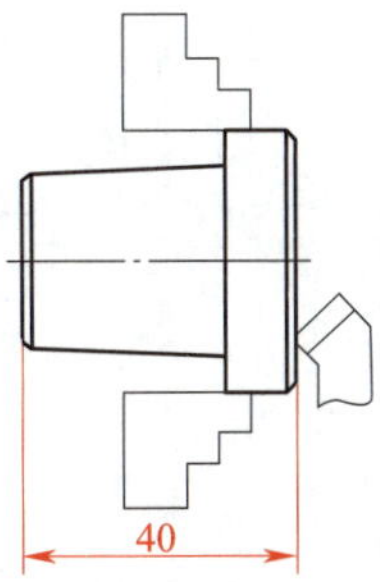 |
| | | | 1 | 车削端面，保证总长 40 mm；倒角 $C1$ mm。 | |

| 内容 | | 图例与说明 | | | |
|---|---|---|---|---|---|
| 内、外圆锥配合练习 | 加工工艺卡片 | 件 2 加工步骤 | | | 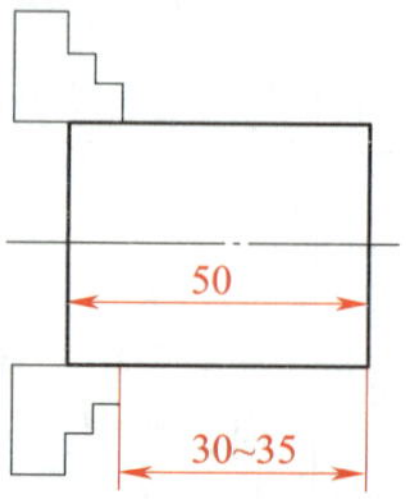 |
| | | 10 | | 检查备料 $\phi 50$ mm × 50 mm。 | |
| | | 20 | | 用三爪自定心卡盘夹持毛坯棒料外圆，伸出长度 30 ~ 35 mm，找正并夹紧。 | |
| | | | 1 | 车端面，车平即可。 | 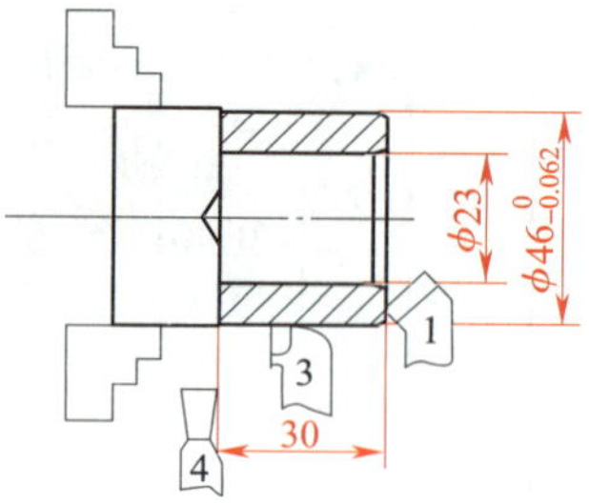 |
| | | | 2 | 钻孔 $\phi 23$ mm，深 30 mm 左右。 | |
| | | | 3 | 粗、精车外圆 $\phi 46^{\ 0}_{-0.062}$ mm，长 30 mm 至要求，倒角 $C1$ mm。 | |
| | | | 4 | 控制总长 28 mm，切断。 | |
| | | 30 | | 掉头垫铜皮，找正并夹紧。 | 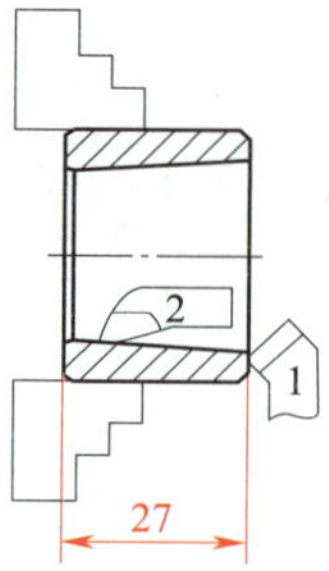 |
| | | | 1 | 车端面，保证总长 27 mm；倒角 $C1$ mm。 | |
| | | | 2 | 粗、精车内圆锥面，控制配合间隙（3 ± 0.2）mm。 | |
| | | 40 | | 检查各项尺寸合格后卸下工件。 | |
| 车削变径套练习 | 工件图样 | 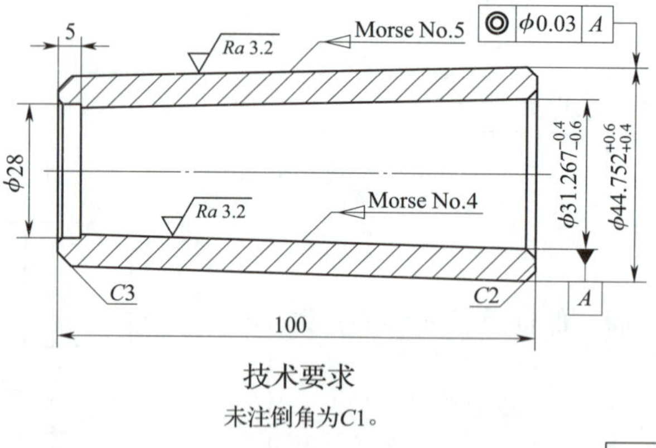 技术要求<br>未注倒角为$C1$。 | | | 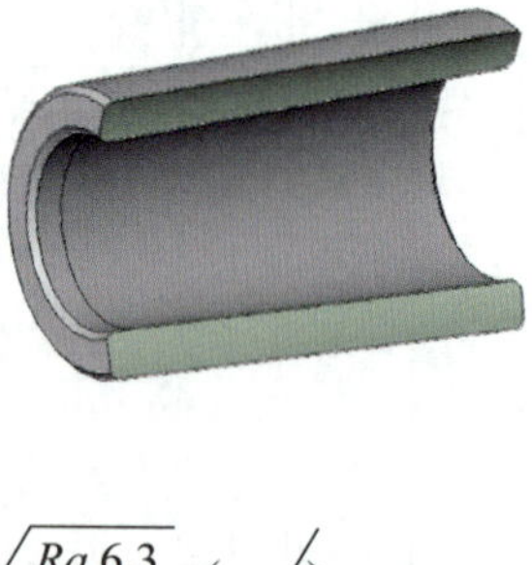 $\sqrt{Ra\ 6.3}$ ($\sqrt{}$) |

| 工件名称 | | 变径套 | |
|---|---|---|---|
| 材料 | 45 钢 | 备料 | $\phi 50 \times 105$ |

| 内容 | | 图例与说明 | | | |
|---|---|---|---|---|---|
| 车削变径套练习 | 加工工艺卡片 | 10 | | 检查备料 $\phi$50 mm × 105 mm。 | |
| | | 20 | | 用三爪自定心卡盘夹持毛坯棒料外圆，伸出长度约 65 mm，找正并夹紧。 | 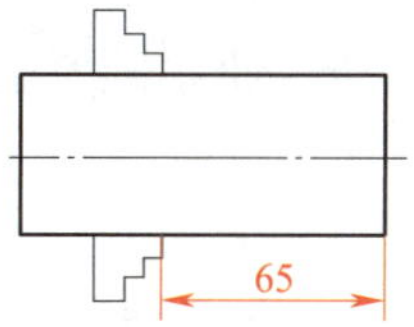 |
| | | | 1 | 车端面，车平即可。 | 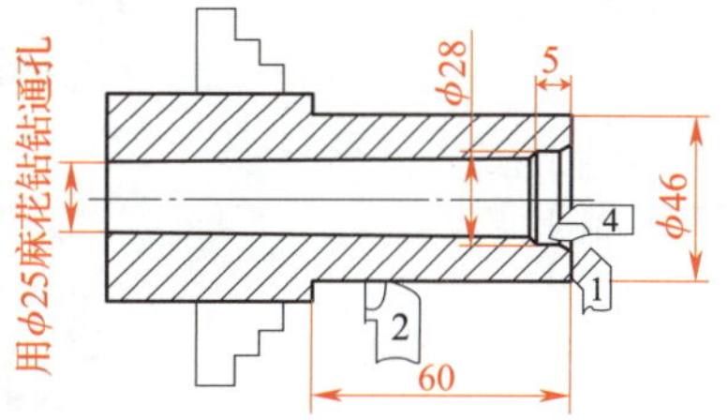 |
| | | | 2 | 粗车毛坯外圆至 $\phi$46 mm，长 60 mm。 | |
| | | | 3 | 钻通孔 $\phi$25 mm。 | |
| | | | 4 | 车台阶孔 $\phi$28 mm，深 5 mm。 | |
| | | | 5 | 孔口倒角 $C$1 mm。 | |
| | | 30 | | 掉头夹持 $\phi$46 mm 外圆，伸出长度约 65 mm，找正并夹紧。 | 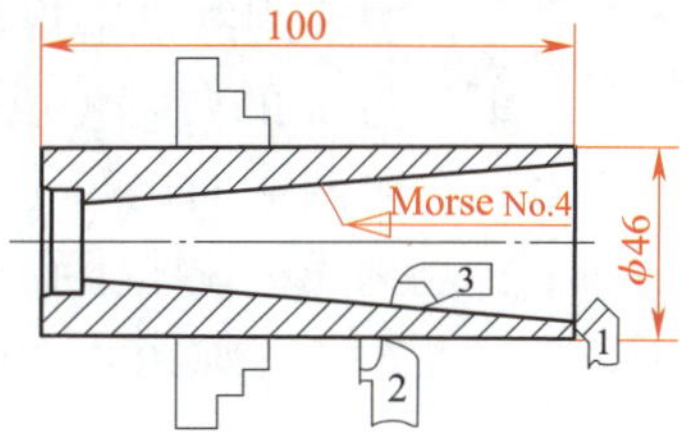 |
| | | | 1 | 车端面，保证总长 100 mm 至要求。 | |
| | | | 2 | 接刀粗车毛坯外圆至 $\phi$46 mm。 | |
| | | | 3 | 小滑板顺时针转动 1° 29′ 15″，粗、精车莫氏 4 号锥孔至尺寸（涂色检验接触面应≥ 60%），表面粗糙度达到要求。 | |
| | | | 4 | 孔口倒角 $C$1 mm。 | |
| | | 40 | | 将工件装夹在预制好的两顶尖心轴上顶紧。 | 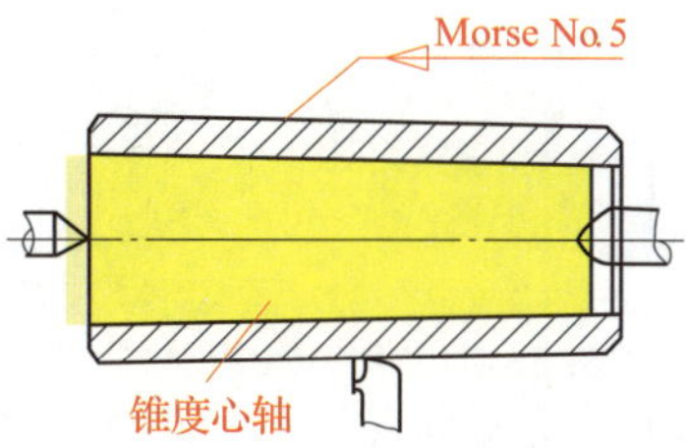 |
| | | | 1 | 用偏移尾座或转动小滑板的方法，粗、精车莫氏 5 号外圆锥至要求。 | |
| | | | 2 | 倒角 $C$2 mm 及 $C$3 mm。 | |
| | | 50 | | 检查质量合格后卸下工件。 | |

| 内容 | | 图例与说明 |
| --- | --- | --- |
| 内圆锥面的检测 | 角度或锥度的检测 | 使用圆锥塞规（图 4–19），采用涂色法检测。具体检测要求与用圆锥套规检测外圆锥相同，将显示剂涂在塞规表面，判断圆锥角大小的方法刚好相反。若小端被擦去，大端未擦去，说明圆锥角大了；反之，若大端被擦去，小端未被擦去，则说明圆锥角小了。<br>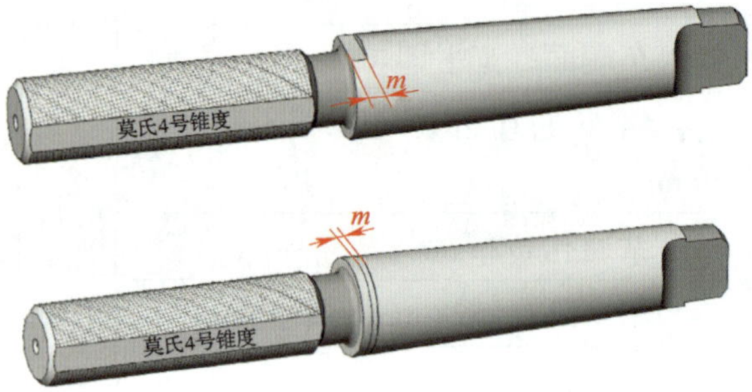<br><br>图 4–19　圆锥塞规 |
| | 圆锥尺寸的检测 | 主要用圆锥塞规检测。根据工件的直径尺寸及公差在圆锥塞规大端开有轴向距离为 $m$ 的台阶（或两刻线），分别表示通端与止端。检测时，若锥孔大端平面在台阶两端面之间（或两刻线之间），说明锥孔尺寸合格；若锥孔大端平面超过止端刻线，说明锥孔尺寸大了；若通、止端两条刻线都没有进入锥孔，说明锥孔尺寸小了，如图 4–20 所示。<br>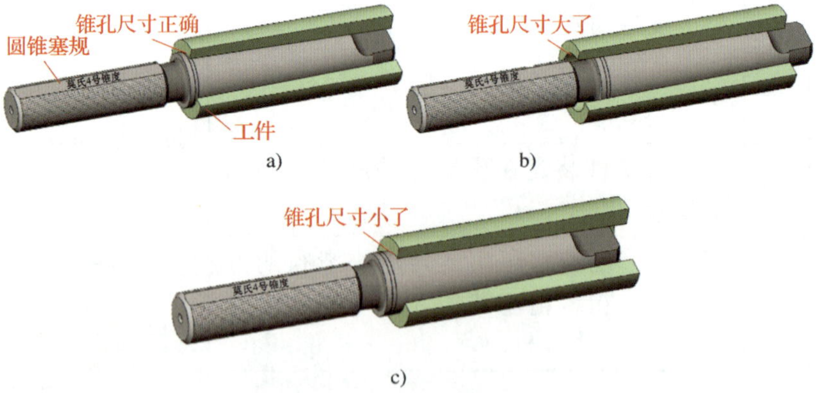<br><br>图 4–20　用圆锥塞规检测内圆锥尺寸<br>a）合格　b）锥孔尺寸大　c）锥孔尺寸小 |

## 第五单元

# 车特形面和表面修饰

## 课题一　车特形面

有些机器零件表面在零件的轴向剖面中呈曲线形，如圆球手柄、橄榄手柄等（图 5–1），具有这些特征的表面称为特形面。

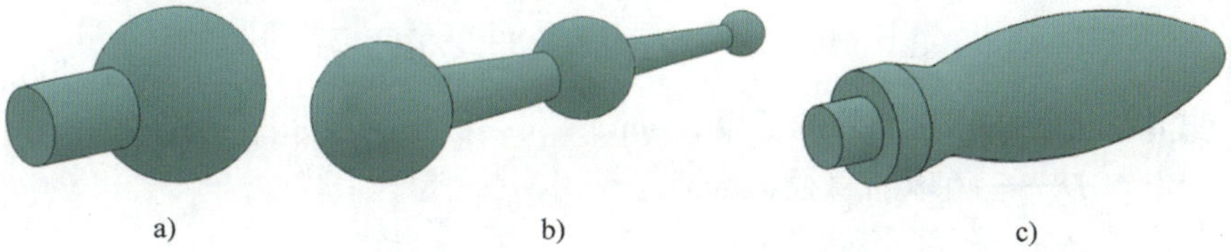

图 5–1　具有特形面的零件

a）圆球（单球）手柄　b）圆球（三球）手柄　c）橄榄手柄

特形面一般不能作为工件的装夹表面，所以车削带有特形面的工件时，应安排在粗车之后、精车之前进行，也可以在一次装夹中车削完成。

在车床上加工特形面时，应根据这些工件的表面特征、精度要求和生产批量大小，采用不同的加工方法。这些加工方法主要有双手控制法、成形法（即样板刀车削法）、仿形法（靠模仿形）和专用工具法等。本课题仅介绍双手控制法和成形法车特形面。

### 一、双手控制法车单球手柄

| 内容 | | 图例与说明 |
|---|---|---|
| 双手控制法车单球手柄 | 双手控制法 | 用双手控制中、小滑板或者控制中滑板与床鞍的合成运动，使刀尖的运动轨迹与工件所要求的特形面曲线重合，以实现车特形面目的的方法称为双手控制法，如图 5–2 所示。<br>双手控制法车特形面需要较高的技术水平，主要用于单件或数量较少的特形面工件的加工。 |

<table>
<tr><th colspan="2">内容</th><th>图例与说明</th></tr>
<tr><td rowspan="3">双手控制法车单球手柄</td><td>双手控制法</td><td>
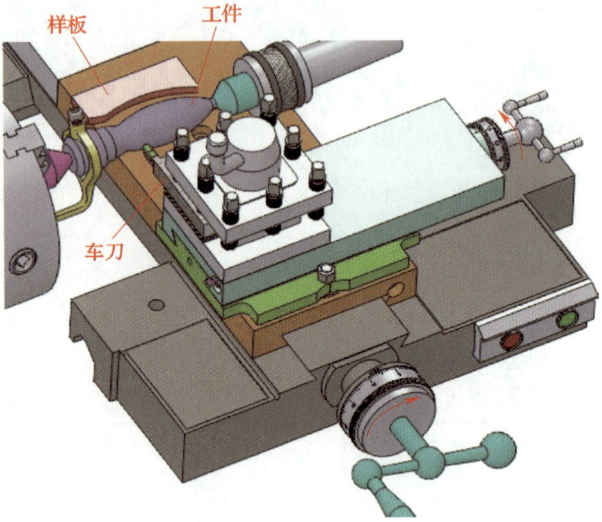

图 5–2　双手控制法车特形面
</td></tr>
<tr><td>圆球部分长度计算</td><td>
单球手柄（图 5–3）的圆球部分长度 $L$ 按下式计算：

$$L=\frac{D}{2}+\frac{1}{2}\sqrt{D^2-d^2}$$

式中　$L$——圆球部分的长度，mm；<br>
$D$——圆球的直径，mm；<br>
$d$——柄部直径，mm。

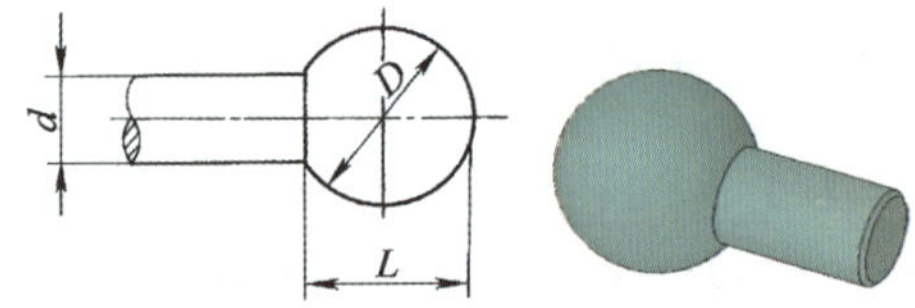

图 5–3　单球手柄计算
</td></tr>
<tr><td>车刀移动速度分析</td><td>
双手控制法车圆球时，车刀刀尖在圆球各不同位置处的纵、横向进给速度是不相同的，如图 5–4 所示。车刀从 $a$ 点出发至 $c$ 点，纵向进给速度由快→中→慢；横向进给速度则由慢→中→快。也就是在车削 $a$ 点时，中滑板的横向进给速度要比床鞍（或小滑板）的纵向进给速度慢；在车削 $b$ 点时，横向与纵向进给速度基本相等；在车削 $c$ 点时，横向进给速度要比纵向进给速度快。

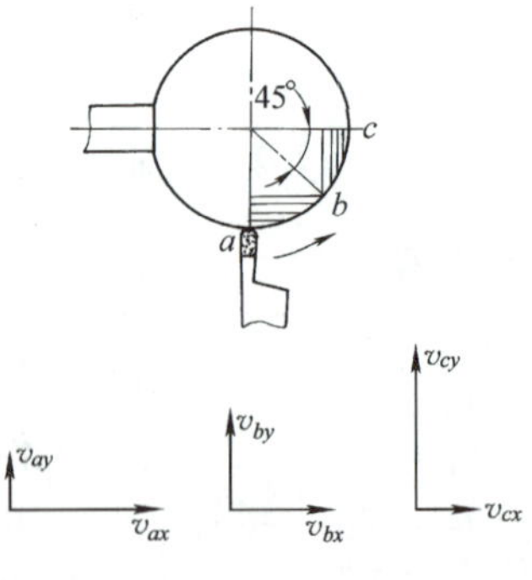

图 5–4　车刀纵、横向移动速度的变化
</td></tr>
</table>

<table>
<tr><th colspan="2">内容</th><th colspan="2">图例与说明</th></tr>
<tr><td rowspan="5">双手控制法车单球手柄</td><td rowspan="3">刀具选择和车削方法</td><td>1. 刃磨好刀具，装夹时严格对正工件中心，可选择硬质合金或高速钢刀具。</td><td>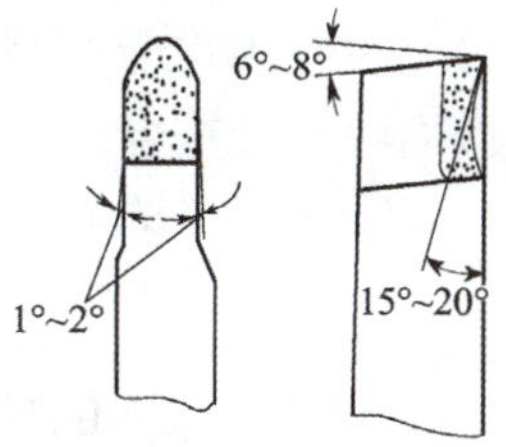

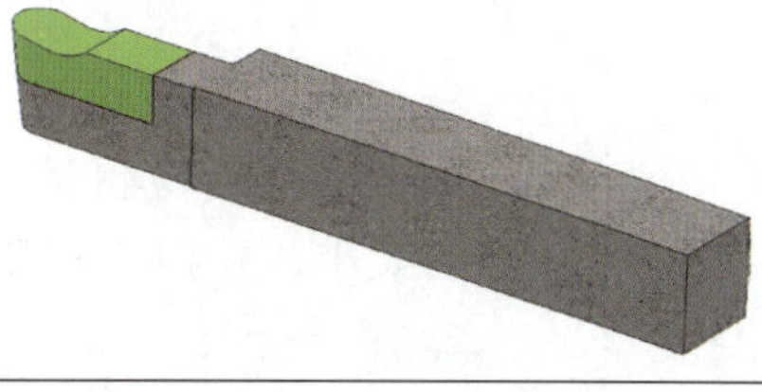</td></tr>
<tr><td>2. 先车圆球直径 $D$ 和柄部直径 $d$，以及圆球部分长度 $L$，留精车余量 0.2 ~ 0.3 mm。</td><td>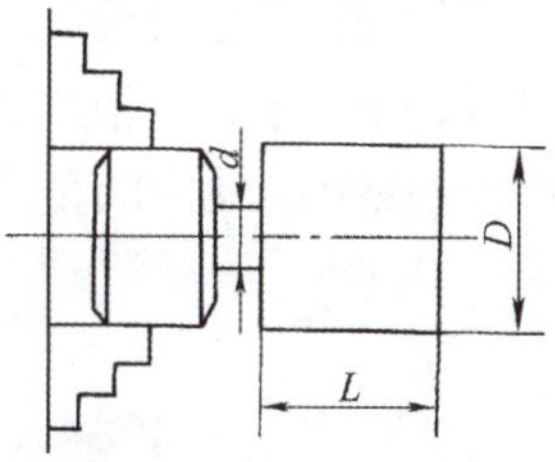
</td></tr>
<tr><td>3. 用半径 $R$ 为 2 ~ 3 mm 的圆头车刀从 $a$ 点向左（$c$ 点）、右（$b$ 点）方向逐步把余量车去。<br>4. 在 $c$ 点处用切断刀修清角。</td><td>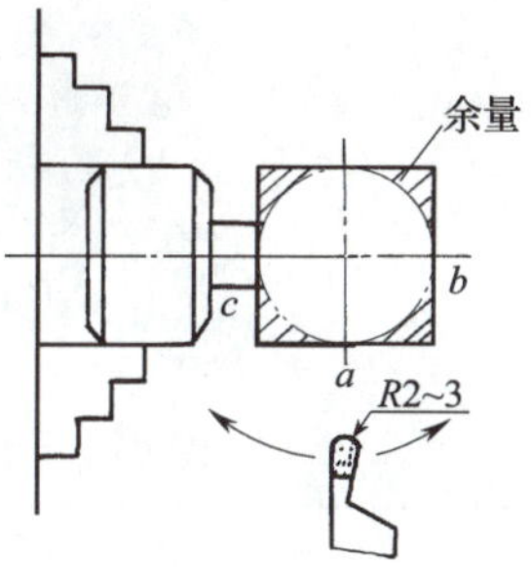
</td></tr>
<tr><td>修整</td><td colspan="2">由于双手控制法为手动进给车削，工件表面不可避免地留下高低不平的刀痕，所以必须用细齿纹平锉进行修光，再用 1 号或 0 号砂布砂光。</td></tr>
<tr><td>注意事项</td><td colspan="2">1. 此法操作关键是双手配合要协调、熟练。要求准确控制车刀切入深度，防止将工件局部车小。<br>2. 车削时需经多次合成进给运动，才能使车刀刀尖逐渐逼进图样所要求的曲面。<br>3. 装夹工件时，伸出长度应尽量短，以提高其刚度。若工件较长，可采用一夹一顶的方法装夹。<br>4. 车削曲面时，车刀最好从曲面高处向低处送进。为了增加工件刚度，先车离卡盘远的一段曲面，后车离卡盘近的曲面。<br>5. 用双手控制法车削复杂特形面时，应将整个形面分解成几个简单的形面逐一加工。同时应注意：</td></tr>
</table>

<table>
<tr><th colspan="2">内容</th><th>图例与说明</th></tr>
<tr><td rowspan="2">双手控制法车单球手柄</td><td>注意事项</td><td>（1）无论分解成多少个简单的形面，其测量基准都应保持一致，并与整体形面的基准重合。<br>（2）对于既有直线又有圆弧的形面曲线，应先车直线部分，后车圆弧部分。<br>6. 锉削修整时，用力不能过猛，不准用无柄锉刀且应注意操作安全。</td></tr>
<tr><td>球面的检测</td><td>为保证球面的外形正确，在车削过程中应边车边检测。检测球面的常用方法有：<br>1. 用半径样板检测<br>用半径样板检测时，半径样板应对准工件中心，观察半径样板与工件之间间隙的大小，并根据间隙情形进行修整（图 5–5）。<br>2. 用千分尺检测<br>用千分尺检测时，千分尺测微螺杆轴线应通过工件球面中心，并应多次变换测量方向，根据测量结果进行修整。合格的球面，各测量方向所测得的量值应在图样规定的范围内（图 5–6）。<br>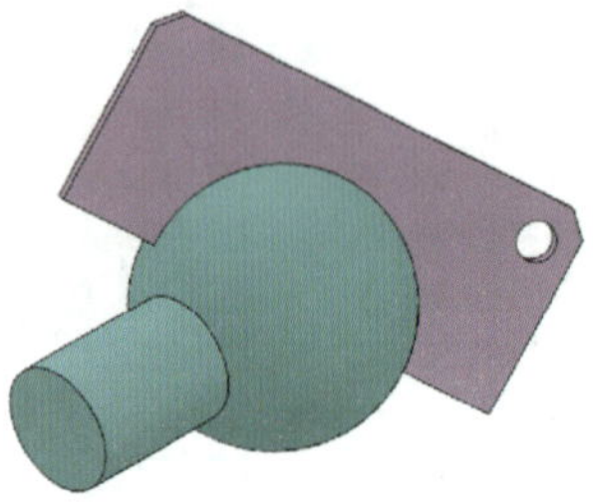<br>图 5–5　用半径样板检测球面<br>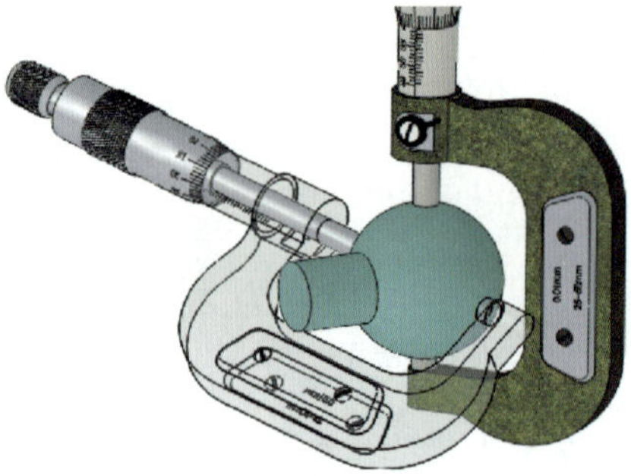<br>图 5–6　用千分尺检测球面</td></tr>
<tr><td>圆球手柄车削练习</td><td>工件图样</td><td>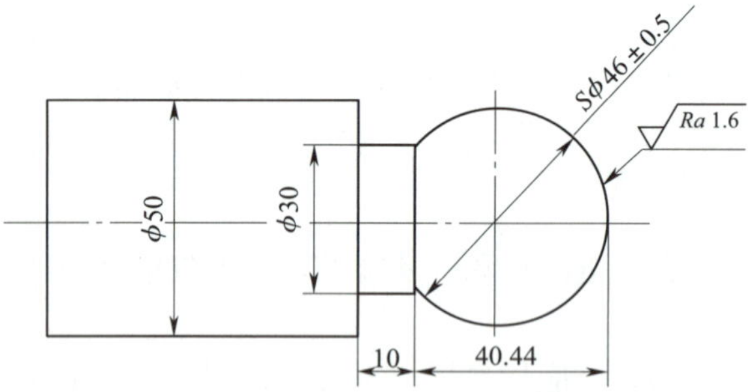<br><br>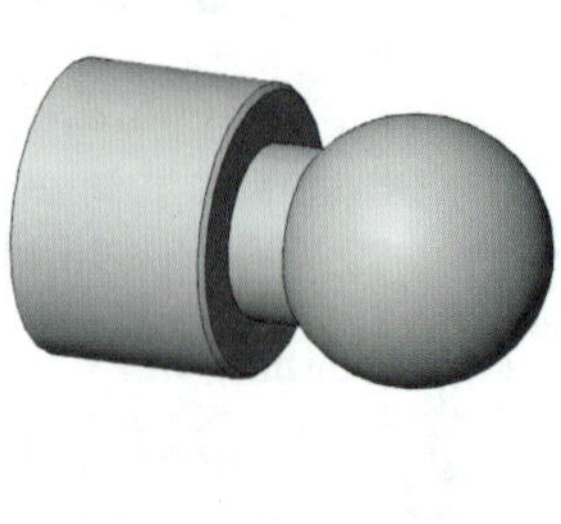<br>Ra 6.3 （√）<br><table><tr><td colspan="2">工件名称</td><td colspan="2">单球手柄</td></tr><tr><td>材料</td><td>45 钢</td><td>备料</td><td>ϕ50×120</td></tr></table></td></tr>
</table>

<table>
<tr><th colspan="2">内容</th><th colspan="4">图例与说明</th></tr>
<tr><td rowspan="8">圆球手柄车削练习</td><td rowspan="8">加工工艺卡片</td><td>10</td><td colspan="2">检查备料 $\phi$50 mm × 120 mm。</td><td rowspan="2">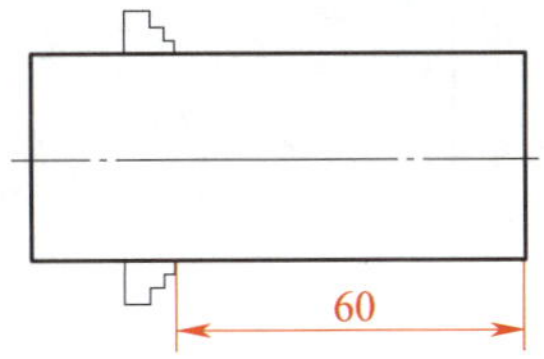
</td></tr>
<tr><td rowspan="6">20</td><td colspan="2">夹持棒料外圆，伸出长度不少于 60 mm，找正并夹紧。</td></tr>
<tr><td>1</td><td>车端面。</td><td rowspan="3">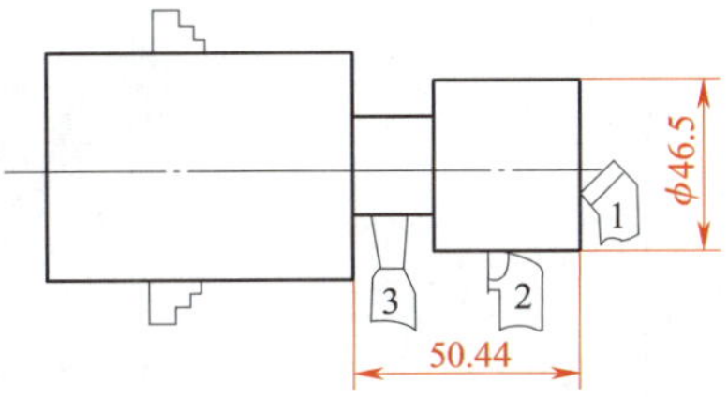
</td></tr>
<tr><td>2</td><td>车外圆至 $\phi$46.5 mm，长 50.44 mm。</td></tr>
<tr><td>3</td><td>车槽 $\phi$30 mm，宽 10 mm，并保证 $L$ 长度大于 40.44 mm。</td></tr>
<tr><td>4</td><td>用圆头车刀粗、精车球面至 S$\phi$（46 ± 0.5）mm 尺寸。</td><td rowspan="2">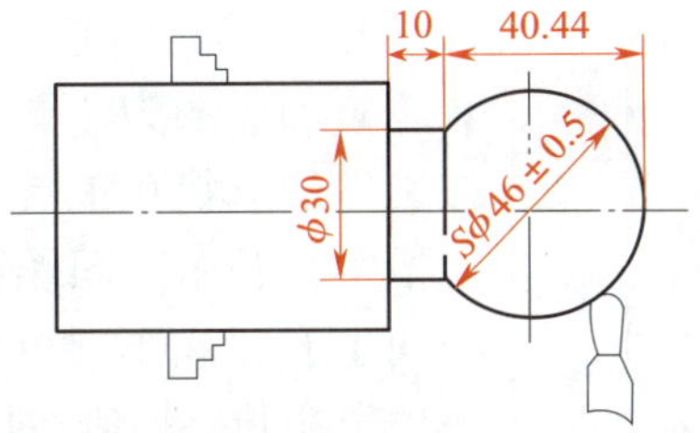
</td></tr>
<tr><td>5</td><td>清角，修整。</td></tr>
<tr><td>30</td><td colspan="3">检查合格后取下工件。</td></tr>
</table>

## 二、用成形刀车特形面

切削刃的形状与工件成形表面轮廓形状相同的车刀叫成形刀，又称样板刀。

用成形刀对工件进行加工的方法叫成形法。成形法适用于加工数量较多、特形面轴向尺寸不长且不很复杂的特形面工件。

| 内容 | | 图例与说明 |
|---|---|---|
| 用成形刀车特形面 | 成形刀 | **1. 整体式成形刀**<br>整体式成形刀与普通车刀相似，其特点是将切削刃磨成与特形面轮廓素线相同的曲线形状。对车削精度要求不高的特形面，其切削刃可用手工刃磨；对车削精度要求较高的特形面，切削刃应在工具磨床上刃磨。<br>整体式成形刀常用于车简单的特形面（图 5–7）。 |

| 内容 | | 图例与说明 |
|---|---|---|
| 用成形刀车特形面 | 成形刀 | |

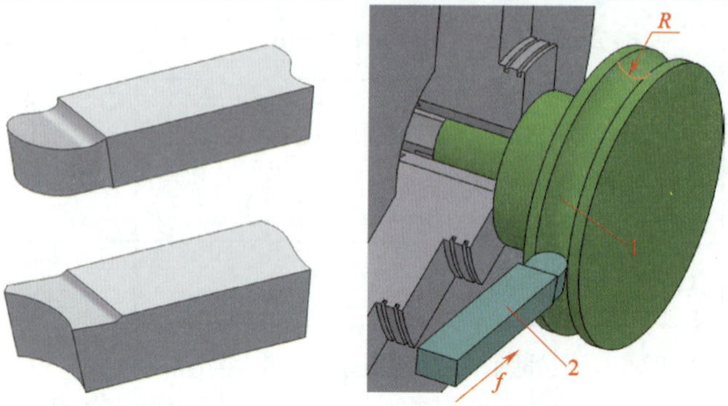


图 5-7　整体式成形刀车特形面

a）整体式高速钢成形刀　b）整体式成形刀的使用

1—特形面　2—整体式成形刀

**2. 棱形成形刀**

棱形成形刀（图 5-8）由刀头 1 和弹性刀柄 3 两部分组成。刀头的切削刃按工件的形状在工具磨床上磨出，刀头后部的燕尾块 2 装夹在弹性刀柄 3 的燕尾槽中，并用紧固螺钉 4 紧固。棱形成形刀磨损后，只需刃磨前面，并将刀头稍向上升，该车刀可以一直用到刀头无法夹持为止。这种成形刀加工精度高，使用寿命长，但制造比较复杂。

棱形成形刀主要用于车削较大直径的特形面。

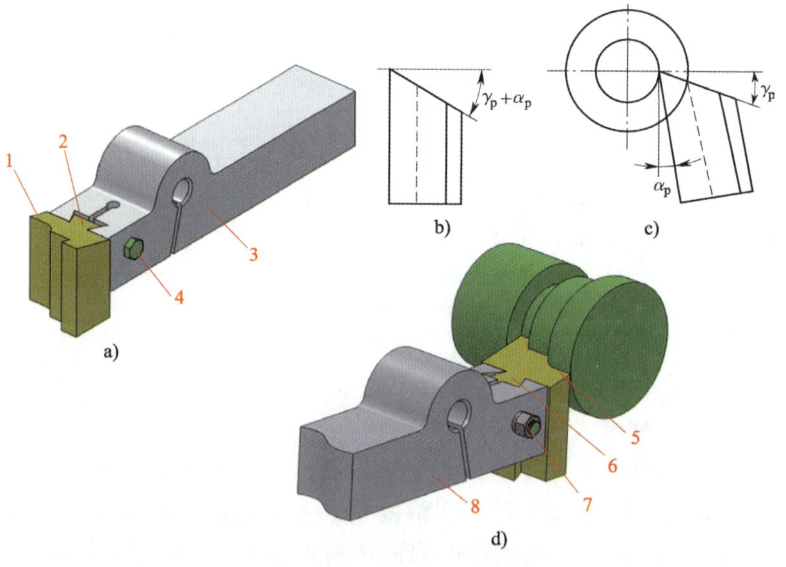


图 5-8　棱形成形刀车特形面

a）棱形成形刀　b）装刀前　c）装刀后　d）棱形成形刀的使用

1、5—刀头　2、6—燕尾块　3、8—弹性刀柄　4、7—紧固螺钉

| 内容 | | 图例与说明 |
| --- | --- | --- |
| 用成形刀车特形面 | 车削方法 | 车削时，为了保持成形刀切削刃的锋利和切削刃形状，减小切削阻力，常常只是在精加工阶段使用成形刀，而粗加工则用双手控制法切去大部分加工余量。<br>粗车时，初学者可用如图 5–9 所示的台阶车削法，将凹圆弧滚轮零件图上的特形面沿与回转轴线垂直方向作若干剖切平面，如 $P_1$、$P_2$、$P_3$、$P_4$ 等。剖切平面越多越精确；再按比例量出 $L_1$、$L_2$、$L_3$、$L_4$ 及 $D_1$、$D_2$、$D_3$、$D_4$ 的实际尺寸作为纵向、横向进给的依据，即确定刀尖在 $a_1$、$a_2$、$a_3$、$a_4$ 各点的位置尺寸。<br>训练有素的操作者则可凭目测和经验，熟练地协调双手控制进给运动，恰到好处地完成粗加工。<br>精车时，由于成形刀的主切削刃是一条曲线，其进给运动是单一横向（或纵向）的，因而切削刃与工件的接触面大。为了减小切削抗力和工件变形，减小振动以利排屑，前角应选大一点，一般选择 15°～20°。后角一般选择 6°～10° 为宜。<br>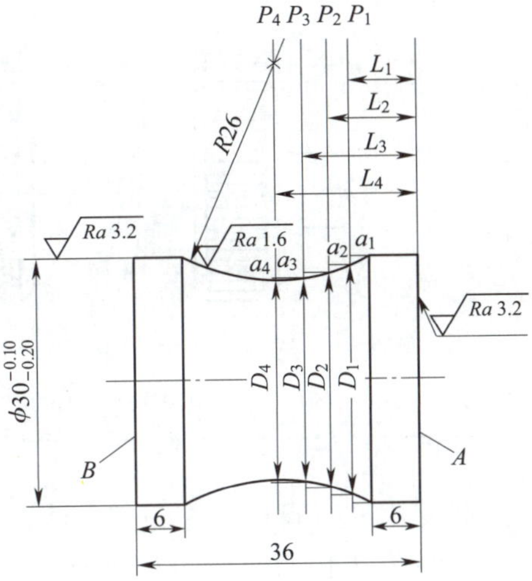<br>图 5–9　台阶车削法 |
| | 注意事项 | 1. 车床要有足够的刚度，同时应尽量将车床各部分的间隙，尤其是主轴、中滑板、床鞍的运动间隙调整得较小。<br>2. 成形刀的刃倾角宜取 $\lambda_s=0°$，以免造成形状误差。<br>3. 成形刀的刃口要对准工件轴线，装高容易扎刀，装低会引起振动。<br>4. 必要时可将成形刀反装，采用反切法进行车削。此时工件反转，正好使切削力与主轴、工件的重力方向相同，减少了振动。<br>5. 选用较小的进给量和切削速度。<br>6. 注意正确的润滑方法。车削钢件时须加乳化液，车削铸铁件时可加煤油作为切削液。 |

# 课题二　表面修饰

## 一、滚花

某些工具和机器零件的捏手部位，为了增加表面摩擦，便于使用或使工件表面美观，常在工件表面上滚压出各种不同的花纹，如千分尺的微分筒、车床中滑板刻度盘表面等。

用滚花工具在工件表面上滚压出花纹的加工称为滚花。

<table>
<tr><th colspan="2">内容</th><th>图例与说明</th></tr>
<tr><td rowspan="2">滚花花纹和滚花刀</td><td>滚花花纹的种类</td><td>滚花的花纹有直纹和网纹两种（图 5-10）。花纹有粗细之分，并用模数 $m$ 区分。模数越大，花纹越粗。<br>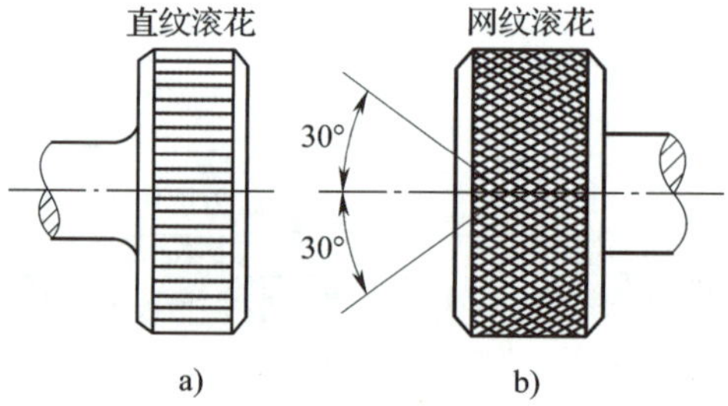<br><br>图 5-10　花纹的种类</td></tr>
<tr><td>滚花刀的种类</td><td>车床上滚花使用的工具称为滚花刀。滚花刀一般有单轮、双轮和六轮三种（图 5-11）。单轮滚花刀由直纹滚轮和刀柄组成，用来滚直纹；双轮滚花刀由两只旋向不同的滚轮、浮动连接头及刀柄组成，用来滚网纹；六轮滚花刀由 3 对不同模数的滚轮通过浮动连接头与刀柄组成一体，可以根据需要滚出 3 种不同模数的网纹。<br>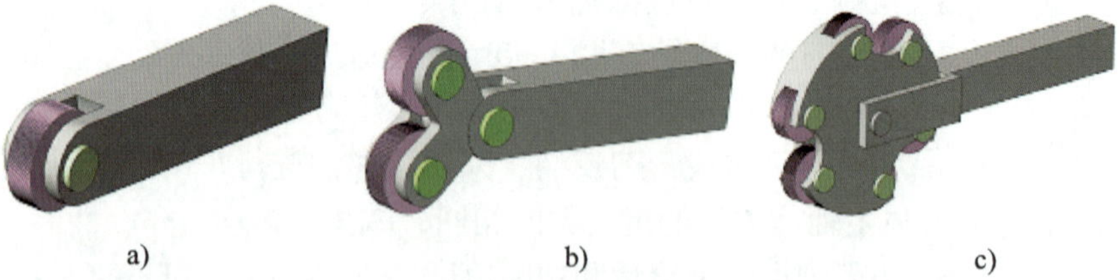<br><br>图 5-11　滚花刀<br>a）单轮（直纹）滚花刀　b）双轮（网纹）滚花刀　c）六轮（3 种网纹）滚花刀</td></tr>
</table>

<table>
<tr><th colspan="2">内容</th><th>图例与说明</th></tr>
<tr><td rowspan="2">滚花方法</td><td>滚花前的工件直径</td><td>由于滚花过程是利用滚花刀的滚轮来滚压工件表面的金属层，使其产生一定的塑性变形而形成花纹的，随着花纹的形成，滚花后工件直径会增大，因此，在滚花前滚花表面的直径应相应车小些。<br>一般在滚花前，根据工件材料的性质和花纹模数的大小，应将工件滚花表面的直径车小 0.8 $m$ ~ 1.6 $m$，$m$ 为模数。</td></tr>
<tr><td>滚花刀的装夹</td><td>滚花刀装夹在车床方刀架上，滚花刀的装刀（滚轮）中心与工件回转中心等高（图 5–12）。<br>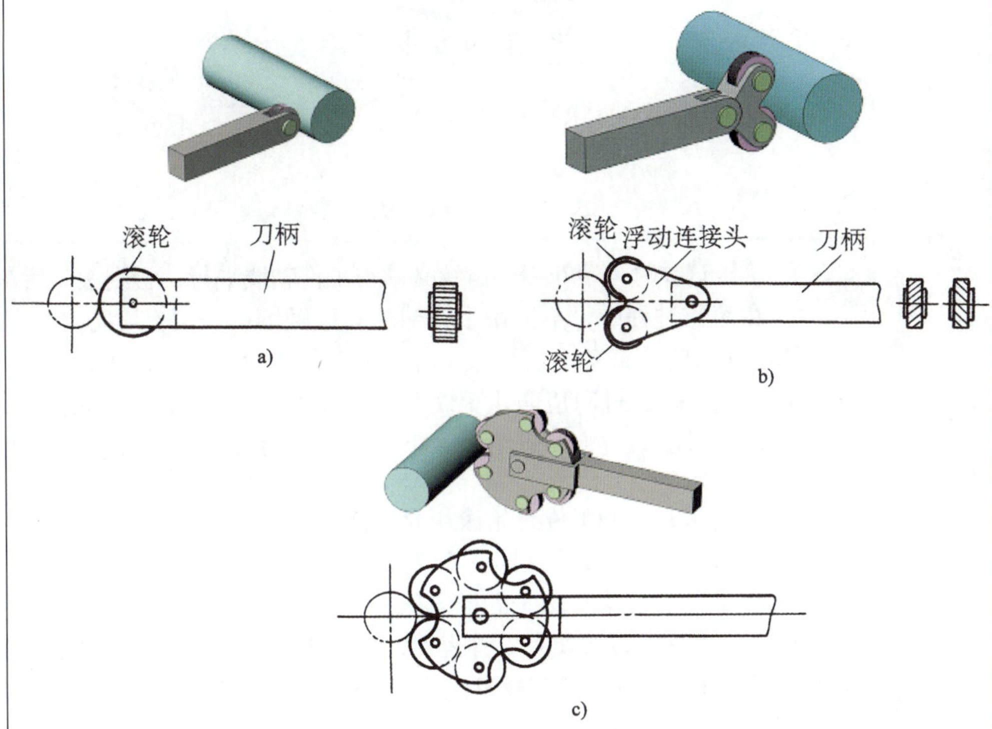
<br>图 5–12　滚花刀滚轮中心与工件回转中心等高<br>滚压有色金属或滚花表面要求较高的工件时，滚花刀滚轮轴线与工件轴线平行，如图 5–13 所示。<br>滚压碳素钢或滚花表面要求一般的工件，滚花刀的滚轮表面相对于工件轴线向左倾斜 3° ~ 5° 安装（图 5–14），这样便于切入工件表面且不易产生乱纹。</td></tr>
</table>

<table>
<tr><th colspan="2">内容</th><th>图例与说明</th></tr>
<tr><td rowspan="3">滚花方法</td><td>滚花刀的装夹</td><td>
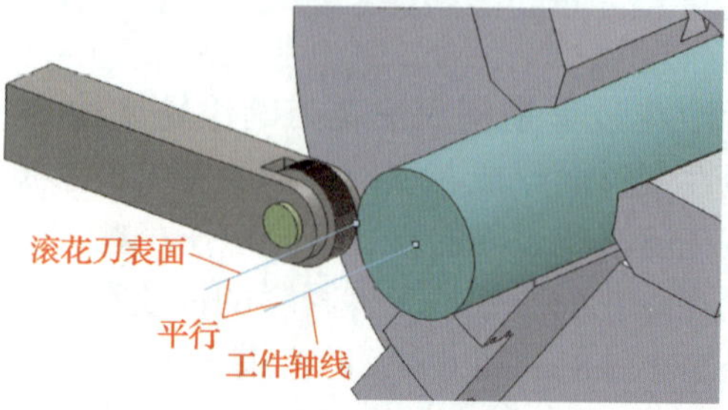


图 5-13 滚花刀平行装夹

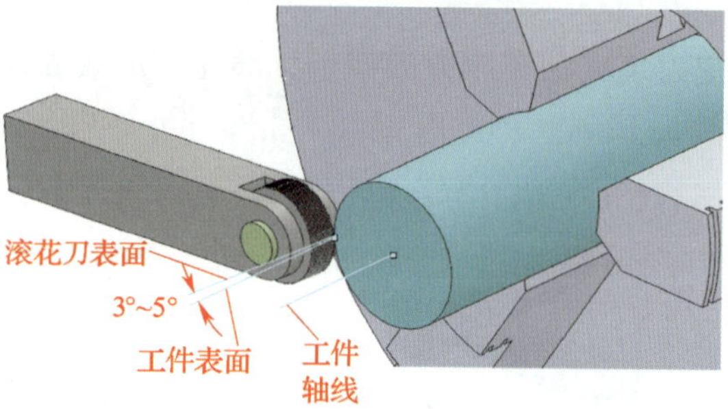


图 5-14 滚花刀倾斜装夹
</td></tr>
<tr><td>注意事项</td><td>
1. 滚压直纹时，滚花刀的齿纹必须与工件轴线平行，否则滚压后花纹不直。<br>
2. 在滚压过程中，不能用手或棉纱去接触滚压表面，以防发生绞手伤人事故；清除切屑时应避免毛刷接触工件与滚轮的咬合处，以防毛刷被卷入。<br>
3. 滚压细长工件时应防止工件弯曲，滚压薄壁工件时应防止变形。<br>
4. 滚压时压力过大、进给量太小，往往会滚出台阶形凹坑。
</td></tr>
<tr><td>滚花要点</td><td>
1. 在滚花刀接触工件开始滚压时，挤压力要大且猛一些，使工件圆周上一开始就形成较深的花纹，这样就不易产生乱纹。<br>
2. 为了减小滚花开始时的径向压力，可以使滚轮表面宽度的 1/3 ~ 1/2 与工件接触，使滚花刀容易切入工件表面，如图 5-15 所示。在停车检查花纹符合要求后，即可纵向机动进给，反复滚压 1 ~ 3 次，直至花纹凸出达到要求为止。

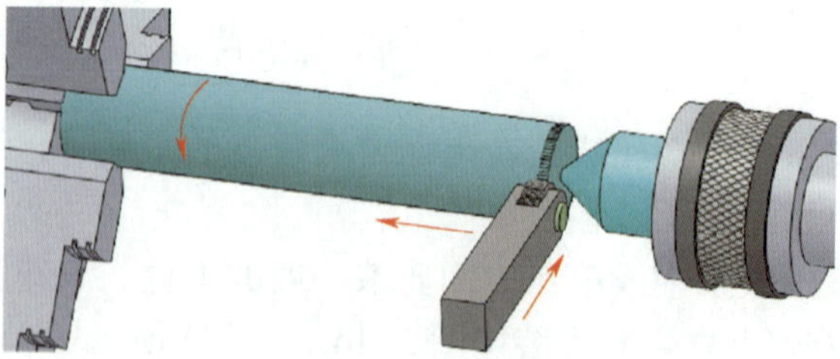

图 5-15 滚花刀横向进给位置
</td></tr>
</table>

| 内容 | | 图例与说明 |
| --- | --- | --- |
| 滚花方法 | 滚花要点 | 3. 滚花时，应选低的切削速度，一般为 5 ~ 10 m/min。纵向进给量可选择大些，一般为 0.3 ~ 0.6 mm/r。<br>4. 滚花时，应充分浇注切削液以润滑滚轮和防止滚轮发热损坏，并经常清除滚压产生的切屑。<br>5. 滚花时径向力很大，所用设备应刚度较高，工件必须装夹牢靠。由于滚花时出现工件移位现象难以完全避免，所以车削带有滚花表面的工件时，滚花应安排在粗车之后、精车之前进行。 |

## 二、表面抛光

利用机械、化学或电化学的作用，使工件获得光亮、平整表面的加工方法称为抛光。在车削加工时由于手动进给不均匀，尤其是双手同时进给车削特形面时，往往在工件表面留下不均匀的刀痕。抛光的目的就在于去除这些刀痕和减小表面粗糙度值。在车床上抛光通常采用锉刀修光和砂布砂光两种方法。

| 内容 | | 图例与说明 |
| --- | --- | --- |
| 锉刀修光 | 锉刀 | 修光用的锉刀常用细齿纹的平锉（又称板锉）和整形锉（又称什锦锉）或特细齿纹的油光锉。修光的锉削余量一般为 0.01 ~ 0.03 mm。 |
| | 握锉方法 | 在车床上用锉刀修光时，为保证安全，最好用左手握锉柄，右手扶住锉刀前端进行锉削，如图 5–16 所示。<br>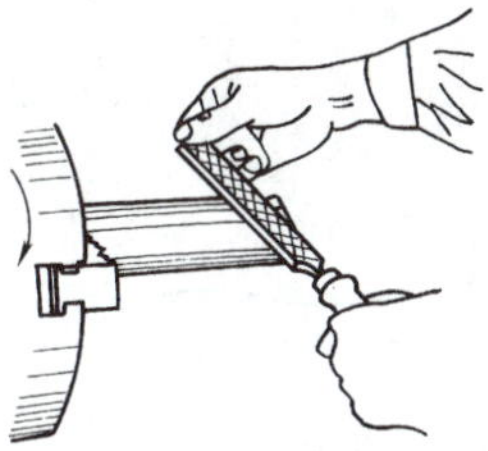<br>图 5–16　在车床上用锉刀修光的姿势 |
| | 锉刀修光要点 | 在车床上锉削时，要注意做到：推锉力和压力要均匀，不可过大或过猛，以免把工件表面锉出沟纹或锉成节状、锉扁；推锉速度要缓慢（一般为 40 次 /min 左右），并尽量利用锉刀的有效长度。<br>锉削修光时，应合理选择锉削速度。锉削速度不宜过高，否则容易造成锉齿磨钝；锉削速度过低则容易把工件锉扁。<br>进行精细修锉时，除选用油光锉外，可在锉刀的锉齿面上涂一层粉笔末，并经常用铜丝刷清理齿缝，以防锉屑嵌入齿缝划伤工件表面。 |

<table>
<tr><th colspan="2">内容</th><th>图例与说明</th></tr>
<tr><td rowspan="4">砂布砂光</td><td>砂布</td><td>用砂布或砂纸磨光工件表面的过程称为砂光。工件表面经过精车或锉刀修光后，如果表面粗糙度值还不够小，可用砂布砂光的抛光方法。<br>在车床上抛光时用的砂布，常用细粒度的 0 号或 1 号砂布。砂布越细，抛光后的表面粗糙度值越小。</td></tr>
<tr><td>砂光外圆的方法</td><td>1. 把砂布垫在锉刀下面进行砂光。<br>2. 用双手直接捏住砂布两端，右手在前，左手在后进行砂光，如图 5–17 所示。砂光时，双手用力不可过大，防止砂布因摩擦过度而被拉断。<br>3. 将砂布夹在抛光夹的圆弧槽内，套在工件上后，手握抛光夹纵向移动砂光工件，如图 5–18 所示。用抛光夹砂光比手捏砂布砂光安全，适于成批砂光，但仅适合形状简单的工件砂光。<br>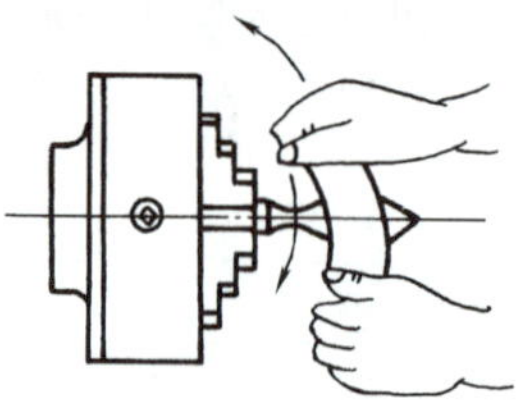<br>图 5–17　手捏砂布砂光<br>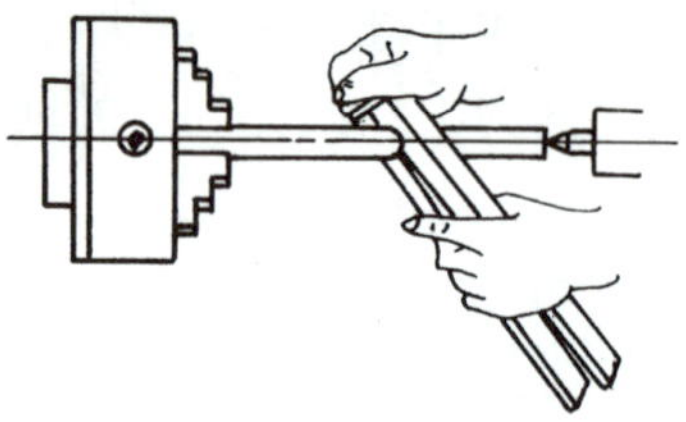<br>图 5–18　用抛光夹砂光</td></tr>
<tr><td>砂光内孔的方法</td><td>用砂布砂光内孔时，可用一根比内孔孔径小的木棒，在一端开槽，如图 5–19 所示。将砂布撕成条状，一端插在木棒槽内，并按顺时针方向将砂布缠紧在木棒上，然后进行内孔砂光，如图 5–20 所示。<br>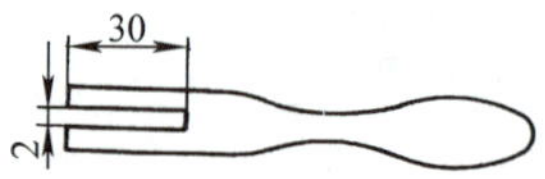<br><br>图 5–19　抛光棒<br>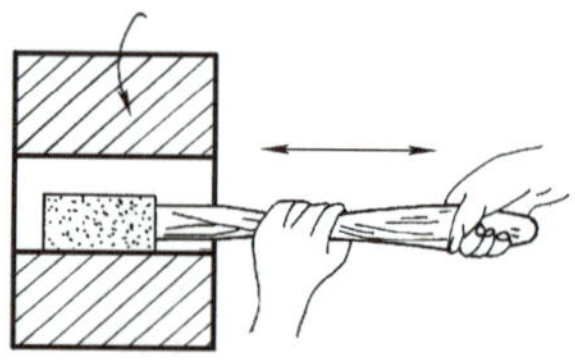<br>图 5–20　用抛光棒砂光</td></tr>
<tr><td>砂光要点</td><td>用砂布砂光工件时，应选择较高的转速，并使砂布在工件表面来回缓慢而均匀地移动。最后精砂时，可在砂布上加少许机油或金刚砂粉，这样可以获得更好的表面质量。<br>砂光内孔时，若内孔孔径较大，除用抛光棒砂光外，还可以用手捏住砂布进行砂光；但砂光小孔时必须使用抛光棒，严禁将砂布缠绕在手指上伸入孔内砂光，以免发生事故。</td></tr>
</table>

# 第六单元

# 车螺纹和蜗杆

## 课题一　车三角形螺纹

### 一、高速钢三角形外螺纹车刀及其刃磨

<table>
<tr><th colspan="2">内容</th><th>图例与说明</th></tr>
<tr><td colspan="2">高速钢三角形外螺纹车刀</td><td>高速钢三角形外螺纹车刀（图 6–1）刃磨方便，切削刃锋利，韧性好，车削时刀尖不易崩裂，车出螺纹的表面粗糙度值小。但其热稳定性差，不宜用于高速车削，常用于低速车削，加工塑性材料的螺纹或作为螺纹的精车刀。<br>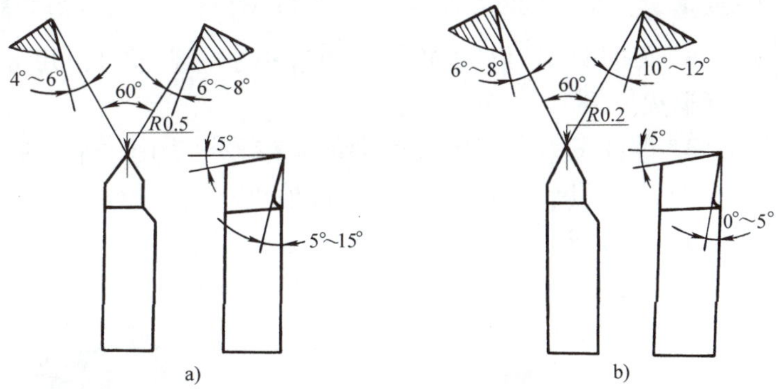<br><br>图 6–1　高速钢三角形外螺纹车刀<br>a）粗车刀　b）精车刀</td></tr>
<tr><td>高速钢三角形外螺纹车刀的刃磨</td><td>刃磨要求</td><td>1. 刀尖角 $\varepsilon_r$ 应等于牙型角 $\alpha$。车普通螺纹时，$\varepsilon_r$=60°；车英制螺纹时，$\varepsilon_r$=55°。<br>2. 当螺纹车刀的径向前角 $\gamma_p$=0° 时，车刀前面上的刀尖角 $\varepsilon_r'=\varepsilon_r=\alpha$；当螺纹车刀的径向前角 $\gamma_p$>0° 时，车刀前面上的刀尖角 $\varepsilon_r'\leqslant\alpha$，$\varepsilon_r'$ 按表 6–1 进行修正。</td></tr>
</table>

<table>
<tr><th colspan="2">内容</th><th>图例与说明</th></tr>
<tr><td rowspan="2">高速钢三角形外螺纹车刀的刃磨</td><td>刃磨要求</td><td>

表 6–1　螺纹车刀前面上刀尖角 $\varepsilon_r'$ 修正值

| 径向前角 $\gamma_p$ | 牙型角 $\alpha$ | | | | |
|---|---|---|---|---|---|
| | 60° | 55° | 40° | 30° | 29° |
| 0° | 60° | 55° | 40° | 30° | 29° |
| 5° | 59° 49′ | 54° 49′ | 39° 52′ | 29° 53′ | 28° 54′ |
| 10° | 59° 15′ | 54° 17′ | 39° 26′ | 29° 34′ | 28° 35′ |
| 15° | 58° 18′ | 53° 23′ | 38° 44′ | 29° 01′ | 28° 03′ |
| 20° | 56° 58′ | 52° 08′ | 37° 46′ | 28° 16′ | 27° 19′ |

3. 螺纹车刀的两个切削刃必须刃磨平直，不允许出现崩刃。
4. 螺纹车刀的切削部分不能歪斜，刀尖半角 $\varepsilon_r'/2$ 应对称。
5. 螺纹车刀的前面与两个主后面的表面粗糙度值要小。
</td></tr>
<tr><td>刃磨注意事项</td><td>

1. 粗磨有径向前角的螺纹车刀时，应使刀尖角略大于牙型角，待磨好前角后再修磨两刃夹角。

2. 刃磨高速钢螺纹车刀时，应选用细粒度砂轮（如粒度号 80 的氧化铝砂轮）。

3. 刃磨时车刀对砂轮的压力应小于一般车刀，并常浸水冷却，以防过热引起退火。

4. 螺纹车刀在刃磨过程中，应在砂轮表面水平方向缓慢移动，这样容易使车刀刃口刃磨平直，表面粗糙度值小。

5. 刃磨车削窄槽或高台阶螺纹的螺纹车刀时，应将螺纹车刀进给方向一侧的刀刃磨短些（图 6–2），以有利于车削时退刀。

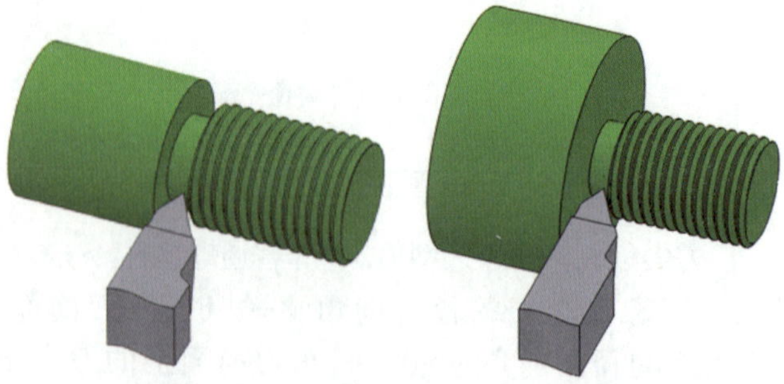

图 6–2　车削窄槽、高台阶螺纹的车刀
</td></tr>
</table>

<table>
<tr><th colspan="2">内容</th><th colspan="2">图例与说明</th></tr>
<tr><td rowspan="5">高速钢三角形外螺纹车刀的刃磨</td><td rowspan="5">刃磨步骤</td><td colspan="2">以 6 mm × 16 mm × 200 mm 高速钢刀片刃磨图 6–1b 所示精车刀为例。</td></tr>
<tr><td>1. 刃磨左侧进给方向后面，控制刀尖半角 $\varepsilon_r/2$ 及后角 $\alpha_{oL}(\alpha_o+\psi)$。此时刀柄与砂轮圆周夹角约为 $\varepsilon_r/2$，刀面向外侧倾斜 $\alpha_o+\psi$，刀头上翘 5°。</td><td>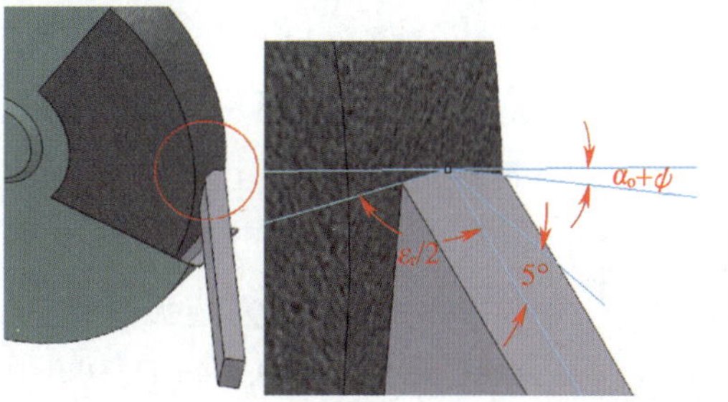</td></tr>
<tr><td>2. 刃磨右侧背离进给方向后面，以初步形成两切削刃的夹角，控制刀尖角 $\varepsilon_r$ 及后角 $\alpha_{oR}(\alpha_o-\psi)$。此时刀柄与砂轮圆周夹角仍约为 $\varepsilon_r/2$，刀面向外侧倾斜 $\alpha_o-\psi$，刀头上翘 5°。</td><td>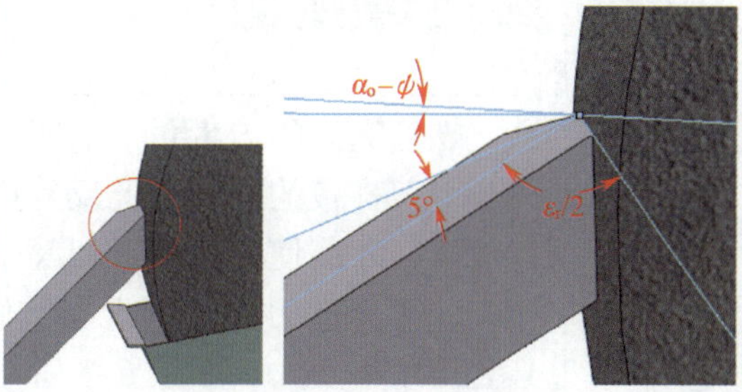</td></tr>
<tr><td>3. 刀具在刃磨过程中可通过目测法观察角度是否符合图样（切削）要求，刀刃是否锋利，表面是否有裂痕和其他是否有不符合切削要求的缺陷并修正。用角度尺或螺纹样板测量刀尖角。</td><td>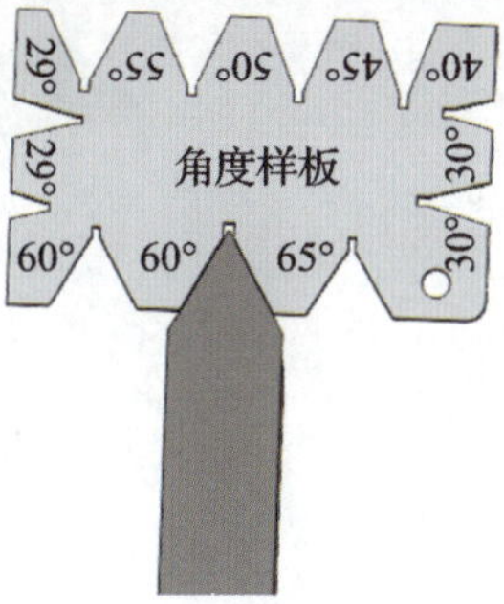</td></tr>
<tr><td>4. 精磨两后面。车刀左侧进刀后角 $\alpha_{oL}$ 为 10° ~ 12°，右侧背离进刀后角 $\alpha_{oR}$ 为 6° ~ 8°，刀头仍上翘 5°，以形成主后角 5°。</td><td>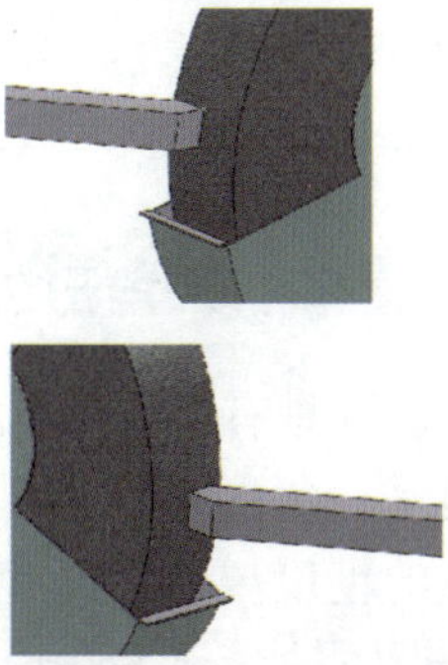</td></tr>
</table>

<table>
<tr><th colspan="2">内容</th><th colspan="2">图例与说明</th></tr>
<tr><td rowspan="3">高速钢三角形外螺纹车刀的刃磨</td><td rowspan="2">刃磨步骤</td><td>5. 粗、精磨前面，以形成前角，$\gamma_p$为0°～5°。方法是离开刀尖、大于牙型深度处以砂轮边角为支点，夹角等于前角，使火花最后在刀尖处磨出。</td><td>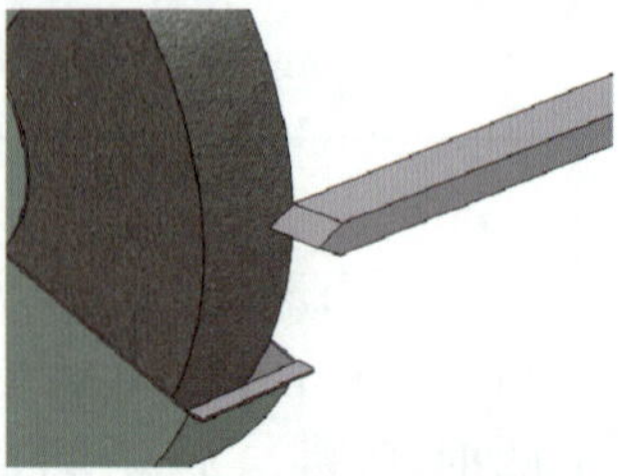</td></tr>
<tr><td>6. 刃磨刀尖圆弧过渡刃。过渡棱宽度约为0.1P（P为螺距）。<br>注意刀头仍要上翘5°，自然摆动刃磨成圆弧形。</td><td>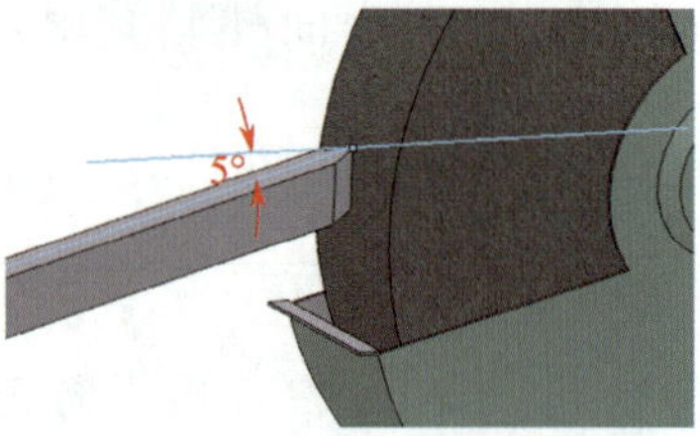</td></tr>
<tr><td>刀尖角的检查与修正</td><td colspan="2">螺纹车刀的刀尖角一般用螺纹对刀样板通过透光法检查，根据车刀两切削刃与对刀样板的贴合情况反复修正。检查与修正时，对刀样板应与车刀基面平行放置，才能使刀尖角近似等于牙型角。如果将对刀样板平行于车刀前面进行检查，车刀的刀尖角则没有被修正，用这样的螺纹车刀加工出的三角形螺纹，其牙型角将变大，如图6-3所示。<br>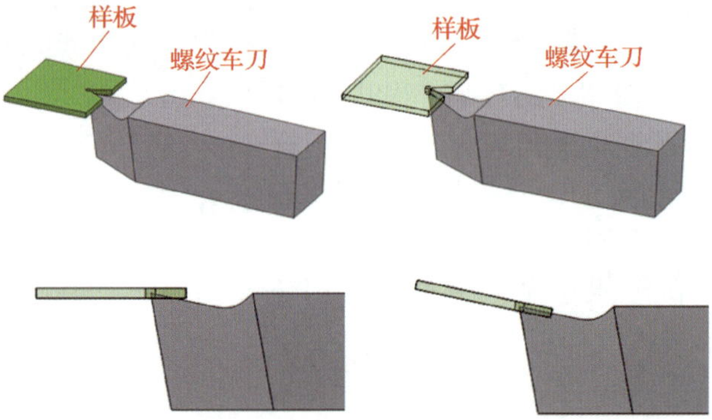<br>a)　　b)<br>图6-3　用样板检查和修正刀尖角<br>a）正确检查　b）错误检查</td></tr>
</table>

## 二、低速车削三角形外螺纹

三角形螺纹具有螺距小、螺纹长度短、自锁性好的特点，常用于机械零部件的连接、紧固。车削是三角形螺纹加工常用的方法之一，车削三角形螺纹的基本要求：中径尺寸应符合相应的精度要求；牙型角必须准确；两牙型半角应相等；牙型两侧面的表面粗糙度值要小；螺纹轴线与工件轴线应保持同轴。

<table>
<tr><th colspan="2">内容</th><th colspan="3">图例与说明</th></tr>
<tr><td rowspan="7">车削三角形外螺纹的工艺准备</td><td rowspan="7">车床的调整</td><td colspan="3">车削螺纹时，中、小滑板与楔铁之间的间隙应适当。间隙过大，中、小滑板太松，车削中容易产生“扎刀”现象；间隙过小，中、小滑板操作不灵活，摇动滑板费力。</td></tr>
<tr><td rowspan="3">小滑板调整方法</td><td>1. 松开小滑板右侧的顶紧螺栓。</td><td>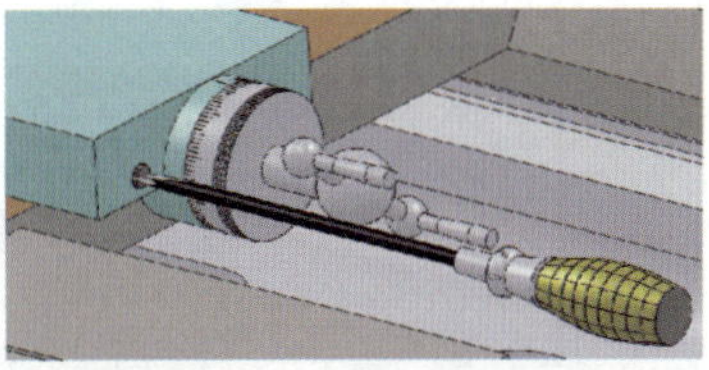</td></tr>
<tr><td>2. 调整小滑板左侧的限位螺栓，同步沿顺时针方向转动小滑板做进刀方向移动，至松紧得当。</td><td>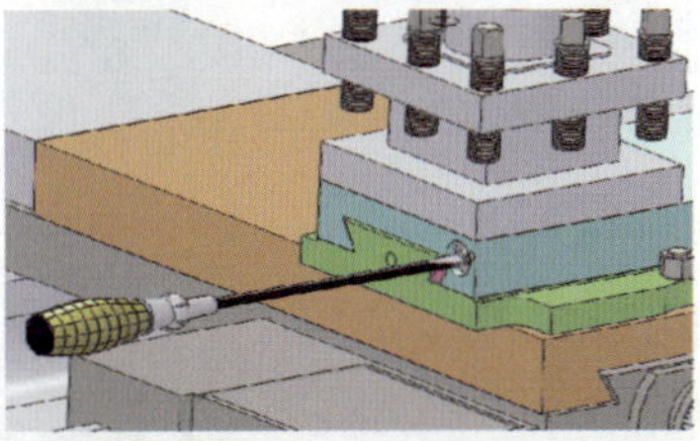</td></tr>
<tr><td>3. 调整合适后，紧固右侧的顶紧螺栓。</td><td>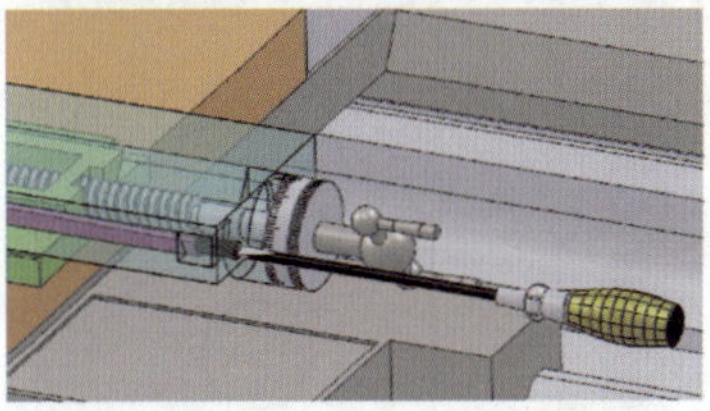</td></tr>
<tr><td rowspan="3">中滑板调整方法</td><td>1. 松开中滑板后面的顶紧螺栓。</td><td>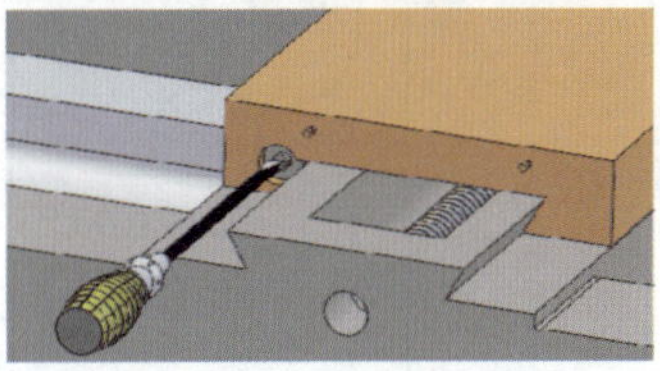</td></tr>
<tr><td>2. 调整前面的限位螺栓，同步摇动中滑板手柄，调整至松紧得当。</td><td>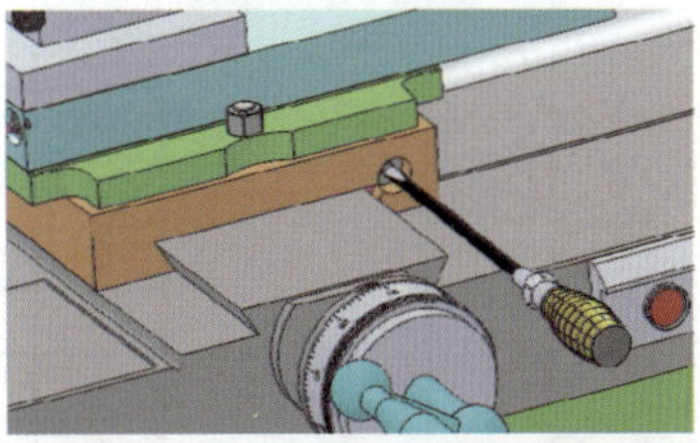</td></tr>
<tr><td>3. 调整合适后，紧固中滑板后面的顶紧螺栓。</td><td>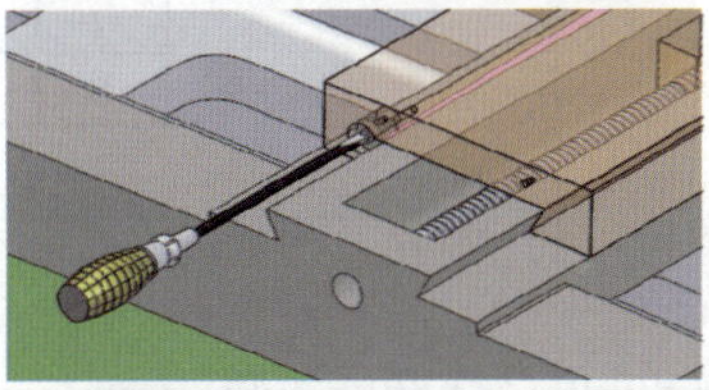</td></tr>
</table>

| 内容 | | 图例与说明 |
|---|---|---|
| 车削三角形外螺纹的工艺准备 | 手柄位置调整 | 见右 |

按工件被加工螺纹的螺距，在车床进给箱的铭牌上查找到相应手柄的位置参数，把手柄拨到所需的位置上。

CA6140 型车床进给箱上的手柄位置如图 6–4 所示，进给箱上的铭牌如图 6–5 所示。

图 6–4　进给箱上的手柄位置

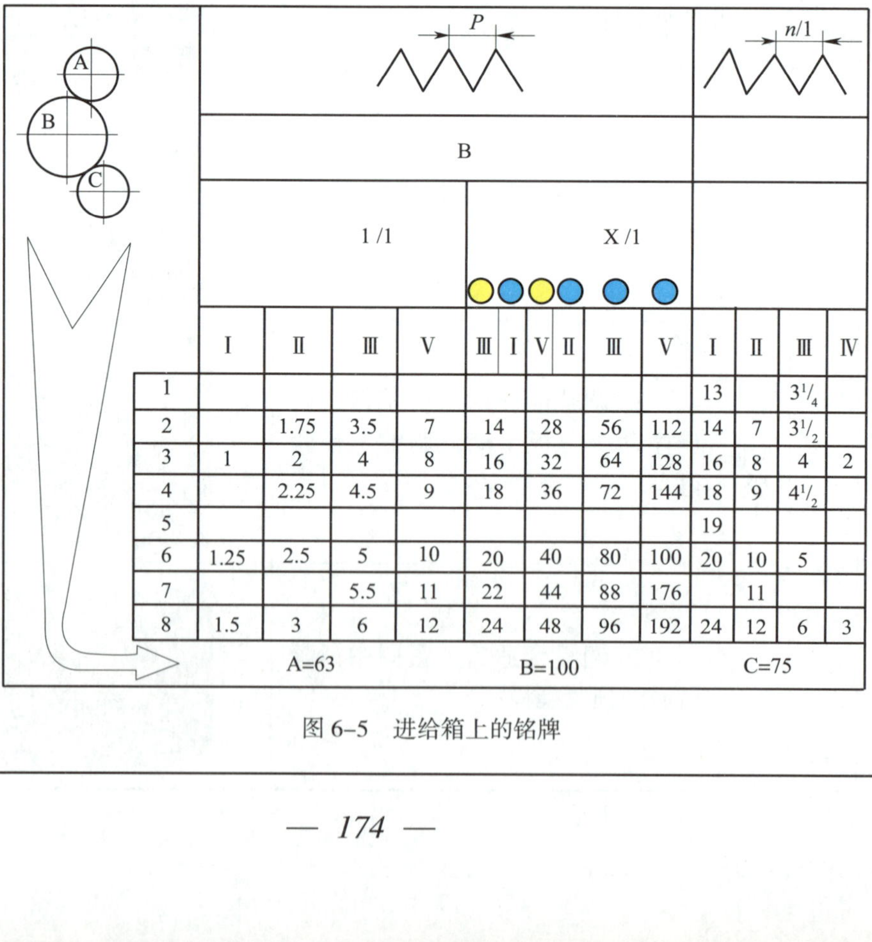


| | B | | | | | | | | | | | |
|---|---|---|---|---|---|---|---|---|---|---|---|---|
| | 1/1 | | | | X/1 | | | | | | | |
| | Ⅰ | Ⅱ | Ⅲ | Ⅴ | Ⅲ Ⅰ | Ⅴ Ⅱ | Ⅲ | Ⅴ | Ⅰ | Ⅱ | Ⅲ | Ⅳ |
| 1 | | | | | | | | | 13 | | $3^{1}/_{4}$ | |
| 2 | | 1.75 | 3.5 | 7 | 14 | 28 | 56 | 112 | 14 | 7 | $3^{1}/_{2}$ | |
| 3 | 1 | 2 | 4 | 8 | 16 | 32 | 64 | 128 | 16 | 8 | 4 | 2 |
| 4 | | 2.25 | 4.5 | 9 | 18 | 36 | 72 | 144 | 18 | 9 | $4^{1}/_{2}$ | |
| 5 | | | | | | | | | 19 | | | |
| 6 | 1.25 | 2.5 | 5 | 10 | 20 | 40 | 80 | 100 | 20 | 10 | 5 | |
| 7 | | | 5.5 | 11 | 22 | 44 | 88 | 176 | | 11 | | |
| 8 | 1.5 | 3 | 6 | 12 | 24 | 48 | 96 | 192 | 24 | 12 | 6 | 3 |
| | A=63 | | | | B=100 | | | | C=75 | | | |

图 6–5　进给箱上的铭牌

<table>
<tr><th colspan="2">内容</th><th colspan="2">图例与说明</th></tr>
<tr><td rowspan="4">车削三角形外螺纹的工艺准备</td><td rowspan="4">手柄位置调整</td><td>1. 变换正常或加大螺距手柄位置，选择右旋正常螺距（或导程）。</td><td>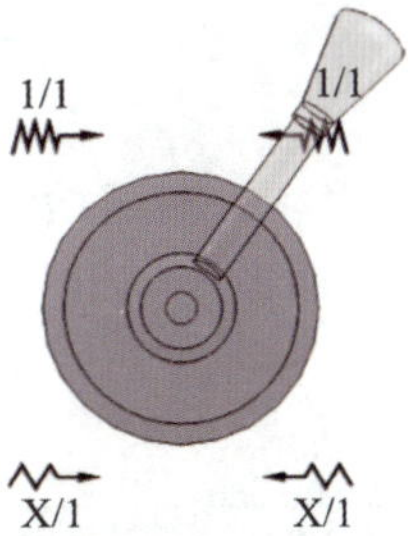
</td></tr>
<tr><td>2. 变换主轴变速手柄位置，选择主轴转速小于 170 r/min，以满足切削速度的要求。</td><td>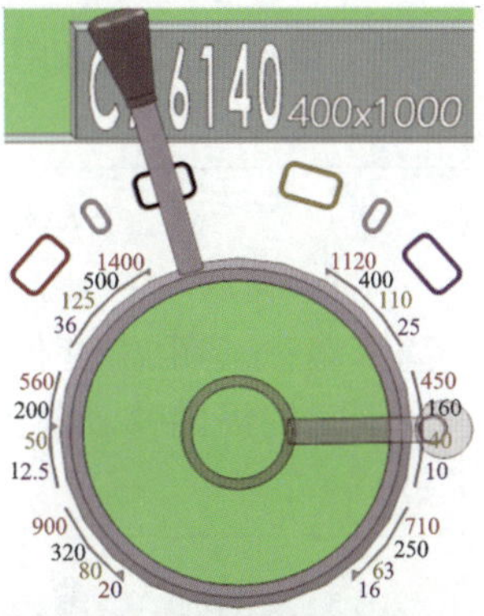
</td></tr>
<tr><td>3. 变换螺纹种类及手柄位置，选择手柄位置 B（米制螺纹）。</td><td>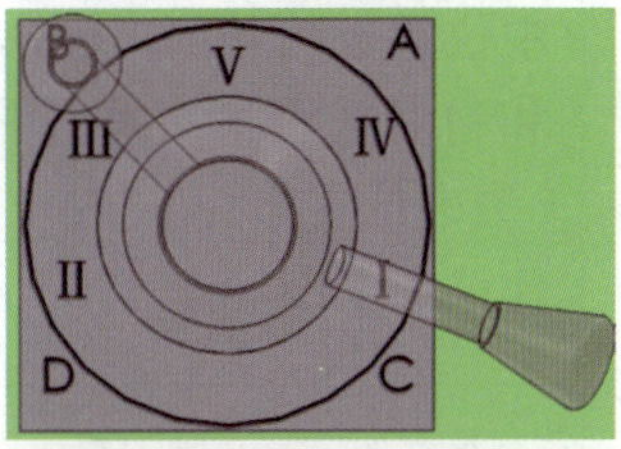

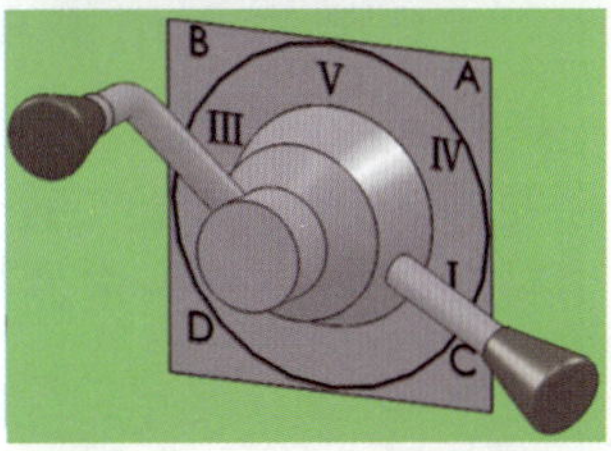
</td></tr>
<tr><td>4. 变换进给基本组操纵手柄位置，将手柄扳至“1”（此处选择所需螺距 $P$=2 mm）。</td><td>
</td></tr>
</table>

| 内容 | | 图例与说明 | |
|---|---|---|---|
| 车削三角形外螺纹的工艺准备 | 手柄位置调整 | 5. 变换进给倍增组操纵手柄，将手柄扳至“Ⅱ”。 | 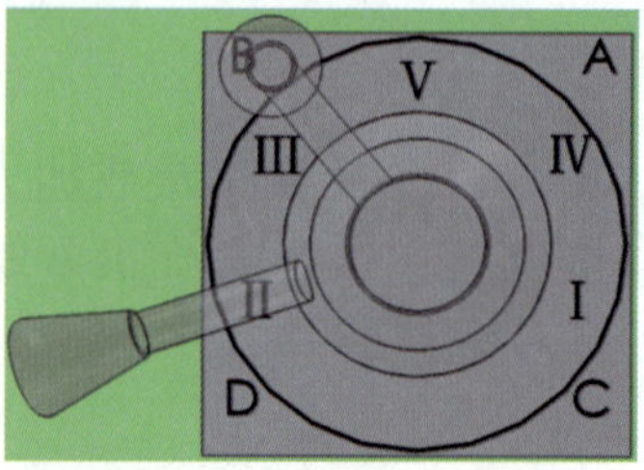 |
| | 车削三角形螺纹常采用提开合螺母法和开倒顺车法。 | | |
| | 提开合螺母法 | 1. 确认丝杠旋转，并在导轨离卡盘一定距离处做一记号作为车削时的纵向移动终点。 | 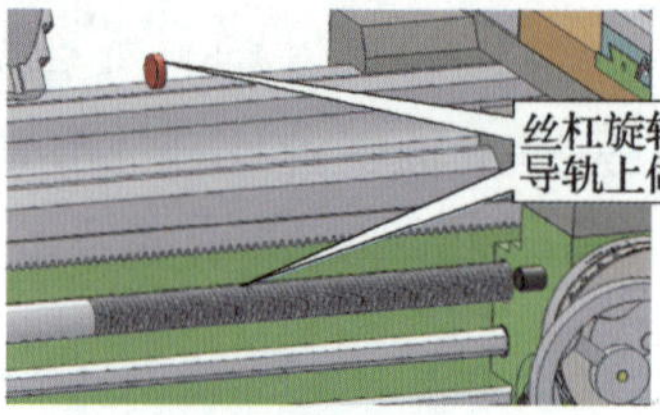 |
| | | 2. 向上提起操纵杆手柄（图中位置 1），操作者站在十字手柄和中滑板手柄之间（约 45° 方向）（图中位置 2）。此时车床主轴转速建议小于或等于 170 r/min。 | 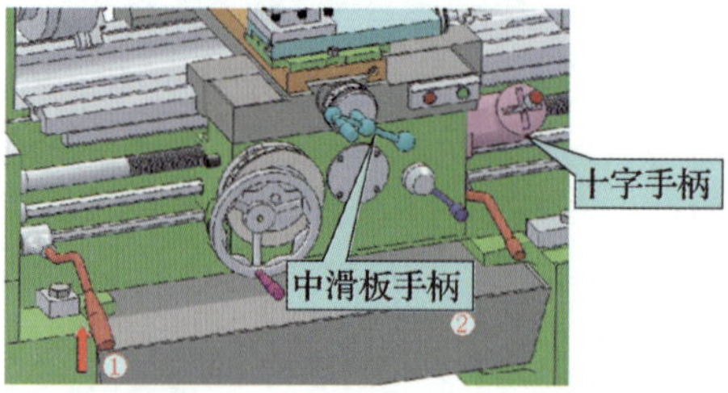 |
| | | 3. 左手握中滑板手柄进给 0.5 mm，右手压下开合螺母手柄，使开合螺母与丝杠啮合到位，床鞍和刀架按照一定的螺距做纵向移动。 | 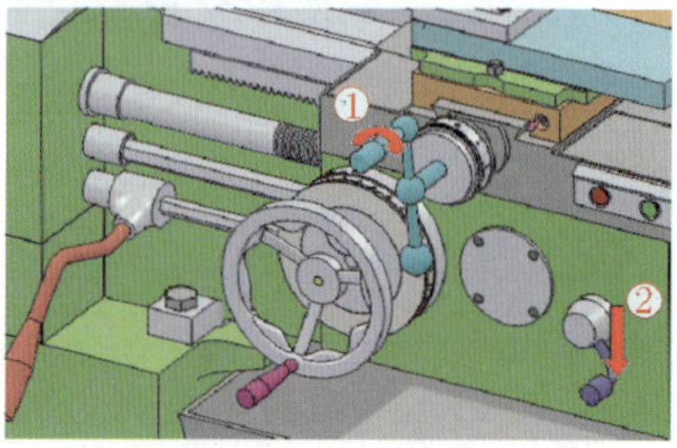 |
| | | 4. 当床鞍移动到记号处，右手迅速提起开合螺母手柄，左手操作中滑板退刀。<br>手摇床鞍手柄，将床鞍移动到初始位置。<br>重复步骤 2、3、4。 | 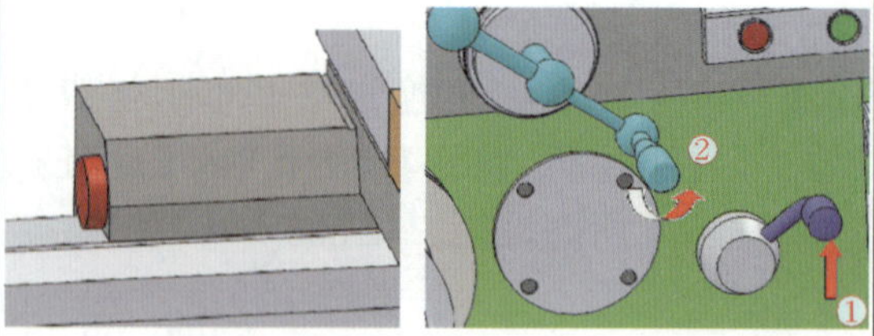 |

| 内容 | | 图例与说明 | |
|---|---|---|---|
| 车削三角形外螺纹的工艺准备 | 开倒顺车法 | 1. 操作者站立位置改为站在卡盘和刀架之间（约 45° 方向），左手操作中不离开操纵杆，右手在开合螺母合下后，负责中滑板进刀。 | 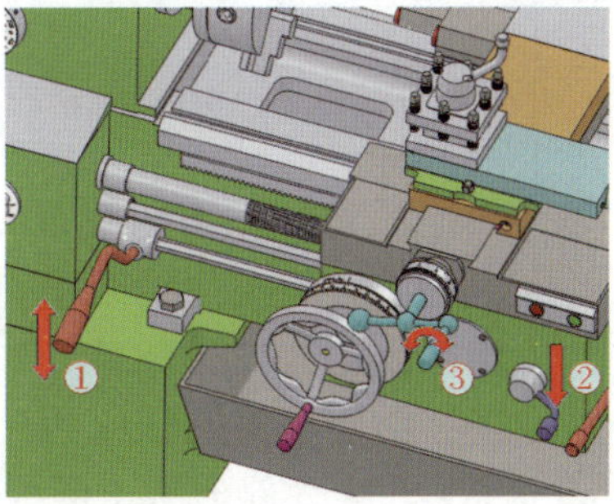 |
| | | 2. 当床鞍移动到记号处时，不提开合螺母手柄，右手快速退中滑板，左手同时压下操纵杆，使主轴反转，床鞍纵向退回。<br>向上提起操纵杆手柄，将床鞍停留到初始位置。<br>重复步骤 1、2。 | 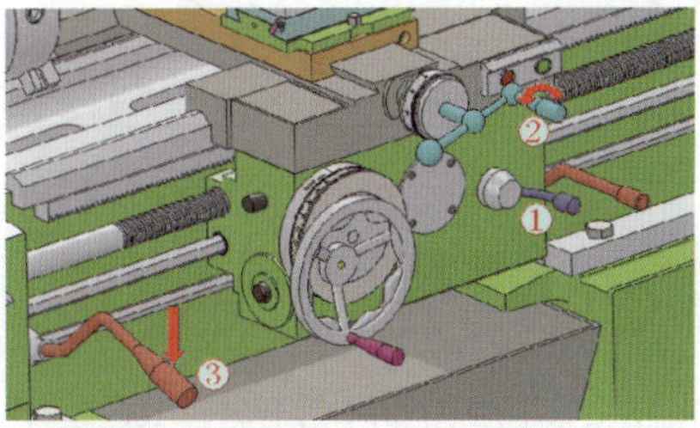 |
| | 对工件的工艺要求 | 车削三角形外螺纹前对工件的主要工艺要求有：<br>1. 为保证车削后的螺纹牙顶处有 $0.125P$ 的宽度，螺纹车削前的外圆直径应车削至比螺纹公称直径小约 $0.13P$。<br>2. 外圆端面处倒角至略小于螺纹小径。<br>3. 有退刀槽的螺纹，螺纹车削前应先加工退刀槽，退刀槽的直径应小于螺纹小径，退刀槽宽度等于（2 ~ 3）$P$。<br>4. 车削脆性材料（如铸铁）时，螺纹车削前的外圆表面粗糙度值要小，以免在车削螺纹时牙顶发生崩裂。 | |
| | 螺纹车刀的装夹 | 1. 螺纹车刀刀尖应与车床主轴轴线等高，一般可根据尾座顶尖高度调整和检查。为防止高速车削时产生振动和“扎刀”，外螺纹车刀刀尖可高于工件中心 0.1 ~ 0.2 mm。 | 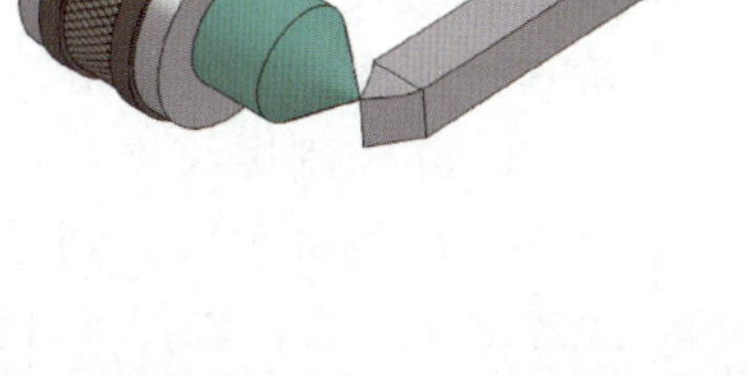 |

<table>
<tr><th colspan="2">内容</th><th colspan="2">图例与说明</th></tr>
<tr><td rowspan="2">车削三角形外螺纹的工艺准备</td><td rowspan="2">螺纹车刀的装夹</td><td>2. 螺纹车刀的两刀尖半角的对称中心线应与工件轴线垂直，装刀时可用螺纹对刀样板调整。如果把车刀装歪，会使车出的螺纹两牙型半角不相等，产生歪斜牙型（俗称倒牙）。</td><td>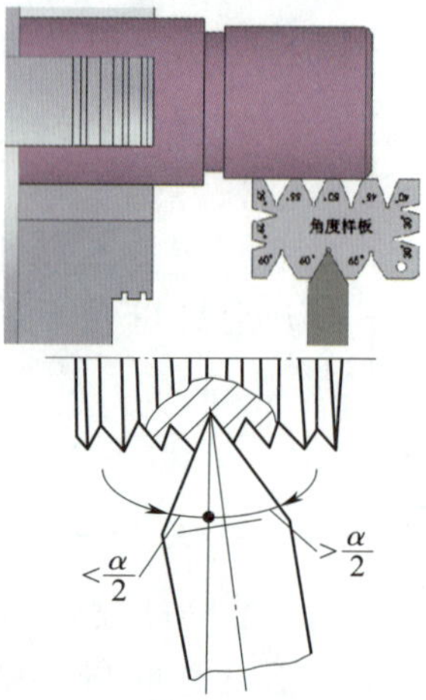
</td></tr>
<tr><td>3. 螺纹车刀不宜伸出刀架过长，一般伸出长度为刀柄厚度的 1.5 倍（25 ~ 30 mm）。为使刀面受力均匀，可在刀面与刀架夹紧螺钉之间垫一片垫刀片。</td><td>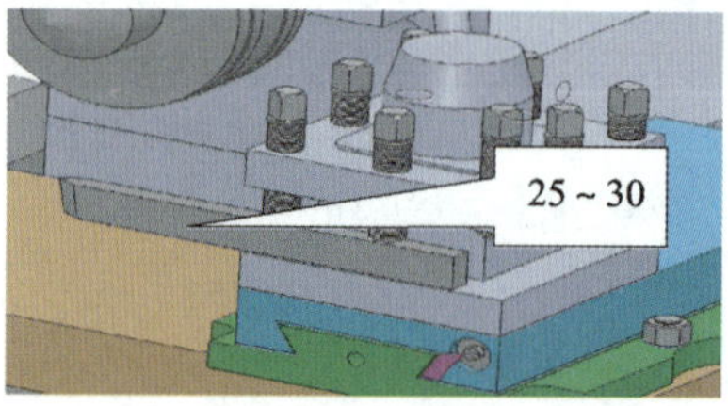
</td></tr>
<tr><td rowspan="2">低速车削三角形外螺纹</td><td rowspan="2">进刀方式</td><td>1. 直进法<br>车螺纹时，每次车削只用中滑板进刀，螺纹车刀的左、右切削刃同时参与切削。直进法操作简单，可以获得比较正确的螺纹牙型，常用于螺距 $P$ 小于 2 mm 和脆性材料的螺纹车削。</td><td>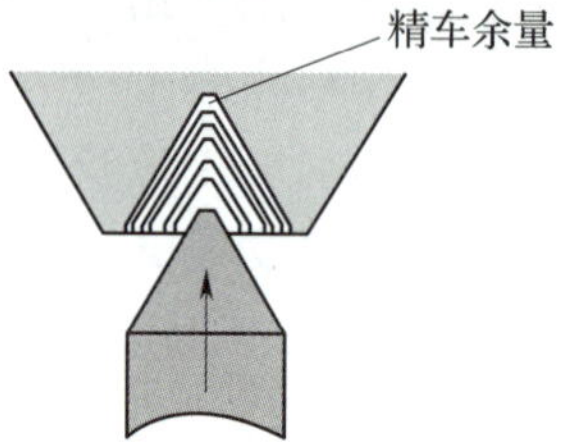
</td></tr>
<tr><td>2. 左右切削法<br>车螺纹时，除了用中滑板控制径向进给外，同时使用小滑板将螺纹车刀向左、向右做微量轴向移动。左右切削法常用于螺纹精车和大螺距螺纹加工，在精车时为了使螺纹两侧面的表面粗糙度值减小，先向一侧借刀，待这一侧面达到要求后，再向另一侧借刀，并控制螺纹中径尺寸及表面粗糙度，最后将车刀移到牙槽中间，用直进法车牙底，以保证牙型清晰。</td><td>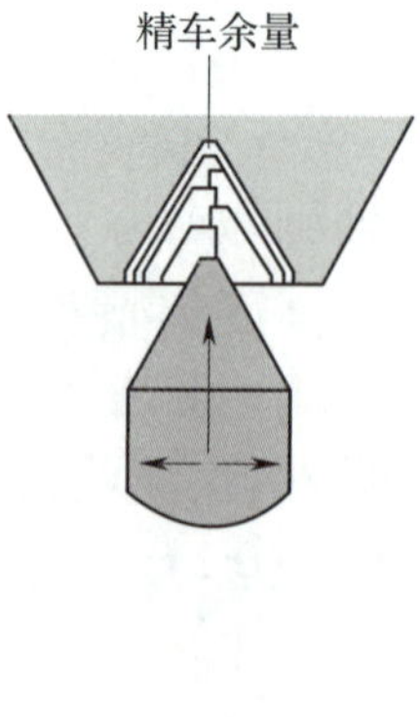
</td></tr>
</table>

| 内容 | 图例与说明 |
|---|---|

低速车削三角形外螺纹

进刀方式

**3. 斜进法**

车削螺距较大的螺纹时，由于螺纹牙槽较深，为了粗车切削顺利，除采用中滑板横向进给外，还可采用小滑板向一侧借刀的车削方法。

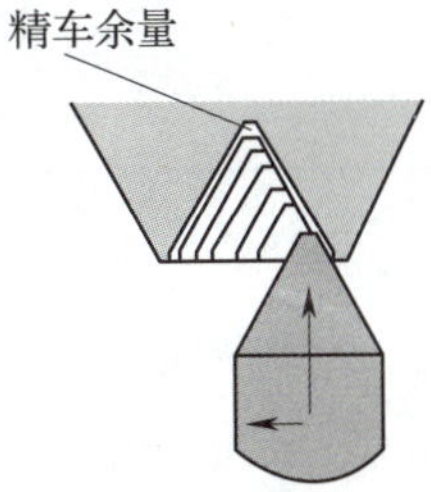


切削用量的选择

低速车削三角形外螺纹时，应根据工件的材质、螺纹的牙型角和螺距的大小及所处的加工阶段（粗车还是精车）等因素，合理选择切削用量。

1. 由于螺纹车刀两切削刃夹角较小，散热条件差，所以切削速度应比车削外圆时低，一般粗车时 $v_c$ 取 10 ~ 15 m/min，精车时 $v_c$ 取 6 m/min。

2. 粗车第一、第二刀时，螺纹车刀刚切入工件，总的切削面积不大，可以选择较大的背吃刀量，以后每次进给的背吃刀量应逐步减小。精车时，背吃刀量更小，排出的切屑很薄（像锡箔一样），以获得小的表面粗糙度值。

3. 车削螺纹必须在一定的进给次数内完成。表 6–2 列出了车削 M24、M20、M16 螺纹的最少进给次数，供参考。

**表 6–2　　　　低速车三角形螺纹进给次数参考表**

| 进给次数 | M24　*P*=3 mm | | | M20　*P*=2.5 mm | | | M16　*P*=2 mm | | |
|---|---|---|---|---|---|---|---|---|---|
| | 中滑板进刀格数 | 小滑板进刀（借刀）格数 | | 中滑板进刀格数 | 小滑板进刀（借刀）格数 | | 中滑板进刀格数 | 小滑板进刀（借刀）格数 | |
| | | 左 | 右 | | 左 | 右 | | 左 | 右 |
| 1 | 11 | 0 | | 11 | 0 | | 10 | 9 | |
| 2 | 7 | 3 | | 7 | 3 | | 6 | 3 | |
| 3 | 5 | 3 | | 5 | 3 | | 4 | 2 | |
| 4 | 4 | 2 | | 3 | 2 | | 2 | 2 | |
| 5 | 3 | 2 | | 2 | 1 | | 1 | 1/2 | |
| 6 | 3 | 1 | | 1 | 1 | | 1 | 1/2 | |
| 7 | 2 | 1 | | 1 | 0 | | 1/4 | 1/2 | |
| 8 | 1 | 1/2 | | 1/2 | 1/2 | | 1/4 | | 2.5 |
| 9 | 1/2 | 1 | | 1/4 | 1/2 | | 1/2 | | 1/2 |
| 10 | 1/2 | 0 | | 1/4 | | 3 | 1/2 | | 1/2 |

| 内容 | | 图例与说明 |
|---|---|---|
| 低速车削三角形外螺纹 | 切削用量的选择 | 见下表（续表） |
| | 车有退刀槽螺纹 | 见下文及图 6-6 |

续表

| 进给次数 | M24 $P$=3 mm | | | M20 $P$=2.5 mm | | | M16 $P$=2 mm | | |
|---|---|---|---|---|---|---|---|---|---|
| | 中滑板进刀格数 | 小滑板进刀（借刀）格数 | | 中滑板进刀格数 | 小滑板进刀（借刀）格数 | | 中滑板进刀格数 | 小滑板进刀（借刀）格数 | |
| | | 左 | 右 | | 左 | 右 | | 左 | 右 |
| 11 | 1/4 | 1/2 | | 1/2 | | 0 | 1/4 | | 1/2 |
| 12 | 1/4 | 1/2 | | 1/2 | | 1/2 | 1/4 | | 0 |
| 13 | 1/2 | | 3 | 1/4 | | 1/2 | 螺纹深度 =1.3 mm，$n$=26 格 | | |
| 14 | 1/2 | | 0 | 1/4 | | 0 | | | |
| 15 | 1/4 | | 1/2 | 螺纹深度 =1.625 mm，$n$=32.5 格 | | | | | |
| 16 | 1/4 | | 0 | | | | | | |
| | 螺纹深度 =1.95 mm，$n$=39 格 | | | | | | | | |

开车并移动螺纹车刀，使车刀刀尖与工件外圆轻微接触，将床鞍向右移动并退出工件端面，记住中滑板刻度读数或将中滑板刻度盘调零。车刀横向进给 0.05 mm，使刀尖在工件表面车出一条较浅的螺旋线痕后停车（图 6-6）。用钢直尺或游标卡尺检查螺距（图 6-7），确认螺距正确无误后，开始车螺纹。经多次车削使切削深度等于牙型深度后，停车检查螺纹是否合格。

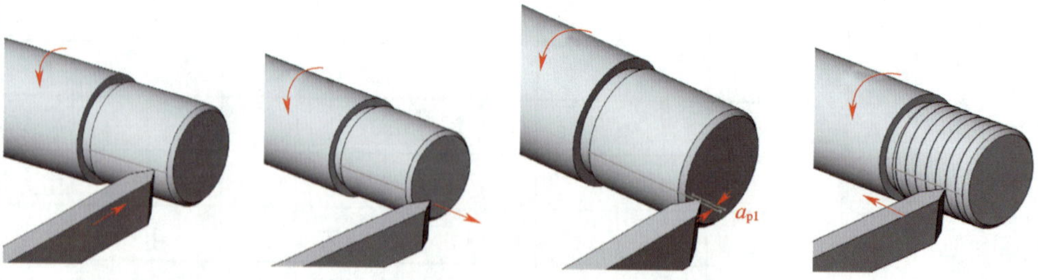


图 6-6　车螺旋线痕

<table>
<tr><th colspan="2">内容</th><th>图例与说明</th></tr>
<tr><td rowspan="3">低速车削三角形外螺纹</td><td>车有退刀槽螺纹</td><td>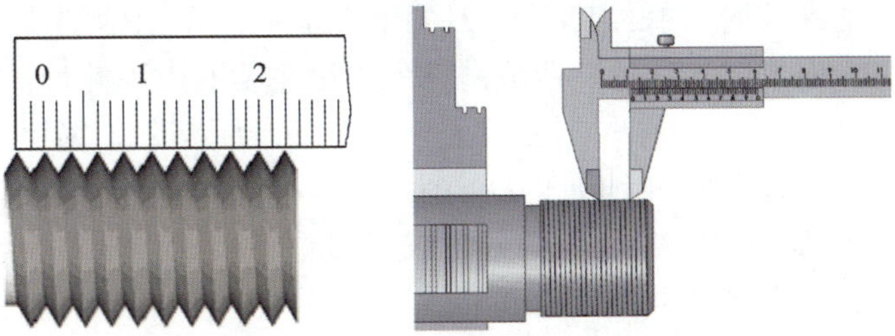<br><br>图 6–7　检查螺距<br><br>提示：<br>提开合螺母法车螺纹：床鞍、溜板箱纵向退出工件端面→中滑板横向进给→压下开合螺母车削螺纹→提起开合螺母→横向退出中滑板。提、压开合螺母应果断、有力。<br>倒顺车法车螺纹：中滑板的横向退出要快，双手操作中滑板手柄和操纵杆动作要协调一致。</td></tr>
<tr><td>车无退刀槽螺纹</td><td>车无退刀槽螺纹时，先开车在螺纹的有效长度处用车刀刻划一道刻线。车螺纹过程中车刀移动到螺纹终止刻线处时，横向迅速退刀并提起开合螺母或压下操纵杆开倒车，使螺纹收尾在 2/3 圈之内，如图 6–8 所示。<br>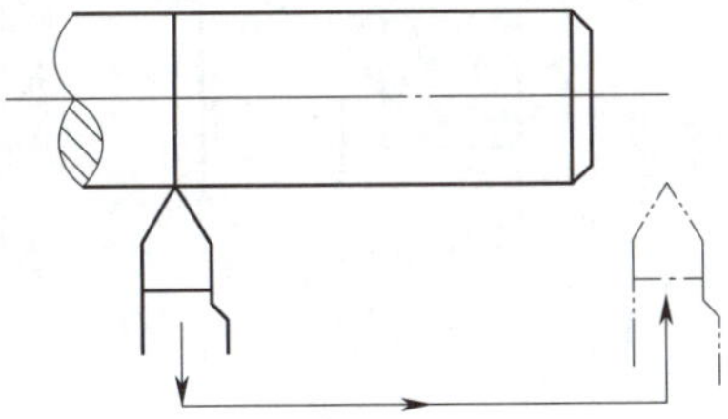<br>图 6–8　螺纹中止退刀标记</td></tr>
<tr><td>中途换刀法</td><td>在车削螺纹的过程中，螺纹车刀磨损变钝，经刃磨后重新装夹或中途更换螺纹车刀，这时需要重新调整车刀中心高和刀尖半角。车刀装夹正确后，不切入工件，而是开车合上开合螺母，当车刀纵向移动到工件端面处时，迅速将操纵杆放置到中间位置，待车刀自然停稳后，移动小滑板和中滑板，使车刀刀尖对准已车出的螺旋槽，然后“晃车”（将操纵杆轻提但不提到位，再放回中间位置，使车床“点动”），观察车刀是否在螺旋槽内，反复调整直到刀尖对准螺旋槽为止，才能继续车削螺纹。</td></tr>
</table>

| 内容 | | 图例与说明 |
| --- | --- | --- |
| 低速车削三角形外螺纹 | 乱牙及预防 | 车削螺纹时，螺纹车刀的刀尖不在上一次车削的螺旋槽中央，以致造成螺旋槽被切的现象称为乱牙。造成乱牙的原因主要有以下几种：<br>1. 车床丝杠的螺距不能被工件螺纹的螺距整除，采用提开合螺母法车螺纹造成乱牙。这时应采用倒顺车法车削。<br>2. 在车削螺纹的过程中，螺纹车刀重新装夹但未对刀，使车刀刀尖相对于工件螺纹表面的轨迹不重合造成乱牙。<br>3. 开合螺母未合彻底，致使与丝杠之间的啮合传动比改变，偏移了原来的车刀轨迹造成乱牙。因此，每次合上开合螺母都应动作有力，合到底。 |

## 三、硬质合金三角形外螺纹车刀

硬质合金三角形外螺纹车刀（图 6–9）硬度高，耐磨性好，耐高温，热稳定性好，常用于高速切削及脆性材料的螺纹加工。它的缺点是抗冲击能力差。

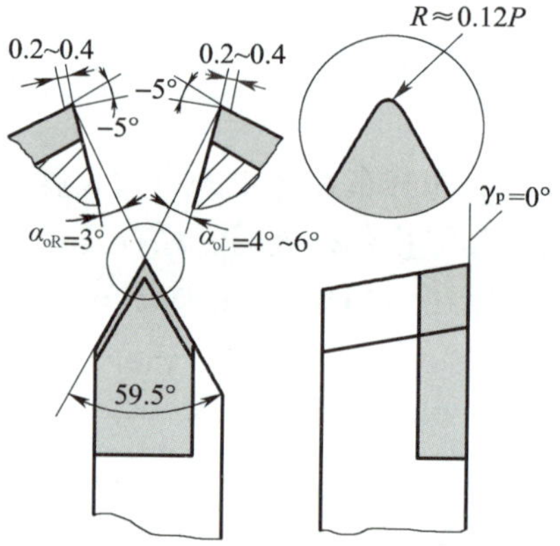


图 6–9　硬质合金三角形外螺纹车刀

| | | |
| --- | --- | --- |
| 硬质合金三角形外螺纹车刀 | 特点 | 在生产中加工脆性材料（如铸铁）或高速切削塑性材料及加工批量较大的螺纹工件时，普遍采用硬质合金螺纹车刀高速车削三角形外螺纹。与高速钢螺纹车刀相比，其切削速度可提高 15 ~ 20 倍，且进刀次数可减少 2/3 以上，生产率大大提高，螺纹两侧面的表面粗糙度值也较小。 |
| | 刃磨要求 | 车刀的径向前角 $\gamma_p$=0°，后角 $\alpha_o$ 为 4° ~ 6°，在加工较大的螺距（$P$> 2 mm），或被加工材料硬度较高时，在车刀的两个主切削刃上磨有 0.2 ~ 0.4 mm 宽、$\gamma_{o1}$=−5° 的倒棱。因为在高速切削时，牙型角会扩大，所以刀尖角要适当减小 30′，另外车刀的前面及后面的表面粗糙度值必须很小。 |

| 内容 | | 图例与说明 |
|---|---|---|
| 硬质合金三角形外螺纹车刀 | 车刀的装夹 | 车刀的装夹方法与低速车三角形螺纹时装夹方法基本相同。为防止高速车削时产生振动和“扎刀”，刀尖应高于工件中心 0.1 ~ 0.2 mm。此外，采用如图 6–10 所示的弹性刀柄螺纹车刀，可以吸振和防“扎刀”。 |

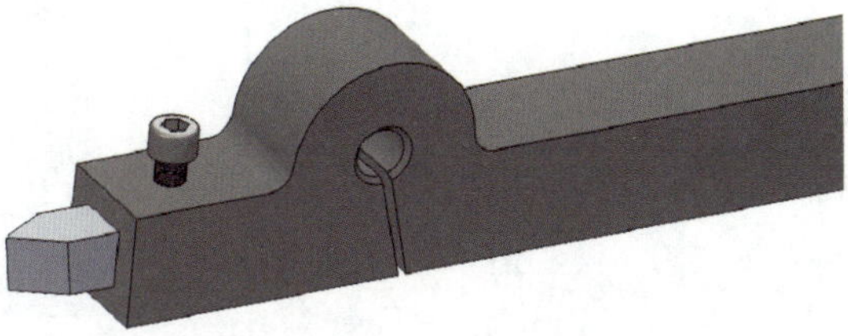

图 6–10　弹性刀柄螺纹车刀

## 四、高速车削三角形外螺纹

**车削方法**

用硬质合金车刀高速车削三角形外螺纹时，只能用直进法车削。切削速度 $v_c$=50 ~ 100 m/min；车削螺距 $P$=1.5 ~ 3 mm 的中碳钢螺纹时，只需 3 ~ 5 次切削就可完成；背吃刀量也是由大逐渐减小，但最后一次应不小于 0.1 mm。以高速车削螺距 $P$=1.5 mm（3 次切削完成）和 $P$=2 mm（4 次切削完成）的三角形外螺纹为例，背吃刀量的分配情况见表 6–3。高速车三角形螺纹的进给次数见表 6–4。

**表 6–3　　高速车三角形外螺纹背吃刀量分配情况**

| $P$=1.5 mm | $P$=2 mm |
|---|---|
| 总背吃刀量　$a_p \approx 0.65P$=0.975 mm | 总背吃刀量　$a_p \approx 0.65P$=1.3 mm |
| 第 1 次切削背吃刀量　$a_{P1}$=0.5 mm | 第 1 次切削背吃刀量　$a_{P1}$=0.6 mm |
| 第 2 次切削背吃刀量　$a_{P2}$=0.375 mm | 第 2 次切削背吃刀量　$a_{P2}$=0.4 mm |
| 第 3 次切削背吃刀量　$a_{P3}$=0.1 mm | 第 3 次切削背吃刀量　$a_{P3}$=0.2 mm |
| | 第 4 次切削背吃刀量　$a_{P4}$=0.1 mm |

**表 6–4　　高速车三角形螺纹的进给次数**

| 螺距 $P$/mm | | 1.5 ~ 2 | 3 | 4 | 5 | 6 |
|---|---|---|---|---|---|---|
| 进给次数 | 粗车 | 2 ~ 3 | 3 ~ 4 | 4 ~ 5 | 5 ~ 6 | 6 ~ 7 |
| | 精车 | 1 | 2 | 2 | 2 | 2 |

| 内容 | | 图例与说明 | |
|---|---|---|---|
| 三角形外螺纹的测量 | 单项测量 | 单项测量是指选择合适的量具来检测螺纹的某一单项参数，一般为检测螺纹的大径、螺距和中径。 | |
| | | **1. 大径检测**<br>螺纹大径公差较大，一般可采用游标卡尺检测。 | 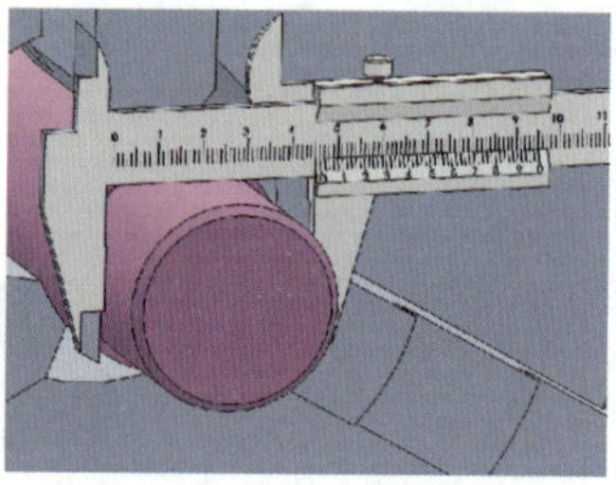 |
| | | **2. 螺距检测**<br>螺距常用钢直尺或螺纹样板检测。用钢直尺检测时，为了能准确检测出螺距，一般应检测几个螺距的总长度，然后取其平均值。用螺纹样板检测时，螺纹样板应沿工件轴平面方向嵌入牙槽中，如果与螺纹牙槽完全吻合，说明被检测螺距是正确的。 | 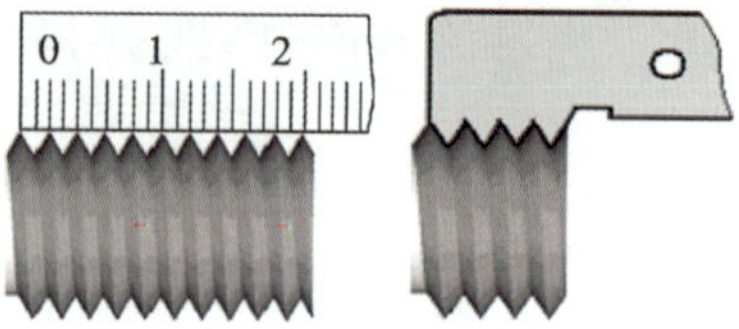 |
| | | **3. 中径检测**<br>三角形外螺纹的中径一般用螺纹千分尺检测。螺纹千分尺的结构和使用方法与一般外径千分尺相似，二者的读数原理相同，只是螺纹千分尺有两个可以调整的测量头（上、下测量头）。检测时，两个与螺纹牙型角相同的测量头正好卡在螺纹的牙型面上，测得的千分尺读数值即为螺纹中径的实际尺寸。<br>螺纹千分尺附有两套（牙型角分别为 60° 和 55°）不同螺距的测量头，以适应各种不同的三角形外螺纹中径的检测。<br>此外，中径也可用三针测量法检测，具体方法可参见梯形螺纹检测的内容。 | 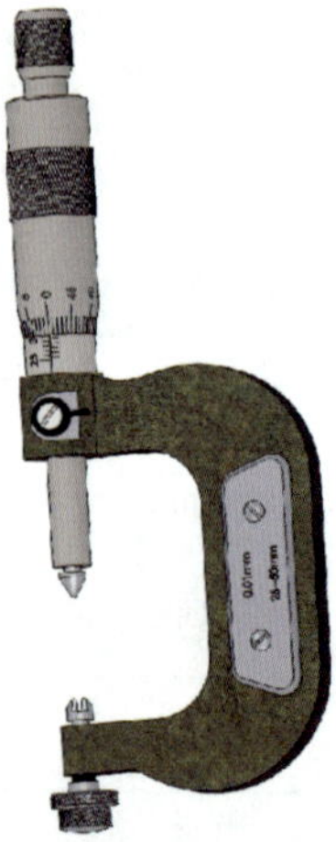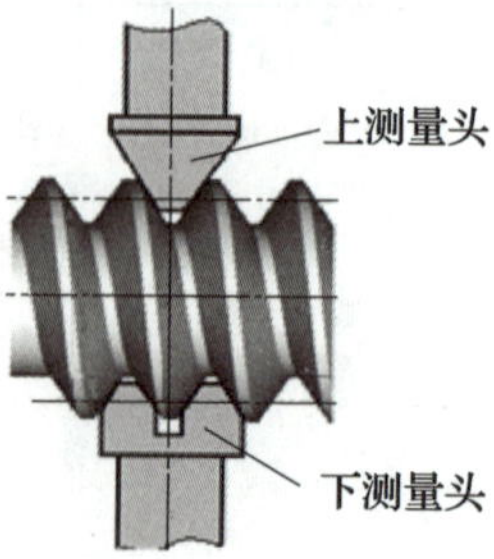 |

<table>
<tr><th colspan="2">内容</th><th colspan="2">图例与说明</th></tr>
<tr><td rowspan="2">三角形外螺纹的测量</td><td rowspan="2">综合测量</td><td colspan="2">综合测量是指采用螺纹量规对螺纹各部分主要尺寸（螺纹大径、中径、螺距）同时进行综合检测的一种检验方法。综合测量检测效率高，使用方便，能较好地保证互换性，广泛地应用于对标准螺纹或大批量生产螺纹的检测。</td></tr>
<tr><td>三角形外螺纹使用螺纹环规综合检测。检测前，应先检查螺纹的大径、牙型、螺距和表面粗糙度，然后用螺纹环规检测。如果螺纹环规通端（端面有字母 T，厚度厚）能顺利拧入工件螺纹有效长度范围，而止规（端面有字母 Z，厚度薄）不能拧入，则说明螺纹精度符合要求。<br>螺纹环规是精密量具，不允许强拧环规，以免引起严重磨损，降低环规检测精度。<br>对于精度要求不高的螺纹，可以用标准螺母来检测。以拧入时是否顺利和松紧的程度来确定是否合格。</td><td>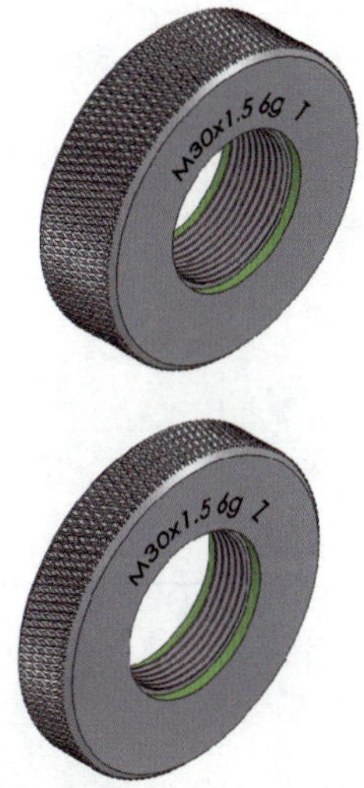
</td></tr>
<tr><td colspan="2">车削三角形外螺纹注意事项</td><td colspan="2">1. 车螺纹前应首先调整好床鞍和中、小滑板的松紧程度。<br>2. 调整机床手柄时应严格按照降转速→调手柄→合开合螺母的顺序，而螺纹车削完毕时应按照提开合螺母→丝杠转动变光杠转动→换转速的顺序，可避免安全事故的发生。建议此动作顺序训练熟练后方可正式车削。<br>3. 车螺纹时思想要集中，待操作熟练后，逐步提高主轴转速，最终达到能高速车削三角形螺纹。<br>4. 车螺纹时，应始终保持螺纹车刀锋利，中途换刀或刃磨后重新装刀，必须重新调整螺纹车刀刀尖的高低和对刀。<br>5. 车螺纹时，应注意不可将中滑板手柄多摇进一圈，否则会造成车刀刀尖崩刃或工件损坏。可在中滑板退刀向端面移动过程中将车刀进刀至接近工件表面来避免。<br>6. 车螺纹过程中，不准用手摸或用棉纱去擦螺纹，以免伤手。<br>7. 车无退刀槽螺纹时，应保证每次收尾均在 1/2 圈左右，且每次退刀位置大致相同，否则容易损坏螺纹车刀刀尖。<br>8. 车削脆性材料螺纹时，径向进给量（背吃刀量）不宜过大，否则会使螺纹牙顶爆裂，造成废品。低速精车螺纹时，最后几刀采取微量进给或无进给车削以降低螺纹侧面的表面粗糙度值。<br>9. 刀尖出现积屑瘤时应及时清除。</td></tr>
</table>

<table>
<tr><th colspan="2">内容</th><th colspan="4">图例与说明</th></tr>
<tr><td colspan="2">车削三角形外螺纹注意事项</td><td colspan="4">10. 一旦刀尖“扎入”工件引起崩刃，应停车清除嵌入工件的硬质合金碎粒，然后用高速钢螺纹车刀低速修整螺纹。<br>11. 粗、精车分开车削螺纹时，应留适当的精车余量。<br>12. 当低速车削三角形螺纹熟练后方可采用硬质合金车刀高速车削。</td></tr>
<tr><td rowspan="12">车有退刀槽螺纹练习</td><td>工件图样</td><td colspan="4">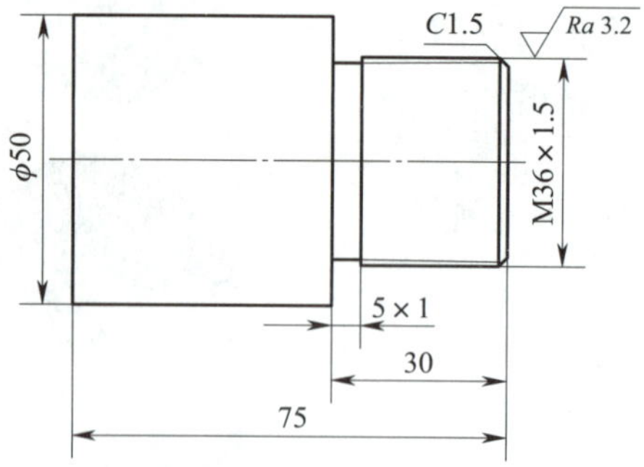

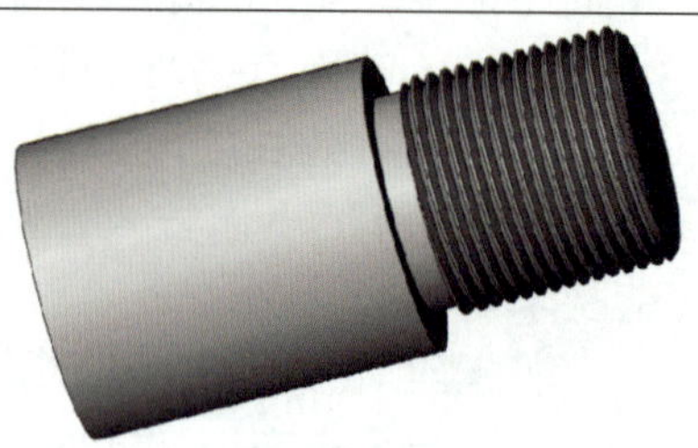
$\sqrt{Ra\ 6.3}$ (√)
<table>
<tr><td colspan="2">工件名称</td><td colspan="2">有退刀槽螺纹工件</td></tr>
<tr><td>材料</td><td>45 钢</td><td>备料</td><td>$\phi 50 \times 75$</td></tr>
</table></td></tr>
<tr><td rowspan="11">加工工艺卡片</td><td>10</td><td colspan="2">检查备料 $\phi 50$ mm × 75 mm。</td><td rowspan="2">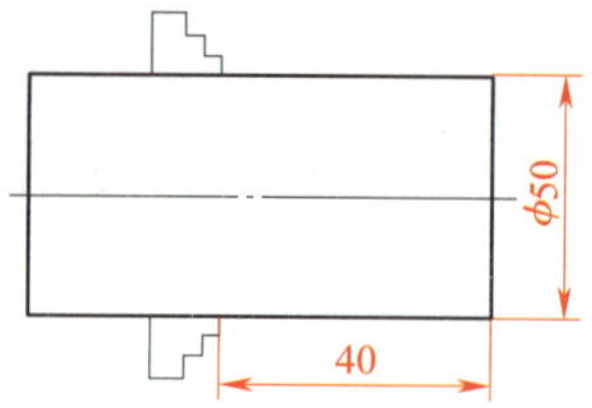
</td></tr>
<tr><td>20</td><td colspan="2">夹持毛坯外圆伸出长度为 40 mm，找正并夹紧。</td></tr>
<tr><td rowspan="6"></td><td>1</td><td>车端面，车平即可。</td><td rowspan="4">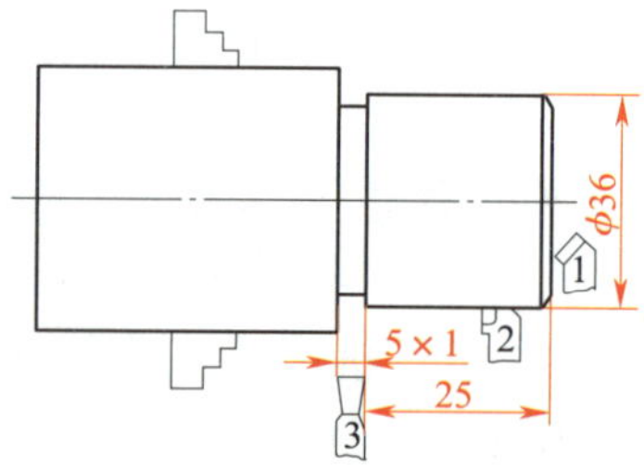
</td></tr>
<tr><td>2</td><td>粗、精车外圆至 $\phi 36$ mm，长 25 mm。</td></tr>
<tr><td>3</td><td>车退刀槽 5 mm × 1 mm。</td></tr>
<tr><td>4</td><td>倒角 C1.5 mm。</td></tr>
<tr><td>5</td><td>粗、精车螺纹 M36 × 1.5 至要求。</td><td rowspan="2">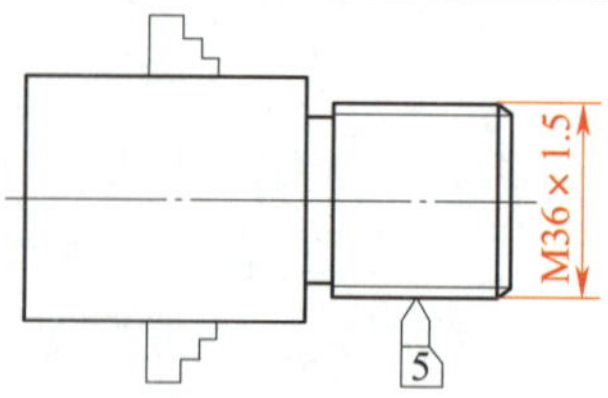
</td></tr>
<tr><td>6</td><td>检测（用螺纹环规或螺纹千分尺）。</td></tr>
<tr><td>30</td><td colspan="3">检测合格后取下工件。</td></tr>
</table>

<table>
<tr><th colspan="4">内容</th><th colspan="4">图例与说明</th></tr>
<tr><td rowspan="11">车无退刀槽螺纹练习</td><td>工件图样</td><td colspan="6">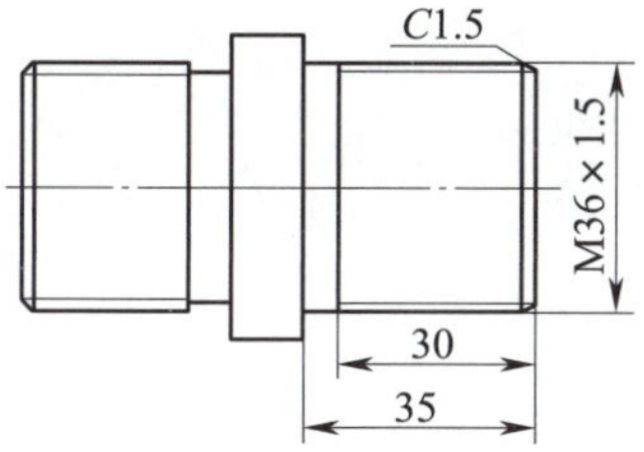

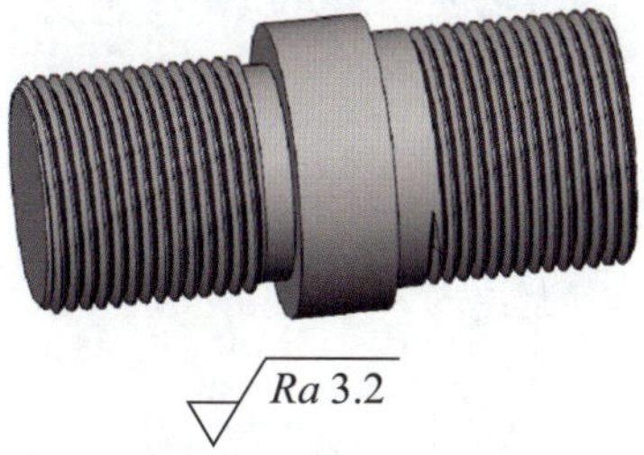

<table>
<tr><td colspan="2">工件名称</td><td colspan="2">无退刀槽螺纹工件</td></tr>
<tr><td>材料</td><td>45 钢</td><td>备料</td><td>原练习件掉头</td></tr>
</table></td></tr>
<tr><td rowspan="10">加工工艺卡片</td><td>10</td><td colspan="2">检查备料，用有退刀槽螺纹件训练，工件掉头。</td><td rowspan="2">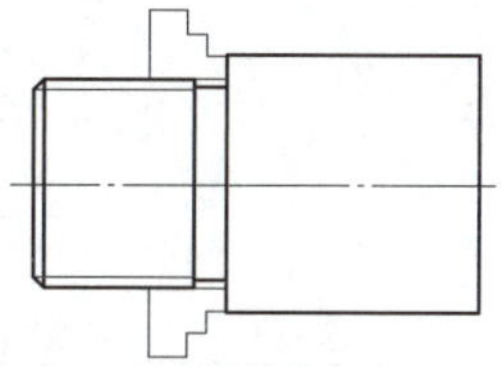</td></tr>
<tr><td>20</td><td colspan="2">夹持螺纹外圆，台阶端面靠卡盘的卡爪，夹紧。</td></tr>
<tr><td rowspan="6"></td><td>1</td><td>车端面，车平即可。</td><td rowspan="4">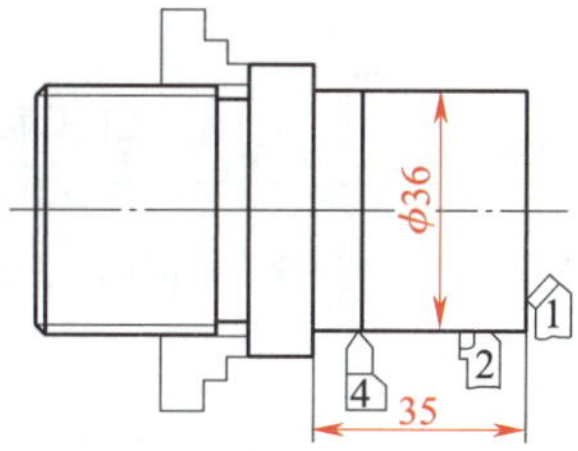
</td></tr>
<tr><td>2</td><td>粗、精车外圆至 $\phi$36 mm，长 35 mm 至尺寸要求。</td></tr>
<tr><td>3</td><td>倒角 $C$1.5 mm。</td></tr>
<tr><td>4</td><td>在 30 mm 处刻线痕。</td></tr>
<tr><td>5</td><td>粗、精车螺纹 M36×1.5 至要求。</td><td rowspan="2">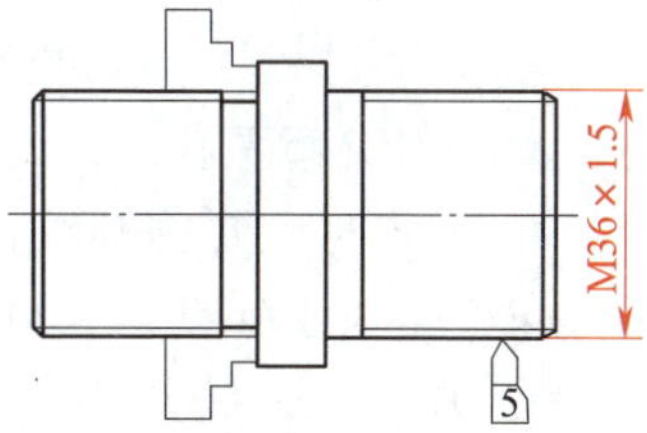
</td></tr>
<tr><td>6</td><td>检测（用螺纹环规或螺纹千分尺）。</td></tr>
<tr><td>30</td><td colspan="3">检测合格卸下工件。</td></tr>
</table>

<table>
<tr><th colspan="2">内容</th><th>图例与说明</th></tr>
<tr><td colspan="3">

## 五、三角形内螺纹车刀

高速钢三角形内螺纹车刀的几何角度如图 6–11 所示，硬质合金三角形内螺纹车刀的几何角度如图 6–12 所示。

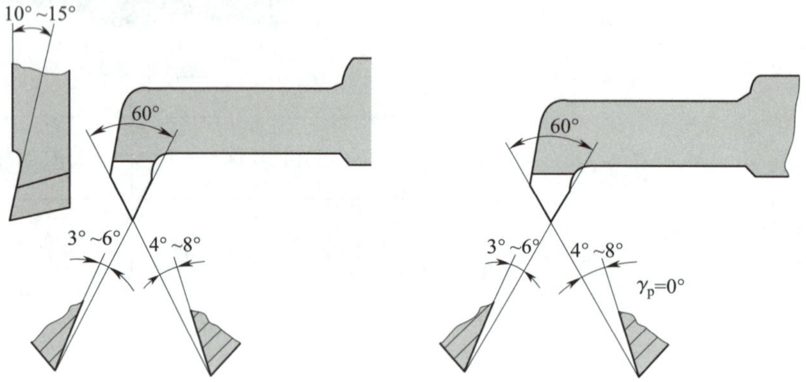


图 6–11　高速钢三角形内螺纹车刀

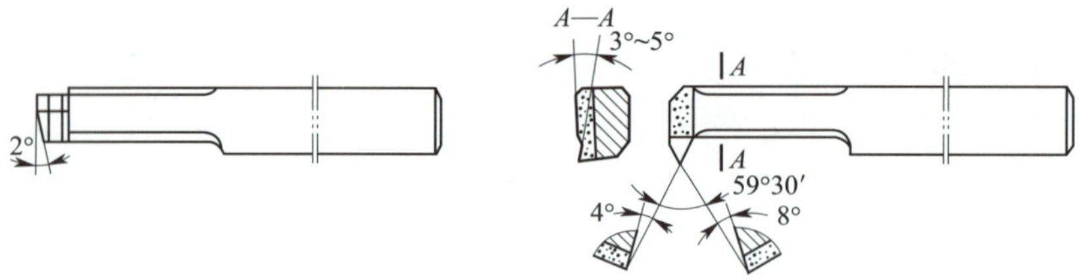


图 6–12　硬质合金三角形内螺纹车刀

</td></tr>
<tr><td>三角形内螺纹车刀的刃磨</td><td>刃磨要求</td><td>

由于螺纹车刀的刀尖受刀尖角限制，刀体面积较小，因此刃磨方法比一般车刀难掌握。

1. 内螺纹车刀刀尖角 $\varepsilon_r$ 的平分线必须与刀柄垂直，且刀柄保持与工件轴线平行，否则在车削内螺纹时刀柄部分会碰伤内螺纹小径。

2. 内螺纹车刀的主后角应适当增大，通常磨成双重后角。

3. 刃磨过程中，人的站立姿势要正确，否则在刃磨整体式内螺纹车刀内侧时，易将刀尖磨歪斜。

4. 粗磨时也要用螺纹样板检查。对径向前角大于 0° 的螺纹车刀，粗磨时两刃夹角应略大于牙型角，待前角磨好后，再修磨两刃夹角。

5. 由于内螺纹车刀的大小受内螺纹孔径的限制，所以内螺纹车刀刀体的径向尺寸应比螺纹孔径小 3 mm 以上，否则退刀时易碰伤牙顶，甚至无法车削（图 6–13）。

</td></tr>
</table>

| 内容 | | 图例与说明 | |
|---|---|---|---|
| 三角形内螺纹车刀的刃磨 | 刃磨要求 | 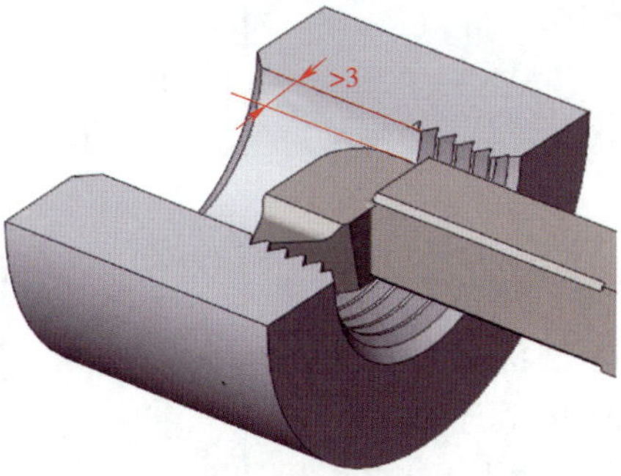<br><br>图 6-13　刀体的径向尺寸比孔径小 3 mm 以上 | |
| | 刃磨方法 | 以高速钢 14 mm × 14 mm × 200 mm 整体式车刀刃磨为例。 | |
| | | 1. 根据螺纹长度和牙型深度，刃磨出留有刀头的刀柄伸出部分。$L$ 应略大于螺纹长度，$h$ 略大于牙型深度。 | 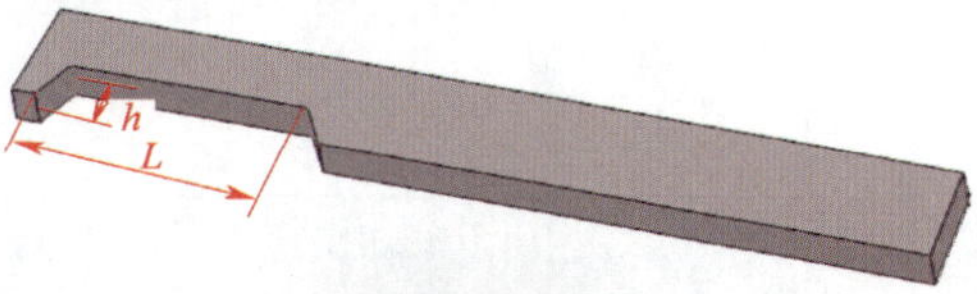<br> |
| | | 2. 刃磨进给方向后面，控制刀尖半角 $\varepsilon_r/2$ 及后角 $\alpha_o+\phi$（此时刀柄与砂轮圆周夹角约为 $\varepsilon_r/2$，刀面向外侧倾斜 $\alpha_o+\phi$）。 | 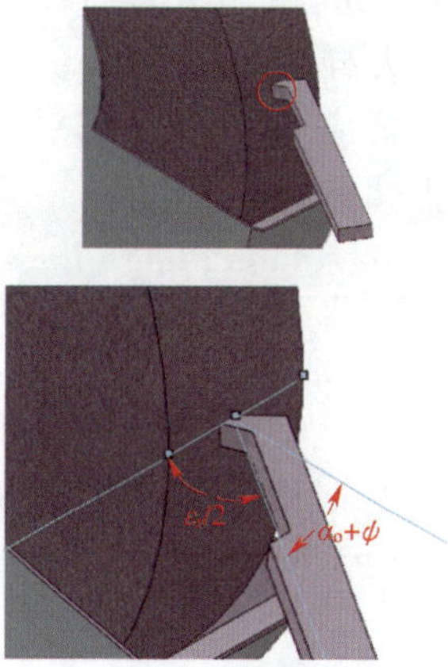<br> |
| | | 3. 刃磨背离进给方向后面，初步形成两刃夹角。控制刀尖角 $\varepsilon_r$ 及后角 $\alpha_o-\phi$（刀柄与砂轮圆周夹角约为 $\varepsilon_r/2$，刀面向外侧倾斜 $\alpha_o-\phi$）。 | 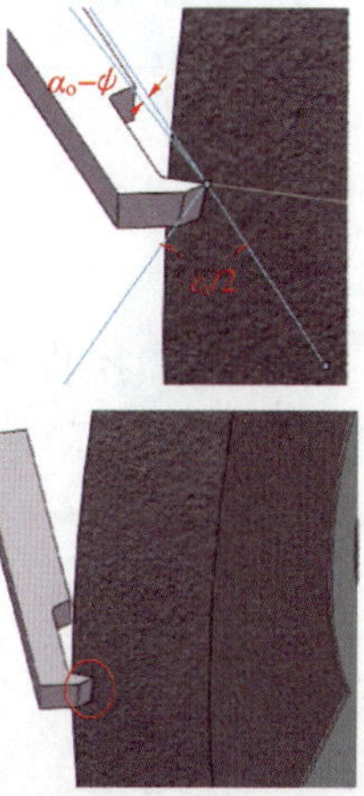<br> |

| 内容 | | 图例与说明 | |
| --- | --- | --- | --- |
| 三角形内螺纹车刀的刃磨 | 刃磨方法 | 4. 刃磨前面，形成前角（离开刀尖、大于牙型深度处以砂轮边角为支点，夹角等于前角，使火花最后在刀尖处磨出）。 | 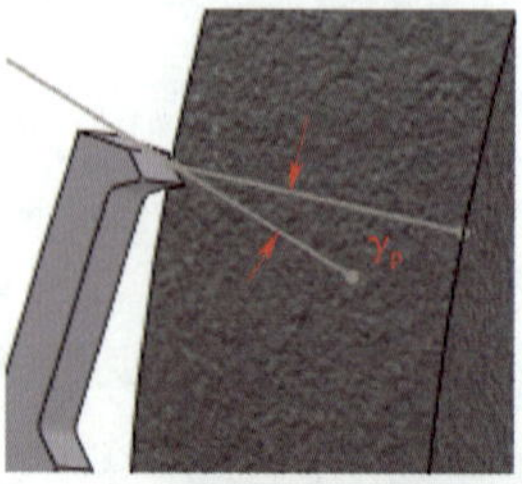<br>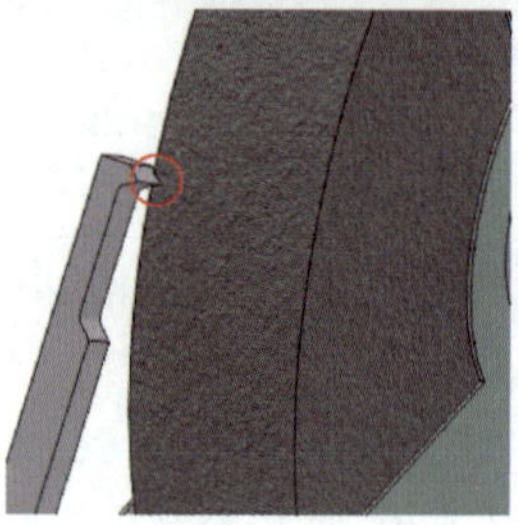 |
| | | 5. 粗、精磨后面，并用螺纹车刀样板来测量刀尖角（测量时样板应与车刀刀柄平行，用透光法检查）。 | 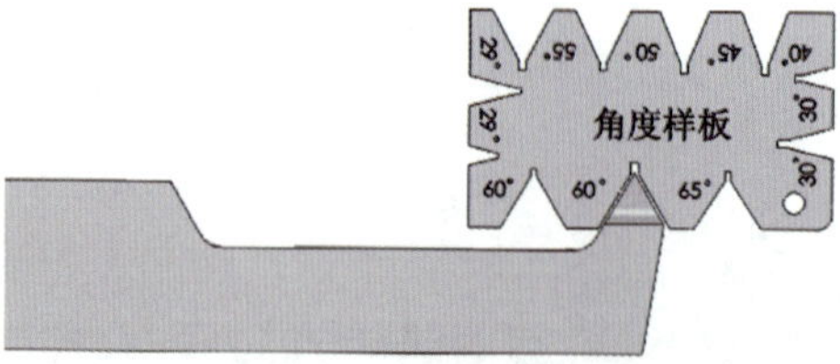 |
| | | 6. 修磨刀尖（刀尖过渡棱宽度约为 0.1$P$）。 | 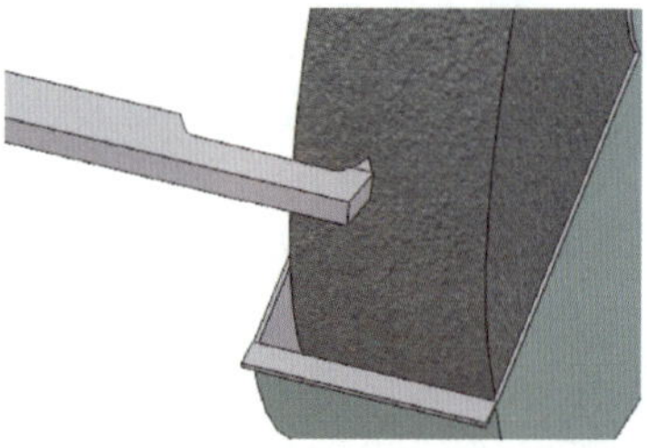 |
| | | 7. 磨出径向后角，防止与螺纹顶径相碰（磨圆弧，以形成 2 个后角）。 | 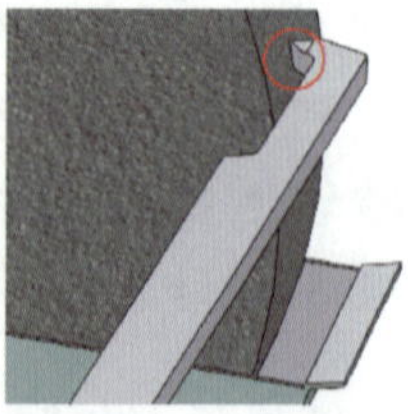 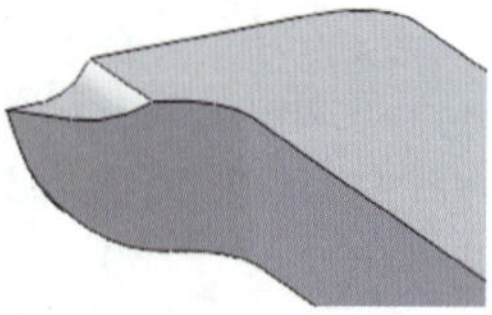 |

<table>
<tr><th colspan="2">内容</th><th>图例与说明</th></tr>
<tr><td colspan="3">六、车三角形内螺纹</td></tr>
<tr><td rowspan="2">三角形内螺纹的车削工艺准备</td><td>内螺纹的形式与车削特点</td><td>

三角形内螺纹有通孔内螺纹、台阶孔内螺纹和盲孔内螺纹三种形式，如图 6–14 所示。

车三角形内螺纹的方法与车三角形外螺纹的方法基本相同，但进刀与退刀的方向正好相反。车三角形内螺纹（尤其是直径较小的内螺纹）时，由于刀柄细长、刚度低、切屑不易排出、切削液不易注入及车削时不便于观察等，因此比车三角形外螺纹要困难得多。

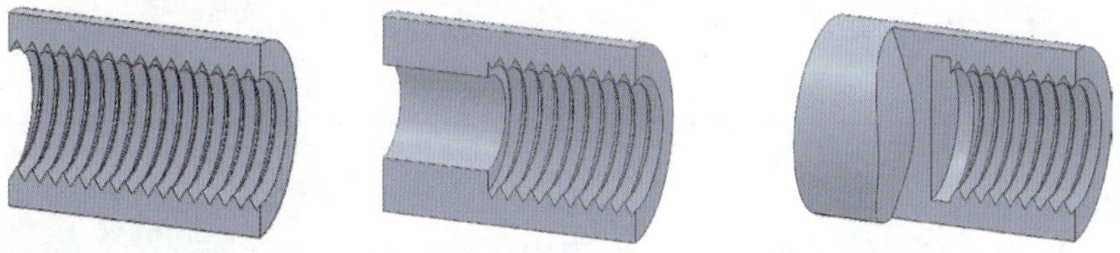

a)　b)　c)

图 6–14　内螺纹的形式

a）通孔内螺纹　b）台阶孔内螺纹　c）盲孔内螺纹

</td></tr>
<tr><td>车刀的选择</td><td>

车内螺纹时，应根据不同的螺纹形式选用不同的内螺纹车刀。常见的内螺纹车刀如图 6–15 所示。其中图 6–15a 所示整体式和图 6–15b 所示夹固式为通孔内螺纹车刀，图 6–15c 所示倾斜夹固式为车削盲孔和台阶孔内螺纹车刀。

内螺纹车刀刀柄受螺纹孔径尺寸的限制，应在保证顺利车削的前提下尽量选择截面积大些，一般选用车刀切削部分径向尺寸比孔径小 3 ~ 5 mm 的螺纹车刀。刀柄太细，车削时容易振动；刀柄太粗，退刀时会碰伤内螺纹牙顶，甚至不能车削。

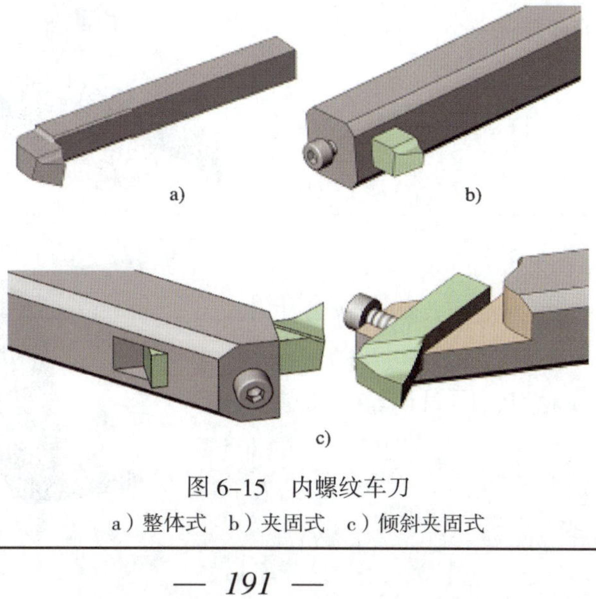

a)　b)

c)

图 6–15　内螺纹车刀

a）整体式　b）夹固式　c）倾斜夹固式

</td></tr>
</table>

| 内容 | | 图例与说明 | |
|---|---|---|---|
| 三角形内螺纹的车削工艺准备 | 孔径的确定 | 车内螺纹前，一般先钻孔或扩孔。由于车削时的挤压作用，内孔直径会缩小，对于塑性金属材料较为明显，所以车螺纹前的底孔孔径应略大于螺纹小径的公称尺寸。底孔孔径可按下面的公式计算确定。<br>车削塑性材料时：$D_{孔} \approx D-P$<br>车削脆性材料时：$D_{孔} \approx D-1.05P$<br>式中 $D_{孔}$——底孔直径，mm；<br>$D$——内螺纹大径，mm；<br>$P$——螺距，mm。 | |
| 三角形内螺纹的车削 | 内螺纹车刀的装夹 | 1. 刀柄的伸出长度应大于内螺纹长度 10 ~ 20 mm。 | 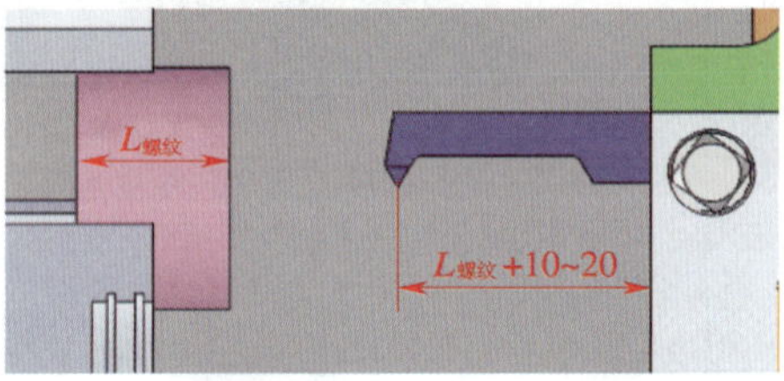<br> |
| | | 2. 刀尖应与工件轴线等高。如果装得过高，车削时容易引起振动，使螺纹表面产生鱼鳞斑；如果装得过低，刀头下部会与工件发生摩擦，车刀切不进去。 | 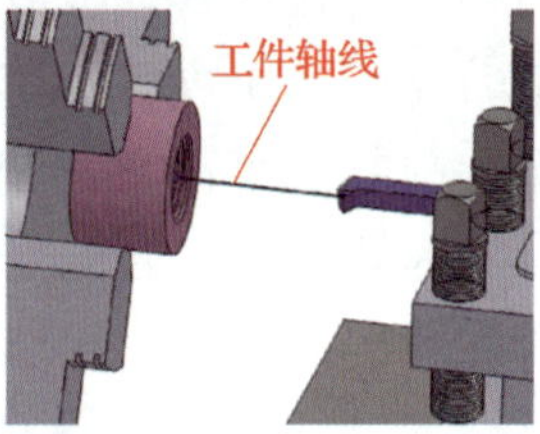<br><br>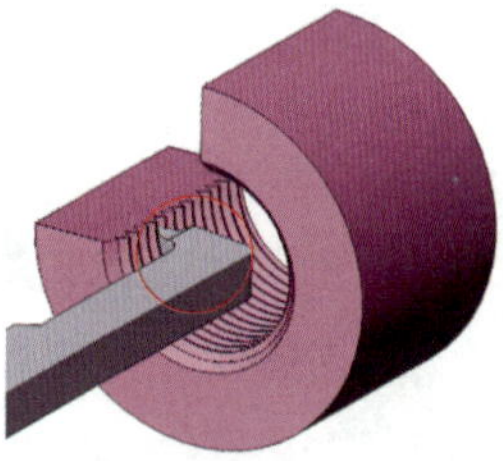 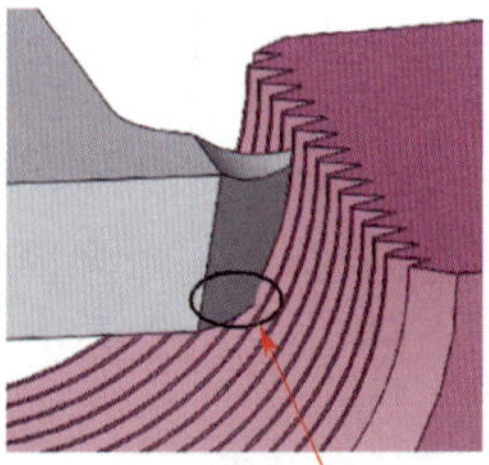<br>刀头下部与孔壁相碰 |
| | | 3. 用螺纹对刀样板侧面靠平工件端面，刀尖部分进入样板的槽内进行对刀，同时调整并夹紧车刀。 |  |

| 内容 | | 图例与说明 |
| --- | --- | --- |
| 三角形内螺纹的车削 | 内螺纹车刀的装夹 | 4. 装夹好的螺纹车刀应在底孔内手动试走一次，以防正式加工时刀柄和内孔相碰而影响加工。 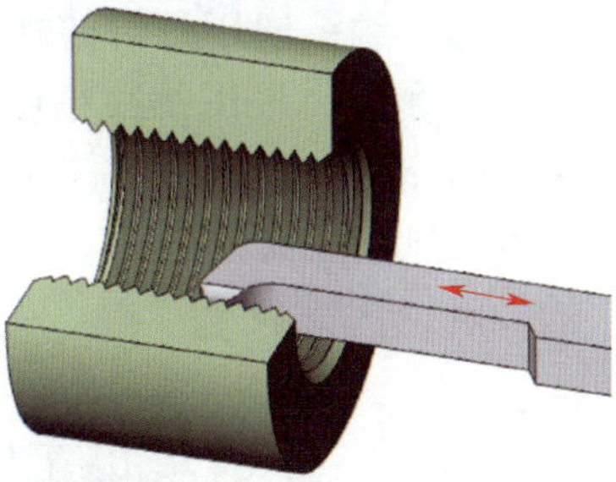 |
| | 内螺纹的车削方法 | 1. 车内螺纹前，先把工件的端平面、螺纹底孔及倒角等车好。车盲孔螺纹或台阶孔螺纹时，还需车好退刀槽，退刀槽直径应大于内螺纹大径，槽宽为（2～3）$P$，并与台阶平面切平，如图 6–16 所示。<br>2. 选择合理的切削速度，并根据螺纹的螺距调整进给箱各手柄的位置。<br>3. 内螺纹车刀装夹好后，开车对刀，记住中滑板刻度或将中滑板刻度盘调零。<br>4. 在车刀刀柄上做标记（图 6–17）或用溜板箱手轮刻度控制螺纹车刀在孔内车削的长度。<br>5. 用中滑板进刀，控制每次车削的背吃刀量，进刀方向与车削外螺纹时的进刀方向相反。<br>6. 压下开合螺母手柄车削内螺纹。当车刀移动到标记位置或溜板箱手轮刻度显示到达螺纹长度位置时，快速退刀，同时提起开合螺母或压下操纵杆使主轴反转，将车刀退到起始位置。<br>7. 经数次进刀、车削后，使总背吃刀量等于螺纹牙型深度。<br>螺距 $P \leqslant 2$ mm 的内螺纹一般采用直进法车削。$P>2$ mm 的内螺纹一般先用斜进法粗车，并向进给相反方向一侧借刀，以改善内螺纹车刀的受力状况，使粗车能顺利进行；精车时采用左右微量借刀法精车两侧面，以减小牙型侧面的表面粗糙度值，最后采用直进法车至螺纹大径。<br>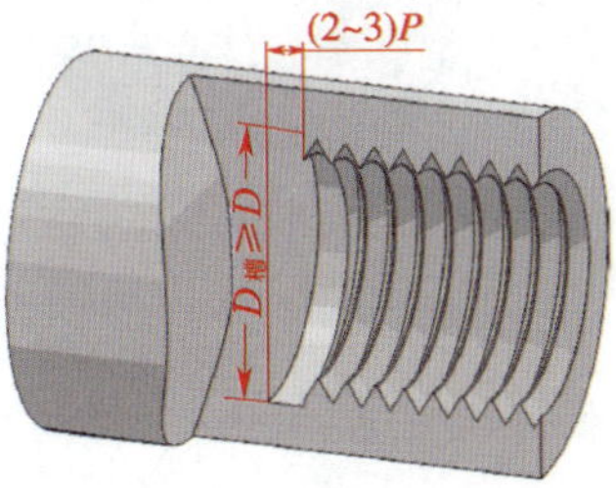 <br>图 6–16　退刀槽直径和宽度<br>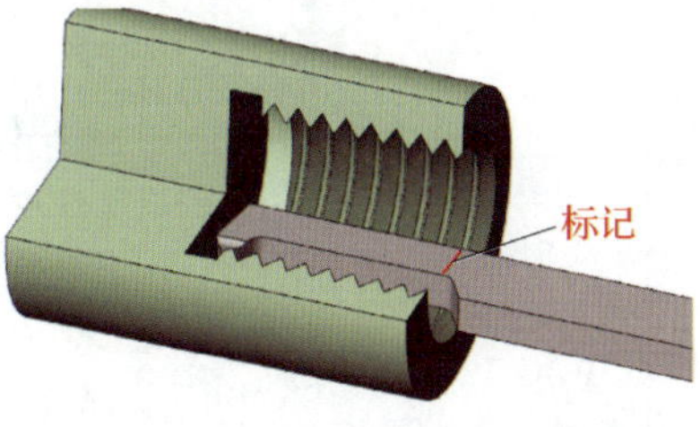 <br>图 6–17　在车刀刀柄上做标记 |

<table>
<tr><th colspan="2">内容</th><th>图例与说明</th></tr>
<tr><td rowspan="2">三角形内螺纹的车削</td><td>内螺纹的检测</td><td>内螺纹一般用螺纹塞规（图 6–18）做综合检测。<br>检测时，根据螺纹精度选用对应的塞规。若螺纹塞规通端（螺纹长的一端，端面有字母 T）能顺利拧入工件，止端（螺纹短的一端，端面有字母 Z）拧不进工件，则说明螺纹合格。检测盲孔螺纹时，塞规通端拧进的长度应达到图样要求的长度。<br>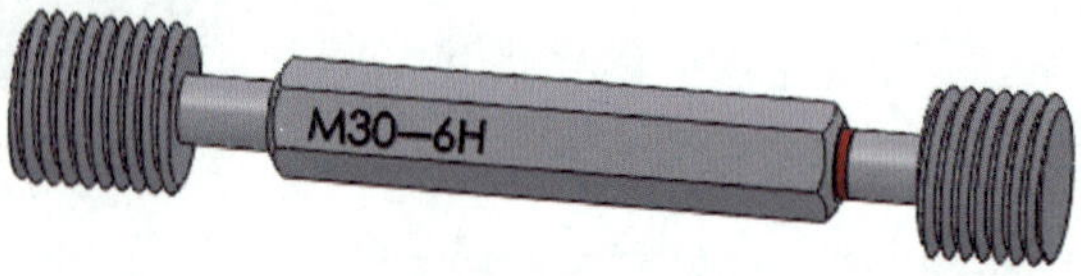<br><br>图 6–18　螺纹塞规</td></tr>
<tr><td>注意事项</td><td>1. 车内螺纹时，应将小滑板适当调紧些，以防车削中小滑板产生位移造成螺纹乱牙。<br>2. 车内螺纹时，退刀要及时、准确。退刀过早螺纹未车完；退刀过迟车刀容易碰撞孔底。<br>3. 车内螺纹时，借刀量不宜过多，以防精车螺纹时没有余量。<br>4. 精车时必须保持车刀锋利，否则容易产生“让刀”，致使螺纹产生锥形误差。一旦产生锥形误差，不能盲目增加背吃刀量，而是应让螺纹车刀在原切削深度上反复进行无进给切削来消除误差。<br>5. 工件在回转中不能用棉纱去擦内孔。更不允许用手指去摸内螺纹表面，以免发生事故。<br>6. 车削中发生车刀碰撞孔底时，应及时重新对刀，以防因车刀移位而造成乱牙。</td></tr>
<tr><td>车通孔内螺纹练习</td><td>工件图样</td><td>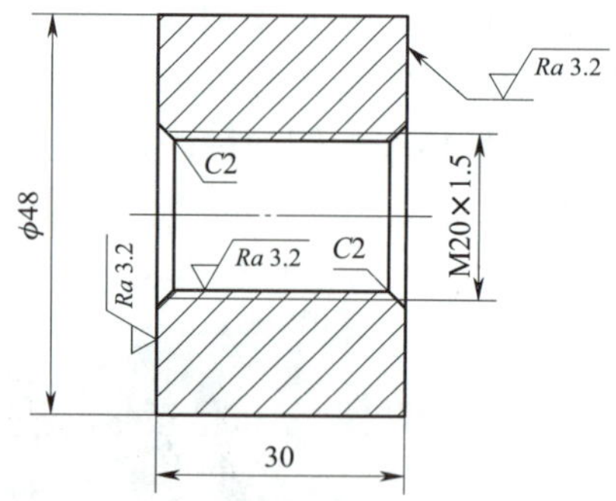<br><br>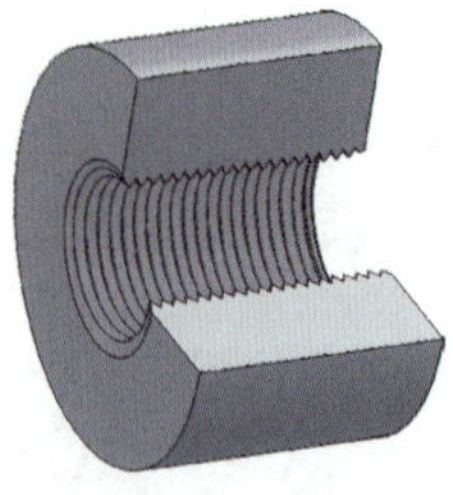<br>$\sqrt{Ra\ 12.5}$ (√)<br><table><tr><td>工件名称</td><td colspan="3">通孔内螺纹工件</td></tr><tr><td>材料</td><td>45 钢</td><td>备料</td><td>φ50×33</td></tr></table></td></tr>
</table>

| 内容 | | 图例与说明 | | | |
|---|---|---|---|---|---|
| 车通孔内螺纹练习 | 加工工艺卡片 | 10 | | 检查备料 $\phi$50 mm×33 mm。 | 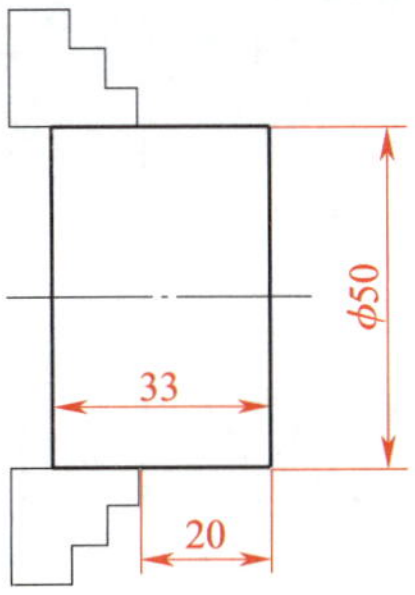 |
| | | 20 | | 夹持外圆，伸出长度为 20 mm，找正并夹紧。 | |
| | | | 1 | 车端面，车平即可。 | 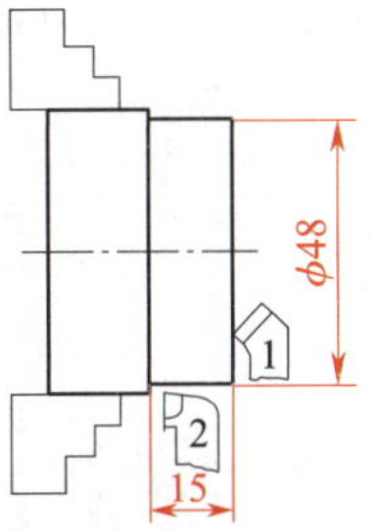 |
| | | | 2 | 车外圆至 $\phi$48 mm，长度为 15 mm。 | |
| | | | 3 | 外圆锐边倒角。 | |
| | | | 4 | 钻孔 $\phi$16 mm。 | 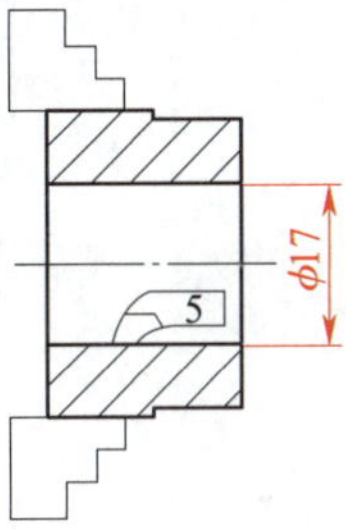 |
| | | | 5 | 粗车内孔至 $\phi$17 mm。 | |
| | | | 6 | 孔口倒角 *C*2 mm。 | |
| | | 30 | | 掉头夹持 $\phi$48 mm 外圆，找正并夹紧。 | 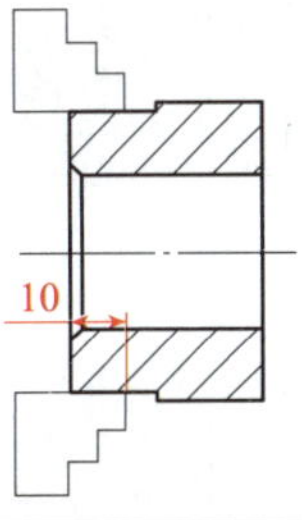 |
| | | | 1 | 车端面，保持总长为 30 mm。 | 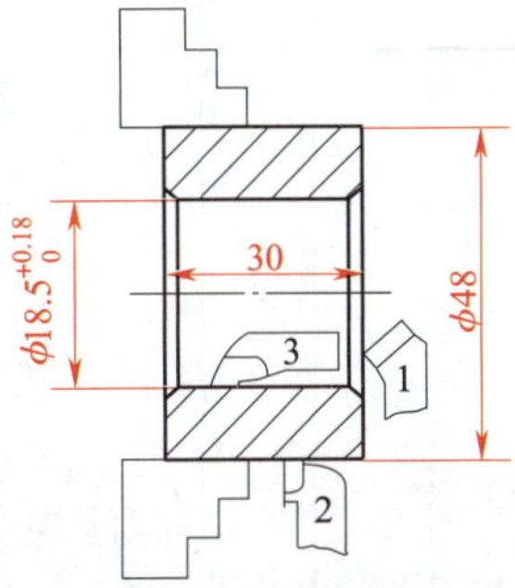 |
| | | | 2 | 车外圆 $\phi$48 mm（接刀）。 | |
| | | | 3 | 精车内孔至 $\phi18.5^{+0.18}_{0}$ mm。 | |
| | | | 4 | 外圆锐边倒角，孔口倒角 *C*2 mm。 | |

| 内容 | | 图例与说明 | | | |
|---|---|---|---|---|---|
| 车通孔内螺纹练习 | 加工工艺卡片 | | 5 | 粗、精车内螺纹M20×1.5至要求。 | 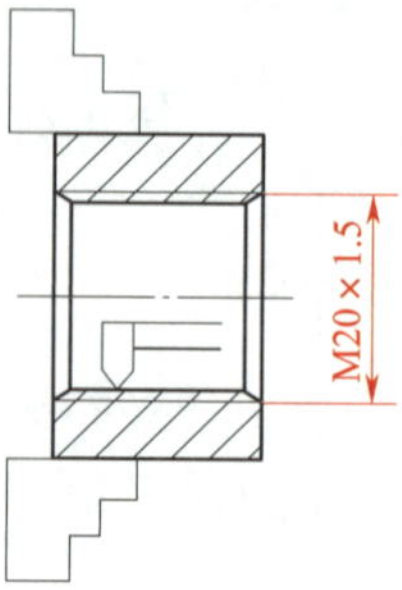 |
| | | | 6 | 检测（用螺纹塞规或自制标准外螺纹件）。 | |
| | | 40 | 检查合格后卸下工件。 | | |
| 车台阶孔内螺纹练习 | 工件图样 | 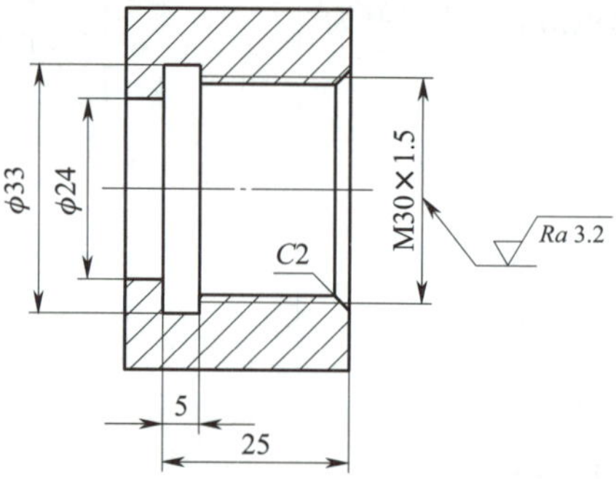 | | 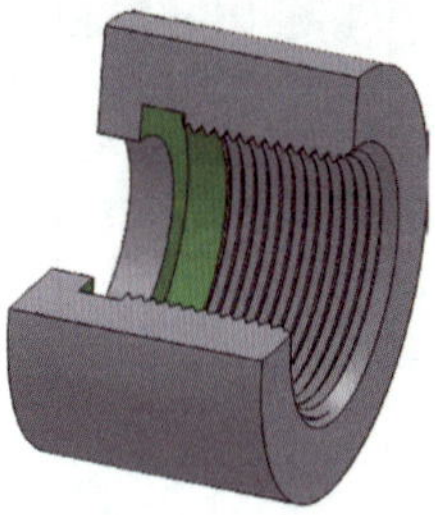 | |
| | | | | $\sqrt{Ra\ 6.3}$ (√) | |
| | | | 工件名称 | 台阶孔内螺纹工件 | |
| | | | 材料 | 45钢 | 备料 \| 通孔内螺纹工件 |
| | 加工工艺卡片 | 10 | 检查备料（用通孔内螺纹工件）。 | | 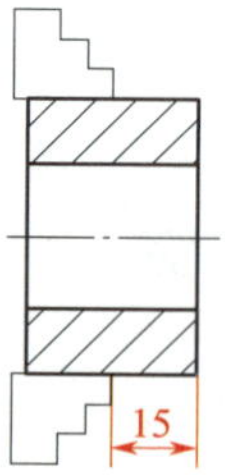 |
| | | 20 | 夹持外圆，伸出长度为15 mm，找正并夹紧。 | | |
| | | | 1 | 车端面，车平即可。 | 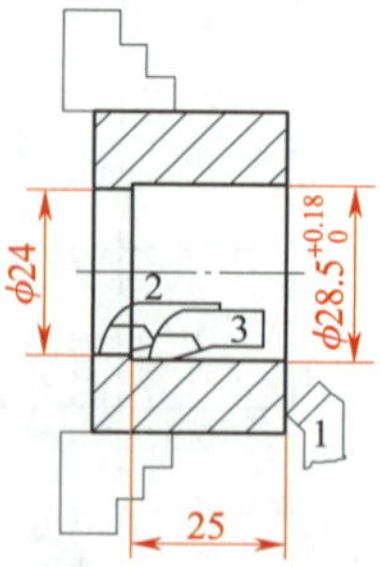 |
| | | | 2 | 车通孔至尺寸 $\phi 24$ mm。 | |
| | | | 3 | 车台阶孔至 $\phi 28.5^{+0.18}_{0}$ mm，深度为25 mm。 | |

| 内容 | | 图例与说明 | | | |
|---|---|---|---|---|---|
| 车台阶孔内螺纹练习 | 加工工艺卡片 | | 4 | 车内槽 $\phi$33 mm，宽度为 5 mm，与台阶齐平。 | 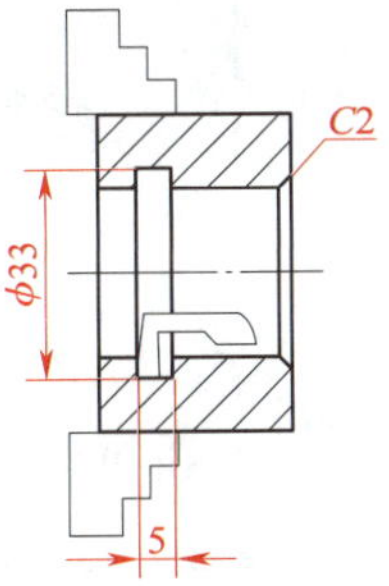 |
| | | | 5 | 孔口倒角 $C$2 mm。 | |
| | | | 6 | 粗、精车内螺纹 M30 × 1.5 至图样要求。 | 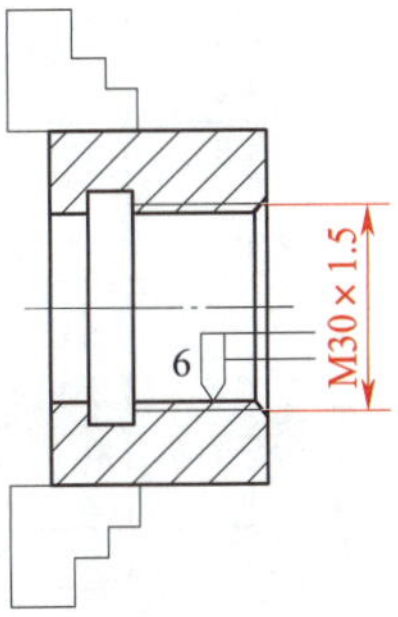 |
| | | | 7 | 检测（用螺纹塞规或自制外螺纹件）。 | |
| | | 30 | 检查合格后卸下工件。 | | |
| 车盲孔内螺纹练习 | 工件图样 | 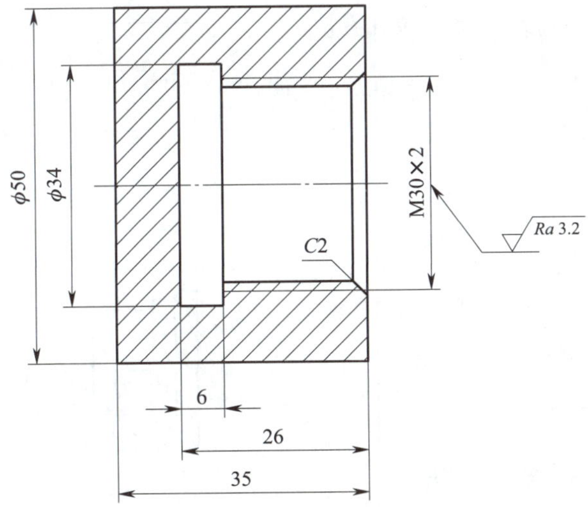 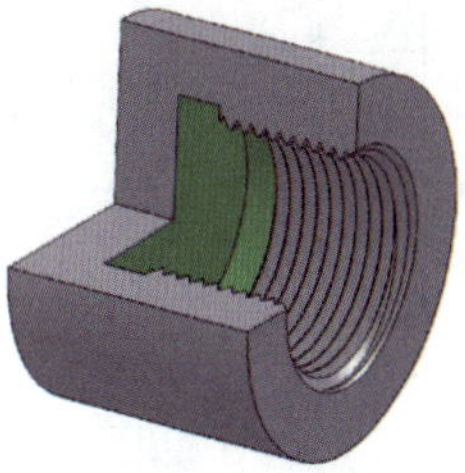 $\sqrt{Ra\ 6.3}$ （√） | | | |

| 工件名称 | 盲孔内螺纹工件 | | |
|---|---|---|---|
| 材料 | 45 钢 | 备料 | $\phi$50 × 35 |

<table>
<tr><th colspan="2">内容</th><th colspan="4">图例与说明</th></tr>
<tr><td rowspan="10">车盲孔内螺纹练习</td><td rowspan="10">加工工艺卡片</td><td>10</td><td colspan="2">检查备料 $\phi50$ mm × 35 mm。</td><td rowspan="2">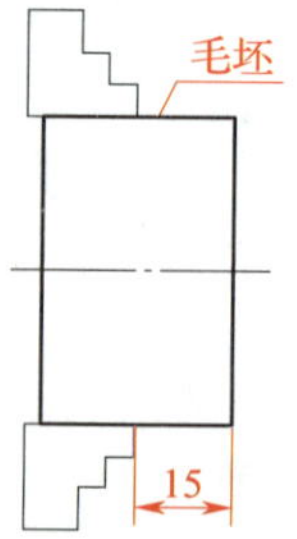
</td></tr>
<tr><td>20</td><td colspan="2">夹持外圆，伸出长度为 15 mm，找正并夹紧。</td></tr>
<tr><td rowspan="7"></td><td>1</td><td>车端面，车平即可。</td><td rowspan="2">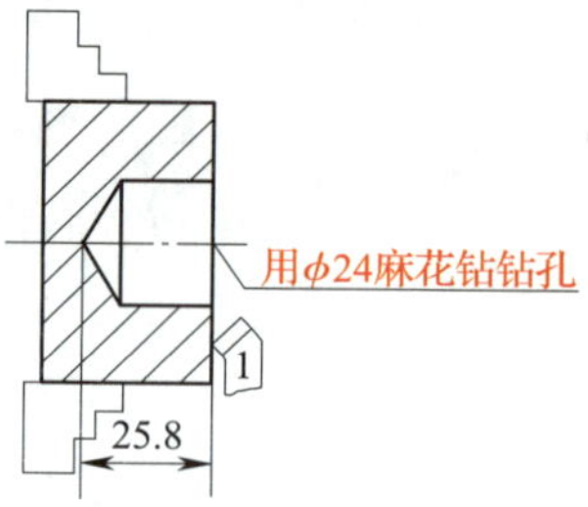
</td></tr>
<tr><td>2</td><td>用 $\phi24$ mm 麻花钻钻孔，深度为 25.8 mm（含钻头顶部）。</td></tr>
<tr><td>3</td><td>车内孔及孔底平面至 $\phi28^{+0.18}_{0}$ mm，深度为 26 mm。</td><td rowspan="2">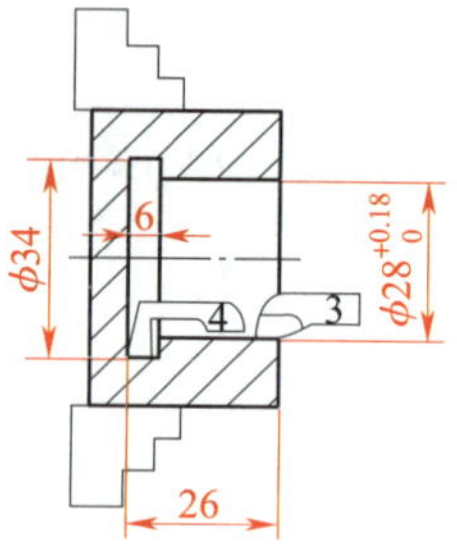
</td></tr>
<tr><td>4</td><td>车内槽 $\phi34$ mm，宽度为 6 mm，与孔底平面平齐。</td></tr>
<tr><td>5</td><td>孔口倒角 $C2$ mm。</td><td rowspan="3">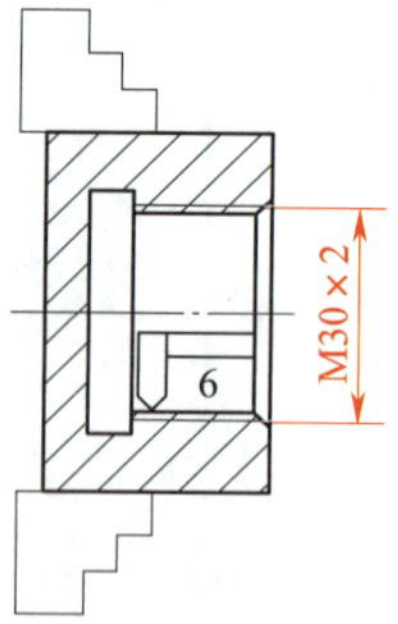
</td></tr>
<tr><td>6</td><td>粗、精车内螺纹 M30 × 2 至图样要求。</td></tr>
<tr><td>7</td><td>检测（用螺纹塞规或自制外螺纹件）。</td></tr>
<tr><td>30</td><td colspan="3">检查合格后卸下工件。</td></tr>
</table>

<table>
<tr><th colspan="2">内容</th><th>图例与说明</th></tr>
<tr><td colspan="3">七、车圆锥管螺纹</td></tr>
<tr><td rowspan="2">圆锥管螺纹及其车削方法</td><td>圆锥管螺纹及其车削特征</td><td>
圆锥管螺纹是一种英制细牙螺纹，用于管路连接。圆锥管螺纹的牙型角有55°和60°两种，其公称直径是指管子的孔径（以 in 为单位）。圆锥管螺纹有1 : 16的锥度（圆锥半角 $\alpha/2=1°\ 47'\ 24''$）。圆锥管螺纹的大径、中径和小径应在基面内测量，如图 6–19 所示。<br><br>
圆锥管螺纹的车削方法与三角形螺纹的车削方法相似，所不同的是需要解决螺纹的锥度问题。车削圆锥管螺纹的常用方法有靠模法、偏移尾座法和手赶法等。本课题仅介绍手赶法。<br><br>
手赶法就是在车削螺纹时，径向手动退刀或进刀，使刀尖沿着与圆锥素线平行的方向运动，来保证螺纹的锥度和尺寸的方法。由于锥度由手动保证，加工精度不高，一般用于精度较低的单件、小批量生产。<br><br>
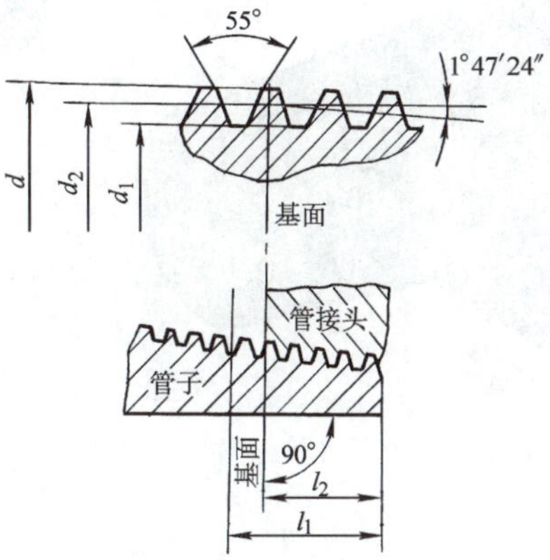
<br>
图 6–19　圆锥管螺纹
</td></tr>
<tr><td>径向退刀法</td><td>
车削螺纹时，床鞍自右向左纵向移动的同时，手动摇动中滑板手柄，做径向均匀退刀，车出圆锥管螺纹，如图 6–20 所示。操作的关键是手动退刀动作平稳均匀，退刀速度要与车螺纹协调一致。<br><br>
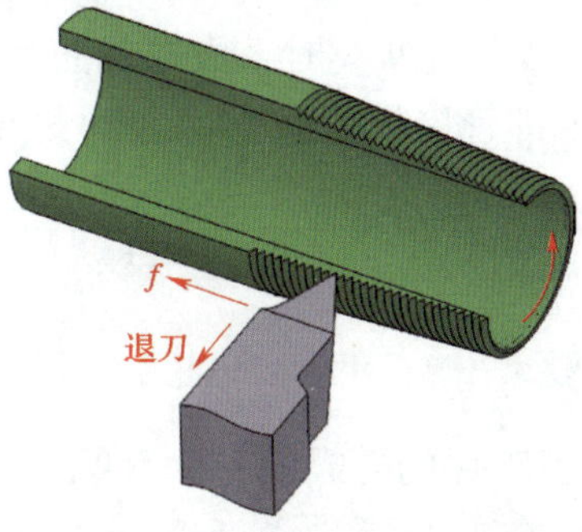
<br>
图 6–20　径向退刀法车圆锥管螺纹
</td></tr>
</table>

<table>
<tr><th colspan="2">内容</th><th>图例与说明</th></tr>
<tr><td>圆锥管螺纹及其车削方法</td><td>径向进刀法</td><td>

**1. 车圆锥管螺纹**

将螺纹车刀反装，即车刀前面向下，车床主轴反转，螺纹车刀由左向右纵向移动的同时，手动使中滑板径向均匀进刀，车出圆锥管螺纹，如图 6–21 所示。

**2. 车倒锥管螺纹**

车削时，车床主轴正转，床鞍带动螺纹车刀自右向左纵向移动的同时，手动使中滑板径向均匀进刀，车出圆锥管螺纹，如图 6–22 所示。这种方法常用于车削长度较短的管接头。

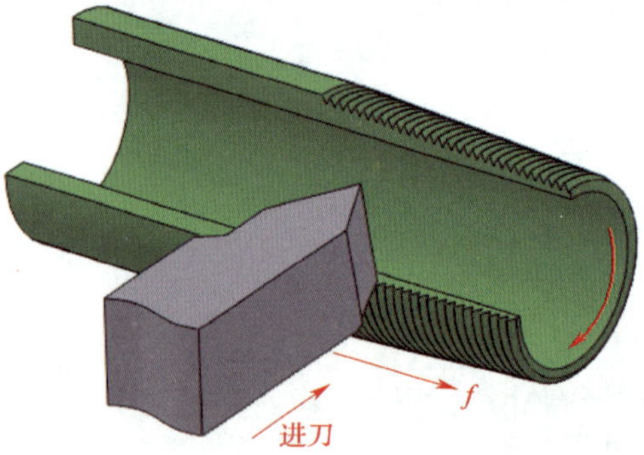


图 6–21　径向进刀法车圆锥管螺纹

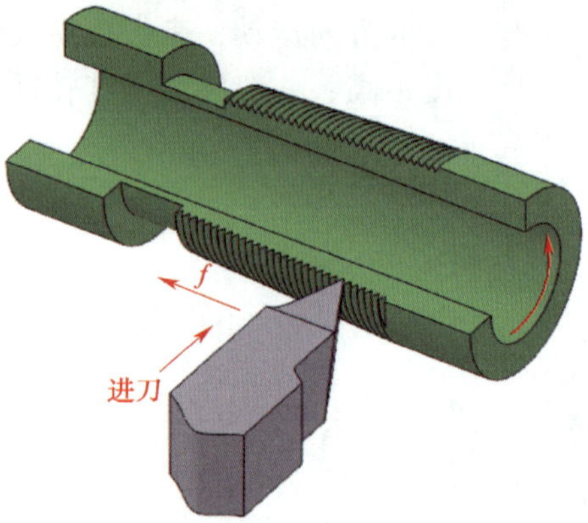


图 6–22　径向进刀法车倒锥管螺纹

</td></tr>
<tr><td colspan="2">车圆锥管螺纹注意事项</td><td>

1. 装夹车刀时，螺纹车刀的两刀尖半角对称线应垂直于工件轴线。

2. 手赶速度应与螺纹车刀纵向进给速度配合好，不可时快时慢，否则容易损坏螺纹车刀，且螺纹两侧面不光整，精度达不到要求。

3. 用管接头检查工件螺纹时，应以基面为准，保证有效长度 $l_1$，一般是把握“松三紧四”原则，即管接头拧进 3 ~ 4 圈，螺纹收尾长度在 3 ~ 4 圈。

</td></tr>
</table>

## 八、套螺纹和攻螺纹

用板牙或螺纹切头加工工件的外螺纹称为套螺纹。用丝锥加工工件的内螺纹称为攻螺纹。套螺纹和攻螺纹也可在车床上进行。

<table>
<tr><th colspan="2">内容</th><th>图例与说明</th></tr>
<tr><td rowspan="3">在车床上套螺纹</td><td>板牙的结构</td><td>板牙是一种标准的多刃螺纹加工工具，它的结构形状如图 6–23 所示。它像一个圆螺母，周围有排屑孔（一般有 3 ~ 5 个），其两端的锥角是切削部分，中间有完整齿深的一段是校正部分，所以板牙的正、反两面都可使用。<br>用板牙切制螺纹，操作简便，生产率高。<br>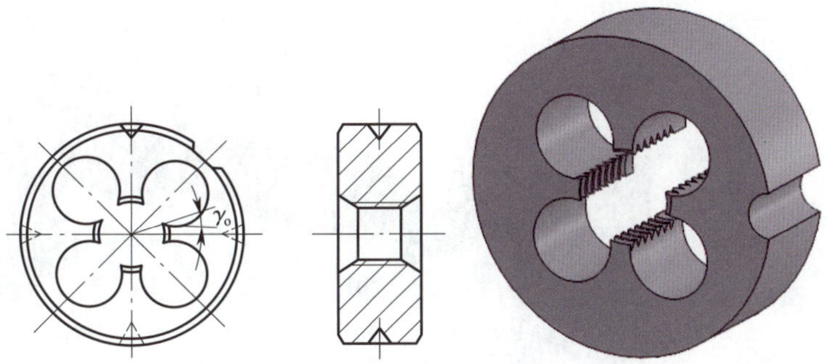<br>图 6–23　板牙</td></tr>
<tr><td>套螺纹前的工艺要求</td><td>1. 用板牙套螺纹，通常适用于公称直径小于 16 mm 或螺距小于 2 mm 的外螺纹。<br>2. 由于套螺纹时工件材料受板牙的挤压而产生变形，牙顶将被挤高，所以套螺纹前工件外圆应车削至略小于螺纹大径，一般可按下式计算确定：<br>$d_0=d-0.13P$<br>式中　$d_0$——套螺纹前圆柱直径，mm；<br>$d$——螺纹大径，mm；<br>$P$——螺距，mm。<br>3. 外圆车好后，端面必须倒角，倒角后端面直径应稍小于螺纹小径，以便于板牙切入工件。<br>4. 套螺纹前必须找正尾座，其轴线应与车床主轴轴线重合。<br>5. 板牙端面应与主轴轴线垂直。</td></tr>
<tr><td>套螺纹的方法</td><td>在车床上主要用套螺纹工具套螺纹（图 6–24），具体方法是：<br>1. 将套螺纹工具的锥柄装入尾座套筒的锥孔内。<br>2. 将板牙装入套螺纹工具内，使螺钉对准板牙上的锥孔后拧紧。<br>3. 将尾座移动到工件前适当位置（约 20 mm）处锁紧。<br>4. 转动尾座手轮，使板牙靠近工件端面，启动车床和切削液泵加注切削液。</td></tr>
</table>

<table>
<tr><th colspan="2">内容</th><th>图例与说明</th></tr>
<tr><td rowspan="3">在车床上套螺纹</td><td>套螺纹的方法</td><td>5. 继续转动尾座手轮，使板牙切入工件后停止转动尾座手轮，此时板牙沿工件轴线自动进给，板牙切削工件外螺纹。<br>6. 当板牙切削到所需长度位置时，立即停止，然后开反车使主轴反转，退出板牙，完成螺纹加工。<br>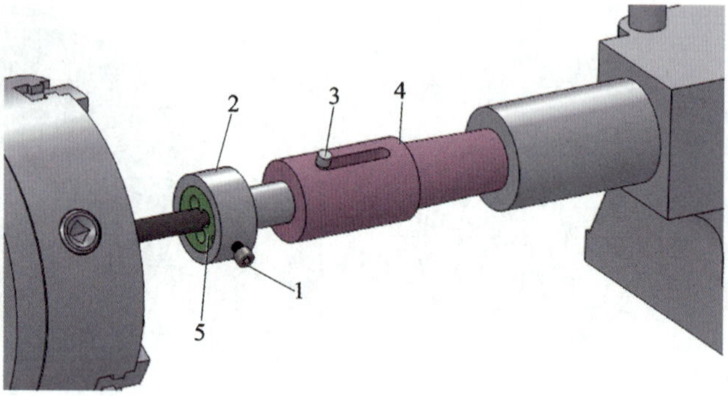<br><br>图 6-24　在车床上套螺纹<br>1—螺钉　2—滑动套筒　3—销钉　4—工具体　5—板牙</td></tr>
<tr><td>切削速度和切削液的选用</td><td>切削钢件时：$v_c$=3 ~ 4 m/min。<br>切削铸铁时：$v_c$=2 ~ 3 m/min。<br>切削黄铜时：$v_c$=6 ~ 9 m/min。<br>切削钢件时，一般选用硫化切削油、机油和乳化液；切削低碳钢或韧性较大的材料时，可选用工业植物油；切削铸铁时，可选用煤油或不使用切削液。</td></tr>
<tr><td>注意事项</td><td>1. 选用板牙时，应检查板牙的齿形是否有缺损。<br>2. 装夹板牙时不能歪斜。<br>3. 套制塑性材料的螺纹时，应充分加注切削液。<br>4. 套螺纹工具在尾座套筒锥孔中必须装紧，以防套螺纹时过大的切削力矩引起套螺纹工具锥柄在尾座锥孔内打转，损坏尾座锥孔表面。</td></tr>
</table>

<table>
<tr><th colspan="2">内容</th><th colspan="4">图例与说明</th></tr>
<tr><td rowspan="8">套螺纹练习</td><td>工件图样</td><td colspan="4">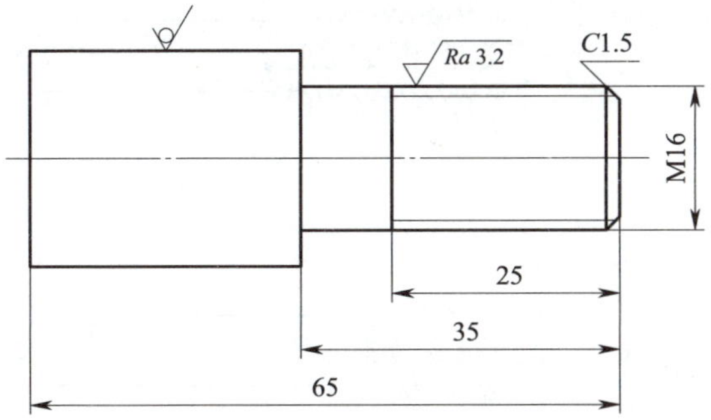<br>$\sqrt{Ra\ 6.3}$ ( √ )<br><table><tr><td>工件名称</td><td colspan="3">套螺纹工件</td></tr><tr><td>材料</td><td>45 钢</td><td>备料</td><td>$\phi$20 × 66</td></tr></table></td></tr>
<tr><td rowspan="7">加工工艺卡片</td><td>10</td><td colspan="3">检查备料 $\phi$20 mm × 66 mm。</td></tr>
<tr><td>20</td><td colspan="3">夹持外圆，伸出长度为 40 mm，找正并夹紧。</td></tr>
<tr><td rowspan="3"></td><td>1</td><td colspan="2">车端面；粗、精车外圆至 $\phi$15.74 mm，长度为 35 mm。</td></tr>
<tr><td>2</td><td colspan="2">倒角 C1.5 mm。</td></tr>
<tr><td>3</td><td colspan="2">选择较低转速加注机油或乳化液，用 M16 板牙套螺纹。</td></tr>
<tr><td>30</td><td colspan="3">检查合格后卸下工件。</td></tr>
<tr><td>在车床上攻螺纹</td><td>丝锥的结构</td><td colspan="4">丝锥是一种多刃成形刀具，可以加工车刀无法车削的小直径内螺纹，操作方便，生产率高。丝锥的结构如图 6–25 所示。<br>丝锥主要分为手用丝锥和机用丝锥两大类。手用丝锥主要是钳工使用，通常为两支一组（攻制 M16 ~ M24 的内螺纹）或三支一组（攻制 M16 以下或 M24 以上的内螺纹），分别称为初锥（头攻）、中锥（二攻）和底锥（三攻），它们必须依次使用。机用丝锥的形状与手用丝锥相似，只是在尾部多一条防止丝锥从夹头中脱落的环形槽，用以防止丝锥从攻螺纹工具中脱落。机用丝锥通常是用单支攻螺纹，一次成形，效率较高。<br>丝锥上开有 4 条容屑槽，$L_1$ 锥形部分起主要切削作用，$L_2$ 锥形部分对工件牙型起校正、修光、导向作用。</td></tr>
</table>

<table>
<tr><th colspan="2">内容</th><th>图例与说明</th></tr>
<tr><td rowspan="2">在车床上攻螺纹</td><td>丝锥的结构</td><td>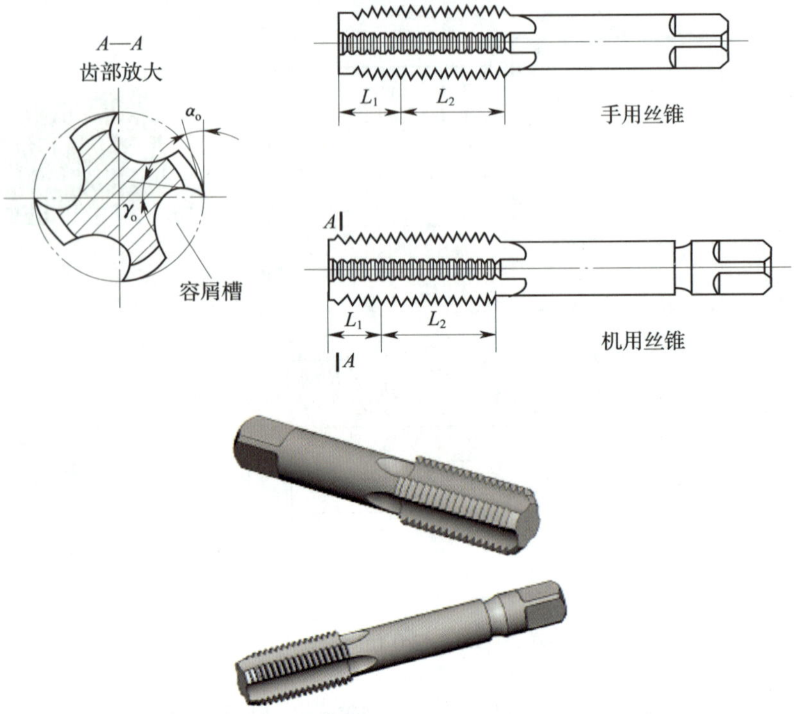

图 6-25　丝锥</td></tr>
<tr><td>攻螺纹前的工艺要求</td><td>1. 攻螺纹前孔径 $D_孔$ 的确定。为了减小切削抗力和防止丝锥折断，攻螺纹前的孔径必须比螺纹小径稍大些，普通螺纹攻螺纹前的孔径可根据经验公式计算：<br>加工钢件和塑性较大的材料：$D_孔 \approx D-P$<br>加工铸件和塑性较小的材料：$D_孔 \approx D-1.05P$<br>式中　$D$——内螺纹大径，mm；<br>$D_孔$——攻螺纹前孔径，mm；<br>$P$——螺距，mm。<br>2. 攻制盲孔螺纹底孔深度的确定。攻制盲孔螺纹时，由于丝锥前端的切削刃不能攻制出完整的牙型，所以钻孔深度要大于规定的螺纹深度。通常钻孔深度约等于螺纹的有效长度加上螺纹公称直径的 70%，即<br>$$H=h_{有效}+0.7D$$<br>式中　$H$——攻螺纹前底孔深度，mm；<br>$h_{有效}$——螺纹有效长度，mm；<br>$D$——内螺纹大径，mm。<br>3. 孔口倒角 30°（图 6-26），可用 60° 锪孔钻加工，也可用车刀倒角，倒角后的直径应大于螺纹大径。</td></tr>
</table>

<table>
<tr><th colspan="2">内容</th><th>图例与说明</th></tr>
<tr><td rowspan="2">在车床上攻螺纹</td><td>攻螺纹前的工艺要求</td><td>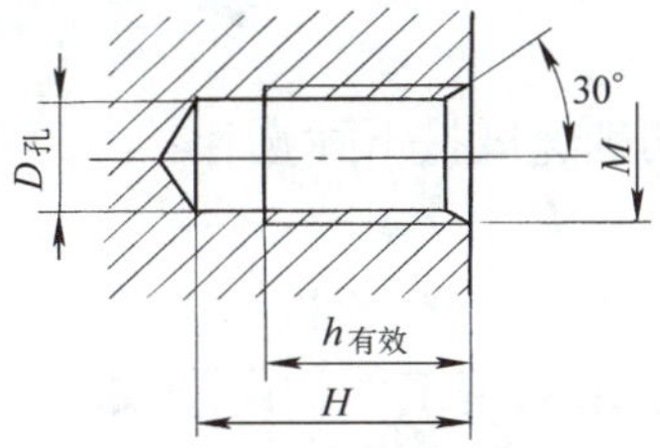

图 6–26　攻螺纹前的工艺要求</td></tr>
<tr><td>攻螺纹方法</td><td>1. 将攻螺纹工具的锥柄装入尾座套筒的锥孔内。<br>2. 将丝锥装入攻螺纹工具的方孔中。<br>3. 根据螺纹的有效长度，在丝锥或攻螺纹工具上做标记。<br>4. 移动尾座，使丝锥靠近工件端面处，锁紧尾座。<br>5. 启动车床（低速），充分浇注切削液，转动尾座手轮使丝锥切削部分进入工件孔内，当丝锥切入几牙后，停止转动尾座手轮，丝锥工具随丝锥自动进给，攻制内螺纹。<br>6. 当丝锥攻至需要的深度尺寸时，迅速开倒车退出丝锥。<br>图 6–27 所示的攻螺纹工具，在攻螺纹过程中，当切削力矩超过所调整的摩擦力矩时，摩擦杆会打滑，丝锥则随工件一起转动，不再切削，可有效地防止丝锥的折断，适用于盲孔螺纹的攻制。<br>图 6–28 所示为一种简易的攻螺纹工具，由于没有过载保护机构，当切削力过大时丝锥容易折断，适用于攻制通孔及精度较低的内螺纹。<br>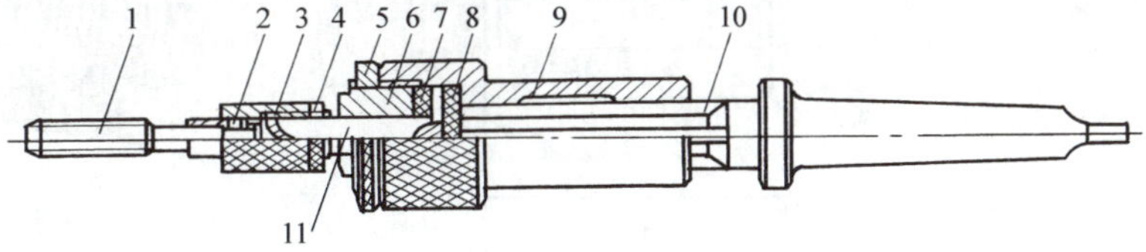

图 6–27　攻螺纹工具<br>1—丝锥　2—钢球　3—内锥套　4—锁紧螺母　5—并紧螺母　6—调节螺栓<br>7、8—尼龙垫片　9—花键套　10—花键心轴　11—摩擦杆<br>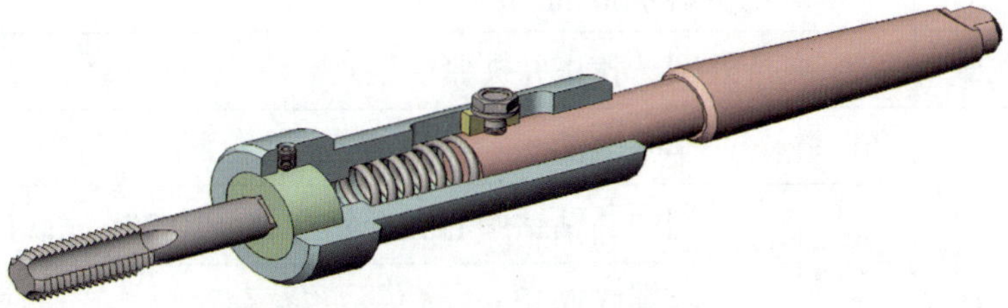
图 6–28　简易攻螺纹工具</td></tr>
</table>

<table>
<tr><th colspan="2">内容</th><th colspan="3">图例与说明</th></tr>
<tr><td rowspan="2">在车床上攻螺纹</td><td>切削速度和切削液的选择</td><td colspan="3">攻螺纹时的切削速度按下述选择：<br>攻钢件和塑性较大的材料时：$v_c$=2～4 m/min。<br>攻铸铁或塑性较小的材料时：$v_c$=4～6 m/min。<br>攻制优质碳素结构钢工件的内螺纹时，一般选用硫化切削油、机油和乳化液；攻制低碳钢或韧性较大的材料（如 40Cr 钢等）上的内螺纹时，可选用工业植物油；在铸铁材料上攻内螺纹，可选用煤油或不使用切削液。</td></tr>
<tr><td>注意事项</td><td colspan="3">1. 选用丝锥时，应检查丝锥是否缺齿。<br>2. 装夹丝锥时，应防止丝锥歪斜。<br>3. 攻制内螺纹时，应充分浇注切削液。<br>4. 攻螺纹时，不要一次攻至所需深度，应分多次进刀，即丝锥每攻进一段深度后应及时退出，清理切屑后，再继续向里攻。<br>5. 攻盲孔螺纹时，应选用有过载保护机构的攻螺纹工具，并应在丝锥上或攻螺纹工具上做深度标记，防止丝锥攻至孔底造成丝锥折断。<br>6. 严禁开车时用手或棉纱清理螺纹孔内切屑，以免发生事故。</td></tr>
<tr><td rowspan="7">攻螺纹练习</td><td>工件图样</td><td colspan="3">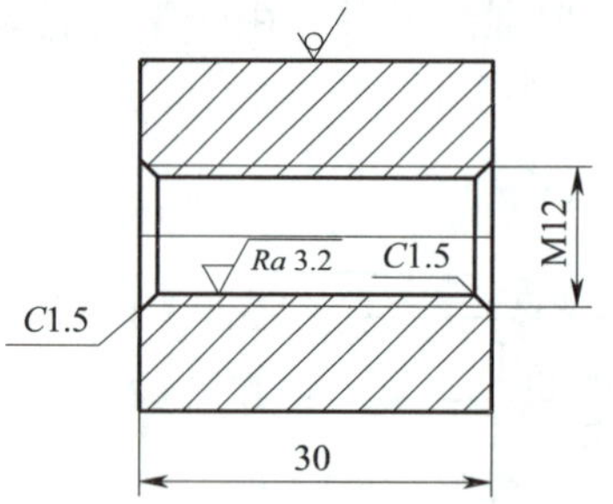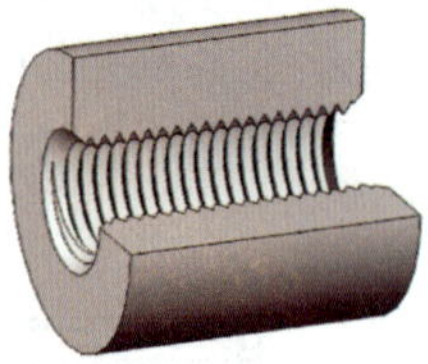<br>Ra 6.3 （√）<br><table><tr><td>工件名称</td><td colspan="3">攻螺纹练习件</td></tr><tr><td>材料</td><td>45 钢</td><td>备料</td><td>$\phi$30×32</td></tr></table></td></tr>
<tr><td rowspan="6">加工工艺卡片</td><td>10</td><td colspan="2">检查备料 $\phi$30 mm×32 mm。</td></tr>
<tr><td>20</td><td colspan="2">夹持外圆，找正并夹紧。</td></tr>
<tr><td rowspan="3"></td><td>1</td><td>车平端面。</td></tr>
<tr><td>2</td><td>用中心钻钻中心孔；钻通孔 $\phi$10.25 mm；孔口倒角。</td></tr>
<tr><td>3</td><td>攻螺纹 M12。</td></tr>
<tr><td>30</td><td colspan="2">检查合格后取下工件。</td></tr>
</table>

# 课题二　车梯形螺纹

梯形螺纹是应用广泛的一种传动螺纹，车床上的长丝杠和中、小滑板丝杠都是梯形螺纹。

梯形螺纹分米制和英制两种，米制梯形螺纹的牙型角为 30°，英制梯形螺纹的牙型角为 29°。我国常用的是米制梯形螺纹。

## 一、高速钢梯形螺纹车刀及其刃磨

车梯形外螺纹时，径向切削力较大，为减小切削力，螺纹车刀分粗车刀和精车刀两种。

| 内容 | 图例与说明 |
| --- | --- |
| 高速钢梯形外螺纹车刀几何形状 | **1. 高速钢梯形螺纹粗车刀（图 6–29）**<br>梯形螺纹粗车刀的刀尖角应略小于梯形螺纹牙型角，一般取$29°^{0}_{-30'}$。刀尖宽度小于牙型槽底宽 *W*，一般比 *W* 小 0.2 ~ 0.3 mm。<br>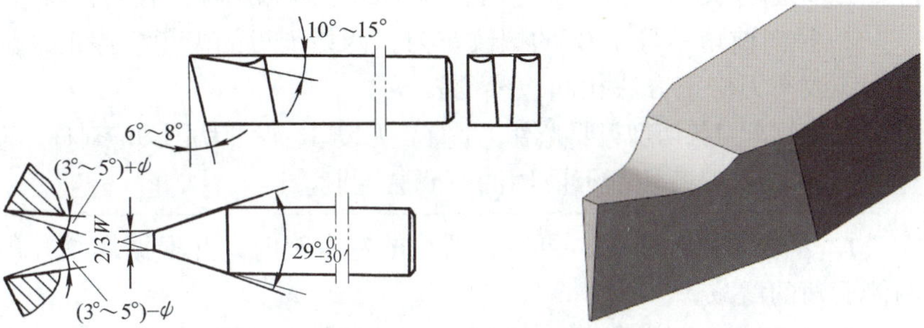<br><br>图 6–29　高速钢梯形螺纹粗车刀<br>**2. 带卷屑槽高速钢梯形螺纹精车刀（图 6–30）**<br>车刀径向前角 $\gamma_p$=0°，刀尖角 $\varepsilon_r$ 等于牙型角 $\alpha$，即 30°。前面两侧磨出较大前角 $\gamma_p$ 为 12° ~ 16° 的卷屑槽，刀头宽度等于牙槽底宽 *W*，该车刀主切削刃不能参加切削，只能进行螺纹两侧面的精车。<br>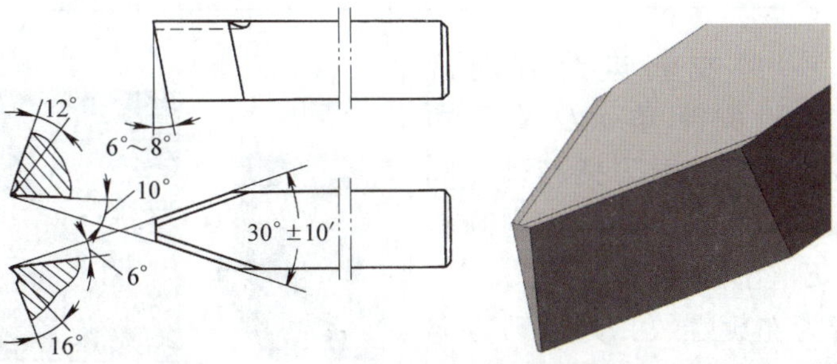<br><br>图 6–30　带卷屑槽高速钢梯形螺纹精车刀 |

<table>
<tr><th colspan="2">内容</th><th colspan="2">图例与说明</th></tr>
<tr><td colspan="2">高速钢梯形外螺纹车刀几何形状</td><td colspan="2">

**3. 高速钢梯形螺纹精车刀（图 6–31）**

刀尖角 $\varepsilon_r$ 等于牙型角 $\alpha$，即 30°。前面前角选择 $\gamma_p$=0°～5°，刀头宽度比牙槽底宽 $W$ 小 0.1～0.2 mm。利用高速钢车刀锋利的刃口精车螺纹的底径和螺纹槽的左右侧面。

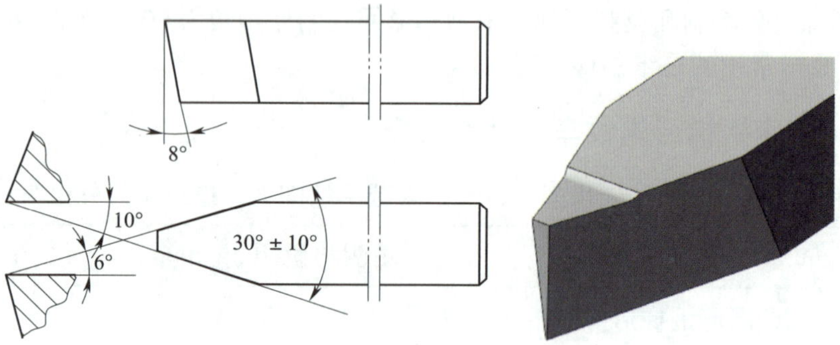


图 6–31　高速钢梯形螺纹精车刀

</td></tr>
<tr><td rowspan="4">高速钢梯形螺纹车刀的刃磨</td><td>刃磨要求</td><td colspan="2">

1. 刃磨螺纹车刀两刃夹角时，应随时目测和用样板校对。

2. 径向前角不等于 0° 的螺纹车刀，两切削刃的夹角应修正，其修正方法与三角形螺纹车刀修正方法相同，参见表 6–1。

3. 螺纹车刀各切削刃要光滑、平直、无裂口，两侧切削刃应对称，刀体不能歪斜。

4. 螺纹车刀各切削刃应用油石研去毛刺。

</td></tr>
<tr><td>注意事项</td><td colspan="2">

1. 刃磨两侧后角时，要注意螺纹的左右旋向，并根据螺纹升角的大小来确定两侧后角的增减。

2. 刃磨高速钢梯形螺纹车刀时，应随时蘸水冷却，以防刃口因过热而退火。

3. 梯形螺纹粗车刀为增加刀头强度，可在两刀尖处磨出圆弧过渡刃。精车刀为保证螺纹牙型清晰和刀具的锋利性，不需磨出圆弧过渡刃。

4. 螺距较小的梯形螺纹精车刀不便于刃磨断屑槽时，可采用较小径向前角梯形螺纹精车刀。

</td></tr>
<tr><td rowspan="2">刃磨步骤</td><td colspan="2">以刃磨高速钢梯形螺纹粗车刀为例。</td></tr>
<tr><td>

1. 刃磨左侧进给方向后面，控制刀尖半角 $\varepsilon_r/2$ 及后角 $\alpha_{oL}$（$\alpha_o+\psi$）。此时刀柄与砂轮圆周夹角约 $\varepsilon_r/2$，刀面向外侧倾斜 $\alpha_o+\psi$，刀头上翘 8°。

若为左旋螺纹，则进刀方向后面在车刀另一侧面。

</td><td>

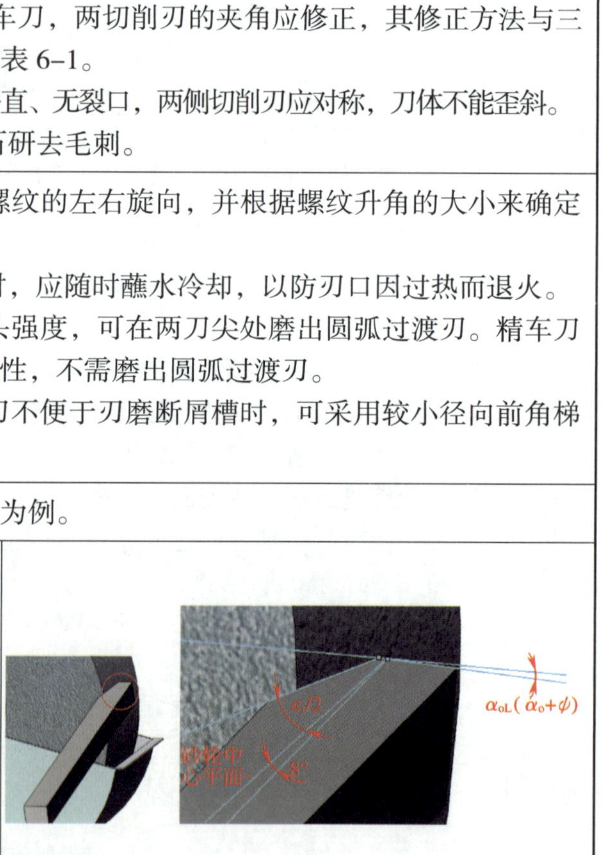


</td></tr>
</table>

| 内容 | | 图例与说明 | |
|---|---|---|---|
| 高速钢梯形螺纹车刀的刃磨 | 刃磨步骤 | 2. 刃磨右侧背离进给方向后面，以初步形成两刃夹角，控制刀尖角 $\varepsilon_r$ 及后角 $\alpha_{oR}$（$\alpha_o-\psi$）。此时刀柄仍是与砂轮圆周夹角约 $\varepsilon_r/2$，刀面向外侧倾斜 $\alpha_o-\psi$，刀头上翘 8°。 | 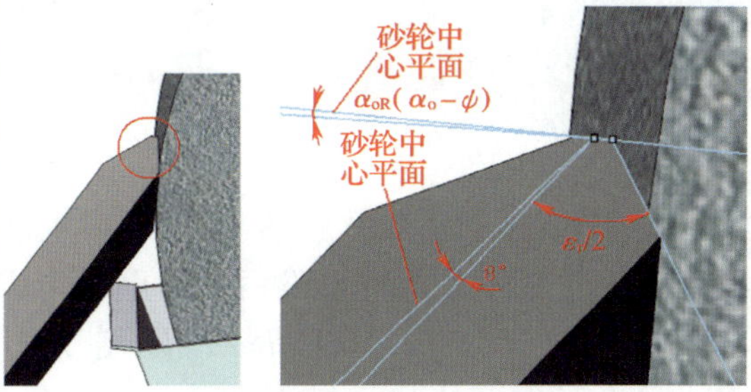 |
| | | 3. 粗、精磨前面，以形成前角，$\gamma_p$ 为 10° ~ 15°。方法是离开刀尖、大于牙型深度处以砂轮边角为支点，夹角等于前角，以前面与砂轮接触处为支点，摆动尾部，使火花最后在刀尖处磨出。 | 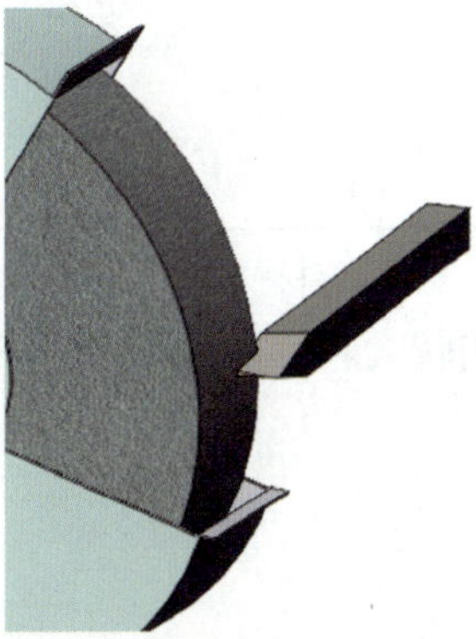 |
| | | 4. 用螺纹车刀样板测量刀尖角，根据透光缝隙修正正确。 | 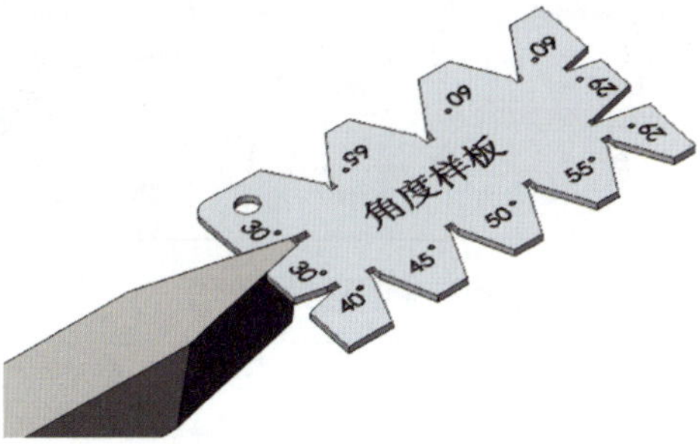 |
| | | 5. 精磨两后面，形成车刀左侧进刀后角 $\alpha_{oL}$ 和右侧背离进刀后角 $\alpha_{oR}$，刀头仍上翘 8°，以形成主后角 8°。 | 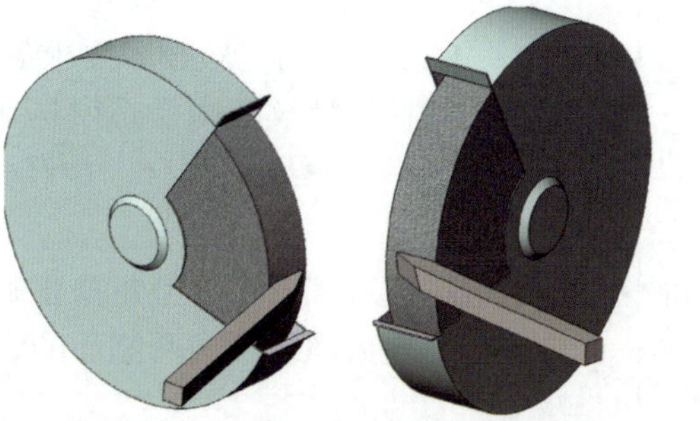 |

<table>
<tr><th colspan="2">内容</th><th colspan="2">图例与说明</th></tr>
<tr><td rowspan="2">高速钢梯形螺纹车刀的刃磨</td><td>刃磨步骤</td><td>6. 刀头仍上翘 8°，刃磨主后面并测量刀头宽度正确后，刃磨两个刀尖圆弧，r 为 0.1 ~ 0.15 mm，以增加刀头强度。</td><td>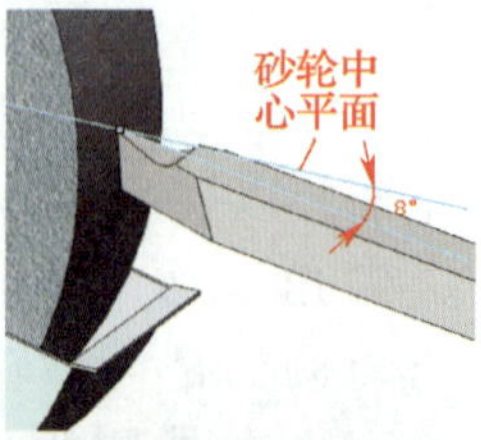<br>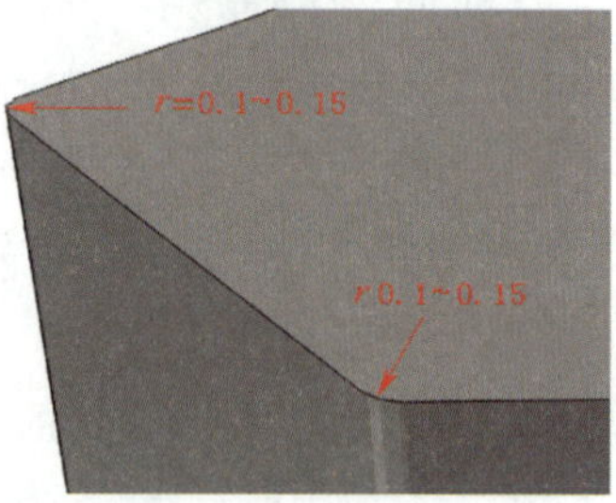</td></tr>
<tr><td>精车刀刀尖角的检查</td><td colspan="2">用游标万能角度尺检查：精车后要保证牙型角正确，牙型角对螺纹的配合影响较大。为减少误差，精车刀可用游标万能角度尺测量刀尖角（图 6–32）。<br>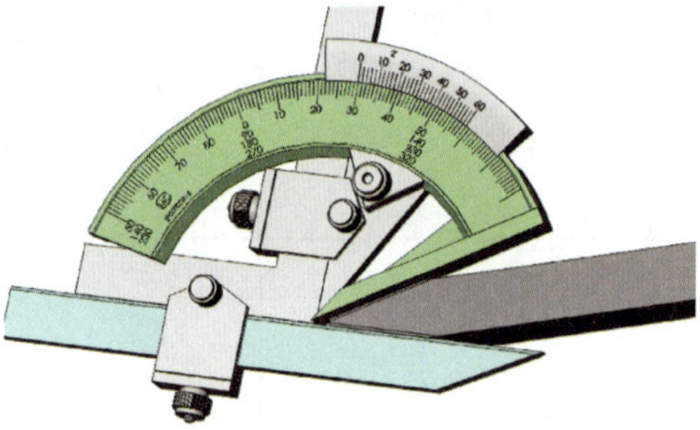<br>图 6–32　梯形螺纹精车刀刀尖角的检查</td></tr>
<tr><td colspan="4">二、低速车梯形外螺纹</td></tr>
<tr><td>车梯形螺纹的工艺准备</td><td>梯形螺纹的一般技术要求</td><td colspan="2">梯形螺纹的轴向剖面形状是一等腰梯形。梯形螺纹用作传动，精度要求高，表面粗糙度值小，车削梯形螺纹比车削三角形螺纹困难。<br>梯形螺纹的一般技术要求如下：<br>1. 梯形螺纹的中径必须与基准轴颈同轴，其大径尺寸应小于基本尺寸。<br>2. 梯形螺纹的配合以中径定心，因此车削梯形螺纹时必须保证中径尺寸公差。<br>3. 梯形螺纹的牙型角要正确。<br>4. 梯形螺纹牙型两侧面的表面粗糙度值要小。</td></tr>
</table>

<table>
<tr><th colspan="2">内容</th><th colspan="2">图例与说明</th></tr>
<tr><td rowspan="2">车梯形螺纹的工艺准备</td><td>工件的装夹</td><td>车梯形螺纹时，切削力较大，工件一般用一夹一顶方式装夹。此外，轴向采用限位台阶或限位支撑固定工件的轴向位置，以防车削中工件轴向窜动或移位而造成乱牙或撞坏车刀。精车根据精度要求，也可用两顶尖装夹。</td><td>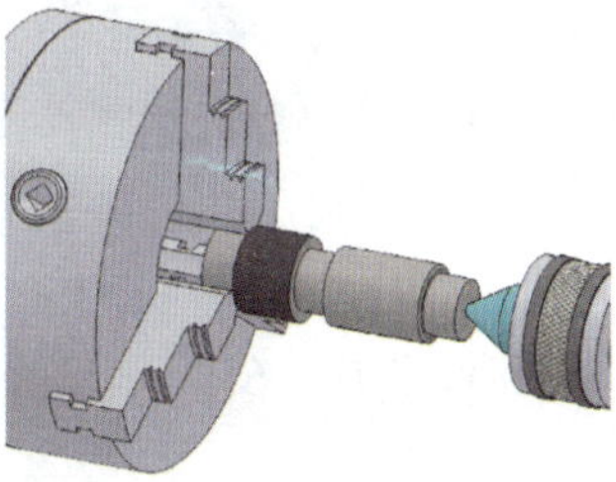</td></tr>
<tr><td>车刀的装夹</td><td colspan="2">1. 车刀刀尖应与工件轴线等高。装得过高（图 6–33），吃刀到一定深度时，车刀的后面顶住工件，不能切入工件，增大摩擦力，甚至把工件顶弯，造成啃刀现象。装得过低（图 6–34），切屑不易排出，车刀径向力的方向是工件中心，加上横向进给丝杠与螺母间隙过大，致使吃刀深度不断自动趋向加深，从而把工件抬起，出现啃刀。<br>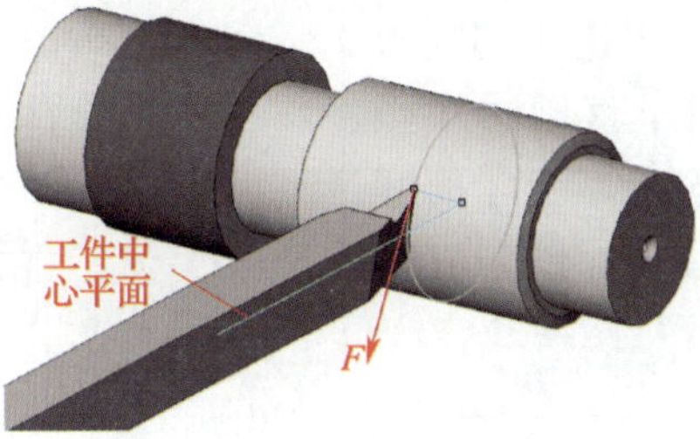<br>图 6–33　车刀装得过高<br>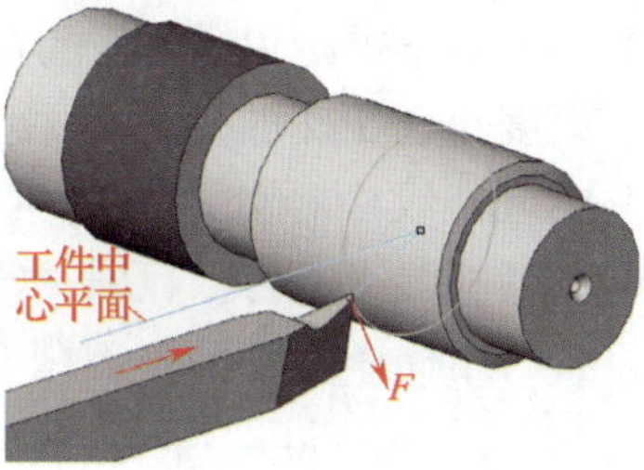<br>图 6–34　车刀装得过低<br>2. 车刀两切削刃夹角（刀尖角）的平分线应垂直于工件轴线，粗车时装夹用梯形螺纹刀对刀样板找正（图 6–35），以免产生螺纹半角误差。精车时将游标万能角度尺旋至牙型半角并锁紧，基尺面靠住外径表面，用透光对刀法将精车刀装正（图 6–36）。<br>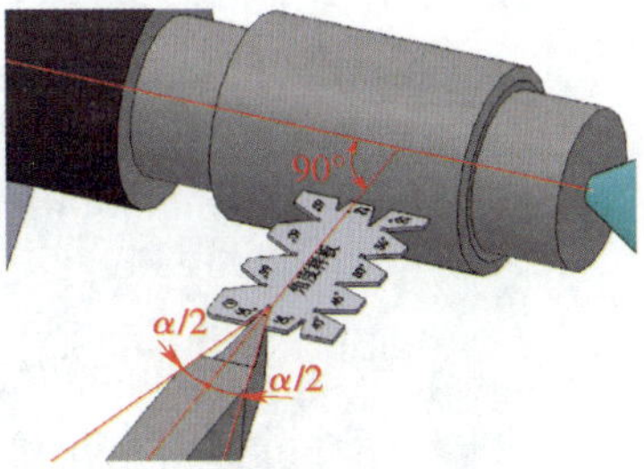<br>图 6–35　粗车用对刀样板装刀<br>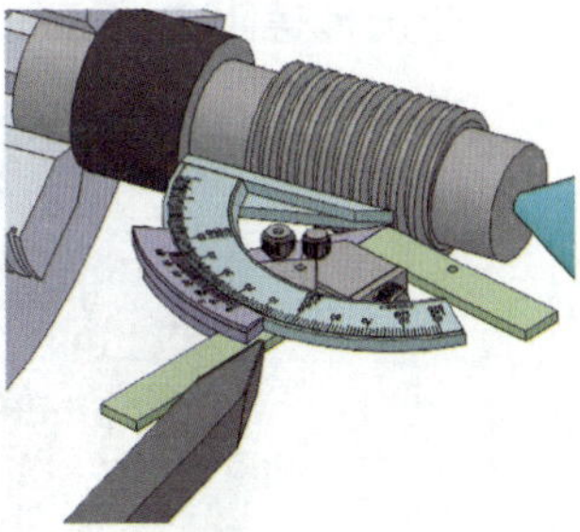<br>图 6–36　精车用游标万能角度尺装刀</td></tr>
</table>

<table>
<tr><th colspan="2">内容</th><th colspan="2">图例与说明</th></tr>
<tr><td rowspan="4">低速车梯形外螺纹</td><td rowspan="3">进刀方式</td><td>

**1. 左右切削法**

车削螺距 $P \leqslant 8$ mm 的梯形螺纹至一定深度，在每次横向进给后，车刀向左或向右微量移动，以防止因三个切削刃同时参加切削而产生过热和扎刀现象。

</td><td>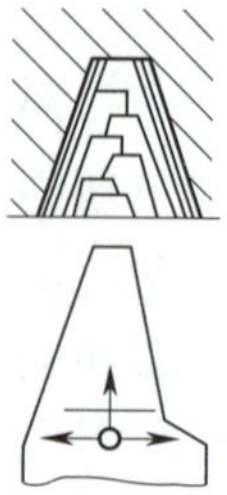</td></tr>
<tr><td>

**2. 车直槽法**

粗车螺距 $P \leqslant 8$ mm 的梯形螺纹，可选用主切削刃宽度等于牙槽底宽 $W$ 的矩形螺纹车刀车出螺旋直槽，使槽底直径等于梯形螺纹的小径，然后用梯形螺纹精车刀精车两牙侧。

</td><td>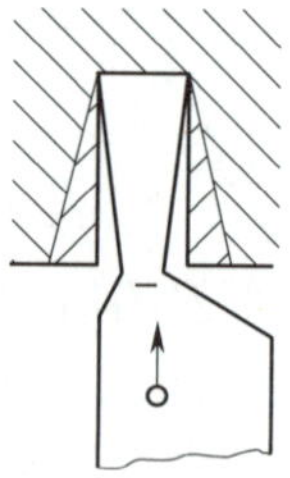</td></tr>
<tr><td>

**3. 车阶梯槽法**

粗车螺距 $P>8$ mm 的梯形螺纹，可用主切削刃宽度小于 $P/2$ 的矩形螺纹车刀，用车直槽法车至接近螺纹中径处，再用主切削刃宽度等于牙槽底宽 $W$ 的矩形螺纹车刀把槽车至接近螺纹牙型高度，然后用梯形螺纹精车刀精车两牙侧。

</td><td>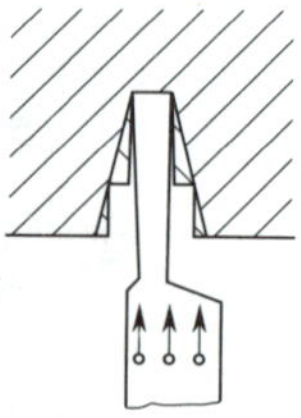</td></tr>
<tr><td>机床手柄调整</td><td colspan="2">

1. 对床鞍及中、小滑板的配合部分进行检查及调整，使其间隙松紧得当。

2. 主轴上左右摩擦片的松紧应调整合适，以减少切削时因机床因素而产生的加工误差。

3. 和车普通螺纹一样，先降低转速，再由螺距查看机床进给箱铭牌上各手柄的位置。

若选择螺距 $P$=6 mm 的右旋梯形螺纹，则进给箱手柄为 B、8、Ⅲ（图 6–37）。

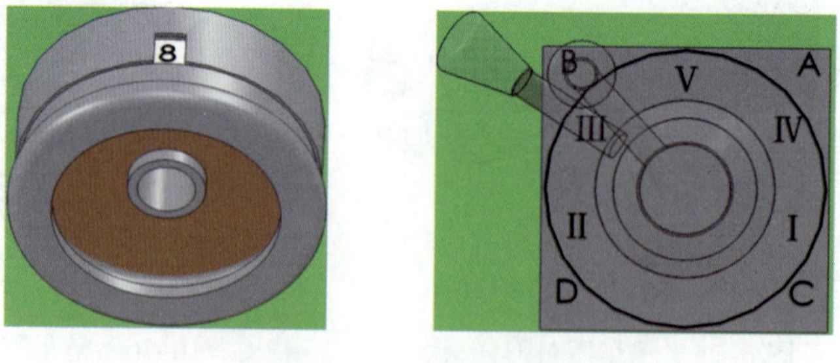


图 6–37　机床手柄调整

</td></tr>
</table>

<table>
<tr><th colspan="2">内容</th><th>图例与说明</th></tr>
<tr><td rowspan="2">低速车梯形外螺纹</td><td>粗车梯形外螺纹</td><td>

1. 粗车、半精车螺纹大径，留精车余量 0.2 mm 左右，车螺纹退刀槽，倒角（与端面成 15°）。

2. 降低转速，调整手柄，摇动中滑板使粗车刀主切削刃在外圆处轻微接触后对“0”，合上开合螺母，用正反转车削法，进刀 0.1 mm 车削，检查螺距正确后采取恰当的进刀方法粗车、半精车梯形螺纹，每边留精车余量 0.1 ~ 0.2 mm，如图 6–38 所示。螺纹小径车至深度（可用滑板刻度控制）。

3. 粗车完成，提起开合螺母，将进给箱手柄丝杠旋转扳成光杠旋转。

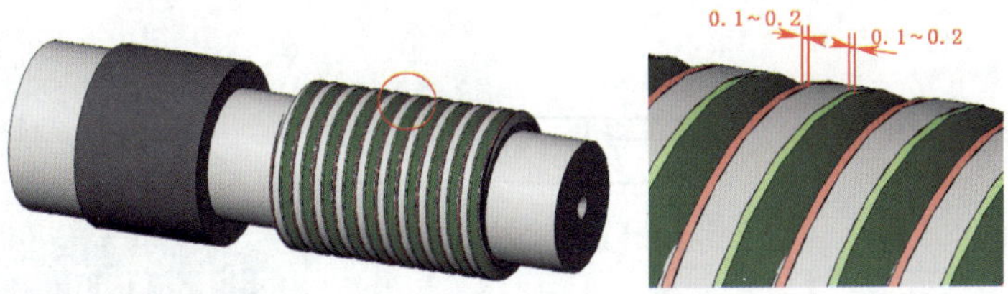


图 6–38　粗车梯形外螺纹

提示：螺距 $P$ 小于 4 mm、精度要求不高的梯形外螺纹，可用一把梯形螺纹车刀粗、精车到尺寸要求。

</td></tr>
<tr><td>精车梯形外螺纹</td><td>

1. 精车螺纹大径至图样要求。

2. 精车刀在螺纹外径表面对“0”后，扳好手柄，用“晃车”（操纵杆控制在接近水平，转速缓慢）技术将精车刀放置在螺纹槽内小径表面，精车小径至牙型高度；在动态下（机床未停，左手控制操纵杆“晃车”，右手快速移动小滑板）将车刀右移至槽的后侧面，精车第一个侧面至表面粗糙度达要求；继续动态左移车刀至进刀方向侧面，中径处侧面车出，先测量，确定余量后，逐渐精车至中径尺寸及表面粗糙度符合要求（图 6–39）。

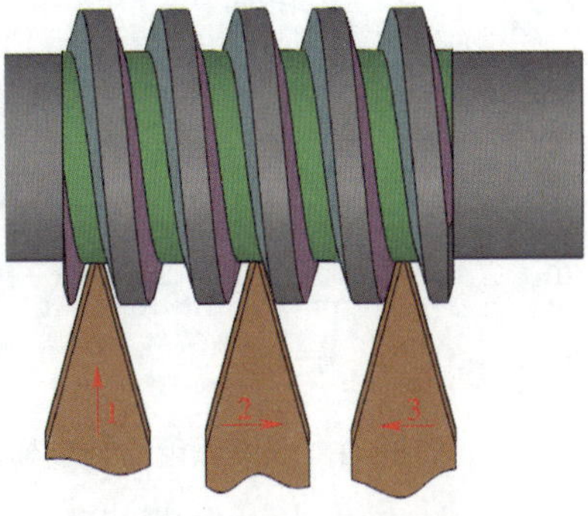

图 6–39　精车梯形外螺纹

</td></tr>
</table>

| 内容 | 图例与说明 |
|---|---|

## 三、高速车梯形外螺纹

高速车梯形外螺纹 — 硬质合金梯形螺纹车刀

**1. 硬质合金梯形螺纹车刀**

车削一般精度的梯形螺纹时，可使用硬质合金梯形螺纹车刀进行高速车削，以提高生产率。车刀的刀尖角等于梯形螺纹牙型角，即 30°，径向前角为 0°，如图 6–40 所示。由于三个切削刃同时参与切削，切削力很大，容易引起振动。

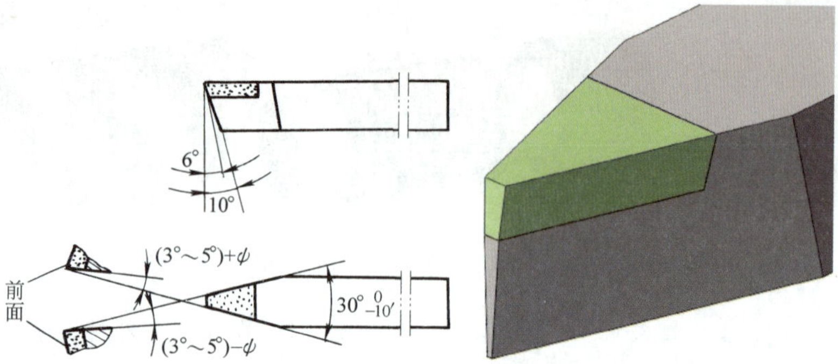


图 6–40　硬质合金梯形螺纹车刀

**2. 双圆弧梯形螺纹车刀**

为避免高速车削时三条切削刃同时切削引起的振动，以及前面为平面引起的带状切屑，可在前面磨出两个圆弧（图 6–41）。

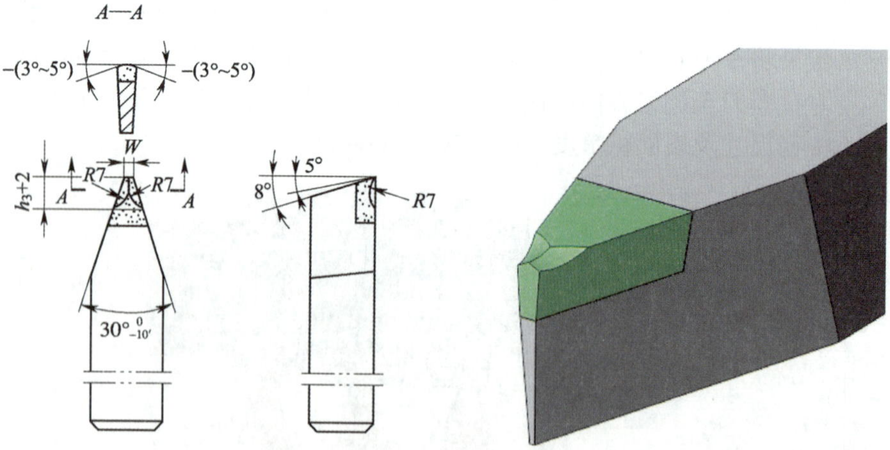


图 6–41　双圆弧硬质合金梯形螺纹车刀

<table>
<tr><th colspan="2">内容</th><th colspan="2">图例与说明</th></tr>
<tr><td rowspan="2">高速车梯形外螺纹</td><td rowspan="2">进刀方式</td><td>1. 车直槽法<br>当螺距 $P \leqslant 8$ mm 时，用直进法粗车、精车梯形螺纹。</td><td>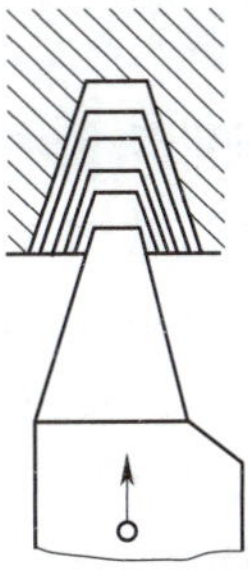</td></tr>
<tr><td>2. 车阶梯槽法<br>当螺距 $P>8$ mm 时，为防止产生振动，采用车直槽法或车阶梯槽法先粗车，再用硬质合金螺纹车刀精车。</td><td>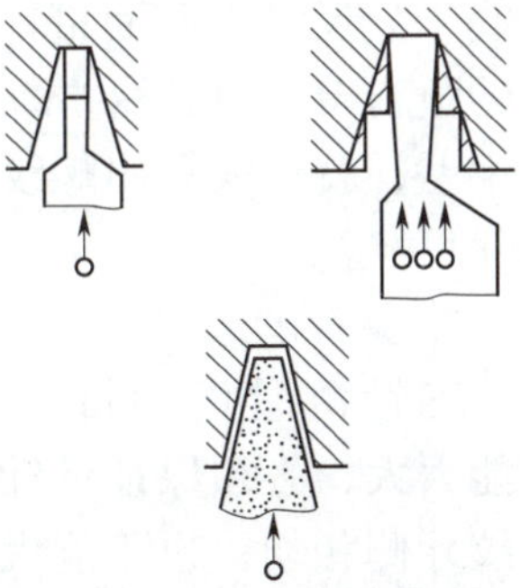</td></tr>
<tr><td rowspan="2">梯形螺纹的测量</td><td>大径和底径的测量</td><td>1. 螺纹大径可用游标卡尺和公法线千分尺等量具测量。<br>2. 底径尺寸的控制，一般由中滑板刻度盘控制牙型高度来间接保证牙型高度。</td><td>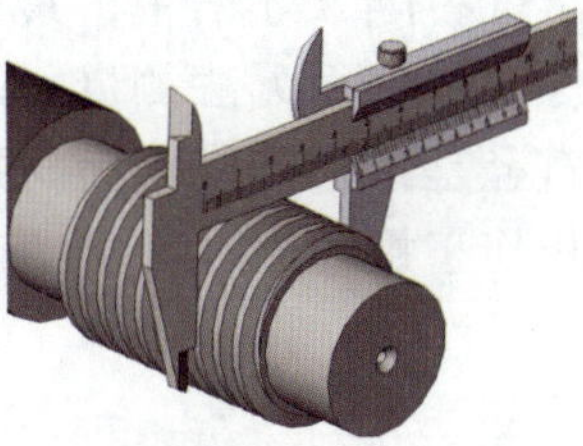<br>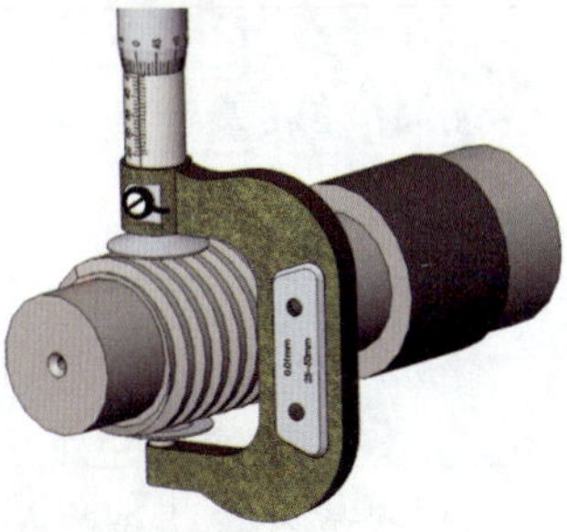</td></tr>
<tr><td>牙型角的测量</td><td>可用游标万能角度尺测量牙型半角，用角度样板测量牙型角。</td><td>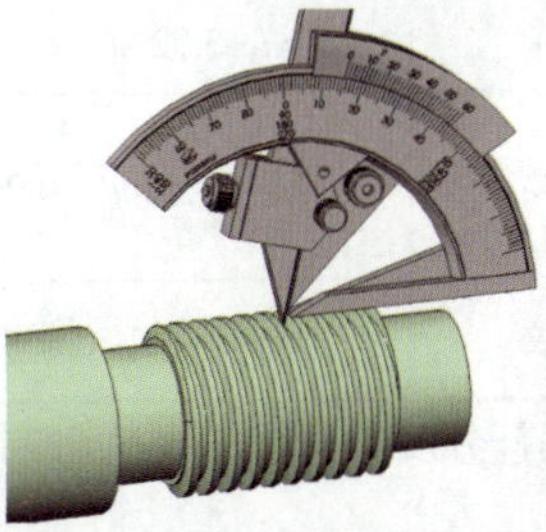 </td></tr>
</table>

| 内容 | | 图例与说明 |
| --- | --- | --- |
| 梯形螺纹的测量 | 三针测量螺纹中径 | 见下文 |

## 1. 三针测量法

适于测量精度要求较高、螺纹升角小于4°的螺纹中径的测量。测量时，将三根直径相等并在一定尺寸范围内的量针放在螺纹相对两面的螺旋槽中，再用公法线千分尺量出两面量针顶点之间的距离 $M$，中径偏差即为 $M$ 值的偏差，就可换算出螺纹中径的实际尺寸。

## 2. 量针的选择

三针测量用的量针直径 $d_D$ 不能太大，必须保证量针截面与螺纹牙侧相切；也不能太小，否则量针将陷入牙槽中，其顶点低于螺纹牙顶而无法测量。最佳量针直径是指量针横截面与螺纹牙侧相切于螺纹中径处时的量针直径。

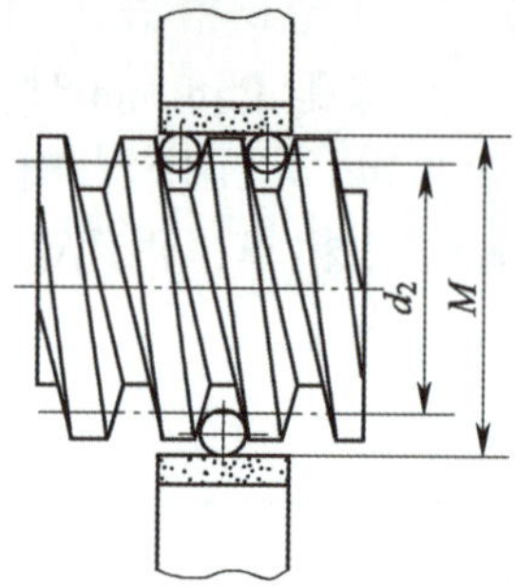


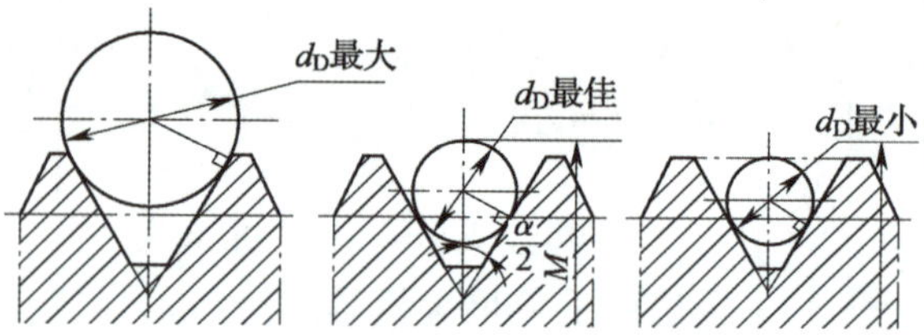


## 3. $M$ 值和量针直径计算（表6-5）

表6-5　**$M$ 值和量针直径的简化计算公式**

| 螺纹牙型角 | $M$ 计算公式 | 量针直径 $d_D$ | | |
| --- | --- | --- | --- | --- |
| | | 最大值 | 最佳值 | 最小值 |
| 30°（梯形螺纹） | $M=d_2+4.864d_D-1.866P$ | $0.656P$ | $0.518P$ | $0.486P$ |
| 40°（蜗杆） | $M=d_1+3.924d_D-4.316m_x$ | $2.446m_x$ | $1.675m_x$ | $1.61m_x$ |
| 55°（英制螺纹） | $M=d_2+3.166d_D-0.961P$ | $0.894P-0.029$ | $0.564P$ | $0.481P-0.016$ |
| 60°（普通螺纹） | $M=d_2+3d_D-0.866P$ | $1.01P$ | $0.577P$ | $0.505P$ |

注：$d_1$ 为蜗杆分度圆直径，$m_x$ 为轴向模数。

<table>
<tr><th colspan="2">内容</th><th colspan="2">图例与说明</th></tr>
<tr><td rowspan="2">梯形螺纹的测量</td><td>单针测量螺纹中径</td><td>当直径和螺距较大时，用此法比三针测量简单、方便。测量时，将一根量针放入螺旋槽中，另一侧则以螺纹的大径为基准，用千分尺测量出量针顶点与另一侧螺纹大径之间的距离 $A$，基本尺寸 $A=\frac{M+d_0}{2}$（$d_0$ 是大径的实际尺寸），中径偏差的一半为 $A$ 值偏差，就可换算出螺纹中径的实际尺寸。量针选择与三针测量相同。</td><td>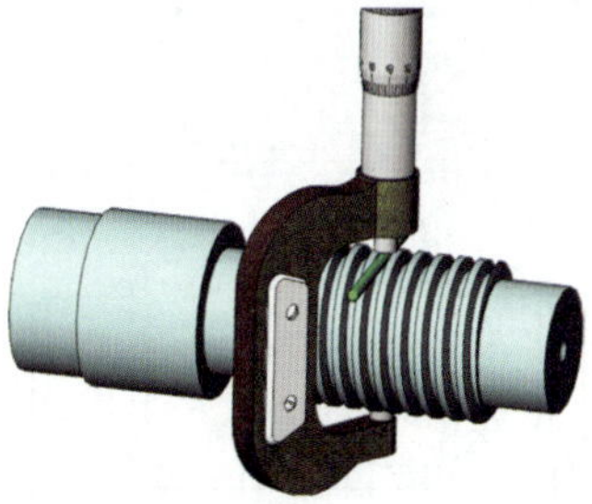<br>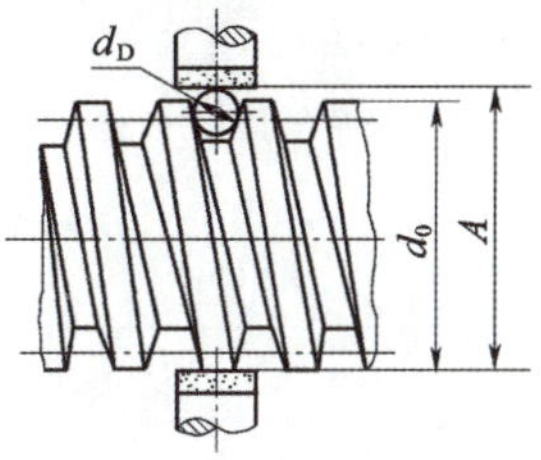<br></td></tr>
<tr><td>综合测量</td><td>精度要求不高的梯形外螺纹，一般采用标准的梯形螺纹量规——螺纹环规进行综合检测。检测前应先检查螺纹的大径、牙型角和牙型半角、螺距和表面粗糙度，然后用螺纹环规检测。如果螺纹环规的通规能顺利拧入工件螺纹，而止规不能拧入，则说明被检梯形螺纹合格。</td><td><br></td></tr>
<tr><td colspan="2">车削梯形螺纹注意事项</td><td colspan="2">1. 车削梯形螺纹过程中，不允许用棉纱揩擦工件，以防发生安全事故。<br>2. 车螺纹时，为防止因溜板箱手轮转动时的不平衡而使床鞍发生窜动，可在手轮上安装平衡块。<br>3. 梯形螺纹精车刀两侧刃应刃磨平直，切削刃应保持锋利。<br>4. 精车前，最好重新修正中心孔，以保证螺纹的同轴精度。<br>5. 车螺纹时思想要集中，严防中滑板手柄多进一圈而撞坏螺纹车刀或使工件碰撞而报废。<br>6. 粗车螺纹时，应将小滑板调紧一些，以防车刀发生移位而产生乱牙。<br>7. 车螺纹时，应选择较小的切削用量，以减少工件的变形，同时应充分加注切削液。<br>8. 一夹一顶装夹工件时，尾座套筒不能伸出太短，以防止车刀退刀时床鞍与尾座相碰。</td></tr>
</table>

| 内容 | | | | | 图例与说明 |
|---|---|---|---|---|---|
| 车单线梯形外螺纹练习 | 工件图样 | | | | 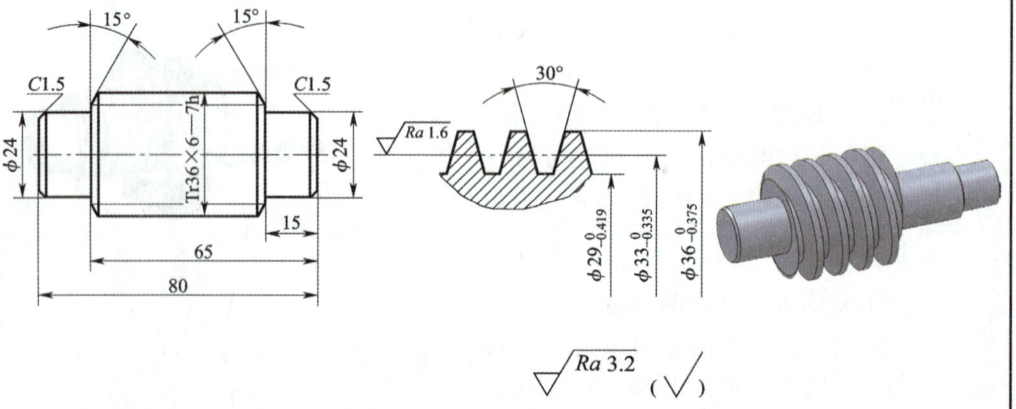 |
| | | | | 加工工艺卡片 | |
| | 加工工艺卡片 | 10 | | 检查备料 φ50 mm × 120 mm。 | 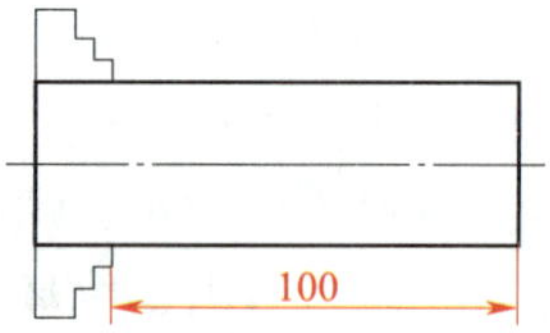 |
| | | 20 | | 夹持外圆，伸出长度 100 mm，找正并夹紧。 | |
| | | | 1 | 车端面，车平即可。 | 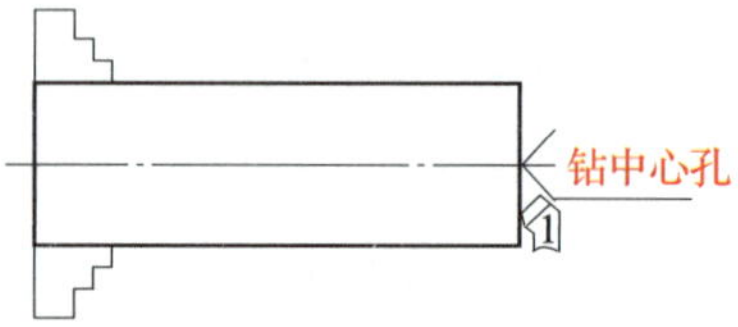 |
| | | | 2 | 钻中心孔，用尾座顶尖支撑工件，或一夹一顶装夹。 | |
| | | | 3 | 粗车梯形螺纹大径至 φ36.3 mm，长大于 65 mm。 | 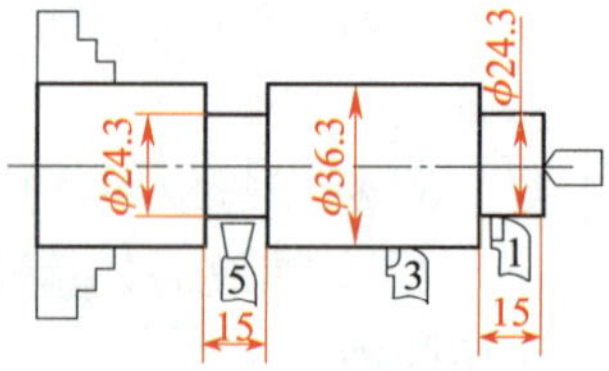 |
| | | | 4 | 粗车外圆 φ36.3 mm 至 φ24.3 mm，长 15 mm。 | |
| | | | 5 | 粗车退刀槽至 φ24.3 mm，宽度大于 15 mm。 | |

| 工件名称 | 单线梯形外螺纹工件 | | |
|---|---|---|---|
| 材料 | 45 钢 | 备料 | φ50 × 120 |

| 内容 | | 图例与说明 | | | |
|---|---|---|---|---|---|
| 车单线梯形外螺纹练习 | 加工工艺卡片 | | 6 | 梯形螺纹大径两端倒15°角。 | 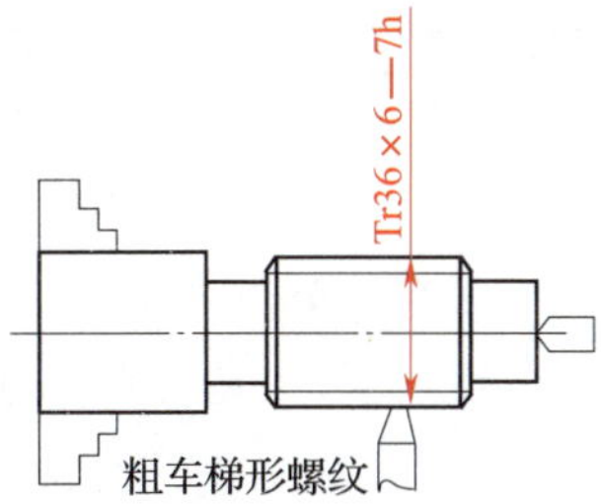 |
| | | | 7 | 粗车梯形螺纹 Tr36×6—7h，小径和中径均留有精车余量。 | |
| | | | 8 | 修正中心孔。 | |
| | | | 9 | 精车梯形螺纹大径至 $\phi 36_{-0.375}^{0}$ mm。 | 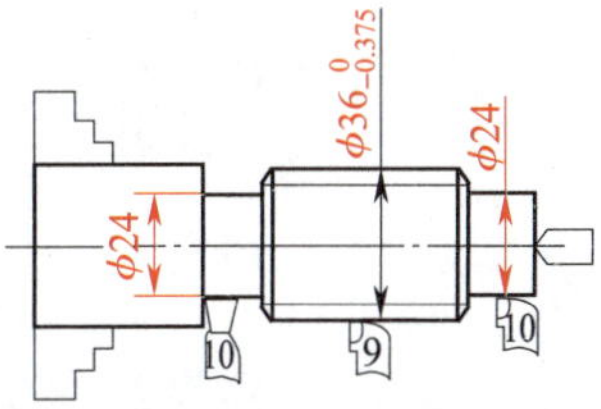 |
| | | | 10 | 精车外圆 $\phi 24$ mm（两端）。 | |
| | | | 11 | 精车梯形螺纹 Tr36×6—7h，控制中径尺寸至 $\phi 33_{-0.335}^{0}$ mm，小径尺寸至 $\phi 29_{-0.419}^{0}$ mm，表面粗糙度 $Ra1.6$ μm。 | 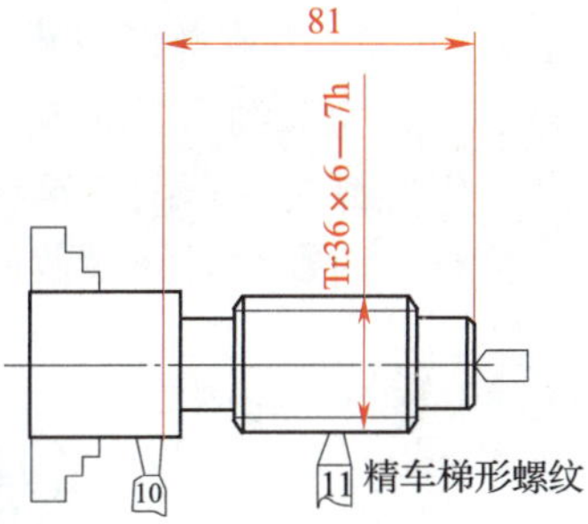 |
| | | | 12 | 外圆倒角 $C1.5$ mm。 | |
| | | | 13 | 切断，总长为 81 mm。 | |
| | | 30 | | 掉头，梯形螺纹大径处包铜皮，装夹，找正并夹紧。 | 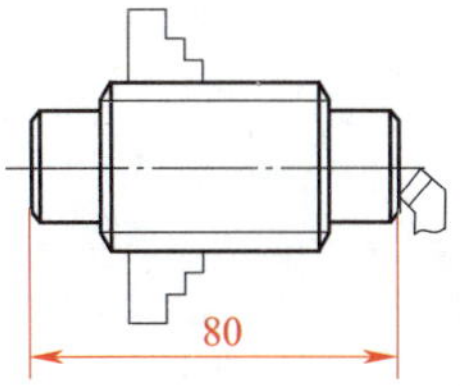 |
| | | | 1 | 车端面，控制总长 80 mm。 | |
| | | | 2 | 倒角 $C1.5$ mm。 | |
| | | 40 | | 检查合格后取下工件，上油。 | |

| 内容 | 图例与说明 |
|---|---|

## 四、车梯形内螺纹

梯形内螺纹车刀

梯形内螺纹车刀的形式

### 1. 整体式梯形内螺纹车刀

整体式梯形内螺纹车刀与三角形内螺纹车刀基本相同，只是刀尖角等于 30°。刀头宽度略大于牙顶宽，一般比 $f$ 大 0.2 ~ 0.5 mm（图 6–42）。

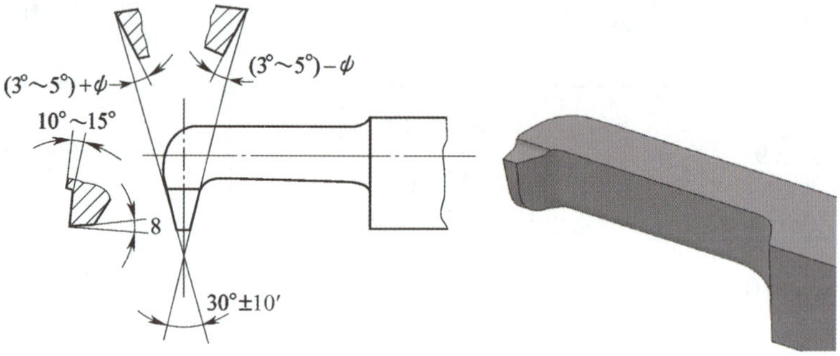


图 6–42　整体式梯形内螺纹车刀

### 2. 刀排梯形内螺纹车刀

为节约刀具材料，可将短的高速钢材料用自制磨刀器刃磨后，放入刀排内，用螺钉夹紧车削。这样车刀前面变为在刀柄的横截面中间部位，大大增加了车刀在车内螺纹时的横截面，进一步提高了车刀的刚度（图 6–43）。

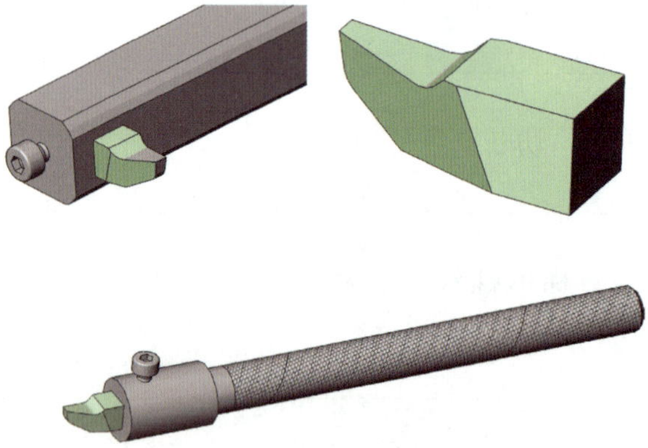

图 6–43　刀排梯形内螺纹车刀

### 3. 中心钻梯形内螺纹车刀

中心钻折断后，一般就报废了。可用自制磨刀器将其刃磨成梯形内螺纹刀头，放入刀排，同样可车削梯形内螺纹（图 6–44）。

<table>
<tr><th colspan="2">内容</th><th colspan="2">图例与说明</th></tr>
<tr><td rowspan="2">梯形内螺纹车刀</td><td>梯形内螺纹车刀的形式</td><td colspan="2">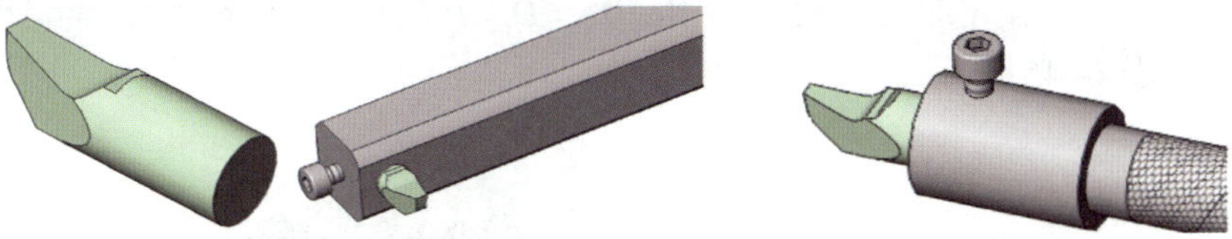<br>图 6–44　中心钻梯形内螺纹车刀</td></tr>
<tr><td>刃磨要求</td><td colspan="2">1. 梯形内螺纹车刀两侧切削刃对称线（刀尖角平分线）应垂直于刀柄。<br>2. 刃磨两侧后角时要注意螺纹的进给方向，然后根据螺纹升角的大小来决定两侧后角的数值。<br>3. 根据所选择的车削方法刃磨内螺纹车刀。<br>4. 刃磨过程中注意用力大小，随时目测和用样板校对，及时放入水中冷却以防退火。<br>5. 内螺纹车刀的刀尖部分不需磨出圆弧过渡刃。</td></tr>
<tr><td rowspan="3">车梯形内螺纹</td><td rowspan="3">车刀的装夹方法</td><td>1. 和三角形内螺纹车刀装夹要求一样，刀头向操作者一侧方向。车削时，工件正转，车刀由尾座方向向主轴箱方向车削。</td><td>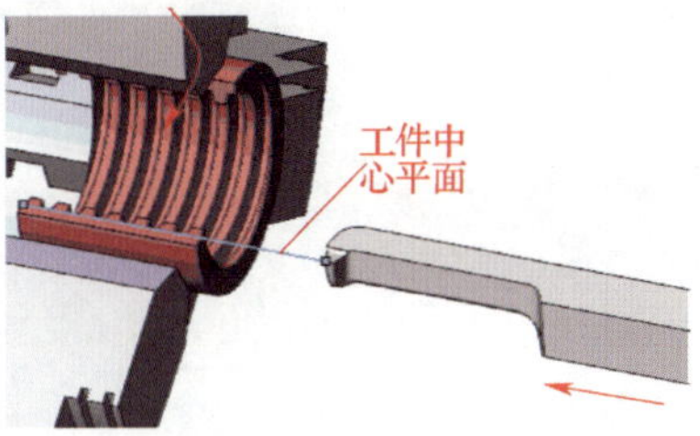<br></td></tr>
<tr><td>2. 将内螺纹车刀刀头向操作者对面方向装夹，车削时工件反转，车刀由主轴箱方向向尾座方向车削。需注意进刀方向后角和普通方法车削内螺纹时相反。</td><td>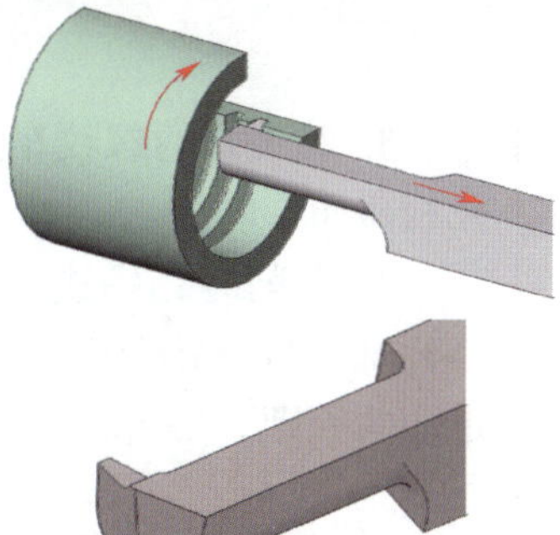</td></tr>
<tr><td>3. 内螺纹车刀刀头在操作者一侧，但刀具反装，即前面向下。车削时工件反转，车刀由主轴箱方向向尾座方向车削。此法车削时切削轻快，切屑不易堵塞，但车刀装夹难度大。</td><td>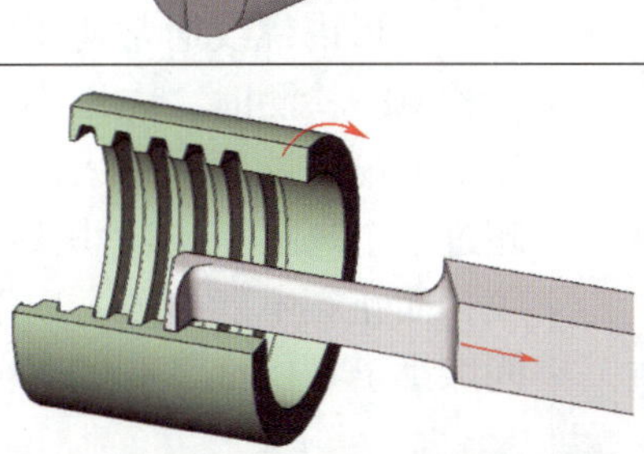</td></tr>
</table>

<table>
<tr><th colspan="2">内容</th><th>图例与说明</th></tr>
<tr><td>车梯形内螺纹</td><td>车削方法</td><td>梯形内螺纹的车削方法与三角形内螺纹的车削方法基本相同。<br>1. 首先加工内螺纹底孔，$D_{孔}=D_1=d-P$。孔径应略大于螺纹小径的公称尺寸（图 6–45）。<br>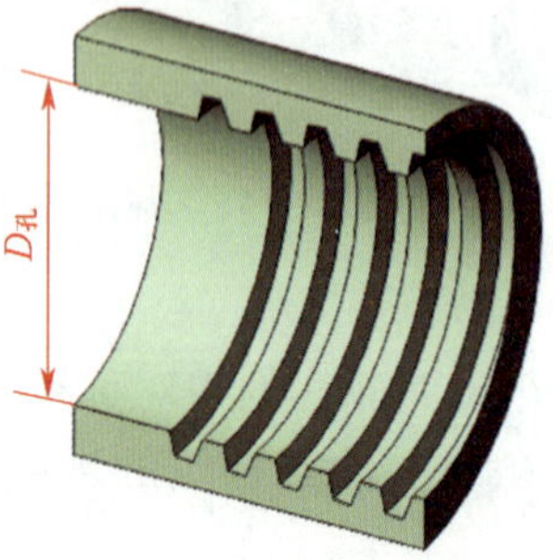
<br>图 6–45　内螺纹底孔<br>2. 在端面上车一个轴向深度为 1 ~ 2 mm，孔径等于螺纹公称尺寸的内台阶孔，作为车内螺纹时的对刀基准（图 6–46）。<br>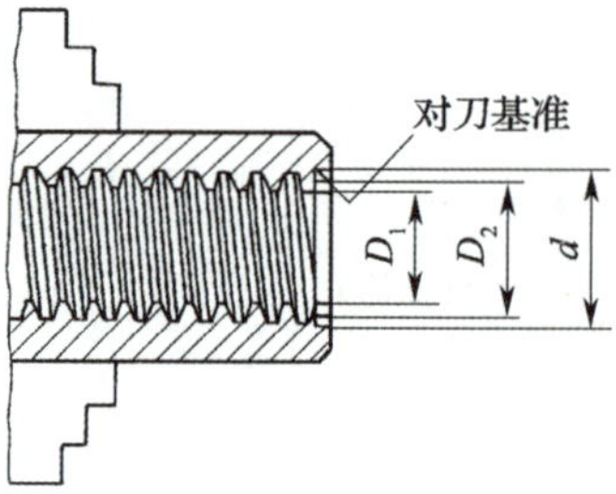
<br>图 6–46　内台阶孔<br>3. 装夹好的螺纹车刀应在底孔内手动试走一次，以防正式加工时刀柄和内孔相碰而影响加工。<br>4. 车削时，中途对刀较困难，$P$<8 mm 时，适宜采用直进法，但要相应减小背吃刀量，并遵循由多到少，进入 1/2 牙型深度后多在原位（中滑板不进刀）走动的原则。</td></tr>
<tr><td colspan="2">梯形内螺纹的检测</td><td>梯形内螺纹通常使用标准的梯形螺纹量规——螺纹塞规和小径塞规进行综合检测。检测时，先用小径塞规（测量面为光滑外圆柱面）检查小径，小径塞规的通端应能顺利进入内螺纹，止端则不能进入（允许内螺纹小径两端进入不超过一个螺距）。然后用螺纹塞规检测，若螺纹塞规的通端能顺利拧入工件内螺纹，而止端不能拧入，取下后在螺母的两侧均能顺利旋入，且松紧得当，轴向间隙小于 0.1 mm，则说明被检梯形内螺纹合格。</td></tr>
</table>

# 课题三　车蜗杆

蜗杆和蜗轮组成的蜗杆副能获得很大的传动比，因此常用于减速传动机构中，以传递两轴在空间成 90° 角交错的运动，如车床溜板箱内的蜗杆副（图 6–47）等。

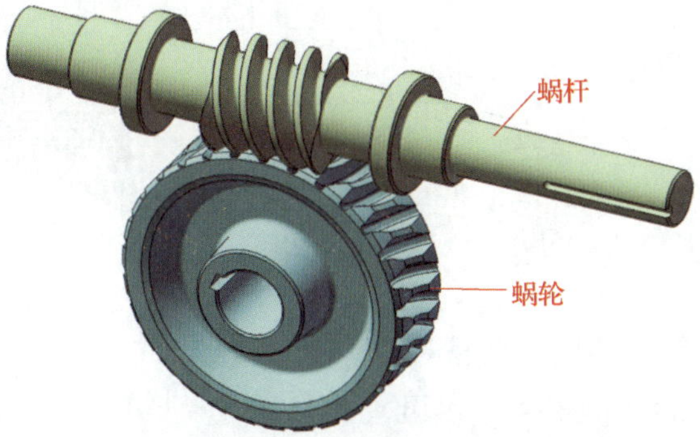

图 6–47　蜗杆蜗轮传动

蜗杆一般可分为米制（齿形角 $\alpha$=20°）和英制（齿形角 $\alpha$=14.5°）两种。我国大多采用米制蜗杆，本课题只介绍米制蜗杆（阿基米德蜗杆、法向直廓蜗杆）的车削。

阿基米德蜗杆的端面齿廓是阿基米德螺旋线，轴向齿廓是直线（故又称轴向直廓蜗杆）；法向直廓蜗杆在垂直于齿线的法平面内的齿廓是直线，端面齿廓是延长渐开线。这两种蜗杆可以在车床上车削成形。

阿基米德蜗杆形状类似于梯形螺纹，其车削方法也与车削梯形螺纹方法类似，工艺性能好，制造、测量方便，应用最多，我国大多采用齿形角 $\alpha$=20° 的阿基米德蜗杆蜗轮传动。

以下介绍的内容中除特别注明是法向直廓蜗杆外，均为阿基米德蜗杆，并简称蜗杆。蜗杆的旋向为右旋（特殊要求左旋除外）。

## 一、蜗杆车刀及其装夹

| 内容 | 图例与说明 |
| --- | --- |
| 蜗杆车刀几何形状 | 蜗杆车刀一般用高速钢材料磨制。由于蜗杆的齿形较深、导程较大，加工的难度大于车削梯形螺纹，为提高蜗杆的加工质量，车削蜗杆时，蜗杆的粗车与精车一般应分开进行。 |

<table>
<tr><th>内容</th><th>图例与说明</th></tr>
<tr><td>蜗杆车刀几何形状</td><td>

**1. 蜗杆粗车刀（图 6-48）**

蜗杆粗车刀和梯形螺纹粗车刀一样，螺纹左右侧面要留有精车余量，所以刀头宽度应小于牙槽底宽 $e_f$，一般比 $e_f$ 小 0.2 mm 左右。粗车刀刀尖要适当倒圆。

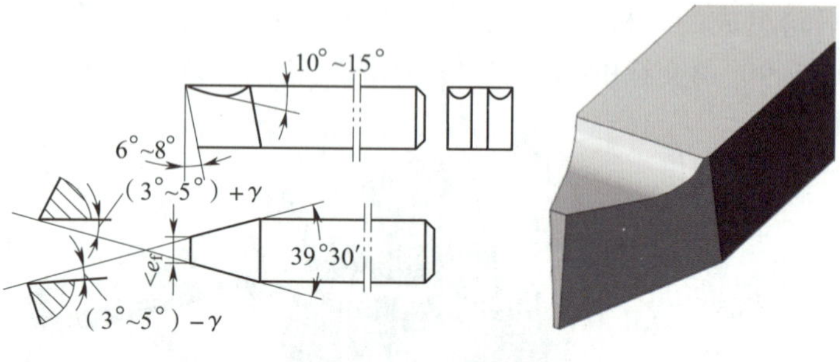


图 6-48　蜗杆粗车刀

**2. 两侧磨卷屑槽的蜗杆精车刀（图 6-49）**

精车刀左、右切削刃之间夹角应等于两倍齿形角（$2\alpha$=40°），左、右切削刃两侧的前角较大。这种精车刀只能精车两侧齿侧面，车刀前端切削刃不能用来车削槽底。

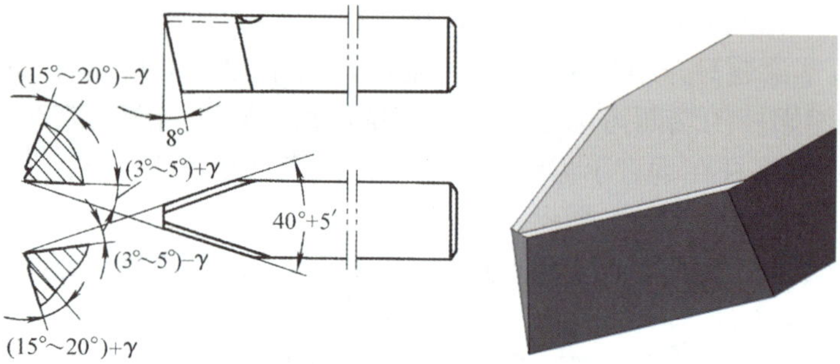


图 6-49　两侧磨卷屑槽的蜗杆精车刀

**3. 蜗杆精车刀（图 6-50）**

切削刃的直线度要好，表面粗糙度值小。前面径向前角 $\gamma_p$ 为 0°～5°。

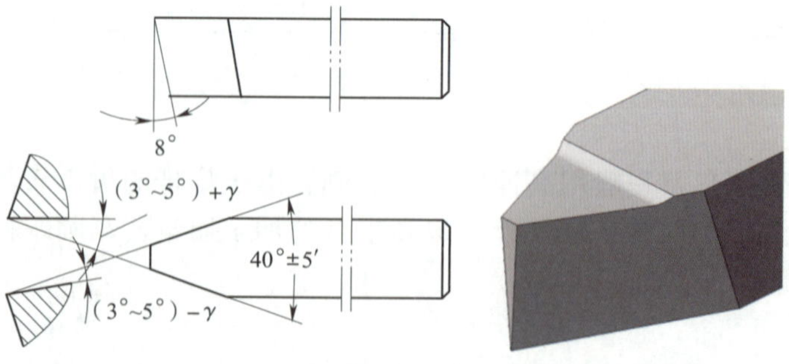


图 6-50　蜗杆精车刀

</td></tr>
</table>

<table>
<tr><th>内容</th><th colspan="2">图例与说明</th></tr>
<tr><td>蜗杆车刀几何形状</td><td colspan="2">

**4. 可调节刀排（图 6–51）**

使用可调节刀排车削蜗杆，可以不考虑导程角对车刀实际工作前角和工作后角的影响，刀头刃磨简单方便，易于垂直装刀。而车刀装好后，朝进给方向一侧转动刀排头部一个导程角 $\gamma$ 即可。弹性槽使车刀车削时不易扎刀。

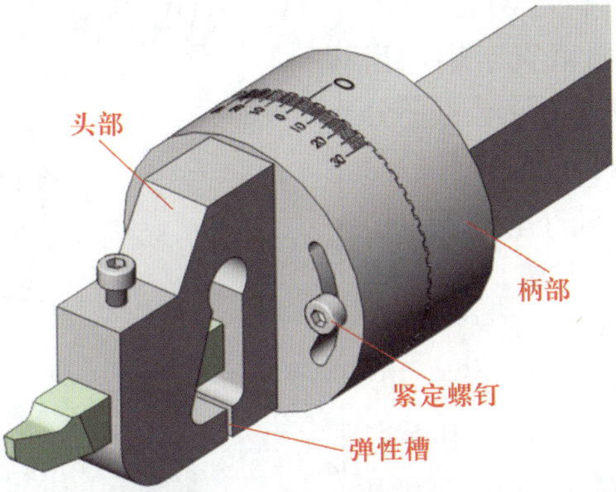


图 6–51　可调节刀排

</td></tr>
<tr><td>蜗杆车刀的装夹</td><td>

**1. 水平装刀法**

使蜗杆车刀两侧切削刃组成的平面与蜗杆轴线在同一水平面内，并与蜗杆轴线等高。车削阿基米德蜗杆（轴向直廓蜗杆），特别是精车应采用水平装刀法，以保证齿形的正确。

</td><td>

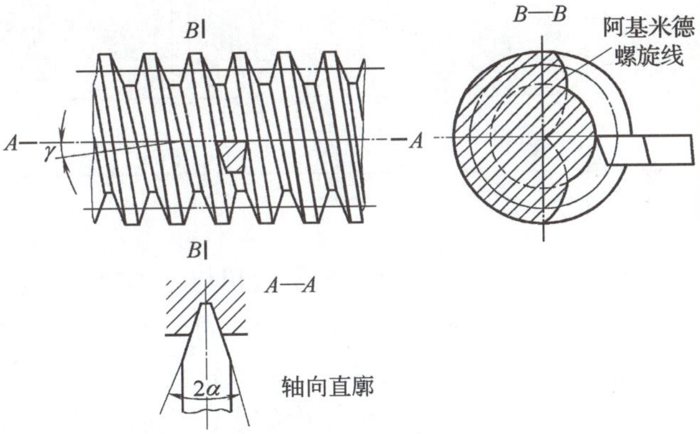


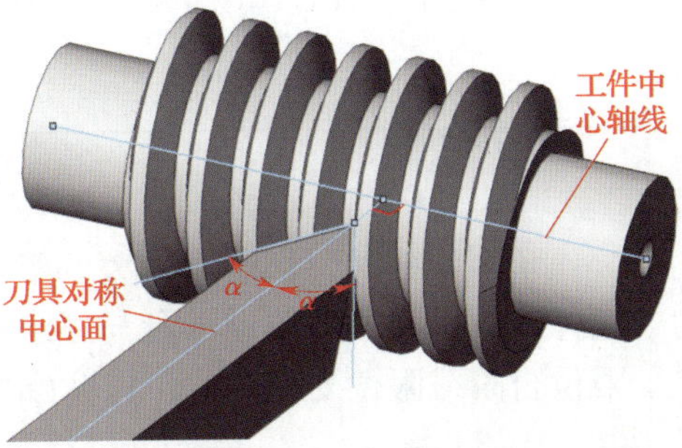


</td></tr>
</table>

<table>
<tr><th colspan="2">内容</th><th colspan="2">图例与说明</th></tr>
<tr><td colspan="2">蜗杆车刀的装夹</td><td>2. 垂直装刀法<br>使蜗杆车刀两侧切削刃组成的平面垂直于蜗杆齿面，两侧切削刃夹角的平分线在通过蜗杆轴线的水平面上。车削法向直廓蜗杆时，应采用垂直装刀法。<br>粗车阿基米德蜗杆时，为避免振动和扎刀现象，保证切削顺利，也可采用垂直装刀法，但精车阿基米德蜗杆时仍需采用水平装刀法。</td><td>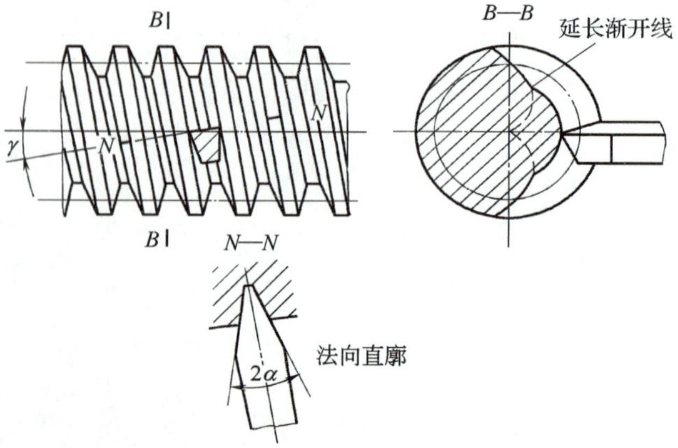

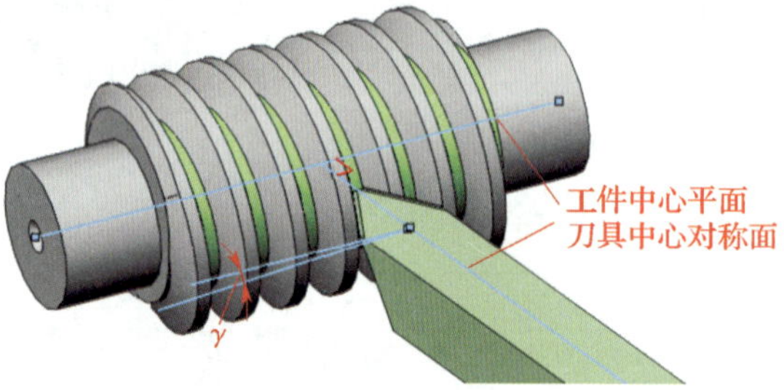
</td></tr>
<tr><td colspan="4">二、蜗杆的车削方法</td></tr>
<tr><td rowspan="2">车削蜗杆</td><td>蜗杆一般技术要求</td><td colspan="2">1. 蜗杆的轴向模数和与之啮合的蜗轮的端面模数必须相等。<br>2. 蜗杆的轴向齿距应符合要求。<br>3. 蜗杆的轴向齿厚或法向齿厚应符合要求。<br>4. 蜗杆两齿侧面的表面粗糙度值要小，齿形应符合图样要求。<br>5. 蜗杆齿槽的径向跳动应在规定精度的允许范围内。</td></tr>
<tr><td>工件的装夹</td><td colspan="2">车削蜗杆时，切削力较大，工件应采用一夹一顶方式装夹。车削模数较大的蜗杆，应采用四爪单动卡盘与尾座顶尖装夹，使装夹牢固可靠。工件轴向应采用限位台阶或限位支撑定位，以防蜗杆在车削中发生窜动。</td></tr>
</table>

| 内容 | 图例与说明 |
|---|---|
| 车削蜗杆 — 机床手柄的调整 | |

根据蜗杆的模数，在车床进给箱铭牌上找到相应手柄的位置，并对各手柄进行调整。

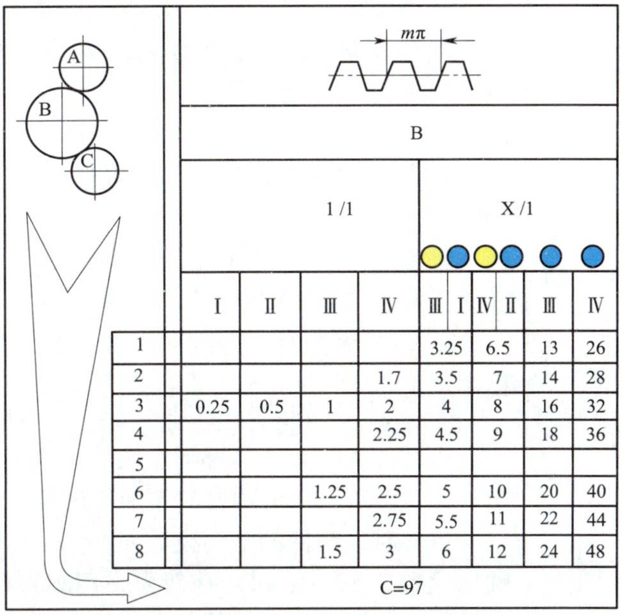


| | 1/1 Ⅰ | 1/1 Ⅱ | 1/1 Ⅲ | 1/1 Ⅳ | X/1 Ⅲ Ⅰ | X/1 Ⅳ Ⅱ | X/1 Ⅲ | X/1 Ⅳ |
|---|---|---|---|---|---|---|---|---|
| 1 | | | | | 3.25 | 6.5 | 13 | 26 |
| 2 | | | | 1.7 | 3.5 | 7 | 14 | 28 |
| 3 | 0.25 | 0.5 | 1 | 2 | 4 | 8 | 16 | 32 |
| 4 | | | | 2.25 | 4.5 | 9 | 18 | 36 |
| 5 | | | | | | | | |
| 6 | | | 1.25 | 2.5 | 5 | 10 | 20 | 40 |
| 7 | | | | 2.75 | 5.5 | 11 | 22 | 44 |
| 8 | | | 1.5 | 3 | 6 | 12 | 24 | 48 |

C=97

实例应用 1

车削蜗杆时，已知参数是 $m_x$，查铭牌时，在 $m\pi$ 一列里查找。

例：车削 $m_x$=3 mm 的蜗杆，查表知各手柄为 m、8、Ⅲ。

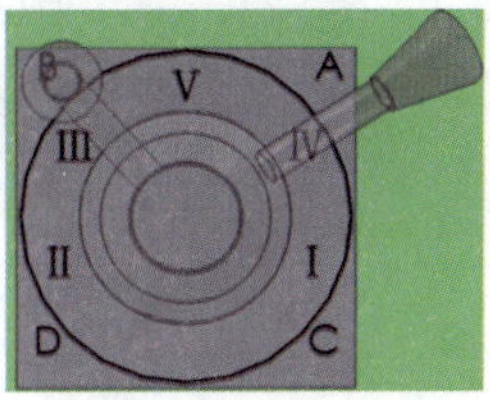


实例应用 2

车削 $m_x \geqslant 8$ mm 的蜗杆时，由铭牌可知，因周节大，为防止因来不及退刀造成事故，转速控制为低速，螺纹旋向手柄要旋至加大螺距。

例：车削 $m_x$=8 mm 的蜗杆，查表知各手柄为 m、1、Ⅰ及加大螺距。

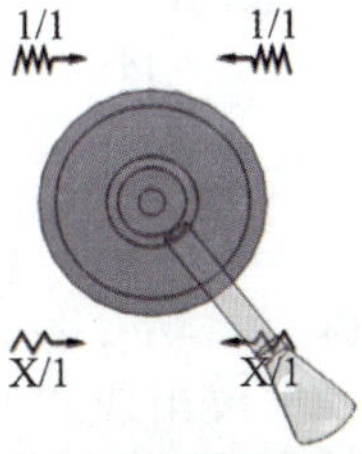

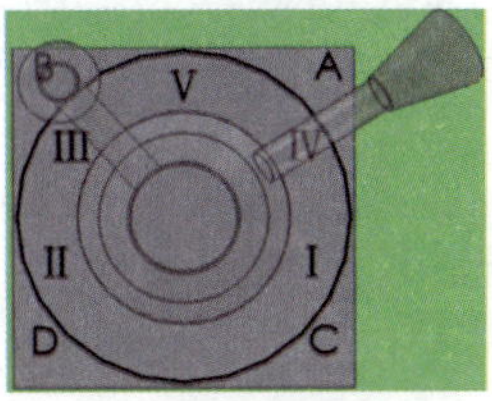


主轴中速时选择

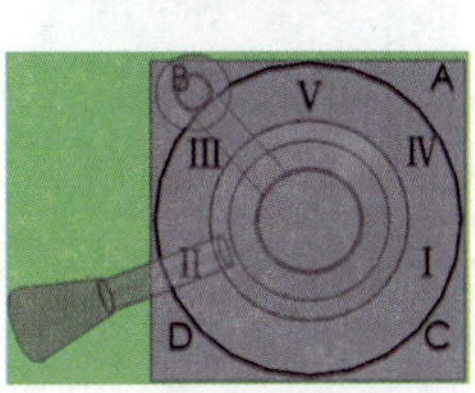


主轴低速时选择

| 内容 | | 图例与说明 |
| --- | --- | --- |
| 车削蜗杆 | 车削注意事项 | 1. 车削蜗杆时，车第一刀后，应先检查蜗杆的轴向齿距是否正确。<br>2. 由于蜗杆的导程角较大，蜗杆车刀的两侧后角应适当增减。<br>3. 鸡心夹头应靠紧卡爪并牢固夹住工件，防止车蜗杆时发生转动而损坏工件，并应在车削过程中经常检查前后顶尖松紧情形。<br>4. 粗车蜗杆时，应尽可能提高工件的装夹刚度，减小机床床鞍与导轨之间的间隙，以减小窜动量。<br>5. 精车蜗杆时，采用低速车削，并充分加注切削液，为了提高蜗杆齿面的表面质量，可采用“晃车”进行慢速切削。<br>6. 粗车蜗杆时，每次切入深度要适当，并经常检测（法向）齿厚，以控制精车余量。 |
| | 车削方法 | 蜗杆的车削方法与梯形螺纹的车削方法基本相同。由于蜗杆的导程（轴向齿距）不是整数，车削蜗杆时不能使用提开合螺母法，只能使用倒顺车法车削。<br>粗车时，蜗杆的轴向模数 $m_x \leqslant 3$ mm 时，可采用左、右切削法车削；蜗杆的轴向模数 $m_x>3$ mm 时，一般先采用车直槽法粗车，然后再用左、右切削法半精车；如果蜗杆的轴向模数很大，$m_x>5$ mm 时，则采用车阶梯槽（分层切削）法粗车，再用左、右切削法半精车，单边留 0.2 ~ 0.3 mm 的精车余量。<br>精车时，用蜗杆精车刀分左、右单边切削成形（第一个侧面车平即可，第二个侧面根据中径的尺寸要求车出），最后用刀尖角略小于两倍齿形角的精车刀精车蜗杆齿根圆直径，把齿形修整清晰。 |

## 三、蜗杆的检测

蜗杆主要的测量参数有：齿顶圆直径 $d_a$、分度圆直径 $d_1$、轴向齿距 $p_x$ 和齿厚 $s$。

齿顶圆直径 $d_a$ 可用千分尺测量；轴向齿距 $p_x$ 可用钢直尺或游标卡尺粗略测量；分度圆直径 $d_1$ 可用三针或单针测量。用三针（或单针）测量分度圆直径的量针直径和 $M$ 值（或 $A$ 值）的计算公式见表 6–5。

| | | |
| --- | --- | --- |
| 蜗杆的检测 | 用游标齿厚卡尺测量 | 当蜗杆精度较低时，蜗杆的齿厚可用游标齿厚卡尺测量。游标齿厚卡尺由相互垂直的齿高、齿厚卡尺组成，如图 6–52 所示。<br>测量时，将齿高卡尺的读数调整为蜗杆的齿顶高尺寸（按工件实际齿顶圆直径进行修正），使齿厚卡尺的两卡脚法向切入蜗杆齿廓（卡尺与蜗杆轴线相交成一个导程角 $\gamma$），齿高卡尺的卡脚则顶住齿廓顶部。微量摆动，测出的最小读数即为蜗杆分度圆处的法向齿厚 $s_n$。<br>蜗杆图样上一般只标注轴向齿厚 $s_x$，但无法测量，需通过法向齿厚 $s_n$ 的测量来判断是否正确。二者的换算公式是 $s_n=s_x\cos\gamma$。 |

<table>
<tr><th colspan="2">内容</th><th>图例与说明</th></tr>
<tr><td rowspan="2">蜗杆的检测</td><td>用游标齿厚卡尺测量</td><td>

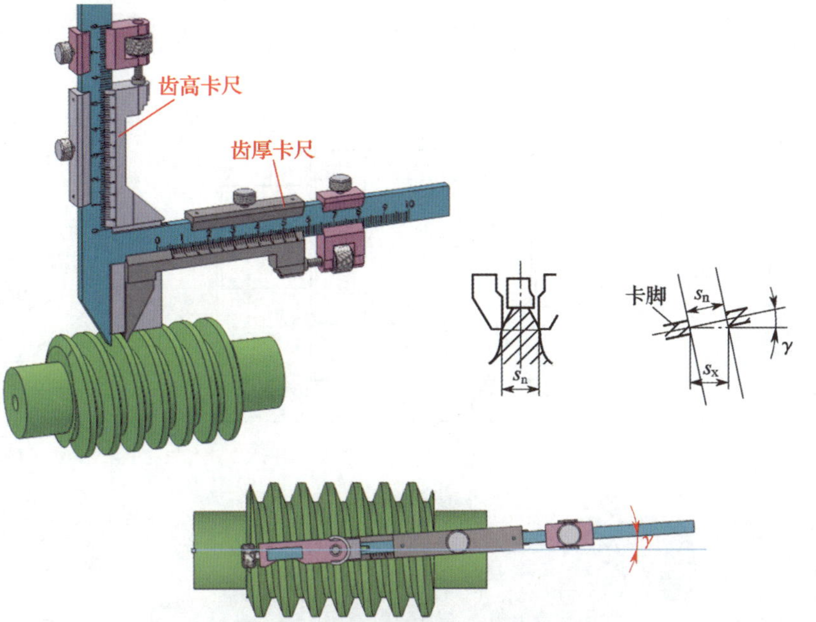


图 6–52　用游标齿厚卡尺测量齿厚

</td></tr>
<tr><td>用三针或单针测量</td><td>

当蜗杆精度要求较高，在图样上标注的是齿厚偏差时，可将齿厚偏差换算成三针（或单针）测量值 $M$（或 $A$）的偏差，用三针（或单针）测量法来间接测量，如图 6–53 所示。

由齿厚偏差 $\Delta s$ 可算出三针测量值的偏差 $\Delta M=2.7475\times\Delta s$，单针测量值的偏差 $\Delta A=1.3737\times\Delta s$。

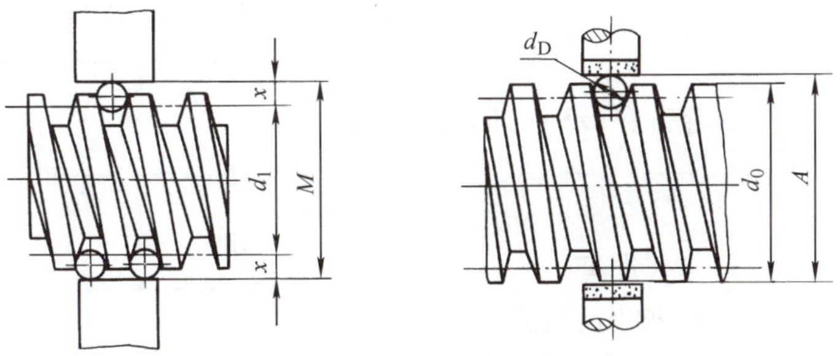

图 6–53　用三针或单针测量齿厚偏差

</td></tr>
</table>

<table>
<tr><th colspan="2">内容</th><th colspan="3">图例与说明</th></tr>
<tr><td rowspan="3">车单头蜗杆练习</td><td>工件图样</td><td colspan="3">

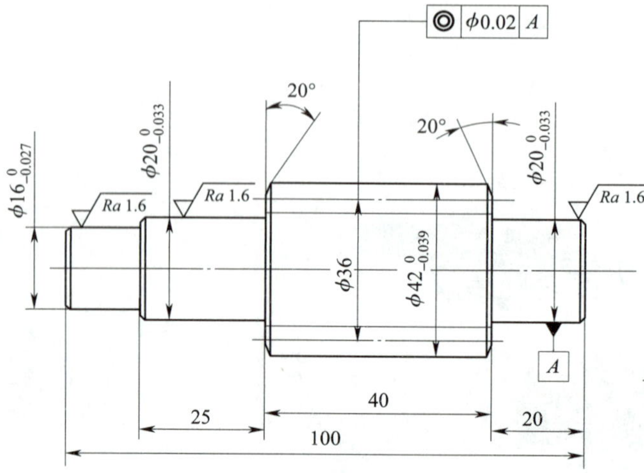


| 模数 | 3 |
|---|---|
| 头数 | 1 |
| 齿形角 | 20° |
| 导程角 | 4°46′ |
| 旋向 | 右 |

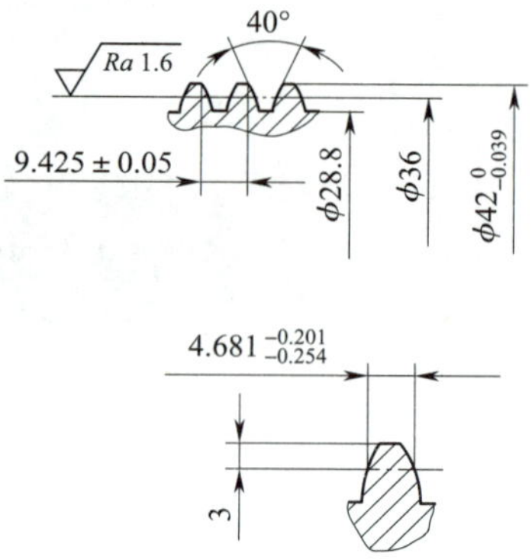


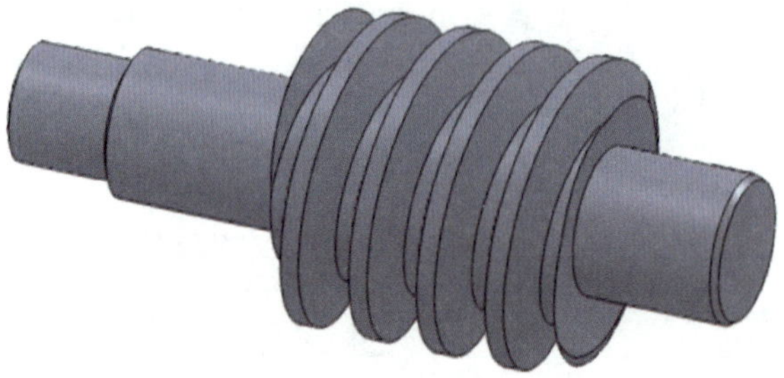

**技术要求**

未注倒角为C1。

$\sqrt{Ra\ 3.2}$ ( $\sqrt{}$ )

| 工件名称 | 单头蜗杆 | | |
|---|---|---|---|
| 材料 | 45 钢 | 备料 | $\phi$50 × 120 |

</td></tr>
<tr><td rowspan="2">加工工艺卡片</td><td>10</td><td colspan="2">检查备料 $\phi$50 mm × 120 mm。</td></tr>
<tr><td>20</td><td>夹持毛坯外圆，工件伸出长度 85 mm 左右，找正并夹紧。</td><td>

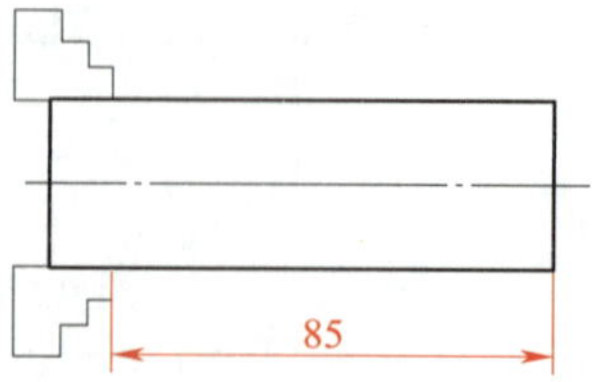


</td></tr>
</table>

| 内容 | | 图例与说明 | | | |
| --- | --- | --- | --- | --- | --- |
| 车单头蜗杆练习 | 加工工艺卡片 | | 1 | 车端面，车平即可。 | 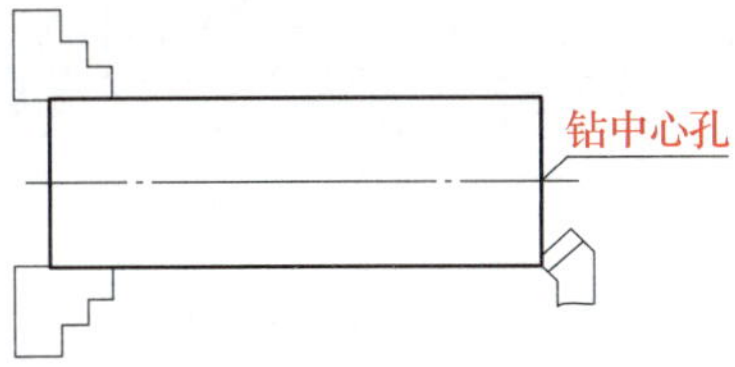  |
| | | | 2 | 钻中心孔，用尾座顶尖支撑工件，或一夹一顶装夹。 | |
| | | | 3 | 车外圆至 $\phi$43 mm，长度大于 65 mm。 | 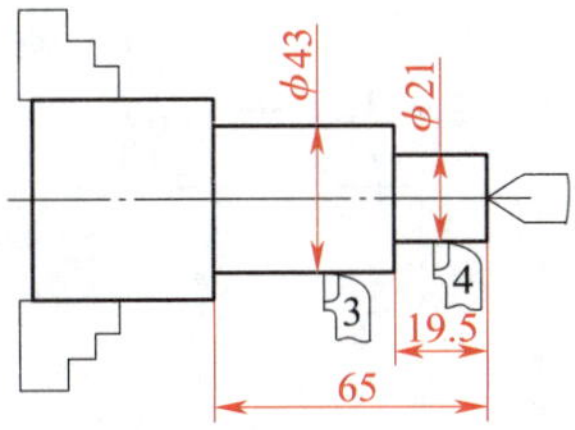  |
| | | | 4 | 粗车 $\phi$43 mm 外圆至 $\phi$21 mm，长 19.5 mm。 | |
| | | | 5 | 倒角 $C$1 mm。 | |
| | | 30 | | 工件掉头，夹持 $\phi$21 mm 外圆，找正并夹紧。 | 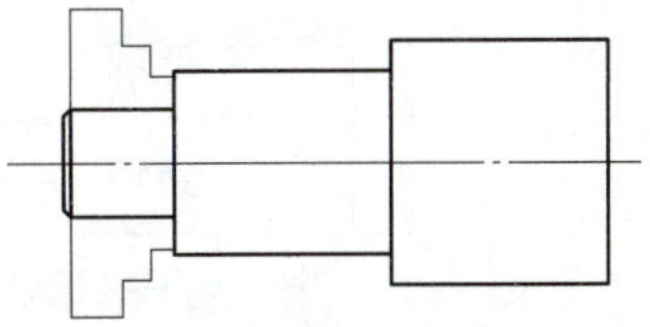 |
| | | | 1 | 车端面，控制总长 100 mm。 | 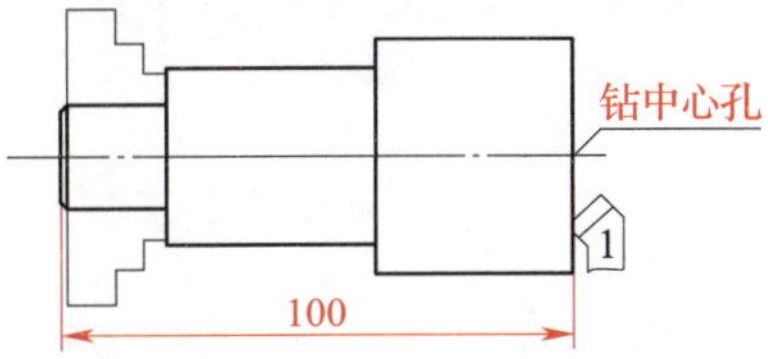  |
| | | | 2 | 钻中心孔，用尾座顶尖支撑工件一夹一顶装夹。 | |
| | | | 3 | 粗车 $\phi$50 mm 外圆至 $\phi$21 mm，长 39.5 mm。 | 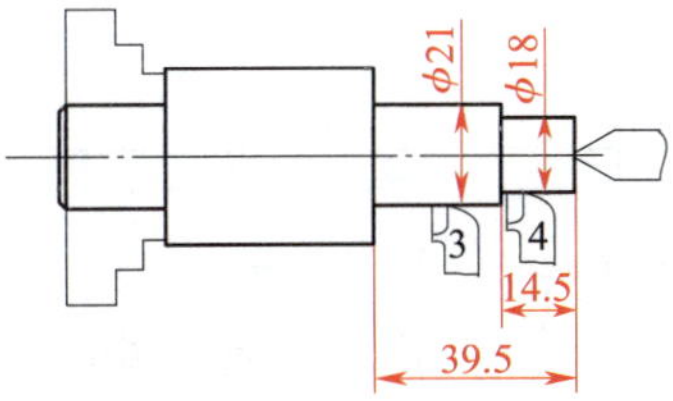  |
| | | | 4 | 粗车 $\phi$21 mm 外圆至 $\phi$18 mm，长 14.5 mm。 | |
| | | 40 | | 工件掉头，夹持 $\phi$18 mm 外圆，用尾座顶尖支撑一夹一顶装夹。 | 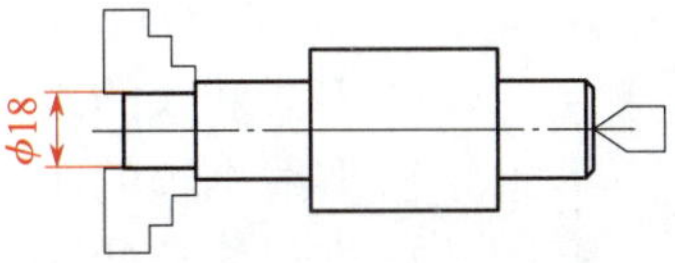  |

<table>
<tr><th colspan="2">内容</th><th colspan="4">图例与说明</th></tr>
<tr><td rowspan="10">车单头蜗杆练习</td><td rowspan="10">加工工艺卡片</td><td rowspan="2"></td><td>1</td><td>蜗杆外圆倒角 20°（两端）。</td><td rowspan="2">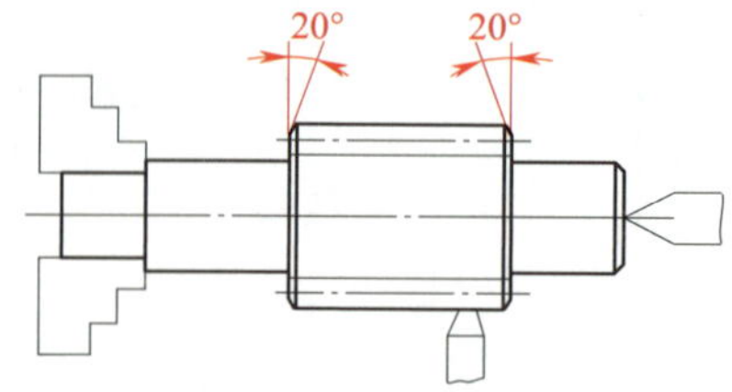
</td></tr>
<tr><td>2</td><td>粗车蜗杆，模数为 3 mm，各处均留有精车余量。</td></tr>
<tr><td>50</td><td colspan="3">采用两顶尖装夹工件（加工右端）。</td></tr>
<tr><td rowspan="4"></td><td>1</td><td>精车蜗杆$\phi 42_{-0.039}^{\ 0}$ mm 外圆至要求。</td><td rowspan="4">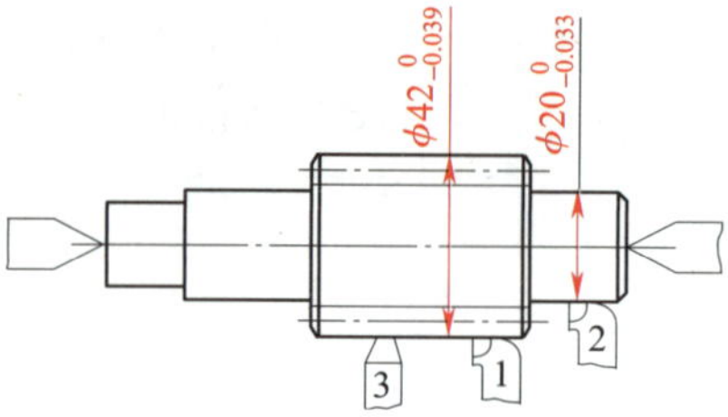
</td></tr>
<tr><td>2</td><td>精车外圆$\phi 20_{-0.033}^{\ 0}$ mm 至要求，长 20 mm，表面粗糙度 $Ra1.6$ μm。</td></tr>
<tr><td>3</td><td>精车模数为 3 mm 蜗杆至图样要求。</td></tr>
<tr><td>4</td><td>倒角 $C1$ mm。</td></tr>
<tr><td>60</td><td colspan="3">检验合格后取下工件。</td></tr>
</table>

## 课题四 车多线螺纹

<table>
<tr><th colspan="2">内容</th><th>图例与说明</th></tr>
<tr><td>多线螺纹</td><td>技术要求</td><td>沿两条或两条以上、在轴向等距分布的螺旋线所形成的螺纹称为多线螺纹。螺旋线的条数称为多线螺纹的线数。<br>多线螺纹的车削难度比单线螺纹大。<br>多线螺纹的技术要求有：<br>1. 多线螺纹的螺距必须相等。<br>2. 多线螺纹的小径必须相等。<br>3. 多线螺纹的牙型角必须相等。</td></tr>
</table>

| 内容 | | 图例与说明 |
|---|---|---|
| 多线螺纹 | 技术要求 | 车削多线螺纹的主要问题是解决好螺纹的分线。如果分线不准确，会使车削出的多线螺纹的螺距互不相等，这样就会严重影响内、外螺纹的配合精度，降低使用寿命。 |
| | 特点 | 多线螺纹常用于快速移动机构中，多线螺纹的各螺旋槽具有在轴向等距离分布（图 6–54）、在圆周上等角度分布（图 6–55）的特点。可根据螺纹尾部螺旋槽的数目，或从螺纹的端面上判定螺纹的线数。 |

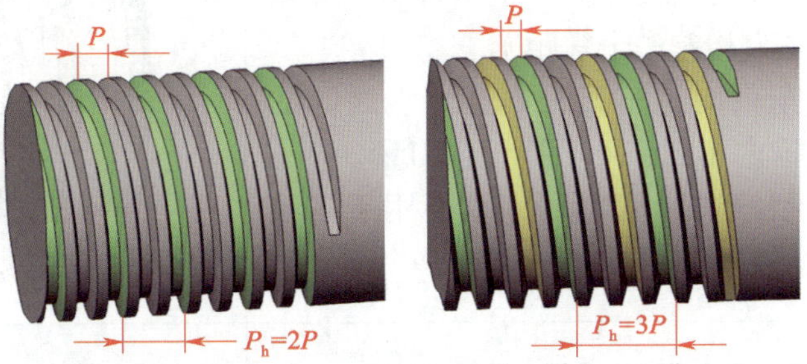

图 6–54　轴向等距离分布

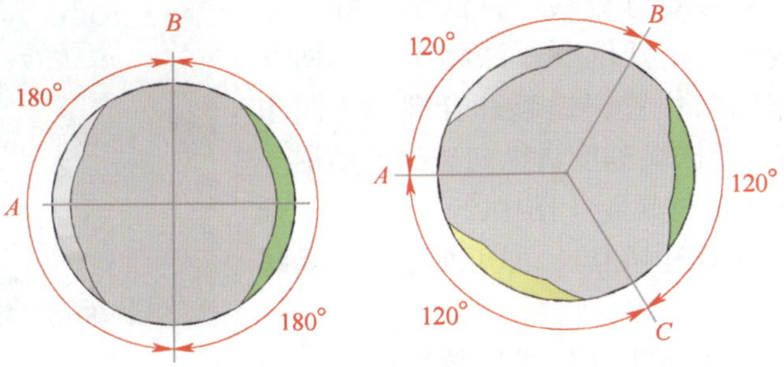

图 6–55　圆周等角度分布

## 一、多线螺纹的分线方法

| | | | |
|---|---|---|---|
| 轴向分线法 | 用小滑板刻度分线法 | 车好一条螺旋槽后，利用小滑板刻度值，将车刀向前（向后）移动一个螺距，以达到分线的目的。<br>小滑板刻度转过的格数 $K=\frac{P}{a}$，即螺距 / 小滑板刻度盘每格移动的距离。<br>用小滑板刻度分线方法简单，不需要辅助工具，但分线精度不高，适用于单件、小批量生产。 | 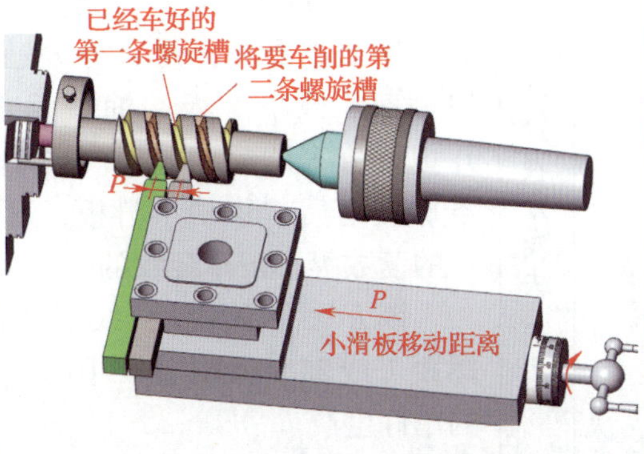 |

<table>
<tr><th colspan="2">内容</th><th colspan="2">图例与说明</th></tr>
<tr><td rowspan="3">轴向分线法</td><td>刻线法</td><td>根据计算出的牙顶宽尺寸，采用小滑板移动法，用尖头刀切入小于 0.5 mm 的深度，刻出各螺旋线。以双线为例，根据导程刻出螺旋线 1，2 与 1 关系为相差一个牙顶宽 $f$，3 与 1 关系为相差一个螺距，4 与 1 关系为相差一个螺距加牙顶宽 $f$（也可理解为 4 与 2 关系为相差一个螺距）。<br>车削时，车刀只需在刻线之间的螺旋槽内车削，不必死记借刀量。<br>刻线法精度不高，主要用于多线螺纹的粗车。</td><td>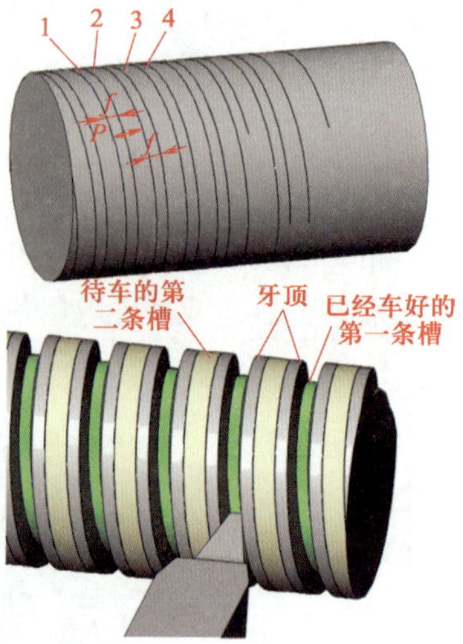<br></td></tr>
<tr><td>开合螺母分线法</td><td>当多线螺纹的导程为车床丝杠螺距的整数倍且其倍数又等于线数时，可用开合螺母分线。方法是车好一条螺旋槽，用开倒顺车法将车刀返回开始车削的位置，提起开合螺母（图中①），用床鞍刻度盘纵向进给或后退一个车床丝杠螺距（图中②），再合上开合螺母（图中③），即可车削另一条螺旋槽。<br>提开合螺母分线法效率较高，但精度不高，可用于多线螺纹的粗车。</td><td>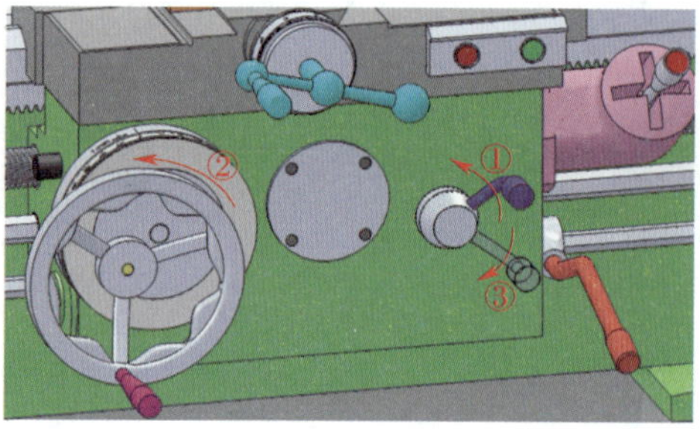<br></td></tr>
<tr><td>百分表分线法</td><td>对螺距精度要求较高的螺纹分线时，把百分表固定在刀架上，在车削前，移动小滑板，使百分表触头与刀架侧面（或小滑板端面）垂直接触，并把百分表调整至零位。当车好第一条螺旋槽后，移动小滑板，百分表指示的读数等于被车螺纹的螺距。<br>该方法主要用于分线精度要求高、螺距（或轴向齿距）较小的多线螺纹的单件生产。</td><td>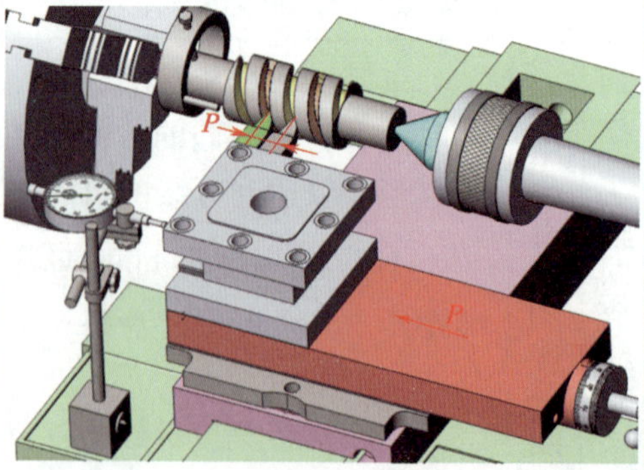<br></td></tr>
</table>

| 内容 | | 图例与说明 | |
|---|---|---|---|
| 轴向分线法 | 百分表和量块分线法 | 在对螺距较大的多线螺纹进行分线时，因受百分表行程的限制，可在百分表与挡块之间垫入一块（或一组）量块，其厚度最好等于工件螺距。当百分表读数与量块厚度之和等于工件的螺距时，方可车削第二条螺旋线。<br>该方法适用于导程较大、精度要求较高的多线螺纹的分线。 | 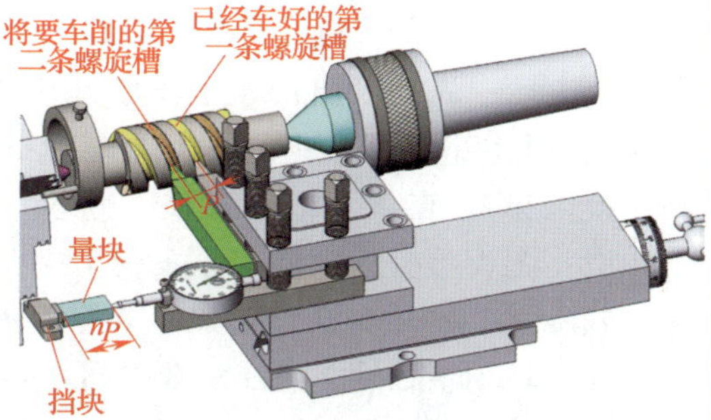 |
| 圆周分线法 | 卡盘分线法 | 当工件采用两顶尖装夹，并用卡盘的卡爪代替拨盘时，可以在车好一条螺旋槽之后，松开顶尖，把工件连同鸡心夹头转过一个角度，由卡盘上的另一只卡爪拨动，再用顶尖支撑好后就可车削另一条螺旋槽。<br>由于卡盘卡爪自身等分精度不高，所以用卡盘分线的方法虽然操作简单、方便，但分线精度较低。 | 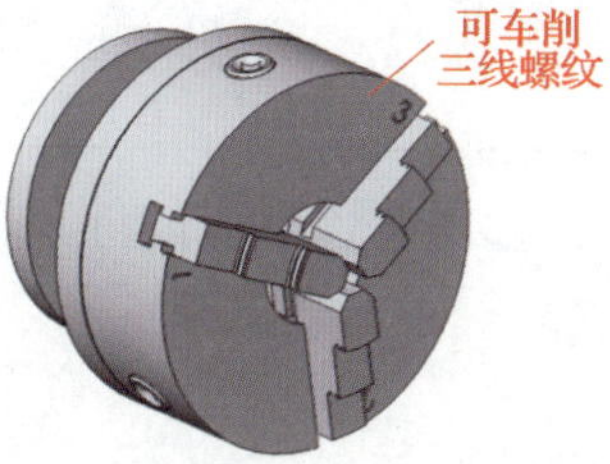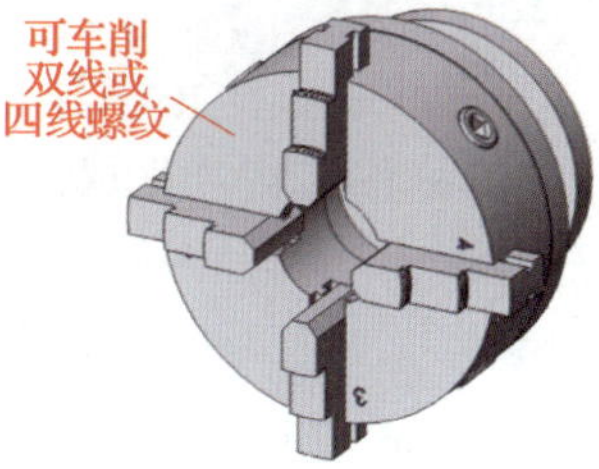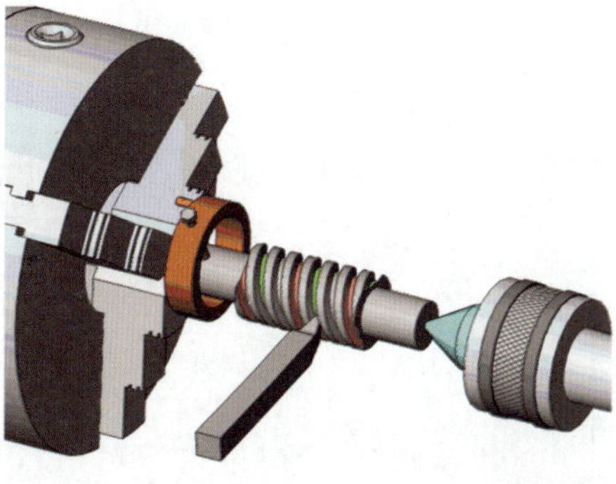 |

<table>
<tr><th colspan="2">内容</th><th colspan="2">图例与说明</th></tr>
<tr><td>圆周分线法</td><td>交换齿轮分线法</td><td>当车床主轴上交换齿轮 A 齿数是螺纹线数的整倍时，就可利用交换齿轮进行分线。车好一条螺旋槽分线后，先切断电源（不需脱开传动链，并将操纵杆提起，而开合螺母不能提起）。在 A 上根据线数进行等分（例图为等分为三处，车三线），做好记号，松开交换齿轮架使 A 与 B 脱开，转动主轴使 2 或 3 对准中间轮啮合记号 0，再将 A 与 B 啮合，可车削第二条螺旋槽，用同样的方法车削第三条螺旋槽。<br>用交换齿轮分线精度高，但比较麻烦。</td><td>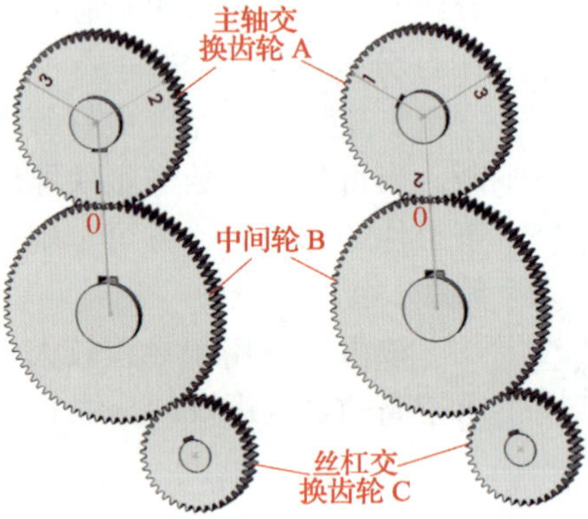
</td></tr>
<tr><td colspan="4">二、多线螺纹的车削</td></tr>
<tr><td>车削多线螺纹</td><td>机床手柄的调整</td><td colspan="2">多线螺纹应根据导程（线数 × 螺距，即 $n \cdot P$）选择铭牌箱上手柄。例如车削 $P$=4 mm 的三线梯形螺纹，对应铭牌箱选择手柄为 t、8、Ⅳ（图 6–56）。<br>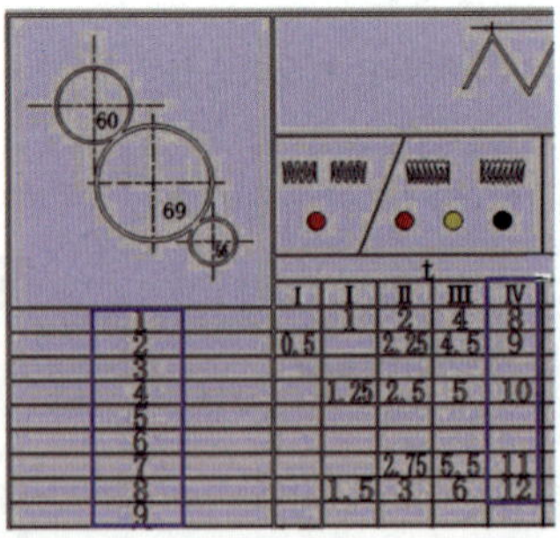<br>图 6–56　车多线螺纹机床手柄的调整</td></tr>
</table>

<table>
<tr><th colspan="2">内容</th><th colspan="2">图例与说明</th></tr>
<tr><td rowspan="4">车削多线螺纹</td><td>粗车方法</td><td colspan="2">多线螺纹每一条螺旋槽的车削方法与车削单线螺纹相同，关键是准确地分线和保证各螺旋槽尺寸一致。多线螺纹的粗车必须是车完一条螺旋槽（两侧面留精车余量），再根据精度要求选择适当的分线方法车第二条、第三条……螺旋槽。每条螺旋槽的切削深度要一致、小滑板借刀量相同，而进刀方法与车削单线时相同（图 6–57）。<br>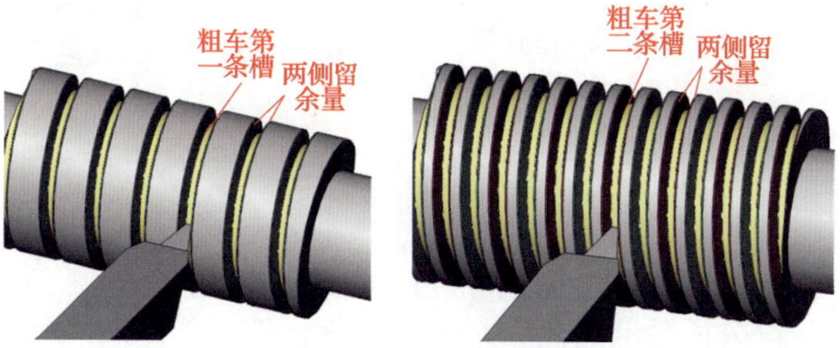<br><br>图 6–57　粗车多线螺纹</td></tr>
<tr><td rowspan="3">精车第一个侧面的选择（以双线为例）</td><td>1. 若测量后 $H=H_1$，说明车削分线（螺距）尺寸相等，而法向齿厚 $S_n \neq S_{n1}$，则取齿厚小的牙两侧面中的任一面。例：图示精车第一面为测量小的齿厚所对应的左或右侧面。</td><td>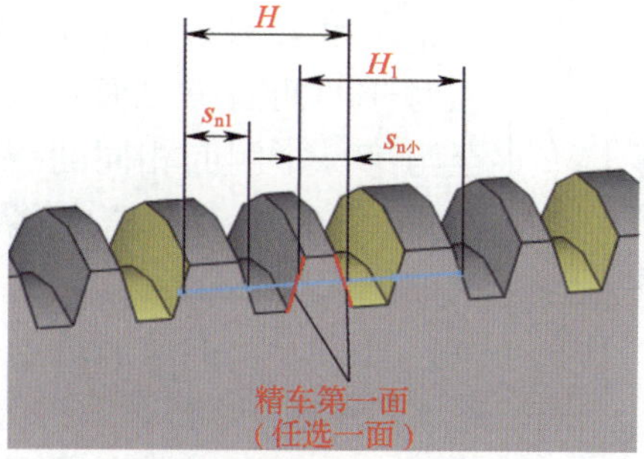<br></td></tr>
<tr><td>2. 若齿厚相等（$S_n=S_{n1}$），分线尺寸不等（$H \neq H_1$），则精车第一面取分线（螺距）尺寸小的所对应的任一面。例：图示精车第一面为测量 $H_1$ 所对应的左或右侧面。</td><td>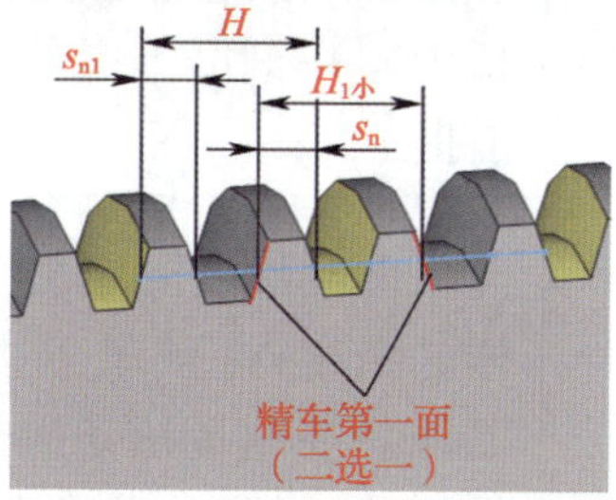<br></td></tr>
<tr><td>3. 若分线（螺距）尺寸不等（$H \neq H_1$），齿厚也不相等（$S_n \neq S_{n1}$），则取分线尺寸、齿厚尺寸都为小的那一面为精车第一面。例：图示精车第一面为测量 $H_1$ 所对应的右侧面。</td><td>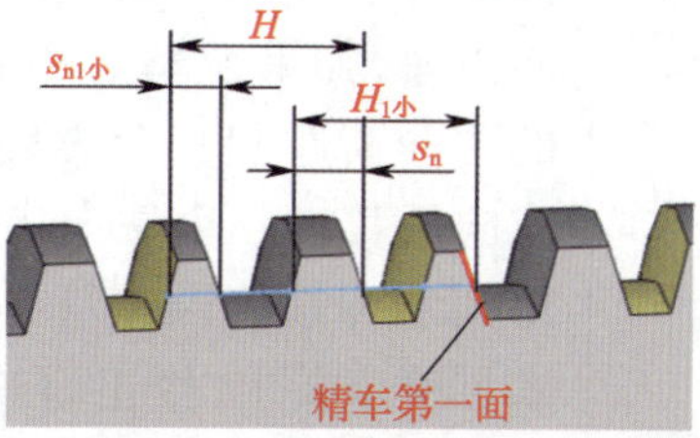<br></td></tr>
</table>

| 内容 | | 图例与说明 | |
|---|---|---|---|
| 车削多线螺纹 | 精车第一个侧面的选择（以双线为例） | 4. 若测量 $H=H_1$，$S_n=S_{n1}$，即分线（螺距）尺寸相等，齿厚相等，可任意选择螺纹槽侧面作为精车第一面。 | 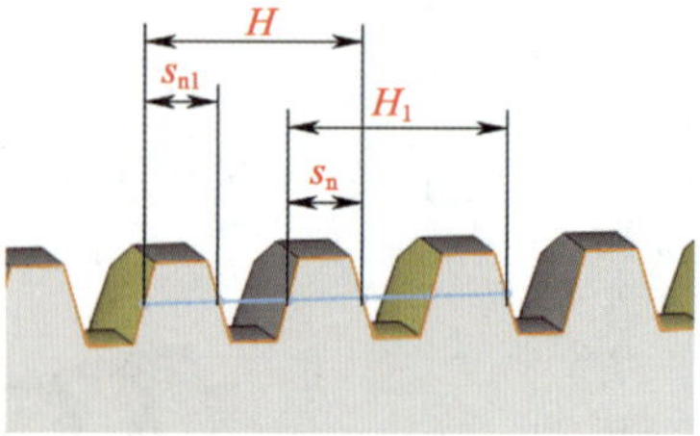 |
| | 精车的方法（以双线为例） | 若选择图示侧面为精车第一面，精车此面至底径尺寸，表面粗糙度达到要求即可；第二面应将车刀移动一个精确螺距（可采用百分表），精车与第一面相对应的侧面第二面，采用直进法，车至与第一个侧面相同的深度（此时不需测量）；将车刀在槽中移动精车第二个槽的另一侧面第三面，中滑板为同一刻度，只借刀，不横向进刀，车至中径合格（需测量）；将车刀再次移动一个精确螺距，采用直进法车第四面，车到中滑板为同一刻度（提前测量，中径合格为前提）。 | 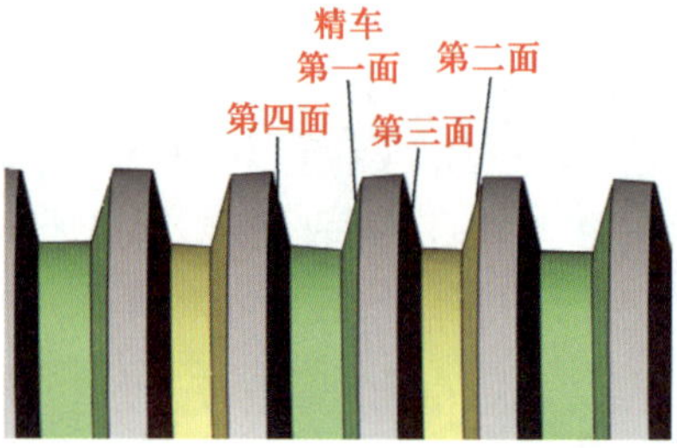 |
| | 注意事项 | 多线螺纹除了要保证和单线螺纹一样的精度外（测量方法一样，量针测量时需注意要测量每条螺旋槽的中径），还要保证分线精度（螺距精度）。首先测量法向齿厚，如果 $S_n=S_{n1}$，然后测量 $H$（两个齿的法向齿厚和一个螺旋槽宽度），再向前或向后移动一个法向齿厚，然后测量 $H_1$，得到的测量值误差就是分线误差。若不满足精度要求，修正面的选择与精车第一面选择方法相同。 | 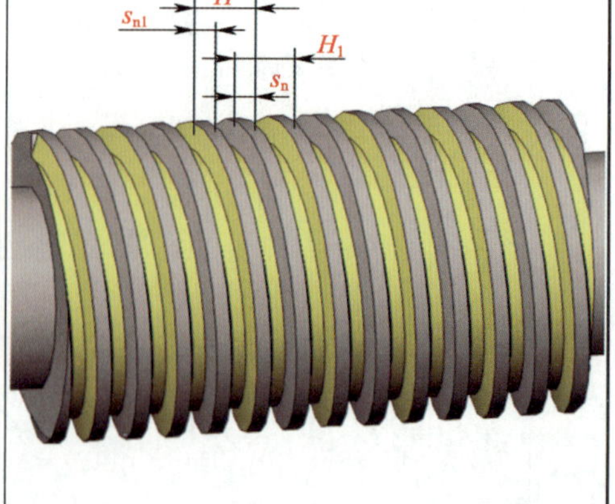 |

<table>
<tr><th colspan="2">内容</th><th>图例与说明</th></tr>
<tr><td>车削多线螺纹</td><td>注意事项</td><td>1. 多线螺纹的导程大，车削时进给速度快，要注意防止撞车。<br>2. 由于多线螺纹的螺纹升角大，车刀两侧后角要相应增减。<br>3. 用小滑板刻线分线时，应先检查小滑板行程是否满足分线的要求和小滑板导轨是否与车床主轴轴线平行，在每次分线时小滑板手柄的转动方向必须相同，以避免小滑板丝杠与螺母之间的间隙而产生误差。<br>4. 分线精车采用左、右切削法时，必须先车削各螺旋槽的同一侧面，然后再车削各螺旋槽的另一侧面。<br>5. 用百分表分线时，百分表的测量杆应与工件轴线平行，否则也会产生分线误差。<br>6. 精车时要多次循环分线，以矫正粗车或借刀时所产生的分线误差。<br>7. 多线螺纹分线不正确的主要原因有：<br>（1）小滑板移动距离不正确。<br>（2）车刀修磨后，没有对准原来的轴向位置，或随便借刀使轴向位置移动。<br>（3）工件没有夹紧，车削时因切削力过大造成工件微量移动或转动，使分线不正确。</td></tr>
<tr><td>双线梯形螺纹车削练习</td><td>工件图样</td><td>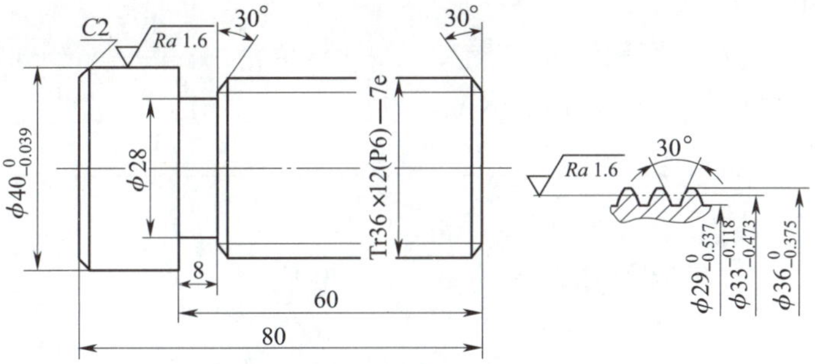

Ra 3.2 (√)
<table>
<tr><td>工件名称</td><td colspan="3">双线梯形螺纹工件</td></tr>
<tr><td>材料</td><td>45 钢</td><td>备料</td><td>$\phi 50 \times 120$</td></tr>
</table></td></tr>
</table>

| 内容 | | 图例与说明 | | | |
|---|---|---|---|---|---|
| 双线梯形螺纹车削练习 | 加工工艺卡片 | 10 | | 检查备料 $\phi$50 mm × 120 mm。 | 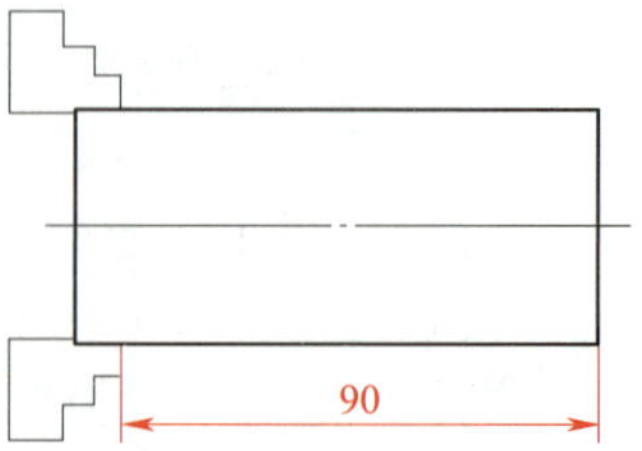 |
| | | 20 | | 夹持毛坯外圆，伸出长度 90 mm 左右，找正并夹紧。 | （同上图） |
| | | | 1 | 车端面，车平即可。 | 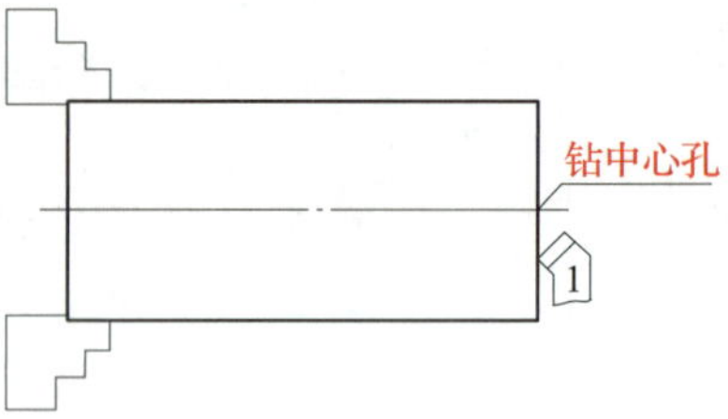 |
| | | | 2 | 钻中心孔，用尾座顶尖支撑工件，一夹一顶装夹。 | （同上图） |
| | | | 3 | 粗车外圆 $\phi$50 mm 至 $\phi$41 mm，长度大于 80 mm。 | 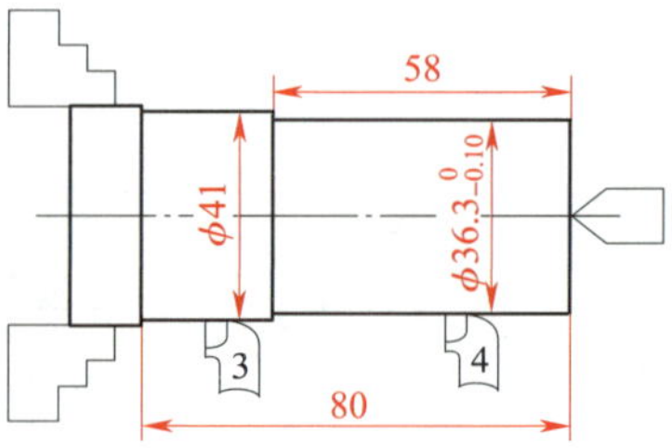 |
| | | | 4 | 粗车梯形螺纹大径至 $\phi36.3^{\ 0}_{-0.10}$ mm，长 58 mm。 | （同上图） |
| | | | 5 | 车退刀槽，槽宽 8 mm，槽底直径为 $\phi$28 mm，控制长度 60 mm。 | 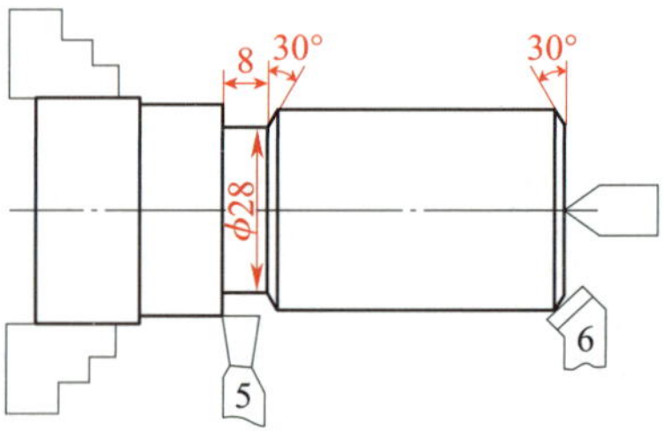 |
| | | | 6 | 两处倒 30° 角。 | （同上图） |
| | | | 7 | 粗车双线梯形螺纹 Tr36 × 12（P6）—7e，各槽均留有余量。 | 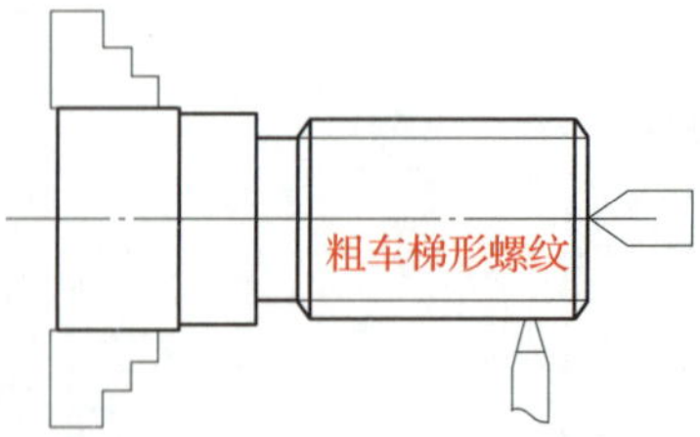 |

<table>
<tr><th colspan="2">内容</th><th colspan="4">图例与说明</th></tr>
<tr><td rowspan="9">双线梯形螺纹车削练习</td><td rowspan="9">加工工艺卡片</td><td rowspan="5"></td><td>8</td><td>修正中心孔。</td><td rowspan="5">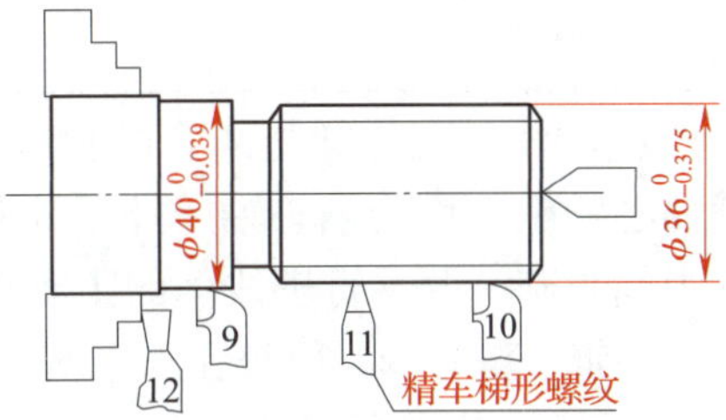
</td></tr>
<tr><td>9</td><td>精车外圆 $\phi40_{-0.039}^{0}$ mm 至尺寸要求，表面粗糙度 $Ra1.6$ μm。</td></tr>
<tr><td>10</td><td>精车双线梯形螺纹大径 $\phi36_{-0.375}^{0}$ mm，表面粗糙度 $Ra1.6$ μm。</td></tr>
<tr><td>11</td><td>精车双线梯形螺纹，小径为 $\phi29_{-0.537}^{0}$ mm，中径为 $\phi33_{-0.473}^{-0.118}$ mm，表面粗糙度 $Ra1.6$ μm。</td></tr>
<tr><td>12</td><td>切断，总长 80.5 mm。</td></tr>
<tr><td>30</td><td colspan="2">工件掉头，在 $\phi40_{-0.039}^{0}$ mm 外圆上包铜皮，找正并装夹。</td><td rowspan="3">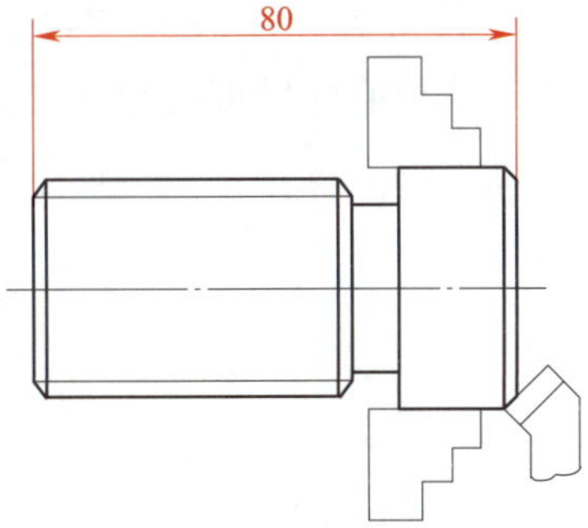
</td></tr>
<tr><td rowspan="2"></td><td>1</td><td>车端面，控制总长 80 mm。</td></tr>
<tr><td>2</td><td>倒角 $C2$ mm。</td></tr>
<tr><td>40</td><td colspan="3">检查合格后取下工件。</td></tr>
</table>

第七单元

# 车偏心工件和单拐曲轴

外圆与外圆或外圆与内孔的轴线相互平行但不相重合的工件称为偏心工件。外圆与外圆偏心的工件称为偏心轴（外圆轴向尺寸较小时也称为偏心盘），外圆与内孔偏心的工件称为偏心套，两平行轴线间的距离称为偏心距 $e$。

偏心轴、偏心套一般都在车床上加工，其加工原理基本相同，都是通过采取适当的装夹方法，将需要加工的偏心外圆或内孔的轴线校正到与车床主轴轴线重合的位置后再进行车削。

## 课题一 车偏心工件

偏心工件可以在车床上用三爪自定心卡盘、四爪单动卡盘和两顶尖装夹进行车削。在成批生产或偏心距精度要求较高时，则采用专用偏心夹具装夹车削。

### 一、用三爪自定心卡盘装夹车偏心工件

| 内容 | | 图例与说明 |
|---|---|---|
| 在三爪自定心卡盘上车削 | 偏心原理 | 在三爪自定心卡盘任意一个卡爪与已加工好的工件基准外圆柱面的接触部位之间，垫上一块预先选好厚度的垫片，使工件轴线相对于车床主轴轴线产生等于工件偏心距 $e$ 的位移，找正正确夹紧后即可车削，如图 7–1 所示。<br>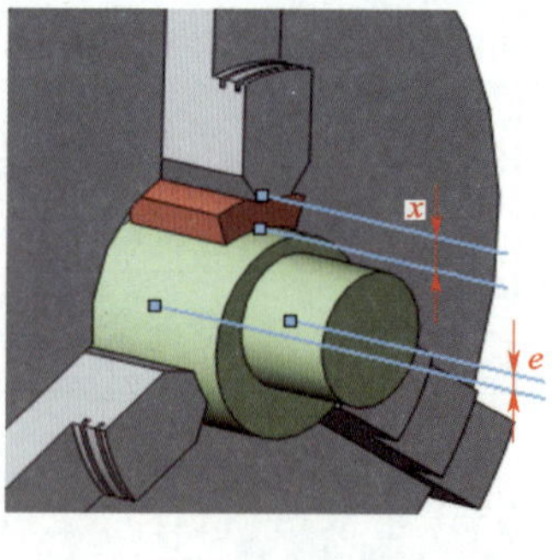<br><br>图 7–1　在三爪自定心卡盘上车偏心工件 |

<table>
<tr><th colspan="2">内容</th><th colspan="2">图例与说明</th></tr>
<tr><td rowspan="4">在三爪自定心卡盘上车削</td><td>垫片选择</td><td colspan="2">垫片（图 7–2）厚度 $x \approx 1.5e$，选择有足够硬度的材料做垫片，以防装夹时挤压变形。垫片应选择与基准圆相匹配的圆弧面（起包容作用），不易在加工中受切削力影响而走动以造成误差。<br>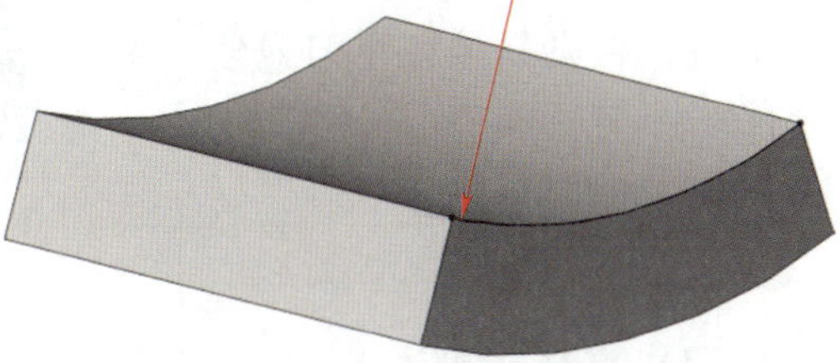<br><br>图 7–2　垫片</td></tr>
<tr><td>注意事项</td><td colspan="2">1. 垫入垫片前，应先擦净卡盘、卡爪处切屑。<br>2. 卡爪若磨损严重，出现喇叭口要及时更换。<br>3. 在调校过程中，为保证安全，可将变速手柄放置在空挡。<br>4. 三爪自定心卡盘一般适用于加工精度要求不高、偏心距 $e \leqslant 6$ mm 的短偏心工件。</td></tr>
<tr><td rowspan="2">找正方法</td><td>1. 找正平行度<br>将垫片垫入卡爪与基准外圆间（该外圆和偏心车削前外圆严格同轴），略微夹紧工件，移动床鞍，使百分表在 $a$、$b$ 两点间交替测量，用铜棒敲击至两点百分表指针一致，工件转过 90° 再检查，若读数仍一致，说明工件素线和机床主轴轴线已平行。</td><td>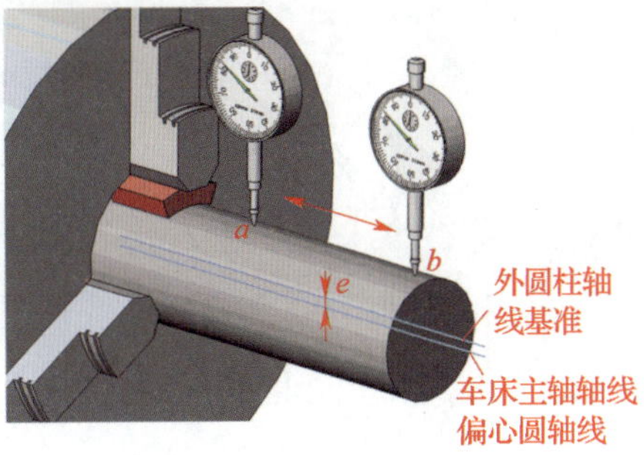<br></td></tr>
<tr><td>2. 找正偏心距<br>将百分表触头垂直于工件外圆表面，在圆周上找到最低点后，下压 0.5 ~ 1 mm，转动卡盘（卡盘放空挡）一周，若一周内百分表指针最大与最小差值的一半在偏心允差范围内，并且 $a$、$b$ 两点都正确，说明偏心已找正好。若偏心大了，说明垫片太厚，要换薄一点的；若偏心小了，则可加入铜片、纸片等来增加厚度。达到要求后夹紧。</td><td>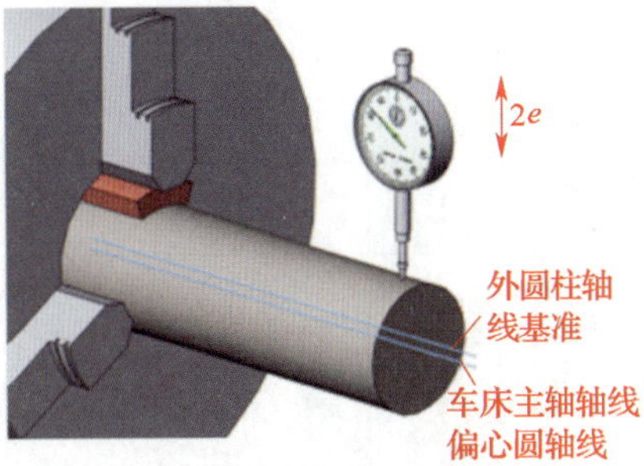<br></td></tr>
</table>

<table>
<tr><th colspan="2">内容</th><th colspan="3">图例与说明</th></tr>
<tr><td rowspan="2">在三爪自定心卡盘上车削</td><td rowspan="2">车削方法</td><td colspan="2">粗车：开始车削时，车刀应先远离工件再启动主轴，以防止工件碰撞车刀。选取负值刃倾角车刀，用大背吃刀量及小进给量车削。待工件车圆后，再适当增加进给量，否则易损坏车刀或使工件发生位移。</td><td>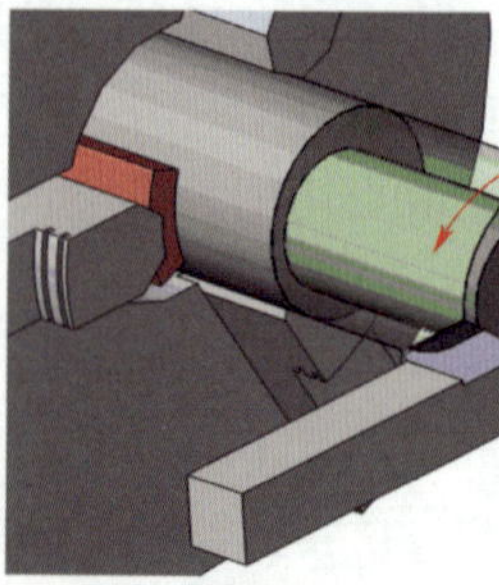</td></tr>
<tr><td colspan="2">精车：当偏心直径还剩 1 mm 左右精车余量时，再复检偏心距。方法是将百分表测量杆触头与工件基准外圆接触，再按找正偏心方法找正。通常复检时，偏心距误差应该是很小的，若偏心距超差，则略紧相应卡爪即可。</td><td>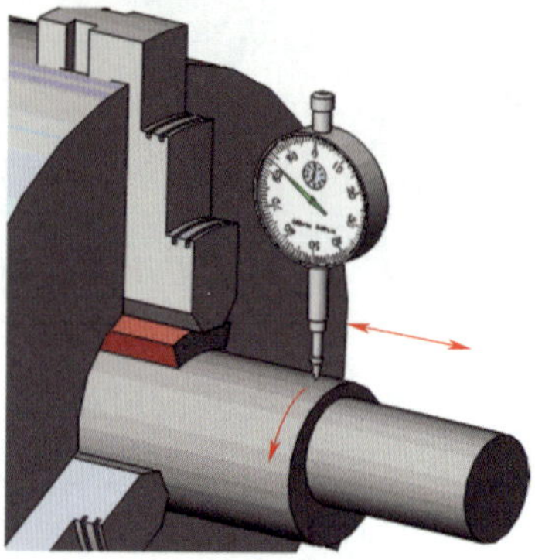</td></tr>
<tr><td rowspan="3">在三爪自定心卡盘上车偏心轴练习</td><td>工件图样</td><td colspan="3">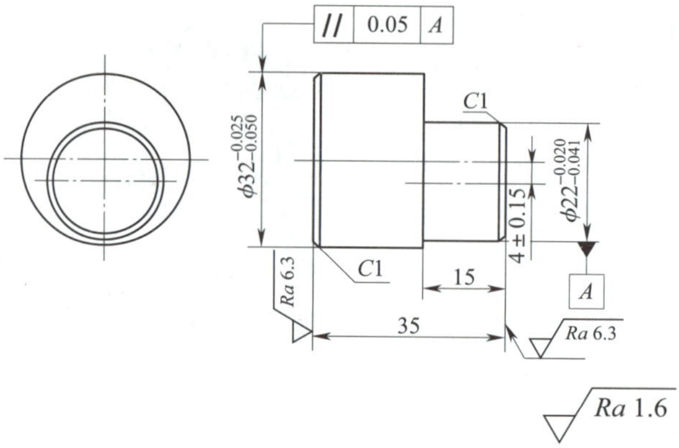

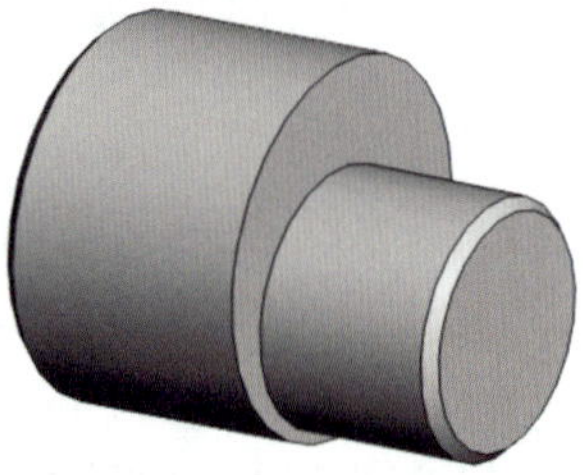
<table>
<tr><td colspan="2">工件名称</td><td colspan="2">偏心轴</td></tr>
<tr><td>材料</td><td>45 钢</td><td>备料</td><td>$\phi35\times70$</td></tr>
</table></td></tr>
<tr><td rowspan="2">加工工艺卡片</td><td>10</td><td>检查备料 $\phi35$ mm × 70 mm。</td><td rowspan="2">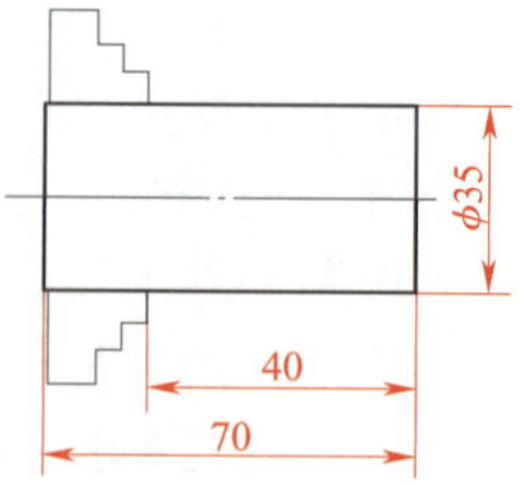
</td></tr>
<tr><td>20</td><td>在三爪自定心卡盘上夹持毛坯外圆，伸出长度 40 mm 左右，找正并夹紧。</td></tr>
</table>

| 内容 | | 图例与说明 | | | |
|---|---|---|---|---|---|
| 在三爪自定心卡盘上车偏心轴练习 | 加工工艺卡片 | | 1 | 车端面，车平即可。 | 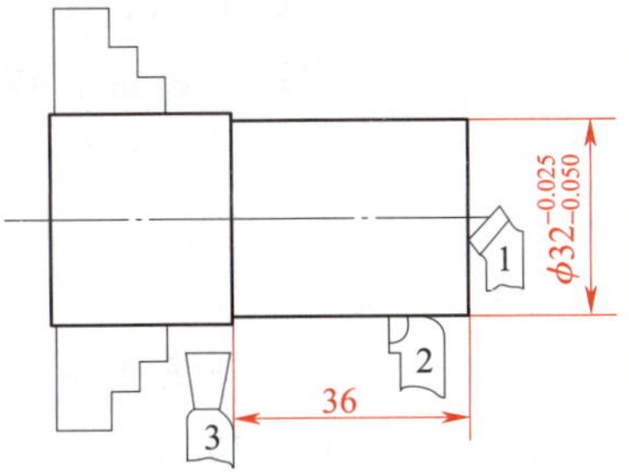 |
| | | | 2 | 粗、精车外圆至尺寸 $\phi32_{-0.050}^{-0.025}$ mm，长 36 mm。 | |
| | | | 3 | 倒角 $C1$ mm。 | |
| | | | 4 | 切断，长 36 mm。 | |
| | | 30 | 掉头，夹持 $\phi32_{-0.050}^{-0.025}$ mm 外圆，找正并夹紧。 | | 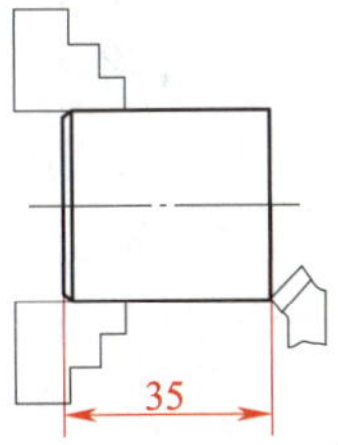 |
| | | | 1 | 车另一端面，保证总长 35 mm。 | |
| | | 40 | 工件在三爪自定心卡盘上垫垫片装夹，垫片厚为 5.85 mm，找正偏心距（4 ± 0.15）mm 并夹紧。 | | 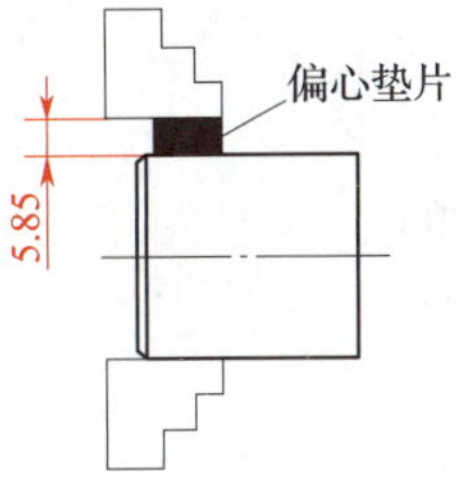 |
| | | | 1 | 粗、精车偏心外圆尺寸至 $\phi22_{-0.041}^{-0.020}$ mm，保证长度 15 mm。 | 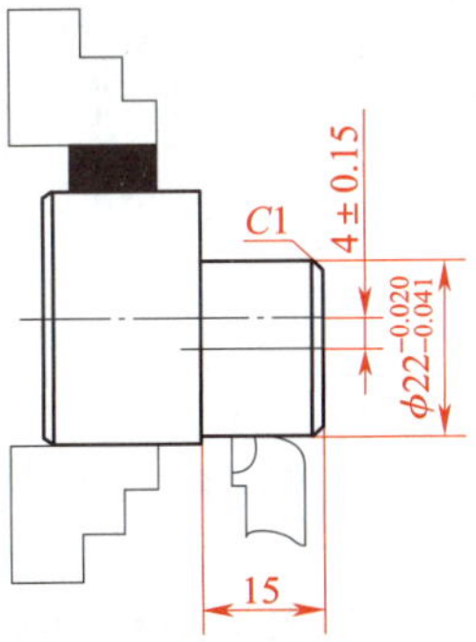 |
| | | | 2 | 外圆倒角 $C1$ mm。 | |
| | | 50 | 检查质量合格后卸下工件。 | | |

## 二、偏心工件的划线方法

用四爪单动卡盘或用两顶尖装夹车偏心工件时，应先划线确定偏心轴（套）轴线的位置。

<table>
<tr><th colspan="2">内容</th><th>图例与说明</th></tr>
<tr><td>偏心工件的划线方法</td><td>偏心工件的划线步骤</td><td>
1. 将工件毛坯车削成一根直径为 $D$、长度为 $L$ 的光轴，光轴两端面应与轴线垂直，表面粗糙度值不大于 $Ra3.2\ \mu m$（图 7–3）。<br>
2. 在光轴的外圆和两端面上涂一层蓝色显示剂，待干后将其放置在平板上的 V 形架中。<br>
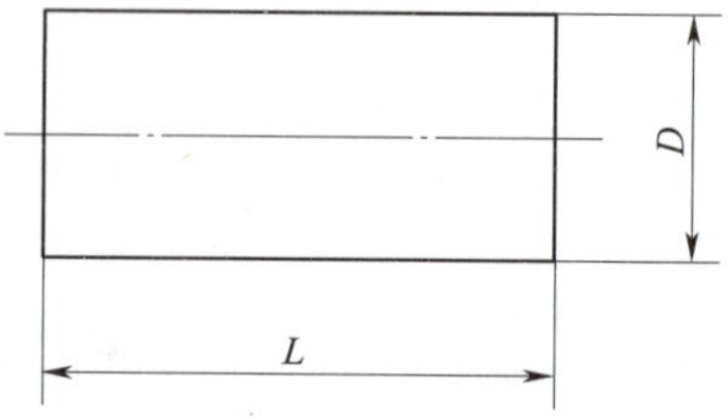
<br>
图 7–3　光轴坯件<br>
3. 用游标高度卡尺的划针尖端测量光轴的最高点，并记下其读数，然后按光轴实测直径尺寸的 1/2 将游标高度卡尺的游标下移，并在光轴的端面 A 上轻划一条水平线，接着将光轴转过 180°，在同样的调整高度下，在端面 A 上再轻划一条水平线，检查前、后两条线是否重合。若重合则为此光轴工件的水平轴线；若不重合，则须调整游标高度卡尺，将游标下移或上移两平行线间距离的一半，重新划线，直至两线重合为止（图 7–4）。<br>
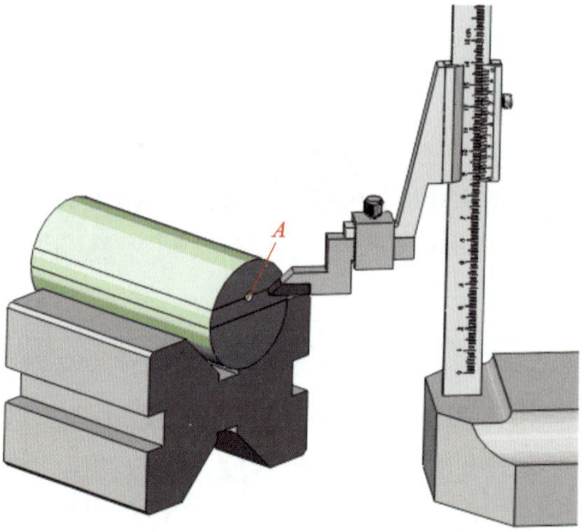
<br>
图 7–4　在 V 形架上划偏心的方法<br>
4. 找出工件的轴线后，在工件的端面和四周划圈线。<br>
5. 将工件转动 90°，用直角尺对齐已划好的端面线，然后用调整好的游标高度卡尺再划一道圈线，工件上就得到两道互相垂直的圈线。<br>
6. 将游标高度卡尺的游标上移一个偏心距 $e$，在光轴工件端面和四周再划一道圈线。<br>
7. 在工件两端面的偏心距中心位置分别打样冲眼，要求样冲眼的中心位置准确，眼坑宜浅，且小而圆。<br>
（1）若采用两顶尖装夹车削偏心轴，则应以此样冲眼为基准先钻中心孔。
</td></tr>
</table>

| 内容 | | 图例与说明 |
| --- | --- | --- |
| 偏心工件的划线方法 | 偏心工件的划线步骤 | （2）若采用四爪单动卡盘装夹车削偏心轴，则要以样冲眼为中心先划出一个偏心圆（在端面允许的情形下，偏心圆直径宜取大值），并在此偏心圆上均匀、准确地打上几个样冲眼，以便于找正，如图 7–5 所示。<br>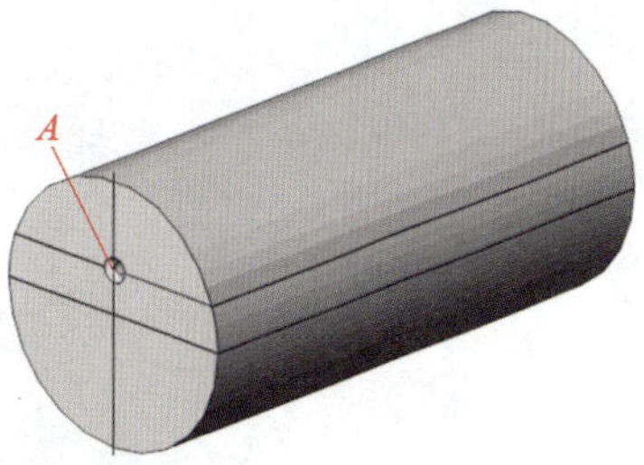<br>图 7–5　划偏心圆 |
| | 注意事项 | 1. 划线用涂剂应有良好的附着性，应均匀地在工件上涂薄薄的一层，不宜涂厚，以免影响划线的清晰度。<br>2. 划线时，用手轻扶工件，防止其移动和转动；划线平台表面与游标高度卡尺底座底面应光洁无毛刺，平台表面可薄薄地涂一层机油，以减小划线时游标高度卡尺移动的摩擦阻力。<br>3. 样冲尖应仔细刃磨，要求圆且尖；敲击样冲时，应使样冲与标示线垂直；冲偏心轴孔时更要注意，防止产生偏心误差；偏心圆圆周上样冲眼一般均匀打 4 个即可。 |

## 三、用四爪单动卡盘装夹车偏心工件

数量少、偏心距小、长度较短、不便于用两顶尖装夹或形状比较复杂的偏心工件，可以用四爪单动卡盘装夹车削。装夹工件时，必须根据毛坯件上已划好的线找正工件，使偏心圆柱的轴线与车床主轴轴线重合，并找正工件外圆侧素线与车床主轴轴线平行。

| 内容 | | 图例与说明 |
| --- | --- | --- |
| 偏心工件位置的找正 | 按划线找正 | 1. 调整卡盘卡爪的位置，使其中两爪呈对称位置，另两爪呈不对称位置，其偏离主轴中心距离大致等于工件的偏心距。各对卡爪之间张开的距离稍大于工件装夹部位的直径，使工件偏心圆柱的轴线基本处于卡盘中央，然后装夹工件，如图 7–6 所示。<br>2. 夹持工件长 15 ~ 20 mm，工件外圆垫 1 mm 左右厚钢片，夹持工件后，推动尾座顶尖接近工件，调整卡爪位置，使顶尖对准偏心圆中心（图 7–7 中的 *A* 点），然后移走尾座。<br>3. 将划线盘置于中滑板（或床鞍）上适当位置，使划针尖端对准工件外圆上的侧素线（图 7–8），移动床鞍，检查侧素线是否水平，若不水平，可用木锤轻轻敲击进行找正。然后将卡盘（工件）转动 90°，用同样的方法检查和找正侧素线。 |

<table>
<tr><th colspan="2">内容</th><th>图例与说明</th></tr>
<tr><td rowspan="2">偏心工件位置的找正</td><td>按划线找正</td><td>

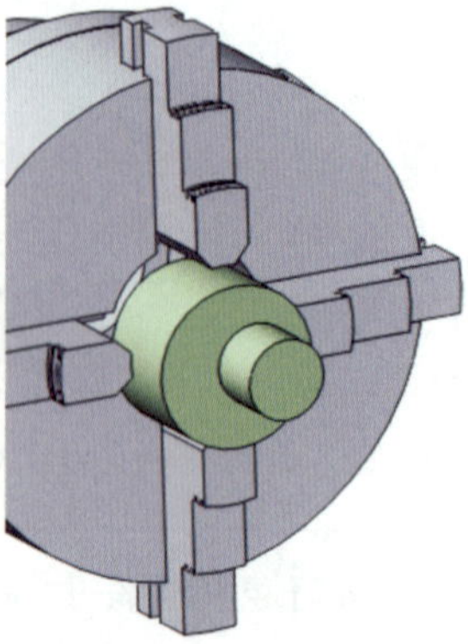

图 7–6　用四爪单动卡盘装夹偏心工件

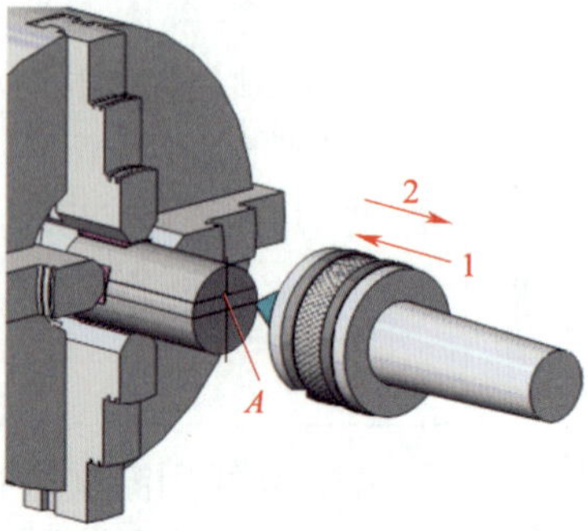


图 7–7　用尾座顶尖对准偏心圆中心

4. 将划针尖端对准工件端面上的偏心圆线，扳转卡盘，找正偏心圆，如图 7–9 所示。

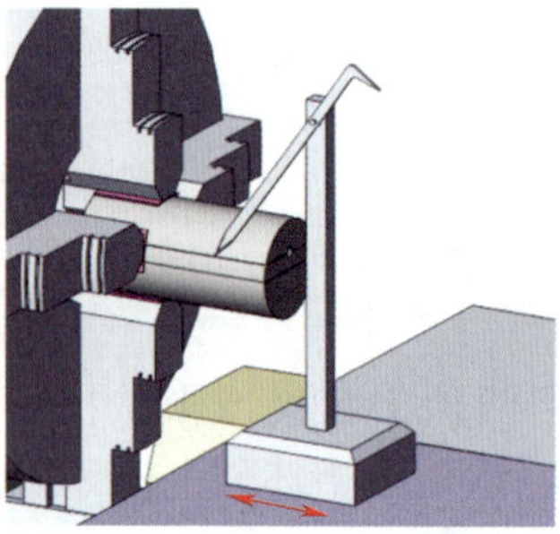

图 7–8　找正侧素线

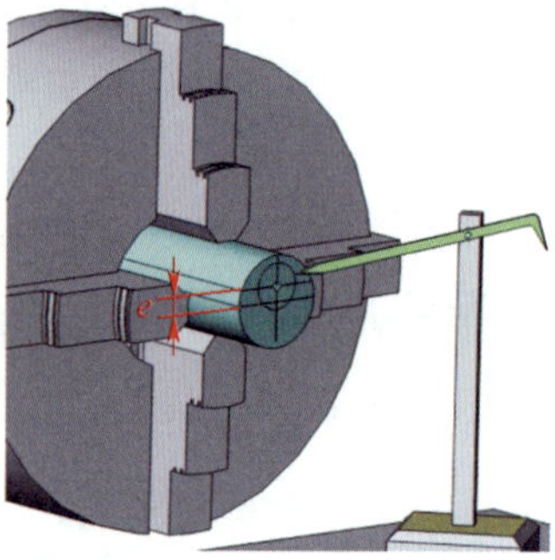


图 7–9　找正偏心圆

5. 重复 3、4 步骤找正，直至使两条侧素线均呈水平（基准圆轴线与偏心圆轴线平行），使偏心圆轴线与车床主轴轴线重合为止。

6. 将四个卡爪成对均匀地拧紧一遍，并检查确认侧素线和偏心圆线在紧固卡爪时没有位移。

由于存在划线误差和找正误差，按划线找正偏心工件位置的方法仅适用于加工精度要求不高的偏心工件。

</td></tr>
<tr><td>用百分表找正</td><td>

偏心距较小、加工精度要求较高的工件，用百分表精确找正工件装夹位置。

1. 先按划线法初步找正工件。

2. 移动床鞍，用百分表在 $a$、$b$ 两点处交替测量，找正工件侧素线，使偏心工件两轴线平行。

</td></tr>
</table>

<table>
<tr><th colspan="2">内容</th><th>图例与说明</th></tr>
<tr><td>偏心工件位置的找正</td><td>用百分表找正</td><td>3. 将百分表测量杆垂直于基准轴（光轴），转动卡盘，打到最低点，使触头接触外圆表面并压缩 0.5 ~ 1 mm，用手缓慢转动卡盘一周，找正偏心距（图 7–10）。百分表在工件转过一周中读数最大值与最小值之差的一半即为偏心距。$a$、$b$ 两点处偏心距应基本一致，并在图样允许误差范围内。反复调整，直至找正为止。<br>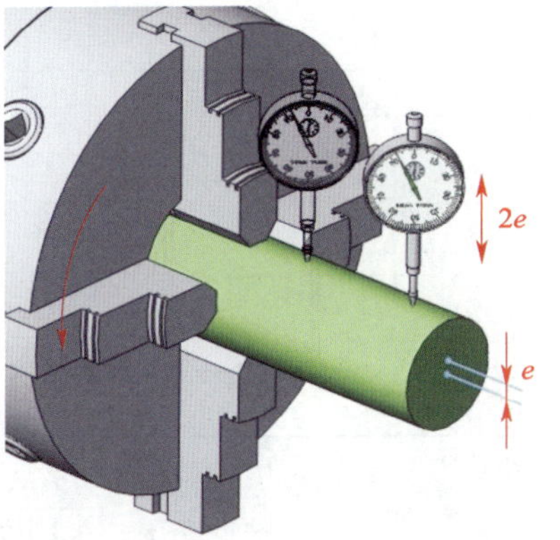<br><br>图 7–10　用百分表找正偏心工件</td></tr>
<tr><td colspan="2">偏心工件的车削方法</td><td>1. 粗车偏心圆柱面，留精车余量 0.5 mm。<br>2. 检测偏心距<br>（1）用分度值为 0.02 mm 的游标卡尺（或游标深度卡尺）检测两外圆间的最大距离和最小距离（图 7–11），其差值的一半即为偏心距，即：$e=\frac{1}{2}(a-b)$。<br>（2）用百分表检测，如图 7–12 所示，将百分表测量杆触头与工件基准外圆柱面接触，使卡盘缓慢转过一圈，百分表指示的最大值与最小值之差的一半即为偏心距。<br>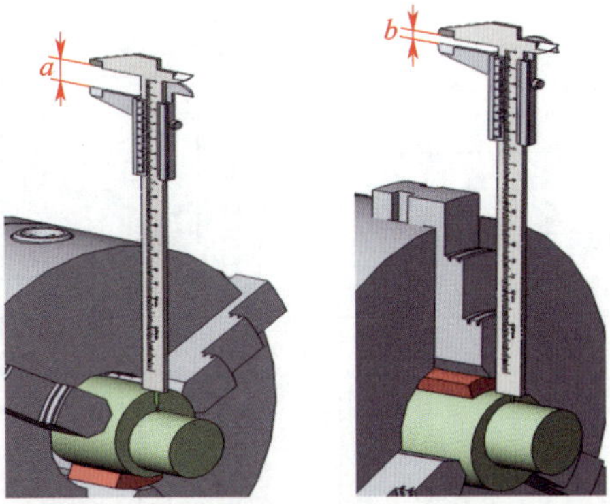<br><br>图 7–11　用游标卡尺检测偏心距<br>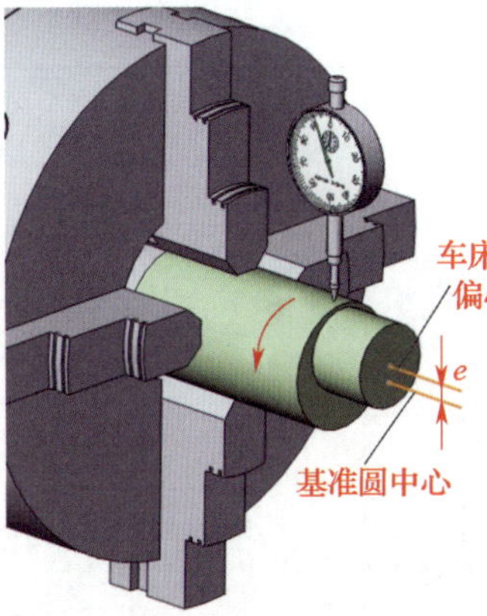<br><br>图 7–12　用百分表检测偏心距</td></tr>
</table>

<table>
<tr><th colspan="2">内容</th><th colspan="4">图例与说明</th></tr>
<tr><td colspan="2">偏心工件的车削方法</td><td colspan="4">检测结果若偏心距误差较大时，可少量调节不对称位置的两卡爪；若偏心距误差不大时，则仅需继续夹紧某一只卡爪（e 偏大时，夹紧离偏心轴线远的卡爪；e 偏小时，夹紧离偏心轴线近的卡爪）。<br>3. 精车偏心外圆柱面至尺寸要求。</td></tr>
<tr><td rowspan="6">车偏心套练习</td><td>工件图样</td><td colspan="4">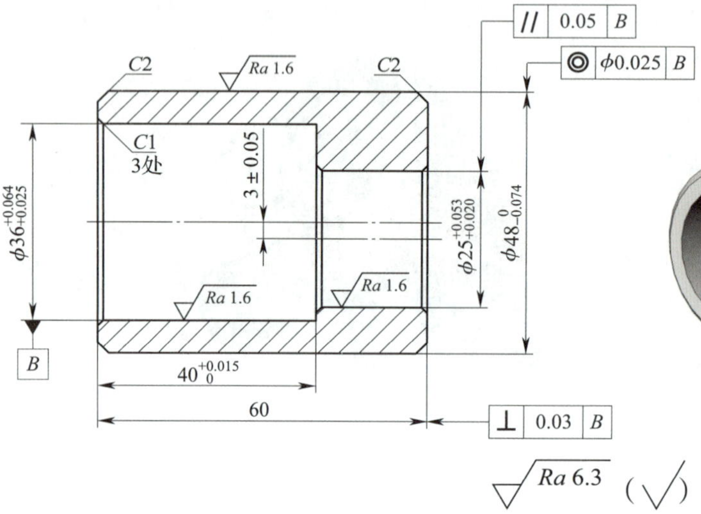

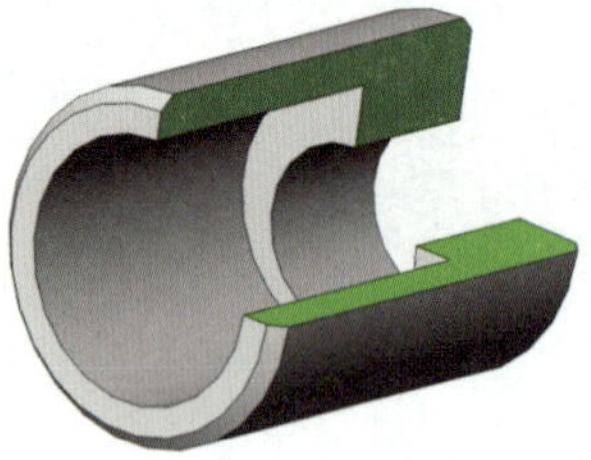
<table>
<tr><td colspan="2">工件名称</td><td colspan="2">偏心套</td></tr>
<tr><td>材料</td><td>45 钢</td><td>备料</td><td>$\phi50\times75$</td></tr>
</table></td></tr>
<tr><td rowspan="5">加工工艺卡片</td><td>10</td><td colspan="2">检查备料 $\phi50$ mm × 75 mm。</td><td rowspan="2">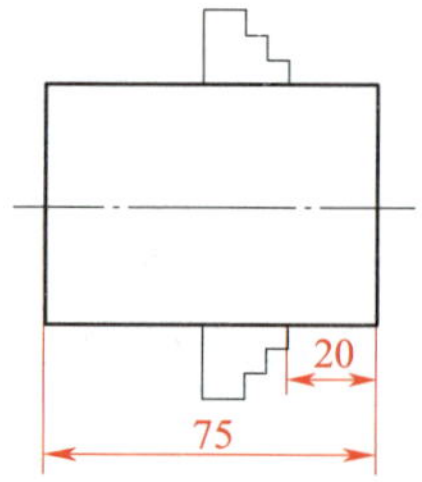
</td></tr>
<tr><td>20</td><td colspan="2">用三爪自定心卡盘夹持毛坯外圆，伸出长度 20 mm 左右，找正并夹紧。</td></tr>
<tr><td rowspan="2"></td><td>1</td><td>车端面，车平即可。</td><td rowspan="2">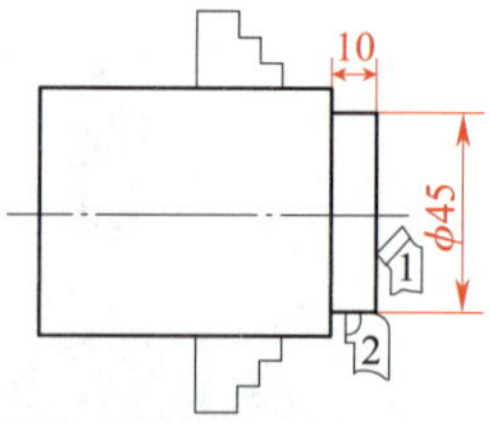
</td></tr>
<tr><td>2</td><td>车外圆至 $\phi45$ mm，长 10 mm。</td></tr>
<tr><td>30</td><td colspan="2">掉头夹持 $\phi45$ mm 外圆，找正并夹紧。</td><td>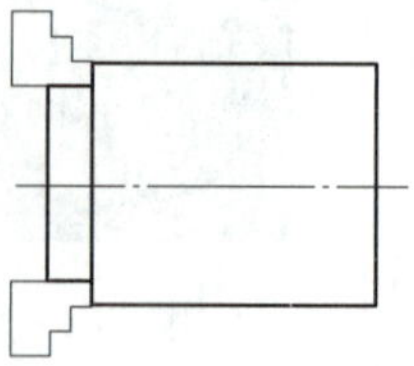</td></tr>
</table>

| 内容 | | 图例与说明 | | | |
| --- | --- | --- | --- | --- | --- |
| 车偏心套练习 | 加工工艺卡片 | | 1 | 车端面，车平即可。 | 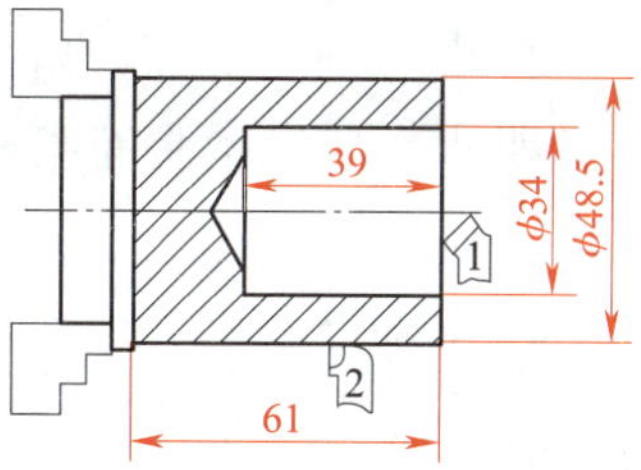  |
| | | | 2 | 粗车外圆 $\phi50$ mm 至 $\phi48.5$ mm，长 61 mm。 | |
| | | | 3 | 钻孔 $\phi34$ mm，深 39 mm。 | |
| | | | 4 | 粗、精车内孔至 $\phi36^{+0.064}_{+0.025}$ mm，深 $40^{+0.015}_{0}$ mm，表面粗糙度 $Ra1.6$ μm。 | 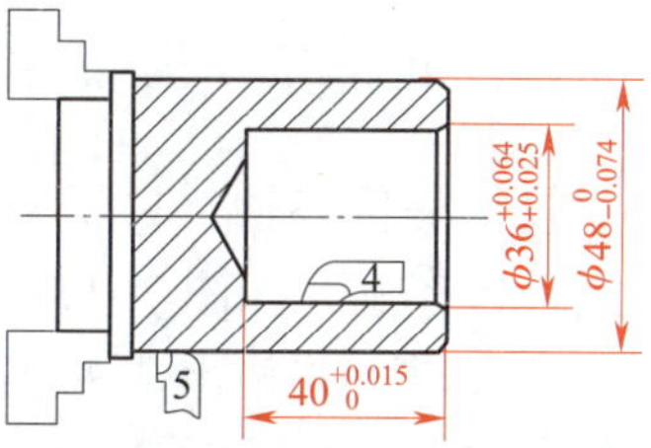  |
| | | | 5 | 精车外圆 $\phi48^{0}_{-0.074}$ mm 至尺寸要求，表面粗糙度 $Ra1.6$ μm。 | |
| | | | 6 | 外圆倒角 $C2$ mm，内孔孔口倒角 $C1$ mm。 | |
| | | 40 | | 工件掉头，在 $\phi48^{0}_{-0.074}$ mm 外圆表面包铜皮，找正并夹紧。 | 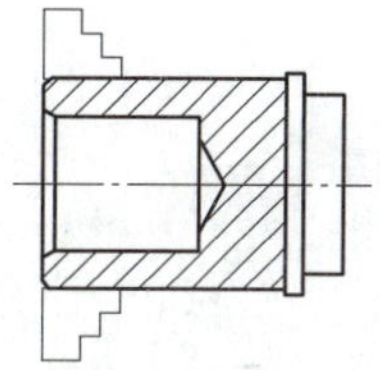 |
| | | | 1 | 车端面，保证总长 60 mm。 | 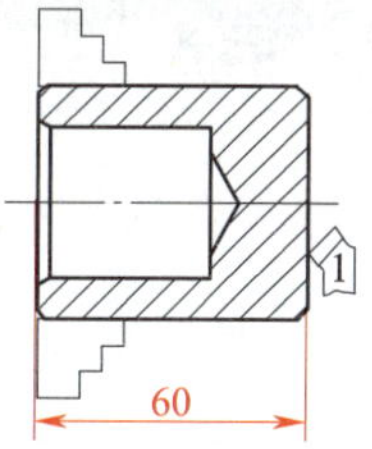  |
| | | | 2 | 倒角 $C2$ mm。 | |
| | | 50 | | 在 $\phi48^{0}_{-0.074}$ mm 外圆表面包铜皮，用三爪自定心卡盘夹持，垫偏心垫片，找正并夹紧。 | 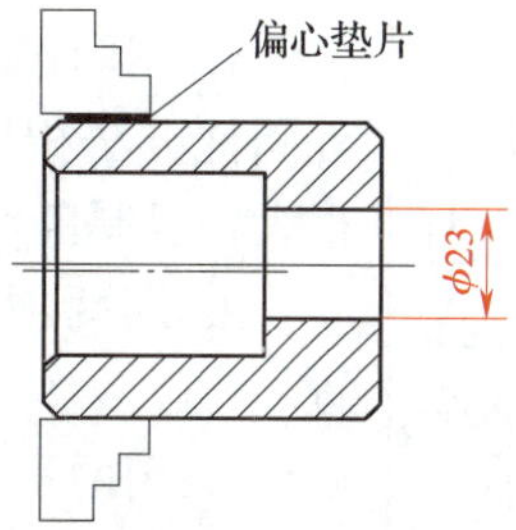  |
| | | | 1 | 用百分表精确找正偏心距（3 ± 0.05）mm，夹紧工件。 | |
| | | | 2 | 钻孔 $\phi23$ mm。 | |

<table>
<tr><th colspan="2">内容</th><th colspan="4">图例与说明</th></tr>
<tr><td rowspan="3">车偏心套练习</td><td rowspan="3">加工工艺卡片</td><td rowspan="2"></td><td>3</td><td>粗、精车内孔至 $\phi 25^{+0.053}_{+0.020}$ mm，表面粗糙度 $Ra1.6$ μm。</td><td rowspan="2">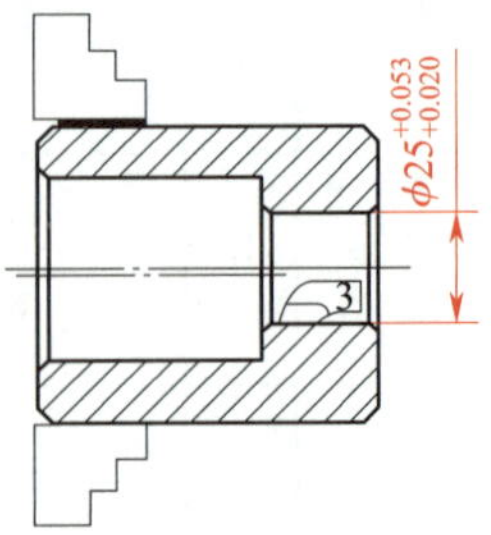
</td></tr>
<tr><td>4</td><td>孔口倒角 $C1$ mm 两处。</td></tr>
<tr><td>60</td><td colspan="3">检查质量合格后取下工件。</td></tr>
</table>

## 四、用两顶尖装夹车偏心工件

较长的偏心轴，只要两端能钻中心孔，且有装夹鸡心夹头的位置，都可以用两顶尖装夹进行车削，如图 7–13 所示。采用这种方法时，首先必须在工件的两个端面上根据偏心距的要求，共钻出 $2n+2$ 个中心孔（其中只有 2 个不是偏心中心孔，$n$ 为工件上偏心轴线的个数）。

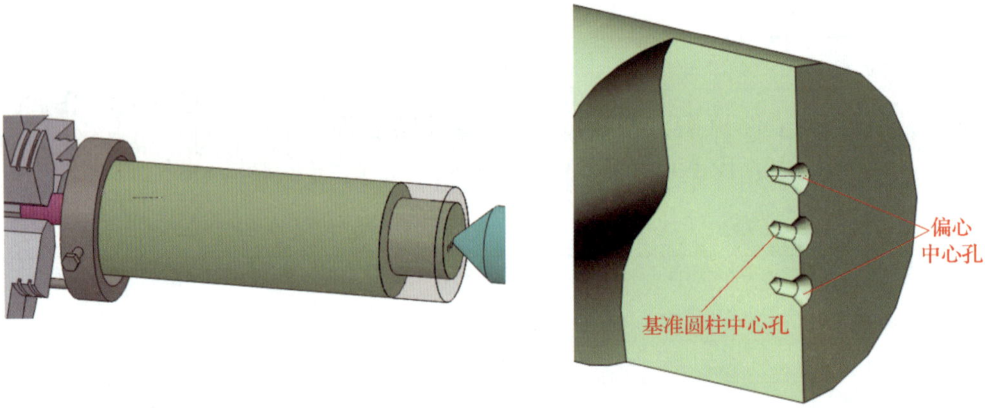


图 7–13　用两顶尖装夹车偏心工件

<table>
<tr><th colspan="2">内容</th><th>图例与说明</th></tr>
<tr><td>用两顶尖装夹车偏心工件</td><td>工艺特点</td><td>1. 用两偏心的中心孔定位装夹工件车削偏心圆柱，与在两顶尖间车削一般外圆柱方法相似，主要的差别是车削偏心圆柱时，在工件圆周上加工余量变化很大，且是断续切削，因此，会产生较大的冲击和振动。<br>2. 用两顶尖装夹车偏心工件，不需要用很多的时间去找正工件的偏心位置。<br>3. 用两顶尖装夹车偏心工件，关键是要保证基准圆柱中心孔和偏心圆柱中心孔的钻孔位置精度，否则偏心距精度将无法保证。</td></tr>
</table>

<table>
<tr><th colspan="2">内容</th><th colspan="2">图例与说明</th></tr>
<tr><td rowspan="3">用两顶尖装夹车偏心工件</td><td rowspan="3">偏心中心孔加工</td><td>单件、小批量生产时，精度要求不高的偏心轴，其偏心中心孔可经划线后在钻床上钻出；偏心距精度较高时，其偏心中心孔可在坐标镗床上钻出。</td><td></td></tr>
<tr><td>成批生产时，偏心中心孔可在专门的中心孔钻床或偏心夹具上钻出。<br>将偏心距等于工件偏心距的偏心套用软卡爪装夹在三爪自定心卡盘上，工件的基准圆插入夹具体的偏心孔中，用铜螺钉固定工件，则钻出的中心孔就是偏心圆中心孔。工件掉头钻另一端孔时，连同夹具体一起掉头，工件不能卸下，然后用软卡爪夹紧夹具体，钻另一端偏心圆中心孔。</td><td>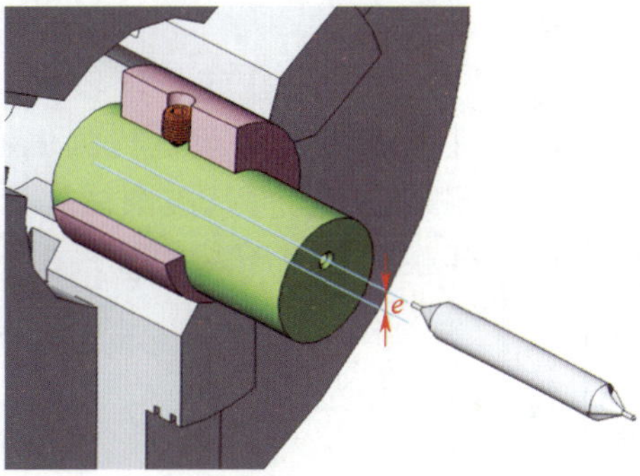
</td></tr>
<tr><td>偏心距较小的偏心轴，偏心中心孔与基准中心孔可能部分重叠干涉，此时可按图示方法，将工件长度加长两个中心孔深度，车削时先用两基准中心孔装夹车成光轴，然后切去基准中心孔至工件长度再划线，钻偏心中心孔，车削偏心圆柱。</td><td>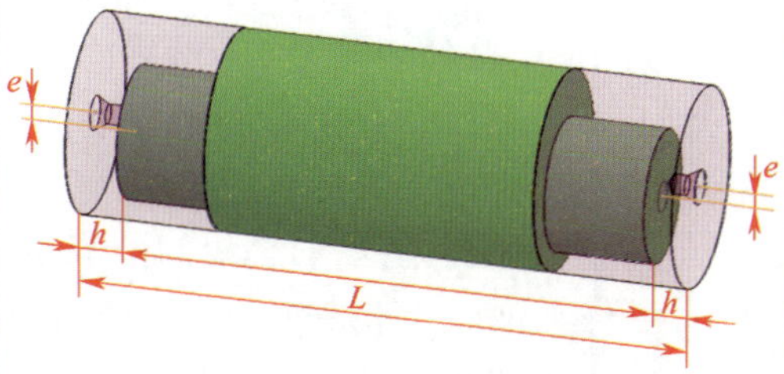
</td></tr>
</table>

## 五、偏心工件的检测

| 内容 | | 图例与说明 |
|---|---|---|
| 偏心距的检测 | 在两顶尖间检测偏心距 | 两端有中心孔、偏心距较小、不易放在 V 形架上测量的偏心轴类工件，可以在两顶尖间检测偏心距，如图 7–14 所示。检测时，将百分表测量杆触头垂直轴线接触在偏心部位，用手均匀、缓慢转动工件一周，百分表指示的最大值与最小值之差的一半即为偏心距。<br>将偏心套套在带有中心孔的心轴上，再用两顶尖支撑心轴，可用同样的方法检测偏心套工件的偏心距。<br>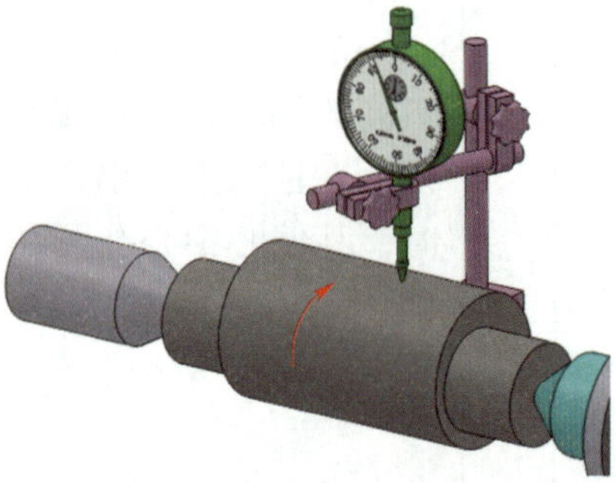<br>图 7–14　在两顶尖间检测偏心距 |
| | 在 V 形架上检测偏心距 | 无中心孔或长度较短、偏心距 $e<5$ mm 的偏心工件，可在 V 形架上检测偏心距，如图 7–15 所示。检测时，将工件基准圆柱放置在 V 形架上，百分表测量杆触头垂直于基准轴线接触在工件偏心部位，均匀、缓慢转动工件一周，百分表指示最大值与最小值之差的一半即为偏心距。<br>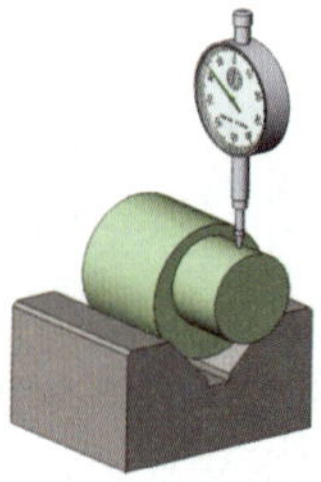<br>图 7–15　在 V 形架上检测偏心距 |
| | 偏心距较大的工件的检测方法 | 偏心距较大（$e \geqslant 5$ mm）的偏心工件，受百分表测量范围的限制，不能用百分表直接检测其偏心距时，可用下列间接测量方法：<br>**1. 在两顶尖间间接测量偏心距**<br>将偏心轴的基准中心孔支撑在两顶尖之间，转动工件，用百分表找出偏心圆柱的最低点，调整可调量规平面，使其与偏心圆柱最低点处于同一水平位置（用百分表测定），然后固定可调量规平面，再转动偏心工件，找出偏心圆柱的最高点，并在可调量规平面上放量块（组），用百分表测定，使量块的高度与偏心圆柱的最高点等高，如图 7–16 所示，则量块高度的 1/2 即是偏心距。<br>**2. 在 V 形架上间接测量偏心距**<br>将 V 形架置于测量平板上，工件放在 V 形架中，转动工件，用百分表找出工件偏心外圆柱的最高点，将工件固定，然后使可调量规平面调整到与偏心外圆柱最高点等高，再按下式计算出偏心外圆柱到基准外圆柱之间的最小距离 $a$（图 7–17）： |

<table>
<tr><th colspan="2">内容</th><th>图例与说明</th></tr>
<tr><td>偏心距的检测</td><td>偏心距较大的工件的检测方法</td><td>
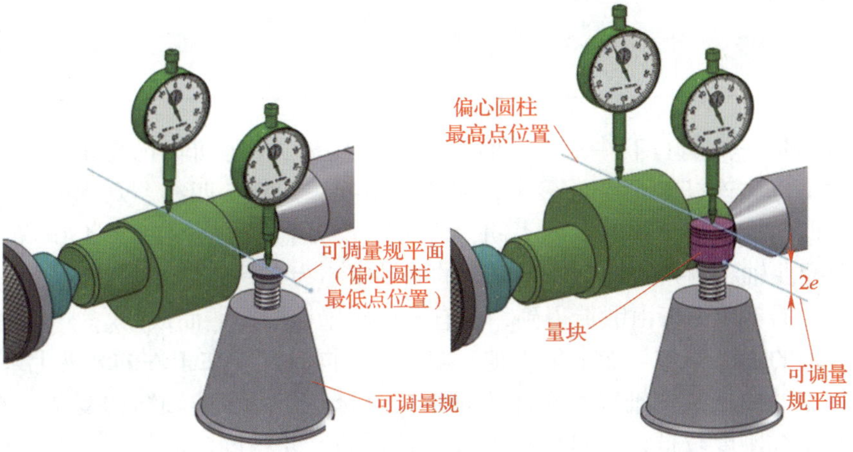


图 7–16　在两顶尖间检测较大的偏心距

$$a = \frac{D}{2} - \frac{d}{2} - e$$

式中　$a$——偏心外圆柱到基准外圆柱之间的最小距离，mm；<br>
$d$——偏心外圆柱的实测直径尺寸，mm；<br>
$D$——基准外圆柱的实测直径尺寸，mm；<br>
$e$——偏心距，mm。

选择一组量块，组成尺寸 $a$，将量块组置于可调量规平面上，水平移动百分表分别测量基准外圆柱最高点（读数 $A$）和量块组上表面（读数 $B$），比较读数差值是否在偏心距误差允许范围内，以判定此偏心工件的偏心距是否满足要求。

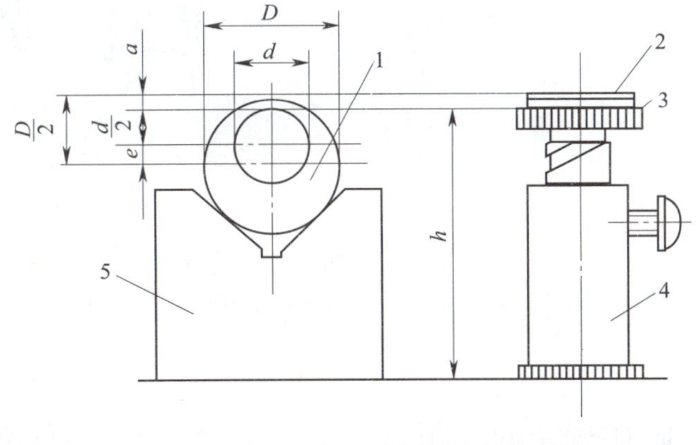


图 7–17　在 V 形架上检测较大的偏心距<br>
1—偏心工件　2—量块　3—可调量规平面　4—可调量规　5—V 形架
</td></tr>
</table>

# 课题二　车单拐曲轴

曲轴是一种偏心工件，广泛地应用于压力机、压缩机和内燃机等机械中。根据曲轴曲柄颈（也称连杆轴颈）的多少，曲轴有单拐、两拐、四拐、六拐和八拐等多种结构形式。根据曲柄颈数（拐数）的不同，曲柄颈可以互成 90°、120°、180°等夹角。简单曲轴包括单拐曲轴和两拐曲轴，两拐以上的曲轴则称为多拐曲轴。

曲轴的毛坯一般由锻造得到，也有采用球墨铸铁铸造而成的。

曲轴的加工原理与加工偏心轴、偏心套相同，都是在工件的装夹上采取适当的措施，使被加工的曲柄颈的轴线和车床主轴轴线重合。但由于曲轴结构复杂，不仅细长，又有多个曲拐，刚度较低，而且曲柄颈和主轴颈的尺寸精度、形状精度要求较高，彼此间的位置精度要求也较高，因此，曲轴的加工难度较大，工艺过程较复杂。

曲轴可在专用机床上加工，也可以在车床上加工。在车床上车削曲轴主要进行曲轴主轴颈和曲柄颈的粗加工和半精加工（精加工则通常采用磨削方法进行）。本课题仅介绍单拐曲轴的车削。

<table>
<tr><th colspan="2">内容</th><th>图例与说明</th></tr>
<tr><td rowspan="2">曲轴的结构及技术要求</td><td>曲轴的结构</td><td>图 7–18 所示为简单（两拐）曲轴的结构，主要由主轴颈、曲柄颈、曲柄臂以及轴肩等组成。主轴颈轴线与曲柄颈轴线间的距离即为偏心距。<br>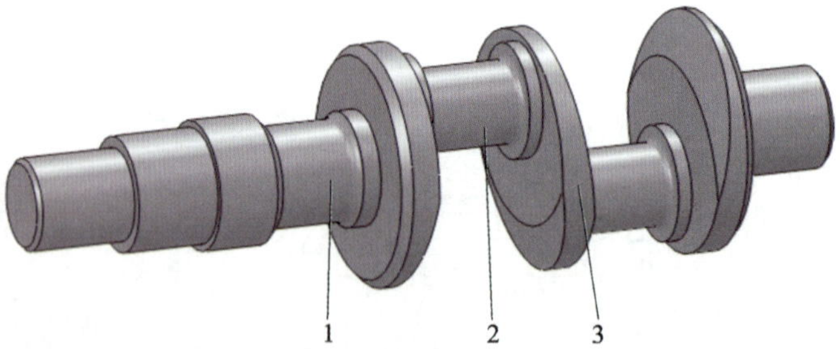<br><br>图 7–18　简单曲轴结构<br>1—主轴颈　2—曲柄颈　3—曲柄臂</td></tr>
<tr><td>技术要求</td><td>曲轴除应有较高的尺寸精度、形状精度和较低的表面粗糙度值外，还应具有下列位置精度要求：<br>1. 曲柄颈轴线与主轴颈轴线之间的平行度。</td></tr>
</table>

<table>
<tr><th colspan="2">内容</th><th>图例与说明</th></tr>
<tr><td>曲轴的结构及技术要求</td><td>技术要求</td><td>2. 曲柄颈在圆周上的等分精度。<br>3. 曲柄颈的偏心距精度。<br>此外，曲轴的轴颈与轴肩的连接圆角应光洁、圆滑，不准有压痕、凹沟和磕碰、拉毛、划伤等现象，以防止产生应力集中而留下隐患。曲轴不允许有裂纹、气孔、砂眼、分层和夹渣等铸造、锻造缺陷。曲轴毛坯应进行适当的热处理，以改善其力学性能，提高耐磨性。</td></tr>
<tr><td>车削曲柄颈的工艺措施</td><td>加工要点</td><td>1. 预留工艺轴颈<br>在工件主轴颈处预留工艺轴颈，使两端工艺轴颈端面足够大，能钻出主轴颈中心孔和曲柄颈中心孔，如图 7–19 所示。在曲轴车削完成后，再车去工艺轴颈。<br>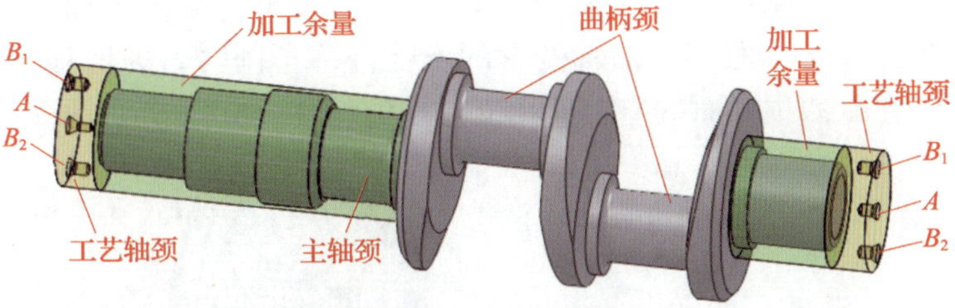<br><br>图 7–19　预留工艺轴颈<br>$A$—主轴颈中心孔　$B_1$、$B_2$—曲柄颈中心孔<br>2. 使用偏心夹板<br>根据工件偏心距的要求，先在偏心夹板上钻好偏心中心孔，使用时将偏心夹板用螺栓固定在主轴颈上（夹板内孔与主轴颈采用过渡配合），并用紧定螺钉或定位键防止夹板转动，如图 7–20 所示。将工件用两顶尖支撑在相应的偏心中心孔上，便可车削曲柄颈。<br>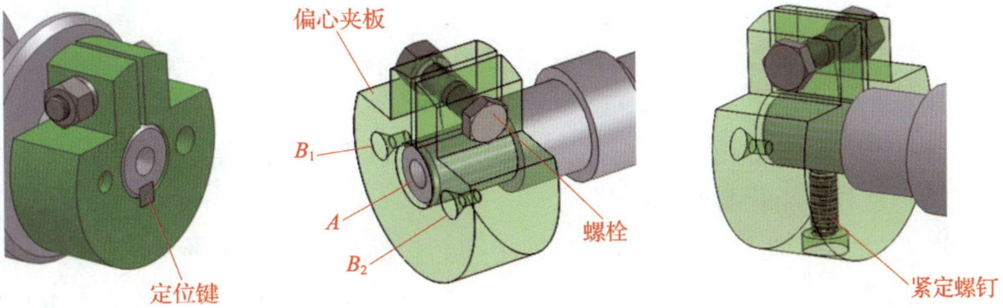<br><br>a)　b)　c)<br>图 7–20　用偏心夹板装夹<br>a）用定位键定位　b）将偏心夹板固定在主轴颈上　c）用螺钉定位</td></tr>
</table>

<table>
<tr><th colspan="2">内容</th><th>图例与说明</th></tr>
<tr><td rowspan="2">车削曲柄颈的工艺措施</td><td>加工要点</td><td>
曲轴拐数不同，偏心夹板形式也不同（图 7–21）。

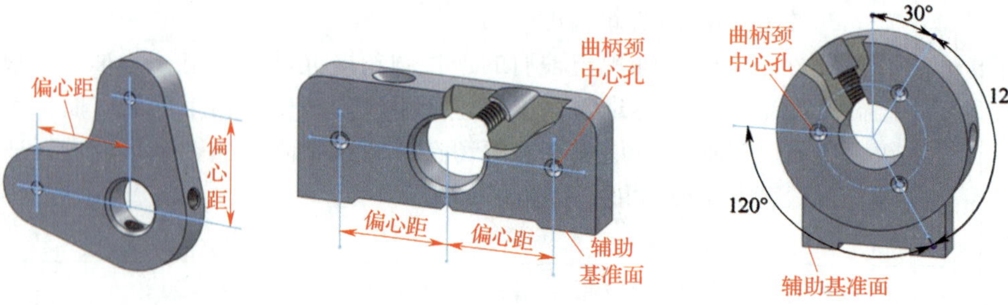


图 7–21　偏心夹板的形式

**3. 提高曲轴刚度**

曲轴刚度低，除采用粗车、（半）精车以减少因加工余量大，断续切削引起的冲击、振动对曲轴变形的影响外，车削时，为增加曲轴刚度，防止变形，可在曲柄颈对面的空挡处用支撑螺钉撑住，如图 7–22 所示。

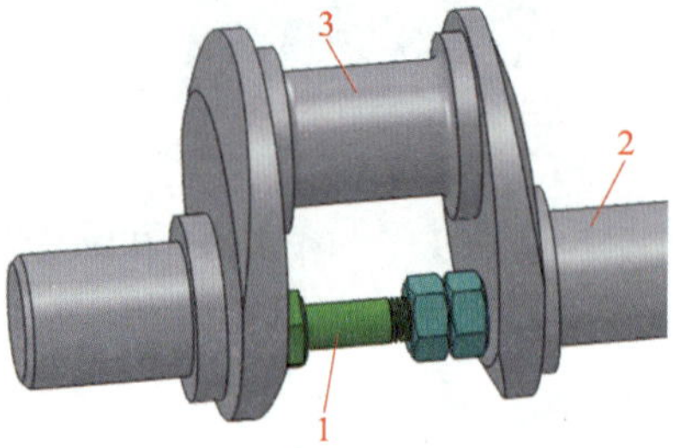


图 7–22　支撑螺钉使用方法
1—支撑螺钉　2—曲轴　3—曲柄颈
</td></tr>
<tr><td>注意事项</td><td>
1. 要严格控制划线精度。划线、打样冲眼时要认真、仔细、准确，否则容易造成两轴轴线歪斜和偏心距误差。

2. 中间凹槽处可用螺钉、螺母支撑住，但支撑力要适当，既要防止变形，又要防止甩出伤人。

3. 启动车床时，车刀刀尖应离开工件足够的距离，并应从低速逐级提高，绝对不能开高速。

4. 加工曲轴时顶尖受力不均匀，前顶尖容易损坏或移位，因此必须经常检查。

5. 在加工曲轴的工艺过程中通常安排有热处理（调质）工序，经调质处理后的中心孔应仔细修研，然后才能进行后续车削。

6. 车削偏心距较大的曲轴时应找正平衡。
</td></tr>
</table>

<table>
<tr><th colspan="2">内容</th><th colspan="3">图例与说明</th></tr>
<tr><td rowspan="5">车单拐曲轴练习</td><td>工件图样</td><td colspan="3">
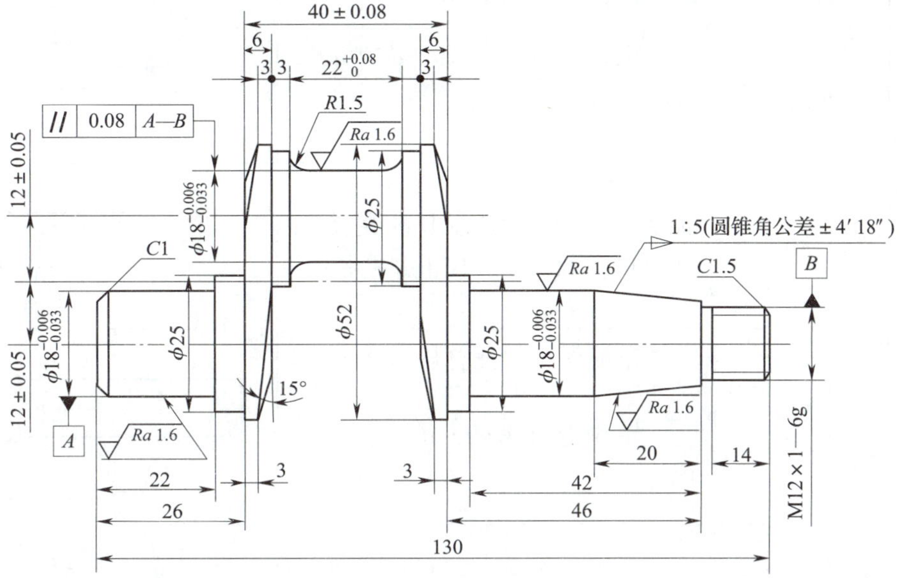

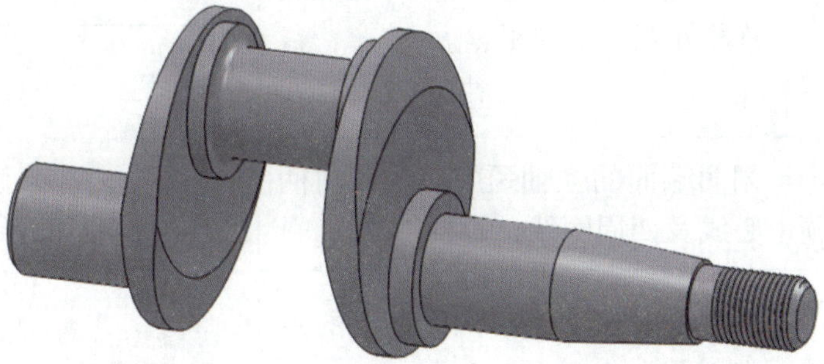
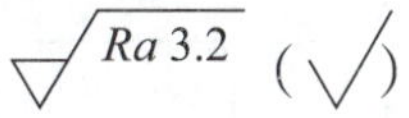


| 工件名称 | | 单拐曲轴 | |
|---|---|---|---|
| 材料 | 45 钢 | 备料 | $\phi$55 × 165 |
</td></tr>
<tr><td rowspan="4">加工工艺卡片</td><td>10</td><td colspan="2">检查备料 $\phi$55 mm × 165 mm。</td><td></td></tr>
<tr><td>20</td><td colspan="2">用三爪自定心卡盘夹持工件一端，伸出长度 140 mm，找正并夹紧。</td><td>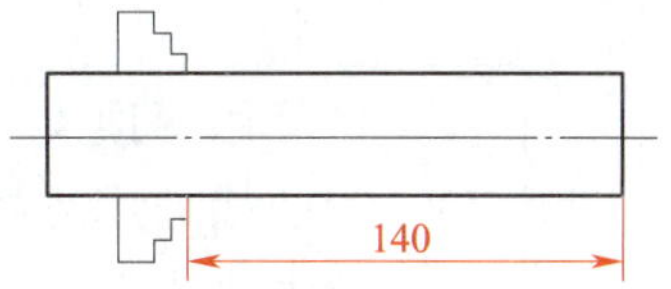
</td></tr>
<tr><td rowspan="2"></td><td>1</td><td>车端面，车平即可。</td><td rowspan="2">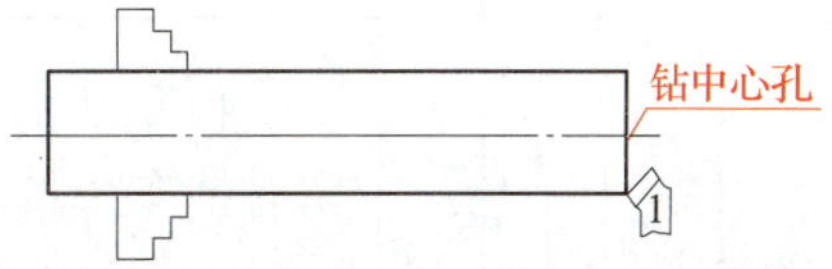
</td></tr>
<tr><td>2</td><td>钻中心孔 B3.15/10（一夹一顶）。</td></tr>
</table>

<table>
<tr><th colspan="2">内容</th><th colspan="4">图例与说明</th></tr>
<tr><td rowspan="11">车单拐曲轴练习</td><td rowspan="11">加工工艺卡片</td><td></td><td>3</td><td>粗车毛坯外圆至 $\phi$52 mm，长度接近卡盘。</td><td>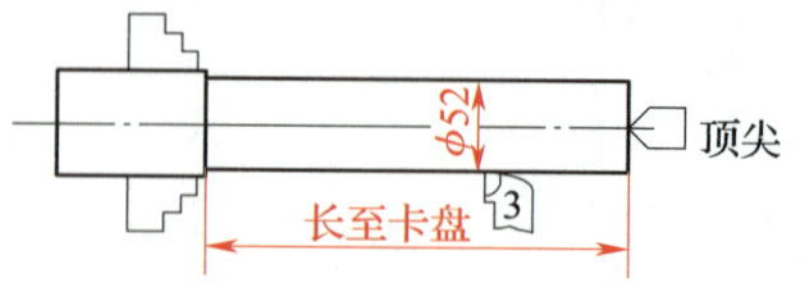
</td></tr>
<tr><td>30</td><td colspan="2">掉头用三爪自定心卡盘夹持工件，伸出长度 60 mm，找正并夹紧。</td><td>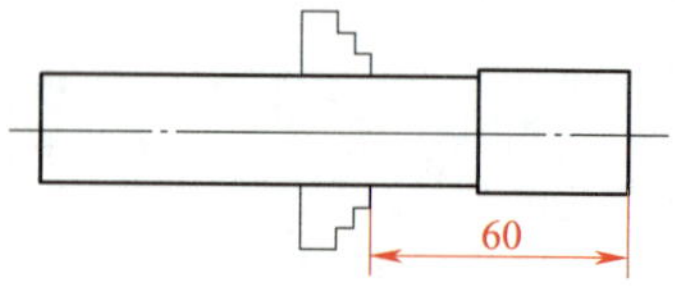
</td></tr>
<tr><td rowspan="3"></td><td>1</td><td>车端面，保证总长 160 mm。</td><td rowspan="2">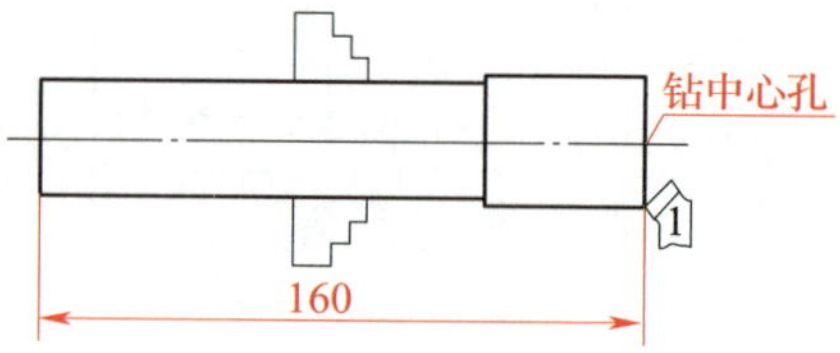
</td></tr>
<tr><td>2</td><td>钻中心孔 B3.15/10（一夹一顶）。</td></tr>
<tr><td>3</td><td>接刀粗车毛坯外圆至 $\phi$52 mm，整段外圆接头应平整。</td><td>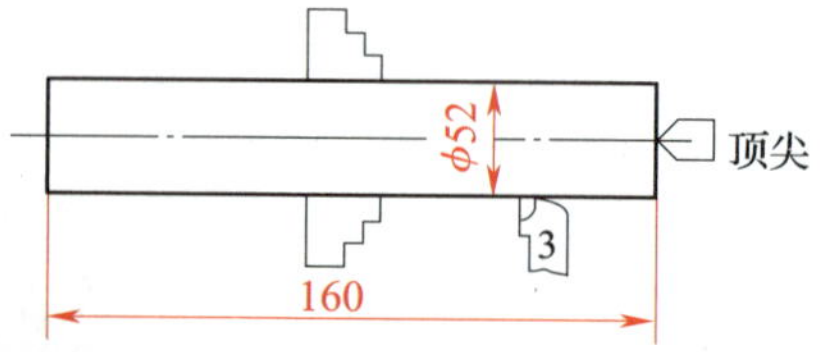
</td></tr>
<tr><td>40</td><td colspan="2">划两端面的主轴颈中心线和曲柄颈中心线及四周圈线，打样冲眼。</td><td rowspan="2">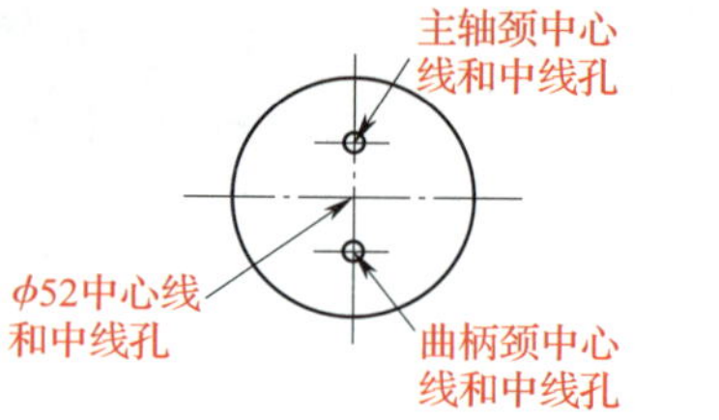
</td></tr>
<tr><td>50</td><td colspan="2">在坐标镗床上钻出两端面上的主轴颈中心孔和曲柄颈中心孔。</td></tr>
<tr><td>60</td><td colspan="2">用两顶尖支撑主轴颈中心孔。</td><td rowspan="2">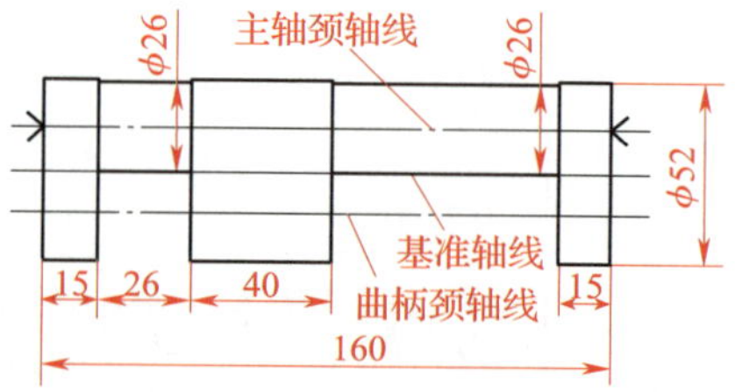
</td></tr>
<tr><td></td><td>1</td><td>粗车主轴颈及各级外圆，均留有精车余量。</td></tr>
<tr><td>70</td><td colspan="2">用两顶尖支撑曲柄颈中心孔，中间凹槽处用支撑螺钉、螺母支撑，支撑力要适当。</td><td rowspan="2">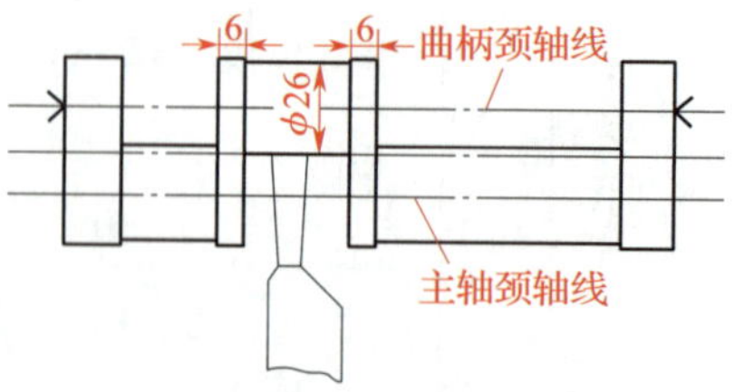
</td></tr>
<tr><td></td><td>1</td><td>粗车曲柄颈及各级外圆，均留有精车余量。</td></tr>
</table>

| 内容 | | 图例与说明 | | | |
|---|---|---|---|---|---|
| 车单拐曲轴练习 | 加工工艺卡片 | | 2 | 车曲柄颈两端肩圆至 $\phi25$ mm。 | 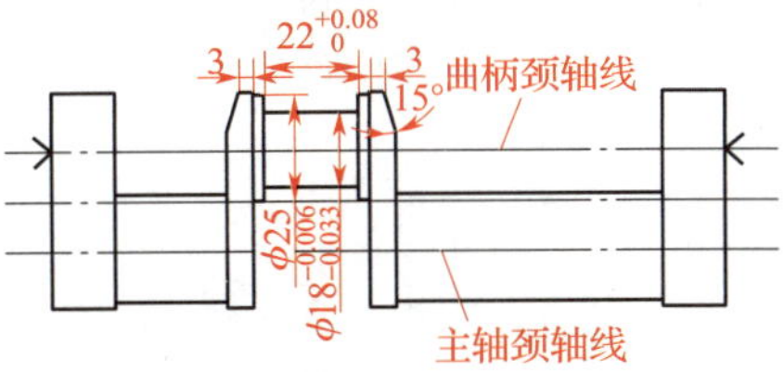 |
| | | | 3 | 半精车、精车曲柄颈至 $\phi18^{-0.006}_{-0.033}$ mm，宽 $22^{+0.08}_{0}$ mm，2×*R*1.5 mm，表面粗糙度 *Ra*1.6 μm。 | |
| | | | 4 | 车 15°锥面保证 3 mm 尺寸。 | |
| | | 80 | 用两顶尖支撑主轴颈中心孔，在曲柄颈空挡处用支撑螺钉、螺母支撑，支撑力要适当。 | | 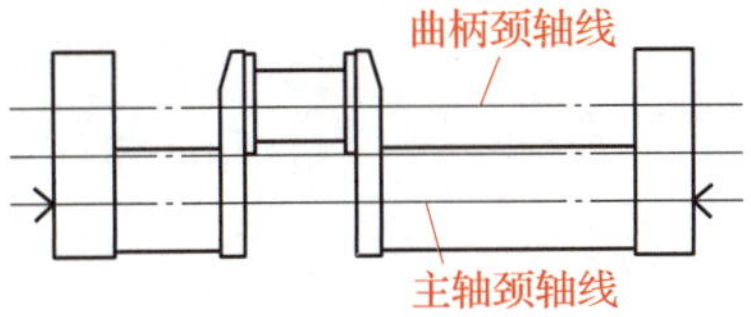 |
| | | | 1 | 粗车右端 $\phi52$ mm 外圆至 $\phi10$ mm，长度为 $15^{-0.10}_{-0.30}$ mm。 | 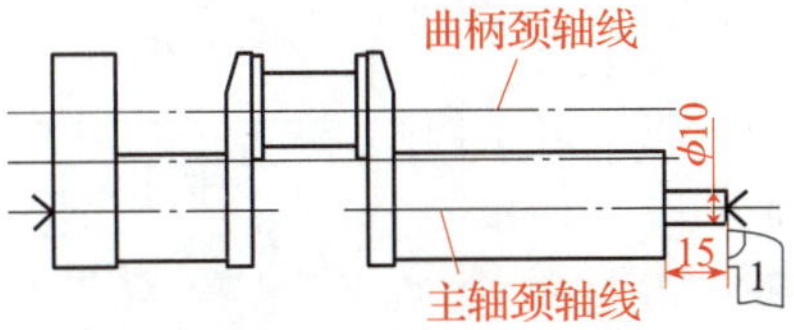 |
| | | | 2 | 车轴肩至 $\phi25$ mm，长至台阶端面处；车 15°锥面保证 3 mm 尺寸（2 处）。 | 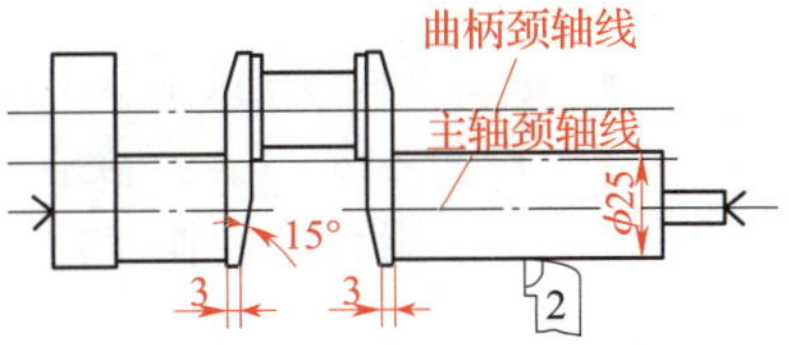 |
| | | | 3 | 半精车、精车主轴颈至 $\phi18^{-0.006}_{-0.033}$ mm，保证 $\phi25$ mm 长度为 4 mm，表面粗糙度 *Ra*1.6 μm。 | 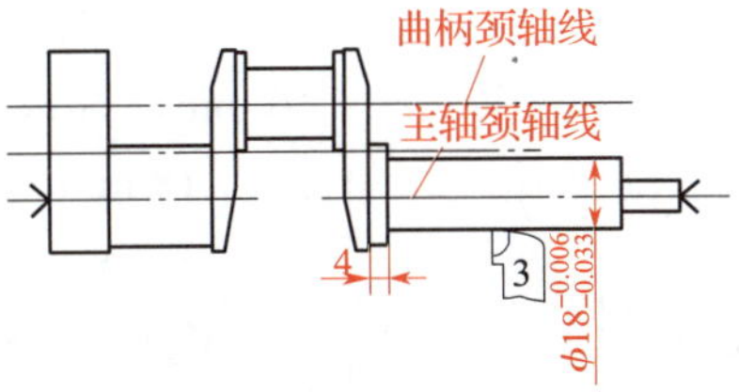 |
| | | | 4 | 粗、精车螺纹 M12×1—6g。 | 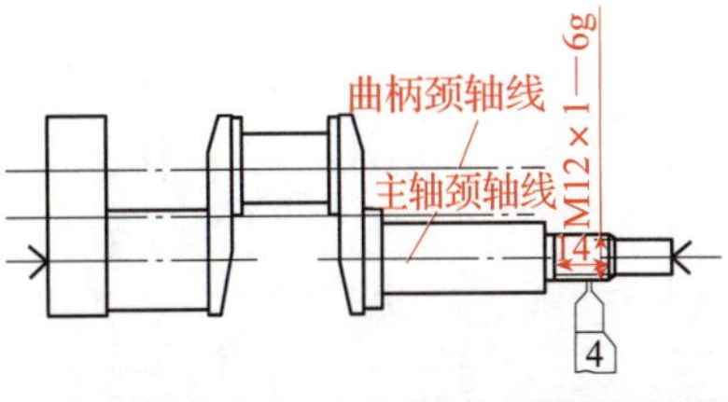 |

| 内容 | | 图例与说明 | | | |
|---|---|---|---|---|---|
| 车单拐曲轴练习 | 加工工艺卡片 | | 5 | 粗、精车 1∶5 圆锥至图样要求。 | 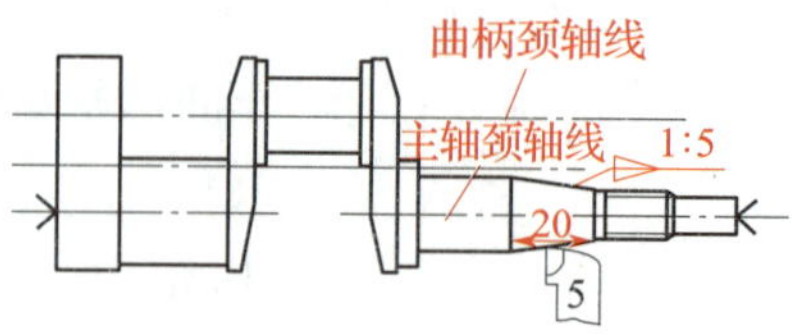 |
| | | 90 | | 掉头仍用两顶尖支撑主轴颈中心孔。 | 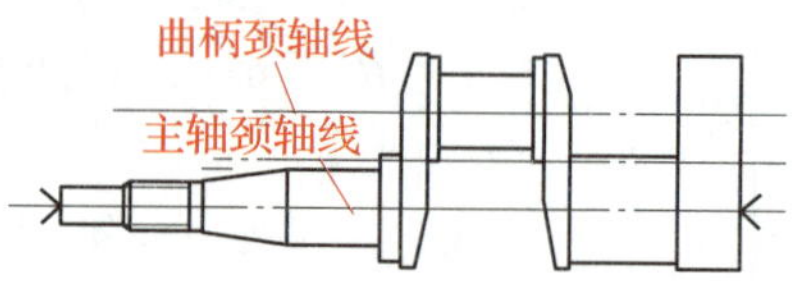 |
| | | | 1 | 粗车左端 $\phi52$ mm 外圆至 $\phi14$ mm，长度为 $15_{-0.30}^{-0.10}$ mm。 | 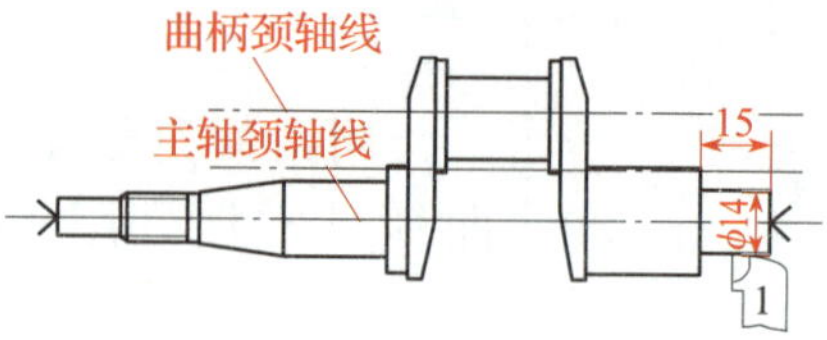 |
| | | | 2 | 车轴肩至 $\phi25$ mm，长度为 4 mm。 | 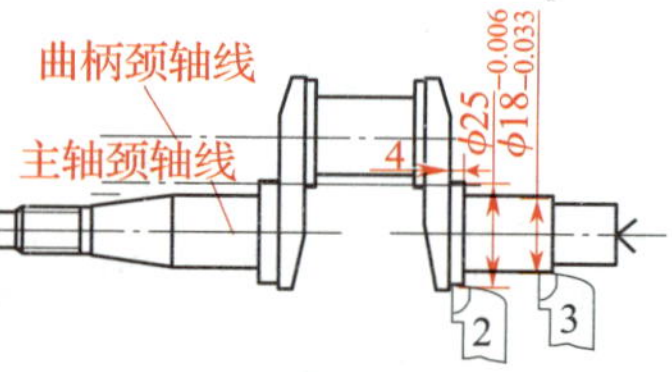 |
| | | | 3 | 半精车、精车主轴颈至 $\phi18_{-0.033}^{-0.006}$ mm，表面粗糙度 $Ra1.6$ μm。 | |
| | | 100 | | 用软爪夹持左端主轴颈外圆，并以中心架支撑在右端主轴颈处，用百分表找正后，切除工艺轴颈。 | 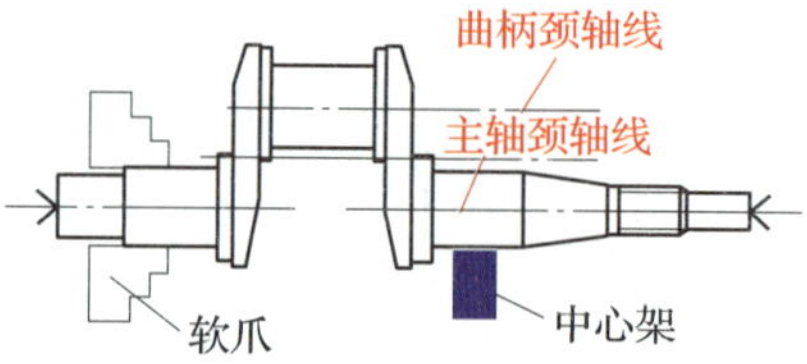 |
| | | | 1 | 车右端面，保证螺纹长 14 mm，螺纹收尾长 4 mm（总长为 18 mm）。 | 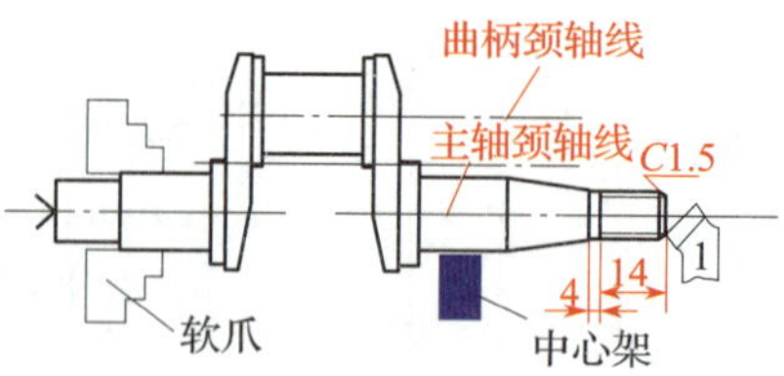 |
| | | | 2 | 倒角 $C1.5$ mm。 | |
| | | 110 | | 掉头用软爪夹持右端主轴颈外圆，并以中心架支撑在左端主轴颈处，用百分表校正后，切除工艺轴颈。 | 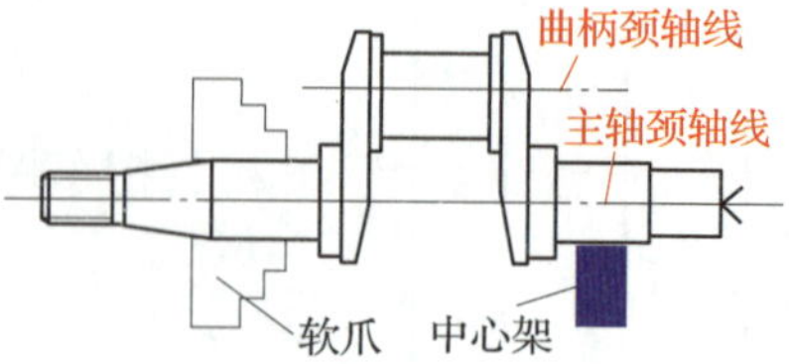 |

<table>
<tr><th colspan="2">内容</th><th colspan="4">图例与说明</th></tr>
<tr><td rowspan="3">车单拐曲轴练习</td><td rowspan="3">加工工艺卡片</td><td rowspan="2"></td><td>1</td><td>车左端面，保证主轴颈长 22 mm 和曲轴总长 130 mm。</td><td rowspan="2">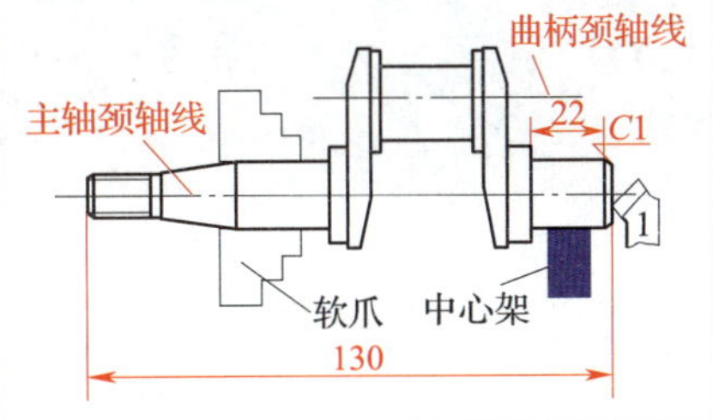
</td></tr>
<tr><td>2</td><td>倒角 C1 mm。</td></tr>
<tr><td>120</td><td colspan="3">检查合格后卸下工件。</td></tr>
</table>

# 第八单元

# 车复杂工件

所谓复杂工件，是指外形较复杂和形状不规则的工件，或精度要求高、加工难度大的工件，如图 8-1 所示。

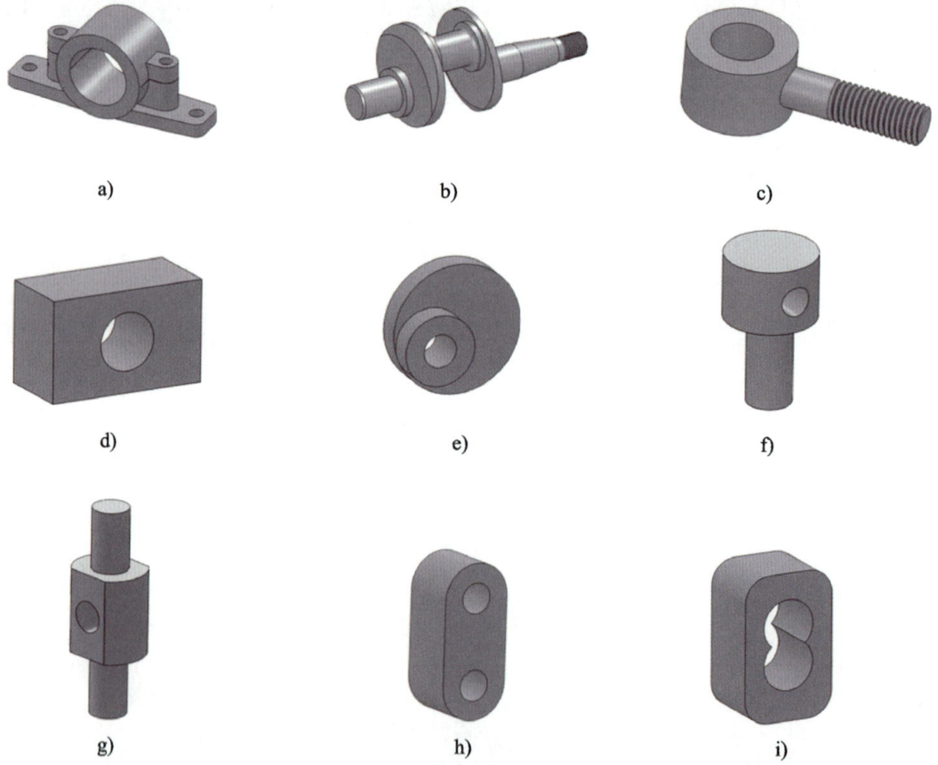

图 8-1　典型的复杂工件

a）轴承座　b）曲轴　c）环首螺钉　d）外方内圆件　e）偏心凸轮
f）、g）十字孔工件　h）双孔连杆　i）齿轮油泵体

这些外形复杂奇特的工件，通常需用相应的车床附件或专用车床夹具来加工。

除偏心工件（包括简单曲轴）的车削已在第七单元中介绍外，本单元将对典型的复杂工件和一些形状虽不复杂，但用普通车削方式加工极为困难的工件（如细长轴、薄壁工件）的车削进行介绍。

# 课题一　在四爪单动卡盘上车对称工件

## 一、四爪单动卡盘

| 内容 | | 图例与说明 |
|---|---|---|
| 四爪单动卡盘 | 结构特征 | 四爪单动卡盘（图 8–2）有四个各自独立运动的卡爪，各卡爪背面都有半圆弧形螺纹与螺杆啮合，每个螺杆的顶端都有方孔，插入卡盘钥匙的方榫并转动钥匙，便可通过螺杆带动卡爪单独移动，以适应所夹持工件大小的需要。通过四个卡爪的相应配合，可将工件装夹在卡盘中。与三爪自定心卡盘一样，四爪单动卡盘的背面有定位台阶（即止口）或螺纹（老式车床用螺纹连接）与车床主轴上的连接盘连接成一体。<br>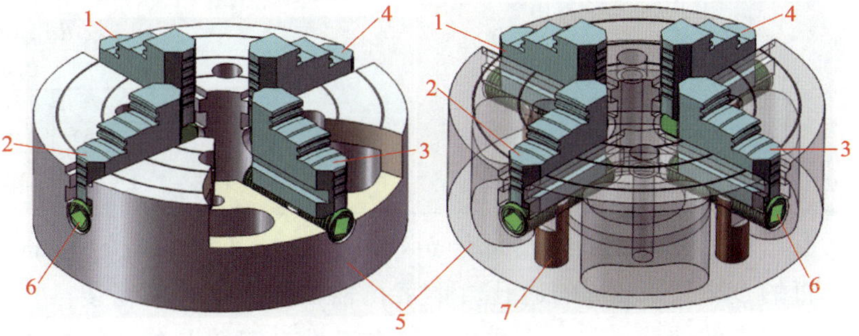<br><br>图 8–2　四爪单动卡盘<br>1、2、3、4—卡爪　5—卡盘体　6—螺杆　7—螺杆限位柱 |
| | 不规则工件的找正 | 在四爪单动卡盘上找正工件的目的是使工件被加工表面的回转中心与车床主轴的回转中心重合。<br>对于不规则工件，虽然它们形状各异，但用四爪单动卡盘装夹、加工，仍有其共同点，即都有待加工的圆柱面（或圆弧面）以及与其垂直的平面。找正时则以待加工圆柱面事先划好的找正圆和相应已加工平面或侧素线作为参考标准。先找正平面或侧素线，然后找正待加工圆柱面的轴线。 |

## 二、在四爪单动卡盘上车对称工件

<table>
<tr><th colspan="2">内容</th><th colspan="2">图例与说明</th></tr>
<tr><td rowspan="2">车十字孔轴</td><td>工件图样</td><td colspan="2">

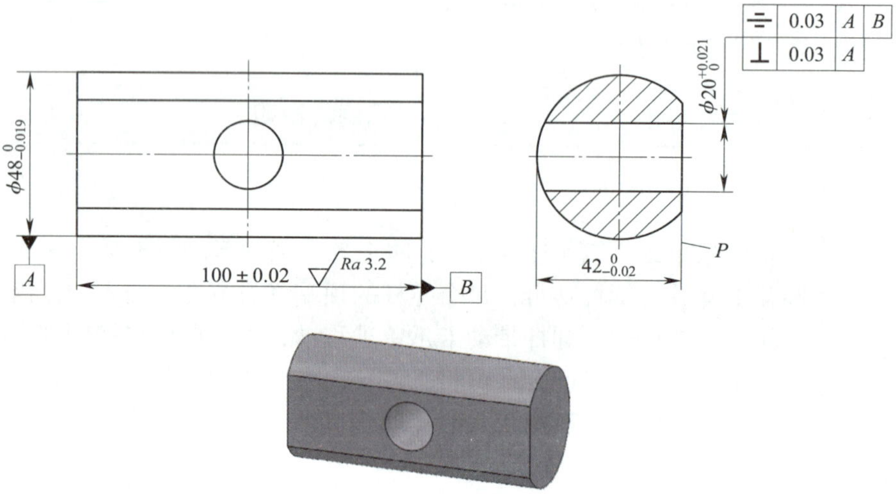


$\sqrt{Ra\ 1.6}$ ( √ )

| 工件名称 | | 十字孔轴 | |
|---|---|---|---|
| 材料 | 45 钢 | 备料 | $\phi50\times130$ |

</td></tr>
<tr><td>工艺分析</td><td colspan="2">该工件需加工的表面有 $\phi48\,_{-0.019}^{\ 0}$ mm ×（100 ± 0.02）mm 外圆及与轴线相垂直的 $\phi20\,_{\ 0}^{+0.021}$ mm 的通孔。十字孔轴工件形状并不复杂，只是车削位置精度要求很高的 $\phi20\,_{\ 0}^{+0.021}$ mm 的孔时，在三爪自定心卡盘上很难装夹，因而需要划线后用四爪单动卡盘装夹进行加工。</td></tr>
<tr><td>十字孔位置精度的保证</td><td>工件的装夹</td><td>1. 由于外圆已加工，所以工件在四爪单动卡盘上装夹时应在夹紧处垫铜皮，以免把工件表面夹伤。<br>2. 用划针粗略找正 $\phi20\,_{\ 0}^{+0.021}$ mm 孔的轴线相对于 $\phi48\,_{-0.019}^{\ 0}$ mm 圆柱轴线的对称度。</td><td>

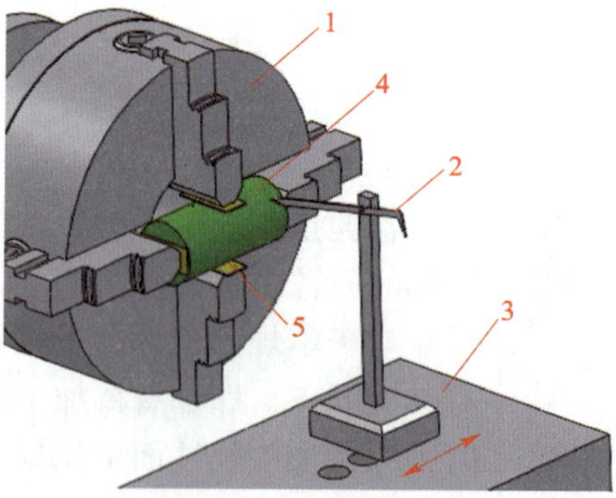


1—四爪单动卡盘　2—划针<br>3—中滑板　4—工件　5—铜皮

</td></tr>
</table>

| 内容 | | 图例与说明 | |
|---|---|---|---|
| 十字孔位置精度的保证 | 找正轴线的对称度 | 1. 用手转动卡盘，使工件轴线处于水平状态，划线盘放在中滑板上，使划针靠近并找平外圆上侧素线。<br>2. 移动床鞍，移开划线盘，并将卡盘转动180°，再用划线盘找平外圆上侧素线（划针针尖高度不能改变），用透光法比较前后两次划针与上侧素线间的间隙 $\Delta_1$ 和 $\Delta_2$。<br>3. 若 $\Delta_1<\Delta_2$，则松卡爪3，紧卡爪1，调整量为两间隙差的一半，即（$\Delta_2-\Delta_1$）/2。<br>4. 经反复找正，使划针与工件外圆侧素线之间的两次间隙相等（$\Delta_1=\Delta_2$）为止，紧固卡爪1和3。 | 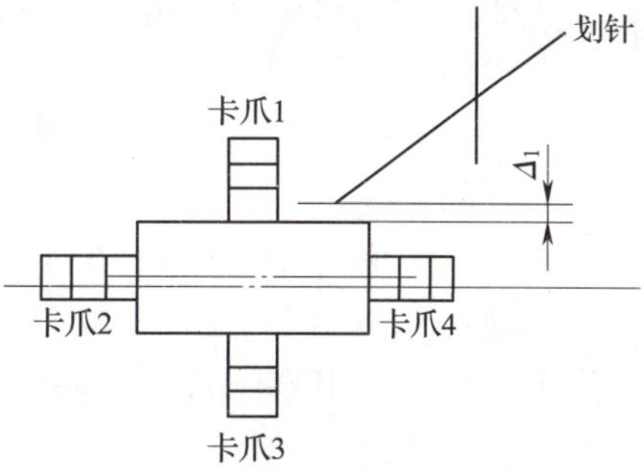<br>a) 第1次找正<br>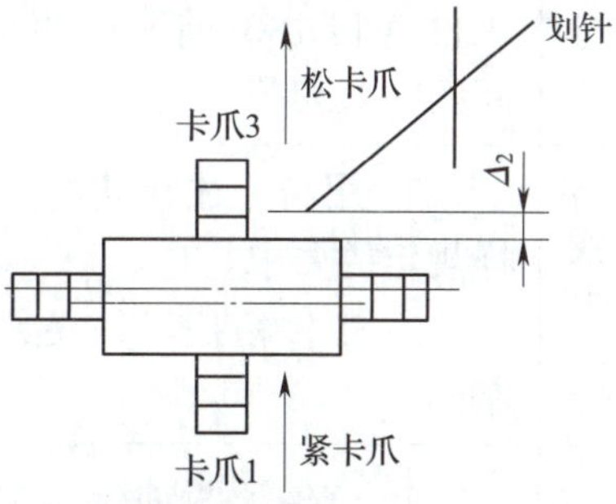<br>b) 转180°第2次找正 |
| | 找正孔对两端面的对称度 | 用划针粗略找正 $\phi20^{+0.021}_{0}$ mm孔的轴线相对于两端面的中心平面的对称度，找正方法与找正外圆上侧素线的方法相同。 | 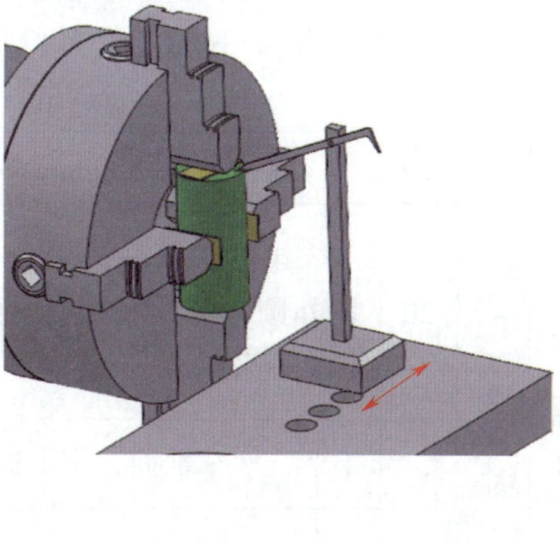 |

<table>
<tr><th colspan="2">内容</th><th colspan="4">图例与说明</th></tr>
<tr><td rowspan="3">十字孔位置精度的保证</td><td>找正轴线的垂直度</td><td colspan="3">1. 用划针粗略找正 $\phi20^{+0.021}_{0}$ mm 孔的轴线相对于 $\phi48^{0}_{-0.019}$ mm 圆柱轴线的垂直度。<br>2. 将划针尖端靠近外圆右侧素线的上端。<br>3. 将卡盘转动 180°，比较两次划针与侧素线间的间隙，对于间隙小的一端用铜锤轻轻敲击，使工件微量转动。<br>4. 反复比较、调整，使划针在工件旋转 180°前、后两次与侧素线间的间隙相等。</td><td>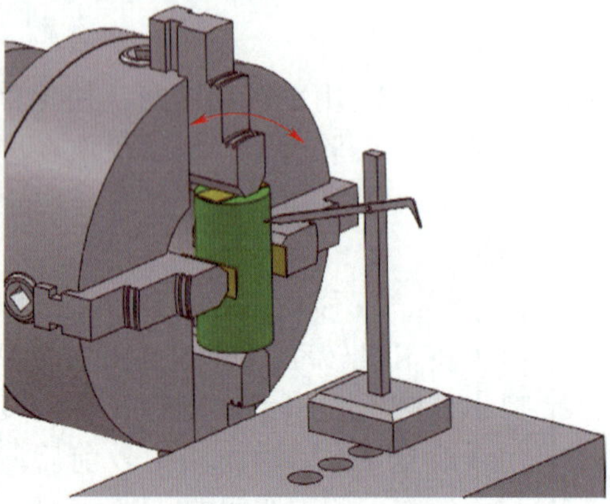</td></tr>
<tr><td>精找正工件</td><td colspan="4">1. 用与上述相同的方法对工件位置进行精找正，使对称度、垂直度达到图样规定的要求。<br>2. 工件精找正、夹紧后，还应用杠杆百分表复检一次，待合格后方可进行车削。</td></tr>
<tr><td>注意事项</td><td colspan="4">1. 欲保证两轴线的对称度，关键是使外圆轴线处于通过车床主轴轴线的剖切平面内。<br>2. 车削平面 $P$ 时，车刀应先远离工件后再启动主轴。车刀刀尖从工件最外处逐步切入工件，以防止工件碰撞车刀。<br>3. 车削平面 $P$ 时，由于是断续车削，车刀应选取负值刃倾角；刚开始车削时，背吃刀量稍大些，进给量要小些。<br>4. 车削平面 $P$ 时，由于断续切削会产生较大的冲击和振动，易使工件发生移动，因此，在精车 $P$ 面和加工 $\phi20^{+0.021}_{0}$ mm 的孔前应对工件位置精度进行复检。</td></tr>
<tr><td rowspan="4">车十字孔轴练习</td><td rowspan="4">加工工艺卡片</td><td>10</td><td colspan="3">检查备料 $\phi50$ mm × 130 mm。</td></tr>
<tr><td>20</td><td colspan="2">用三爪自定心卡盘夹持毛坯外圆，伸出长度为 110 mm，找正并夹紧。</td><td>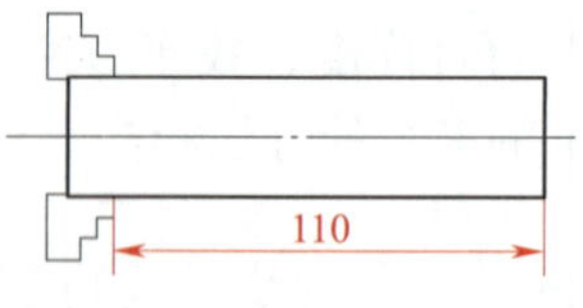
</td></tr>
<tr><td rowspan="2"></td><td>1</td><td>车端面，车平即可。</td><td rowspan="2">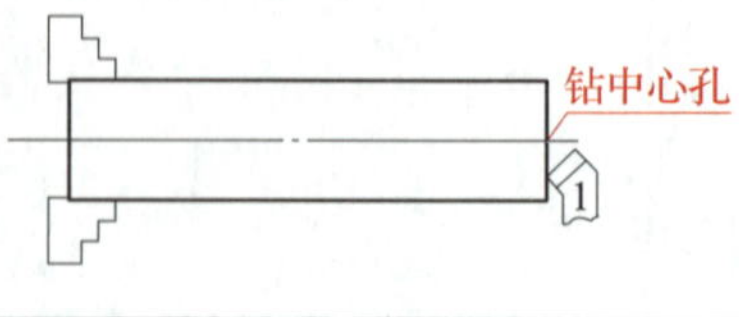
</td></tr>
<tr><td>2</td><td>钻中心孔（一夹一顶）。</td></tr>
</table>

| 内容 | | 图例与说明 | | | |
|---|---|---|---|---|---|
| 车十字孔轴练习 | 加工工艺卡片 | | 3 | 粗、精车毛坯外圆至 $\phi48_{-0.019}^{\ 0}$ mm，长度为 101 mm，表面粗糙度 $Ra1.6$ μm。 | 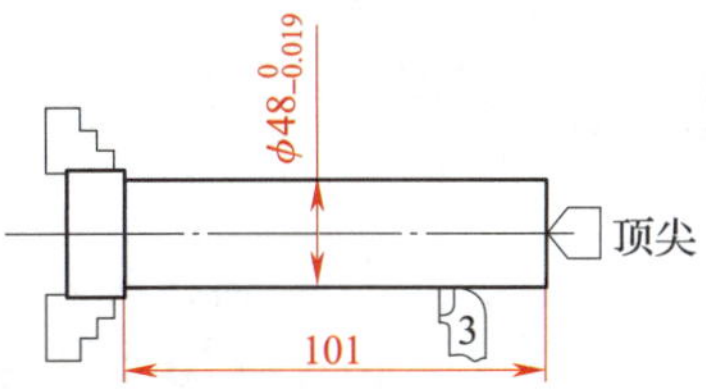 |
| | | | 4 | 倒角 $C1$ mm。 | |
| | | 30 | | 掉头用三爪自定心卡盘夹持 $\phi48$ mm 外圆，长度为 60 mm，找正并夹紧。 | 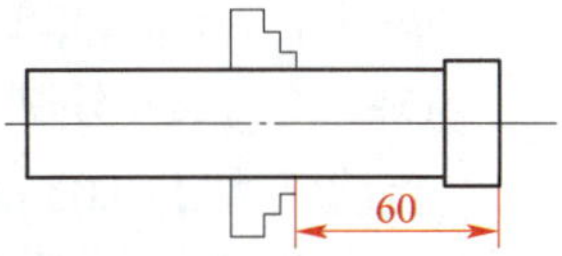 |
| | | | 1 | 车端面，保证总长为（100±0.02）mm。 | 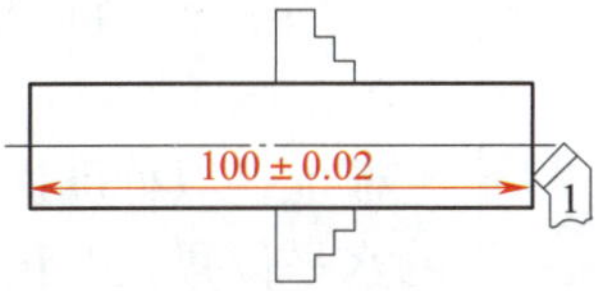 |
| | | 40 | | 在四爪单动卡盘上夹持、找正、夹紧，车削平面 $P$。 | 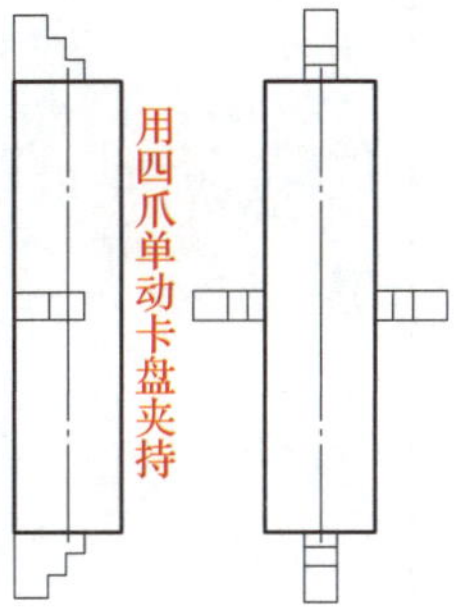 |
| | | | 1 | 粗、精车平面 $P$，保证尺寸 $42_{-0.02}^{\ 0}$ mm。 | 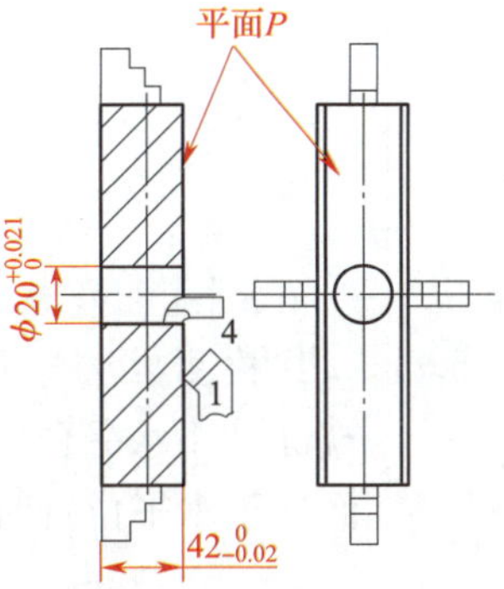 |
| | | | 2 | 钻中心孔 A4/8.5。 | |
| | | | 3 | 钻通孔 $\phi18$ mm。 | |
| | | | 4 | 粗、精车内孔 $\phi20_{\ 0}^{+0.021}$ mm 至要求，表面粗糙度 $Ra1.6$ μm。 | |
| | | | 5 | 锐边倒角。 | |
| | | 50 | | 检查合格后卸下工件。 | |

<table>
<tr><th>内容</th><th>图例与说明</th></tr>
<tr><td>十字孔位置精度的检测</td><td>

**1. 孔轴线对外圆轴线垂直度误差的检测**

由于 $\phi20^{+0.021}_{0}$ mm 孔与平面 $P$ 在一次装夹中车出，孔轴线与平面 $P$ 是垂直的，检测孔轴线对外圆柱面轴线的垂直度误差时，可以转换成检测平面 $P$ 对 $\phi48^{0}_{-0.019}$ mm 外圆轴线（或侧素线）的平行度误差。检测时，可以用千分尺测量 $\phi48^{0}_{-0.019}$ mm 外圆两端侧素线至平面 $P$ 的距离，即尺寸 $42^{0}_{-0.02}$ mm，两端测量值之差应不大于 0.03 mm。

**2. 孔轴线对外圆轴线对称度误差的检测**

用一根测量棒插入工件 $\phi20^{+0.021}_{0}$ mm 的孔中，并一起装夹在 V 形架（或 160 mm × 160 mm 方箱的 V 形槽）上，V 形架（或方箱）及百分表座均放在测量平板上，对称度误差的检测方法如图 8-3 所示。用百分表检测工件外圆上侧素线的水平位置，并记下读数值；再将工件绕心轴旋转 180°，使其下侧素线成水平位置，记下百分表第二次读数值，百分表两次读数值之差应不大于 0.03 mm。

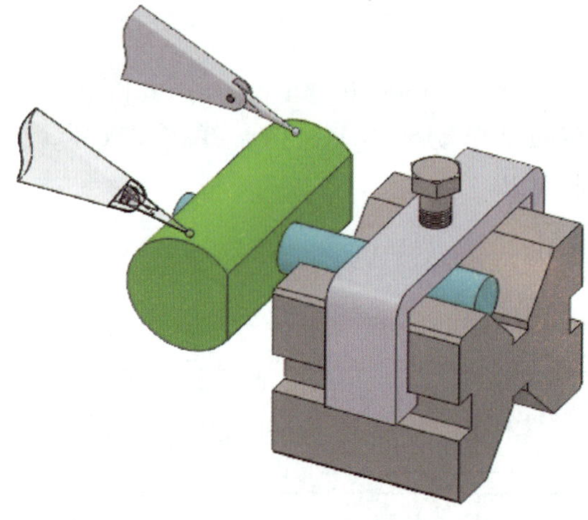

图 8-3　对称度的检测

**3. 孔轴线对工件两端面中心平面对称度误差的检测**

检测方法与图 8-3 所示的方法类似，只需将轴从图示位置转动 90°，使工件端面处于水平位置，用百分表测量，记下读数值；再将工件转过 180°，使另一端面处于水平位置时进行测量，两次测量的读数值之差应不大于 0.03 mm。

</td></tr>
</table>

# 课题二　在花盘上车双孔连杆

## 一、常用车床附件

对于复杂工件，由于在三爪自定心卡盘和四爪单动卡盘上无法或不方便装夹，通常需要用相应的车床附件或专用夹具来装夹。而当工件数量较少时，一般不设计、制造专用夹具，而利用花盘、角铁等车床附件来装夹工件进行加工。

| 内容 | | 图例与说明 | |
| --- | --- | --- | --- |
| 常用车床附件 | 花盘 | 花盘的材料为铸铁，盘面上有许多长短不同呈辐射状分布的通槽（或T形槽），用于安装各种螺栓，紧固工件。花盘可直接安装在车床主轴上，其盘面必须与主轴轴线垂直，盘面平整，表面粗糙度值≤ $Ra$1.6 μm。 |  |
| | 角铁 | 角铁通常由铸铁制造而成，常用的角铁为90°角铁（非90°角铁叫作角度角铁）。工作面为角铁上两个互相垂直的表面，精度要求较高，必须经过磨削或精刮。角铁上有长短不同的通孔，用于连接螺钉。角铁通常装在花盘上使用。 | 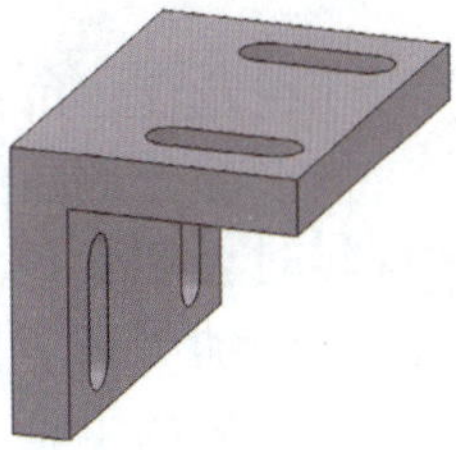 |
| | V形架 | V形架的工作面是一条V形槽，其夹角有90°和120°两种。在V形架上根据需要可以加工出几个螺孔或圆柱孔，以便用螺钉把V形架固定在其他夹具上或把工件固定在V形架上。 | 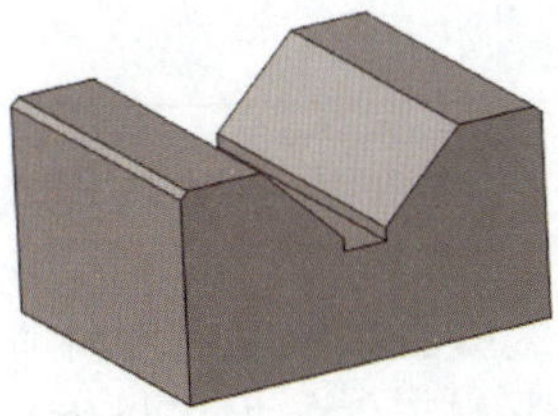 |

<table>
<tr><th colspan="2">内容</th><th colspan="2">图例与说明</th></tr>
<tr><td rowspan="4">常用车床附件</td><td>方头螺栓</td><td>方头螺栓用于装夹夹具和工件。螺栓的头部为方形，以防止安装到花盘上的夹具或工件产生转动，其长度可根据装夹要求做成长短不同的尺寸。</td><td>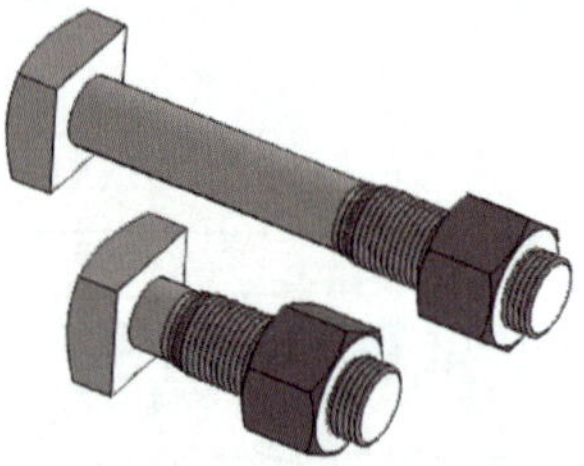</td></tr>
<tr><td>压板</td><td>压板可根据需要做成各种不同的规格。它的上面铣有腰形长槽，用来安插螺栓，并根据需要使螺栓在长槽中移动，以调整夹紧的位置。</td><td>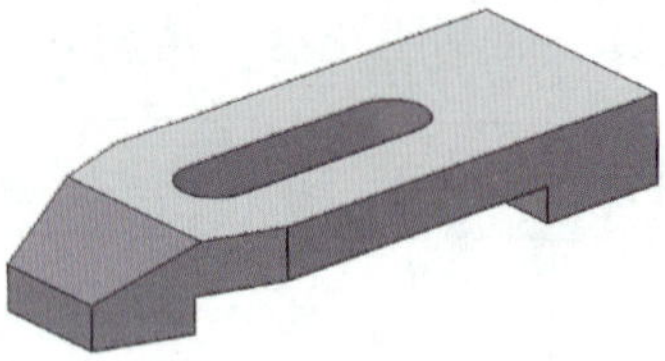</td></tr>
<tr><td>平垫铁</td><td>平垫铁安装在花盘、角铁等夹具上，常作为工件的定位基准平面和导向平面。</td><td>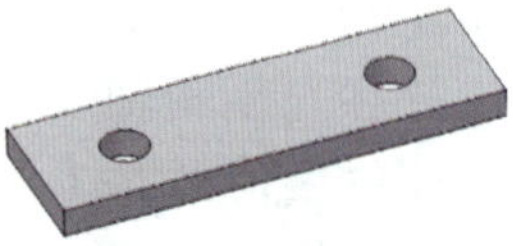</td></tr>
<tr><td>平衡块</td><td>在花盘、角铁和其他夹具上装夹的工件大部分是质量偏于一侧的（偏重），旋转时会产生很大的离心力，不但影响工件的加工精度，还会引起振动，从而损坏车床的主轴和轴承。因此，必须在偏重的对面装上适当的平衡块。平衡块可以用铸铁或钢制成，为了减小体积，也可用密度较大的铅制成。</td><td>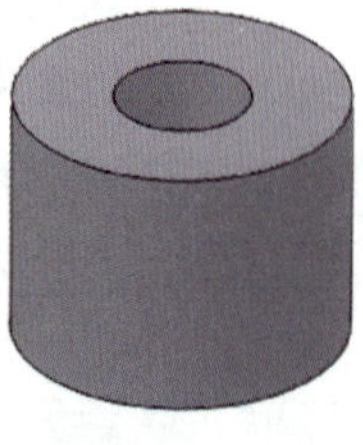</td></tr>
</table>

## 二、花盘的安装与精度检测

花盘可直接安装在车床主轴上。因为工件是装夹在花盘上加工的，因此，花盘的精度直接影响工件的加工精度，故加工工件前必须对花盘的精度进行检测，要求花盘本身的几何误差小于工件相关公差的 1/2。

| 内容 | 图例与说明 |
| --- | --- |
| 花盘精度的检测 | **1. 花盘盘面轴向圆跳动误差的检测**<br>新安装的花盘，在装夹工件前应进行轴向圆跳动误差的检测（图 8–4），具体方法如下：<br>（1）将百分表触头与花盘盘面外缘处接触，用手轻轻转动花盘，观察百分表指针的摆动量。<br>（2）将百分表触头移至花盘盘面近中央处（让开盘面上的通槽），转动花盘，观察百分表指针的摆动量，若摆动量不大于 0.02 mm，则花盘的轴向圆跳动符合要求。<br>**2. 花盘盘面平面度误差的检测**<br>（1）将百分表固定在刀架上，使其触头与盘面近外缘处接触。<br>（2）花盘不动，只移动中滑板，使百分表触头从盘面近外缘处通过花盘中心移到另一端外缘处，观察百分表指针的摆动量，若其值不大于 0.02 mm（且只允许内凹），则花盘的平面度符合要求（图 8–5）。<br>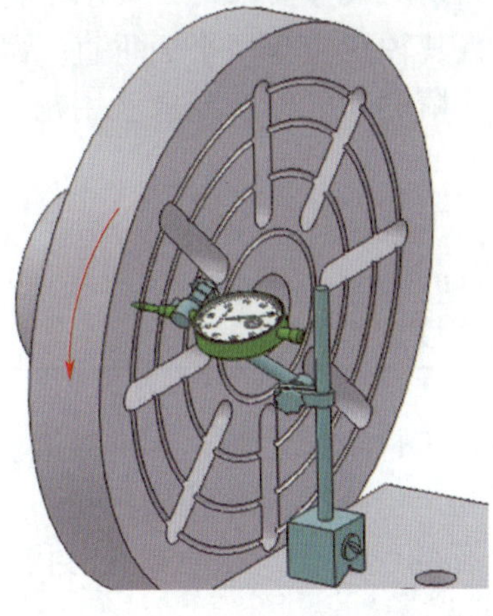<br>图 8–4　花盘轴向圆跳动的检测<br>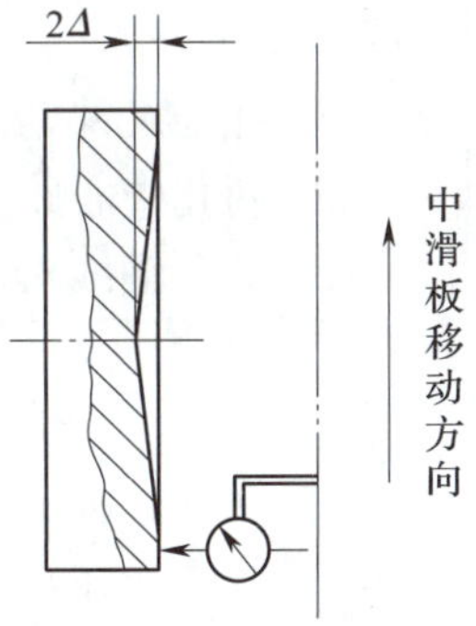<br><br>图 8–5　花盘平面度的检测<br>如果花盘的上述两项检查不合格，应选用耐磨性较好的 YG6 硬质合金车刀将花盘盘面精车一刀，车削时必须固紧床鞍。若精车后仍不符合要求，则应调整车床主轴间隙或修刮中滑板。 |

## 三、在花盘上车双孔连杆

| 内容 | | | 图例与说明 |
|---|---|---|---|
| 车双孔连杆 | 工件图样 | | 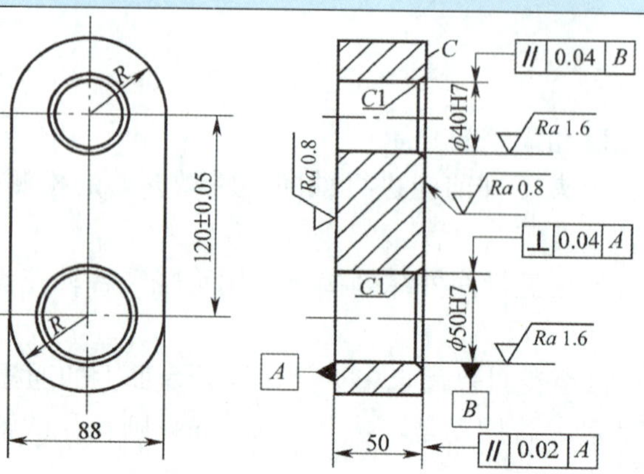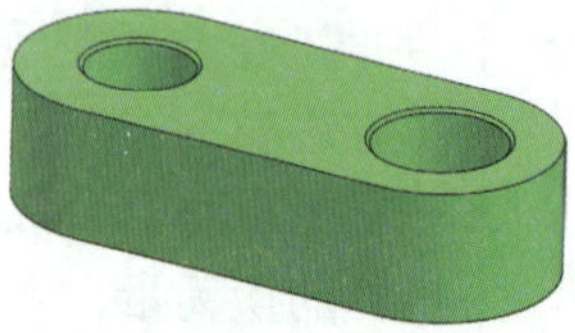<br>名称：双孔连杆<br>材料：球墨铸铁 |
| | 工艺分析 | | 双孔连杆为铸造或锻造毛坯，外形周边不做加工，需要加工的表面为前后两个平面、上下两个内孔。两平面间除尺寸要求外，要求平行；两个内孔除孔径尺寸外有较高的中心距要求，且其轴线应与两平面垂直。两平面可先经铣削后，再进行磨削精加工以保证尺寸精度和平行度要求。用花盘装夹工件，车削两孔，保证：<br>1. 孔径尺寸精度 IT7。<br>2. 两孔中心距公差 ±0.05 mm。<br>3. 两孔轴线对基准平面的垂直度公差 0.04 mm。 |
| | 加工工艺 | 划线并打样冲眼 | 1. 清洁双孔连杆表面，工件应无毛刺，倒钝锐边。<br>2. 确定工件其中一面为定位基准面 *A* 并做标记。<br>3. 在平面 *C* 上划两个孔的位置线，以便车孔时找正。<br>4. 在平面 *C* 上打样冲眼。 |
| | | 粗、精车第一个孔 | 1. 将工件上有标记的基准面 *A* 放置在花盘盘面上，使第一个孔的中心接近花盘（主轴）中心。<br>2. 将 V 形架靠在工件下端的圆弧形表面上，并用方头螺栓和压板初步压紧。 |

<table>
<tr><th colspan="3">内容</th><th colspan="2">图例与说明</th></tr>
<tr><td rowspan="2">车双孔连杆</td><td rowspan="2">加工工艺</td><td>粗、精车第一个孔</td><td>3. 根据基准孔的划线，用划线盘找正 $\phi$50H7 孔的位置，使其中心与主轴轴线重合，然后用压板将工件压紧。<br>4. 调整 V 形架，使其 V 形面抵住工件的圆弧形表面，并压紧 V 形架。<br>5. 用方头螺栓穿过工件上的第二个毛坯孔并压紧工件的另一端。<br>6. 按需要对花盘进行平衡，并检查有无碰撞现象。<br>7. 将图样上 $\phi$50H7 的孔粗车、半精车至 $\phi 49.6^{+0.05}_{0}$ mm。<br>8. 精车 $\phi$50H7 的孔至图样要求。<br>9. 孔口倒角 $C$1 mm。</td><td>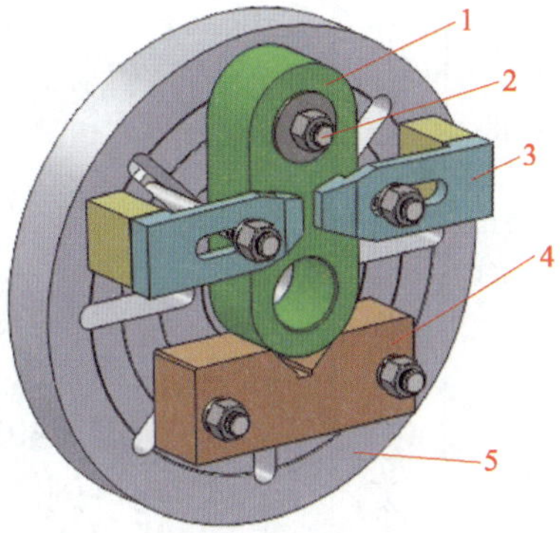<br><br>1—连杆　2—方头螺栓　3—压板<br>4—V 形架　5—花盘</td></tr>
<tr><td>调整两孔的中心距</td><td>1. 在主轴锥孔中装入一根 $\phi$40 mm 的定位心轴，并找正其径向圆跳动。<br>2. 在花盘上装一个定位圆柱，定位圆柱的外圆与已车好的第一个 $\phi$50H7 的孔成较小的间隙配合。<br>3. 用千分尺测量出定位心轴与定位圆柱之间的尺寸 $M$。<br>4. 按下式计算中心距：<br>$$L = M - \frac{D+d}{2}$$<br>5. 当计算所得的中心距 $L$ 与图样要求的中心距不符时，先松定位圆柱压紧螺母，用铜锤轻轻敲击定位圆柱，调整两孔的实际中心距，反复调整，直到符合图样要求后再紧固压紧螺母。</td><td>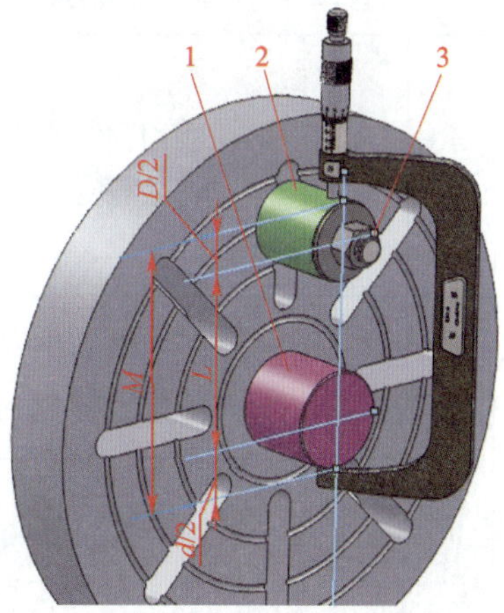<br><br>1—定位心轴　2—定位圆柱　3—压紧螺母</td></tr>
</table>

<table>
<tr><th colspan="2">内容</th><th colspan="4">图例与说明</th></tr>
<tr><td rowspan="3">车双孔连杆</td><td rowspan="2">加工工艺</td><td>调整两孔的中心距</td><td colspan="2">6. 取下定位心轴，将工件已加工好的第一个孔套在定位圆柱上，找正第二个孔中心的位置并将工件夹紧。</td><td></td></tr>
<tr><td>粗、精车第二个孔</td><td colspan="3">1. 按需要对花盘进行平衡，并检查有无碰撞现象。<br>2. 将图样上 $\phi40H7$ 的孔粗车、半精车至 $\phi39.6^{+0.05}_{0}$ mm。<br>3. 精车 $\phi40H7$ 的孔至图样要求。<br>4. 孔口倒角 $C1$ mm。</td></tr>
<tr><td>注意事项</td><td colspan="4">1. 压板、螺钉应靠近工件安装，垫块的高度与工件厚度一致。<br>2. 装夹工件的关键是保证两孔的中心距，应多测几次，取其平均值。<br>3. 车削时的切削用量不宜选得过大，以免引起车床振动，影响车孔的精度。尤其是转速过高、离心力过大时，更容易引起事故。<br>4. 车孔前，一定要认真检查花盘上所有压板、螺钉的紧固情况，最好再轮流对应拧紧一次。<br>5. 将床鞍移动到车削工件的最终位置，用手转动花盘，检查工件、附件是否与小滑板前端及刀架相碰，以免发生事故。</td></tr>
<tr><td rowspan="4">车双孔连杆练习</td><td rowspan="4">加工工艺卡片</td><td>10</td><td colspan="2">将工件安装在花盘上，找正、夹紧，车削第一个孔。</td><td rowspan="3">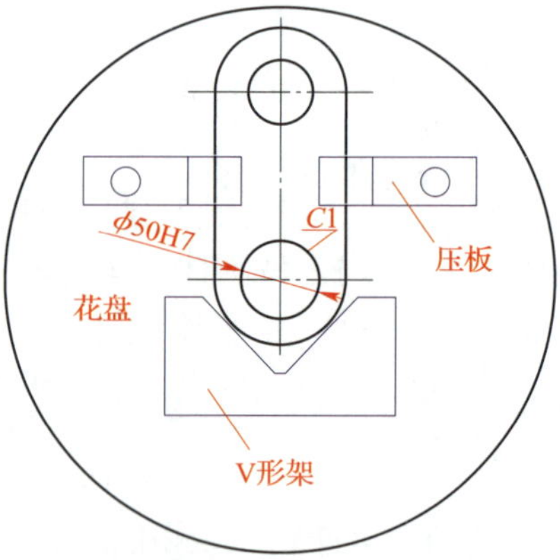
</td></tr>
<tr><td rowspan="2"></td><td>1</td><td>粗、精车内孔 $\phi50H7$，表面粗糙度 $Ra1.6$ μm。</td></tr>
<tr><td>2</td><td>孔口倒角 $C1$ mm。</td></tr>
<tr><td>20</td><td colspan="2">将工件安装在花盘上，找正两孔之间的中心距（120±0.05）mm，夹紧，车削第二个孔。</td><td></td></tr>
</table>

<table>
<tr><th colspan="2">内容</th><th colspan="4">图例与说明</th></tr>
<tr><td rowspan="3">车双孔连杆练习</td><td rowspan="3">加工工艺卡片</td><td rowspan="2"></td><td>1</td><td>粗、精车内孔 $\phi$40H7，表面粗糙度 $Ra$1.6 μm。</td><td rowspan="2">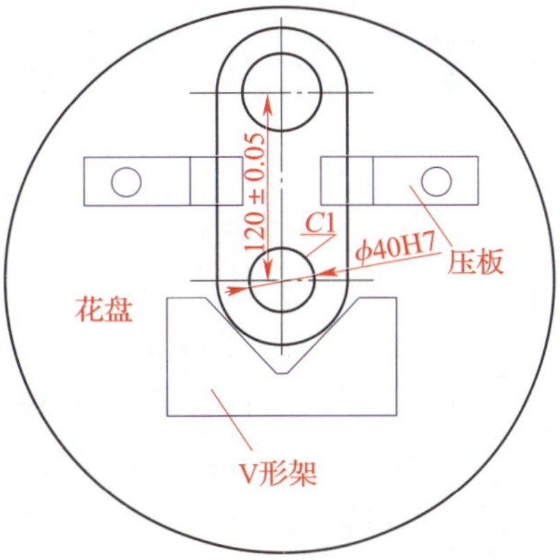
</td></tr>
<tr><td>2</td><td>孔口倒角 $C$1 mm。</td></tr>
<tr><td>30</td><td colspan="3">检查合格后卸下工件。</td></tr>
<tr><td rowspan="2">双孔连杆精度检测</td><td>垂直度误差的检测</td><td colspan="3">1. 将测量用心轴 1 插入双孔连杆的被测孔中。<br>2. 将心轴连同工件一起装夹在 V 形架 2（或带有 V 形槽的方箱）上，并将 V 形架（或方箱）置于平板上。<br>3. 用百分表在工件平面上检测，百分表读数的最大值即为垂直度误差。</td><td>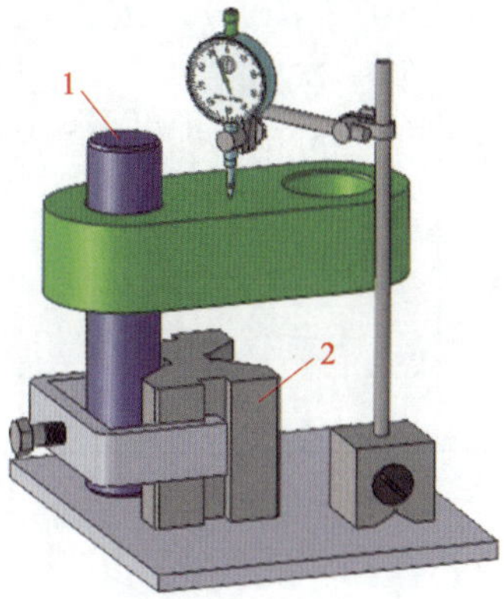
<br>1—心轴　2—V 形架</td></tr>
<tr><td>孔距的检测</td><td colspan="3">1. 将测量用心轴 2 和 3 分别插入双孔连杆的两个孔中。<br>2. 将其中的心轴 2 用两等高的 V 形架 1 支撑。<br>3. 用千分尺量出尺寸 $M$，按公式计算中心距 $a$：<br>$$a = M - \frac{D+d}{2}$$<br>4. 判断计算出的中心距 $a$ 与图样要求的中心距是否相符。</td><td>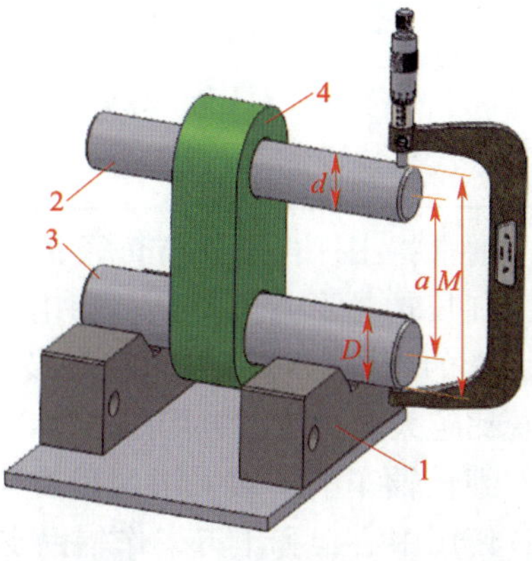
<br>1—V 形架　2、3—心轴　4—双孔连杆</td></tr>
</table>

| 内容 | | 图例与说明 | |
|---|---|---|---|
| 双孔连杆精度检测 | 平行度误差的检测 | 1. 将测量用心轴 2 和 3 分别插入双孔连杆的两个孔中。<br>2. 将其中的心轴 2 用两等高 V 形架 1 支撑（图 a）。<br>3. 用百分表在心轴 3 上相距为 $L_2$ 的 $A$ 和 $B$ 两点进行测量，得到读数 $M_1$ 和 $M_2$，按下式计算平行度误差 $f$:<br>$f=\frac{L_1}{L_2}\left(\lvert M_1-M_2\rvert\right)$<br>4. 将工件连同测量心轴一起转过 90°（图 b），按上述方法再测量及计算一次。<br>5. 取两次 $f$ 值中的最大值，即为平行度误差。 | 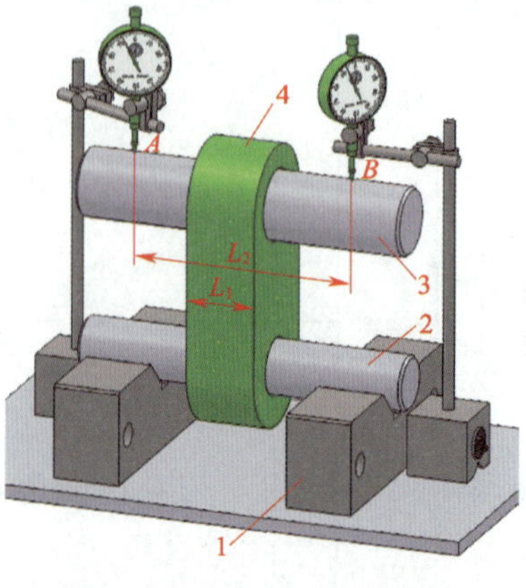<br>a）用两等高 V 形架支撑<br>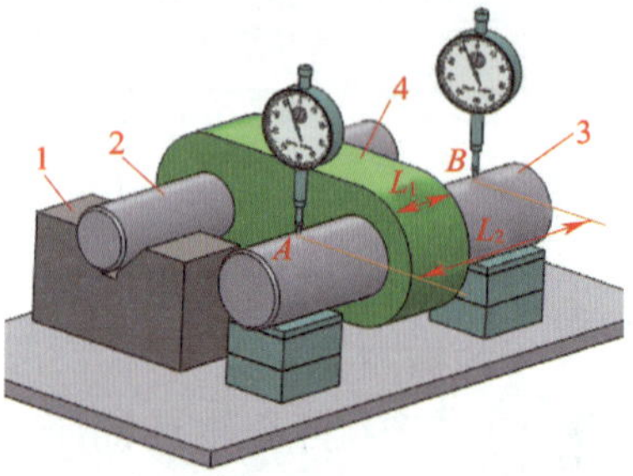<br>b）工件连同心轴一起转过 90°<br>1—V 形架　2、3—心轴　4—双孔连杆 |

# 课题三　车细长轴

通常将工件长度 $L$ 与直径 $d$ 之比大于 25（即长径比 $L/d>25$）的轴类工件称为细长轴。

细长轴外形并不复杂，但由于它本身的刚度低，车削时又受切削力、重力、切削热等因素的影响，容易引起振动及变形，由此产生形状误差等缺陷，难以保证加工精度。长径比越大，加工就越困难。

细长轴车削一般采用两顶尖装夹或一夹一顶方式装夹。细长轴车削的三个关键技术是：使用中心架和跟刀架作辅助支撑，增强工件的刚度；解决工件受热变形而伸长问题；合理选择车刀的几何形状。

## 一、用中心架支撑车细长轴

中心架是车床的附件，在车刚度低的细长轴，或是不能穿过车床主轴孔的粗长工件以及孔与外圆同轴度要求较高的较长工件时，往往采用中心架来增强刚度、保证同轴度。

| 内容 | | 图例与说明 | |
| --- | --- | --- | --- |
| 中心架的结构 | 普通中心架 | 中心架工作时，架体1通过压板8和螺母7紧固在床身上，上盖可以打开或扣合，并用螺钉6锁定。支撑爪3的升降分别用三个调整螺钉2来调整，以适应不同直径的工件，并分别用三个紧固螺钉5紧固。 | 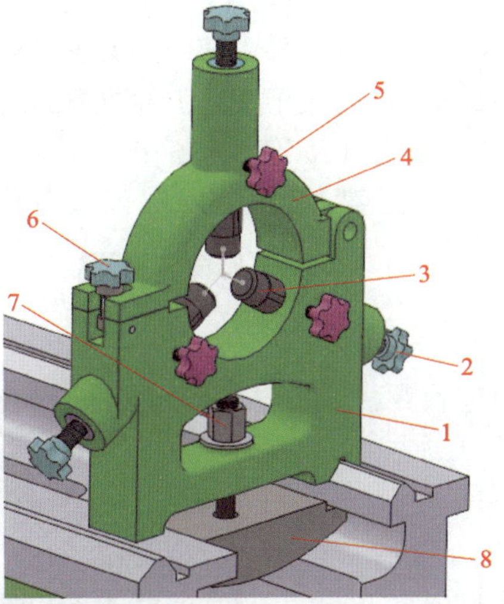<br>1—架体　2—调整螺钉　3—支撑爪　4—上盖<br>5—紧固螺钉　6—螺钉　7—螺母　8—压板 |
| | 滚动轴承中心架 | 结构与普通中心架相同，区别在于支撑爪前端有三个滚动轴承，以滚动摩擦代替滑动摩擦。<br>优点：能高速车削，不会研伤工件表面。<br>缺点：同轴度稍差。 | 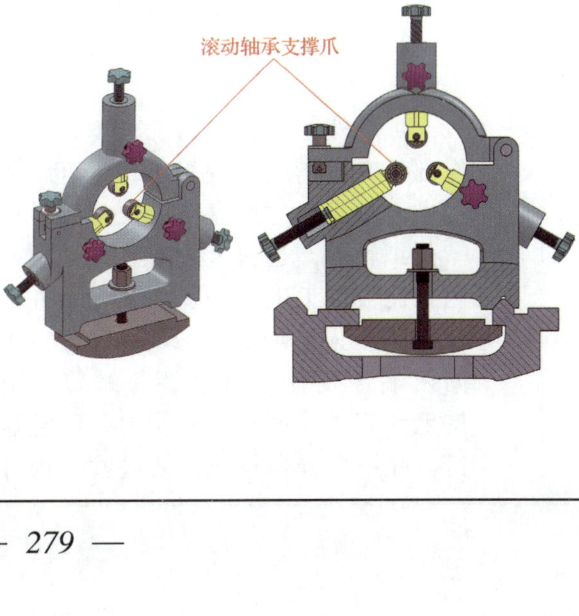 |

| 内容 | | 图例与说明 |
| --- | --- | --- |
| 中心架的结构 | 说明 | 中心架的支撑爪是易损件，磨损后可以更换，其材料应选用耐磨性好、不易研伤工件的材料，通常采用青铜、球墨铸铁、胶木、尼龙 1010 等材料。<br>提示：使用中心架支撑车细长轴的关键是使中心架与工件表面接触的三个支撑爪所决定的圆，其圆心必须在车床主轴的回转轴线上。 |
| 用中心架支撑车细长轴 | 用两顶尖装夹工件 | **1. 中心架直接支撑在细长轴中间**<br>先在工件中部中心架支撑部位用低速、小进给量的切削方法车出一段槽，槽直径应略大于该处工件要求的尺寸，槽宽度应宽于支撑爪，槽应有较小的表面粗糙度值（$Ra$ 值为 1.6 μm）和较高的形状精度（圆度误差小于 0.05 mm），然后装上中心架。这时的 $L/d$ 值减小了一半，车削时工件的刚度可提高很多（图 8–6）。<br>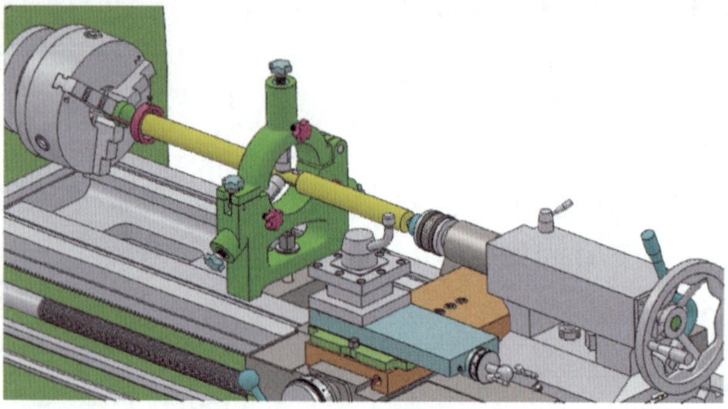<br>图 8–6　中心架支撑在工件中间车削细长轴<br>调整中心架支撑爪时，先调整好下面两个支撑爪，锁紧防松螺钉，然后盖上上盖并固定，最后调整好上面一个支撑爪，并锁紧防松螺钉。<br>车削完一端后，将工件掉头装夹，用中心架的三个支撑爪轻轻支撑已加工表面，再车另一端至尺寸要求。<br>**2. 过渡套筒与中心架配合使用支撑车削细长轴**<br>对于外径不规则的工件（如中心架支撑部位有键槽或花键等）或毛坯，可以采用中心架配以过渡套筒的支撑工件的方式车削细长轴。过渡套筒如图 8–7 所示，其内孔比被加工工件外径大 20 mm 左右，外径的圆度误差应在 0.02 mm 以内，过渡套筒两端各装有 3 ~ 4 个调整螺钉，用于夹持毛坯工件和调整。使用时，调整这些螺钉，并用百分表找正，使过渡套筒外圆的<br>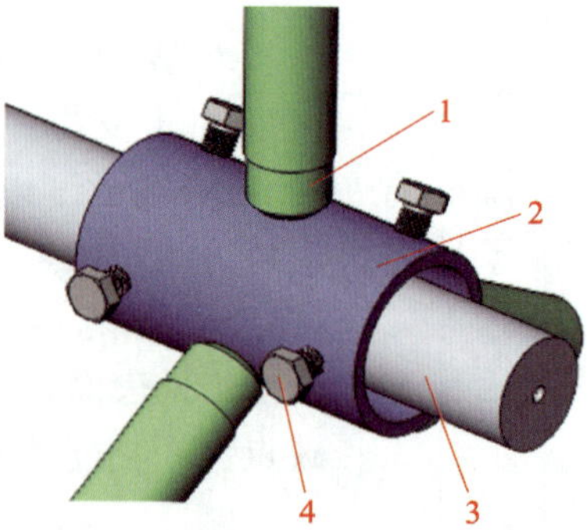<br><br>图 8–7　过渡套筒<br>1—中心架支撑爪　2—过渡套筒<br>3—工件　4—调整螺钉 |

<table>
<tr><th colspan="2">内容</th><th>图例与说明</th></tr>
<tr><td rowspan="2">用中心架支撑车细长轴</td><td>用两顶尖装夹工件</td><td>

轴线与主轴轴线重合（图 8–8），然后装上中心架，使三个支撑爪与过渡套筒外圆轻轻接触，并能使工件均匀转动，即可车削，如图 8–9 所示。

车完一端后，撤去过渡套筒，掉头装夹工件，调整中心架支撑爪与已加工表面接触，再车另一端。

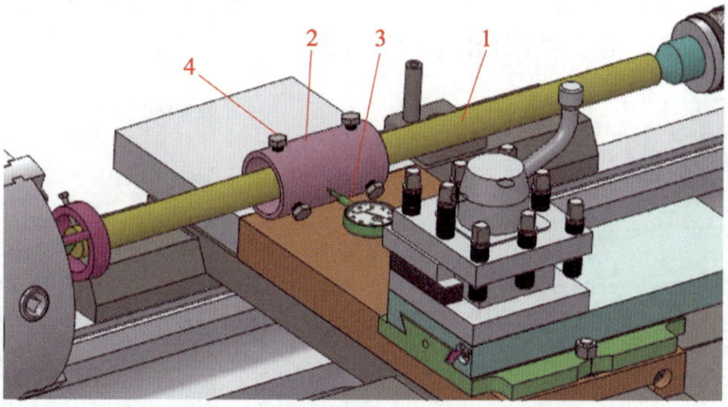


图 8–8　用百分表找正过渡套筒

1—工件　2—过渡套筒　3—百分表　4—调整螺钉

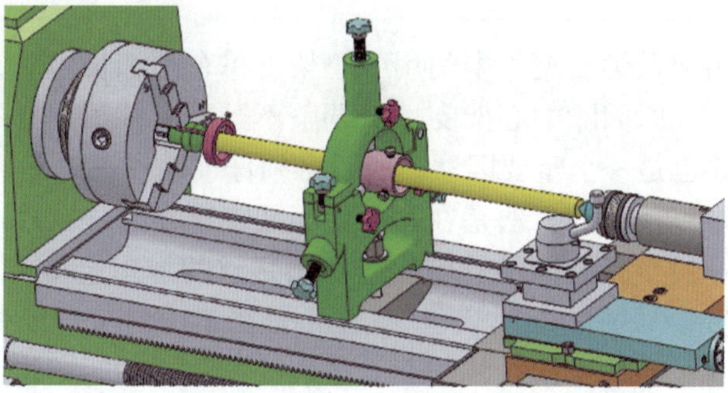

图 8–9　用中心架和过渡套筒支撑车削细长轴

</td></tr>
<tr><td>用卡盘装夹和中心架支撑工件</td><td>

当工件一端用卡盘夹紧，另一端用中心架支撑时，工件在中心架上找正的方法有以下三种形式：

（1）工件在一夹一顶半精车外圆后，若需车端面、钻孔、车孔或精车外圆时，只需将中心架放置并固定于适当位置，以外圆为基准，依次调整中心架的三个支撑爪，使其与工件外圆刚刚接触，然后锁紧支撑爪，在支撑爪与工件接触处加注润滑油脂，移去尾座顶尖后即可车削。

（2）外圆已加工、长度不太长的工件，可以一端夹持在卡盘上，另一端用中心架支撑。开始找正时，用手转动卡盘，使用划针或百分表找正工件两端外圆，找正后依次调整中心架的三个支撑爪，使之与工件外圆轻轻接触。

</td></tr>
</table>

<table>
<tr><th colspan="2">内容</th><th>图例与说明</th></tr>
<tr><td rowspan="2">用中心架支撑车细长轴</td><td>用卡盘装夹和中心架支撑工件</td><td>

（3）当工件的外圆已加工且长度较长时，可以将工件一端夹持在卡盘上，另一端用中心架支撑。先在靠近卡盘处将工件外圆找正，然后摇动床鞍、中滑板，用划针或百分表在工件两端做对比测量（当工件两端被测处直径相同时），或用游标高度卡尺测量两端实际尺寸，然后减去相应的半径差进行比较（当工件两端被测处直径不同时），并以此来调整中心架支撑爪，使工件两端高低、前后位置一致，如图 8–10 所示。

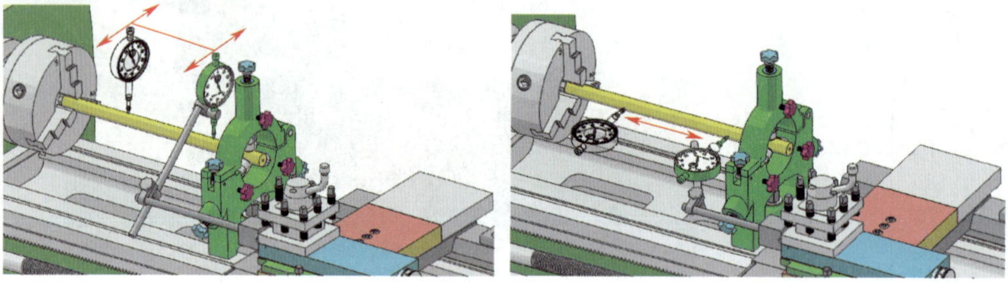

a)　　b)

图 8–10　在中心架上找正工件位置

a）找正高低位置　b）找正前后位置

</td></tr>
<tr><td>尾座中心位置的找正</td><td>

用两顶尖装夹、中间用中心架支撑车削细长轴时，常使车削出的外圆产生锥度，其原因除中心架支撑爪调整不当或支撑爪本身的接触状况不良外，尾座的偏移也是一个重要因素，所以必须仔细地找正尾座。

尾座找正的方法是在车削中心架支撑部位外圆柱面的同时，在工件两端各车削一段直径相同的外圆（应留出足够的加工余量），用百分表找正尾座的中心位置，如图 8–11 所示。用百分表在工件两端直径相同的外圆处测量，当测得中滑板的进给读数相同而百分表的读数不同时，说明尾座中心偏移，则应进行找正，直到在工件两端百分表读数相同时为止。

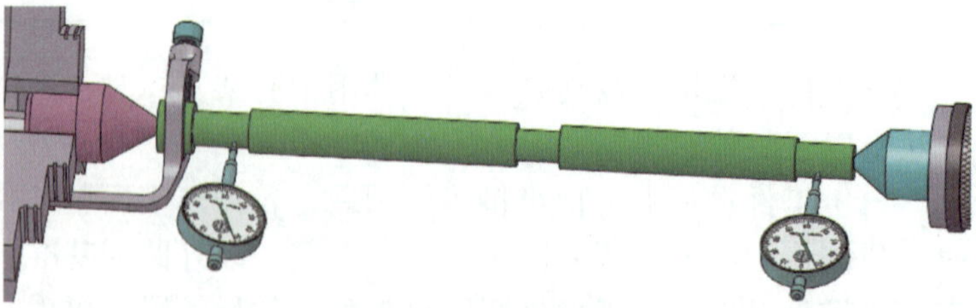

图 8–11　尾座中心位置的找正方法

尾座找正后，如果细长轴车削过程中仍产生锥度，则先检查车刀是否发生严重磨损，若不是，则可判定为中心架支撑爪把工件支撑偏移所致，需调整中心架的支撑爪。

</td></tr>
</table>

## 二、用跟刀架支撑车细长轴

跟刀架是车床附件之一。对于直径一致的细长光轴和长丝杠，采用跟刀架支撑能有效提高其加工刚度。如图 8–12 所示为用跟刀架支撑车削细长轴，跟刀架 3 固定在床鞍上，其支撑爪支撑在细长轴 1 上，跟在车刀 2 的后面，并随车刀的进给而移动，从而抵消切削时产生的背向力，提高工件的刚度，减小变形和振动，提高细长轴的加工精度和减小表面粗糙度值。

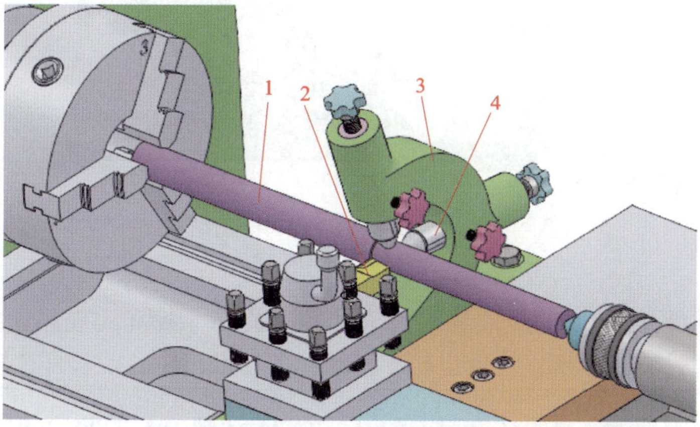


图 8–12　用跟刀架支撑车削细长轴

1—细长轴　2—车刀　3—跟刀架　4—支撑爪

<table>
<tr><th colspan="2">内容</th><th>图例与说明</th></tr>
<tr><td>用跟刀架支撑车细长轴</td><td>跟刀架的种类</td><td>常用的跟刀架有两种：两爪跟刀架和三爪跟刀架，如图 8–13 所示。<br>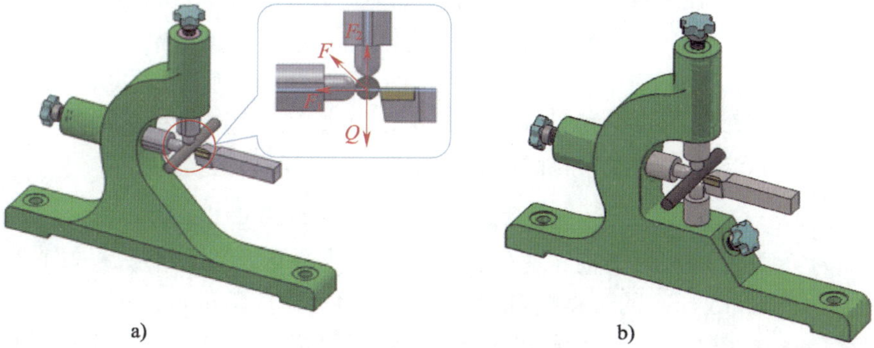<br><br>a)　b)<br>图 8–13　跟刀架的种类<br>a）两爪跟刀架　b）三爪跟刀架</td></tr>
</table>

| 内容 | | 图例与说明 |
|---|---|---|
| 用跟刀架支撑车细长轴 | 跟刀架的结构 | 跟刀架的结构如图 8–14 所示。<br>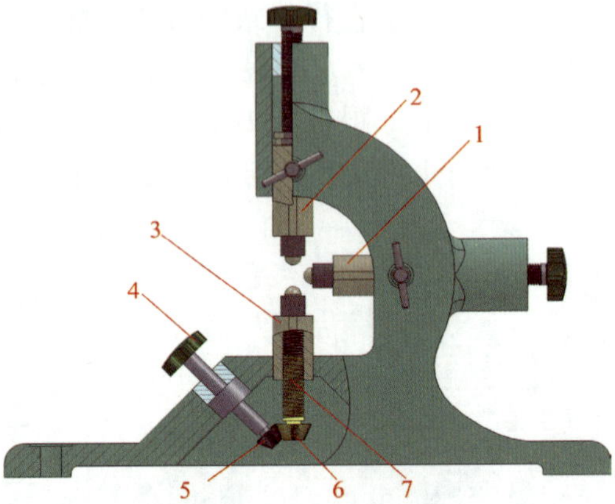<br><br>图 8–14　跟刀架的结构<br>1、2、3—支撑爪　4—手柄　5、6—锥齿轮　7—丝杆<br>支撑爪 1、2 的径向移动可直接通过旋转手柄 4 实现；支撑爪 3 的径向移动则通过旋转手柄，使锥齿轮 5 转动，带动锥齿轮 6 使丝杆 7 转动来实现。 |
| | 跟刀架的选用 | 跟刀架的支撑爪 1、2 用来承受工件上切削力 $F$ 的两个分力 $F_1$ 和 $F_2$，而重力 $Q$ 对工件的作用则由支撑爪 3 来承受。对于具有足够刚度，不致因重力而引起弯曲变形的工件，使用两爪跟刀架可以满足加工要求；但刚度低，在重力作用下容易产生弯曲变形的细长轴，为避免车削时工件受重力作用产生变形而瞬时离开支撑爪、瞬时接触支撑爪，引起振动，需选用三爪跟刀架支撑工件，使工件支撑在三个支撑爪和车刀刀尖之间，上下、左右不能移动，使车削稳定。 |
| | 支撑爪的调整 | 1. 在工件的已加工表面上，调整支撑爪与车刀的相对支撑位置，一般是让支撑爪位于车刀的后面，两者轴向距离应小于 10 mm。<br>2. 先调整后支撑爪，调整时，应综合运用手感、耳听、目测等方法控制支撑爪，使它轻微接触到外圆为止。再依次调整下支撑爪和上支撑爪，要求各支撑爪都能与轴保持相同的合理间隙，使轴可自由转动。 |
| | 支撑爪的修正 | 使用跟刀架前，应先检查跟刀架支撑爪是否能正确地与工件接触，若有如图 8–15 所示的不良接触状态时，必须对支撑爪进行修正。<br>修正可在本车床上进行，先将跟刀架固定安装在床鞍上，再将有可调刀柄的内孔车刀装在卡盘上，调整支撑爪的位置，然后使主轴（车刀）转动，用床鞍做纵向进给车削支撑爪的支撑面，使支撑面构成的直径基本等于工件支撑处轴颈的直径。 |

| 内容 | | 图例与说明 |
| --- | --- | --- |
| 用跟刀架支撑车细长轴 | 支撑爪的修正 | 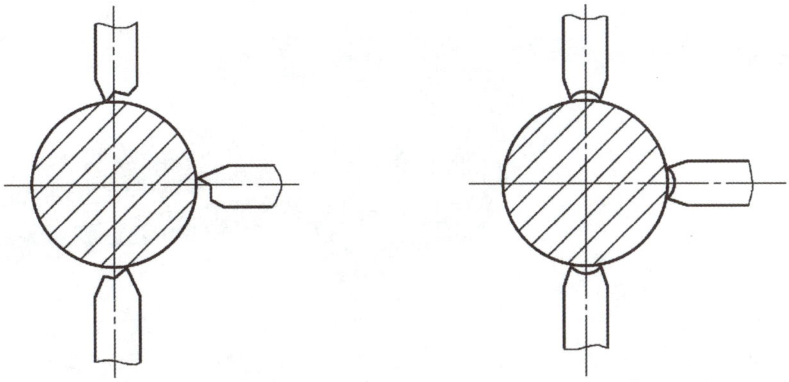<br>a)　　　　　　b)<br>图 8–15　支撑爪的不良接触状态<br>a）支撑爪与工件表面点接触　b）支撑爪与工件表面部分接触 |

## 三、减少工件热变形伸长的方法

车削细长轴时，因工件细长，热扩散性能差，在传导给工件的切削热的作用下，工件受热伸长变形产生相当大的线膨胀。由于车细长轴时工件一般采用两顶尖装夹或一夹一顶装夹，其轴向位置是固定的，工件的伸长将导致发生弯曲，在工件高速回转时，工件弯曲而引起的离心力还将使弯曲进一步加剧，使车削无法进行。工件的伸长还可能造成工件在两顶尖间被卡住的现象。

| 内容 | 图例与说明 |
| --- | --- |
| 减少工件热变形伸长 | **1. 使用弹性回转顶尖**<br>弹性回转顶尖的结构如图 8–16 所示，顶尖 1 用圆柱滚子轴承 2、滚针轴承 5 承受背向力，推力球轴承 4 承受进给力。在圆柱滚子轴承和推力球轴承之间放置若干片碟形弹簧 3。当工件受热变形伸长时，工件推动顶尖，通过圆柱滚子轴承使碟形弹簧压缩变形。实践证明，用弹性回转顶尖加工细长轴，可有效补偿工件的热变形伸长，工件不易弯曲，车削可顺利进行。<br>**2. 充分加注切削液**<br>充分加注切削液可有效减少工件所吸收的热量，减少工件的热变形伸长，还可以降低刀尖的温度和延长刀具的使用寿命。因此，车细长轴时，无论是低速切削还是高速切削，都必须充分加注切削液。<br>**3. 保持刀具锋利**<br>刀具锋利可减小切削力，减少车刀与工件、切屑之间的摩擦，从而减少切削热。 |

| 内容 | 图例与说明 |
|---|---|
| 减少工件热变形伸长 | 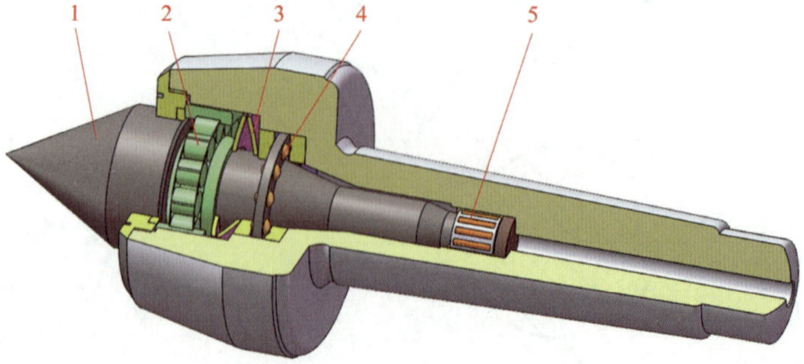  图 8-16　弹性回转顶尖<br>1—顶尖　2—圆柱滚子轴承　3—碟形弹簧　4—推力球轴承　5—滚针轴承 |

## 四、细长轴的车削方法

**细长轴车削 — 车刀的几何角度**

车削细长轴时，由于工件刚度低，车刀的几何参数对切削力、切削热、振动和工件弯曲变形等均有明显的影响。选择车刀几何参数时主要考虑以下几点：

1. 车刀的主偏角是影响背向力的主要因素，在不影响刀具强度的前提下，应尽量增大车刀的主偏角，以减小背向力，从而减小细长轴的弯曲变形，减小车削时产生的振动。细长轴车刀的主偏角 $\kappa_r$ 宜取 80° ~ 93°。

2. 为了减小切削力、减少切削热，应选择较大的前角，以使刀具锋利，切削轻快，一般 $\gamma_o$ 取 15° ~ 30°。

3. 应磨有 $R1.5 \sim R3$ mm 的圆弧形断屑槽，使切屑顺利卷曲折断。

4. 刃倾角 $\lambda_s$ 取 1° ~ 3°，控制切屑流向待加工表面，同时增加车刀的锐利程度。

5. 为了减小背向力，应选择较小的刀尖圆弧半径（$r_\varepsilon$<0.3 mm）。倒棱的宽度也应选得较小，一般选取倒棱宽度 $b_r$ =0.5 mm 左右。

6. 要求切削刃表面粗糙度值 ≤ $Ra$0.4 μm，并保持切削刃锋利。

图 8-17 所示为 90°细长轴车刀。

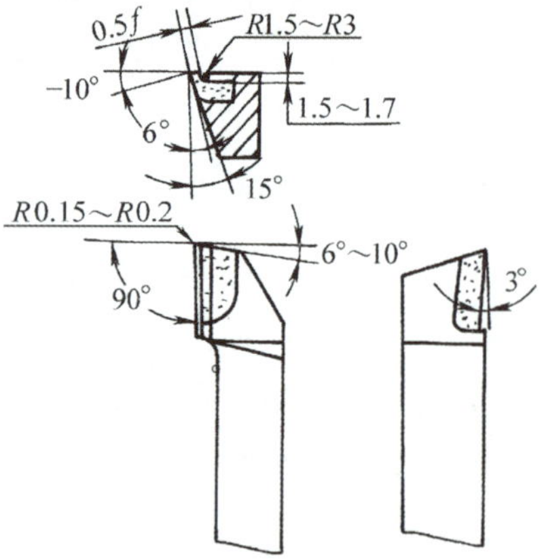


图 8-17　90°细长轴车刀

**细长轴车削 — 切削用量**

由于细长轴刚度差，车削时切削用量应适当减小，其参考值见表 8-1。

**表 8-1　车削细长轴时切削用量的参考值**

| 加工性质 | 切削速度 $v_c$/（m · min$^{-1}$） | 进给量 $f$/（mm · r$^{-1}$） | 背吃刀量 $a_p$/mm |
|---|---|---|---|
| 粗车 | 50 ~ 60 | 0.3 ~ 0.4 | 1.5 ~ 2 |
| 精车 | 60 ~ 100 | 0.08 ~ 0.12 | 0.5 ~ 1 |

| 内容 | | 图例与说明 |
| --- | --- | --- |
| 细长轴车削 | 工艺准备 | 1. 校直毛坯。细长轴工件的毛坯存在弯曲时应进行校直，校直坯料不仅可使车削时余量均匀，避免或减小加工中的振动，而且还可以减小切削后的表面残余应力，避免产生较大的变形。校直后的毛坯，其直线度误差应小于 1 mm，毛坯校直后还要进行时效处理，以消除内应力。<br>2. 准备三爪跟刀架并做好检查、清洁工作，若支撑爪端面磨损严重或弧面太大，应取下并根据支撑基准面直径来进行修正。<br>3. 刃磨好粗、精车用的细长轴外圆车刀。 |
| | 车削方法 | 1. 细长轴应采取一夹一顶的装夹方式，卡盘夹持的工件部分不宜过长，一般在 15 mm 左右。最好将钢丝圈垫在卡盘爪的凹槽中（图 8–18），使其与工件成点接触，工件在卡盘内能自由调节其位置，避免夹紧时产生弯曲力矩，当工件在切削过程中发生热变形伸长，也不会因卡盘夹死而产生内应力。<br>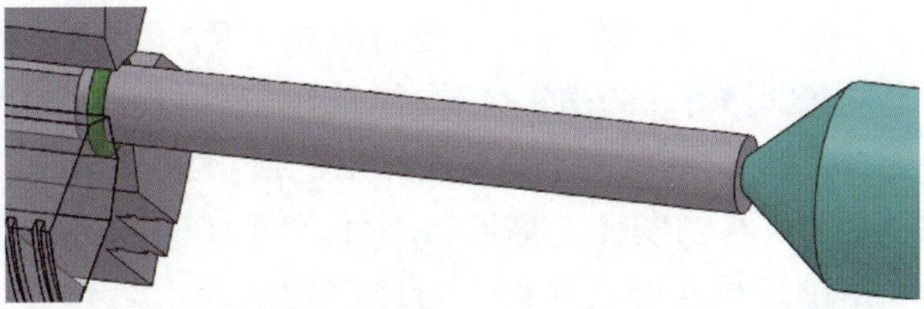<br>图 8–18　垫钢丝圈装夹工件<br>2. 采用反向进给方法车削。反向进给就是车削时床鞍带动车刀由主轴箱向尾座方向运动。反向进给时工件所受的轴向切削分力使工件受拉（与工件伸长变形方向一致），由于细长轴左端通过钢丝圈固定在卡盘内，右端支撑在弹性回转顶尖上，可以自由伸缩，不易产生弯曲变形，而且还能使工件获得较高的加工精度和较小的表面粗糙度值。 |
| | 注意事项 | 1. 车端面、钻中心孔时，为防止工件在主轴孔中摆动而产生弯曲，可用木楔或棉纱等物将工件左端固定在主轴孔中；批量大时可特制一个套筒来固定。<br>2. 当工件较长或直径大无法穿入主轴孔时，可利用中心架和过渡套筒，采用一端夹持、一端由中心架支撑的方式装夹来车端面和钻中心孔。<br>3. 为防止车细长轴产生锥度，车削前必须调整尾座中心，使之与车床主轴中心同轴。<br>4. 车削时，应随时注意顶尖的松紧程度，检查方法是开动车床使工件回转，用右手拇指和食指捏住弹性回转顶尖的转动部分，顶尖能停止回转，松开手指后，顶尖能恢复回转，说明顶尖的松紧程度适当（图 8–19）。<br>5. 粗车时应选择好第一次背吃刀量，必须保证将工件毛坯一次进刀车圆，以免影响跟刀架的正常工作。 |

<table>
<tr><th colspan="2">内容</th><th colspan="4">图例与说明</th></tr>
<tr><td>细长轴车削</td><td>注意事项</td><td colspan="4">

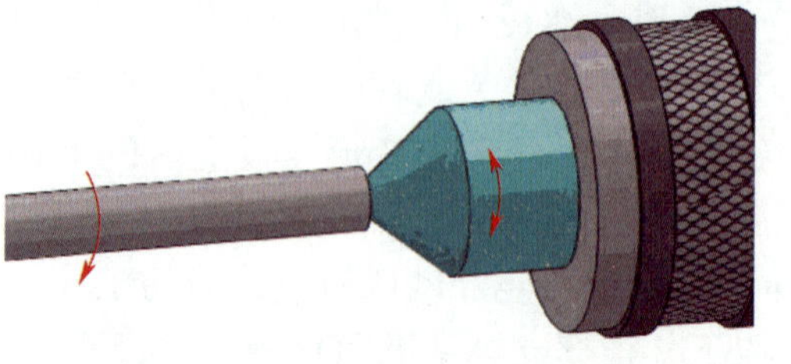

图 8-19 检查回转顶尖松紧的方法

6. 中心架的支撑爪与工件的接触压力要调整适当。如果支撑爪的压力过大，会使车出的工件产生形状误差；如果压力太小，甚至没有接触工件，则不能起到中心架的作用。应随时注意中心架的支撑爪与工件表面的接触磨损情况，并随时做出相应的调整。

7. 车削过程中，应随时注意工件已加工表面的变化情况，当发现开始出现竹节形、腰鼓形等缺陷时，要及时分析原因，采取应对措施。若缺陷越来越明显时，应立即停车。车削时，支撑爪与工件接触处应经常加润滑油脂，以减小磨损或“咬坏”，并经常检查支撑爪的摩擦发热情况。为使支撑爪与工件保持良好的接触，可以先在支撑爪与工件之间加一层砂布或研磨剂，进行研磨抱合。

8. 车削过程中，应始终充分浇注切削液。

</td></tr>
<tr><td rowspan="4">细长轴车削练习</td><td>工件图样</td><td colspan="4">

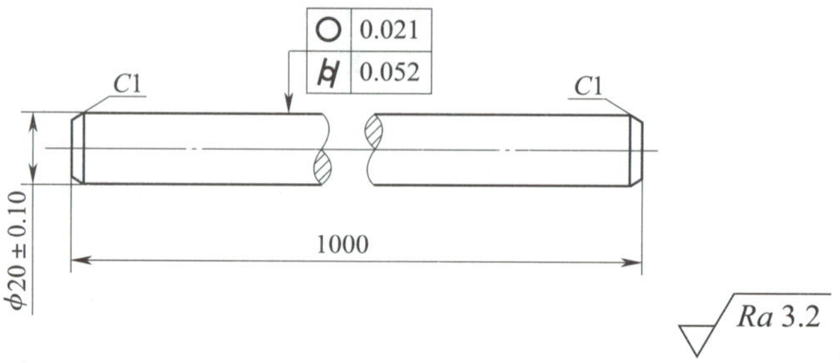


<table>
<tr><td colspan="2">名称</td><td colspan="2">细长轴</td></tr>
<tr><td>材料</td><td>45 钢</td><td>毛坯</td><td>$\phi 25 \times 1\ 010$</td></tr>
</table>

</td></tr>
<tr><td rowspan="3">加工工艺卡片</td><td>10</td><td colspan="3">检查备料 $\phi 25$ mm × 1 010 mm。</td></tr>
<tr><td>20</td><td colspan="2">将毛坯轴穿入车床主轴孔中，右端伸出卡盘约 50 mm，用三爪自定心卡盘夹紧。</td><td>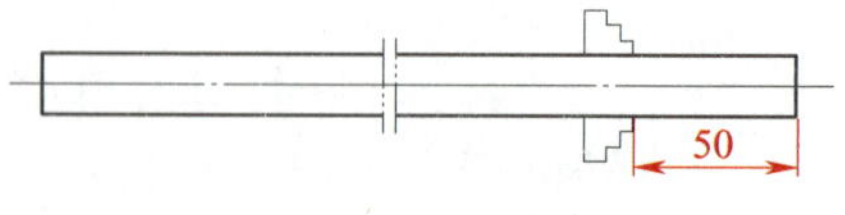
</td></tr>
<tr><td></td><td>1</td><td>车端面，钻中心孔。</td><td>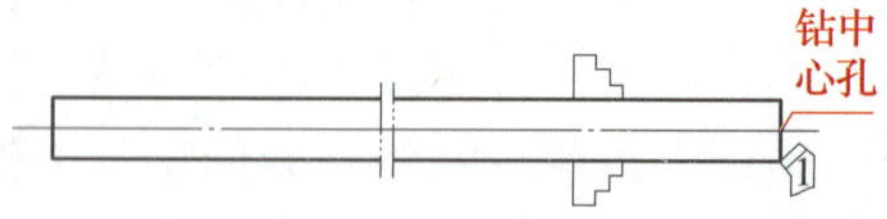
</td></tr>
</table>

<table>
<tr><th colspan="2">内容</th><th colspan="4">图例与说明</th></tr>
<tr><td rowspan="11">细长轴车削练习</td><td rowspan="11">加工工艺卡片</td><td></td><td>2</td><td>车毛坯外圆至 $\phi$22 mm，长 30 mm（用于以后卡盘夹紧时的定位基准）。</td><td>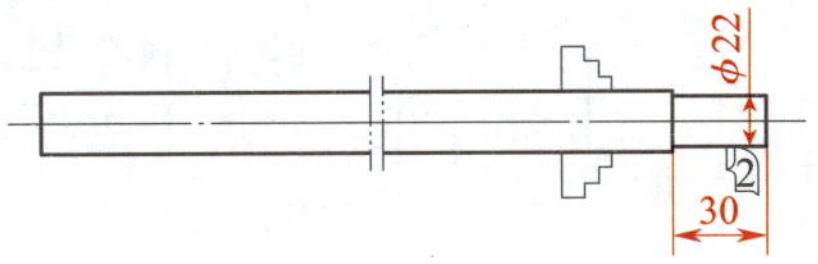
</td></tr>
<tr><td>30</td><td colspan="2">掉头将毛坯轴穿入车床主轴孔中，伸出卡盘约 50 mm，用三爪自定心卡盘夹紧。</td><td>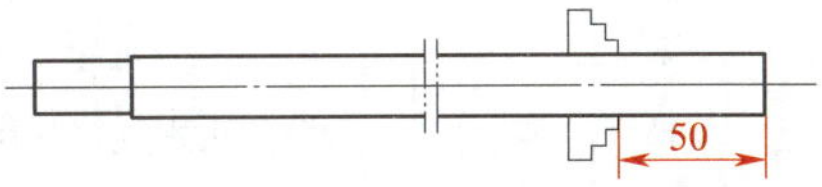
</td></tr>
<tr><td rowspan="2"></td><td>1</td><td>车端面，保证总长为 1 000 mm。</td><td rowspan="2">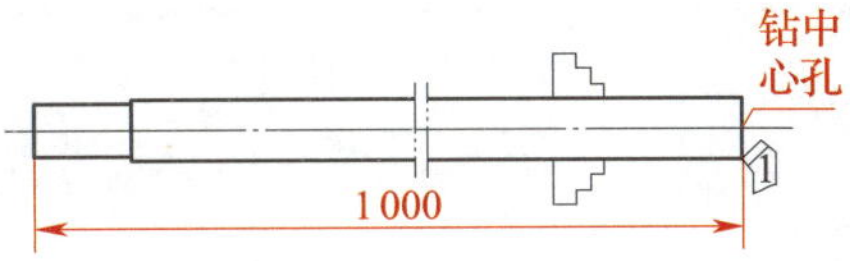
</td></tr>
<tr><td>2</td><td>钻中心孔。</td></tr>
<tr><td>40</td><td colspan="2">将工件拉出，在 $\phi$22 mm×30 mm 的外圆柱面上套以截面直径为 5 mm 的钢丝圈，并用三爪自定心卡盘夹紧，毛坯右端用弹性回转顶尖支撑。</td><td>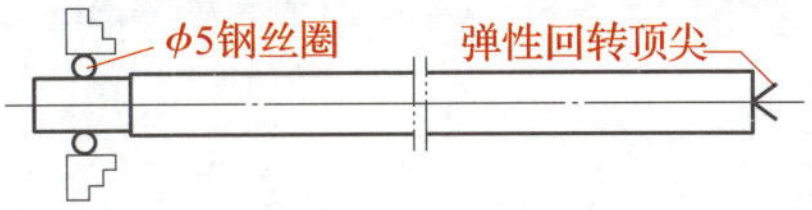
</td></tr>
<tr><td rowspan="4"></td><td>1</td><td>在靠近卡盘一端的毛坯外圆上车削跟刀架支撑基准，宽度为 15～20 mm，并在其右侧车一圆锥角为 40°的圆锥面。</td><td>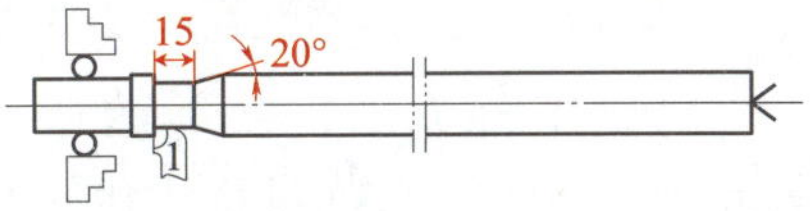
</td></tr>
<tr><td>2</td><td>装跟刀架，以已车削的支撑基准面为基准，研磨跟刀架支撑爪的工作表面。研磨时车床主轴转速 $n$ 取 300～600 r/min。</td><td>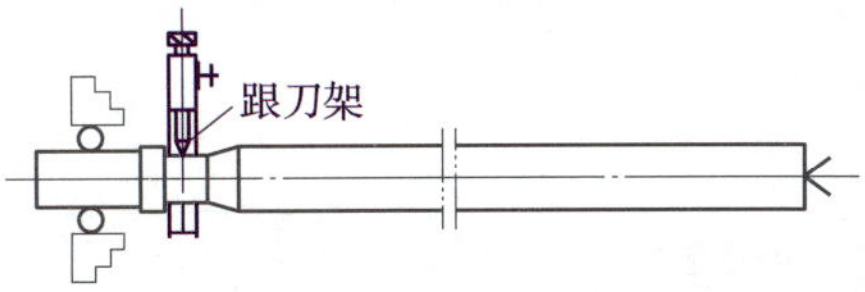
</td></tr>
<tr><td>3</td><td>跟刀架支撑爪在车刀后面（左侧）1～3 mm 处，采用反向进给法接刀车全长外圆。</td><td rowspan="2">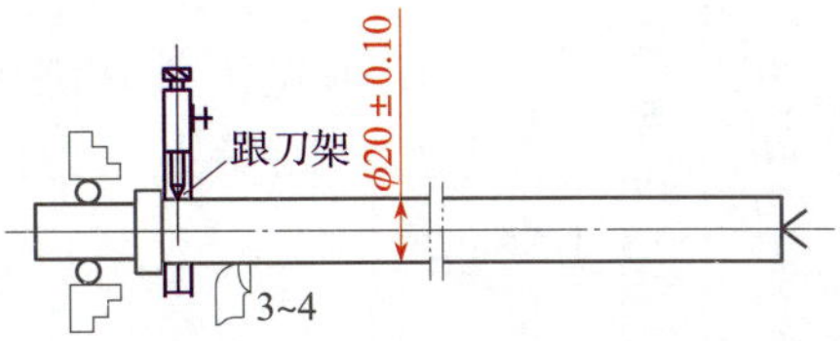
</td></tr>
<tr><td>4</td><td>多次重复上述 1、2、3 步骤，直至一夹一顶接刀精车外圆至尺寸要求为止。</td></tr>
</table>

| 内容 | | 图例与说明 | | | |
| --- | --- | --- | --- | --- | --- |
| 细长轴车削练习 | 加工工艺卡片 | 50 | 卸下钢丝圈，掉头采用一端用三爪自定心卡盘夹紧，另一端用中心架支撑的方法装夹。 | | 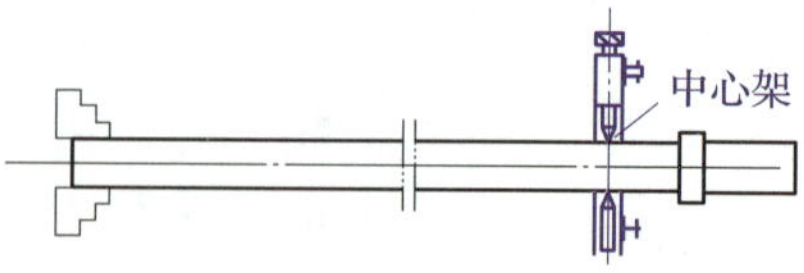 |
| | | | 1 | 半精车、精车 $\phi$22 mm×30 mm 段外圆至图样尺寸要求。 | 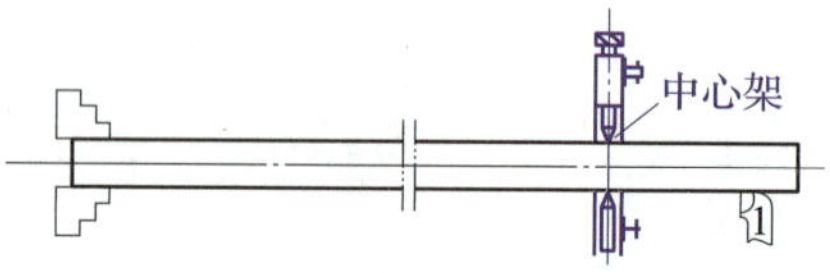 |
| | | 60 | 检查合格后卸下工件。 | | |

# 课题四　车薄壁工件

薄壁工件（图 8–20）的壁厚不足其孔径的 1/15，因此刚度较差。车削过程中由于切削力、受热膨胀、夹紧力和测量压力的作用，会影响工件的尺寸精度、形状精度及表面粗糙度。

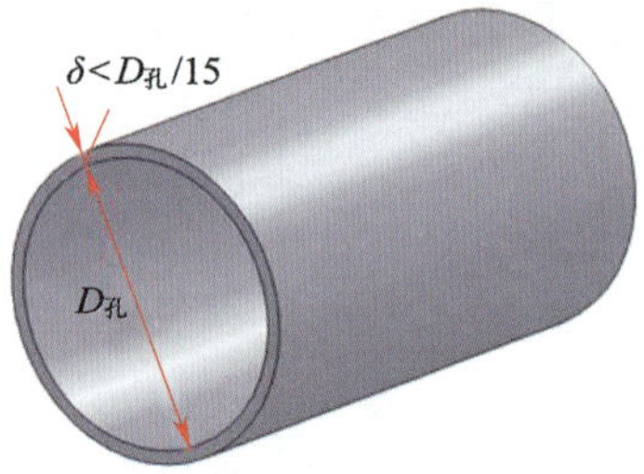


图 8–20　薄壁工件

| 内容 | | 图例与说明 | |
| --- | --- | --- | --- |
| 薄壁工件的变形 | 夹紧变形 | 1. 薄壁工件在夹紧前没有变形，但夹紧后，因受夹紧力的作用，变形成弧形三角形。 | 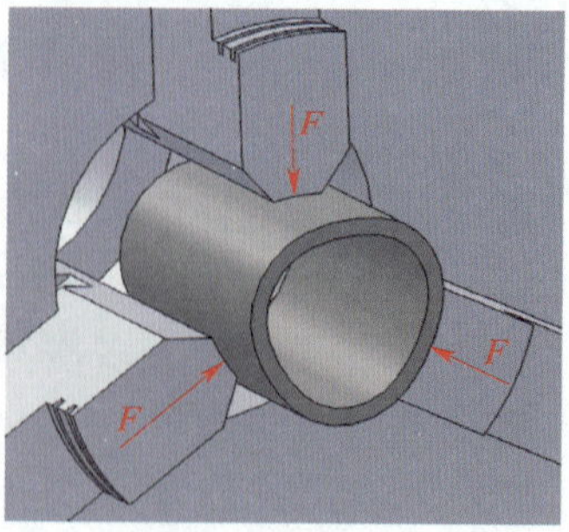 |

| 内容 | | 图例与说明 | |
| --- | --- | --- | --- |
| 薄壁工件的变形 | 夹紧变形 | 2. 在变形后车孔时，其内圆周不规则阴影部分变成将切去的余量。 | 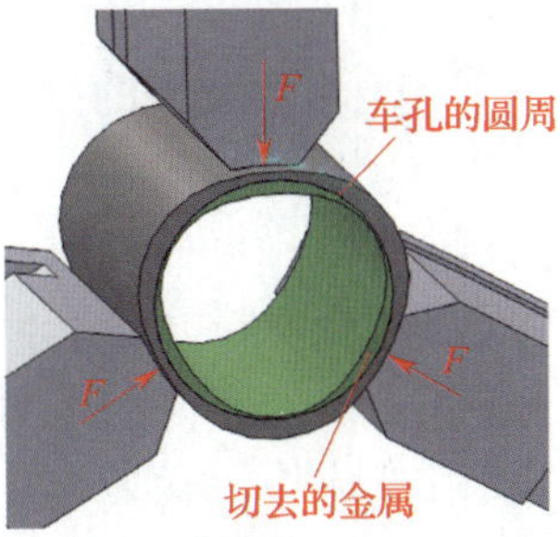 |
| | | 3. 未卸下卡盘的内孔圆周是等直径的，但与外圆的壁厚已不均匀。 | 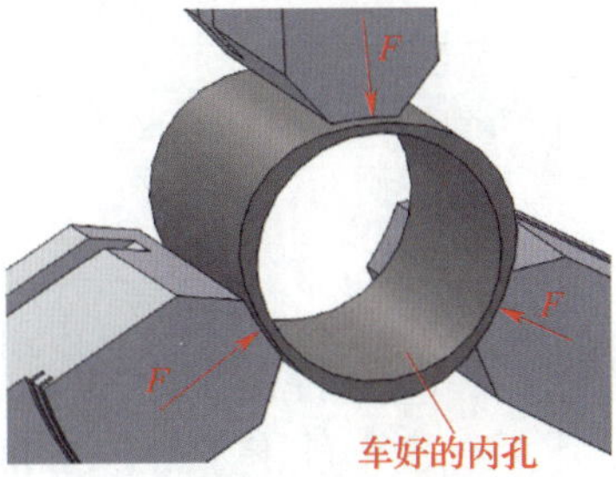 |
| | | 4. 取下工件后，由于工件的弹性恢复，外圆恢复成圆柱形，而内孔则变成了弧形三角形。 | 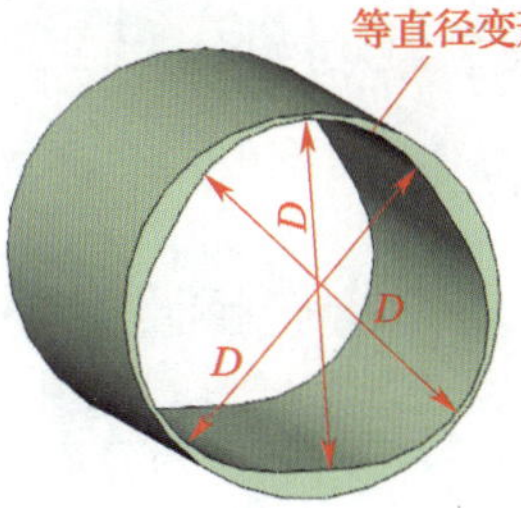 |
| | 热变形 | 由于工件壁薄，切削热引起的变形较严重，随加工条件的变化，车削时工件受热变形的规律不易掌握，使工件的尺寸精度很难控制。对于金属材料线膨胀系数较大的薄壁工件，此影响尤为显著。 | |
| | 测量变形 | 对于精密的薄壁工件，测量时由于千分尺或百分表的测量压力而引起变形，可能出现测量误差，甚至因测量不当而造成废品。 | |
| | 振动变形 | 由于工件的刚度低，在切削力（主要是背向力）的作用下容易产生振动，从而影响工件的表面粗糙度及尺寸精度。 | |

| 内容 | 图例与说明 | |
|---|---|---|
| 减小变形的工艺措施 | **1. 增大装夹的接触面积**<br>（1）开缝套筒。开缝套筒的内外圆同轴，内孔直径和薄壁件外圆具有较小的间隙配合，将开缝套筒开口后包容在薄壁件外，增大装夹的接触面积，工件局部受力改变成均匀受力，让夹紧力均布在工件上，工件夹紧时不易变形。 | 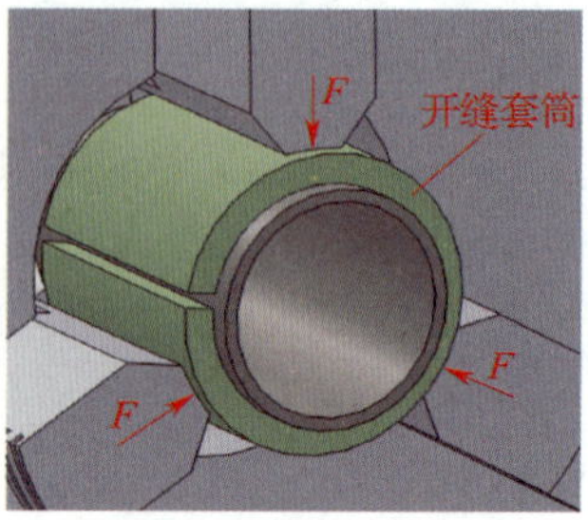 |
| | （2）特制的软卡爪。如大面积软卡爪、扇形软卡爪等。卡爪的夹紧之处受力集中，工件易变形，用特制的软卡爪置于工件和卡爪之间，增加工件着力处的厚度，减小变形。 | 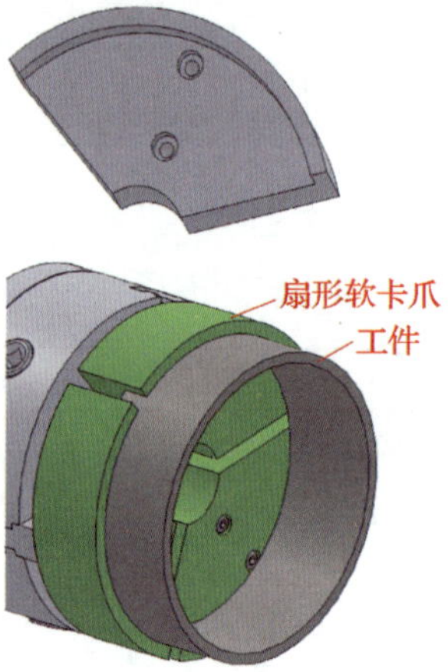 |
| | （3）弹性胀力心轴。将工件套在心部为螺纹连接、锥形配合和圆周向开口的台阶外圆上，当扳手旋紧心部螺纹时，锥形配合胀紧，与工件内壁无间隙，增大了接触面积，工件不易变形。 | 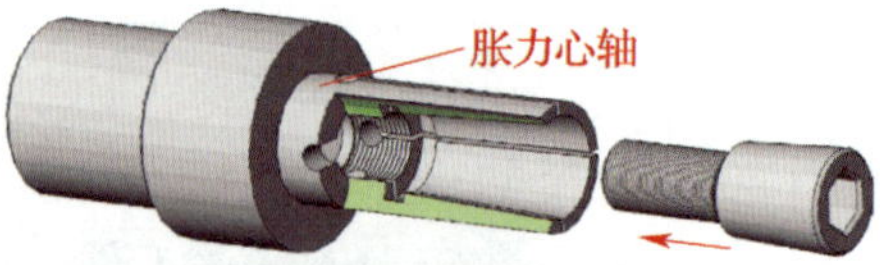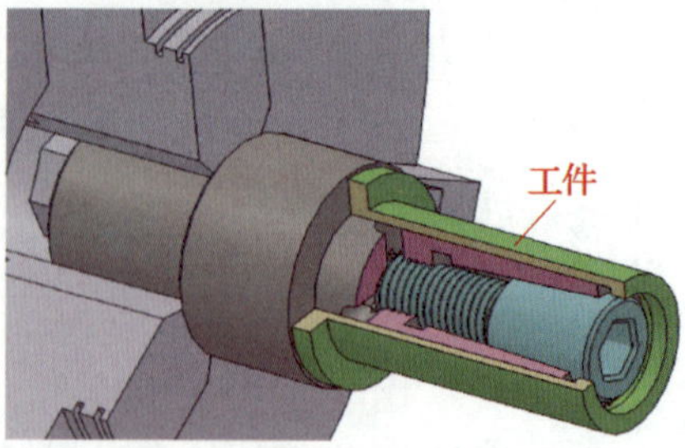 |

<table>
<tr><th>内容</th><th colspan="2">图例与说明</th></tr>
<tr><td rowspan="4">减小变形的工艺措施</td><td>2. 采用轴向夹紧夹具<br>车削薄壁的套类工件，尽量不使用径向夹紧，而采用轴向夹紧的方法。由于薄壁套工件轴向刚度高，容易产生轴向变形。</td><td>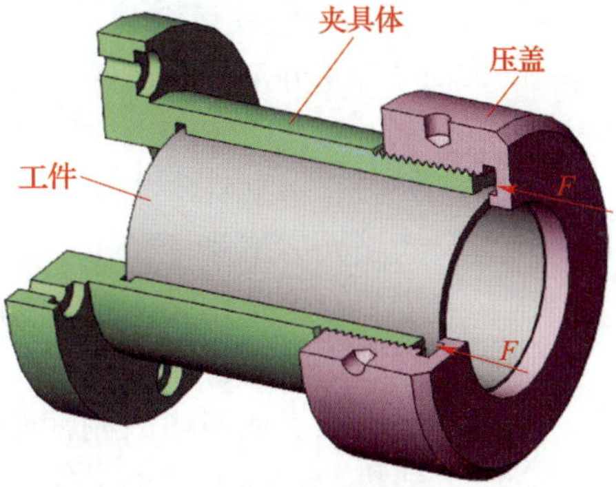
</td></tr>
<tr><td>3. 增加工艺肋<br>有些薄壁工件，可在其装夹部位增加特制的工艺肋，以增强此处刚度，使夹紧力作用在工艺肋上，以减小工件变形，加工完毕后，再去掉工艺肋。</td><td>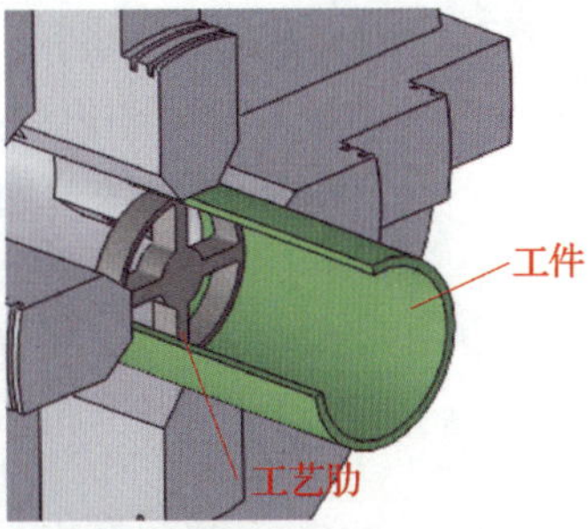
</td></tr>
<tr><td>4. 采用一次装夹完成工件加工<br>车削尺寸较短小的薄壁工件，可在一次安装中完成全部加工内容。工艺上在钻削、粗车内孔时保持工件所需深度即可，不宜过深，并在精车前略松开卡爪，以减小弹性复原造成的工件变形。</td><td>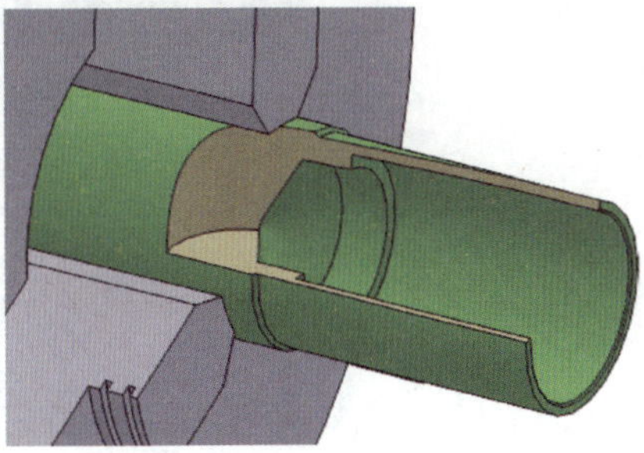</td></tr>
<tr><td colspan="2">5. 把粗、精加工分开进行<br>粗车时切削余量大，夹紧力也较大，切削力和切削热也较大，因而工件温度上升加快，变形较大。粗车后工件应有足够的自然冷却时间，不致精车时热变形加剧；精车时切削余量少，夹紧力稍小，一方面可使夹紧变形小，另一方面还可以消除粗车时因切削力过大而产生的变形。<br>6. 合理选择切削用量<br>切削用量中背吃刀量对切削力的影响最大，切削速度对切削热的影响最为显著。因此，车削薄壁工件时应减小背吃刀量，增加进给次数，并适当提高进给量。</td></tr>
</table>

| 内容 | 图例与说明 |
|---|---|

**减小变形的工艺措施**

### 7. 浇注切削液

充分浇注切削液，降低切削温度，减小工件热变形。

### 8. 合理选择车刀几何参数

合理选择车刀的几何参数，精车薄壁工件时，车刀刀柄的刚度要高，车刀的修光刃不能过长（一般取 0.2 ~ 0.3 mm），刃口要锋利。

（1）选用较大的主偏角，增大主偏角可减小主切削刃参加工作的长度，并有利于减小径向切削分力。

（2）适当增大副偏角，可以减小副切削刃与工件之间的摩擦，从而减少切削热，有利于减小工件热变形。

（3）前角适当增大，应尽量使车刀锋利，切削轻快，排屑顺畅，促使减小切削力和减少切削热。

（4）刀尖圆弧半径要小。

### 9. 采用减振措施

采用减振措施，调整好机床各部位的间隙，加强工艺系统的刚度，使用吸振材料。如将软橡胶片卷成筒状塞入工件已加工好的内孔中精车外圆（图 8–21），用医用橡胶管均匀缠绕在已加工好的外圆上精加工内孔（图 8–22）。

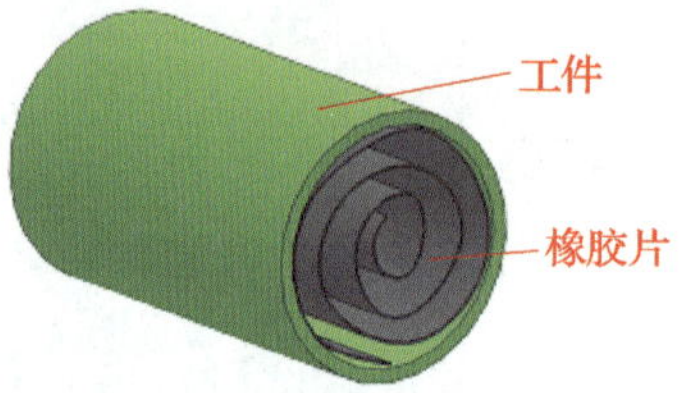


图 8–21　放入工件中的橡胶片

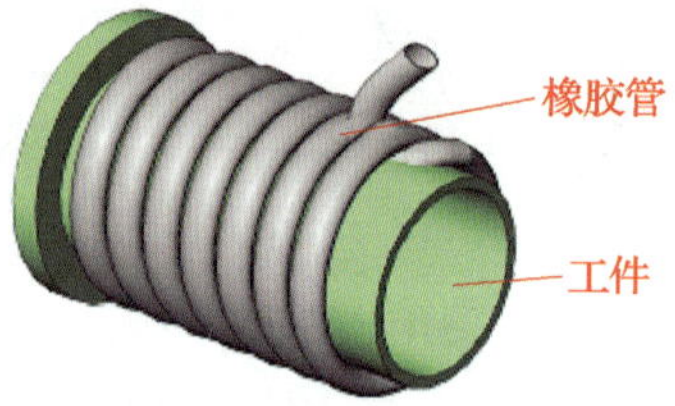


图 8–22　绕在工件上的橡胶管

**薄壁套车削练习 — 工件图样**

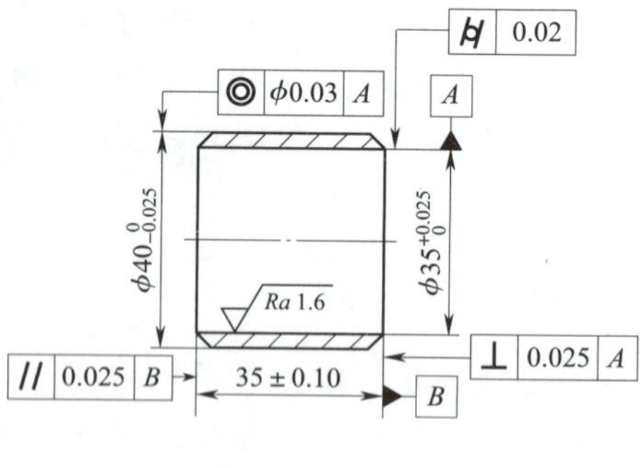


技术要求
未注倒角为 C0.5。

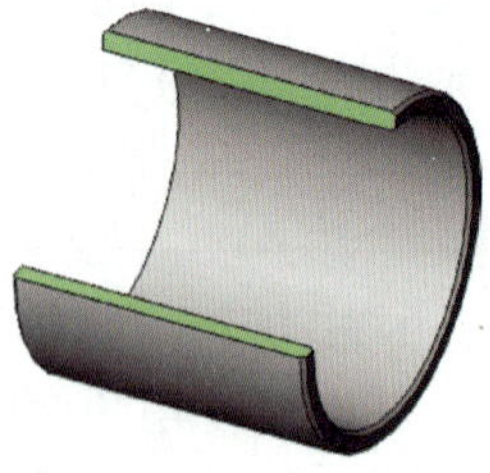

$\sqrt{Ra\ 3.2}$ （$\sqrt{}$）

| 工件名称 | | 薄壁套 | |
|---|---|---|---|
| 材料 | 45 钢 | 备料 | $\phi 50 \times 60$ |

| 内容 | | 图例与说明 | | | |
|---|---|---|---|---|---|
| 薄壁套车削练习 | 加工工艺卡片 | 10 | | 检查备料 $\phi50$ mm × 60 mm。 | 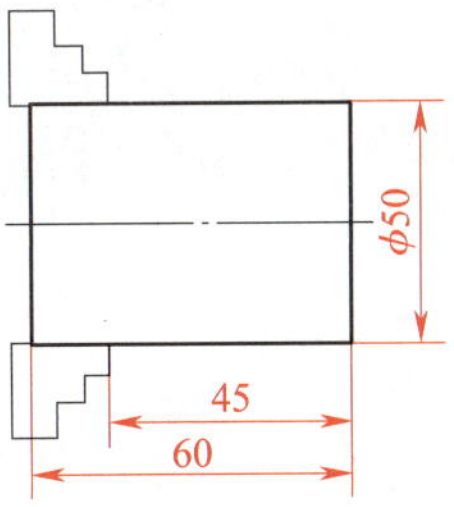 |
| | | 20 | | 用三爪自定心卡盘夹持毛坯外圆，伸出长度 45 mm 左右，找正并夹紧。 | |
| | | | 1 | 车端面，车平即可。 | |
| | | | 2 | 钻孔、扩孔至 $\phi30$ mm，深 40 mm。 | 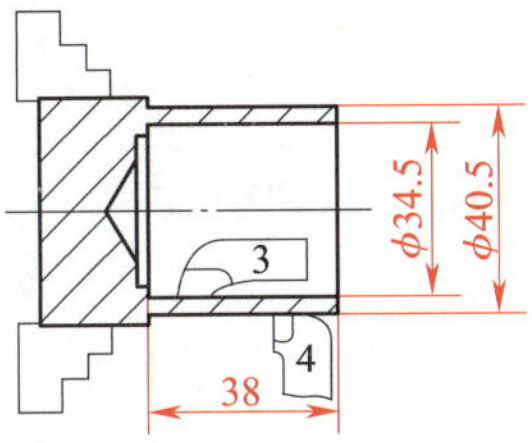 |
| | | | 3 | 粗车内孔至 $\phi34.5$ mm，深 38 mm 即可（注意粗车时应充分浇注切削液，以降低切削温度）。 | |
| | | | 4 | 粗车外圆 $\phi50$ mm 至 $\phi40.5$ mm，长 38 mm 即可。 | |
| | | | 5 | 半精车内孔、外圆，各留精车余量 0.2 mm。 | 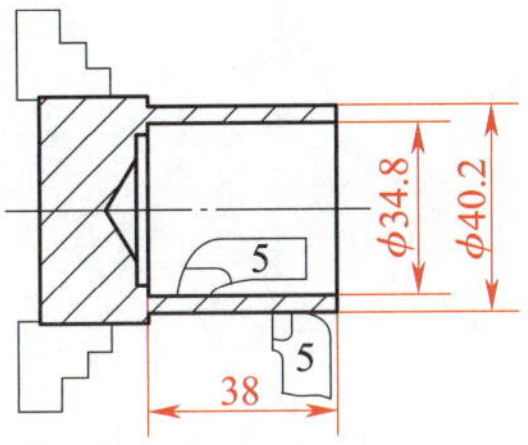 |
| | | | 6 | 精车内孔 $\phi35^{+0.025}_{0}$ mm 至尺寸要求，表面粗糙度 $Ra1.6$ μm。 | 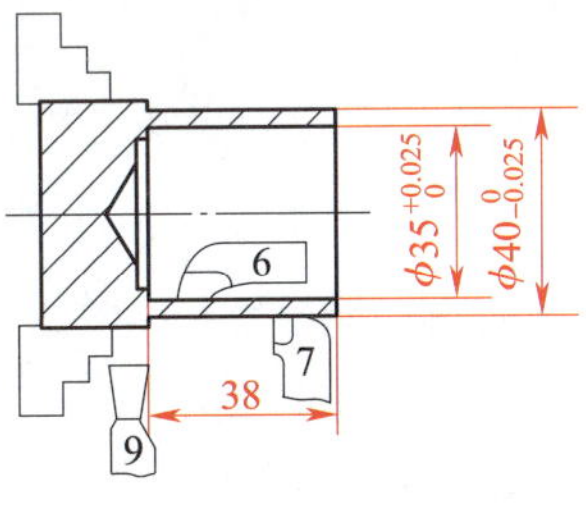 |
| | | | 7 | 精车外圆 $\phi40^{0}_{-0.025}$ mm 至尺寸要求，表面粗糙度 $Ra3.2$ μm。 | |
| | | | 8 | 内孔、外圆倒角 $C0.5$ mm。 | |
| | | | 9 | 切断，控制总长 35.3 mm。 | |
| | | 30 | | 工件掉头，套开缝套筒装夹，找正并夹紧。 | 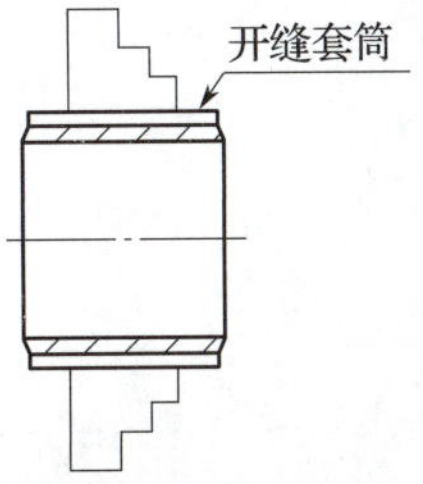 |

| 内容 | | 图例与说明 | | | |
| --- | --- | --- | --- | --- | --- |
| 薄壁套车削练习 | 加工工艺卡片 | | 1 | 车端面，保证总长（35±0.10）mm。 | 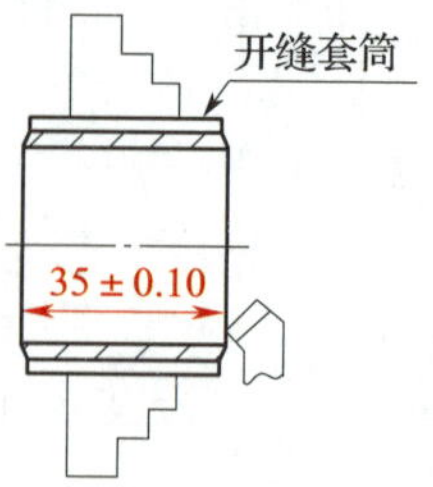 |
| | | | 2 | 内孔、外圆倒角 *C*0.5 mm。 | |
| | | 40 | 检查质量合格后取下工件。 | | |

# 第九单元

# 车床主要部件的调整及一级保养

## 课题一　车床主要部件的调整

<table>
<tr><th colspan="2">内容</th><th>图例与说明</th></tr>
<tr><td colspan="3">车床部件较多，第一单元已有介绍。本课题主要介绍主轴箱中摩擦离合器的调整、制动装置的调整，溜板箱中开合螺母机构的调整、中滑板间隙的调整及卡盘在主轴上的安装与拆卸。</td></tr>
<tr><td>摩擦离合器的调整</td><td>摩擦离合器的结构</td><td>图 9-1a、b 所示为 CA6140 型车床主轴箱内的双向多片式摩擦离合器，该离合器具有左、右两组摩擦片，每一组由若干厚度为 1.5 mm 的内、外摩擦片（图 9-1c）相间排列，利用摩擦片在相互压紧时接触面之间产生的摩擦力传递运动和转矩。<br>带花键孔的内摩擦片 3 与轴 11 上的花键相连接；外摩擦片 2 的内孔是光滑圆孔，空套在轴 11 的花键外圆上，摩擦片外圆上有 4 个凸齿，卡在双联齿轮 1 右端套筒部分的缺口内。双联齿轮 1 和齿轮 13 空套在轴 11 上。<br>当操纵机构 12 拨动滑环 8 至右边位置时，通过摆块 10 绕轴销 9 摆动，使拉杆 7 左移，拉杆 7 左端有一圆柱销 6，使螺圈 4a 及加压套 5 向左压紧左边的一组摩擦片，通过摩擦片间的摩擦力，将转矩由轴 11 传给双联齿轮 1，这时可使主轴正转。相反，当操纵机构 12 拨动滑环 8 至左边位置时，可使螺圈 4b 及加压套 5 向右压紧右边的一组摩擦片，将转矩由轴 11 传给齿轮 13，这时主轴反转。当滑环 8 在中间位置时，左、右两组摩擦片都处于放松状态，轴 11 的运动不能传给齿轮 1 或 13，主轴即停止转动。</td></tr>
</table>

<table>
<tr><th colspan="2">内容</th><th>图例与说明</th></tr>
<tr><td rowspan="3">摩擦离合器的调整</td><td>摩擦离合器的结构</td><td>

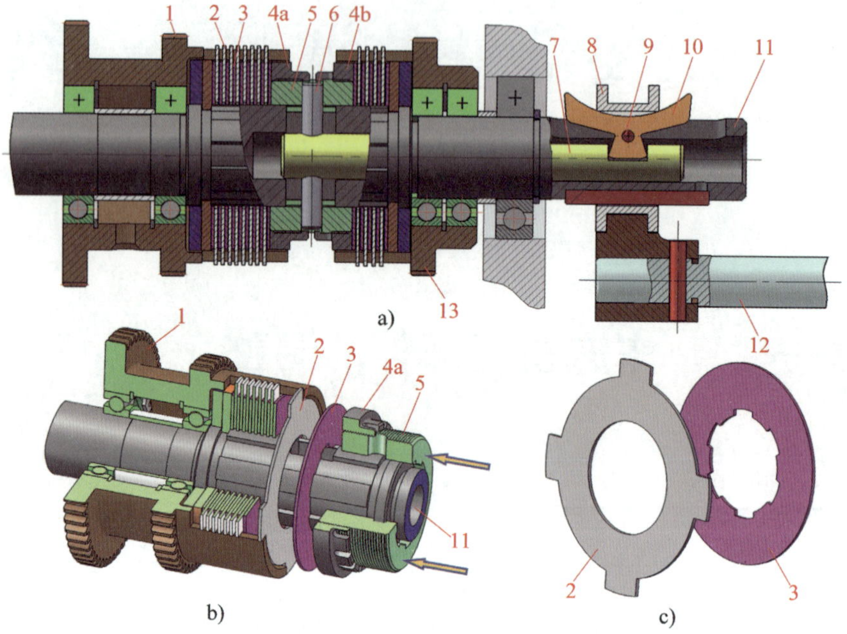


图 9-1　多片式摩擦离合器

a）原理图　b）结构图　c）内外摩擦片

1—双联齿轮　2—外摩擦片　3—内摩擦片　4a、4b—螺圈　5—加压套　6—圆柱销

7—拉杆　8—滑环　9—轴销　10—摆块　11—轴　12—操纵机构　13—齿轮

</td></tr>
<tr><td>摩擦片间隙</td><td>

摩擦离合器的内、外摩擦片在松开时的间隙应适当。间隙太大时压不紧，摩擦片之间会出现打滑现象，不能传递足够的转矩，影响车床功率的正常传输，切削过程中易产生“闷车”现象，摩擦片容易磨损；间隙太小时，启动时费力，容易损坏操纵机构中的零件，松开时摩擦片不易脱开，使用过程中会因过热而导致摩擦片被烧坏。

</td></tr>
<tr><td>调整方法</td><td>

多片式双向摩擦离合器的调整如图 9-2 所示。

1. 切断电源，打开主轴箱盖。

2. 提起（或落下）操纵杆，使其处于正转（或反转）位置。

3. 用手转动卡盘，看到左边（或右边）的弹簧销 14。

4. 让操纵杆处于停车位置，此时左、右两组摩擦片都处于松开状态。正转时摩擦片太松，则调整左离合器；反转时摩擦片太松，则调整右离合器。

5. 先用一字旋具将左边（或右边）的弹簧销 14 压入加压套 5 的缺口下。

</td></tr>
</table>

<table>
<tr><th colspan="2">内容</th><th>图例与说明</th></tr>
<tr><td>摩擦离合器的调整</td><td>调整方法</td><td>
6. 同时拨动左边（或右边）的加压套转过 1 ~ 2 个缺口，使加压套相对螺圈 4（4a 用于调整左半离合器，4b 用于调整右半离合器）做少量的轴向位移，即可改变摩擦片间的间隙。
7. 调整好后弹簧销自动弹起在加压套的缺口中，以防止加压套在工作中松动。最后盖上主轴箱盖。
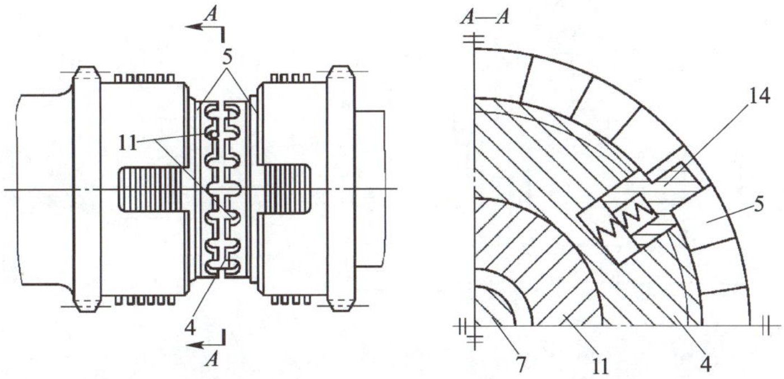

图 9–2　多片式双向摩擦离合器的调整
4—螺圈　5—加压套　7—拉杆　11—轴　14—弹簧销
提示：调整后，双向多片式摩擦离合器应操作自如，不得有阻滞或卡住现象，启动迅速，无异常声音。
</td></tr>
<tr><td rowspan="2">制动装置的调整</td><td>制动装置功用</td><td>
制动装置的功用是在车床停车的过程中，克服主轴箱内各运动件的旋转惯性，使主轴迅速停止转动，以缩短辅助时间。制动装置也叫刹车装置。
制动器太松时，停车时主轴（工件）不能迅速停止回转，不能起到制动作用，影响生产效率；制动器太紧时，则因摩擦严重会烧坏制动钢带。
</td></tr>
<tr><td>制动装置的结构</td><td>
CA6140 型车床上采用的制动装置是闸带式制动器，如图 9–3 所示。它由制动轮 8、制动带 7 和杠杆 4 等组成。制动轮是一个钢制圆盘，与传动轴 9 用花键连接。制动带为一钢带，其内侧固定着一层铜丝石棉，以增大摩擦因数。
制动带绕在制动轮上，它的一端通过调节螺钉 5 与主轴箱 1 连接，另一端固定在杠杆 4 的上端。杠杆可绕杠杆支撑轴 3 摆动，当它的下端与齿条轴 2 上的圆弧形凹部 a 或 c 接触时，主轴处于反转或正转状态，制动带松开。移动齿条轴 2，其上凸部分 b 与杠杆 4 的下端接触时，杠杆绕轴 3 逆时针摆动，使制动带包紧制动轮，传动轴 9 停止转动。
</td></tr>
</table>

| 内容 | | 图例与说明 |
| --- | --- | --- |
| 制动装置的调整 | 制动装置的结构 | 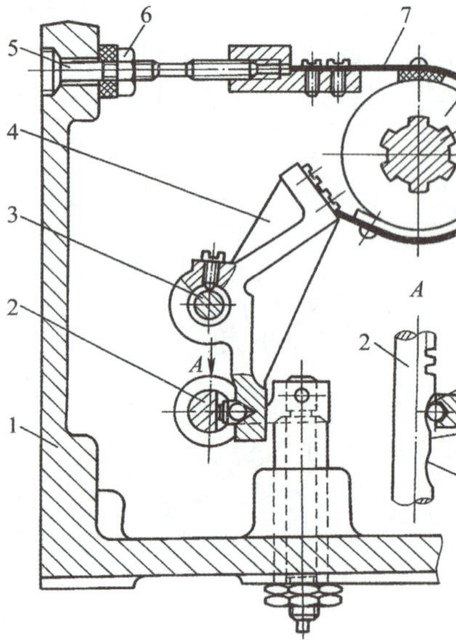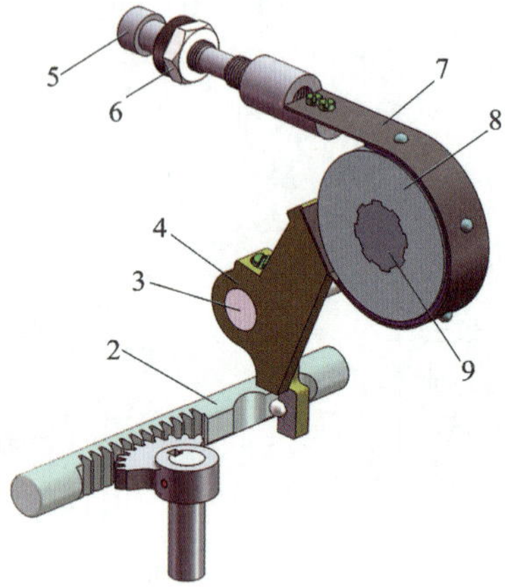<br>图 9-3　闸带式制动器<br>1—主轴箱　2—齿条轴　3—杠杆支撑轴　4—杠杆<br>5—调节螺钉　6—螺母　7—制动带　8—制动轮　9—传动轴 |
| | 调整方法 | 1. 切断电源，打开主轴箱盖。<br>2. 用活扳手（或呆扳手）松开螺母 6。<br>3. 用内六角扳手在主轴箱 1 的背后旋转调节螺钉 5（顺时针旋转调节螺钉 5 是拉紧制动带，逆时针旋转是松开制动带），调整制动带 7 的松紧。<br>4. 调整好后，用活扳手（或呆扳手）把螺母 6 锁紧。将车床主轴转速调整至 320 r/min，若停车时能在 2 ~ 3 r 内制动，而在开车时制动带能完全松开，说明制动带的松紧程度调整合适。<br>提示：拉紧制动带时，应同时检查在操纵手柄扳到开车位置时制动带是否完全松开，若没有完全松开则应将其稍微放松些。<br>调整制动带时，要防止制动带产生歪扭现象。 |
| 开合螺母机构的调整 | 开合螺母功用 | 开合螺母机构的功用是接通和断开从丝杠传来的运动。车削螺纹和蜗杆时，将开合螺母合上，丝杠通过开合螺母带动溜板箱及螺纹车刀运动。<br>开合螺母手柄过松，当车削螺纹时，开合螺母容易跳起，造成乱牙等现象。开合螺母手柄过紧会造成操纵费劲且不方便。 |

<table>
<tr><th colspan="2">内容</th><th>图例与说明</th></tr>
<tr><td>开合螺母机构的调整</td><td>开合螺母结构</td><td>
开合螺母机构的结构如图 9-4a 所示，其上、下两个半螺母 1 和 2 装在溜板箱后壁的燕尾形导轨中，可上下移动。上、下半螺母的背面各装有一个圆柱销 3，其伸出端分别嵌在槽盘 4 的两条曲线槽中。当逆时针转动手柄 6 时，通过轴 7 使槽盘 4 逆时针转动。<br><br>
从图 9-4b 中可以看出，当槽盘 4 逆时针转动时，曲线槽迫使两圆柱销 3 互相靠近从而带动上、下半螺母合拢，使其与丝杠啮合，刀架便由丝杠螺母副经溜板箱带动进给。当槽盘顺时针转动时，曲线槽通过圆柱销使两个半螺母相互分离（图 9-4c），两个半螺母与丝杠脱开，刀架便停止进给。<br><br>
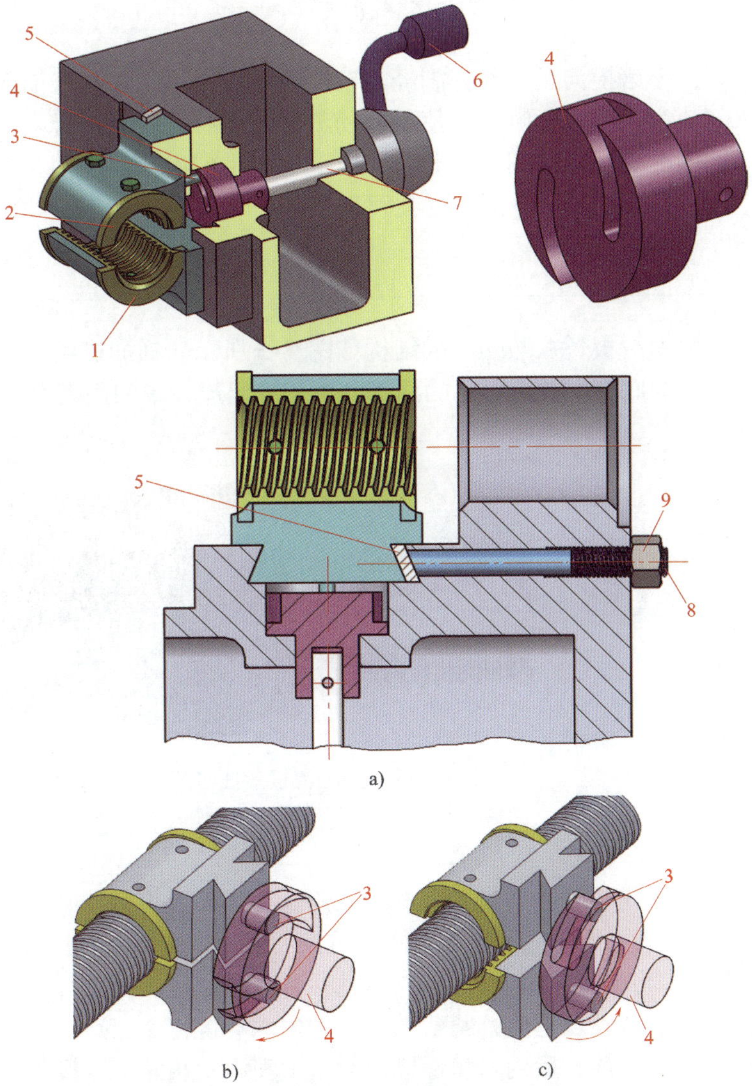
<br>
图 9-4　开合螺母机构<br>
a）结构图　b）槽盘逆时针转动时　c）槽盘顺时针转动时<br>
1、2—半螺母　3—圆柱销　4—槽盘　5—楔铁　6—手柄　7—轴　8—螺钉　9—螺母
</td></tr>
</table>

<table>
<tr><th colspan="2">内容</th><th>图例与说明</th></tr>
<tr><td>开合螺母机构的调整</td><td>调整方法</td><td>1. 切断电源。<br>2. 用活扳手（或呆扳手）松开螺母 9。<br>3. 用一字旋具通过螺钉 8 支紧或放松楔铁 5 进行调整，使开合螺母在燕尾导轨中滑动轻便。<br>4. 开合螺母与燕尾形导轨配合的松紧程度调整好后，拧紧螺母 9。<br>提示：顺时针和逆时针转动手柄 6，应操纵灵活自如，不得有阻滞或卡住现象，无异常声音。溜板箱移动时，应轻重均匀和平稳。</td></tr>
<tr><td rowspan="3">中滑板间隙的调整</td><td>中滑板丝杠螺母功用</td><td>车床横向进给丝杠副经过较长时间使用后，由于磨损而造成丝杠与螺母的间隙增大，其影响有：使手柄和刻度盘正、反转时空行程量加大，影响刻度把握的准确性；断续切削时会使中滑板产生前后往复窜动，容易造成打刀和打坏工件；车螺纹时容易产生扎刀现象。</td></tr>
<tr><td>中滑板丝杠螺母结构</td><td>中滑板丝杠与螺母的结构如图 9–5 所示。横向进给丝杠 7 的螺母固定在中滑板的底面上，由分开的两部分 1 和 6 组成，中间用楔块 3 隔开。<br>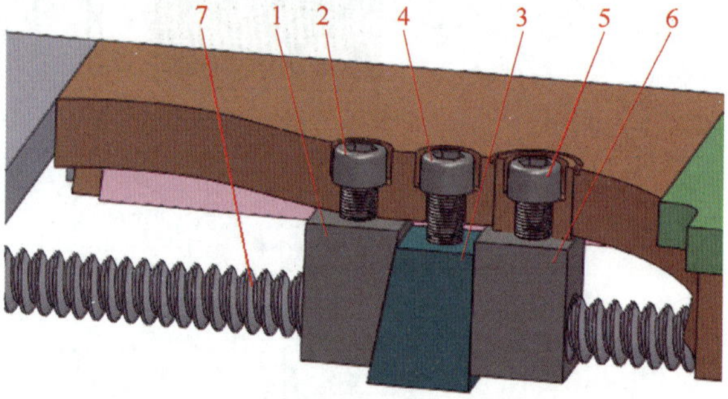<br><br>图 9–5　中滑板丝杠与螺母的结构<br>1、6—螺母　2、4、5—内六角螺钉　3—楔块　7—丝杠</td></tr>
<tr><td>丝杠副间隙的调整</td><td>1. 先松开前螺母 1 上的内六角螺钉，不要将其卸下。<br>2. 一边正、反转摇动横向进给手柄，一边缓慢交替拧紧中间的内六角螺钉 4，将楔块 3 向上拉，依靠斜楔的作用减小丝杠与螺母牙侧的间隙。<br>3. 调整合适后拧紧前螺母上的内六角螺钉 2。<br>4. 将前、后内六角螺钉拧紧，中间内六角螺钉 4 按手感拧紧即可。<br>提示：调整后，要求中滑板丝杠手柄摇动灵活。正、反转时的空行程在 r/20 以内。</td></tr>
</table>

<table>
<tr><th colspan="2">内容</th><th>图例与说明</th></tr>
<tr><td rowspan="2">中滑板间隙的调整</td><td>中滑板刻度盘结构</td><td>中滑板刻度盘的结构如图 9–6 所示，中滑板刻度盘是横向进刀量读数的标记。刻度盘太松时，会跟着中滑板手柄做不同步的转动，从而无法得到准确的读数；太紧则不便于调整刻线格数。<br>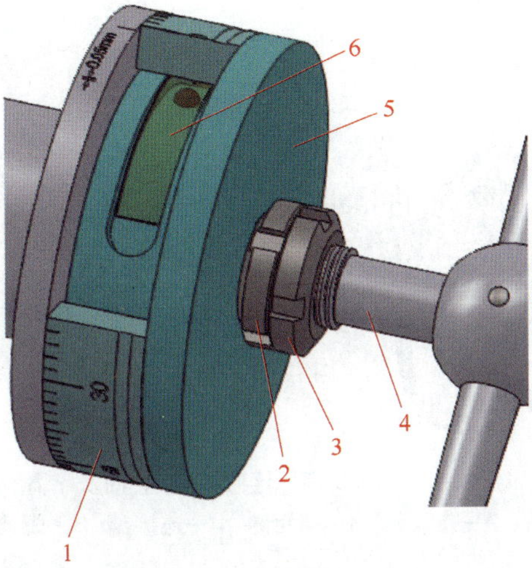<br><br>图 9–6　中滑板刻度盘的结构<br>1—刻度盘　2—调节螺母　3—锁紧螺母　4—轴　5—圆盘　6—弹簧片</td></tr>
<tr><td>中滑板刻度盘松紧的调整</td><td>1. 将锁紧螺母 3 和调节螺母 2 松开。<br>2. 抽出圆盘 5 和圆盘槽中的弹簧片 6。<br>3. 如果刻度盘与圆盘连接太松，刻度盘不能跟随圆盘完全同步转动，则应适当增加弹簧片的弯曲程度，使其弹力增加；如果连接太紧又不易手动调整刻度盘与圆盘上的零线，则应适当减小弹簧片的弯曲程度，使其弹力减小一些。<br>4. 按要求装好，并拧紧调节螺母，待刻度盘在圆盘上转动的松紧程度适宜时，将锁紧螺母锁紧。<br>提示：中滑板刻度盘应转动灵活，无明显阻滞现象。</td></tr>
<tr><td>卡盘在主轴上的安装与拆卸</td><td>卡盘与车床主轴的连接</td><td>由于三爪自定心卡盘是通过连接盘与车床主轴连为一体的，所以连接盘与车床主轴、三爪自定心卡盘之间的同轴度要求很高。连接盘与主轴及卡盘间的连接关系如图 9–7 所示。<br>CA6140 型车床主轴前端为短锥法兰盘结构，用以安装连接盘。连接盘由主轴上的短圆锥定位。安装前，要根据主轴短圆锥面和卡盘后端的台阶孔径配制连接盘。安装时，让连接盘 4 的四个螺栓 5 及其上的螺母 6 从主轴肩和锁紧盘 2 上的孔内穿过，螺栓中部的圆柱与主轴轴肩上的孔精密配合，然后将锁紧盘转过一个角度，使螺栓进入锁紧盘上宽度较窄的圆弧槽段，把螺母卡住，接着再拧紧螺母，于是连接盘便可靠地安装在主轴上。</td></tr>
</table>

| 内容 | | 图例与说明 |
| --- | --- | --- |
| 卡盘在主轴上的安装与拆卸 | 卡盘与车床主轴的连接 | 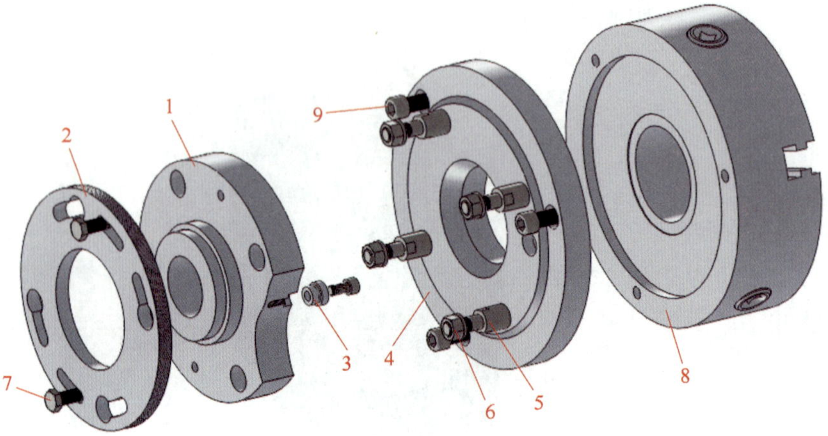<br><br>图 9–7　连接盘与主轴及卡盘间的连接关系<br>1—主轴　2—锁紧盘　3—端面键　4—连接盘　5—螺栓　6—螺母　7、9—螺钉　8—卡盘<br>连接盘前面的台阶面是安装卡盘 8 的定位基面，与卡盘的后端面和台阶孔配合，以确定卡盘相对于连接盘的正确位置（实际上是相对于主轴中心的正确位置）。通过三个螺钉 9 将卡盘与连接盘连接在一起。这样，主轴、连接盘、卡盘三者便可靠地连为一体，并保证了主轴与卡盘的同轴，如图 9–8 所示。<br>图 9–7 中端面键 3 可防止连接盘相对主轴转动，是保险装置。紧定螺钉 7 用于紧固锁紧盘。<br>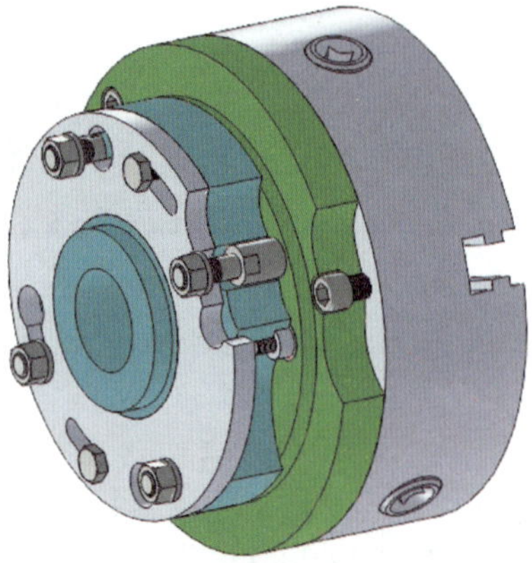<br>图 9–8　卡盘的连接 |
| | 卡盘的拆卸 | 1. 切断电动机电源，即将机床电源总开关由“ON”扳至“OFF”位置。<br>2. 在主轴孔内插入一根硬木棒，木棒的另一端伸出卡盘之外并搁置在刀架上，在靠近主轴处的床身导轨上垫上木板，以保护导轨面。由于卡盘较重，应注意安全，最好由两人配合完成。<br>3. 用扳手将连接盘的四个螺栓上的螺母拧松，将锁紧盘转过一个角度，让螺栓从锁紧盘宽度较宽的圆弧槽段和主轴肩上的孔内穿过，则可将卡盘卸下。<br>4. 用硬木棒小心地抬下卡盘，撤去床身护板。 |

| 内容 | | 图例与说明 |
|---|---|---|
| 卡盘在主轴上的安装与拆卸 | 卡盘的安装 | 1. 切断电动机电源，即将机床电源总开关由“ON”扳至“OFF”位置。<br>2. 在主轴孔内插入一根硬木棒，在靠近主轴处的床身导轨上垫上木板，以保护导轨面。由于卡盘较重，应注意安全，最好由两人配合完成。<br>3. 将卡盘、连接盘与主轴相配合的各部位（表面）擦干净并涂上润滑油。<br>4. 让连接盘的四个螺栓及其上的螺母从主轴肩和锁紧盘上的孔内穿过，螺栓中部的圆柱与主轴轴肩上的孔精密配合，然后将锁紧盘转过一个角度，使螺栓进入锁紧盘上宽度较窄的圆弧槽段，把螺母卡住交替拧紧四个螺母，卡盘与主轴的连接完成。 |

## 课题二　车床的一级保养

通常，车床运行 500 h 后，需要进行一次一级保养。一级保养工作以操作者为主，在维修人员的配合下进行。保养时，必须先切断电源，然后按要求进行。

| 内容 | | 说　明 |
|---|---|---|
| 一级保养的内容及要求 | 外保养 | 1. 清洁车床外表面及各罩盖，要求内外清洁、无锈蚀、无油污。<br>2. 清洗丝杠、光杠、操纵杆。<br>3. 检查并补齐外部缺件，如螺钉、手柄球、手柄等。 |
| | 主轴箱 | 1. 检查主轴锁紧螺母有无松动，紧定螺钉是否拧紧。<br>2. 调整制动器及离合器摩擦片间隙。<br>3. 清洗过滤器。 |
| | 交换齿轮箱 | 1. 拆洗齿轮、轴套，并在油杯中注入新油脂。<br>2. 调整齿轮啮合间隙。<br>3. 检查轴套有无晃动现象。<br>4. 检查 V 带张紧力是否合适、表面是否有裂纹。 |

| 内容 | | 说　明 |
| --- | --- | --- |
| 一级保养的内容及要求 | 刀架和滑板部分 | 1. 拆下方刀架并清洗。<br>2. 拆下中、小滑板的丝杠、螺母、楔铁，进行清洗。<br>3. 拆下床鞍防尘油毛毡，进行清洗、加油和复装。<br>4. 中滑板的丝杠、螺母、楔铁、导轨加油后复装，调整楔铁间隙和丝杠螺母间隙。<br>5. 小滑板丝杠、螺母、楔铁、导轨加油后复装，调整楔铁间隙和丝杠螺母间隙。<br>6. 擦净方刀架底面，涂油、复装、压紧。 |
| | 尾座 | 1. 拆下尾座套筒和压紧块，进行清洗、涂油。<br>2. 拆下尾座丝杠、螺母，进行清洗、加油。<br>3. 清洗尾座并加油。<br>4. 复装尾座部分并调整。 |
| | 润滑系统 | 1. 清洗冷却泵、过滤器、油杯和盛液盘。<br>2. 保证油路畅通，油孔、油绳、油毡无切屑。<br>3. 检查润滑油，油质应保持良好，油杯应齐全，油标应清晰。 |
| | 冷却系统 | 1. 清洗过滤网和盛液盘。<br>2. 清洗切削液池。<br>3. 保证管道畅通完好、固定牢靠。<br>4. 切削液无明显污染，质量符合要求。 |
| | 电气系统 | 1. 清扫电动机、电气箱上的尘屑。<br>2. 检查电气装置是否固定整齐。 |
| | 附件等 | 清洁、防锈、摆放整齐、正常、可靠。 |
| | 注意事项 | 1. 保养前做好准备工作，准备好拆装工具、清洗装置、清洗剂、润滑油料、放置机件的盘子以及备件等。<br>2. 按保养步骤进行。<br>3. 拆下的机件要成组放好，注意不要遗失。<br>4. 要文明操作，注意拆装的方法和力度，以免损坏机件。 |

# 中级技能训练课题

## 课题一　螺纹组合件的加工

<table>
<tr><th>内容</th><th>图例与说明</th></tr>
<tr><td>工件图样</td><td>
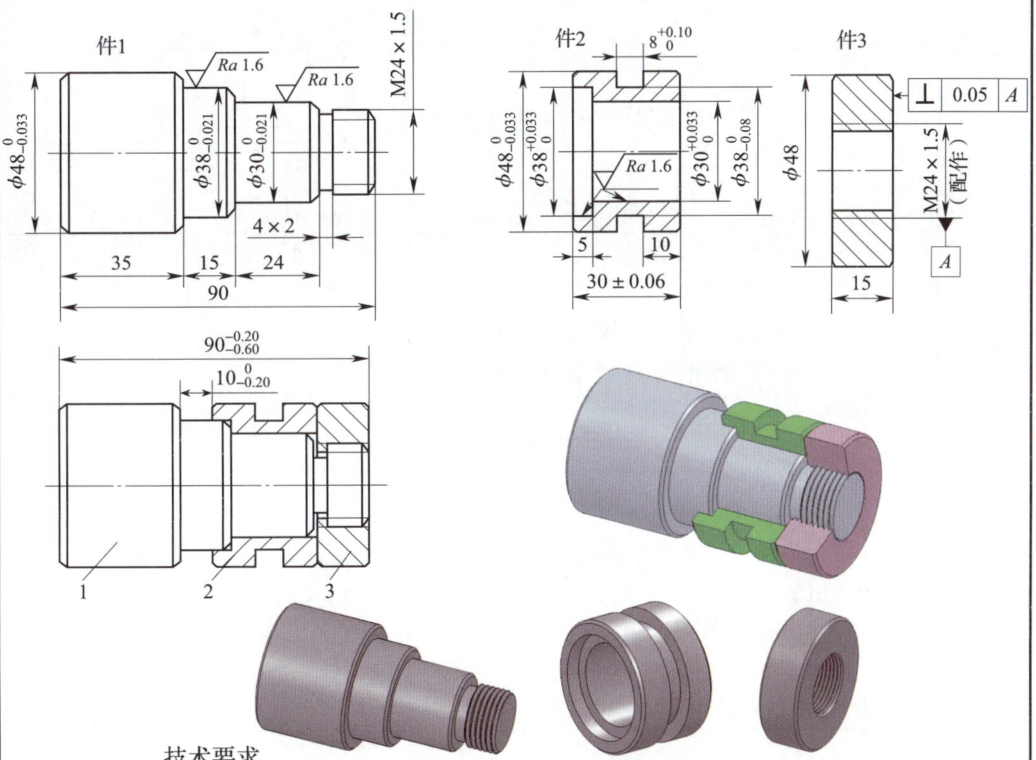


技术要求

1. 未注倒角为C1。
2. 倒钝锐边C0.5。
3. 件1两端面允许有中心孔A3.15/6.7。

Ra 3.2（√）

<table>
<tr><td>工件名称</td><td></td><td colspan="2">螺纹组合件</td></tr>
<tr><td>材料</td><td>45 钢</td><td>备料</td><td>φ50 × 160</td></tr>
</table>
</td></tr>
</table>

<table>
<tr><th>内容</th><th colspan="4">图例与说明</th></tr>
<tr><td>工艺分析</td><td colspan="4">该组合件虽是三件配的螺纹组合件，但难度不大，都是基本技能的考核。主要要保证的精度有三角形螺纹尺寸、外槽精度和件 1 中间 $\phi38_{-0.021}^{\ 0}$ mm、$\phi30_{-0.021}^{\ 0}$ mm 外圆相对于件 2 的 $\phi38_{\ 0}^{+0.033}$ mm、$\phi30_{\ 0}^{+0.033}$ mm 内孔相配后保证间距 $10_{-0.20}^{\ 0}$ mm 的精度以及件 3 的 ⊥ 0.05 A 精度。根据轴基准件先加工的原则，先加工件 1，再加工件 2，最后加工件 3。<br>件 1 可在一次安装中全部加工完成各表面，但需注意粗、精车要分开完成加工。为了防止热胀冷缩，先将件 2 的所有表面进行粗加工，在一次安装中加工件 3 保证 ⊥ 0.05 A 的精度。最后精加工件 2 所有表面，使与件 1 相配后的间隙为 $10_{-0.20}^{\ 0}$ mm。<br>为保证孔、轴相配精度，车件 1 外圆 $\phi38_{-0.021}^{\ 0}$ mm、$\phi30_{-0.021}^{\ 0}$ mm，尽可能车至 $\phi38_{-0.018}^{-0.010}$ mm 和 $\phi30_{-0.018}^{-0.010}$ mm，以增加与内孔 $\phi38_{\ 0}^{+0.033}$ mm、$\phi30_{\ 0}^{+0.033}$ mm 的配合间隙，降低配合难度。</td></tr>
<tr><td rowspan="5">加工工艺卡片</td><td>10</td><td colspan="2">检查备料 $\phi50$ mm × 160 mm。</td><td>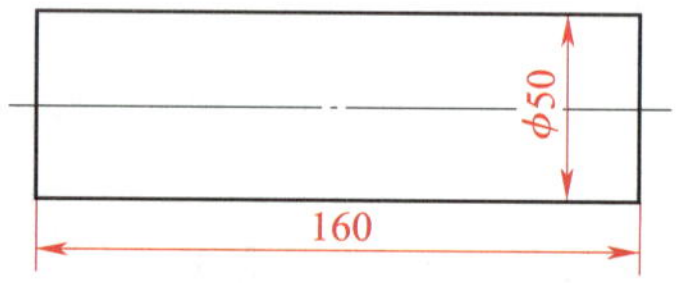</td></tr>
<tr><td>20</td><td colspan="2">夹持毛坯外圆，伸出长度 100 mm，找正并夹紧（加工件 1）。</td><td>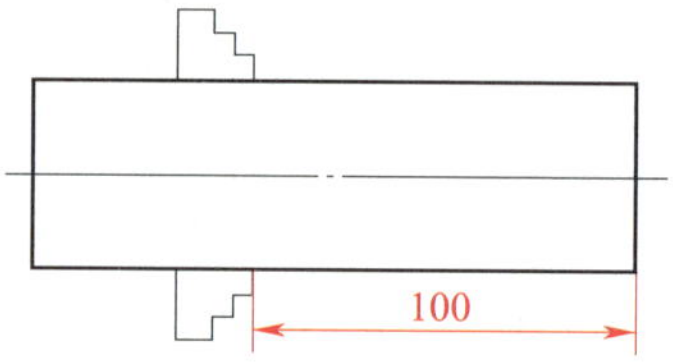</td></tr>
<tr><td rowspan="3"></td><td>1</td><td>车端面，车平即可。</td><td rowspan="2">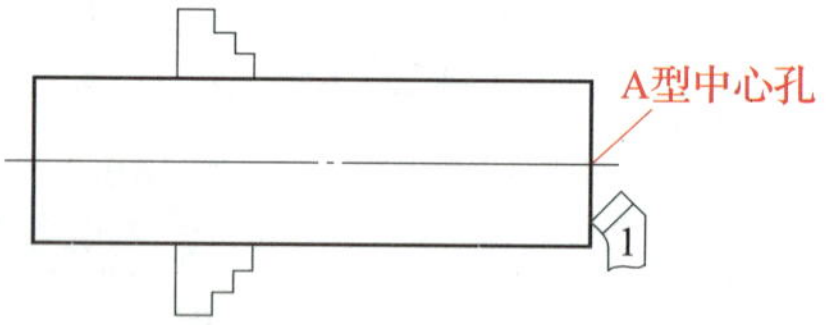</td></tr>
<tr><td>2</td><td>钻中心孔 A3.15/6.7。</td></tr>
<tr><td>3</td><td>车毛坯外圆至 $\phi48.5$ mm，长度为 92 mm（一夹一顶）。</td><td>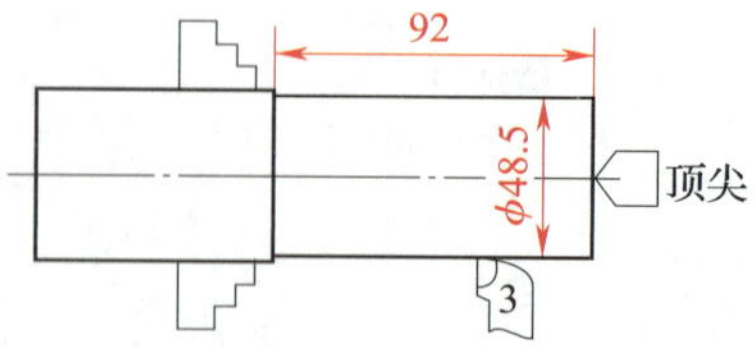</td></tr>
</table>

| 内容 | 图例与说明 | | | |
| --- | --- | --- | --- | --- |
| 加工工艺卡片 | | 4 | 粗车外圆 $\phi$48.5 mm 至 $\phi$38.5 mm，长度为 54.5 mm。 | 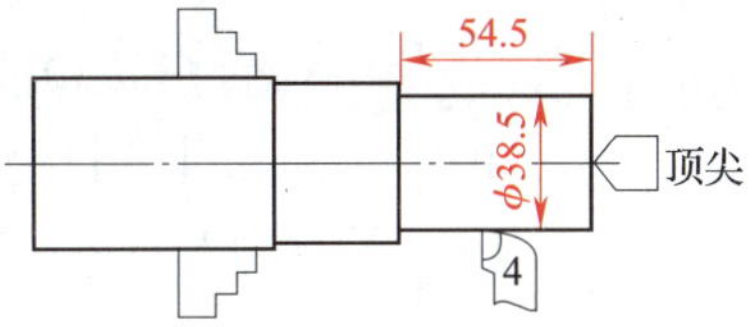  |
| | | 5 | 粗车外圆 $\phi$38.5 mm 至 $\phi$30.5 mm，长度为 39.5 mm。 | 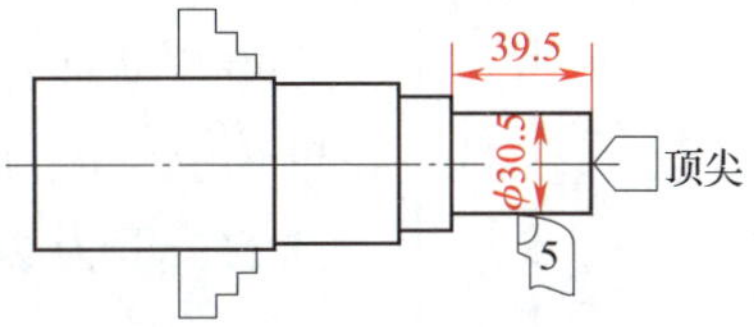  |
| | | 6 | 粗车 $\phi$30.5 mm 外圆至 $\phi$24.5 mm，长度为 15.5 mm。 | 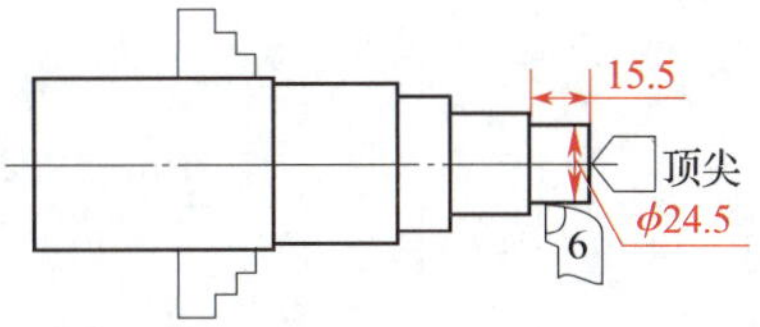  |
| | | 7 | 精车端面，精修中心孔。 | 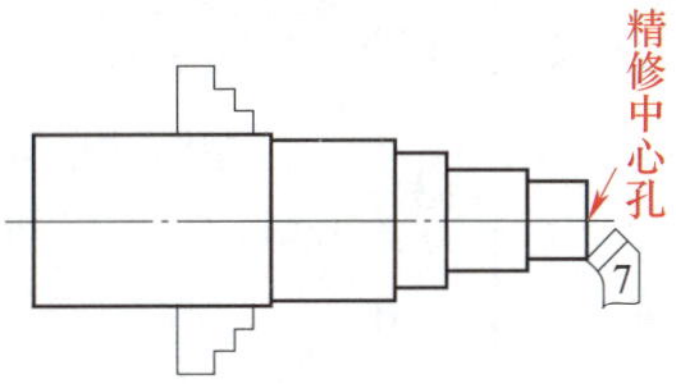  |
| | | 8 | 精车 $\phi 48_{-0.033}^{0}$ mm 外圆，长度为 92 mm。 | 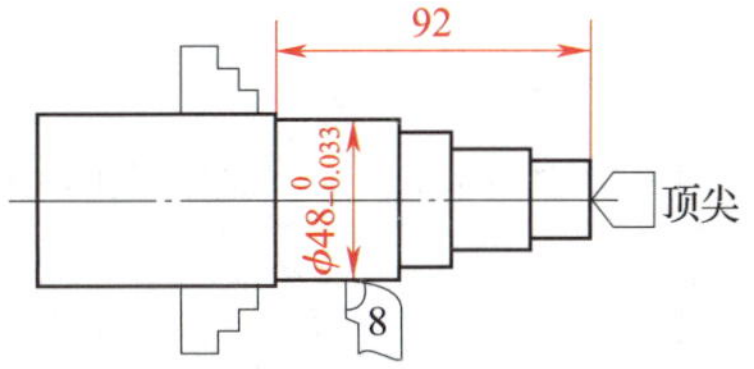  |
| | | 9 | 精车 $\phi 38_{-0.021}^{0}$ mm 外圆，长度为 55 mm，表面粗糙度 *Ra*1.6 μm。 | 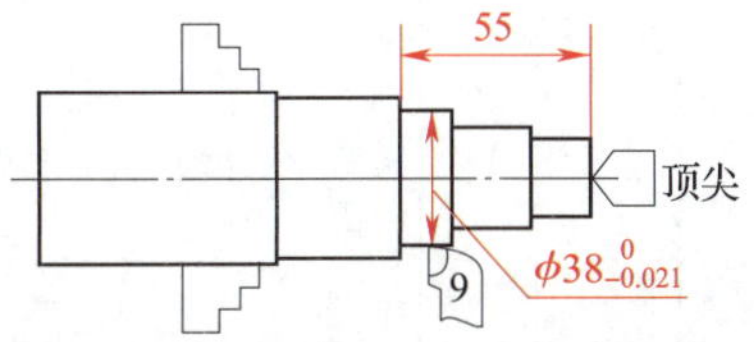  |

| 内容 | 图例与说明 | | | |
|---|---|---|---|---|
| 加工工艺卡片 | | 10 | 精车 $\phi30_{-0.021}^{\ 0}$ mm 外圆，长度为 40 mm，同时保证 $\phi38_{-0.021}^{\ 0}$ mm 外圆的长度为 15 mm，表面粗糙度 $Ra1.6$ μm。 | 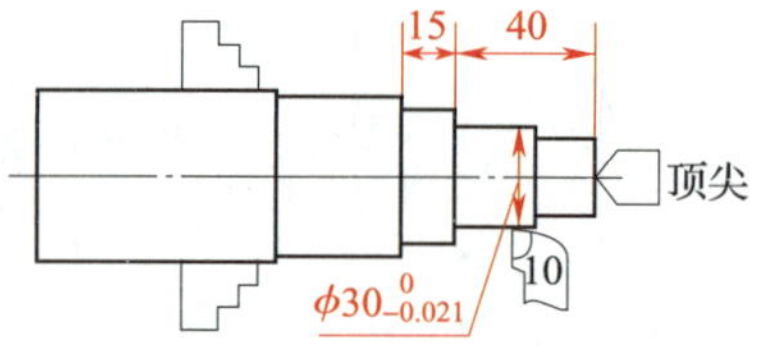 |
| | | 11 | 精车 M24×1.5 外圆至 $\phi24_{-0.20}^{-0.10}$ mm，长度为 16 mm，同时保证 $\phi30_{-0.021}^{\ 0}$ mm 外圆的长度为 24 mm。 | 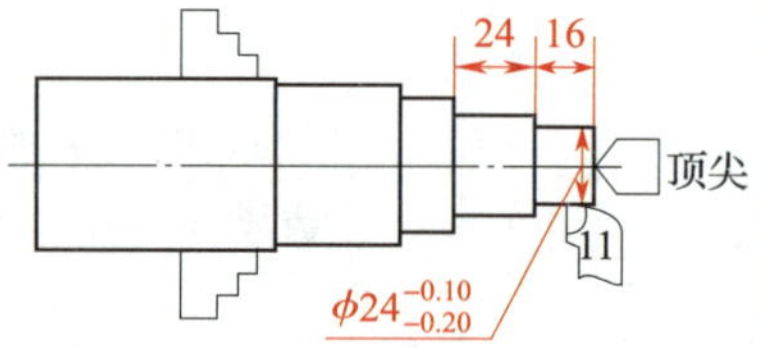 |
| | | 12 | 车 4 mm × 2 mm 螺纹退刀槽。 | 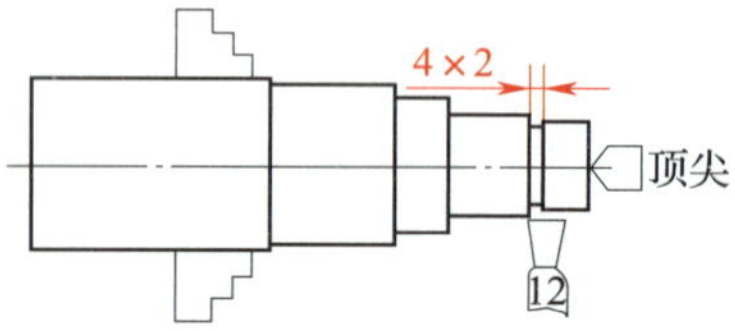 |
| | | 13 | 粗、精车 M24 × 1.5，用螺纹环规检测。 | 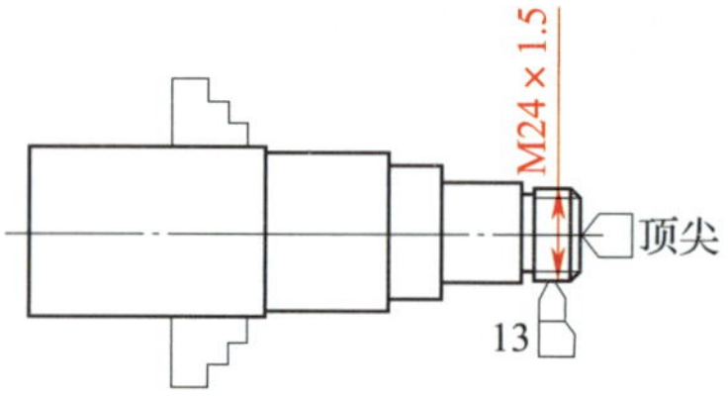 |
| | | 14 | 倒角 $C1$ mm。 | 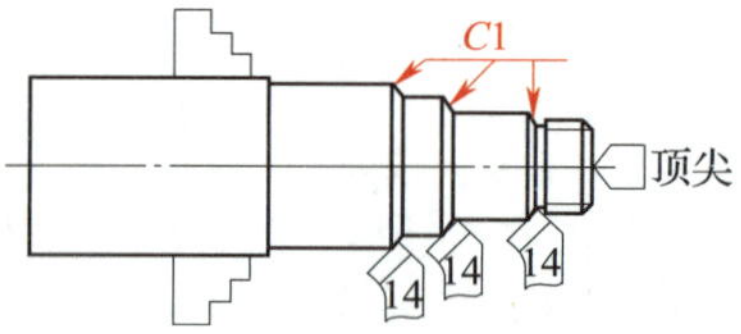 |
| | | 15 | 切断，件 1 总长至 90.5 mm。 | 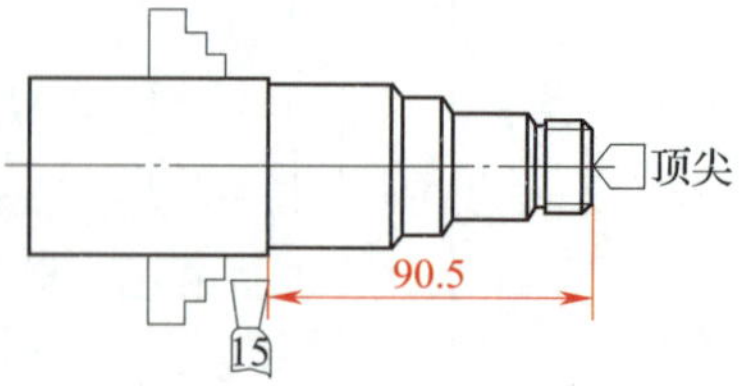 |

| 内容 | 图例与说明 | | | |
|---|---|---|---|---|
| 加工工艺卡片 | 30 | | 夹持包铜皮的 $\phi48$ mm 外圆，找正并夹紧（加工件 1）。 | 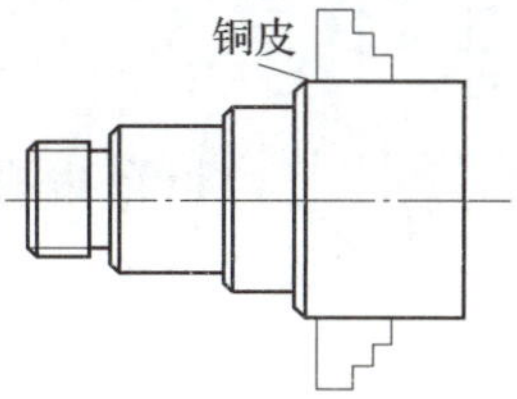 |
| | | 1 | 车端面，保证件 1 总长为 90 mm。同时 $\phi48_{-0.033}^{0}$ mm 外圆的长度为 35 mm。 | 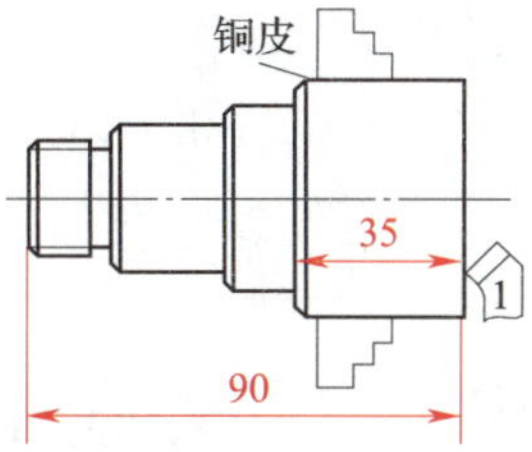 |
| | | 2 | 钻中心孔 A3.15/6.7。 | 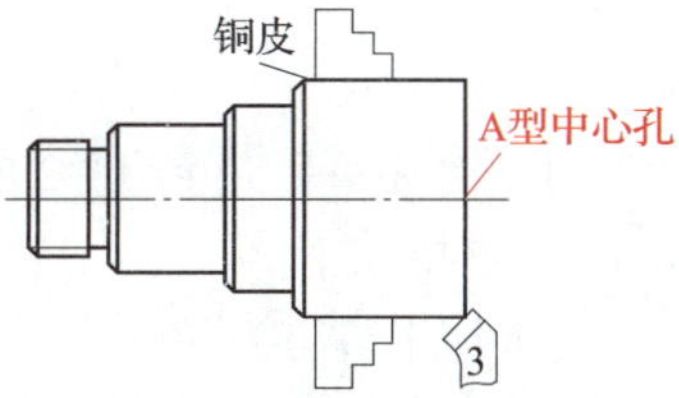 |
| | | 3 | 倒角 $C1$ mm。 | |
| | | 4 | 检查完成后卸下件 1。 | |
| | 40 | | 夹持余下毛坯工件外圆，伸长 45 mm，找正并夹紧（粗加工件 2）。 | 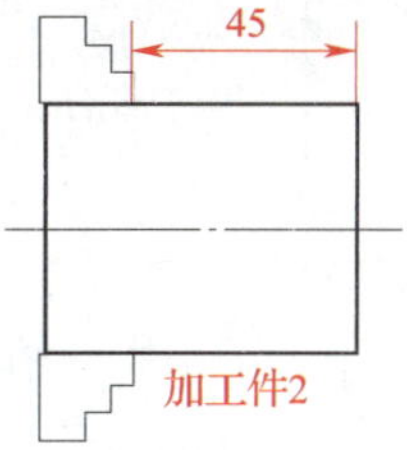 |
| | | 1 | 车端面，车平即可。 | 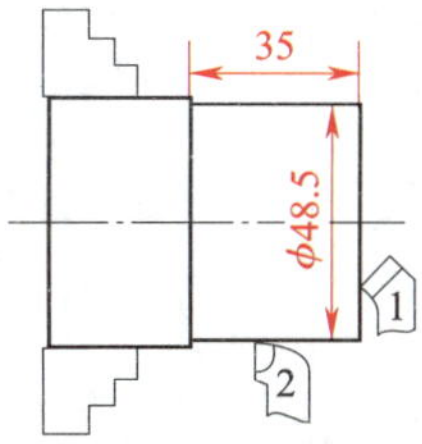 |
| | | 2 | 车毛坯外圆至 $\phi48.5$ mm，长度为 35 mm。 | |
| | | 3 | 钻中心孔，用 $\phi20$ mm 麻花钻钻通孔。 | 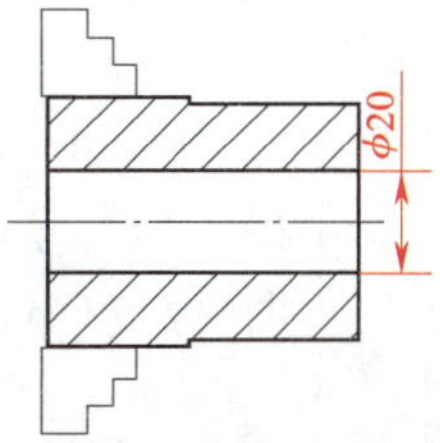 |

| 内容 | 图例与说明 | | | |
|---|---|---|---|---|
| 加工工艺卡片 | | 4 | 粗车内孔 $\phi$20 mm 至 $\phi$29 mm，长度为 45 mm。 | 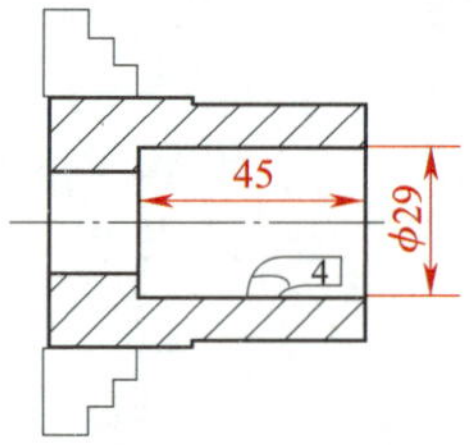 |
| | | 5 | 粗车外槽，槽宽 6 mm，槽底径 $\phi$38.5 mm。 | 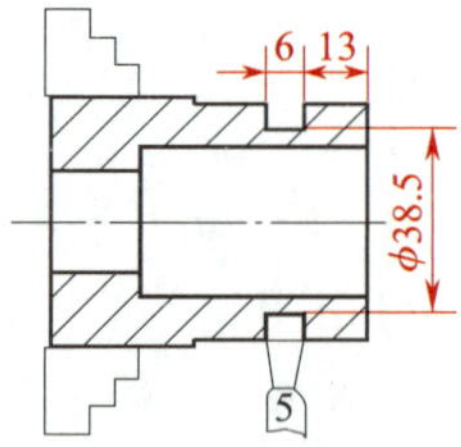 |
| | | 6 | 不切断件 2，卸下工件。 | |
| | 50 | 掉头夹持件 2 的 $\phi$48.5 mm 外圆，夹持长度为 28 ~ 30 mm，找正并夹紧（加工件 3）。 | | 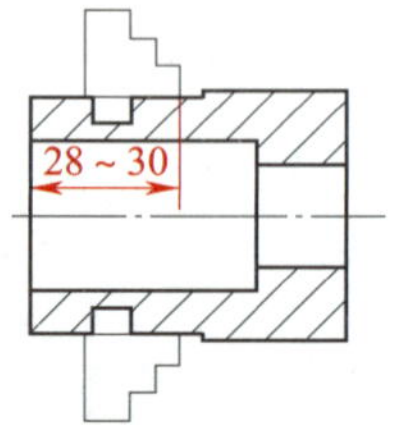 |
| | | 1 | 车端面，车平即可。 | 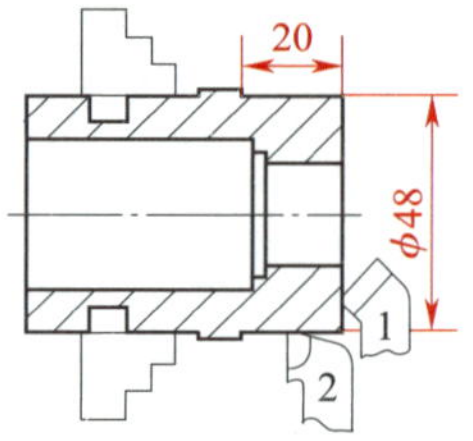 |
| | | 2 | 粗、精车 $\phi$48 mm 外圆，长度为 20 mm。 | |
| | | 3 | 粗、精车 M24 × 1.5 内螺纹的孔径为 22.5 mm。 | 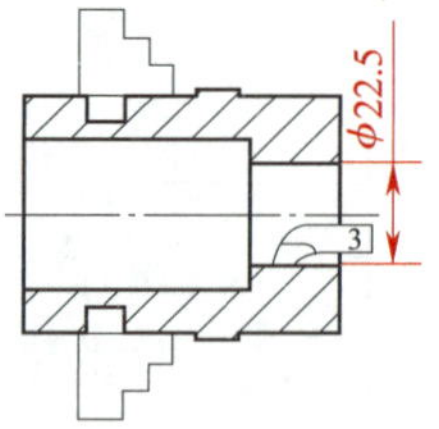 |
| | | 4 | 车 M24 × 1.5 内螺纹的工艺退刀槽，槽宽 8 mm，槽底径 28 mm，同时保证件 3 总长为 15.5 mm。 | 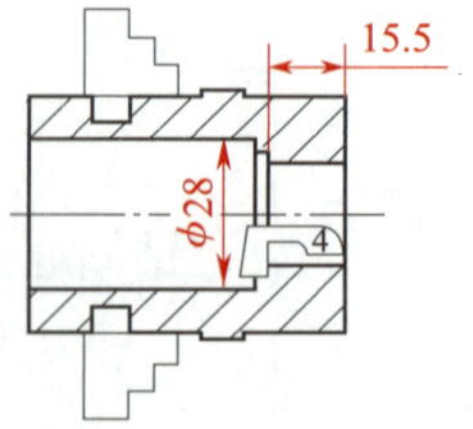 |

| 内容 | 图例与说明 | | | |
| --- | --- | --- | --- | --- |
| 加工工艺卡片 | | 5 | 粗、精车 M24×1.5 内螺纹，达到图样要求。 | 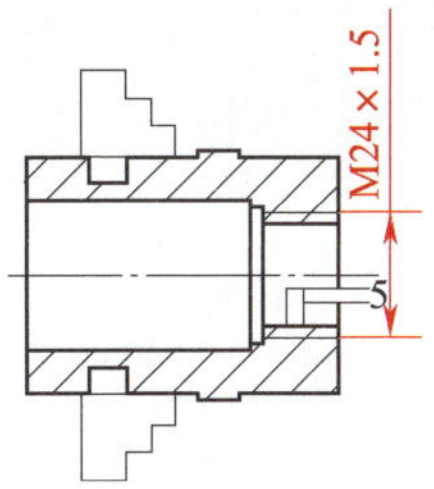 |
| | | 6 | 倒角 *C*1 mm。 | 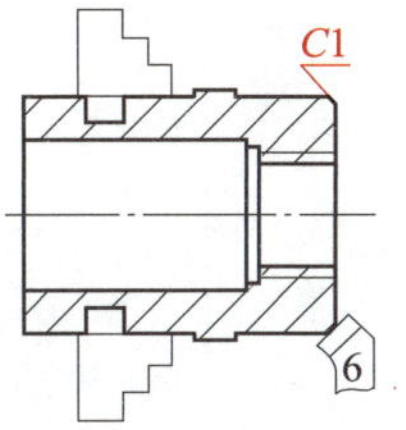 |
| | | 7 | 不切断件 3，卸下工件。 | |
| | 60 | | 掉头，夹持包铜皮的件 3 的 $\phi48$ mm 外圆，夹持长度为 20 mm，找正并夹紧（加工件 2）。 | 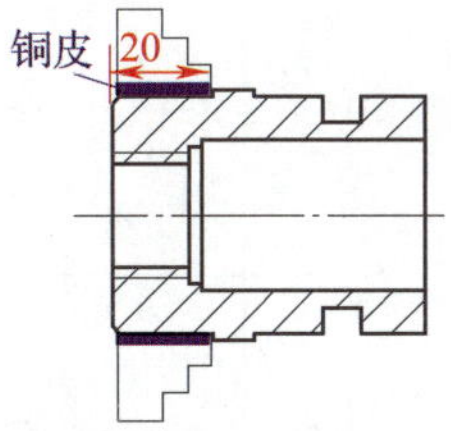 |
| | | 1 | 精车端面。 | 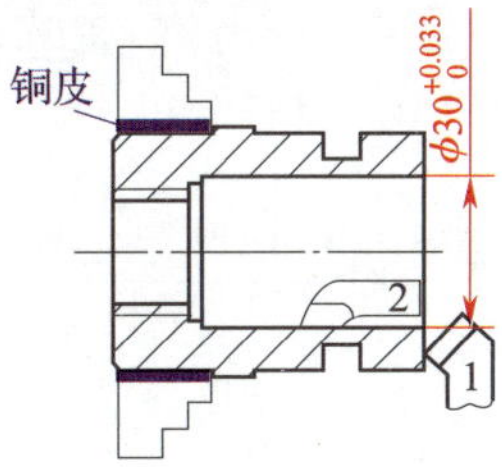 |
| | | 2 | 精车 $\phi30^{+0.033}_{0}$ mm 内孔，长度不小于 35 mm，表面粗糙度 $Ra1.6$ μm。 | |
| | | 3 | 精车 $\phi38^{+0.033}_{0}$ mm 内孔，长度为 5 mm，表面粗糙度 $Ra1.6$ μm；同时保证件 1 与件 2 相配后所产生的间隙为 $10^{0}_{-0.20}$ mm。 | 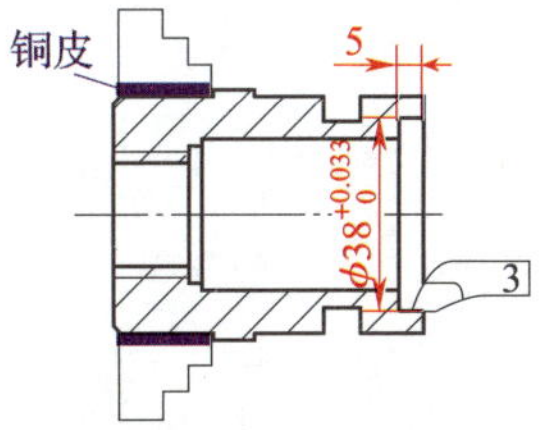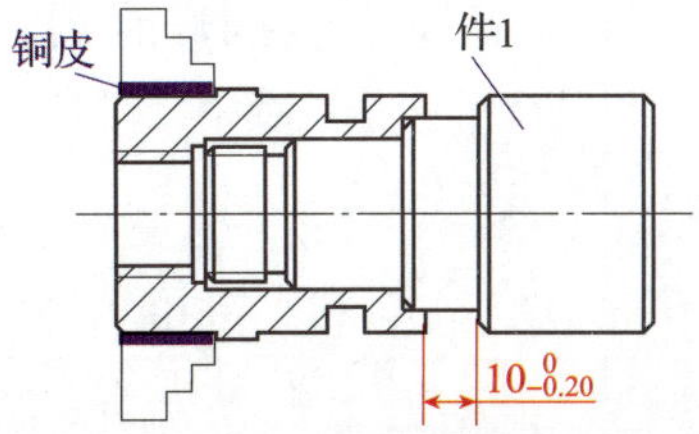 |

| 内容 | 图例与说明 | | | |
|---|---|---|---|---|
| 加工工艺卡片 | | 4 | 精车 $\phi48\,_{-0.033}^{\ 0}$ mm 外圆，长度为 35 mm。 | 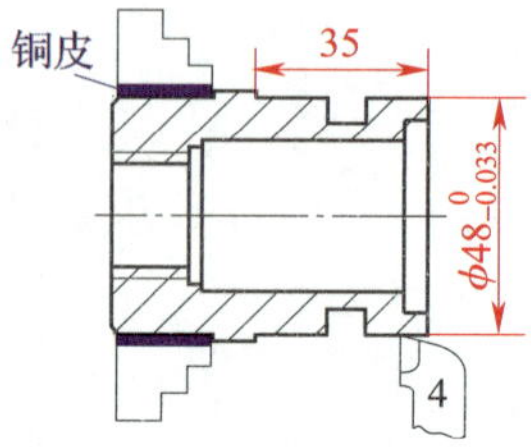 |
| | | 5 | 精车外槽，槽宽 $8_{\ 0}^{+0.10}$ mm，槽底径 $\phi38\,_{-0.08}^{\ 0}$ mm。 | 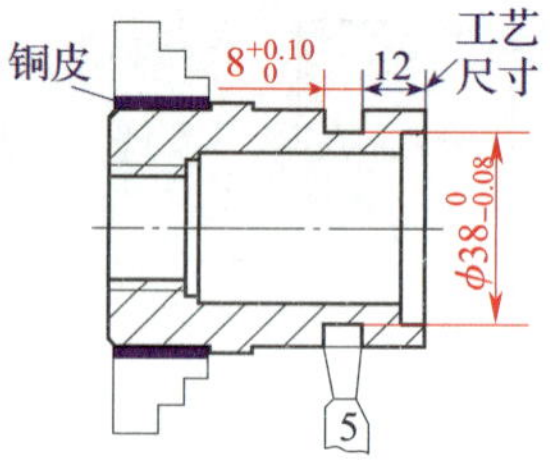 |
| | | 6 | 倒角 *C*1 mm，锐边倒角 *C*0.5 mm。 | 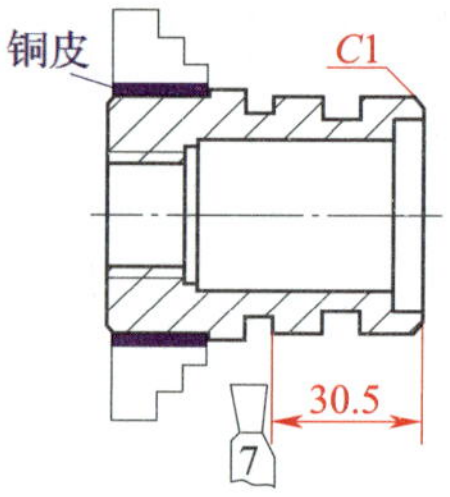 |
| | | 7 | 将件 2 切断，总长为 30.5 mm。 | |
| | 70 | | 包铜皮在件 2 的 $\phi48\,_{-0.033}^{\ 0}$ mm 外圆上夹持，伸出长度 5 mm，找正并夹紧（加工件 2）。 | 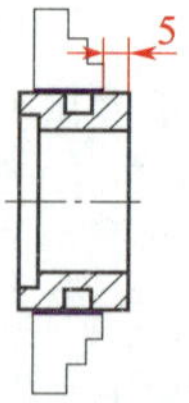 |

| 内容 | 图例与说明 | | | |
|---|---|---|---|---|
| 加工工艺卡片 | | 1 | 车端面，控制总长为（30 ± 0.06）mm，间接保证尺寸 10 mm。 | 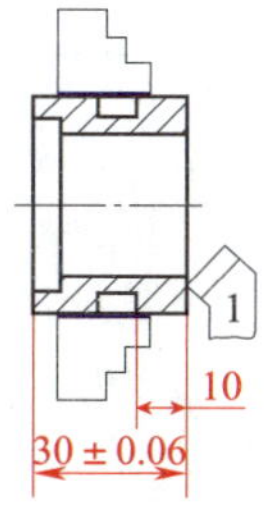 |
| | | 2 | 倒角 $C1$ mm，倒钝锐边 $C0.5$ mm。 | |
| | 80 | | 包铜皮在件 3 的 $\phi48$ mm 外圆上夹持，伸出长度 5 mm，找正并夹紧（加工件 3）。 | 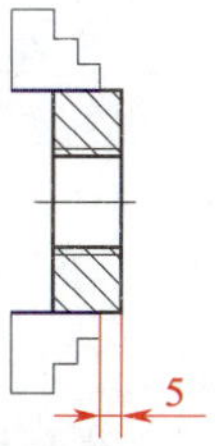 |
| | | 1 | 车端面，控制总长为 15 mm；保证三件组合后，总长为 $90_{-0.60}^{-0.20}$ mm。 | 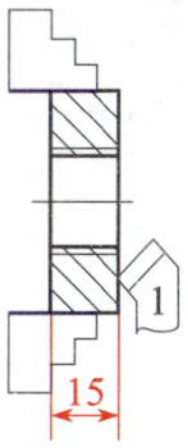 |
| | | 2 | 倒角 $C1$ mm。 | 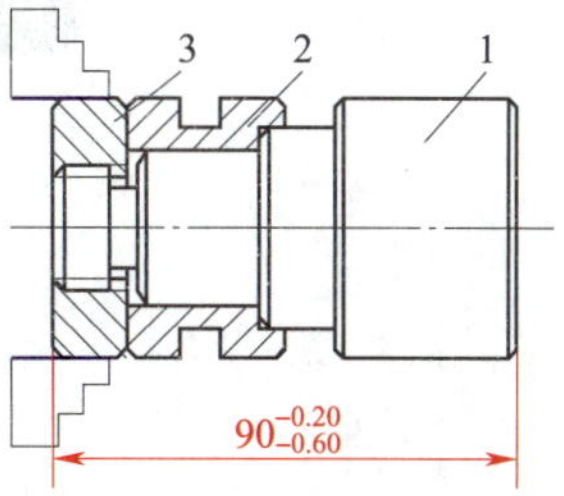 |
| | 90 | | 将三件组合，检查尺寸。 | |

# 课题二　螺纹轴的加工

| 内容 | 图例与说明 |
|---|---|
| 工件图样 | 见下 |

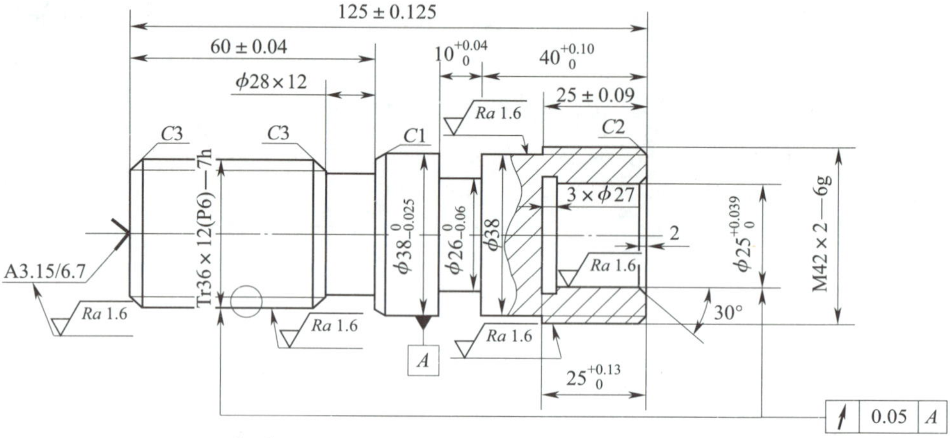


2 : 1

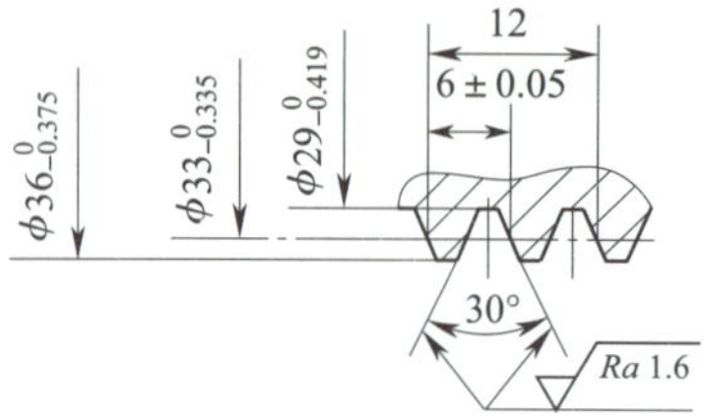


技术要求

1. 未注倒角为$C0.5$。
2. M42 × 2—6g螺纹中径尺寸为$\phi 40.70_{-0.22}^{-0.04}$。
3. 未注尺寸公差按GB/T 1804—m。

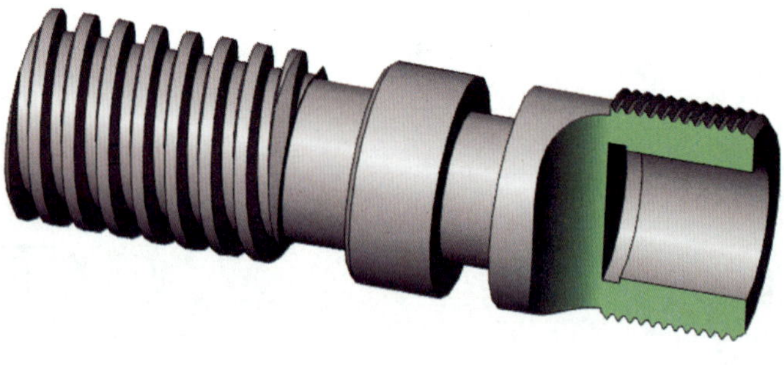

$\sqrt{Ra\ 3.2}$ ( $\sqrt{}$ )

| 工件名称 | | 螺纹轴 | |
|---|---|---|---|
| 材料 | 45 钢 | 备料 | $\phi 50 \times 130$ |

<table>
<tr><th>内容</th><th colspan="4">图例与说明</th></tr>
<tr><td>工艺分析</td><td colspan="4">零件为单件，梯形螺纹轴线和内孔轴线相对于中间 $\phi38_{-0.025}^{\ 0}$ mm 基准圆轴线有几何公差要求 [↗ 0.05 A]，而梯形螺纹一端允许留有中心孔，加之车削梯形螺纹切削力较大，所以采用一夹一顶先加工梯形螺纹及 $\phi38_{-0.025}^{\ 0}$ mm 基准圆一端。<br>掉头用夹套夹住梯形螺纹外圆，必须用百分表在 $\phi38_{-0.025}^{\ 0}$ mm 基准圆上找正，使跳动≤ 0.05 mm，仍采用一夹一顶，用反偏刀加工三角形螺纹前 $\phi38_{-0.025}^{\ 0}$ mm 外圆，当外表面加工完毕，再加工 $\phi25_{\ 0}^{+0.039}$ mm 内孔。加工内表面时，要减少切削用量，防止工件从机床掉下。</td></tr>
<tr><td rowspan="9">加工工艺卡片</td><td>10</td><td colspan="2">检查备料 $\phi50$ mm × 130 mm。</td><td rowspan="2">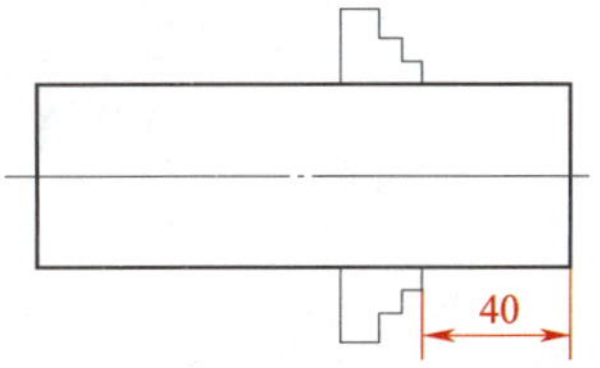</td></tr>
<tr><td>20</td><td colspan="2">用三爪自定心卡盘夹持毛坯外圆，伸出长度 40 mm，找正并夹紧。</td></tr>
<tr><td rowspan="2"></td><td>1</td><td>车端面，车平即可。</td><td rowspan="2">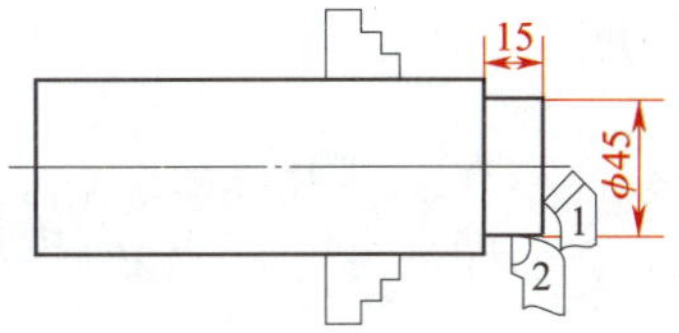</td></tr>
<tr><td>2</td><td>车毛坯外圆至 $\phi45$ mm，长度为 15 mm。</td></tr>
<tr><td>30</td><td colspan="2">掉头夹持 $\phi45$ mm × 15 mm 外圆，找正并夹紧。</td><td rowspan="3">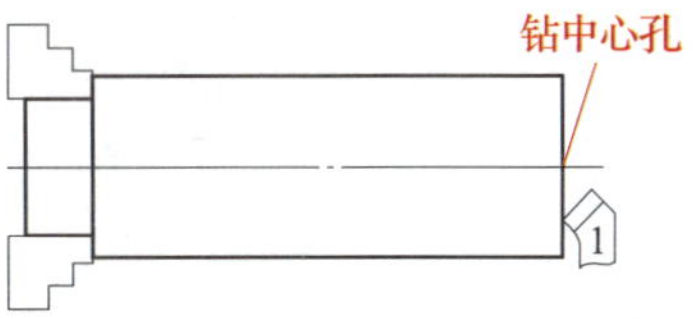</td></tr>
<tr><td rowspan="4"></td><td>1</td><td>车端面，车平即可。</td></tr>
<tr><td>2</td><td>用 A3.15/6.7 中心钻钻中心孔（用于一夹一顶装夹加工工件）。</td></tr>
<tr><td>3</td><td>粗车毛坯外圆至 $\phi39$ mm，长度 99 mm。</td><td rowspan="2">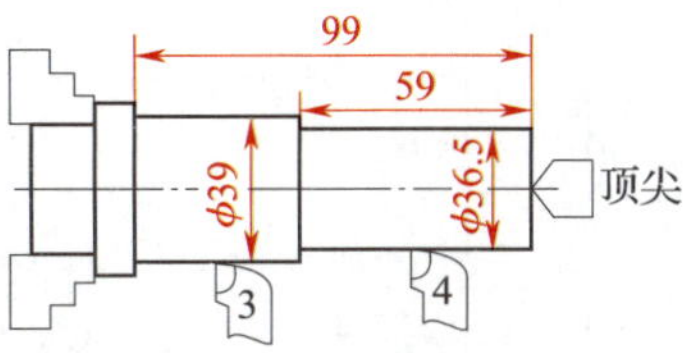</td></tr>
<tr><td>4</td><td>粗车 $\phi39$ mm 外圆至 $\phi36.5$ mm，长度 59 mm。</td></tr>
</table>

<table>
<tr><th>内容</th><th colspan="4">图例与说明</th></tr>
<tr><td rowspan="8">加工工艺卡片</td><td rowspan="8"></td><td>5</td><td>粗车梯形螺纹退刀槽，槽宽为 10 mm，槽底径为 $\phi$28.5 mm。</td><td rowspan="2">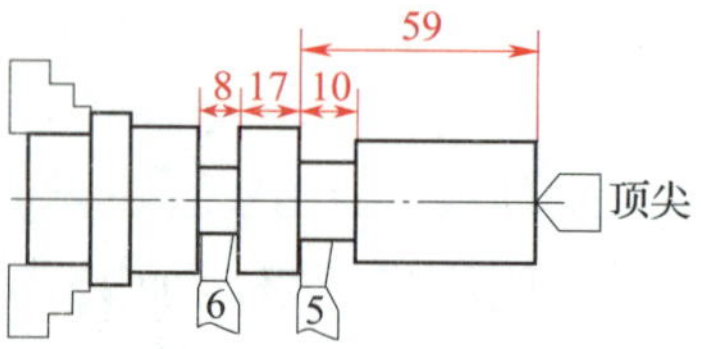
</td></tr>
<tr><td>6</td><td>粗车外槽，槽宽为 8 mm，槽底径为 $\phi$26.5 mm，同时保证 $\phi 38^{\ 0}_{-0.025}$ mm 外圆的厚度为 17 mm。</td></tr>
<tr><td>7</td><td>半精车梯形螺纹大径 $\phi$36.5 mm 至 $\phi$36.3 mm。</td><td rowspan="2">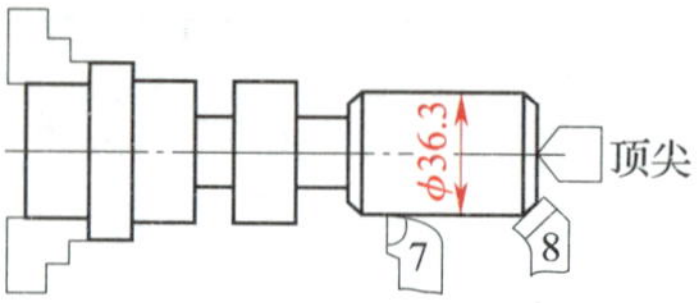
</td></tr>
<tr><td>8</td><td>梯形螺纹外圆两端倒角 $C$3 mm。</td></tr>
<tr><td>9</td><td>粗车梯形螺纹 Tr36×12（P6）—7h，各部分尺寸均留有余量。</td><td>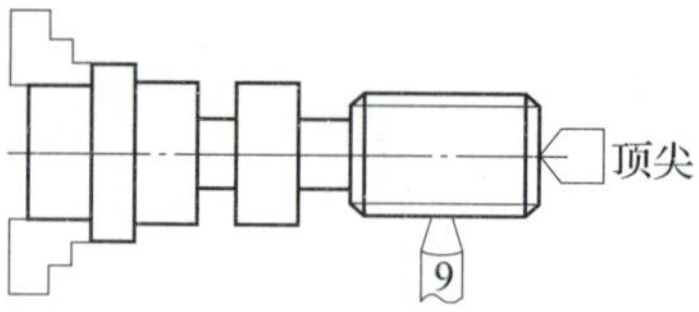
</td></tr>
<tr><td>10</td><td>精修中心孔 A3.15/6.7。<br>将顶尖取下，换上中心钻，采用慢速加切削液精修中心孔，表面粗糙度 $Ra$1.6 μm。</td><td>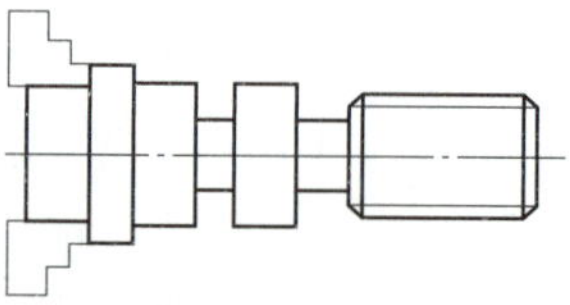</td></tr>
<tr><td>11</td><td>精车 $\phi 38^{\ 0}_{-0.025}$ mm 外圆，长度 84 mm，表面粗糙度 $Ra$3.2 μm。</td><td rowspan="2">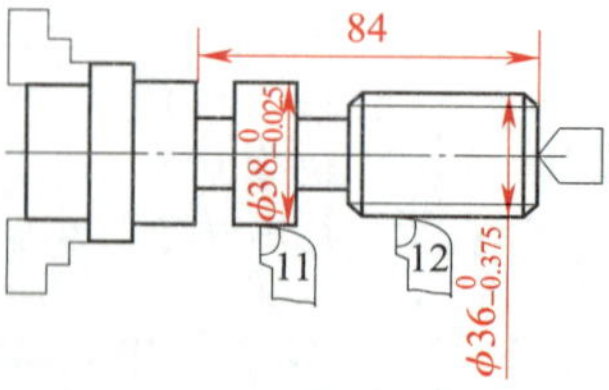
</td></tr>
<tr><td>12</td><td>精车梯形螺纹大径 $\phi 36^{\ 0}_{-0.375}$ mm。</td></tr>
</table>

| 内容 | 图例与说明 | | | |
|---|---|---|---|---|
| 加工工艺卡片 | | 13 | 精车梯形螺纹退刀槽，槽宽 12 mm，槽底径 $\phi$28 mm，并保证梯形螺纹加退刀槽的总长为（60 ± 0.04）mm。 | 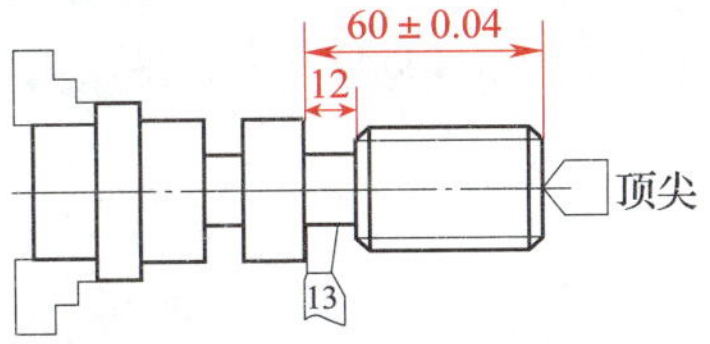 |
| | | 14 | 精车外槽，槽宽 $10^{+0.04}_{0}$ mm，槽底径为 $\phi 26^{0}_{-0.06}$ mm。 | 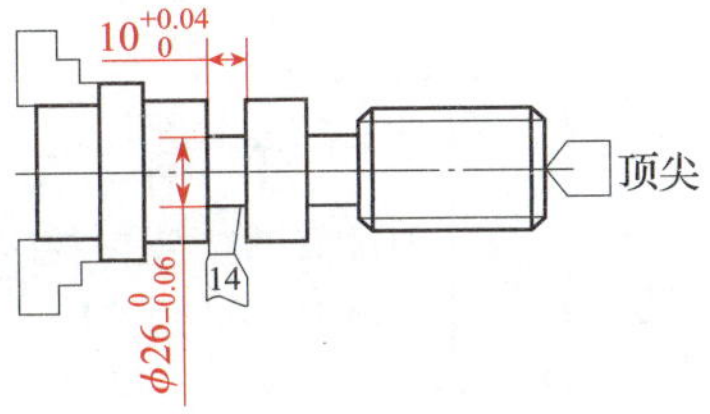 |
| | | 15 | 精车 Tr36×12（P6）—7h，达图样要求。 | 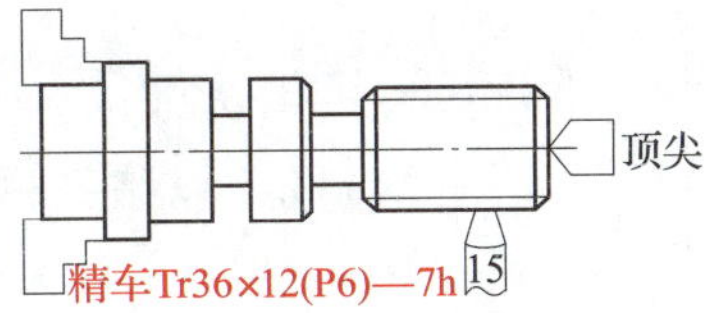 |
| | | 16 | 倒角 $C1$ mm、$C0.5$ mm。 | |
| | 40 | | 掉头，在梯形螺纹大径上套 C 形套，夹紧并用百分表在 $\phi 38^{0}_{-0.025}$ mm 外圆上找正。 | 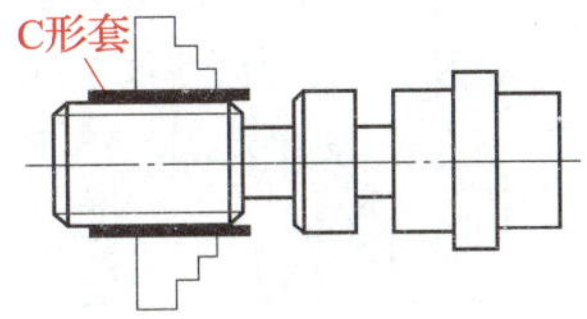 |
| | | 1 | 车端面，控制长度为 $40^{+0.10}_{0}$ mm，同时控制总长为（125 ± 0.125）mm。 | 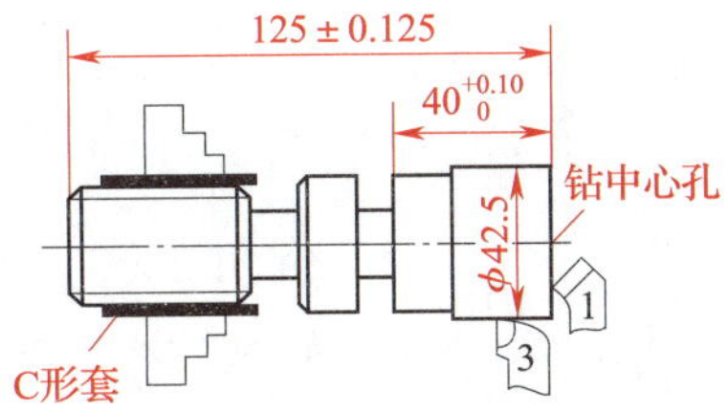 |
| | | 2 | 用 A3.15/6.7 中心钻钻中心孔（一夹一顶）。 | |
| | | 3 | 粗车外圆至 $\phi$42.5 mm。 | |

| 内容 | 图例与说明 | | | |
|---|---|---|---|---|
| 加工工艺卡片 | | 4 | 精车三角形外螺纹外圆至 $\phi42^{-0.15}_{-0.25}$ mm。 | 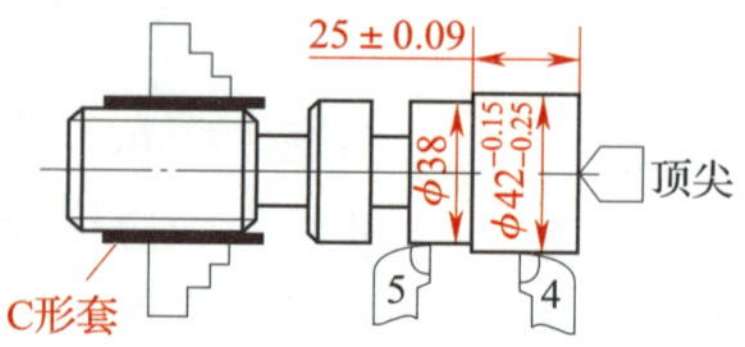 |
| | | 5 | 精车 $\phi38$ mm 外圆，保证三角形外螺纹长度为（25 ± 0.09）mm。倒角 $C2$ mm。 | |
| | | 6 | 粗、精车 M42×2—6g 螺纹，用螺纹千分尺测量。 | 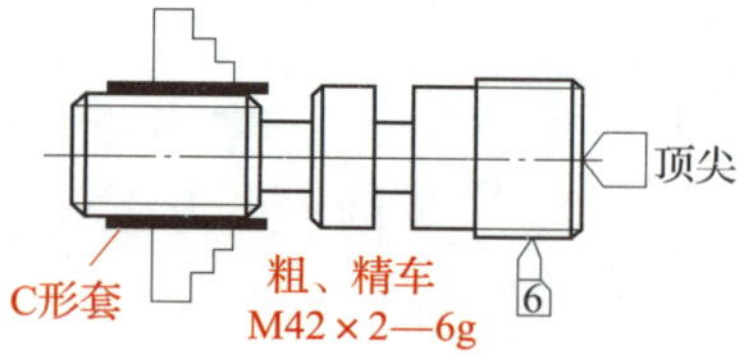 |
| | | 7 | 用 $\phi24$ mm 麻花钻钻孔，深 24 mm（以钻尖算起）。 | 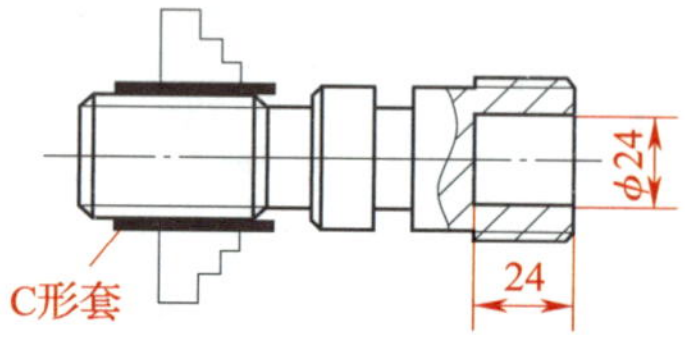 |
| | | 8 | 粗、精车 $\phi25^{+0.039}_{0}$ mm 内孔，深为 $25^{+0.13}_{0}$ mm，表面粗糙度 $Ra1.6$ μm。 | 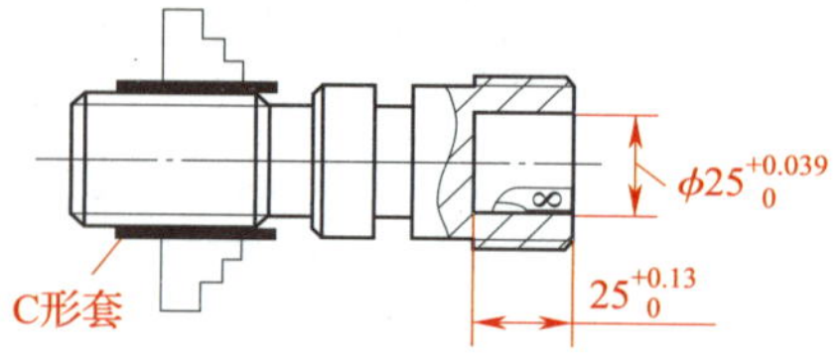 |
| | | 9 | 车内槽，槽宽 3 mm，槽底径 $\phi27$ mm。 | 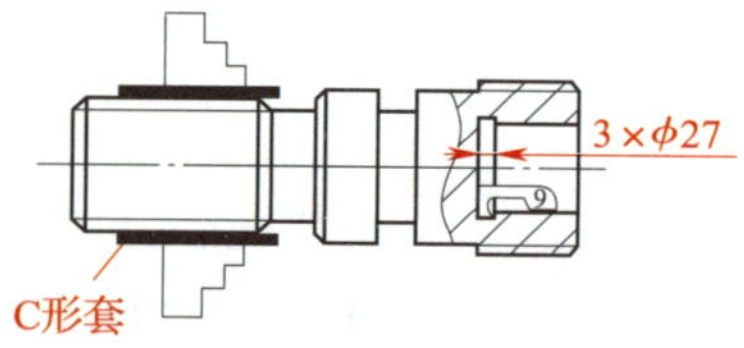 |
| | | 10 | 倒角 2 × 30°（将小滑板顺时针转动 30°）。 | 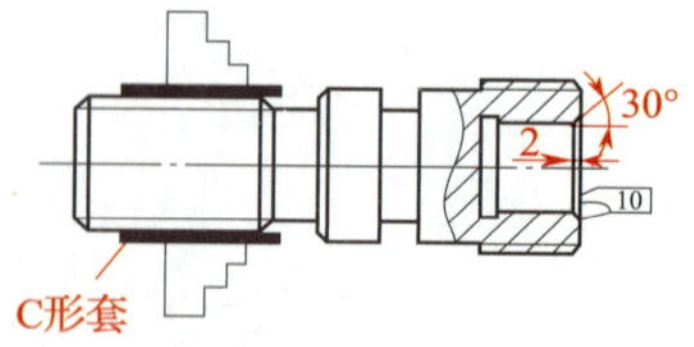 |
| | 50 | 检查合格后卸下工件，上油。 | | |

# 课题三 锥套轴的加工

<table>
<tr><th>内容</th><th>图例与说明</th></tr>
<tr><td>零件图样</td><td>
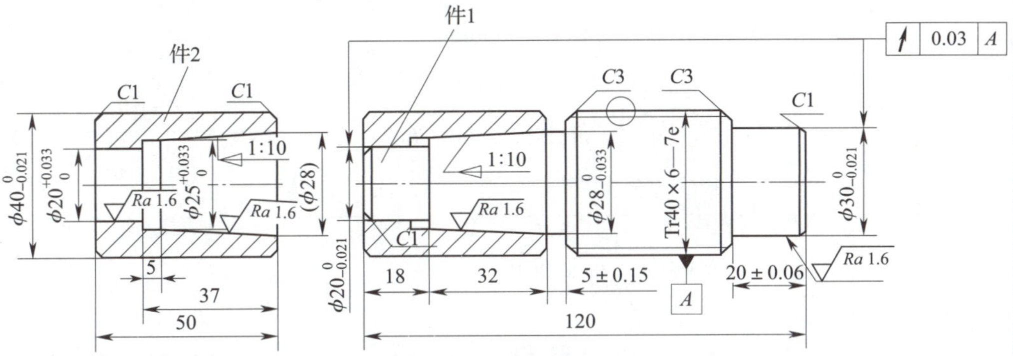


技术要求<br>
1. 圆锥半角$\frac{\alpha}{2}$=2°51′45″±5′。<br>
2. 件1对件2锥体部分涂色检查时接触面积≥60%。<br>
3. 件1两端面允许有中心孔A3.15/6.7。<br>
4. 倒钝锐边C0.5。<br>
5. 不允许使用砂布抛光。

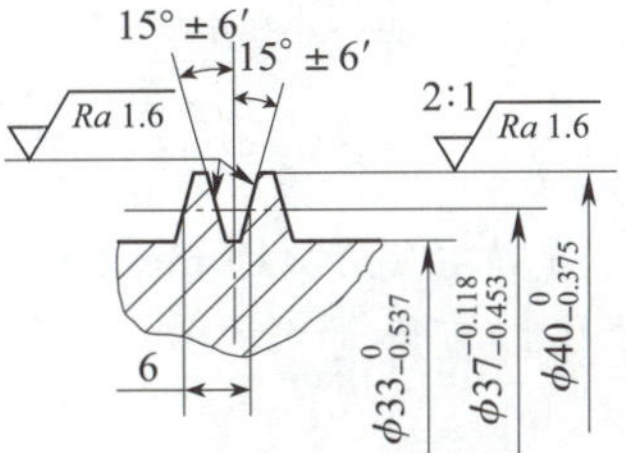


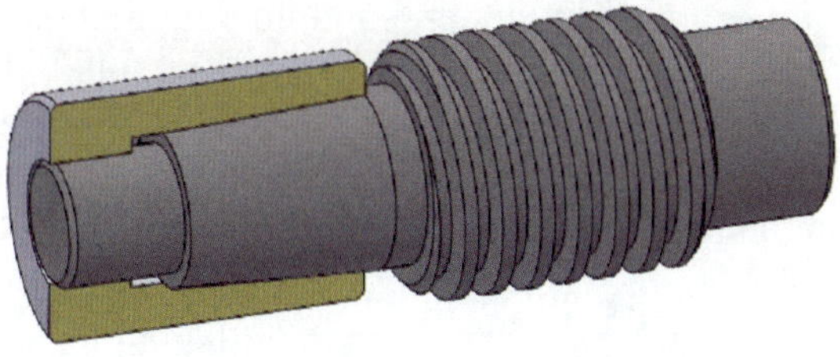

Ra 3.2 (√)

<table>
<tr><td>零件名称</td><td colspan="3">锥套轴</td></tr>
<tr><td>材料</td><td>45 钢</td><td>备料</td><td>φ50×180</td></tr>
</table>
</td></tr>
<tr><td>工艺分析</td><td>该零件是两件配的锥套轴，主要要保证的精度有梯形螺纹尺寸、圆锥精度及件 1 两端 $\phi20_{-0.021}^{\ 0}$ mm、$\phi30_{-0.021}^{\ 0}$ mm 外圆相对于梯形螺纹轴线的几何公差 [↗ 0.03 A]。根据毛坯尺寸，先加工件 1，再加工件 2。件 1 可在一次安装中全部加工完成各表面，从工艺上保证了 [↗ 0.03 A]。但需注意粗车后要先加工梯形螺纹，再精车件 1 其余表面。精车梯形螺纹前要修正中心孔。</td></tr>
</table>

<table>
<tr><th>内容</th><th colspan="4">图例与说明</th></tr>
<tr><td>工艺分析</td><td colspan="4">为保证圆锥接触面精度，用转动小滑板法一次车内外圆锥。车件 1 外圆锥时工件反转车削，外圆 $\phi20_{-0.021}^{\ 0}$ mm 尽可能车至 $\phi20_{-0.021}^{-0.014}$ mm 来保证与内孔 $\phi20_{\ 0}^{+0.033}$ mm 的配合间隙，降低配合难度。车内圆锥时，以件 1 外圆锥配作，内外圆锥车削刀具都要严格对正中心，内孔 $\phi20_{\ 0}^{+0.033}$ mm 尽可能车至 $\phi20_{+0.022}^{+0.033}$ mm。</td></tr>
<tr><td rowspan="11">加工工艺卡片</td><td>10</td><td colspan="2">检查备料 $\phi50$ mm × 180 mm。</td><td rowspan="2">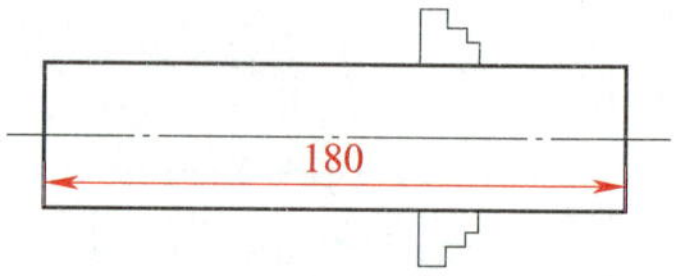
</td></tr>
<tr><td>20</td><td colspan="2">夹持毛坯外圆，伸出长度 40 mm，找正并夹紧。</td></tr>
<tr><td rowspan="2"></td><td>1</td><td>车端面，车平即可。</td><td rowspan="2">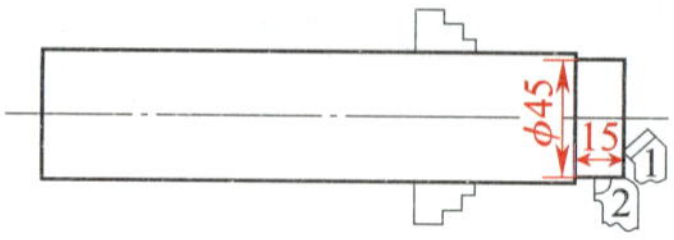
</td></tr>
<tr><td>2</td><td>车毛坯外圆至 $\phi45$ mm，长度为 15 mm（装夹部位）。</td></tr>
<tr><td>30</td><td colspan="2">掉头夹持 $\phi45$ mm×15 mm 外圆，找正并夹紧（加工件 1）。</td><td>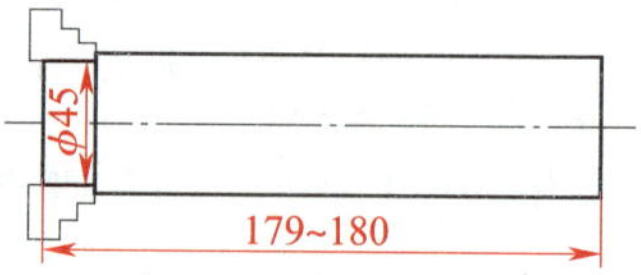
</td></tr>
<tr><td rowspan="5"></td><td>1</td><td>车端面，车平即可。</td><td rowspan="2">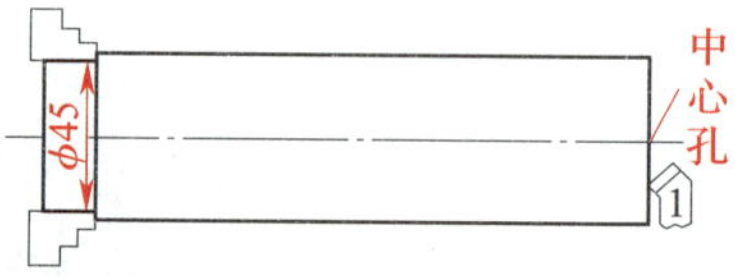
</td></tr>
<tr><td>2</td><td>钻中心孔 A3.15/6.7（一夹一顶）。</td></tr>
<tr><td>3</td><td>粗车毛坯外圆至 $\phi42$ mm，长度为 123 mm。</td><td rowspan="3">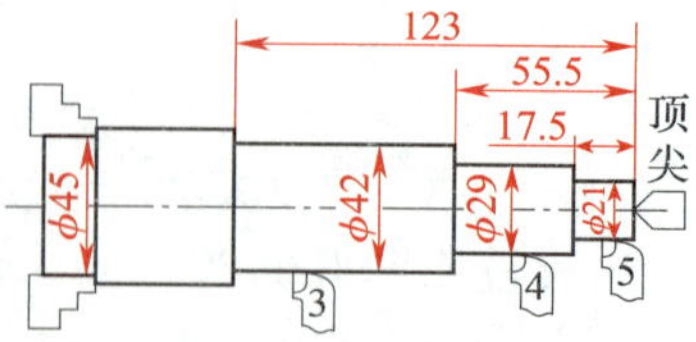
</td></tr>
<tr><td>4</td><td>粗车外圆锥 $\phi42$ mm 外圆至 $\phi29$ mm，长度为 55.5 mm。</td></tr>
<tr><td>5</td><td>粗车 $\phi29$ mm 外圆至 $\phi21$ mm，长度为 17.5 mm。</td></tr>
</table>

<table>
<tr><th>内容</th><th colspan="4">图例与说明</th></tr>
<tr><td rowspan="7">加工工艺卡片</td><td rowspan="7"></td><td>6</td><td>粗车 $\phi42$ mm 外圆至 $\phi31$ mm，长度为 20 mm，同时要保证 Tr40×6—7e 梯形螺纹长度为 47 mm（长度上有 2 mm 精车余量）。</td><td>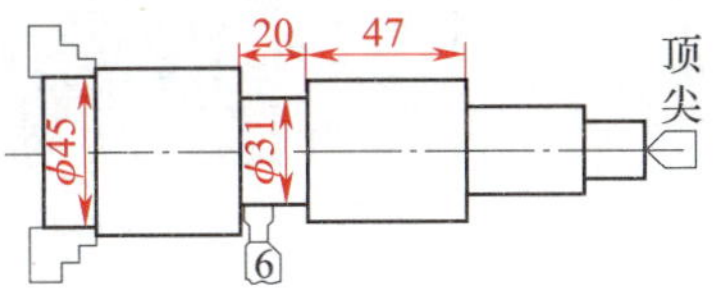
</td></tr>
<tr><td>7</td><td>半精车 $\phi42$ mm 外圆至 $\phi40.3$ mm，两端倒角 $C3$ mm。</td><td>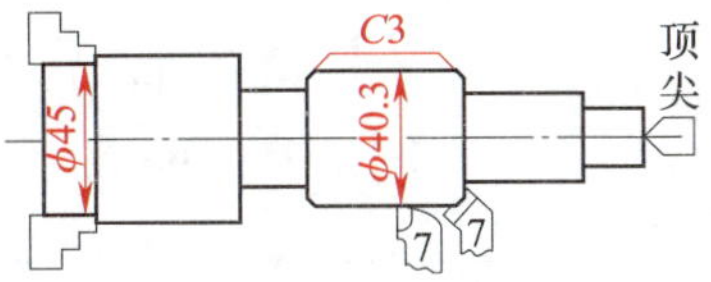
</td></tr>
<tr><td>8</td><td>粗车 Tr40×6—7e，各部分尺寸均留余量。</td><td>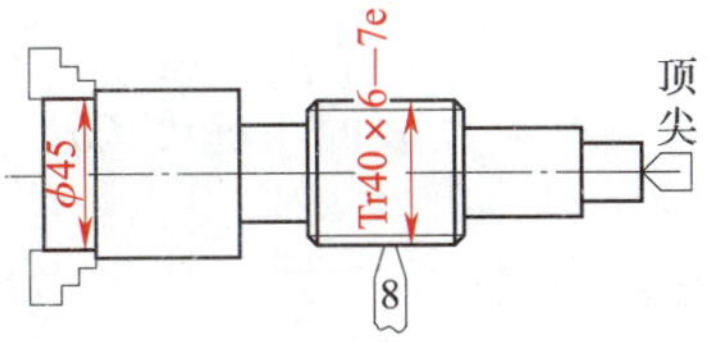
</td></tr>
<tr><td>9</td><td>精修中心孔 A3.15/6.7。</td><td>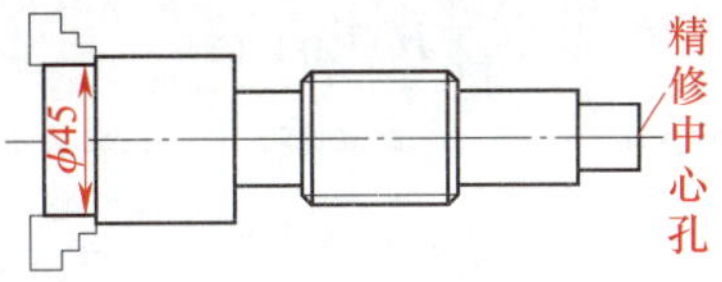
</td></tr>
<tr><td>10</td><td>精车 Tr40×6—7e 大径 $\phi40_{-0.375}^{\ 0}$ mm，表面粗糙度 $Ra1.6$ μm。</td><td rowspan="3">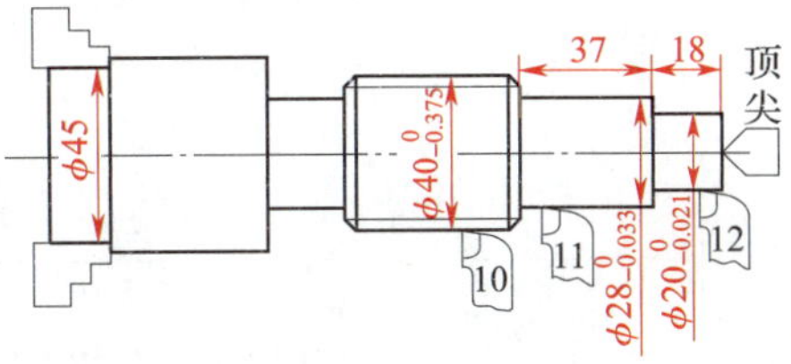
</td></tr>
<tr><td>11</td><td>精车外圆锥大端直径 $\phi28_{-0.033}^{\ 0}$ mm，长度为 37 mm，表面粗糙度 $Ra1.6$ μm。</td></tr>
<tr><td>12</td><td>精车 $\phi20_{-0.021}^{\ 0}$ mm 外圆，长度为 18 mm，表面粗糙度 $Ra1.6$ μm。</td></tr>
</table>

| 内容 | 图例与说明 | | | |
|---|---|---|---|---|
| 加工工艺卡片 | | 13 | 精车 $\phi30_{-0.021}^{\ 0}$ mm 外圆，长度为 21 mm，表面粗糙度 $Ra$1.6 μm，并控制 Tr40×6—7e 螺纹有效长度为 45 mm。 | 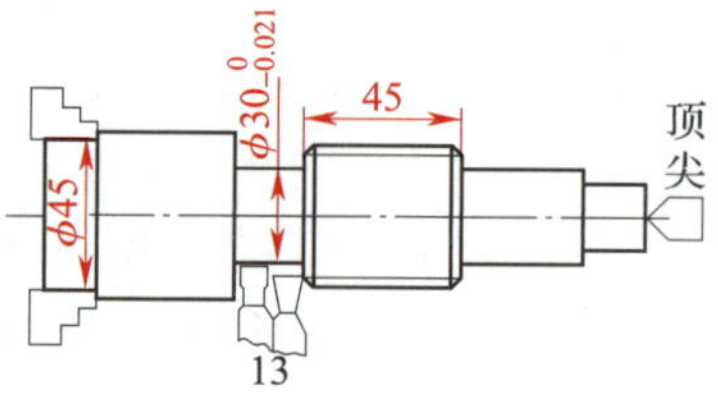 |
| | | 14 | 精修 Tr40 × 6—7e 螺纹的两端倒角 $C$3 mm。 | 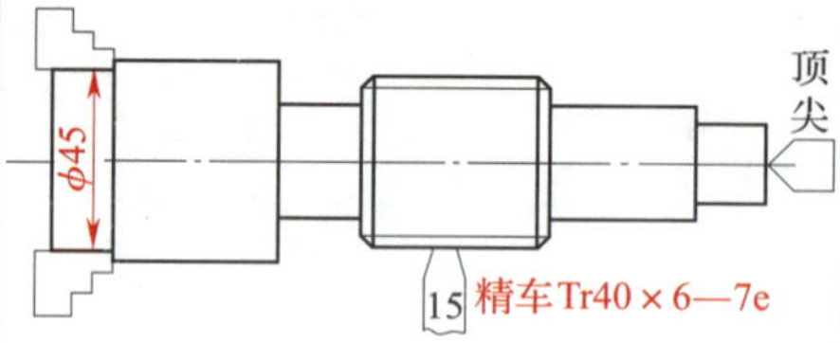 |
| | | 15 | 精车 Tr40×6—7e 螺纹，中径为 $\phi37_{-0.453}^{-0.118}$ mm，小径为 $\phi33_{-0.537}^{\ 0}$ mm，表面粗糙度 $Ra$1.6 μm。 | |
| | | 16 | 粗、精车 1∶10 外圆锥（圆锥半角为 2° 51'45" ± 5'），表面粗糙度 $Ra$1.6 μm。 | 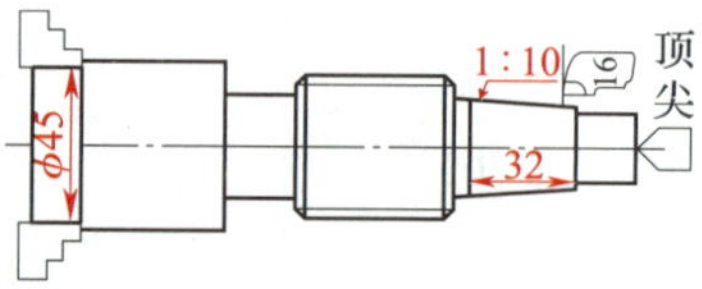 |
| | | 17 | 倒角 $C$1 mm（不将件 1 切断）。 | 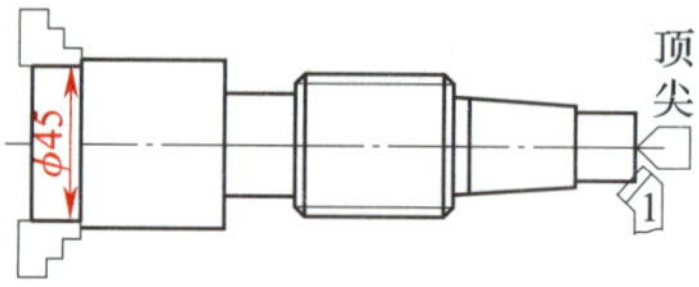 |
| | 40 | 在梯形螺纹外圆上套 C 形套装夹，找正并夹紧（加工件 2）。 | | 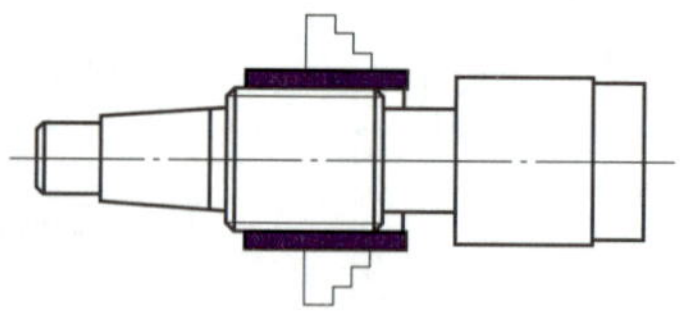 |
| | | 1 | 车端面，车平即可。 | 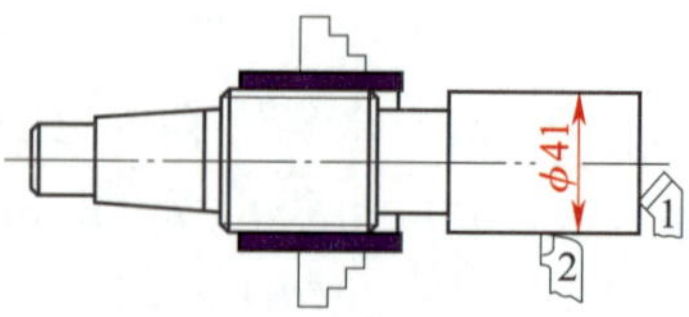 |
| | | 2 | 粗车毛坯外圆至 $\phi$41 mm，长度为 51 mm。 | |

| 内容 | 图例与说明 | | | |
|---|---|---|---|---|
| 加工工艺卡片 | | 3 | 钻中心孔 A3.15/6.7。 | 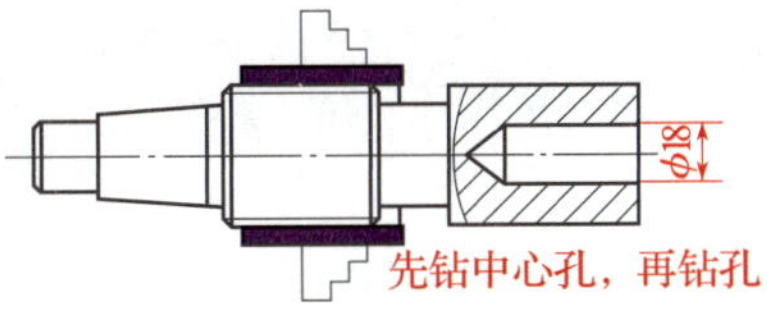 |
| | | 4 | 用 $\phi 18$ mm 麻花钻，钻孔深为 51 mm。 | |
| | | 5 | 精车 $\phi 40_{-0.021}^{0}$ mm 外圆，表面粗糙度 $Ra3.2$ μm。 | 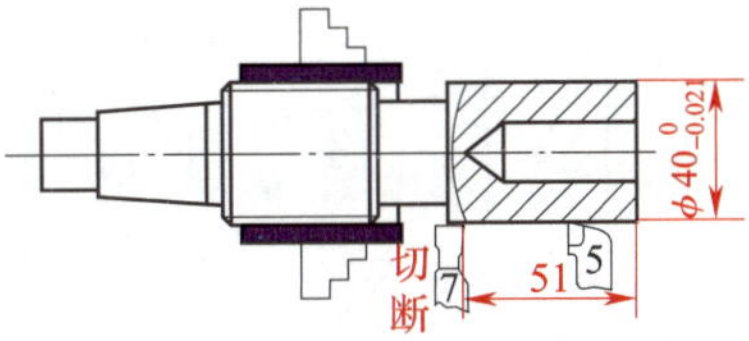 |
| | | 6 | 倒角 $C1$ mm。 | |
| | | 7 | 将件 2 切下，控制长度为 51 mm。 | |
| | 50 | | 在梯形螺纹外圆上套 C 形套装夹，并校正圆跳动 0.03 mm 后夹紧（加工件 1）。 | 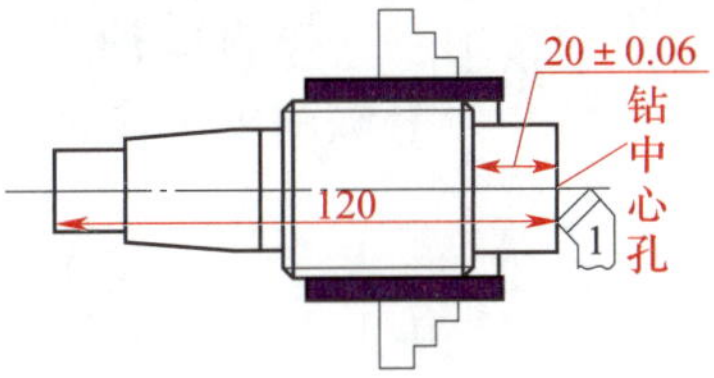 |
| | | 1 | 车端面，控制 $\phi 30_{-0.021}^{0}$ mm 外圆长度为（20 ± 0.06）mm，并保证件 1 总长为 120 mm。 | |
| | | 2 | 倒角 $C1$ mm；钻中心孔 A3.15/6.7。 | |
| | 60 | | 在件 2 的 $\phi 40_{-0.021}^{0}$ mm 外圆上包铜皮，找正并夹紧。 | 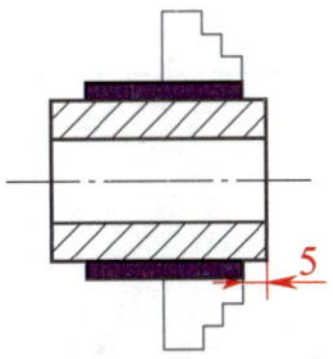 |
| | | 1 | 车端面，车平即可。 | 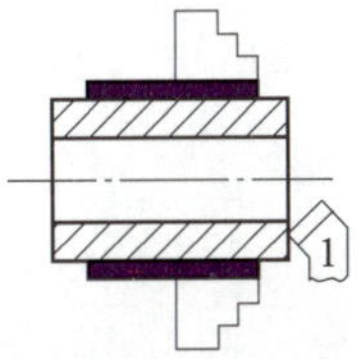 |

| 内容 | 图例与说明 | | | |
|---|---|---|---|---|
| 加工工艺卡片 | | 2 | 粗、精车 $\phi20^{+0.033}_{0}$ mm 内孔，长度为 51 mm，表面粗糙度 $Ra$1.6 μm。 | 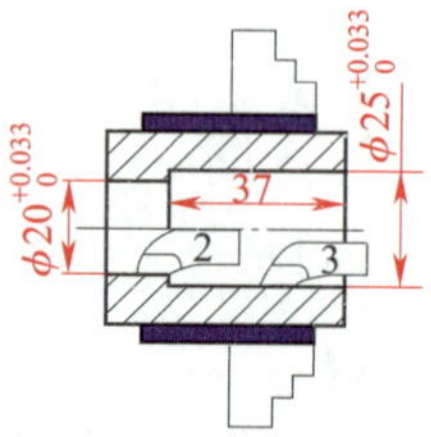 |
| | | 3 | 粗、精车 $\phi25^{+0.033}_{0}$ mm 内圆锥孔，长度为 37 mm。 | |
| | | 4 | 粗、精车 1∶10 内圆锥（圆锥半角为 2° 51'45″），表面粗糙度 $Ra$1.6 μm，并控制件 1 与件 2 配合后所产生的间隙为（5 ± 0.15）mm。 | 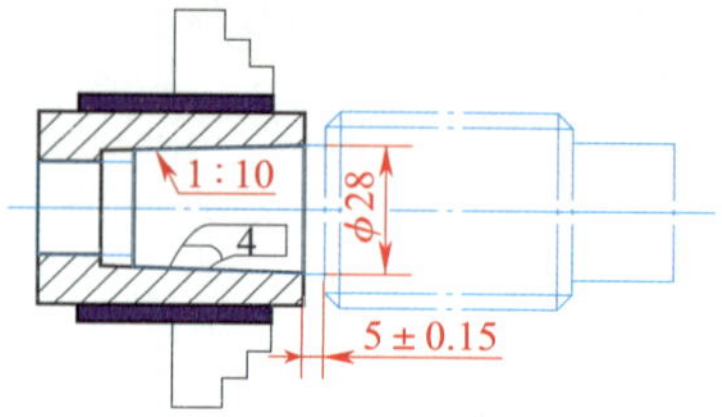 |
| | | 5 | 倒角 $C$1 mm。 | |
| | 70 | 将件 2 掉头，在 $\phi40^{0}_{-0.021}$ mm 外圆上包铜皮，找正并夹紧。 | | 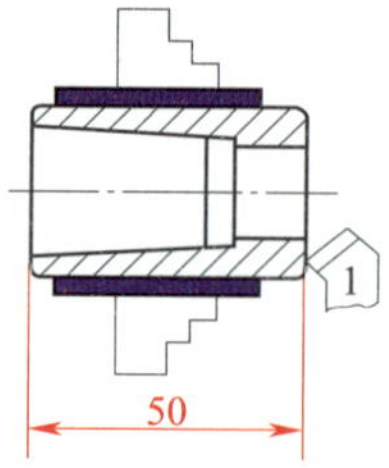 |
| | | 1 | 车端面，保证件 2 总长为 50 mm。 | |
| | | 2 | 倒角 $C$1 mm。 | |
| | 80 | 检查各部分尺寸后，将件 1 与件 2 进行配合。 | | |